제2판

문제풀이와 함께하는

소방유체역학

유 태 종

지오북스

PREFACE

저자가 다년간의 대학교 강의에서 경험한 바에 의하면 유체역학은 소방관련학과 학생들에게는 상당히 어려운 과목인 듯하다. 소방관련학과의 학생들이 소방설비기사(기계분야) 자격증을 취득하기 위해서 치루는 필기시험 과목은 ① 소방원론, ② 소방유체역학, ③ 소방관계법규, ④ 소방기계시설의 구조 및 원리 등 4과목으로써, 4과목 평균 60점 이상 취득하고, 어느 과목이든지 40점 이하로 과락하지 않는 한 필기시험을 통과하게 되는데, 필기시험에 실패한 학생들의 대부분이 소방유체역학 과목에서 40점 이상을 받지 못함으로써 통과하지 못했다는 얘기를 여러 번 들었다.

이에 저자는 예전에 출제된 소방유체역학 관련 문제들을 분야별로 분류하고 관련 이론을 요약, 정리해 줌으로써 쉽게 익힐 수 있는 소방유체학 문제 해설집을 구성해 보고자 하였고, 그 첫 교재를 2017년도에 출판한 바 있으며, 이번 교재는 그 개정 및 증보판이라고 할 수 있다. 개정 증보판에서는, 소방설비산업기사의 소방유체역학 시험과목에서 2012년도 이후 2020년까지 출제된 문제를 추가로 수록하여 소방설비산업기사를 응시하는 학생들도 이용할 수 있게 하였으며, 소방설비기사의 경우에는 2010년 이전의 오래된 문제는 제외하고 2010년도부터 2020년까지 출제된 문제를 수록하였다.

교재의 구성은 소방유체역학 과목에서 출제된 문제를 7개 분야(1장 유체의 성질, 2장 정수역학, 3장 동수역학, 4장 운동량의 원리, 5장 관내 유체흐름, 6장 펌프, 7장 열역학)로 분류하여 수집、정리하고, 그 문제들 앞에 분야별 이론들을 간략히 요약 · 정리한 후, 분류된 문제들에 대하여 해설을 하였다. 즉, 분야별 문제를 대하기 전에 요약 · 정리된 이론을 어느 정도 익힌 후에 기출문제들에 대한 해설을 접하도록 하였다. 기출문제 중 극히 난이도가 큰 문제들은, 기사자격증을 취득하는 데는 큰 지장을 주지 않을 것이라는 판단하에, 과감하게 제외하여 쉽게 기출문

PREFACE

제를 대할 수 있게 하였다. 그렇지만, 여러 번 출제되었던 동일한 문제 또는 비슷한 성격의 문제는 출제된 연월일을 표기하고 그대로 반복하여 수록함으로써 자주 출제되는 문제들임을 파악할 수 있게 하였다.

본 교재는 유체역학을 처음 접하는 학생들을 대상으로 구성된 교재라기보다는, 유체역학 관련 과목을 미리 이수한 학생들이, 유체역학 관련 기출문제들을 쉽게 대할 수 있도록 해설한 교재이다. 개정판이기는 하지만 아직 부족한 부분이 많이 있음을 저자 스스로 많이 느끼고 있다. 해가 거듭되면 기출문제들을 더 추가하고, 교재의 부족한 부분도 채워갈 예정이다. 본 교재로 공부하는 학생들에게 소방유체역학의 필기시험 문제를 접하고 익히는 데 조금이나마 도움이 되기를 바라는 마음 간절하다.

교재를 준비함에 있어 꼼꼼하게 교정을 봐주는 등 출판을 도와주신 지우북스 관계자분들과 서철종 대표께 감사드린다. 지금까지 30여 년 교직에 있는 동안 강의 준비와 연구를 핑계로 가족과 많은 시간을 함께하지 못했을 때 아들딸의 교육과 가정사를 맡아준 아내 해옥과 아빠의 별 도움 없이도 반듯하게 자라서 이제는 사회인으로서 제 역할을 하고 있는 딸 은우, 아들 동은과 함께 본 교재출판의 기쁨을 함께하고 싶다.

저자 유태종

PART 01 유체의 성질

PART 02 정수역학(靜水力學)

PART 03 동수역학(動水力學)

PART 04 운동량의 원리

PART 05 관내 유체 흐름

PART 06 펌프

PART 07 소방 열역학

PART

01

유체의 성질

Fluid Dynamics of Firefighting

CHAPTER 01

이론

1 유체(fluid)의 특성

01 | 유체(流體)의 정의

① 액체(Liquid), 기체(Gas), 증기로 존재하는 물질

② 형태와 모양이 쉽게 변화하는 물질

③ 정지상태에서는 접선력(tangential force) 또는 전단력(shear force) 없는 물질

④ 아주 미소한 외력(전단력)에도 저항불가, 변형하는 물질

02 | 유체(流體)의 분류

① 점성유체(viscous fluid)

② 비점성(non viscous fluid) 유체

③ 압축성 유체(compressible fluid) : 공기 등

④ 비압축성(incompressible fluid) 유체 : 물

※ 완전유체(=이상유체): 비점성이면서 비압축성인 유체

2 힘, 일, 동력, 압력

01 | 힘(Force)

① 질량 m인 물체가 가속도 a로 이동하기 위해 필요한 힘(F)

$$F = m \times a, \ (M \cdot L/T^2)$$

F : 힘(N : Newton = N = kg · m/sec^2)
m : 질량(kg), M
a : 가속도(m/sec^2), L/T^2

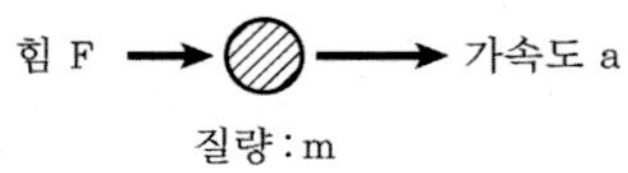

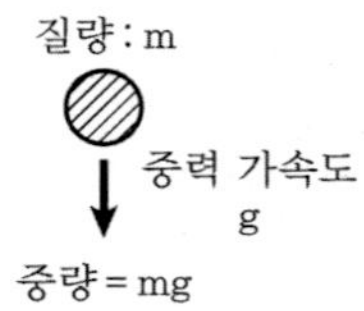

② 중력 : 지구상의 물체에 작용하는 힘

02 | 일(Work) = 에너지(Energy)

① 물체에 힘(F)을 가하여 이동시킬 때에 필요한 물리량

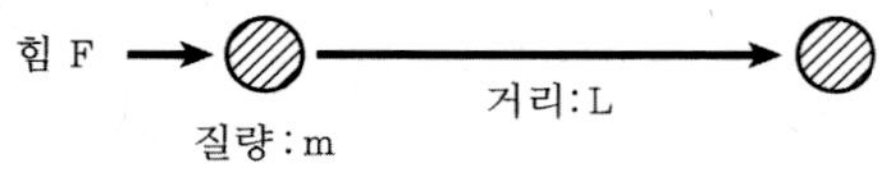

$$W = F \times L = (m \times a) \times L,\ ML/T^2 \cdot L = ML^2/T^2$$

W : 일(J : Joule = N · m = kg · m^2/sec^2)

② 일을 할 수 있는 능력

③ 위치에너지 : 높은 위치에 있는 물체가 가진 에너지

④ 운동에너지 : 움직이고 있는 물체가 가진 에너지

03 | 동력(Power) = 일률

일을 계속적으로 행하기 위해 단위시간 동안 필요한 에너지

$$P = \frac{W}{T},\ (ML^2/T^2)/T = ML^2/T^3$$

P : power
(Watt = kg · m^2/sec^2 : W)

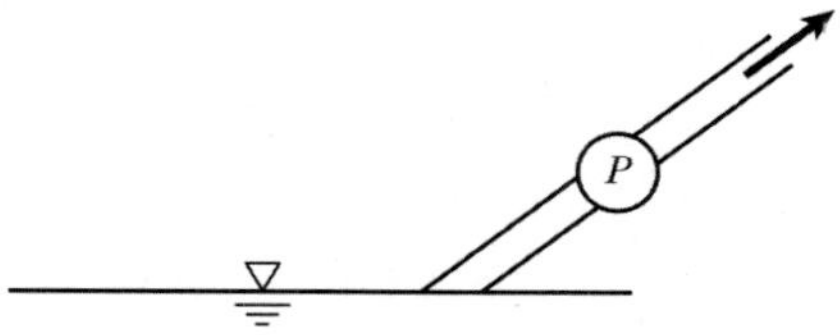

04 | 압력(Pressure)

① 단위면적당 작용하는 힘

압력(p) = F/A

여기서, p : 압력(N/m^2)
F : 힘(N)
A : 면적(m^2)

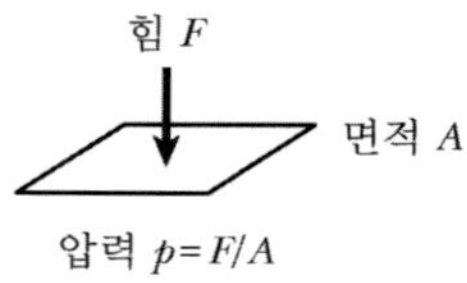

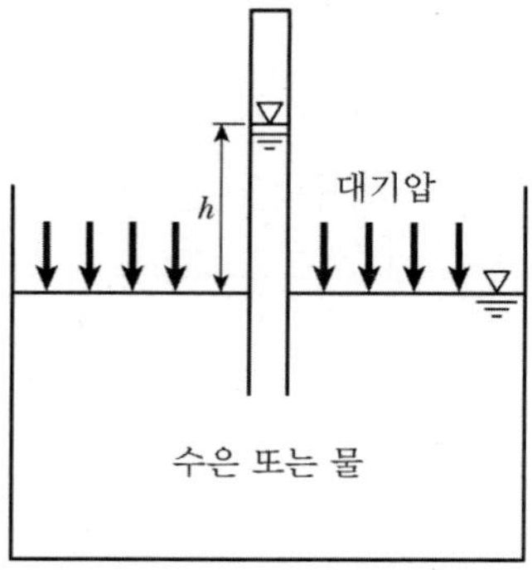

② 대기압 : 지구상의 공기무게에 의해 생기는 압력
- 수은(비중 13.59)인 경우 : h≒0.76 m
- 물(비중 1)의 경우 : h≒10.33 m

3 차원(dimension)과 단위(unit)

01 | 차원

① 물리량을 기본 물리량(L, T, M 또는 L, T, F)의 조합으로 표시
② 절대차원의 기본 3요소 : 길이(L), 질량(M), 시간(T) ➡ 물리학에서 주로 이용
공학차원의 기본 3요소 : 길이(L), 힘(F), 시간(T) ➡ 공학에서 주로 이용
③ 예, 가속도의 차원

[가속도] = [L/T^2]

[힘] = [질량 × 가속도] = [ML/T^2] = [F]

02 | 단위 : 물리량의 크기를 나타냄

① 길이 : mm, cm, m, km, …
② 질량 : g, kg, …
③ 시간 : sec, min, hr, day, …
④ CGS 단위계 : cm, g, sec를 기준으로 하는 단위계
⑤ mks 단위계 : m, kg, sec를 기준으로 하는 단위계

〈물리량의 차원과 단위〉

물리량	LMT계		LFT계	
	차원	mks 단위	차원	mks 단위(공학)
길이	L	m	L	m
면적	L^2	m^2	L^2	m^2
부피	L^3	m^3	L^3	m^3
시간	T	sec	T	sec
속도	L/T	m/sec	L/T	m/sec
가속도	L/T^2	m/sec^2	L/T^2	m/sec^2
동점성계수	L^2/T	m^2/sec	L^2/T	m^2/sec
유량	L^3/T	m^3/sec	L^3/T	m^3/sec
질량	m	kg	FT^2/L	$kg_f \cdot sec^2/m$
힘	ML/T^2	$kg \cdot m/sec^2 = N$	F	kg_f
밀도	M/L^3	kg/m^3	FT^2/L^4	$kg_f \cdot sec^2/m^4$
단위중량	M/L^2T^2	$kg/sec^2 \cdot m^2 = N/m^3$	F/L^3	kg_f/m^3
점성계수	M/LT	kg/sec · m	FT/L^2	$kg_f \cdot sec^2/m^2$
표면장력	M/T^2	$kg/sec^2 = N/m$	F/L	kg_f/m
탄성계수	M/L^2T^1	$kg/m^2 \cdot sec$	F/L^2	kg_f/m^2
압력, 전단력	M/LT^2	$kg \cdot m/sec^2 = N/m^2$	F/L^2	kg_f/m^2
운동량	ML/T	kg · m/sec	FT	$kg_f \cdot sec$
에너지, 일	ML^2/T^2	$kg \cdot m^2/sec^2 = J$	FL	$kg_f \cdot m$
동력	ML^2/T^3	$kg \cdot m^2/sec^3 = W$	FL/T	$kg_f \cdot m/sec$

4 유체의 물리적 성질 지표

01 | 부피, 단위중량, 밀도 등

① 부피 V, 무게 W, 질량 m, 중력가속도 g라 할 때

② 무게 W = mg

③ 밀도 ρ = m/ V : 단위체적당 질량

④ 비체적 $= \frac{V}{m} = \frac{1}{\text{밀도}} = \frac{1}{\rho}$

⑤ 단위중량 $\gamma = \frac{W}{V} = \frac{mg}{V} = \frac{m}{V} \cdot g = \rho \cdot g$

〈물의 단위중량과 온도〉

온도 (℃)	0	4	10	20	30	40	60	80	90	100
밀도 (kg/m^3)	999.8	1,000	999.7	998.2	995.7	992.2	983.2	971.8	965.3	958.4
단위중량 (kN/m^3)	9.806	9.807	9.804	9.789	9.765	9.731	9.642	9.53	9.467	9.399

⑥ 물의 밀도와 단위중량의 차원 : 절대 차원

- 밀도 = [ρ] = [질량/부피] = [ML^{-3}]
  - ➡ 단위 : 1000 kg/m^3, 1.0 g/cm^3
- 단위중량 = [γ] = [힘/부피] = [ML/T^2]/[L^3] = [$ML^{-2}T^{-2}$]
  - ➡ 단위 : 9,800 N/m^3 = 9,800 $kg \cdot m/m^3sec^2$

※ 물질의 비중(s: specific gravity) = 물질의 단위중량/물의 단위중량

⑦ 물의 밀도와 단위 중량의 차원 : 공학 차원

- 단위중량 = [γ] = [중량/부피] = [F/L^3] = [FL^{-3}]
  - ➡ 단위 : 1000 kg_f/m^3, 1.0 g_f/cm^3

• 밀도 = [ρ] = [단위중량/중력가속도] = [FL^{-3}]/[L/T^2] = [FT^2L^{-4}]

➡ 물의 밀도 $\rho_w = \dfrac{1,000\ kg_f/m^3}{9.8\ m/sec^2} = 102\ kg_f \cdot sec^2/m^4$

5 유체의 압축성과 탄성

① 유체에 압력(=Δp)을 가하면 압축되고, 압력을 해제하면 원상태로 복원되는 성질

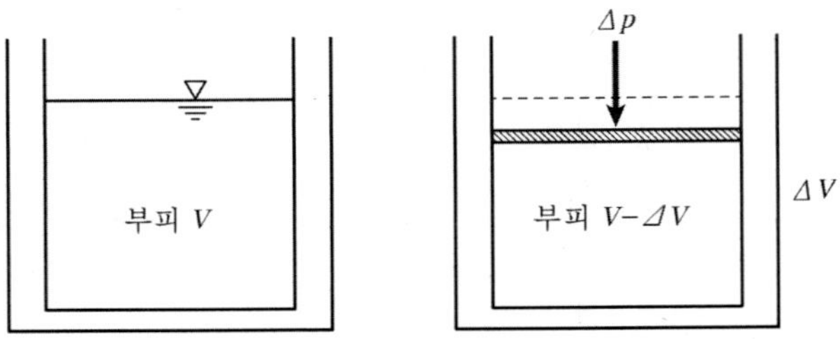

② 유체의 단위체적당의 감소율($-\Delta V/V$)은 압력(=Δp)의 크기에 비례

③ $-\dfrac{\Delta V}{V} = \beta \cdot \Delta p$ ➡ $\beta = -\dfrac{1}{V} \cdot \dfrac{\Delta V}{\Delta p}$

• β : 체적압축계수 or 압축률(compressibility)(m^2/N 또는 m^2/kg_f)

$\beta = -\dfrac{1}{V} \cdot \dfrac{\Delta V}{\Delta p}$ (압축률이 작을수록 비압축성 유체)

• K : 체적탄성계수(bulk modulus of elasticity) : (N/m^2 또는 kg_f/m^2)

$K = \dfrac{1}{\beta} = -V \cdot \dfrac{\Delta p}{\Delta V}$ (탄성계수가 클수록 비압축성 유체)

• 물의 압축률 $\beta \doteqdot 5 \times 10^{-8}\ m^2/N$ ➡ 물은 거의 비압축성 유체로 간주

6 유체의 점도(Viscosity): Newton의 점성법칙

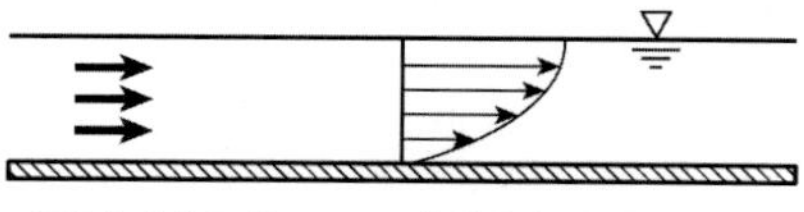

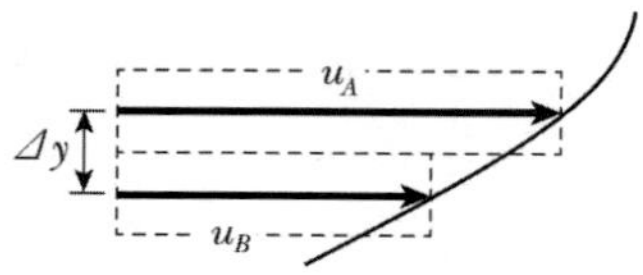

① 평균유속에서는 유체의 층 사이에 유속 차이가 없으므로 전단응력이 발생되지 않으나 실제 유속분포에서는 유체 층 사이에 유속차이가 있으므로 전단응력이 존재한다.

② 전단응력 = 유속 차이가 있는 층 사이에 발생하는 단위면적당 전단력

$$\tau \propto \frac{(u_A - u_B)}{\Delta y} = -\mu \cdot \frac{du}{dy}$$

여기서, τ : 전단응력([F/L^2]), du : 유속차([L/T])
μ : 점성계수, dy : 거리([L])
$\frac{du}{dy}$: 속도 구배([1/T])

③ 점성계수의 차원

$$[\mu] = \left[\frac{\tau}{\left(\frac{du}{dy}\right)}\right] = \left[\frac{F/L^2}{\left(\frac{L/T}{L}\right)}\right] = [FT/L^2] \text{ (공학차원)}$$

$$= [F][T/L^2] = [ML/T^2][T/L^2] = [M/LT] \text{ (절대차원)}$$

④ μ의 단위 : g/cm · sec(=Poise), cP=centi Poise, Pa · sec(=N · sec/m^2)

⑤ Newtonian fluid : 일정한 온도와 압력 하에서 점성계수가 일정한 유체

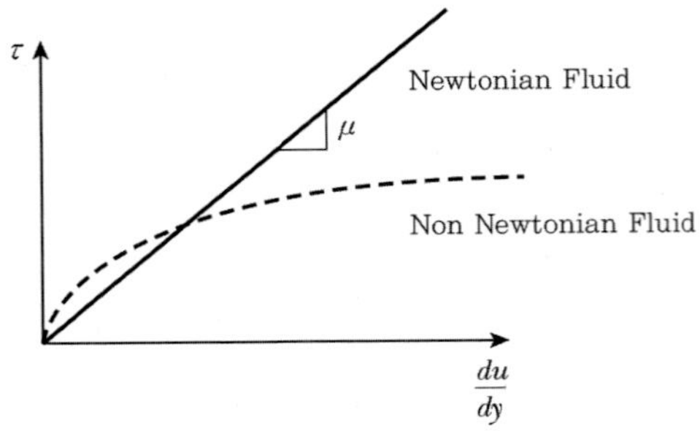

⑥ Non Newtonian fluid : 점성계수가 속도구배의 크기에 따라 변화(우유, 잉크...)

⑦ 동점성계수 = 점성계수/밀도(kinematic viscosity)

$$\nu = \frac{\mu}{\rho}$$

$$\text{동점성 차원} : [\nu] = \frac{[FT/L^2]}{[FL^{-4}T^2]} = [L^2/T] \ (\text{공학 차원})$$

$$= \frac{[M/LT]}{[ML^{-3}]} = [L^2/T] \ (\text{절대 차원})$$

⑧ 동점성계수 단위 : cm^2/sec = stokes, m^2/sec

⑨ 점성계수는 액체인 경우 온도만의 함수이고 기체의 경우는 온도와 압력의 함수

〈물의 점도 μ와 동점도 ν〉

온도(℃)	점성계수(μ, N · sec/m^2)	동점성계수(ν, m^2/sec)
0	1.787×10^{-3}	1.787×10^{-6}
5	1.519×10^{-3}	1.519×10^{-6}
10	1.307×10^{-3}	1.307×10^{-6}
20	1.002×10^{-3}	1.004×10^{-6}
30	0.798×10^{-3}	0.801×10^{-6}
40	0.653×10^{-3}	0.658×10^{-6}
50	0.547×10^{-3}	0.553×10^{-6}
60	0.467×10^{-3}	0.475×10^{-6}
70	0.404×10^{-3}	0.413×10^{-6}
80	0.355×10^{-3}	0.365×10^{-6}
90	0.315×10^{-3}	0.326×10^{-6}
100	0.282×10^{-3}	0.294×10^{-6}

7 표면장력(surface tension)과 모세관 현상

01 | 표면장력

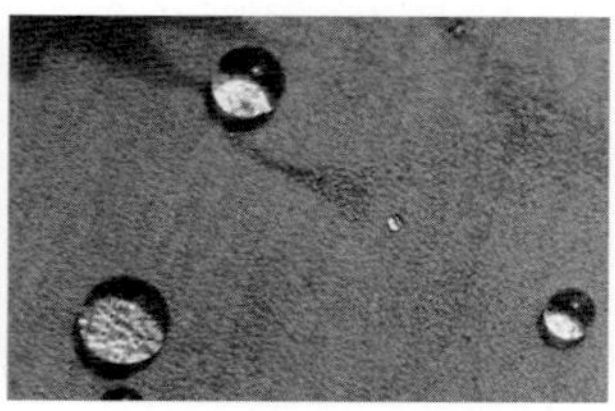

① 표면장력 정의

- 유체의 표면에 작용하여 표면적을 최소로 하는 힘
- 분자 간의 인력에 의하여 표면을 가능한 작게 하려는 경향이 있는, 액체상태에서 외력이 무시될 경우 거의 구형을 유지하려는 데 작용하는 장력

예 모세관에서 상승하는 현상, 기포형성, 액적형성

② 표면장력(σ) 단위 : 단위길이당 작용하는 힘 : N/m, kg_f/m

③ 온도와의 관계 : 표면장력은 직접 분자 간의 응집력과 관계되므로 그 크기는 온도가 상승함에 따라 감소

④ 물방울 내외 압력차 : 표면장력으로 인해 내외부에 압력차(Δp) 발생

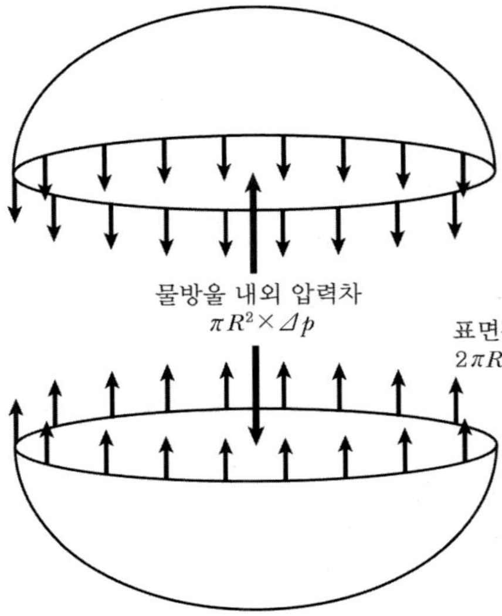

물방울 내외부 압력차＝표면장력 ➡➡ $\pi R^2 \Delta p = 2\pi R\sigma$ ➡➡ $\Delta p = \dfrac{2\sigma}{R}$

〈표면장력 σ(N/m)〉

물 질	표면유체	0℃	10℃	20℃	40℃	70℃
수은	진 공	0.474	0.473	0.472	0.468	0.463
물	공 기	0.0756	0.0742	0.0728	0.0695	0.0644
	포화증기	0.0733	0.0720	0.0706	0.0675	0.0626

02 | 모세관 현상

① 액체 속에 가는 관을 세우면 표면장력의 작용에 의하여 액이 관 속으로 상승 또는 하강하는 현상

- 응집력(cohesion) < 부착력(adhesion)

  액체관 속으로 상승(예 물)

- 응집력 > 부착력

  액체관 속으로 하강(예 수은)

※ 응집력: 액체 분자 간의 인력

※ 부착력: 액체 분자와, 액체와 접하고 있는, 고체와의 인력

③ 가는 관을 모세관(capillary tube), 관 속의 액면을 메니스커스(meniscus)라 함

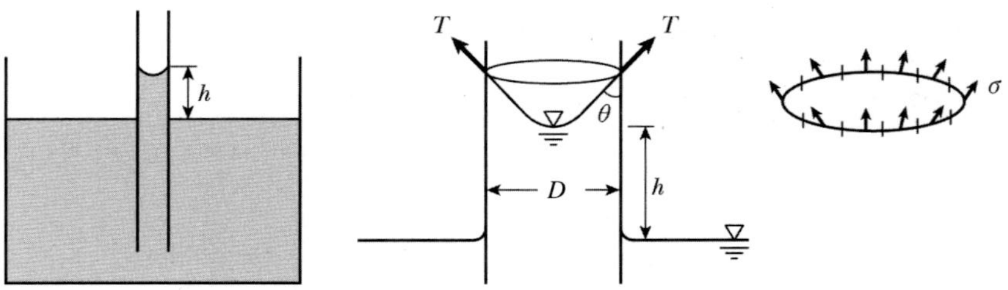

④ 모세관 높이

물기둥의 중량 = 부착력의 연직분력

- 물기둥의 중량 = 물의 단위중량 × 물기둥의 체적 = $\rho g \times \left(\frac{\pi}{4} D^2 \times h\right)$
- 응집력의 연직분력 = (표면장력 × 원주길이) × $\cos\theta = \sigma\pi D \times \cos\theta$

$$\therefore\ \rho g \times h \frac{\pi D^2}{4} = \sigma \times \pi D \times \cos\theta$$

$h = \dfrac{4\sigma\cos\theta}{\rho g D} = \dfrac{2\sigma\cos\theta}{\rho g R}$: 모세관 상승높이는 직경에 반비례하며, 표면장력에 비례한다.

여기서, R : 모세관의 반지름(= $\frac{D}{2}$)

ρ : 밀도

g : 중력가속도

σ : 표면장력

θ : 접촉각

D : 모세관 직경

8 액체의 포화증기압

① 포화수증기압: 어떤 물질의 증기가 액체와 평형상태(equilibrium state)로 공존할 때 증기가 나타내는 압력을 의미

② 증기압(vapor pressure)이라고도 함.

③ 압력이 포화수증기압 이하로 되면 증발현상 발생

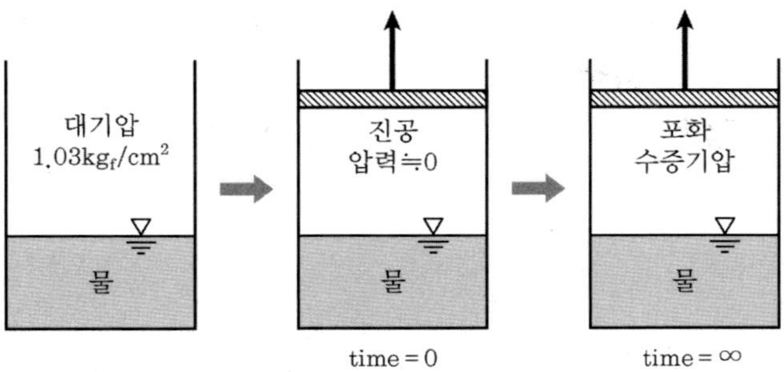

〈물의 포화 수증기압〉

온도	0	10	20	30	40	80	100	200
기압(kg_f/cm^2)	0.006	0.012	0.024	0.043	0.075	0.481	1.033	15.798

CHAPTER 02

기출문제

PART 01 | 유체의 성질

기사 기출문제

01 직경이 40 mm인 비눗방울의 내부 초과 압력이 150 Pa일 때 표면장력은 몇 N/m인가?
2010 03 07

㉮ 0.75　　㉯ 1.5　　㉰ 2.0　　㉱ 2.5

해설 D = 40 mm, $r = 0.02$ m, Δp = 150 Pa

$\Delta p \times \pi r^2 = \sigma \times 2\pi r$ 에서

$$\sigma = \frac{\Delta p \cdot r}{2} = \frac{150\ \text{Pa} \times 0.02\ \text{m}}{2}$$

$$= 1.5\ \text{Pa} \cdot \text{m} = 1.5\ \text{N/m}^2 \cdot \text{m} = 1.5\ \text{N/m}$$

정답 ㉯

02 다음 중 동점성계수의 차원을 옳게 표현한 것은? (단, 질량은 M, 길이는 L, 시간은 T로 표시한다)
2010 03 07

㉮ $[ML^{-1}T^{-1}]$　　㉯ $[L^2T^{-1}]$

㉰ $[ML^{-2}T^{-2}]$　　㉱ $[ML^{-1}T^{-2}]$

해설 $\nu = \frac{\mu}{\rho}$ (ν: 동점성계수, μ: 점성계수, ρ: 유체밀도)

$$[\nu] = \left[\frac{\mu}{\rho}\right] = \left[\frac{FT/L^2}{FL^{-4}T^2}\right] = \left[\frac{L^2}{T}\right] \quad \text{(공학차원)}$$

$$= \left[\frac{M/LT}{ML^{-3}}\right] = \left[\frac{L^2}{T}\right] \quad \text{(절대차원)}$$

정답 ㉯

03 호주에서 무게가 20 N인 어느 물체를 한국에서 재어보니 19.8 N이었다면 한국에서의 중력가속도는 약 몇 m/sec^{2}인가? (단, 호주에서의 중력가속도는 9.82 m/sec^{2}이었다.)

2010 05 09

㉮ 9.8 ㉯ 9.78 ㉰ 9.75 ㉱ 9.72

해설 호주에서의 중량$(W_a) = M \times g_a$ (M : 질량, g_a : 호주에서의 중력가속도)

$$M = \frac{W_a}{g_a}$$

한국에서의 중량$(W_k) = M \times g_k$ (M : 질량, g_k : 한국에서의 중력가속도)

$$g_k = \frac{W_k}{M} = \frac{W_k}{(W_a/g_a)} = \frac{19.8\ \text{N}}{\left(\dfrac{20\ \text{N}}{9.82\ \text{m/sec}^2}\right)} = 9.72\ \text{m/sec}^2$$

정답 ㉱

04 시간 Δt 사이에 물체의 선운동량이 ΔP만큼 변했을 때 $\dfrac{\Delta P}{\Delta t}$는 무엇을 의미하는가?

2010 09 05

㉮ 운동량 변화 ㉯ 충격량 변화 ㉰ 가속도 ㉱ 힘

해설 $\left[\dfrac{\text{선운동량}}{\Delta t}\right] = \left[\dfrac{\text{질량} \times \text{속도변화}}{T}\right] = \left[\dfrac{M \times \dfrac{L}{T}}{T}\right] = [ML/T^2] = [\text{힘}]$

정답 ㉱

05 유체의 압축률에 대한 기술로서 틀린 것은? 2010 09 05

㉮ 체적탄성계수의 역수에 해당한다.
㉯ 유체의 압축률이 작을수록 압축하기 힘들다.
㉰ 압축률은 단위압력변화에 대한 체적의 변형률을 말한다.
㉱ 체적의 감소는 밀도의 감소와 같은 뜻을 갖는다.

해설 밀도는 체적당 질량(=질량/체적)이므로 체적이 감소하면 밀도는 증가한다.

정답 ㉱

06 다음 중 점성계수 μ의 차원은 어느 것인가? (단, M : 질량, L : 길이, T : 시간)

2010 09 05

㉮ $[ML^{-1}T^{-2}]$　　㉯ $[ML^{-2}T^{-1}]$
㉰ $[M^{-1}L^{-1}T]$　　㉱ $[ML^{-1}T^{-1}]$

해설 점성계수(μ)의 차원 $[\mu] = [FT/L^2]$ (공학차원)
$= [M/LT]$ (절대차원)

정답 ㉱

07 1 mm의 간격을 가진 2개의 평행평판 사이에 물이 채워져 있는데 아래 평판은 고정시키고 위 평판을 1 m/sec의 속도로 움직였다. 평판 사이 물의 속도분포는 직선적이고 물의 동점성계수가 0.804×10^{-6} m²/sec일 때 평판의 단위면적(1 m²)에 걸리는 전단력은 약 몇 N인가?

2011 03 20

㉮ 0.6　　㉯ 0.7　　㉰ 0.8　　㉱ 0.9

해설
$$\tau = -\mu\frac{du}{dy}$$
$$= -\rho\nu\frac{du}{dy}$$
$$= -1000\,\text{kg/m}^3 \times 0.804 \times 10^{-6}\,\text{m}^2/\text{sec} \times \frac{(1\,\text{m/sec} - 0)}{1\,\text{mm} \times \frac{1\,\text{m}}{1000\,\text{mm}}}$$
$$= -0.804\frac{\text{kg}\cdot\text{m/sec}^2}{\text{m}^2} = -0.804\,\text{N/m}^2$$

정답 ㉰

08 유체의 압축률에 대한 설명으로서 틀린 것은?

2011 06 12

㉮ 체적탄성계수의 역수에 해당한다.
㉯ 유체의 체적감소는 밀도의 감소와 같은 뜻을 가진다.
㉰ 압축률은 단위압력변화에 대한 체적의 변형률을 말한다.
㉱ 압축률이 작은 것은 압축하기 어렵다.

해설 밀도는 체적당 질량(=질량/체적)이므로 체적이 감소하면 밀도는 증가한다.

정답 ㉯

09 다음 중 같은 단위가 아닌 것은? 2011 06 12

㉮ J ㉯ $kg \cdot m^2/sec^2$ ㉰ $Pa \cdot m^3$ ㉱ $N \cdot sec$

해설 $J = N \cdot m = kg \cdot m/sec^2 \times m = kg \cdot m^2/sec^2$

$$Pa \cdot m^3 = N/m^2 \times m^3 = \frac{kg \cdot m/sec^2}{m^2} \times m^3 = kg \cdot m^2/sec^2$$

$N \cdot sec = (kg \cdot m/sec^2) \times sec = kg \cdot m/sec$

정답 ㉱

10 점성계수와 동점성계수에 대한 설명으로 올바른 것은? 2011 10 02

㉮ 동점성계수 = 점성계수 × 밀도
㉯ 점성계수 = 동점성계수 × 중력가속도
㉰ 동점성계수 = 점성계수/밀도
㉱ 점성계수 = 동점성계수/중력가속도

해설 $동점성계수(\nu) = \frac{점성계수(\mu)}{밀도(\rho)}$

정답 ㉰

12 물탱크 바닥에 설치된 수도꼭지를 통해 흘러나오는 체적유량(Q)은 물 깊이(h)의 제곱근에 비례한다($Q = K\sqrt{h}$)비례상수 K의 차원을 $M^aL^bT^c$로 나타낼 때 $a+b+c$는 얼마인가? (단, M은 질량, L은 길이, T는 시간의 차원이다.) 2011 10 02

㉮ 1/2 ㉯ 1 ㉰ 3/2 ㉱ 2

해설 $Q = K\sqrt{h} = K \cdot h^{1/2}$

$[Q] = \left[\frac{L^3}{T}\right]$, $[Kh^{1/2}] = [KL^{1/2}]$

$[KL^{1/2}] = \left[\frac{L^3}{T}\right]$

$[K] = [L^{3-1/2} \cdot T^{-1}] = [M^0L^{5/2} \cdot T^{-1}] = [M^aL^bT^c]$

$a+b+c = 0+5/2-1 = 3/2$

정답 ㉰

13 물이 상온, 대기압에서 완전히 증발하여 같은 조건의 수증기로 바뀌었다면 부피는 약 몇 배로 증가하는가? (단, 물의 밀도는 1000 kg/m^3, 상온, 대기압에서 수증기 1몰 부피는 22.5 L이다.) 2011 10 02

㉮ 1250 ㉯ 1400 ㉰ 1550 ㉱ 1650

해설 상온에서 물의 밀도는 1000 kg/m^{3}이므로

상온에서 물 1000 kg의 부피 = 1 m^3 = 1000 L

상온에서 물 1 kg의 부피 = 1 L

상온에서 물 1 kg의 몰 수 $= 1000\text{ g} \times \dfrac{1\text{ mol}}{18\text{ g}} = \dfrac{1000}{18}\text{ mol}$

상온에서 수증기 1 kg의 부피 $= \dfrac{1000}{18}\text{ mol} \times \dfrac{22.5\text{ L}}{1\text{mol}} = 1250\text{ L}$

상온 1 kg 물의 부피는 1 L이지만, 수증기 1 kg의 부피는 1250 L로써 1250배 증가한다.

정답 ㉮

14 유체에서 압력을 P, 체적유량을 Q라고 했을 때 압력×체적유량($P \times Q$)과 같은 차원을 갖는 물리량은? 2012 03 04

㉮ 부력(buoyancy force) ㉯ 일(work)
㉰ 동력(power) ㉱ 표면장력(surface tension)

해설 $[\text{압력} \times \text{체적유량}] = \left[\dfrac{F}{L^2}\right] \times \left[\dfrac{L^3}{T}\right] = \left[\dfrac{FL}{T}\right] = [\text{일률}] = [\text{동력}]$

정답 ㉰

15 Newton의 점성법칙을 틀리게 설명한 것은? 2012 03 04

㉮ 전단응력은 점성계수와 속도기울기의 곱이다.
㉯ 전단응력은 속도기울기에 비례한다.
㉰ 속도기울기가 0인 곳에서 전단응력은 0이다.
㉱ 전단응력은 점성계수에 반비례한다.

해설 Newton의 점성법칙

$$\tau = -\mu \cdot \frac{du}{dy}$$

여기서, τ : 전단응력

μ : 점성계수

$\frac{du}{dy}$: 속도 구배

전단응력은 점성계수에 비례한다.

정답 ㉱

16 어떤 액체의 동점성계수가 2 stokes이며, 비중량이 8×10^3 N/m³이다. 이 액체의 점성계수는 약 몇 N · sec/m²인가? 2012 05 20

㉮ 0.163 ㉯ 0.263 ㉰ 16.3 ㉱ 26.3

해설 동점성계수$(\nu) = 2\text{stokes} = 2\ \text{cm}^2/\text{sec}$, 비중량$(\gamma) = \rho g = 8 \times 10^3\ \text{N/m}^3$

$$\text{점성계수}(\mu) = \rho\nu = \left(\frac{\gamma}{g}\right)\nu = \frac{8 \times 10^3\ \text{N/m}^3}{9.8\ \text{m/sec}^2} \cdot 2\ \text{cm}^2/\text{sec} \times \left(\frac{1\ \text{m}^2}{10^4\ \text{cm}^2}\right)$$
$$= 0.163\ \text{N} \cdot \text{sec/m}^2$$

정답 ㉮

17 다음 중 물리량과 차원의 연결이 옳은 것은? (단, p : 압력, ρ : 밀도, V : 속도, H : 높이, M : 질량, L : 길이, T : 시간의 차원을 나타낸다.) 2012 09 15

㉮ ρ : $[ML^3]$ ㉯ ρV^2 : $[ML^{-1}T^{-1}]$

㉰ $\rho g H$: $[ML^{-1}T^{-2}]$ ㉱ $\frac{\rho V^2}{P}$: $[ML^{-1}T^{-1}]$

해설 $[\rho] = \left[\frac{M}{L^3}\right]$

$$[\rho V^2] = \left[\frac{M}{L^3} \times \left(\frac{L}{T}\right)^2\right] = [ML^{-1}T^{-2}]$$

$$\left[\frac{\rho V^2}{P}\right] = [\rho][V^2]\left[\frac{1}{P}\right] = \left[\frac{M}{L^3}\right]\left[\left(\frac{L}{T}\right)^2\right]\left[\frac{L^2}{F}\right] = \left[\frac{M}{L^3}\right]\left[\left(\frac{L}{T}\right)^2\right]\left[\frac{L^2}{F}\right]\left[\frac{F}{MLT^{-2}}\right]$$
$$= [M^0L^0T^0]$$

정답 ㉰

18 유체의 압축률에 관한 설명으로 옳은 것은? 2013 03 10

㉮ 압축률＝밀도×체적탄성계수
㉯ 압축률＝1/체적탄성계수
㉰ 압축률＝밀도/체적탄성계수
㉱ 압축률＝체적탄성계수/밀도

해설 유체의 압축률(β)와 체적탄성계수(K)는 역수관계이다.

정답 ㉯

19 점성계수가 0.9 poise이고 밀도가 950 kg/m³인 유체의 동점성계수는 몇 stokes인가? 2013 06 02

㉮ 9.47×10^{-2}　　㉯ 9.47×10^{-4}
㉰ 9.47×10^{-1}　　㉱ 9.47×10^{-3}

해설 점성계수＝$\mu = 0.9$ poise＝0.9 g/cm · sec
밀도(ρ)＝950 kg/m³

$$\text{동점성계수}(\nu) = \frac{\mu}{\rho} = \frac{0.9\ \text{g/cm}\cdot\text{sec}}{950\ \text{kg/m}^3} = \frac{0.9\ \text{g/cm}\cdot\text{sec}}{950\ \text{kg/m}^3 \times \dfrac{10^3\ \text{g}}{1\ \text{kg}} \times \dfrac{1\ \text{m}^3}{10^6\ \text{cm}^3}}$$

$$= 9.47 \times 10^{-1}\ \text{cm}^2/\text{sec}$$

정답 ㉰

20 동일한 유체의 물성치로 볼 수 없는 것은? 2013 06 02

㉮ 밀도 $1.5 \times 10^3\ \text{kg/m}^3$　　㉯ 비중 1.5
㉰ 비중량 $1.47 \times 10^4\ \text{N/m}^3$　　㉱ 비체적 $6.67 \times 10^{-3}\ \text{m}^3/\text{kg}$

해설 밀도＝$1.5 \times 10^3\ \text{kg/m}^3$이면

$$\text{비중}(s) = \frac{\gamma}{\gamma_w} = \frac{\rho}{\rho_w} = \frac{1.5 \times 10^3\ \text{kg/m}^3}{1000\ \text{kg/m}^3} = 1.5$$

$$\text{비중량}(\gamma) = \rho g = \text{비중} \times \gamma_w = 1.5 \times 9800\ \text{N/m}^3 = 1.47 \times 10^4\ \text{N/m}^3$$

$$비체적(v) = \frac{1}{\rho} = \frac{1}{1.5 \times 10^3 \text{ kg/m}^3} = 6.67 \times 10^{-4} \text{ m}^3/\text{kg} \neq 6.67 \times 10^{-3} \text{ m}^3/\text{kg}$$

정답 ㉣

21 점성계수에 대한 설명 중 옳지 않은 것은? (단, M은 질량, L은 길이, T는 시간을 나타낸다.) 2013 09 28

㉮ 차원은 $ML^{-1}T^{-1}$이다.
㉯ 전단응력과 전단변형률이 선형적인 관계를 갖는 유체를 Newton 유체라 한다.
㉰ 온도의 변화에 따라 변화한다.
㉱ 공기의 점성계수가 물보다 크다.

해설 유체의 점성계수는 그 유체가 움직이는데 얼마나 힘든 성질을 지니고 있는가의 지표이다. 물의 점성계수는 1.002×10^{-3} N · sec/m^2(20℃)로써 20℃ 공기의 점성계수 1.813×10^{-5} N · sec/m^2(20℃)보다 수십 배 크다

정답 ㉣

22 점성계수가 0.08 kg/m · sec이고 밀도가 800 kg/m^{3}인 유체의 동점성계수는 몇 cm^2/sec인가? 2014 03 02

㉮ 0.0001　　㉯ 0.08　　㉰ 1.0　　㉱ 8.0

해설 점성계수 $= \mu = 0.08$ kg/m · sec
밀도$(\rho) = 800$ kg/m^3

$$동점성계수(\nu) = \frac{\mu}{\rho} = \frac{0.08 \text{ kg/m} \cdot \text{sec}}{800 \text{ kg/m}^3} = \frac{0.08}{800} \text{ m}^2/\text{sec} = \frac{0.08}{800} \text{ m}^2/\text{sec} \times \frac{10^4 \text{ cm}^2}{1 \text{ m}^2}$$
$$= 1.0 \text{ cm}^2/\text{sec}$$

정답 ㉢

23 일반적인 유체에 대한 설명으로 옳지 않은 것은? 2014 05 25

㉮ 작은 전단력에도 저항하지 못하고 쉽게 변형한다.
㉯ 유체가 정지상태에 있을 때는 전단력을 받지 않는다.
㉰ 일반적으로 액체의 전단력은 온도가 올라갈수록 증가한다.
㉱ 유체에 작용하는 압력은 절대압력과 계기압력으로 구분할 수 있다.

해설 액체의 점성계수는 온도가 올라갈수록 감소하고, 기체의 점성계수는 온도가 올라갈수록 증가한다.

정답 ㉰

24 체적탄성계수가 2.1475×10^9 Pa인 물의 체적을 0.25% 압축시키려면 몇 Pa의 압력이 필요한가? 2014 05 25

㉮ 4.93×10^5 ㉯ 6.75×10^5 ㉰ 4.23×10^6 ㉱ 5.37×10^6

해설 $-\frac{\Delta V}{V} = \frac{1}{K} \cdot \Delta p$ 에서

$$\Delta p = K \cdot \left(-\frac{\Delta V}{V}\right) = 2.1745 \times 10^9 \text{ Pa} \times \left(\frac{0.25}{100}\right) = 5.37 \times 10^6 \text{ Pa}$$

정답 ㉱

25 직경 40 mm인 비눗방울의 내부 초과압력이 30 N/m^{2}일 때 비눗방울의 표면장력은 몇 N/m인가? 2014 09 20

㉮ 0.075 나 0.15 ㉰ 0.2 ㉱ 0.3

해설 $\Delta p = \frac{2\sigma}{R}$ 에서

$$\sigma = \frac{\Delta p \cdot R}{2} = \frac{30 \text{ N/m}^2 \cdot \left(\frac{20}{1000} \text{ m}\right)}{2} = 0.3 \text{ N/m}$$

정답 ㉱

26 유체에 관한 설명으로 옳지 않은 것은? 2014 09 20

㉮ 실제유체는 유동할 때 마찰로 인한 손실이 생긴다.
㉯ 이상유체는 높은 압력에서 밀도가 변화하는 유체이다.
㉰ 유체에 압력을 가하면 체적이 줄어드는 유체는 압축성 유체이다.
㉱ 전단력을 받을 때 저항하지 못하고 연속적으로 변형하는 물질을 유체라 한다.

해설 이상유체는 비압축성, 비점성 유체이므로 높은 압력에서도 압축되지 않으므로 밀도가 변하지 않는다.

정답 ㉯

27 지름이 10 cm인 실린더 속에 유체가 흐르고 있다. 벽면으로부터 가까운 곳에서 수직거리가 y(m)인 위치에서 속도가 $u=5y-y^2$(m/sec)로 표시된다면 벽면에서의 마찰전단 응력은 몇 Pa인가? (단, 유체의 점성계수 $\mu=3.82\times10^{-2}$ N · sec/m²) 2015 03 08

㉮ 0.191 ㉯ 0.38 ㉰ 1.95 ㉱ 3.82

해설 유속분포 $u=5y-y^2$(m/sec), 점성계수(μ)$=3.82\times10^{-2}$ N · sec/m², 벽면에서 $y=0$

$$\tau=-\mu\cdot\frac{du}{dy}$$

$$=(-3.82\times10^{-2}\,\text{N}\cdot\text{sec/m}^2)\cdot\frac{d}{dy}(5y-y^2)_{y=0}\left(\frac{1}{\text{sec}}\right)$$

$$=(-3.82\times10^{-2}\,\text{N}\cdot\text{sec/m}^2)\cdot(5-2\times0)\left(\frac{1}{\text{sec}}\right)=-0.191\,\text{N/m}^2$$

정답 ㉮

28 수직 유리관 속의 물기둥 높이를 측정하여 압력을 측정할 때, 모세관현상에 의한 영향이 0.5 mm 이하가 되도록 하려면 관의 반경은 최소 몇 mm가 되어야 하는가? (단, 물의 표면장력은 0.0728 N/m, 물－유리－공기 조합에 대한 접촉각은 0°로 한다.) 2015 03 08

㉮ 2.97 ㉯ 5.94 ㉰ 29.7 ㉱ 59.4

해설 $\text{h}=\dfrac{4\sigma\cdot\cos\theta}{\rho\text{gD}}$에서

$$\text{D}=\frac{4\sigma\cos\theta}{\rho\text{gh}}=\frac{4\sigma\cos\theta}{\gamma h}\equiv\frac{4\times0.0728\,\text{N/m}\times\cos0°}{9800\,\text{N/m}^3\times\frac{0.5}{1000}\,\text{m}}=0.059\,\text{m}$$

$$\text{R}=\frac{\text{D}}{2}=\frac{0.059\,\text{m}}{2}=29.7\,\text{mm}$$

정답 ㉰

29 액체분자들 사이의 응집력과, 고체 면에 대한 부착력의 차이에 의하여 관 내 액체표면과 자유표면 사이에 높이 차이가 나타나는 것과 가장 관계가 깊은 것은? 2015 05 31

㉮ 관성력　　　　　㉯ 점성
㉰ 뉴턴의 마찰법칙　　　　　㉱ 모세관 현상

해설 모세관현상은 액체분자 간 응집력과, 액체와 고체와의 부착력에 의해 일어나는 현상이다.

정답 ㉱

30 다음 중 크기가 가장 큰 것은? 2015 05 31

㉮ 19.6 N
㉯ 질량 2 kg인 물체의 무게
㉰ 비중1, 부피 2 m^3인 물체의 무게
㉱ 질량 4.9 kg인 물체가 4m/s^2의 가속도를 받을 때의 힘

해설 질량 2 kg인 물체의 무게 $= 2\text{ kg} \times 9.8\text{ m/sec}^2 = 19.6\text{ N}$

비중 1, 부피 2 m^3인 물체의 무게 $=$ (비중 × 밀도) $\times V \times g = (s \times \rho_w) \times V \times g$

$= 1 \times 1000\text{ kg/m}^3 \times 2\text{ m}^3 \times 9.8\text{ m/sec}^2$

$= 19600\text{ N}$

질량 4.9 kg인 물체가 4 m/s^2의 가속도를 받을 때의 힘 $= 4.9\text{ kg} \times 4\text{ m/sec}^2 = 19.6\text{ N}$

정답 ㉰

31 체적탄성계수가 2×10^9 Pa인 물의 체적을 3% 감소시키려면 몇 MPa의 압력을 가하여야 하는가? 2015 09 19

㉮ 25　　㉯ 30　　㉰ 45　　㉱ 60

해설 $-\dfrac{\Delta V}{V} = \dfrac{1}{K} \cdot \Delta p$

여기서, V : 부피
p : 압력
K : 체적탄성계수

$\Delta p = K \cdot \left(-\dfrac{\Delta V}{V}\right) = 2 \times 10^9\text{ Pa} \times \left(\dfrac{3}{100}\right) = 6.0 \times 10^7\text{ Pa} = 60 \times 10^6\text{ Pa} = 60\text{MPa}$

정답 ㉱

32 Newton의 점성법칙에 대한 옳은 설명으로 모두 짝지은 것은? 2016 03 06

> ① 전단응력은 점성계수와 속도기울기의 곱이다.
> ② 전단응력은 점성계수에 비례한다.
> ③ 전단응력은 속도기울기에 반비례한다.

㉮ ①, ②　　㉯ ②, ③　　㉰ ①, ③　　㉱ ①, ②, ③

해설 Newton의 점성법칙

$$\tau = -\mu \cdot \frac{du}{dy}$$

여기서, τ : 전단응력

μ : 점성계수

$\frac{du}{dy}$: 속도 구배

전단응력은 속도구배(기울기)에 비례한다.

정답 ㉮

33 전체 질량이 3000 kg인 소방차의 속력을 4초만에 시속 40 km에서 80 km로 가속하는데 필요한 동력은 몇 kW인가? 2016 03 06

㉮ 34　　㉯ 70　　㉰ 139　　㉱ 209

해설 M=3,000 kg, t=4sec, 초기속도(V_0)=40 km/hr, 4sec 후 속도(V_{4s})=80 km/hr

$$\text{가속도(a)} = \frac{V_{4s} - V_0}{4\text{ sec}} = \frac{(80-40)\text{ km/hr}}{4\text{ sec}}$$

$$= \left(\frac{40\text{ km/hr}}{4\text{ sec}}\right) \times \frac{\text{hr}}{3600\text{ sec}} \times \frac{1000\text{ m}}{\text{km}} = 2.78\text{ m/sec}^2$$

$$V_o = 40\text{ km/hr} \times \frac{1000\text{ m}}{\text{km}} \times \frac{\text{hr}}{3600\text{ sec}} = 11.11\text{ m/sec}$$

$$V_{4s} = 80\text{ km/hr} = 22.22\text{ m/sec}$$

$$\text{거리}(L) = V_0 \cdot t + \frac{1}{2}at^2$$

$$\text{동력} = \frac{M \times a \times L}{t} \equiv \frac{Ma \times \left(V_0 t + \frac{1}{2}at^2\right)}{t} = Ma\left(V_0 + \frac{1}{2}at\right)$$

$$= 3000 \times 2.78 \times \left(11.11 + \frac{1}{2} \times 2.78 \times 4\right) = 139 \times 10^3(\text{W}) = 139(\text{kW})$$

정답 ㉰

34 기체의 체적탄성계수에 관한 설명으로 옳지 않은 것은? 2016 03 06

㉮ 체적탄성계수는 압력의 차원을 가진다.
㉯ 체적탄성계수가 큰 기체는 압축하기 쉽다.
㉰ 체적탄성계수의 역수를 압축률이라 한다.
㉱ 이상기체를 등온압축시킬 때 체적탄성계수는 절대압력과 같은 값이다.

해설 압축률(β)과 체적탄성계수(K)는 역수관계이고, 압축률이 큰 유체는 압축이 용이하고, 체적탄성계수가 큰 유체는 압축이 어렵다.

정답 ㉯

35 다음 중 동점성계수의 차원을 옳게 표현한 것은? (단, 질량 M, 길이 L, 시간 T로 표시한다.) 2016 05 08

㉮ $[ML^{-1}T^{-1}]$ ㉯ L^2T^{-1} ㉰ $ML^{-2}T^{-2}$ ㉱ $ML^{-1}T^{-2}$

해설 동점성계수(ν)의 차원= $[L^2/T]$

정답 ㉯

36 지름의 비가 1 : 2인 2개의 모세관을 물속에 수직으로 세울 때 모세관현상으로 물이 관 속으로 올라가는 높이의 비는? 2016 05 08

㉮ 1 : 4 ㉯ 1 : 2 ㉰ 2 : 1 ㉱ 4 : 1

해설 모세관 높이$(h) \propto \dfrac{1}{D}$ (D : 모세관 지름)

$$h_1 : h_2 = \frac{1}{D_1} : \frac{1}{D_2} = \frac{1}{1} : \frac{1}{2} = 2 : 1$$

정답 ㉰

37 지름이 400 mm인 베어링이 400 rpm으로 회전하고 있을 때 마찰에 의한 손실동력은 약 몇 kW인가? (단, 베어링과 축 사이에는 점성계수가 0.049 N · sec/m^{2}인 기름이 차 있다.) 2016 05 08

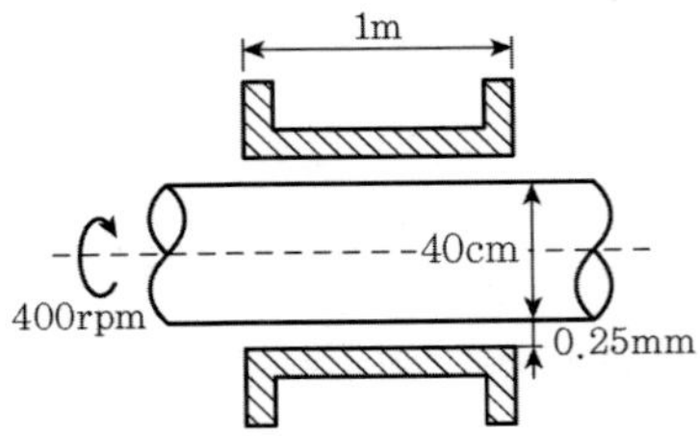

㉮ 15.1　　㉯ 15.6　　㉰ 16.3　　㉱ 17.3

해설 손실동력 $= \dfrac{\text{힘} \times \text{거리}}{\text{시간}} = \text{마찰력} \times \dfrac{\text{거리}}{\text{시간}} = \text{마찰력} \times \text{회전선속도}$

$$\text{회전선속도} = r\omega = 0.2\ \text{m} \times 400\ \text{rpm} \times \frac{(2\pi/\text{min} \times 1\ \text{min}/60\ \text{sec})}{\text{rpm}} = 8.38\ \text{m/sec}$$

$$\text{마찰력(F)} = \tau \times \text{접촉면적}$$

$$= \left(-\mu\frac{du}{dy}\right) \times (\pi \text{DL})$$

$$= (-0.049\ \text{N} \cdot \text{sec/m}^2)\frac{(8.38-0)\ \text{m/sec}}{\left(\frac{0.25}{1000}\ \text{m}\right)} \times (\pi \times 0.4 \times 1\ \text{m}) \approx -2063\ \text{N}$$

$$\text{손실동력} = \text{마찰력} \times \text{회전선속도} = 2063\ \text{N} \times 8.38\ \text{m/sec} = 17{,}288\ \text{W} = 17.3\ \text{kW}$$

정답 ㉱

38 유체에 관한 설명 중 옳은 것은? 2016 10 01

㉮ 실제유체는 유동할 때 마찰손실이 생기지 않는다.
㉯ 이상유체는 높은 압력에서 밀도가 변화하는 유체이다.
㉰ 유체에 압력을 가하면 체적이 줄어드는 유체는 압축성 유체이다.
㉱ 압력을 가해도 밀도변화가 없으며 점성에 의한 마찰손실만 있는 유체가 이상유체이다.

해설 이상유체는 비압축성, 비점성 유체이므로 높은 압력에서도 압축되지 않으며, 마찰손실도 없다.

정답 ㉰

39 직경이 D인 원형 축과 슬라이딩 베어링 사이(간격 = t, 길이 = L)에 점성계수가 μ인 유체가 채워져 있다. 축을 ω의 각속도로 회전시킬 때 필요한 토크를 구하면? (단, $t \ll D$) 2016 10 01

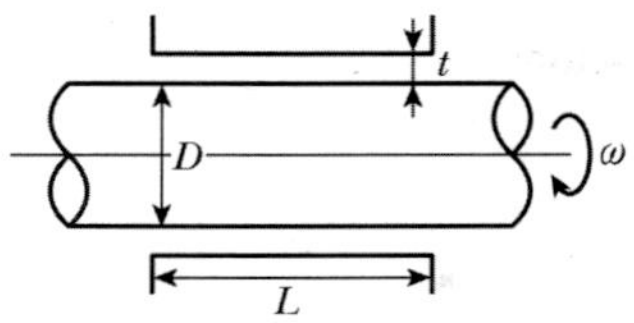

㉮ $T = \mu\frac{\omega D}{2t}$

㉯ $T = \frac{\pi\mu\omega D^2 L}{2t}$

㉰ $T = \frac{\pi\mu\omega D^3 L}{2t}$

㉱ $T = \frac{\pi\mu\omega D^3 L}{4t}$

해설 마찰력 = 전단응력 × 접촉면적

$$= \tau \times \pi DL = \mu\frac{du}{dy} \times \pi DL$$

$$= \mu\frac{R\omega}{t} \times \pi DL$$

$$= \mu\frac{D}{2}\frac{\omega}{t} \times \pi DL$$

$$= \frac{\pi\mu\omega D^2 L}{2t}$$

토크 = 마찰력 × 회전반경 = $\frac{\pi\mu\omega D^2 L}{2t} \times \frac{D}{2} = \frac{\pi\mu\omega D^3 L}{4t}$

정답 ㉱

40 그림과 같이 매끄러운 유리관에 물이 채워져 있을 때 모세관 상승높이 h는 약 몇 m인가?

2017 03 05

> [조건]
> 액체의 표면장력 $\sigma = 0.073\ N/m$
> $R = 1\ mm$
> 매끄러운 유리관의 접촉각 $\theta \approx 0^\circ$

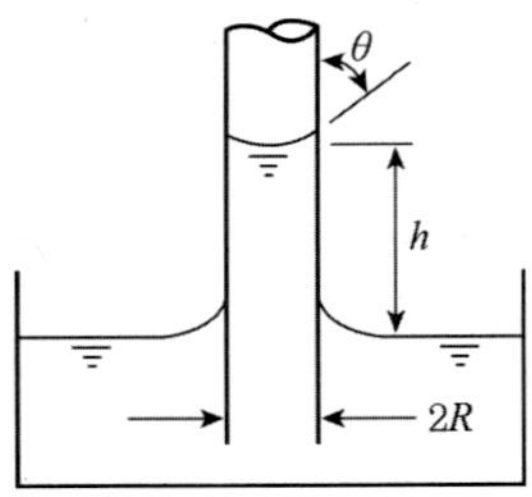

㉮ 0.007 ㉯ 0.015 ㉰ 0.07 ㉱ 0.15

해설 표면장력(σ)= 0.073 N/m

모세관 반경=1 mm=$\frac{1}{1000}$ m

접촉각(θ)=0°

모세관높이(h)= $\frac{2\sigma\cos\theta}{\rho g R} = \frac{2 \times 0.073 \text{ N/m} \times \cos 0°}{9800 \text{ N/m}^3 \times (\frac{1}{1000} \text{ m})} = 0.0149 \text{ m} \approx 0.015 \text{ m}$

정답 ㉯

41 점성계수의 단위로 사용되는 포아즈(poise)의 환산단위로 옳은 것은? 2017 03 05

㉮ cm^2/sec ㉯ $\text{N} \cdot \text{sec}^2/\text{m}^2$ ㉰ dyne/cm · sec ㉱ $\text{dyne} \cdot \text{sec}/\text{cm}^2$

해설 1 poise= 1 g/cm · sec

㉮ $\text{cm}^2/\text{sec} \neq \text{g/cm} \cdot \text{sec}$

㉯ $\text{N} \cdot \text{sec}^2/\text{m}^2 = \left[\text{N} \times \frac{\text{kg} \cdot \text{m/sec}^2}{\text{N}}\right] \times \left[\frac{\text{sec}^2}{\text{m}^2} \times \frac{\text{m}^2}{10^4 \text{ cm}^2}\right]$

$= \frac{1}{10^4} \frac{\text{kg} \cdot \text{m}}{\text{cm}^2}$

$= \frac{1}{10^4} \frac{\text{kg} \cdot \text{m}}{\text{cm}^2} \times \frac{10^3 \text{ g}}{\text{kg}} \times \frac{100 \text{ cm}}{\text{m}}$

$= 10 \text{ g/cm}$

$\neq \text{g/cm} \cdot \text{sec}$

㉰ $\text{dyne/cm} \cdot \text{sec} = \text{dyne} \times \frac{(\text{g} \cdot \text{cm/sec}^2)}{\text{dyne}} \times \frac{1}{\text{cm} \cdot \text{sec}}$

$= \text{g/sec}^2$

$\neq \text{g/cm} \cdot \text{sec}$

㉱ $\text{dyne} \cdot \text{sec/cm}^2 = \text{dyne} \times \frac{(\text{g} \cdot \text{cm/sec}^2)}{\text{dyne}} \times \frac{\text{sec}}{\text{cm}^2}$

$= \text{g/cm} \cdot \text{sec}$

$= \text{poise}$

정답 ㉱

42 중력가속도가 2 m/sec^{2}인 곳에서 무게가 8 kN이고 부피가 5 m^{3}인 물체의 비중은 약 얼마가? 2017 05 07

㉮ 0.2 ㉯ 0.8 ㉰ 1.0 ㉱ 1.6

해설 물체의 비중량(γ)$=\dfrac{8\text{ kN}}{5\text{ m}^3}=\dfrac{8000}{5}\text{ N/m}^3=1600\text{ N/m}^3$

물체의 밀도(ρ)$=\dfrac{\gamma}{g}=\dfrac{1600\text{ N/m}^3}{2\text{ m/sec}^2}=800\text{ N}\cdot\text{sec}^2/\text{m}^4$

비중(s)$=\dfrac{\rho}{\rho_w}=\dfrac{800\,N\cdot\text{sec}^2/\text{m}^4}{10^3\text{ kg/m}^3}=\left[\dfrac{0.8\,N\cdot\text{sec}^2}{\text{kg}\cdot\text{m}}\right]\times\dfrac{\text{kg}\cdot\text{m/sec}^2}{\text{N}}=0.8$

정답 ㉯

43 뉴턴(Newton)의 점성법칙을 이용한 회전원통식 점도계는? 2017 05 07

㉮ 세이볼트 점도계 ㉯ 오스트발트 점도계
㉰ 레드우드 점도계 ㉱ 스토머 점도계

해설 점성계수 측정장치와 측정원리

측정 원리	점성계수 측정장치
뉴턴의 점성법칙	Stomer 점성계
Hagen−Poiseuille 법칙	Oswald 점성계, Saybolt 점성계
Stokes 법칙	낙구식 점성계

정답 ㉱

44 동력(power)의 차원을 옳게 표시한 것은? (단, M : 질량, L : 길이, T : 시간을 나타낸다.) 2017 05 07

㉮ ML^2T^{-3} ㉯ L^2T^{-1} ㉰ $ML^{-1}T^{-1}$ ㉱ MLT^{-2}

해설 힘(F)=질량×가속도=$[M\times L/T^2]$

일(W)=힘×거리=$[M\times L/T^2]\times L=[ML^2/T^2]$

동력(P)= 일/시간=$\dfrac{W}{T}=\left[\dfrac{ML^2/T^2}{T}\right]=[ML^2/T^3]$

정답 ㉮

45 다음 중 동일한 액체의 물성치를 나타낸 것이 아닌 것은? 2017 09 23

㉮ 비중이 0.8 ㉯ 밀도가 800 kg/m^3
㉰ 비중량이 7840 N/m^3 ㉱ 비체적이 1.25 m^3/kg

해설 비중 0.8인 액체

$0.8=\frac{\gamma}{\gamma_w}=\frac{\gamma}{9800\ N/m^3}$에서 비중량$(\gamma)=0.8\times 9800\ N/m^3=7840\ N/m^3$

$0.8=\frac{\rho}{\rho_w}=\frac{\rho}{1000\ kg/m^3}$에서 밀도$(\rho)=0.8\times 1000\ kg/m^3=800\ kg/m^3$

※비체적이 1.25 m^3/kg인 액체의 밀도는 $\frac{1}{1.25\ m^3/kg}=0.8\ kg/m^3$

정답 ㉱

46 유체가 평판 위를 $u[m/sec]=500y-6y^2$의 속도분포로 흐르고 있다. 이때 y[m]는 벽면으로부터 측정된 수직거리일 때 벽면에서의 전단응력은 약 몇 N/m^2인가? (단, 점성계수는 1.4×10^{-3} Pa · sec이다.) 2017 09 23

㉮ 14 ㉯ 7 ㉰ 1.4 ㉱ 0.7

해설 점성계수$(\mu)=1.4\times 10^{-3}\ Pa\cdot sec=1.4\times 10^{-3}\ kg/m\cdot sec$

속도분포$(u)=500y-6y^2(m/sec)$

벽면에서 $y=0$

$$\begin{aligned}\text{전단응력}(\tau) &= -\mu\left(\frac{du}{dy}\right)_{y=0}\\ &= -1.4\times 10^{-3}(kg/m\cdot sec)\times\frac{d}{dy}(500y-6y^2)_{y=0}\\ &= -1.4\times 10^{-3}(kg/m\cdot sec)\times(500-2\times 6\times 0)\\ &= -0.7\ kg/m\cdot sec\\ &= -0.7\ kg/m\cdot sec\cdot\frac{N}{kg\cdot m/sec^2}\\ &= -0.7\ N/m^2\end{aligned}$$

정답 ㉱

47 다음 중 동력의 단위가 아닌 것은? 2018 03 04

㉮ J/sec ㉯ W ㉰ $kg\cdot m^2/sec$ ㉱ $N\cdot m/sec$

해설 동력은 일을 계속적으로 행하기 위해 단위시간 동안 필요한 에너지로서 일률의 차원 $[ML^2/T^3]$을 가지며, 단위는 W, J/sec, N·m/sec이다.

정답 ㉰

48 체적이 10 m³인 기름의 무게가 30000 N이라면 이 기름의 비중은 얼마인가? (단, 물의 밀도는 1000 kg/m³이다.) 2018 03 04

㉮ 0.153 ㉯ 0.306 ㉰ 0.459 ㉱ 0.612

해설 $비중(s) = \frac{\gamma}{\gamma_w} = \frac{\left(\frac{30000\ N}{10\ m^3}\right)}{\rho_w \times g} = \frac{\left(\frac{30000\ kg \cdot m/sec^2}{10\ m^3}\right)}{1000\ kg/m^3 \times 9.8\ m/sec^2} = 0.306$

정답 ㉯

49 호주에서 무게가 20 N인 어떤 물체를 한국에서 재어보니 19.8 N이었다면 한국에서의 중력가속도는 약 몇 m/sec²인가? (단, 호주에서의 중력가속도는 9.82 m/sec²이다.) 2018 04 28

㉮ 9.72 ㉯ 9.75 ㉰ 9.78 ㉱ 9.82

해설 호주에서의 중량$(W_a) = M \times g_a = 20\ N$

여기서, M : 질량

g_a : 호주에서의 중력가속도

$M = \frac{W_a}{g_a}$ (물체의 질량은, 중력이 변하더라도 일정하다)

한국에서의 중량$(W_k) = M \times g_k = 19.8\ N$

여기서, M : 질량

g_k : 한국에서의 중력가속도

$$g_k = \frac{W_k}{M} = \frac{W_k}{(W_a/g_a)} = \frac{19.8\ N}{\left(\frac{20\ N}{9.82\ m/sec^2}\right)} = 9.72\ m/sec^2$$

정답 ㉮

50 비압축성 유체를 설명한 것으로 가장 옳은 것은? 2018 04 28

㉮ 체적탄성계수가 무한대(∞)인 유체를 말한다.
㉯ 관로 내에 흐르는 유체를 말한다.
㉰ 점성을 갖고 있는 유체를 말한다.
㉱ 난류 유동을 하는 유체를 말한다.

해설 〈유체의 압축성〉

$$-\frac{\Delta V}{V}=\beta \cdot \Delta p=\frac{1}{K} \cdot \Delta p$$

여기서, ΔV : 감소부피(m^3)
Δp : 가해진 압력(N/m^2)
β : 체적압축계수(압축률)(m^2/N)
K : 체적탄성계수(N/m^2)

비압축성 유체는 $-\frac{\Delta V}{V}=0$이어야 하며, 그러기 위해서는 체적압축계수(β)가 0이거나 체적탄성계수(K)가 무한대(∞)이어야 한다.

정답 ㉮

51 2 cm 떨어진 두 수평한 판 사이에 기름이 차 있고, 두 판 사이의 정중앙에 두께가 매우 얇은 한 변의 길이가 10 cm인 정사각형 판이 놓여 있다. 이 판을 10 cm/sec의 일정한 속도로 수평하게 움직이는데 0.02 N의 힘이 필요하다면, 기름의 점도는 약 몇 $N \cdot sec/m^2$인가? (단, 정사각형 판의 두께는 무시한다.) 2018 09 15

㉮ 0.1 ㉯ 0.2 ㉰ 0.01 ㉱ 0.02

해설 정사각형 판의 양쪽으로부터 작용하는 점성에 의한 전단력 0.02 N이므로 한 쪽면에서의 전단력은 0.01 N이다. 거리는 정중앙이므로 1 cm(=0.01 m)이다.

$$\text{전단응력}(=\tau)=\frac{\text{전단력}}{\text{작용면적}}=\frac{0.01\ N}{0.1\ m \times 0.1\ m}=1.0\ N/m^2$$

$$\text{속도구배}\left(\frac{du}{dy}\right)=\frac{0.1\ m/sec}{0.01\ m}=10.0\ sec^{-1}$$

$\tau=\mu \times \frac{du}{dy}$에서

$$\mu=\frac{\tau}{\left(\frac{du}{dy}\right)}=\frac{1.0\ N/m^2}{10\ sec^{-1}}=0.1\ N \cdot sec/m^2$$

정답 ㉮

52 모세관 현상에 있어서 물이 모세관을 따라 올라가는 높이에 대한 설명으로 옳은 것은? 2018 09 15

㉮ 표면장력이 클수록 높이 올라간다. ㉯ 관의 지름이 클수록 높이 올라간다.
㉰ 밀도가 클수록 높이 올라간다. ㉱ 중력의 크기와는 무관하다.

해설 모세관 상승높이(h)

$$h = \frac{4\sigma\cos\theta}{\rho g D} = \frac{2\sigma\cos\theta}{\rho g R}$$

여기서, R : 모세관의 반지름$\left(=\frac{D}{2}\right)$

ρ : 밀도
g : 중력가속도
σ : 표면장력
θ : 접촉각

모세관의 높이(h)는 표면장력(σ)에 비례하고, 밀도(ρ)와 관의 (반)지름에 반비례한다.

정답 ㉮

53 다음 기체, 유체, 액체에 대한 설명 중 옳은 것만을 모두 고른 것은? 2018 09 15

ⓐ 기체 : 매우 작은 응집력을 가지고 있으며, 자유표면을 가지지 않고 주어진 공간을 가득 채우는 물질
ⓑ 유체 : 전단응력을 받을 때 연속적으로 변형하는 물질
ⓒ 액체 : 전단응력이 전단변형률과 선형적인 관계를 가지는 물질

㉮ ⓐ, ⓑ ㉯ ⓐ, ⓒ ㉰ ⓑ, ⓒ ㉱ ⓐ, ⓑ, ⓒ

해설 전단응력이 전단변형률과 선형적인 관계를 가지는 유체는 뉴턴유체(Newtonian Fluid)라고 한다.

정답 ㉮

54 수은의 비중이 13.6일 때 수은의 비체적은 몇 m^3/kg인가? 2019 03 03

㉮ $\frac{1}{13.6}$ ㉯ $\frac{1}{13.6}\times10^{-3}$ ㉰ 13.6 ㉱ 13.6×10^{-3}

해설 수은의 비중(s)$=\dfrac{\rho_m}{\rho_w}$, $\rho_m = 13.6\,\rho_w$

여기서, ρ_m : 수은의 밀도

ρ_w : 물의 밀도(=1000 kg/m^3)

수은 비체적$=\dfrac{1}{\rho_m}=\dfrac{1}{13.6\rho_w}=\dfrac{1}{13.6\times1000\ \mathrm{kg/m^3}}=\dfrac{1}{13.6}\times10^{-3}\ \mathrm{m^3/kg}$

정답 ㉯

55 0.02 m^{3}의 체적을 갖는 액체가 강체의 실린더 속에서 730 kPa의 압력을 받고 있다. 압력이 1030 kPa로 증가되었을 때 액체의 체적이 0.019 m^{3}로 축소되었다. 이때 이 액체의 체적탄성계수는 약 몇 kPa인가? 2019 04 27

㉮ 3000 ㉯ 4000 ㉰ 5000 ㉱ 6000

해설 〈유체의 압축성〉

$-\dfrac{\Delta V}{V}=\beta\cdot\Delta p=\dfrac{1}{K}\cdot\Delta p$

여기서, ΔV : 감소부피(m^3)

Δp : 가해진 압력차(N/m^2)

β : 체적압축계수(압축률)(m^2/N)

K : 체적탄성계수(N/m^2)

$-\dfrac{(0.019\ \mathrm{m^3}-0.02\ \mathrm{m^3})}{0.02\ \mathrm{m^3}}=\dfrac{1}{K}\times(1030\ \mathrm{kPa}-730\ \mathrm{kPa})$

$K=6000\mathrm{kPa}$

정답 ㉱

56 비중병의 무게가 비었을 때는 2 N이고, 액체로 충만되어 있을 때는 8 N이다. 액체의 체적이 0.5 L이면 이 액체의 비중량은 약 몇 N/m^{3}인가? 2019 04 27

㉮ 11000 ㉯ 11500 ㉰ 12000 ㉱ 12500

해설 액체비중량$(\gamma)=\dfrac{\text{액체무게}}{\text{체적}}=\dfrac{8\ \mathrm{N}-2\ \mathrm{N}}{0.5\ \mathrm{L}}=\dfrac{6\ \mathrm{N}}{0.5\ \mathrm{L}}\times\dfrac{1000\ \mathrm{L}}{1\ \mathrm{m^3}}=12{,}000\ \mathrm{N/m^3}$

정답 ㉰

57 점성계수와 동점성계수에 관한 설명으로 올바른 것은? 2019 04 27

㉮ 동점성계수=점성계수×밀도
㉯ 점성계수=동점성계수×중력가속도
㉰ 동점성계수=점성계수/밀도
㉱ 점성계수=동점성계수/중력가속도

해설 동점성계수$(\nu) = \dfrac{점성계수}{밀도} = \dfrac{\mu}{\rho}$

정답 ㉰

58 일률(시간당 에너지)의 차원을 기본차원인 M(질량), L(길이), T(시간)으로 올바르게 표시한 것은? 2019 04 27

㉮ L^2T^{-2} ㉯ $MT^{-2}L^{-1}$ ㉰ ML^2T^2 ㉱ ML^2T^{-3}

해설 일률(power) : 일을 계속적으로 행하기 위해 단위시간 동안 필요한 에너지

$$[일률(P)] = \left[\frac{일(W)}{시간(T)}\right] = \left[\frac{힘 \times 거리}{시간}\right] = \left[\frac{ML/T^{-2} \times L}{T}\right] = [ML^2T^{-3}]$$

여기서, M : 질량
L : 길이
T : 시간
W : 일

정답 ㉱

59 다음 단위 중 3가지는 동일한 단위이고 나머지 하나는 다른 단위이다. 이중 동일한 단위가 아닌 것은? 2019 09 21

㉮ J ㉯ N · sec ㉰ Pa · m^3 ㉱ kg · m^2/sec^2

해설 ㉮ $J = N \times m = kg \cdot m/sec^2 \times m = kg \cdot m^2/sec^2$

㉯ $N \cdot sec = kg \cdot m/sec^2 \times sec = kg \cdot m/sec$

㉰ $Pa \cdot m^3 = \dfrac{N}{m^2} \times m^3 = \dfrac{(kg \cdot m/sec^2)}{m^2} \times m^3 = kg \cdot m^2/sec^2$

㉱ $kg \cdot m^2/sec^2$

따라서, N · sec를 제외하고 모두 kg · m^2/sec^2의 단위를 가진다.

정답 ㉯

60 체적탄성계수가 2×10^9 Pa인 물의 체적을 3% 감소시키려면 몇 MPa의 압력을 가하여야 하는가? 2019 09 21

㉮ 25　　㉯ 30　　㉰ 45　　㉱ 60

해설 〈유체의 압축성〉

$$-\frac{\Delta V}{V} = \beta \cdot \Delta p = \frac{1}{K} \cdot \Delta p$$

여기서, ΔV : 감소부피(m^3)
Δp : 가해진 압력차(N/m^2)
β : 체적압축계수(압축률)(m^2/N)
K : 체적탄성계수(N/m^2)

$$\frac{3}{100} = \frac{1}{2 \times 10^9\ Pa} \times (\Delta p)$$

$$\Delta p = 60 \times 10^6\ Pa = 60\ MPa$$

정답 ㉱

61 다음 중 Stokes 법칙과 관련 있는 점도계는? 2019 09 2

㉮ Oswald 점도계　　㉯ 낙구식 점도계
㉰ Saybolt 점도계　　㉱ 회전식 점도계

해설 점성계수 측정장치와 측정원리

측정 원리	점성계수 측정장치
뉴턴의 점성법칙	Stomer 점성계
Hagen-Poiseuille 법칙	Oswald 점성계, Saybolt 점성계
Stokes 법칙	낙구식 점성계

정답 ㉯

62 점성에 관한 설명으로 틀린 것은? 2020 06 06

㉮ 액체의 점성은 분자 간 결합력에 관계된다.
㉯ 기체의 점성은 분자 간 운동량 교환에 관계된다.
㉰ 온도가 증가하면 기체의 점성은 감소된다.
㉱ 온도가 증가하면 액체의 점성은 감소된다.

해설 액체는 온도가 증가하면 점성이 감소하고 기체는 온도가 증가하면 점성이 오히려 증가한다.

정답 ㉰

63 비중이 0.8인 액체가 한 변이 10 cm인 정육면체 모양 그릇의 반을 채울 때 액체의 질량(kg)은? 2020 06 06

㉮ 0.4 ㉯ 0.8 ㉰ 400 ㉱ 800

해설 액체질량 $=\rho\times V=(0.8\times 1000\ kg/m^3)\times\left[\frac{1}{2}\times(0.1\ m\times 0.1\ m\times 0.1\ m)\right]=0.4\ kg$

정답 ㉮

64 물의 체적탄성계수가 2.5 GPa일 때 물의 체적을 1% 감소시키기 위해서 얼마의 압력(MPa)을 가하여야 하는가? 2020 08 22

㉮ 20 ㉯ 25 ㉰ 30 ㉱ 35

해설 $-\frac{\Delta V}{V}=\beta\cdot\Delta p=\frac{1}{K}\cdot\Delta p$ (β : 압축률, K : 체적탄성계수)

$$\begin{aligned}\Delta p &= K\cdot\left(-\frac{\Delta V}{V}\right)\\ &= 2.5GPa\times\left(\frac{1}{100}\right)\\ &= 2.5\times 10^3\ MPa\times\left(\frac{1}{100}\right)\\ &= 25\ MPa\end{aligned}$$

정답 ㉯

65 유체의 거동을 해석할 때 비점성유체에 대한 설명으로 옳은 것은?? 2020 08 22

㉮ 실제유체를 말한다.
㉯ 전단응력이 존재하는 유체를 말한다.
㉰ 유체유동시 마찰저항이 속도기울기에 비례하는 유체이다.
㉱ 유체유동시 마찰저항을 무시한 유체를 말한다.

해설 비점성유체는 실제로는 존재하지 않는 유체로서, 유동시 전단응력이나, 마찰력이 존재하지 않는다고 가정한 유체이다.

정답 ㉱

66 유체에 관한 설명으로 틀린 것은? 2020 09 26

㉮ 실제유체는 유동할 때 마찰로 인한 손실이 생긴다.
㉯ 이상유체는 높은 압력에서 밀도가 변화하는 유체이다.
㉰ 유체에 압력을 가했을 때 체적이 줄어드는 유체는 압축성 유체이다.
㉱ 전단력을 받았을 때 저항하지 못하고 연속적으로 변형하는 물질을 유체라 한다.

해설 이상유체는 비점성이면서 비압축성 유체를 말한다. 이상유체는 비압축성이므로 밀도변화가 없는 유체이다.

정답 ㉯

67 물의 체적을 5% 감소시키려면 얼마의 압력(kPa)을 가하여야 하는가? (단, 물의 압축률은 $5\times10^{-10}\ m^2/N$이다.) 2020 09 26

㉮ 1　　㉯ 10^2　　㉰ 10^4　　㉱ 10^5

해설 $-\frac{\Delta V}{V}=\beta\cdot\Delta p$ 에서

$$\Delta p=\frac{1}{\beta}\left(-\frac{\Delta V}{V}\right)=\frac{1}{5\times10^{-10}\ m^2/N}\cdot\left(\frac{5}{100}\right)=10^8(N/m^2)=10^5\ kPa$$

정답 ㉱

68 지름이 400 mm인 베어링이 400 rpm으로 회전하고 있을 때 마찰에 의한 손실동력(kW)은? (단, 베어링과 축 사이에는 점성계수가 0.049 N · sec/m^{2}인 기름이 차 있다.)

2020 09 26

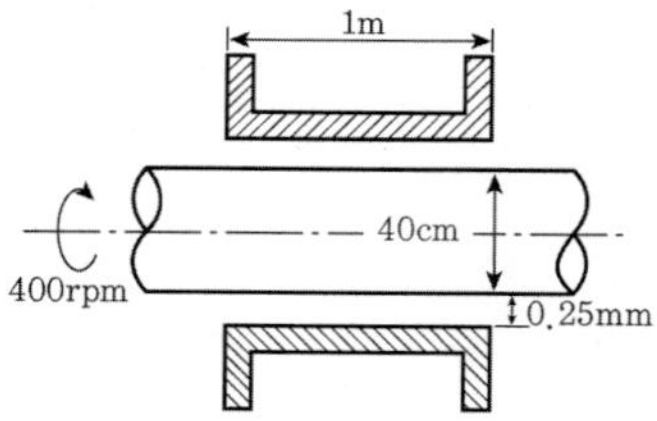

㉮ 15.1 ㉯ 15.6 ㉰ 16.3 ㉱ 17.3

해설 회전선속도 $= r\omega = 0.2\ \text{m} \times 400\ \text{rpm} \times \dfrac{(2\pi/\text{min} \times 1\ \text{min}/60\ \text{sec})}{\text{rpm}} = 8.38\ \text{m/sec}$

마찰력(F) $= \tau \times$ 접촉면적

$$= \left(-\mu \frac{du}{dy}\right) \times (\pi \text{DL})$$

$$= (-0.049\ \text{N} \cdot \text{sec/m}^2) \frac{(8.38-0)\ \text{m/sec}}{\left(\dfrac{0.25}{1000}\ \text{m}\right)} \times (\pi \times 0.4 \times 1\ \text{m})$$

$$\approx -2063\ \text{N}$$

손실동력 $= \dfrac{\text{힘} \times \text{거리}}{\text{시간}} = \text{마찰력} \times \dfrac{\text{거리}}{\text{시간}} = \text{마찰력} \times \text{회전선속도}$

손실동력 $= 2063\ \text{N} \times 8.38\ \text{m/sec} = 17{,}288\ \text{W} = 17.3\ \text{kW}$

정답 ㉱

산업기사 기출문제

01 다음 전단응력과 변형률 그래프에서 뉴턴유체를 나타내는 것은? 2012 03 04

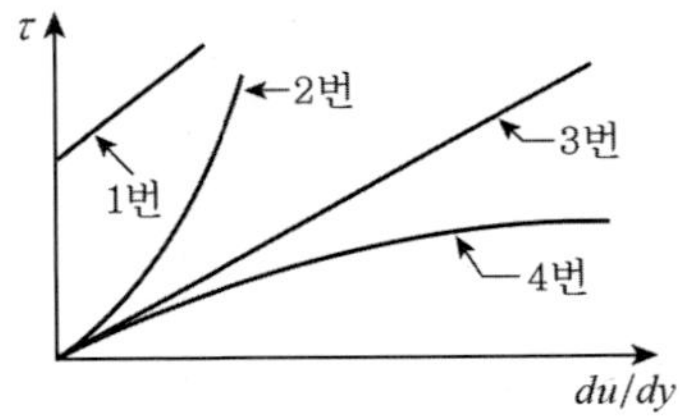

㉮ 1번 ㉯ 2번 ㉰ 3번 ㉱ 4번

해설 전단응력(τ)와 속도구배$\left(\dfrac{du}{dy}\right)$는 비례관계이며 $\tau = \mu \dfrac{du}{dy}$ 로 표시된다.

정답 ㉰

02 다음 물리량 중 길이의 단위로 표시되지 않는 것은? 2012 03 04

㉮ 속도수두 ㉯ 전압(全壓)
㉰ 수차의 유효낙차 ㉱ 펌프 전양정

해설 속도수두 차원= $\left[\dfrac{V^2}{2g}\right] = \left[\dfrac{(L/T)^2}{(L/T^2)}\right] = [L]$

전압(全壓) 차원= $\left[\dfrac{F}{L^2}\right] = \left[\dfrac{(ML/T^2)}{L^2}\right] = \left[\dfrac{M}{LT^2}\right]$

수차 유효낙차 차원=[H]=[L]

펌프의 전양정 차원=[H]=[L]

정답 ㉯

03 체적이 0.031 m^3인 알콜이 51000 kPa의 압력을 받으면 체적이 0.025 m^3로 축소된다. 이때 체적탄성계수는? 2012 03 04

㉮ 2.335×10^8 Pa ㉯ 2.635×10^8 Pa
㉰ 1.235×10^7 Pa ㉱ 2.535×10^6 Pa

해설 〈유체의 압축성〉

$$-\frac{\Delta V}{V} = \beta \cdot \Delta p = \frac{1}{K} \cdot \Delta p$$

여기서, ΔV : 감소부피(m^3)
Δp : 가해진 압력(N/m^2)
β : 체적압축계수(압축률)(m^2/N)
K : 체적탄성계수(N/m^2)

$$-\frac{(0.025\ m^3 - 0.031\ m^3)}{0.031\ m^3} = \frac{1}{K} \times 51000(kPa)$$

$K = 263500\ kPa = 263500 \times 10^3 (Pa) = 2.635 \times 10^8 (Pa)$

정답 ㉯

04 다음 중 동점성계수의 차원으로 올바른 것은? (단, M, L, T는 각각 질량, 길이, 시간을 나타낸다.) 2012 05 20

㉮ $ML^{-1}T^{-1}$ ㉯ $ML^{-1}T^{-2}$ ㉰ L^2T^{-1} ㉱ MLT^{-2}

해설 점성계수의 차원=$[\mu]=\left[\frac{FT}{L^2}\right]=\left[\frac{M}{LT}\right]$

동점성계수의 차원=$[\nu]=\left[\frac{\mu}{밀도(\rho)}\right]=\left[\frac{L^2}{T}\right]$

정답 ㉰

05 다음 중 체적탄성계수에 대한 설명으로 옳은 것은? 2012 05 20

㉮ 길이의 차원을 갖는다.
㉯ 유체의 압축성을 나타내는 물성치이다.
㉰ 밀도에 대한 동역학적 점성의 비율을 나타낸다.
㉱ 등압하의 온도에 따른 유체의 밀도변화를 나타낸다.

해설 〈유체의 압축성〉

$$-\frac{\Delta V}{V}=\beta \cdot \Delta p=\frac{1}{K} \cdot \Delta p$$

여기서, ΔV : 감소부피(m^3)

Δp : 가해진 압력(N/m^2)

β : 체적압축계수(압축률)(m^2/N)

K : 체적탄성계수(N/m^2)

- 체적탄성계수의 차원은 $[F/L^2]$이다.
- "밀도에 대한 동력학적 점성의 비율" 을 나타내는 것은 동점성계수$\left(\frac{\mu}{\rho}\right)$이다.
- 유체의 압축성은 가해진 압력(Δp)에 따른 현상이므로 등압($\Delta p = 0$)과는 관계없다.

정답 ㉯

06 유체밀도 A(kg/m^3), 점성계수 B($N \cdot sec/m^2$), 동점성계수 C(m^2/sec), 속도기울기$\left(\frac{du}{dy}\right)$는 D$\left(\frac{1}{sec}\right)$라고 할 때 각각이 다음과 같을 때 전단응력이 가장 큰 것은? 2012 05 20

㉮ A=1000, B=0.001, D=0.1　　㉯ A=1200, B=0.001, D=0.1

㉰ A=1000, C=5×10^{-7}, D=0.2　　㉱ A=1200, C=1×10^{-6}, D=0.1

해설 전단응력(τ)=$\mu\frac{du}{dy}=(\nu\rho)\frac{du}{dy}$

여기서, μ : 점성계수

ν : 동점성계수

ρ : 밀도

$\frac{du}{dy}$: 속도기울기

㉮ 유체밀도(A)=1000 kg/m^3, 점성계수(B)=0.001 $N \cdot sec/m^2$, 속도기울기(D)=0.1/sec일 때

$$\tau=0.001\ N \cdot sec/m^2 \times \frac{0.1}{sec}=0.0001\ N/m^2$$

㉯ 유체밀도(A)=1200 kg/m^2, 점성계수(B)=0.001 $N \cdot sec/m^2$, 속도기울기(D)=0.1/sec일 때

$$\tau=0.001\ N \cdot sec/m^2 \times \frac{0.1}{sec}=0.0001\ N/m^2$$

㉰ 유체밀도(A)=1000 kg/m^3, 동점성계수(C)=$5\times10^{-7}\ m^2/sec$, 속도기울기(D)=0.2/sec일 때

$$\tau=(\nu\rho)\frac{du}{dy}=(5\times10^{-7}\ m^2/sec\times1000kg/m^3)\times\frac{0.2}{sec}=0.0001\ N/m^2$$

㉱ 유체밀도(A)=1200 kg/m^3, 동점성계수(C)=$1\times10^{-6}\ m^2/sec$, 속도기울기(D)=0.1/sec

일 때

$$\tau = (\nu\rho)\frac{du}{dy} = (1\times10^{-6}\ \mathrm{m^2/sec}\times1200\ \mathrm{kg/m^3})\times\frac{0.1}{\mathrm{sec}} = 0.00012\ \mathrm{N/m^2}$$

정답 ㉱

07 이상유체에 대한 설명으로 옳은 것은? 2012 09 15

㉮ 점성이며, 압축성유체
㉯ 비점성이며, 압축성유체
㉰ 점성이며, 비압축성 유체
㉱ 비점성이며, 비압축성 유체

해설 이상유체(ideal fluid) : 비점성 유체이면서 비압축성인 유체

정답 ㉱

08 어떤 유체의 비중량($\mathrm{N/m^3}$)이 A이고 점성계수($\mathrm{N\cdot sec/m^2}$)가 B이다. 동점성계수($\mathrm{m^2/sec}$)는? (단, g는 중력가속도이다) 2012 09 15

㉮ $\frac{Bg}{A}$　㉯ $\frac{B}{Ag}$　㉰ $\frac{Ag}{B}$　㉱ $\frac{A}{Bg}$

해설 동점성계수(ν)$=\dfrac{\text{점성계수}}{\text{밀도}}=\dfrac{\text{점성계수}}{(\text{비중량}/\text{중력가속도})}=\dfrac{B}{(A/g)}=\dfrac{Bg}{A}$

정답 ㉮

09 어떤 액체의 체적이 10 $\mathrm{m^3}$일 때 질량이 8800 kg이었다, 이 액체의 비중은? 2012 09 15

㉮ 0.88　㉯ 0.45　㉰ 0.98　㉱ 1.13

해설 액체 비중$=\dfrac{\text{액체 밀도}}{\text{물의 밀도}}=\dfrac{\text{액체질량}/\text{액체체적}}{\text{물의 밀도}}=\dfrac{8800\mathrm{kg}/10\mathrm{m^3}}{1000\mathrm{kg/m^3}}=0.88$

정답 ㉮

10 무게가 45000 N인 어떤 기름의 체적이 5.63 m^3일 때 이 기름의 밀도는 몇 kg/m^3인가?
2013 03 10

㉮ 815.6 ㉯ 803.1 ㉰ 792.9 ㉱ 781.1

해설 $밀도 = \frac{질량}{부피} = \frac{중량/중력가속도}{부피}$

$$= \frac{45000\ \mathrm{N}/(9.8\ \mathrm{m/sec^2})}{5.63\ \mathrm{m^3}}$$

$$= 815.6\ \mathrm{N \cdot sec^2/m^4}$$

$$= 815.6\ \mathrm{N \cdot sec^2/m^4} \times \frac{1\ \mathrm{N}}{\mathrm{kg \cdot m/sec^2}}$$

$$= 815.6\ \mathrm{kg/m^3}$$

정답 ㉮

11 유체에 대한 일반적인 설명으로 틀린 것은? 2013 03 10

㉮ 아무리 작은 전단력이라도 물질내부에 전단응력이 생기면 정지상태로 있을 수가 없다.
㉯ 점성이 없고 비압축성인 유체를 이상유체라 한다.
㉰ 충격파는 비압축성 유체에서는 잘 관찰되지 않는다.
㉱ 유체에 미치는 압축의 정도가 커서 밀도가 변하는 유체를 비압축성 유체라 한다.

해설 비압축성 유체 : 온도, 압력변화에 의해서 압축되지 않는 유체. 즉, 압축되지 않으므로 밀도변화가 없는 유체.

정답 ㉱

12 물리량을 질량(M), 길이(L), 시간(T)의 기본차원으로 나타낼 때 에너지의 차원은?
2013 06 02

㉮ ML^2T^{-2} ㉯ $ML^{-1}T^{-2}$ ㉰ $ML^{-1}T^{-1}$ ㉱ $ML^{-2}T^2$

해설 에너지의 차원 = 일의 차원 = [힘×거리] = $[ML/T^2]\times[L] = [ML^2T^{-2}]$

정답 ㉮

13 비점성 유체를 가장 잘 설명한 것은? 2013 06 02

㉮ 실제유체를 뜻한다.
㉯ 전단응력이 존재하는 유체흐름을 뜻한다.
㉰ 유체 유동시 마찰저항이 존재하는 유체이다.
㉱ 유체 유동시 마찰저항이 유발되지 않는 이상적인 유체를 말한다.

해설 비점성 유체 : 점성이 없는 유체로써, 유동할 때 에너지가 소비되지 않는(전단응력이 없는)유체로서 이상유체이다. 실제로는 존재하지 않는다. 존재하는 모든 유체는 점성을 가진다.

정답 ㉱

14 어떤 유체 $2\ m^3$의 무게가 18000 N일 때 이 유체의 비중은 약 얼마인가? 2013 06 02

㉮ 0.82 ㉯ 0.92 ㉰ 1.01 ㉱ 9.0

해설 비중$=\dfrac{\text{유체 비중량}}{\text{물의 비중량}}=\dfrac{18{,}000\ N/2\ m^3}{9{,}800\ N/m^3}=0.918$

정답 ㉯

15 점성계수 μ의 차원은 어떤 것인가? (단, M은 질량, L은 길이, T는 시간이다.)
2013 09 28

㉮ $ML^{-1}T^{-1}$ ㉯ $ML^{+1}T^{+1}$ ㉰ $M^{-2}L^{-1}T$ ㉱ $ML^{+1}T^{+2}$

해설 전단응력$(\tau)=\mu\dfrac{du}{dy}$

여기서, μ : 점성계수

$\dfrac{du}{dy}$: 속도기울기

$[\tau]=\left[\mu\dfrac{du}{dy}\right]$이므로

$[\mu]=[\tau]/\left[\dfrac{du}{dy}\right]=[F/L^2]/\left[\dfrac{(L/T)}{L}\right]=[F][T/L^2]=[ML/T^2][T/L^2]=[ML^{-1}T^{-1}]$

정답 ㉮

16 두 개의 큰 수평 평판 사이에 유체가 채워져 있다. 윗 평판을 V의 일정한 속도로 움직일 때 평판에는 τ의 전단응력이 발생한다. 평판 사이의 간격은 H이고 평판 사이의 속도분포는 선형(Couetta유동)이라고 가정하여 유체의 점성계수 μ를 구하면? 2013 09 28

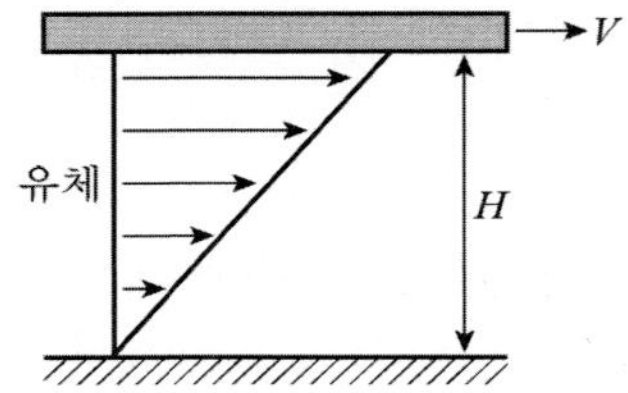

㉮ $\frac{\tau V}{H}$　　㉯ $\frac{\tau H}{V}$　　㉰ $\frac{VH}{\tau}$　　㉱ $\frac{\tau V}{H^2}$

해설 전단응력(τ)$=\mu\frac{du}{dy}=\mu\times\frac{(V-0)}{H}=\frac{\mu V}{H}$

$\therefore\ \mu=\frac{\tau H}{V}$

정답 ㉯

17 이상유체를 가장 잘 설명한 것은? 2014 03 02

㉮ 과열유체　　㉯ 비점성, 압축성 유체
㉰ 점성, 비압축성 유체　　㉱ 비점성, 비압축성 유체

해설 이상유체(ideal fluid) : 비점성 유체이면서 비압축성인 유체

정답 ㉱

18 정지되어 있는 2개의 평행 평판 사이의 유체가 한쪽의 평판이 3 m/sec로 운동하여 유동이 발생하는 경우 유체내의 전단응력은 몇 Pa인가? (단, 유체의 점성계수는 0.2 kg/m · sec이고, 평판사이의 높이는 2 cm이고, 속도분포는 선형이다.) 2014 03 02

㉮ 19.5　　㉯ 20.7　　㉰ 43.5　　㉱ 180.7

해설 전단응력(τ) $=\mu\frac{du}{dy}=(0.2\ \text{kg/m}\cdot\text{sec})\times\left(\frac{3\ \text{m/sec}}{2\ \text{cm}}\right)$

$$= (0.2\ \text{kg/m}\cdot\text{sec}) \times \left(\frac{3\ \text{m/sec}}{0.02\ \text{m}}\right) = 30\frac{\text{kg}\cdot\text{m/sec}^2}{\text{m}^2}$$

$$= 30\ \text{Pa}$$

정답 ㉰

19 비중이 0.88인 벤젠에 내경 1 mm의 유리관을 세웠더니 벤젠이 유리관을 따라 9,8 mm상승하였다. 유리와의 접촉각이 0°라 하면 벤젠의 표면장력은 몇 N/m인가? 2014 05 25

㉮ 0.021 ㉯ 0.042 ㉰ 0.084 ㉱ 0.128

해설 모세관상승높이(h)$=\dfrac{4\sigma\cdot\cos\theta}{\gamma\cdot D}$

여기서, σ : 표면장력(N/m)

θ : 접촉각

γ : 유체 비중량(N/m³)

D : 모세관 직경(m)

$$\sigma = \frac{\gamma h D}{4\cos\theta} = \frac{(s\cdot\gamma_w)hD}{4\cos\theta} \quad (s : \text{비중},\ \gamma_w : \text{물의 비중량})$$

$$= \frac{(0.88\times 9800\ \text{N/m}^3)\times\left(\dfrac{9.8\ \text{m}}{1000}\right)\times\left(\dfrac{1}{1000}\ \text{m}\right)}{4\cos 0°}$$

$$= 0.021\ \text{N/m}$$

정답 ㉮

20 [보기]중 비점성 유체(inviscid fluid)를 모두 고른 것은? 2014 05 25

[보기]
ⓐ 뉴턴유체 ⓑ 표준상태의 공기 ⓒ 이상유체

㉮ ⓑ ㉯ ⓒ ㉰ ⓐ, ⓑ ㉱ ⓐ, ⓒ

해설 이상유체(ideal fluid) : 비점성 유체이면서 비압축성인 유체

실제유체 : 점성 유체이면서 압축성 유체

정답 ㉯

21 물, 글리세린, 공기의 점성계수를 크기순으로 바르게 배열한 것은? 2014 05 25

㉮ 공기 > 물 > 글리세린
㉯ 글리세린 > 공기 > 물
㉰ 물 > 글리세린 > 공기
㉱ 글리세린 > 물 > 공기

해설 〈글리세린, 물, 공기의 점성계수〉

	글리세린(@23℃)	물(25℃)	공기(25℃)
점성계수(Pa·sec)	0.95	8.9×10^{-4}	1.849×10^{-5}

정답 ㉱

22 유체의 일반적인 성질로 보기 어려운 것은? 2014 09 20

㉮ 변형이 쉽고 정해진 형태가 없다.
㉯ 전단응력을 받으면 연속적으로 변형한다.
㉰ 정지하였을 때의 전단응력이 운동할 때보다 크다.
㉱ 일반적으로 압력을 높이면 밀도가 커진다.

해설 〈유체의 일반적인 성질〉

㉮ 액체(Liquid), 기체(Gas), 증기로 존재하는 물질
㉯ 형태와 모양이 쉽게 변화하는 물질
㉰ 정지상태에서는 접선력(tangential force) 또는 전단력(shear force) 없는 물질
㉱ 아주 미소한 외력(전단력)에도 저항불가, 변형하는 물질
⑤ 실제유체는 점성 유체이면서 압축성 유체이다.

정답 ㉰

23 이상유체를 바르게 정의한 것은? 2015 03 08

㉮ 오염되지 않은 순수한 유체
㉯ 뉴턴의 점성법칙을 만족하는 유체
㉰ 압축을 가하면 체적이 수축하고 압력을 제거하면 처음 체적으로 되돌아가는 유체
㉱ 유체유동시 마찰전단응력이 발생하지 않으며 분자간에 분자력이 작용하지 않는 유체

해설
- 이상 유체 : 비점성이면서 비압축성 유체
- 비점성 유체 : 유동할 때 에너지가 소비되지 않는(전단응력이 없는)유체

정답 ㉱

24 지름이 5 mm인 모세관에서 물의 상승높이는 몇 mm인가? (단, 접촉각은 40°, 표면장력은 7.41×10^{-2} N/m이다.)

2015 03 08

㉮ 0.46 ㉯ 4.6 ㉰ 46 ㉱ 460

해설 모세관 상승높이(h)=$\dfrac{4\sigma\cdot\cos\theta}{\gamma\cdot D}$

여기서, σ : 표면장력(N/m)

θ : 접촉각

γ : 유체 비중량(N/m^3)

D : 모세관 직경(m)

$$h=\frac{4\sigma\cdot\cos\theta}{\gamma\cdot D}=\frac{4\times7.41\times10^{-2}\ N/m\times\cos40°}{9800\ N/m^3\times(\frac{5}{1000}\ m)}=0.00463\ m=4.63\ mm$$

정답 ㉯

25 유체의 밀도 A는 kg/m^3, 점성계수 B는 $N\cdot sec/m^2$, 동점성계수 C는 m^2/sec, 속도기울기 ($\dfrac{du}{dy}$) D는 1/sec이고, A, B, C, D의 수치가 다음과 같을 때 전단응력이 가장 작은 것은?

2015 03 08

㉮ A=1000, B=0.002, D=0.1

㉯ A=1200, B=0.01, D=0.1

㉰ A=1000, C=5×10^{-6}, D=0.2

㉱ A=1200, C=1×10^{-5}, D=0.1

해설 전단응력(τ)=$\mu\dfrac{du}{dy}=(\nu\rho)\dfrac{du}{dy}$

여기서, μ : 점성계수

ν : 동점성계수

ρ : 밀도

$\dfrac{du}{dy}$: 속도기울기

㉮ 유체밀도(A)=1000 kg/m^3, 점성계수(B)=0.002 $N\cdot sec/m^2$, 속도기울기(D)=0.1/sec일 때

$$\tau=0.002\ N\cdot sec/m^2\times\frac{0.1}{sec}=0.0002\ N/m^2$$

㉯ 유체밀도(A)=1200 kg/m^3, 점성계수(B)=0.01 $N\cdot sec/m^2$, 속도기울기(D)=0.1/sec일 때

$$\tau = 0.01\ \mathrm{N \cdot sec/m^2} \times \frac{0.1}{\mathrm{sec}} = 0.001\ \mathrm{N/m^2}$$

㉰ 유체밀도(A)=1000 kg/m³, 동점성계수(C)=5×10⁻⁶ m²/sec, 속도기울기(D)=0.2/sec일 때

$$\tau = (\nu\rho)\frac{\mathrm{du}}{\mathrm{dy}} = (5\times10^{-6}\mathrm{m^2/sec}\times1000\mathrm{kg/m^3})\times\frac{0.2}{\mathrm{sec}} = 0.001\mathrm{N/m^2}$$

㉱ 유체밀도(A)=1200 kg/m³, 동점성계수(C)=1×10⁻⁵ m²/sec, 속도기울기(D)=0.1/sec일 때

$$\tau = (\nu\rho)\frac{du}{dy} = (1\times10^{-5}\ \mathrm{m^2/sec}\times1200\ \mathrm{kg/m^3})\times\frac{0.1}{\mathrm{sec}} = 0.0012\ \mathrm{N/m^2}$$

정답 ㉮

26 질량, 길이, 시간을 각각 M, L, T로 표시할 때 밀도의 차원은 다음 중 어느 것인가?

2015 05 31

㉮ $M^{-1}L^{3}$　　㉯ MLT　　㉰ ML^{-3}　　㉱ $ML^{-2}L^{-2}$

해설 밀도의 차원= $\left[\frac{질량}{부피}\right] = \left[\frac{M}{L^3}\right]$

정답 ㉰

27 물의 체적을 2% 감소시키는 데 필요한 압력은 몇 MPa인가? (단, 물의 압축률 값은 4.8×10^{-10} m²/N이다.)

2015 05 31

㉮ 32.1　　㉯ 41.7　　㉰ 45.4　　㉱ 52.5

해설 〈유체의 압축성〉

$$-\frac{\Delta V}{V} = \beta\cdot\Delta p = \frac{1}{K}\cdot\Delta p$$

여기서, ΔV : 감소부피(m^3)

Δp : 가해진 압력(N/m^2)

β : 체적압축계수(압축률)(m^2/N)

K : 체적탄성계수(N/m^2)

$-\frac{\Delta V}{V} = \beta\cdot\Delta p$에서

$$\Delta p = \frac{1}{\beta}\left(-\frac{\Delta V}{V}\right) = \frac{1}{4.8\times10^{-10}\ \mathrm{m^2/N}}\times\left(\frac{2}{100}\right) = 4.17\times10^{7}(\mathrm{Pa}) = 41.7\ \mathrm{MPa}$$

정답 ㉯

28 밀도가 1260 kg/m^3인 액체의 동점성계수가 1.19×10^{-3} m^2/sec이라면 점성계수는?
2015 09 20

㉮ 1.50×10^{-3} kg/m · sec ㉯ 1.147 kg/m · sec
㉰ 1.5 kg/m · sec ㉱ 14.7 kg/m · sec

해설 동점성계수$(\nu)=\dfrac{\text{점성계수}(\mu)}{\text{밀도}(\rho)}$

점성계수$(\mu)=\rho\times\nu=1260\ kg/m^3\times1.19\times10^{-3}\ m^2/sec=1.499\ kg/m\cdot sec$

정답 ㉰

29 다음 중 차원이 잘못 표기된 것은? (단, M : 질량, L : 길이, T : 시간) 2015 09 20

㉮ 밀도 : ML^{-3} ㉯ 힘 : MLT^{-2}
㉰ 에너지 : ML^3T^{-1} ㉱ 동력 : ML^2T^{-3}

해설 에너지의 차원 = 일의 차원
= [힘×거리]
= $[ML/T^2]\times[L]$
= $[ML^2T^{-2}]$

정답 ㉰

30 모세관현상에 의한 액주 높이 상승을 나타내는 식으로 옳은 것은? (단, β : 접촉각, D : 관경, σ : 표면장력, γ : 비중량, h : 액주상승높이)
2015 09 20

㉮ $h=\dfrac{\sigma\cdot\cos\beta}{4\gamma D}$ ㉯ $h=\dfrac{\sigma\cdot\cos\beta}{\gamma D}$ ㉰ $h=\dfrac{\gamma\cdot\cos\beta}{\sigma D}$ ㉱ $h=\dfrac{4\sigma\cdot\cos\beta}{\gamma D}$

해설 모세관 상승높이(h)$=\dfrac{4\sigma\cdot\cos\theta}{\gamma\cdot D}$

여기서, σ : 표면장력(N/m)
θ : 접촉각
γ : 유체 비중량(N/m^3)
D : 모세관 직경(m)

정답 ㉱

31 밀도가 788.6 kg/m^{3}이고, 표면장력계수가 0.022 N/m인 유체속에 지름 1.5×10^{-3} m의 유리관을 연직으로 세웠다. 유리와 액체의 접촉각이 45°라고 할 때 유리관 내 액체의 상승 높이는? (단, 중력가속도 g=9.806 m/sec^2) 2016 03 06

㉮ 5.36×10^{-3} m ㉯ 5.28×10^{-3} m

㉰ 1.86×10^{-5} m ㉱ 1.84×10^{-5} m

해설 모세관 상승높이(h)=$\dfrac{4\sigma\cdot\cos\theta}{\gamma\cdot D}=\dfrac{4\sigma\cdot\cos\theta}{\rho g\cdot D}$

여기서, σ : 표면장력(N/m)

θ : 접촉각

γ : 유체 비중량(N/m^3)

D : 모세관 직경(m)

ρ : 밀도(kg/m^3)

$$h=\frac{4\sigma\cdot\cos\theta}{\rho g\cdot D}=\frac{4\times0.022\ \text{N/m}\times\cos45°}{(788.6\times9.8)\ \text{N/m}^3\times(1.5\times10^{-3}\ \text{m})}=5.36\times10^{-3}\ \text{m}$$

정답 ㉮

32 그림은 원유, 물, 공기에 대하여 전단응력과 속도기울기의 관계를 나타낸 것이다. 물에 해당하는 선은? 2016 03 06

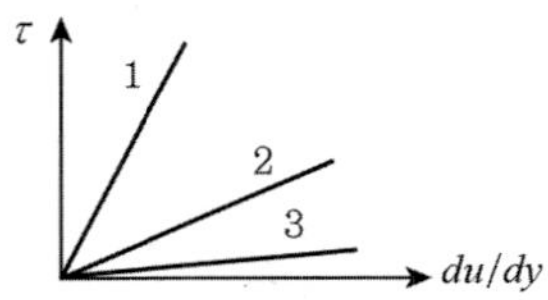

㉮ 1 ㉯ 2

㉰ 3 ㉱ 주어진 정보로는 알 수 없다.

해설 원유, 물, 공기의 점성계수 크기 : 원유 > 물 > 공기 순서

전단응력(τ)의 증가율 : 원유 > 물 > 공기 순서

정답 ㉯

33 뉴턴유체의 정의로 옳은 것은? 2016 05 08

㉮ 전단응력과 전단변형률이 비례하는 유체
㉯ 전단응력과 전단변형률이 반비례하는 유체
㉰ 수직응력과 전단변형률이 비례하는 유체
㉱ 수직응력과 전단변형률이 반비례하는 유체

해설 〈뉴턴의 점성법칙〉

전단응력$(\tau) = \mu \dfrac{du}{dy}$

여기서, μ : 점성계수

$\dfrac{du}{dy}$: 속도기울기

뉴턴유체는 뉴턴의 점성법칙을 따르는 유체로써, 전단응력이 전단변형률(속도기울기)와 점성계수에 정비례한다.

정답 ㉮

34 유체에 대한 일반적인 설명으로 틀린 것은? 2016 05 08

㉮ 유체유동 시 비점성 유체는 마찰저항이 존재하지 않는다.
㉯ 실제 유체에서는 마찰 저항이 존재한다.
㉰ 뉴턴(Newton)의 점성법칙은 압력, 유체의 변형률에 관한 함수관계를 나타내는 법칙이다.
㉱ 전단응력이 가해지면 정지상태로 있을 수 없는 물질을 유체라 한다.

해설 〈뉴턴의 점성법칙〉

전단응력$(\tau) = \mu \dfrac{du}{dy}$

여기서, μ : 점성계수

$\dfrac{du}{dy}$: 속도기울기

뉴턴의 점성법칙에 의하면, 전단응력은 전단변형률(속도기울기), 점성계수에 정비례한다.

정답 ㉰

35 질량과 체적이 각각 4400 kg, 5.1 m^3인 유체의 비중은 약 얼마인가? 2016 05 08

㉮ 0.86 ㉯ 8.6 ㉰ 10.6 ㉱ 11.6

해설 비중 $= \dfrac{\text{유체 비중량}}{\text{물의 비중량}} = \dfrac{\text{유체 밀도}}{\text{물의 밀도}} = \dfrac{4400\ kg/5.13\ m^3}{1000\ kg/m^3} = 0.86$

정답 ㉮

35 밀도가 769 kg/m^3, 동점성계수가 0.001 m^2/sec인 액체의 점성계수는 몇 Pa · sec인가?
2016 10 01

㉮ 1.3 ㉯ 13 ㉰ 0.0769 ㉱ 0.769

해설 동점성계수$(\nu) = \dfrac{\text{점성계수}(\mu)}{\text{밀도}(\rho)}$

$$\begin{aligned}\text{점성계수}(\mu) &= \rho \times \nu = 769\ kg/m^3 \times 0.001\ m^2/sec \\ &= 0.769\ kg/m \cdot sec \\ &= 0.769\ kg/m \cdot sec \times \frac{1\ N}{1\ kg \cdot m/sec^2} \\ &= 0.769\ N \cdot sec/m^2 \\ &= 0.769\ Pa \cdot sec\end{aligned}$$

정답 ㉱

36 다음 중 무차원인 것은? 2016 10 01

㉮ 표면장력 ㉯ 탄성계수 ㉰ 비열 ㉱ 비중

해설 비중 $= \dfrac{\text{유체비중량}}{\text{물의 비중량}}$

비중은 무차원수이며, 단위도 없다.

정답 ㉱

37 물방울(10℃)의 내부 압력이 외부압력보다 1 kPa만큼 더 큰 압력을 유지하도록 하려면 물방울의 지름은 약 몇 mm로 해야 하는가? (단, 20℃에서 물의 표면장력은 0.0727 N/m이다.)
2016 10 01

㉮ 0.15 ㉯ 0.3 ㉰ 0.6 ㉱ 0.9

해설 물방울 내외부 압력차(Δp)= $\frac{2\sigma}{R}$

여기서, σ : 표면장력

R : 물방울 반경

물방울 반경(R)= $\frac{2\sigma}{\Delta p} = \frac{2 \times 0.0727\ N/m}{1\ kPa} = \frac{2 \times 0.0727\ N/m}{1000\ N/m^2} = 1.454 \times 10^{-4}\ m$

물방울 직경(D)=2R= $2 \times 1.454 \times 10^{-4}\ m = 2.908 \times 10^{-4}\ m \approx 0.3\ mm$

정답 ㉯

38 물속에 지름 4 mm의 유리관을 삽입할 때, 모세관에 의한 상승높이는 약 몇 mm인가? (단, 유리관의 접촉각은 0°이고, 물의 표면장력은 0.074 N/m이다.) 2017 03 05

㉮ 4.1 ㉯ 5.3 ㉰ 6.7 ㉱ 7.6

해설 모세관 상승높이(h)= $\frac{4\sigma \cdot \cos\theta}{\gamma \cdot D} = \frac{4\sigma \cdot \cos\theta}{\rho g \cdot D}$

여기서, σ : 표면장력(N/m)

θ : 접촉각

γ : 유체 비중량(N/m^3)

D : 모세관 직경(m)

ρ : 밀도(kg/m^3)

h= $\frac{4\sigma \cdot \cos\theta}{\rho g \cdot D} = \frac{4 \times 0.074\ N/m \times \cos 0°}{9800\ N/m^3 \times (4 \times 10^{-3}\ m)} = 7.551 \times 10^{-3}\ m \approx 7.6\ mm$

정답 ㉱

39 비점성 유체를 가장 옳게 설명한 것은? 2017 03 05

㉮ 실제유체를 뜻한다.

㉯ 전단응력이 존재하는 유체흐름을 뜻한다.

㉰ 유체유동시 마찰저항이 존재하는 유체이다.

㉱ 유체유동시 마찰저항이 유발되지 않는 이상적인 유체를 말한다.

해설 비점성 유체 : 점성이 없는 유체로서, 유동할 때 에너지가 소비되지 않는(전단응력이 없는)유체로써 이상유체이다. 실제로는 존재하지 않는다. 존재하는 모든 유체는 점성을 가진다.

정답 ㉣

40 다음 중 무차원이 아닌 것은? 2017 03 05

㉮ 기체상수 ㉯ 레이놀즈 수 ㉰ 항력계수 ㉣ 비중

해설 기체상수(R)는 atm · L/mol · °K의 단위를 가지며 무차원 수가 아니다.

정답 ㉮

41 액체에 지름이 아주 가는 유리관이나 빨대를 넣었을 때 액체가 상승 또는 하강하는 높이와 관련하여 옳은 것은? 2017 05 07

㉮ 지름이 클수록 액체가 상승(하강)하는 높이는 커진다.
㉯ 표면장력이 클수록 액체가 상승(하강)하는 높이는 커진다.
㉰ 액체의 밀도가 클수록 액체가 상승(하강)하는 높이는 커진다.
㉣ 액체가 상승(하강)하는 높이는 중력가속도의 크기와는 무관하다.

해설 모세관 상승높이(h)$=\dfrac{4\sigma \cdot \cos\theta}{\gamma \cdot D}=\dfrac{4\sigma \cdot \cos\theta}{\rho g \cdot D}$

여기서, σ : 표면장력(N/m)
θ : 접촉각
γ : 유체 비중량(N/m^3)
D : 모세관 직경(m)
ρ : 밀도(kg/m^3)

모세관 상승높이는 표면장력(σ)에 비례하고, 비중량(γ), 밀도(ρ), 모세관 직경에 반비례한다.

정답 ㉯

42 유체의 정의를 설명할 때 ( )안에 가장 알맞은 용어는? 2017 05 07

유체란 아무리 작은 ( )에도 저항할 수 없어 연속적으로 변형되는 물질이다.

㉮ 관성력 ㉯ 전단응력 ㉰ 압력 ㉣ 중력

해설 〈유체의 일반적인 성질〉

㉮ 액체(Liquid), 기체(Gas), 증기로 존재하는 물질

㉯ 형태와 모양이 쉽게 변화하는 물질

㉰ 정지상태에서는 접선력(tangential force) 또는 전단력(shear force) 없는 물질

㉱ 아주 미소한 외력(전단력)에도 저항불가, 변형하는 물질

정답 ㉯

43 동점성계수와 비중이 각각 0.003 m^2/sec, 1.2일 때 이 액체의 점성계수는 약 몇 N·sec/m^2인가?

2017 05 07

㉮ 2.2　　㉯ 2.8　　㉰ 3.6　　㉱ 4.0

해설 $동점성계수(\nu) = \frac{점성계수(\mu)}{밀도(\rho)}$

$$
\begin{aligned}
점성계수(\mu) &= \rho \times \nu = 1.2 \times 1000\ \mathrm{kg/m^3} \times 0.003\ \mathrm{m^2/sec} \\
&= 3.6\ \mathrm{kg/m \cdot sec} \\
&= 3.6\ \mathrm{kg/m \cdot sec} \times \frac{1\ \mathrm{N}}{1\ \mathrm{kg \cdot m/sec^2}} \\
&= 3.6\ \mathrm{N \cdot sec/m^2}
\end{aligned}
$$

정답 ㉰

44 힘의 차원을 MLT계로 나타낸 것으로 옳은 것은? (단, M : 질량, L : 길이, T : 시간이다.)

2017 09 23

㉮ MLT^2　　㉯ MLT　　㉰ MLT^{-2}　　㉱ $ML^{-1}T^{-1}$

해설 $[힘] = [질량 \times 가속도] = [M] \times [L/T^2] = [MLT^{-2}]$

정답 ㉰

45 모세관 현상과 관련하여 액체가 상승하는 높이에 대한 설명으로 틀린 것은?

2017 09 23

㉮ 상승높이는 표면장력에 비례한다.

㉯ 상승높이는 관 지름에 반비례한다.
㉰ 상승높이는 유체의 비중량에 반비례한다.
㉱ 상승높이는 유체의 밀도에 비례한다.

해설 모세관 상승높이(h)$=\dfrac{4\sigma \cdot \cos\theta}{\gamma \cdot D}=\dfrac{4\sigma \cdot \cos\theta}{\rho g \cdot D}$

여기서, σ : 표면장력(N/m)
θ : 접촉각
γ : 유체 비중량(N/m^3)
D : 모세관 지름(m)
ρ : 밀도(kg/m^3)

모세관 상승높이는 표면장력(σ)에 비례하고, 비중량(γ), 밀도(ρ), 모세관 직경(D)에 반비례한다.

정답 ㉱

46 유체의 점성에 관한 일반적인 설명 중 틀린 것은? 2017 09 23

㉮ 뉴턴유체에서 전단응력은 흐름방향의 속도기울기에 반비례한다.
㉯ 기체의 점성은 온도가 상승하면 감소한다.
㉰ 액체의 점성은 온도가 상승하면 증가하는 경향이 있다.
㉱ 이상유체가 아닌 모든 실제유체는 점성을 가진다.

해설 〈뉴턴의 점성법칙〉

전단응력(τ) $=\mu \times \dfrac{du}{dy}$

여기서, μ : 점성계수
$\dfrac{du}{dy}$: 속도기울기

뉴턴의 점성법칙에 의하면, 전단응력은 속도기울기에 정비례한다.

정답 ㉮

47 어떤 오일의 동점성계수가 2×10^{-4} m^2/sec이고 비중이 0.9라면 점성계수는 약 몇 kg/(m · sec)인가? 2018 03 04

㉮ 1.2 ㉯ 2.0 ㉰ 0.18 ㉱ 1.8

해설 동점성계수$(\nu)=\dfrac{\text{점성계수}(\mu)}{\text{밀도}(\rho)}$

점성계수$(\mu)=\rho\times\nu=(0.9\times1000\ \text{kg/m}^3)\times(2\times10^{-4}\ \text{m}^2/\text{sec})$
$=0.18\ \text{kg/m}\cdot\text{sec}$

정답 ㉰

48 다음 중 동점성계수의 차원으로 올바른 것은? (단, M, L, T는 각각 질량, 길이, 시간을 나타낸다.) 2018 03 04

㉮ $ML^{-1}T^{-1}$ ㉯ $ML^{-1}T^{-2}$ ㉰ L^2T^{-1} ㉱ MLT^{-2}

해설 점성계수의 차원$=[\mu]=\left[\dfrac{FT}{L^2}\right]=\left[\dfrac{M}{LT}\right]$

동점성계수의 차원$=[\nu]=[\dfrac{\mu}{\text{밀도}(\rho)}]=[\dfrac{L^2}{T}]=[L^2T^{-1}]$

정답 ㉰

49 체적이 0.031 m^2인 액체에 61000 kPa의 압력을 가했을 때 체적이 0.025 m^3이 되었다. 이때 액체의 체적탄성계수는 약 얼마인가? 2018 03 04

㉮ 2.38×10^8 Pa ㉯ 2.62×10^8 Pa ㉰ 1.23×10^8 Pa ㉱ 3.15×10^8Pa

해설 〈유체의 압축성〉

$$-\frac{\Delta V}{V}=\beta\cdot\Delta p=\frac{1}{K}\cdot\Delta p$$

여기서, ΔV : 감소부피(m^3)
Δp : 가해진 압력(N/m^2)
β : 체적압축계수(압축률)(m^2/N)
K : 체적탄성계수(N/m^2)

$$-\frac{(0.025\ m^3-0.031\ m^3)}{0.031\ m^3}=\frac{1}{K}\times61000(\text{kPa})$$

$K=315166.7\ \text{kPa}=315166.7\times10^3(\text{Pa})=3.15\times10^8(\text{Pa})$

정답 ㉱

50 동력(power)과 같은 차원을 갖는 것은? (단. P는 압력, Q는 체적유량, V는 유체속도를 나타낸다.) 2018 04 28

㉮ PV ㉯ PQ ㉰ VQ ㉱ PQV

해설 $[\text{동력}]=\left[\frac{\text{일}}{\text{시간}}\right]=\left[\frac{\text{힘}\times\text{거리}}{\text{시간}}\right]=\left[\frac{(ML/T^2)\times L}{T}\right]=[ML^2T^{-3}]$

$[\text{압력}\times\text{체적유량}]=\left[\left(\frac{\text{힘}}{\text{면적}}\right)\times\left(\frac{\text{체적}}{\text{시간}}\right)\right]=\left[\left(\frac{MLT^{-2}}{L^2}\right)\times\left(\frac{L^3}{T}\right)\right]=[ML^2T^{-3}]$

$\therefore$ [동력]= [압력×체적유량]

정답 ㉯

51 비중이 0.75인 액체와 비중량이 6700 N/m^{3}인 액체를 부피 비 1 : 2로 혼합한 혼합액의 밀도는 약 몇 kg/m^{3}인가? 2018 04 28

㉮ 688 ㉯ 706 ㉰ 727 ㉱ 748

해설 혼합액의 밀도$(\rho)=\frac{V_1\times\rho_1+V_2\times\rho_2}{V_1+V_2}$

여기서, ρ_1 : 액체1의 밀도$(=0.75\rho_w)$

ρ_2 : 액체2의 밀도$\left(=\frac{6700\ N/m^3}{9.8\ m/sec^2}=683.7\ kg/m^3\right)$

V_1 : 액체1의 부피

V_2 : 액체2의 부피$(=2V_1)$

ρ_w : 물의 밀도$(=1000\ kg/m^3)$

혼합액의 밀도$(\rho)=\frac{V_1\times(0.75\times1000)+2V_1\times683.7}{V_1+2V_1}=705.8\ kg/m^3$

정답 ㉯

52 유동손실을 유발하는 액체의 점성 즉, 점도를 측정하는 장치에 관한 설명으로 옳은 것은? 2018 04 28

㉮ Stomer점도계는 하겐-포아젤 법칙을 기초로 하는 방식이다.
㉯ 낙구식 점도계는 Stokes의 법칙을 이용한 법칙이다.
㉰ Saybolt점도계는 액중에 잠긴 원판의 회전저항의 크기로 측정한다.
㉱ Oswald 점도계는 Newton의 점성법칙을 이용한 방식이다.

해설 • 점성계수 측정장치와 측정원리

측정 원리	점성계수 측정장치
뉴턴의 점성법칙	Stomer 점성계
Hagen–Poiseuille 법칙	Oswald 점성계, Saybolt 점성계
Stokes 법칙	낙구식 점성계

정답 ㉯

53 비중이 0.88인 벤젠에 안지름 1 mm의 유리관을 세웠더니 벤젠이 유리관을 따라 9.8 mm를 올라갔다. 유리와의 접촉각이 0°라 하면 벤젠의 표면장력은 몇 N/m인가?

2018 09 15

㉮ 0.021 ㉯ 0.042 ㉰ 0.084 ㉱ 0.128

해설 모세관상승높이(h)$=\dfrac{4\sigma \cdot \cos\theta}{\gamma \cdot D}$

여기서, σ : 표면장력(N/m)

θ : 접촉각

γ : 유체 비중량(N/m^3)

D : 모세관 직경(m)

$$\sigma=\frac{\gamma hD}{4\cos\theta}=\frac{(s\cdot\gamma_w)hD}{4\cos\theta}\quad (s: \text{비중},\ \gamma_w: \text{물의 비중량})$$

$$=\frac{(0.88\times 9800\ \text{N/m}^3)\times\left(\dfrac{9.8\ \text{m}}{1000}\right)\times\left(\dfrac{1}{1000}\ \text{m}\right)}{4\cos 0°}$$

$$=0.021\ \text{N/m}$$

정답 ㉮

54 유체역학적 관점에서 말하는 이상유체(ideal fluid)에 관한 설명으로 가장 옳은 것은?

2018 09 15

㉮ 점성으로 인해 마찰손실이 생기는 유체

㉯ 높은 압력을 가하면 밀도가 상승하는 유체

㉰ 유체에 압력을 가하면 체적이 줄어드는 유체

㉱ 압력을 가해도 밀도변화가 없으며 점성에 의한 마찰손실도 없는 유체

해설 • 이상유체 : 비점성 유체이면서 비압축성인 유체
• 비점성 유체 : 점성이 없는 유체로서 유동할 때 에너지가 소비되지 않는(전단응력이 없는)유체
• 비압축성유체 : 온도, 압력변화에 의해서 압축되지 않는 유체. 즉, 압축되지 않으므로 밀도 변화가 없는 유체

정답 ㉱

55 뉴턴유체와 관련한 유체의 점성법칙과 직접적으로 관계가 없는 것은? 2019 03 03

㉮ 점성계수 ㉯ 전단응력 ㉰ 속도구배 ㉱ 중력가속도

해설 〈뉴턴의 점성법칙〉

전단응력$(\tau) = \mu \times \frac{du}{dy}$

여기서, μ : 점성계수

$\frac{du}{dy}$: 속도기울기

• 중력가속도는 뉴턴의 점성법칙과 관련이 없다.

정답 ㉱

56 비중이 0.89이며 중량이 35 N인 유체의 체적은 약 몇 m^3인가? 2019 03 03

㉮ 0.13×10^{-3} ㉯ 2.43×10^{-3} ㉰ 3.03×10^{-3} ㉱ 4.01×10^{-3}

해설 비중$(s) = \frac{\gamma}{\gamma_w} = 0.89$ (γ: 유체단위중량, γ_w : 물의 단위중량)

중량 $= \gamma \times V = 35\ N$ (V:유체의 체적)

$V = \frac{35\ N}{\gamma} = \frac{35\ N}{0.89\ \gamma_w} = \frac{35\ N}{0.89 \times 9800\ N/m^3} = 0.00401\ m^3$

정답 ㉱

57 그림과 같이 거리 b만큼 떨어진 평행평판 사이에 점성계수 μ인 유체가 채워져 있다. 위판이 동쪽으로, 아래판이 북쪽으로 일정한 속도 V로 움직일 때, 위판이 받는 전단응력은? (단, 평판 내 유체의 속도분포는 선형적이다.) 2019 04 27

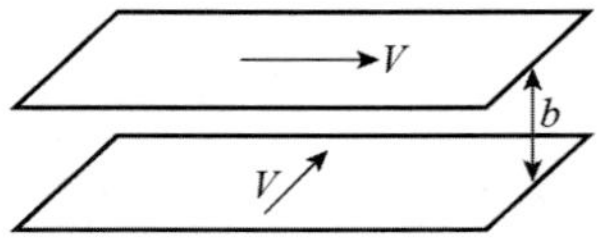

㉮ $\mu\frac{V}{\sqrt{2}}b$　　㉯ $\mu\frac{V}{b}$　　㉰ $\mu\frac{\sqrt{2}\,V}{b}$　　㉱ $\mu\frac{2V}{b}$

해설 뉴턴의 점성법칙에서

전단응력$(\tau) = \mu \times \frac{du}{dy}$

여기서, μ : 점성계수

$\frac{du}{dy}$: 속도구배

속도구배$\left(\frac{du}{dy}\right)$에서 dy는 b이고, 속도차이(du)는 다음 그림과 같이 $\sqrt{2}$V이므로

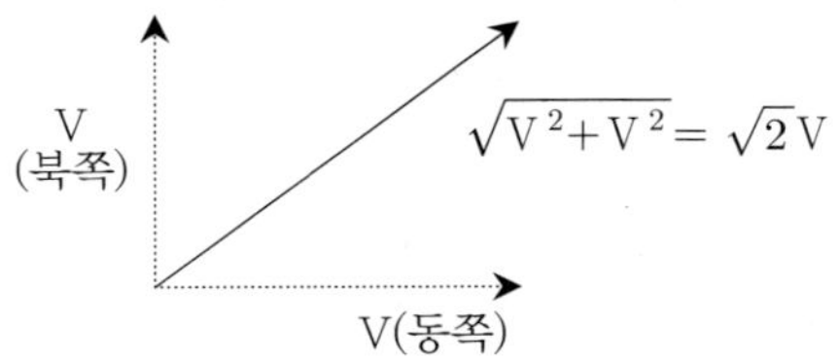

전단응력$(\tau) = \mu \times \frac{du}{dy} = \mu \times \frac{\sqrt{2}V}{b}$로 된다.

정답 ㉰

58 다음 용어의 정의 중 잘못된 것은? 2019 04 27

㉮ 뉴턴의 점성법칙을 만족하는 유체를 뉴턴유체라 한다.
㉯ 시간에 따라 유동형태가 변화하지 않는 흐름을 비정상유체라고 한다.
㉰ 큰 압력변화에 대하여 체적변화가 없는 유체를 비압축성 유체라고 한다.
㉱ 입자의 상대운동에 저해하려는 성질을 점성이라 하고 이러한 성질을 가진 유체를 점성 유체라고 한다.

해설 시간에 따라 유동형태가 변화하지 않는 흐름을 정류(定流) 또는 정상류(定常流 ; steady flow) 라고 한다.

정답 ㉯

59 다음 중 이상유체에 대한 설명으로 가장 적합한 것은? 2019 09 21

㉮ 점성이 없는 유체
㉯ 압축성이 없는 유체
㉰ 점성과 압축성이 없는 유체
㉱ 뉴턴의 점성법칙을 만족하는 유체

해설 이상유체(ideal fluid) : 비점성 유체이면서 비압축성인 유체

정답 ㉰

60 물의 체적을 2% 축소시키는 데 필요한 압력(MPa)은? (단, 물의 체적탄성계수는 2.08 GPa이다.) 2019 09 21

㉮ 32.1 ㉯ 41.6 ㉰ 45.4 ㉱ 52.5

해설 〈유체의 압축성〉

$$-\frac{\Delta V}{V} = \beta \cdot \Delta p = \frac{1}{K} \cdot \Delta p$$

여기서, ΔV : 감소부피(m^3)
Δp : 가해진 압력(N/m^2)
β : 체적압축계수(압축률)(m^2/N)
K : 체적탄성계수(N/m^2)

$$\frac{2}{100} = \frac{1}{2.08 \times 10^9\ \text{Pa}} \cdot \Delta p$$

$$\Delta p = \frac{2}{100} \times 2.08 \times 10^9\ \text{Pa} = 4.16 \times 10^7\ \text{Pa} = 41.6 \times 10^6\ \text{Pa}$$

정답 ㉯

61 간격이 10 mm인 평행한 두 평판 사이에 점성계수가 $8 \times 10^{-2}\ N \cdot sec/m^2$인 기름이 가득 차 있다. 한 쪽 판이 정지된 상태에서 다른 판이 6 m/sec의 속도로 미끄러질 때 면적 1 m^2당 받는 힘(N)은? (단, 평판 내 유체의 속도분포는 선형적이다.) 2019 09 21

㉮ 12 ㉯ 24 ㉰ 48 ㉱ 96

해설 〈뉴턴의 점성법칙〉

$$\text{전단응력}(\tau) = \mu \times \frac{du}{dy}$$

여기서, μ : 점성계수

$\frac{du}{dy}$: 속도구배

$$\tau = \mu \times \frac{du}{dy} = (8 \times 10^{-2}\ \text{N} \cdot \text{sec/m}^2) \times \left(\frac{6\ \text{m/sec}}{0.01\ \text{m}}\right) = 48\ \text{N/m}^2$$

정답 ㉰

62 중력가속도가 10.6 m/sec²인 곳에서 어떤 금속체의 중량이 100 N이었다. 중력가속도가 1.67 m/sec²인 달 표면에서 이 금속체의 중량은? 2019 09 21

㉮ 13.1　　㉯ 14.2　　㉰ 15.8　　㉱ 17.2

해설 중력가속도가 10.6 m/sec²인 곳에서 어떤 금속체의 중량 100 N

100 N = 질량 × 중력가속도

$= \text{M} \times 10.6\ \text{m/sec}^2$

$$\text{M} = \frac{100\ \text{N}}{10.6\ \text{m/sec}^2} = \frac{100\ \text{kg} \cdot \text{m/sec}^2}{10.6\ \text{m/sec}^2} \doteqdot 9.434\ \text{kg}$$

달표면 금속체중량=질량×중략가속도

$= 9.434\ \text{kg} \times 1.67\ \text{m/sec}^2$

$= 15.75\ \text{N}$

정답 ㉰

63 다음 중 점성계수가 큰 순서대로 나열한 것은? 2020 06 13

㉮ 공기 > 물 > 글리세린　　㉯ 글리세린 > 공기 > 물

㉰ 물 > 글리세린 > 공기　　㉱ 글리세린 > 물 > 공기

해설 점성계수(@300°K)

유 체	점성계수	
	N · sec/m²	(centipoise, cP)
Glycerine	0.95	950
Milk	0.003	3.0
Water, Fresh	0.00089	0.89
air	1.846×10^{-5}	1.846×10^{-2}

정답 ㉱

64 점성계수 μ의 차원으로 옳은 것은? (단, M은 질량, L은 길이, T는 시간이다.)

2020 06 13

㉮ $ML^{-1}T^{-1}$ ㉯ MLT ㉰ $M^{-2}L^{-1}T$ ㉱ MLT^2

해설 점성계수의 차원

㉮ 공학차원(FLT계) : $[FT/L^2]$

㉯ 절대차원(MLT계) : $[M/LT]$

정답 ㉮

65 유체에 대한 일반적인 설명으로 틀린 것은? 2020 08 23

㉮ 아무리 작은 전단응력이라도 물질 내부에 전단응력이 생기면 정지상태로 있을 수가 없다.

㉯ 점성이 작은 유체일수록 유동저항이 작아 더 쉽게 움직일 수 있다.

㉰ 충격파는 비압축성 유체에서는 잘 관찰되지 않는다.

㉱ 유체에 미치는 압축의 정도가 커서 밀도가 변하는 유체를 비압축성 유체라 한다.

해설 밀도가 변하는 유체는 압축성 유체이다.

정답 ㉱

66 뉴턴의 점성법칙과 직접적으로 관계없는 것은? 2020 08 23

㉮ 압력 ㉯ 전단응력 ㉰ 속도구배 ㉱ 점성계수

해설 Newton의 점성법칙

$$\tau = -\mu \cdot \frac{du}{dy}$$

여기서, τ : 전단응력

μ : 점성계수

$\frac{du}{dy}$: 속도구배

압력은 점성법칙과 관련없다.

정답 ㉮

67 점성계수의 MLT계 차원으로 옳은 것은? 2020 08 23

㉮ $[ML^{-1}T^{-1}]$ ㉯ $[ML^{2}T^{-1}]$ ㉰ $[L^{2}T^{-1}]$ ㉱ $[ML^{-2}T^{-2}]$

해설 점성계수의 차원

㉮ 공학차원(FLT계) : $[FT/L^{2}]$

㉯ 절대차원(MLT계) : $[M/LT]$

정답 ㉮

PART

02

정수역학(靜水力學)

Fluid Dynamics of Firefighting

CHAPTER 01

이론

- 정수역학 : 흐름이 없는 물에 작용하는 힘을 다루는 분야
- 정수역학의 힘 : 중력과 압력(움직임이 없으므로 전단력은 없음)
- 정수역학의 응용 : 압력의 측정, 소화전의 압력, 수중 구조물에 작용하는 힘 등

1 압력(pressure)

① 정의 : 단위면적당 작용하는 힘

② 단위면적($1\ m^2$, 또는 $1\ cm^2$)당 미치는 압축응력(힘)

$$P = \frac{F}{A} = \frac{\text{작용하는 힘}}{\text{면적}}$$

③ 압력의 단위

- SI단위 : Pa(pascal) = N/m^2
- 공학단위 : kg_f/cm^2, kg_f/m^2
- 기타 : 표준기압(atm으로 표시), mmHg, cmAq

2 정수역학의 기본식

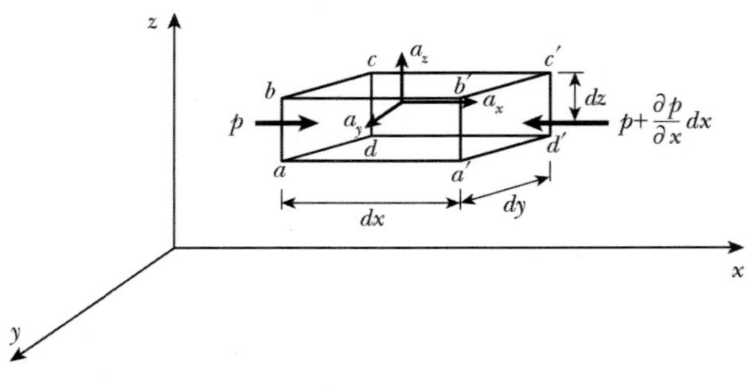

a_x : x 방향 가속도성분(중력 또는 원심력 ... 등)
a_y : y 방향 가속도성분(중력 또는 원심력 ... 등)
a_z : z 방향 가속도성분(중력 또는 원심력 ... 등)
p : 압력
$\frac{\partial p}{\partial x}$: x 방향 압력변화율
ρ : 물의 밀도

① x축 방향에 작용하는 힘

$$pdydz + \rho a_x dxdydz = \left(p + \frac{\partial p}{\partial x}dx\right)dydz$$

② y축 방향에 작용하는 힘

$$pdxdz + \rho a_y dxdydz = \left(p + \frac{\partial p}{\partial y}dy\right)dxdz$$

③ z축 방향에 작용하는 힘

$$pdxdy + \rho a_z dxdydz = \left(p + \frac{\partial p}{\partial z}dz\right)dxdy$$

정리하면

$$\frac{\partial p}{\partial x} = \rho a_x, \quad \frac{\partial p}{\partial y} = \rho a_y, \quad \frac{\partial p}{\partial z} = \rho a_z$$

각각에 dx, dy, dz를 곱하여 더하면

$$\frac{\partial p}{\partial x}dx + \frac{\partial p}{\partial y}dy + \frac{\partial p}{\partial z}dz = \mathbf{dp}$$
$$= \boldsymbol{\rho(a_x dx + a_y dy + a_z dz)}$$

$$\mathbf{dp} = \boldsymbol{\rho(a_x dx + a_y dy + a_z dz)}$$

❸ 중력장에서의 정수압($a_z = g$: 아래방향)

① 물에 대한 작용력으로 중력만 있을 때

$$\frac{\partial p}{\partial x}dx + \frac{\partial p}{\partial y}dy + \frac{\partial p}{\partial z}dz = dp$$

$$= \rho(a_x dx + a_y dy + a_z dz) \text{에서}$$

$a_z = g$, $a_y = 0$, $a_x = 0$

$dp = \rho a_z dz = \rho g dz = \gamma\, dz$

$dp = \gamma dz$ ➡ 깊이 h에서는

$$\int_{p_a}^{p_h} dp = \int_0^h \gamma\, dz$$

$p_h - p_a = \gamma h$

$$p_h = p_a + \gamma h = p_a + \rho g h$$

여기서, p_h : 수심 h에서의 압력

p_a : 기준면에서의 압력(=절대압력에서는 대개 대기압), 계기압력에서는 0

ρ : 물의 밀도(1000 kg/m^3)

g : 중력 가속도

γ : 물의 단위중량(9,800 N/m^3, 1,000 kg$_f$/m^3)

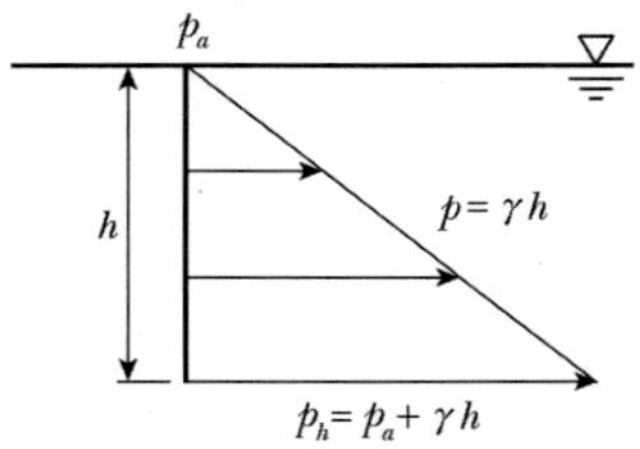

4 기압계(p_a)

01 | 대기압 측정

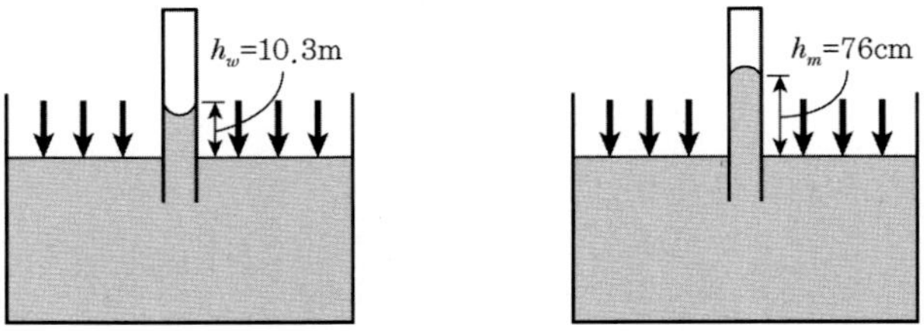

(a) 물　　　(b) 수은

수은주(76 cm)로 측정한 대기압

$$p_a = \gamma_m \times h = (13.595 \times 1000\ kg_f/m^3) \times 0.76\ m \fallingdotseq 10{,}332\ kg_f/m^2$$
$$= 10{,}332kg_f/(10000cm^2) = 1.0332kg_f/cm^2$$
$$= 10{,}332\ kg_f/m^2 \times \frac{1\ kg \times 9.8\ m/sec^2}{1\ kg_f} = 101{,}325 \frac{kg \cdot m/sec^2}{m^2}$$
$$= 101{,}325N/m^2 = 101{,}325Pa = 1013.3hPa = 1.013bar = 1013.3mbar$$

> 1 atm = 760 mmHg = 1,033.2 cmH_2O = 10.332 m H_2O(m Aq)
> = 1.0332 kg_f/cm^2 = 10,332 kg_f/m^2 = 1.013bar = 101,325 Pa(N/m^2)
> = 101.3 kPa(= kN/m^2) = 0.1013 MPa(MN/m^2)
> ※ 10 m 깊이 수압(10 m H_2O)
> ① $\gamma_w \times 10\ m = 1000\ kg_f/m^3 \times 10\ m = 10^4\ kg_f/m^2 = 1.0\ kg_f/cm^2$
> ② $\gamma_w \times 10\ m = 9800\ N/m^3 \times 10\ m = 0.098 \times 10^6\ N/m^2$
> $= 0.098\ MPa \fallingdotseq 0.1\ MPa$
> ※ 10 m H_2O = 1.0 kg_f/cm^2 = 0.098 MPa ≒ 0.1 MPa

02 | 절대압(absolute pressure)과 계기압(gauge pressure)

① 절대압(기호 a) : 완전진공을 기준으로 하는 압력(완전진공을 0으로 잡음)

② 계기압(기호 g) : 대기압을 기준으로 하는 압력

절대압 = 대기압 + 계기압 = 대기압 − 진공압력

03 | Pascal의 원리

밀폐된 용기 속의 유체(confined fluid)에 압력을 가할 경우 그 압력은 용기 내의 모든 유체에 그대로 전달된다.

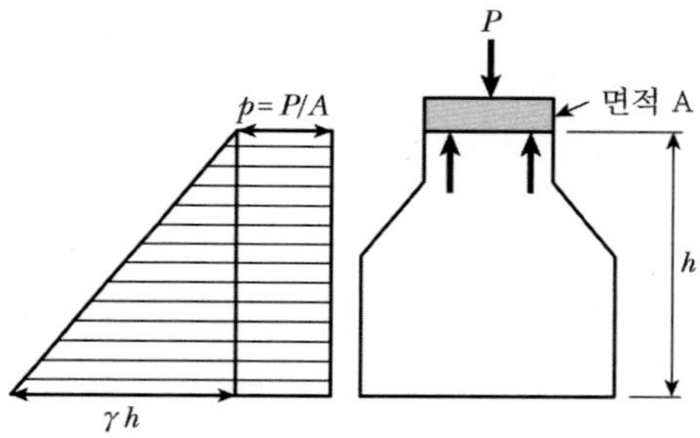

임의 수심 h에서의 수압

$$p_h = \frac{P}{A} + \gamma h$$

만약 P를 $P + \Delta P$로 증가시키면,

깊이 h에서의 압력은

$$p_h = \frac{P + \Delta P}{A} + \gamma h$$ 로 된다.

즉, 압력의 증가량은 용기 내의 모든 지점에서 동일하다(Pascal의 원리)

04 | Pascal 원리의 응용

그림과 같은 U자관에 유체가 있고 힘 F_1과 F_2가 면A_1과 A_2에 작용할 때

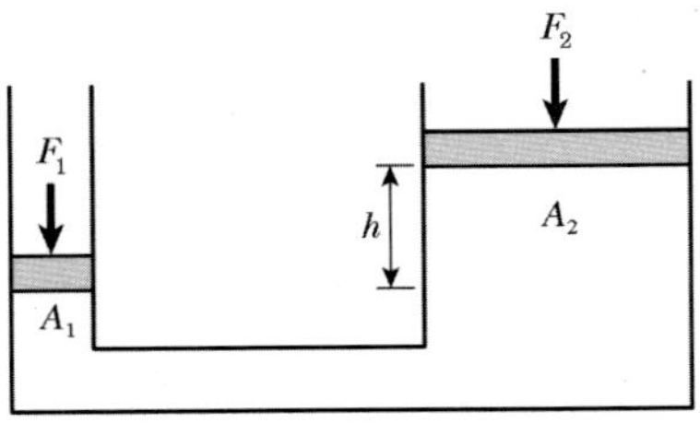

$$\frac{F_1}{A_1} = \gamma h + \frac{F_2}{A_2} \fallingdotseq \frac{F_2}{A_2} \text{(h가 작을 때)}$$

$$F_2 = \frac{A_2}{A_1} \cdot F_1 \text{ (유압기계의 원리)}$$

A_2를 A_1보다 충분히 크게 하면 F_2를 크게 할 수 있다.

05 | 압력의 측정

① 부르동(Bourdon) 압력계

- 타원형 단면을 갖는 동관이 압력에 의해 팽창하는 원리를 이용한 압력계
- 압력의 차이를 측정하는 장치
- 관로나 탱크에 구멍을 뚫어 유체압력과 대기압의 차를 표시, 양(+)의 압력만을 읽을 수 있음
- 정확도는 다소 떨어지지만 견고하고 사용하기 쉬우며 압력을 빠르게 직접 읽는 장점
- 계기압력 측정

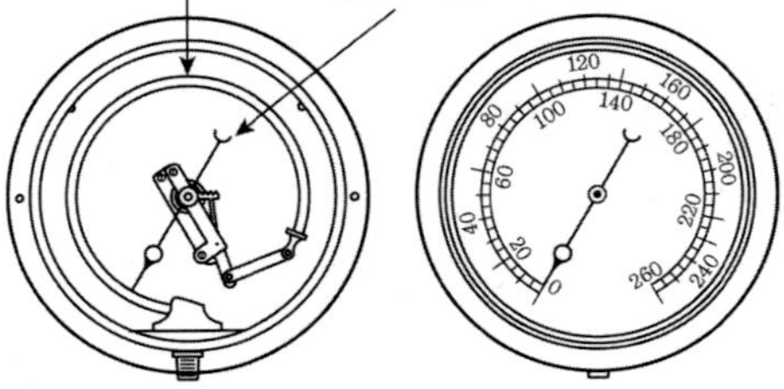

〈Bourdon 압력계〉

② 액주계(manometer)–피에조미터 관(Piezometer tube)

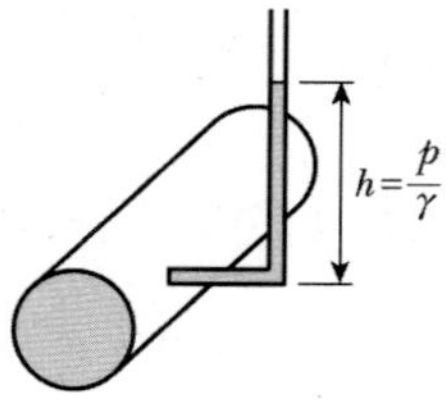

- 유체용기로부터 나와 위를 향하고 있는 좁은 관으로 구성
- 좁은 관 내의 유체 높이가 압력 지표가 됨
- 압력 $p=\gamma h$

③ 액주계(manometer)–U자관 액주계

- manometer의 액체가 측정하려는 유체와 다른 경우
- 액주계에 사용되는 유체를 계기유체(gauge fluid) 또는 액주계유체(manometer fluid)라고 함

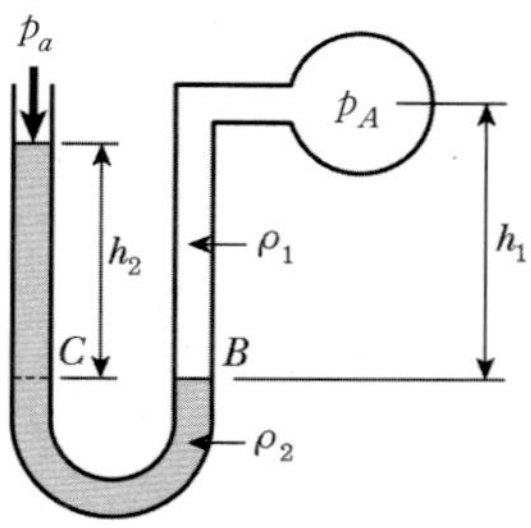

〈U자관 액주계〉

$$p_C = p_B$$

$$p_C = p_a + \rho_2 \cdot g \cdot h_2$$

$$p_B = p_A + \rho_1 \cdot g \cdot h_1$$

$$p_a + \rho_2 \cdot g \cdot h_2 = p_A + \rho_1 \cdot g \cdot h_1$$

$$p_A = p_a + \rho_2 \cdot g \cdot h_2 - \rho_1 \cdot g \cdot h_1$$

④ 액주계(manometer)–시차 액주계(differential manometer)

- 두 개 지점의 압력차($p_A - p_B$) 측정
- U자관 이용

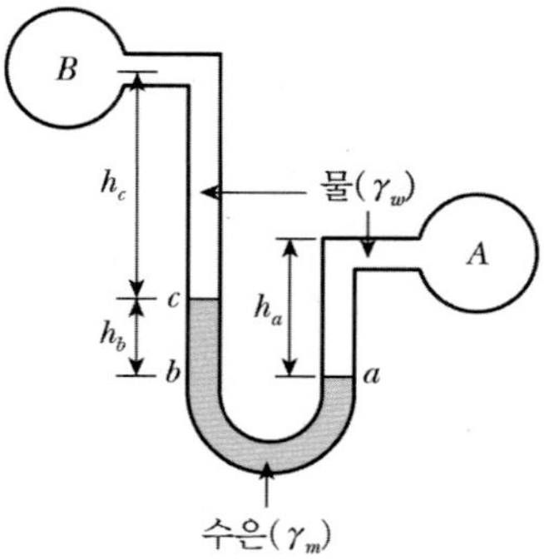

〈시차액주계(differential manometer)〉

$$p_a = p_b$$

$$p_a = p_A + \gamma_w \cdot h_a$$

$$p_b = p_B + \gamma_m \cdot h_b + \gamma_w \cdot h_c$$

$$p_A - p_B = \gamma_m \cdot h_b + \gamma_w (h_c - h_a)$$

5 유체 중에 잠긴 면에 작용하는 유체의 힘

01 | 평면에 작용하는 전수압

① 평면에 작용하는 정수압의 크기 : 수심에 비례 $p = \gamma h$

② 평면에 작용하는 정수압의 방향 : 면에 수직으로 작용

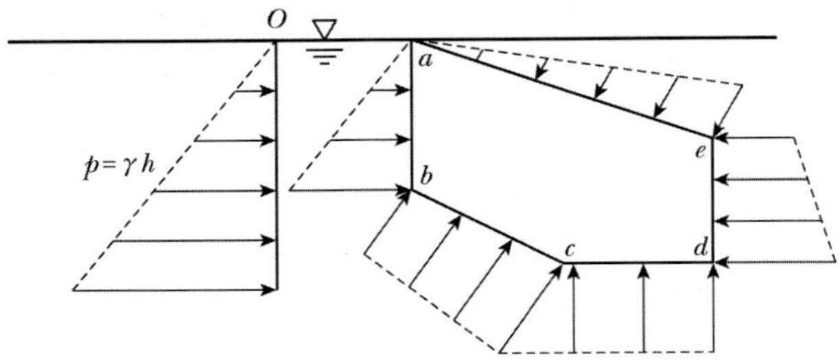

02 | 수평면에 작용하는 전수압(全水壓)

전수압의 크기 :

$P = pA = \gamma h \cdot A = \gamma(hA) = \gamma \times$수평면 위 물기둥 체적=수평면 위 물기둥 무게

전수압의 방향과 작용점 : 수평면의 도심(圖心)에 직각방향

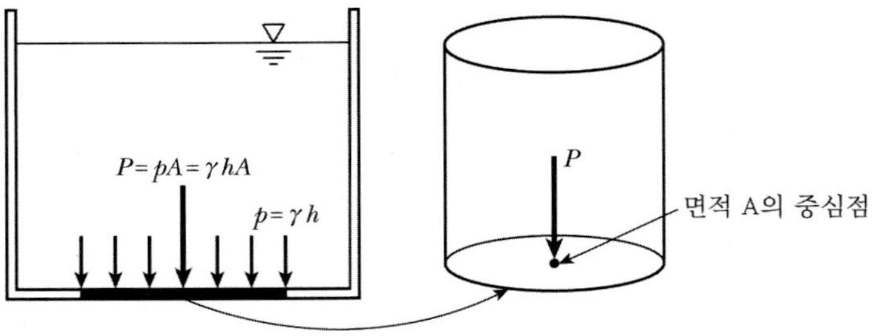

03 | 연직평면에 작용하는 전수압(全水壓)

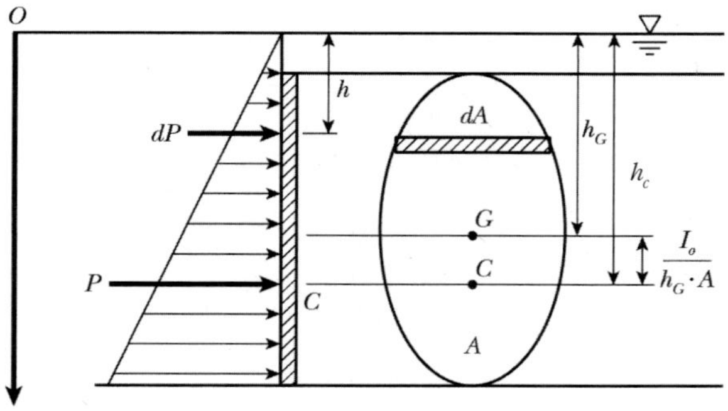

① 연직평면에 작용하는 수압분포 : 삼각형 또는 사다리꼴

② 미소면적 dA에 작용하는 전수압 $dP = \gamma \cdot h \cdot dA$

③ 전면적 A에 작용하는 전수압의 크기

$$P = \int dP = \int_A \gamma h \cdot dA = \gamma \int_A h \cdot dA = \gamma h_G A$$

h_G : 평면A의 도심 깊이

$h_G A = \int_A h \cdot dA$: 수면축에 대한 단면적 A의 1차 moment

04 | 작용점 깊이(h_c)

수면축에 대한 moment를 취하면

$$P \cdot h_c = \gamma h_G A \cdot h_c = \int dP \cdot h = \int_A \gamma h \cdot dA \cdot h = \int_A \gamma h^2 \cdot dA$$

$$h_c = \frac{\int h^2 \cdot dA}{h_G A} = \frac{I}{h_G \cdot A}$$ (I : 수면축에 대한 단면적 A의 2차 moment)

05 | 경사면에 작용하는 전수압(全水壓)

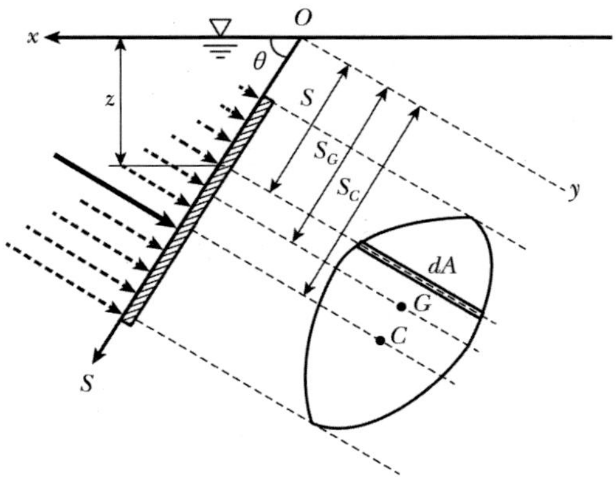

미소단면적 dA에 작용하는 전수압

$$dP = \gamma \cdot z \cdot dA = \gamma \cdot S \cdot \sin\theta \cdot dA$$

단면 A에 작용하는 전수압

$$P = \int \gamma \cdot z \cdot dA = \gamma \cdot \sin\theta \int S \cdot dA = \gamma \cdot \sin\theta \cdot S_G \cdot A$$

그런데, $\sin\theta \cdot S_G = h_G$이므로, $P = \gamma \cdot h_G \cdot A$

P의 수평분력 : $P_x = P\sin\theta = \gamma h_G A\sin\theta$(경사면의 수평투영면에 작용하는 전수압과 동일)

P의 연직분력 : $P_z = P\cos\theta = \gamma h_G A\cos\theta$ (경사면 위의 물기둥 무게 해당)

$P = \sqrt{P_x^2 + P_z^2}$

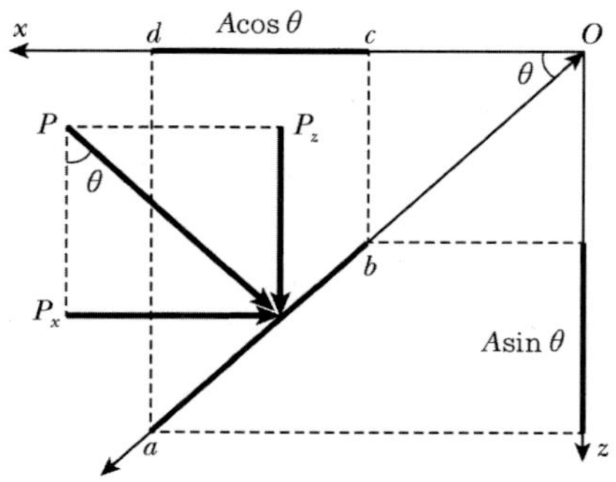

06 | 곡면에 작용하는 전수압

① 수중의 곡면(曲面)에 작용하는 전수압은 하나의 전수압으로 구하기 곤란

② 수평분력과, 연직분력을 구한 후 합성하여 전수압 계산
수중의 물체 ABC에 작용하는 힘을 상정

③ 수평방향의 힘 $F_x = F_{BC} = P_x$
곡면 AB의 수평 투영 면인 BC에 작용하는 전수압(작용점은 연직 면의 작용점과 동일)

④ 수직방향의 힘 $F_z = F_{AC} + W_{ABC} = P_z$
곡면 AB를 밑면으로 하는 물기둥의 무게(작용점은 물기둥의 무게 중심 점)

⑤ $P = \sqrt{P_x^2 + P_z^2}$

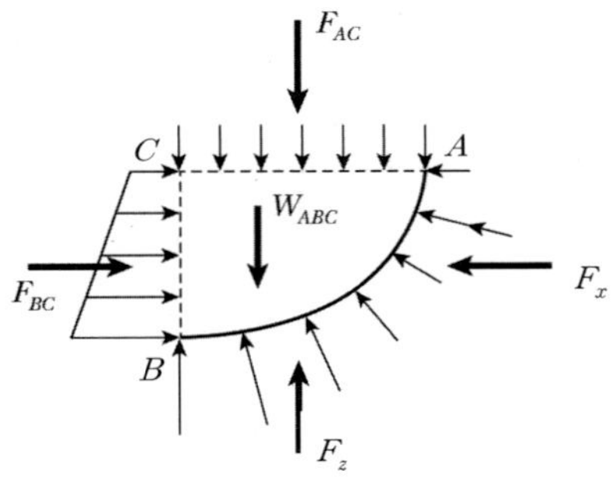

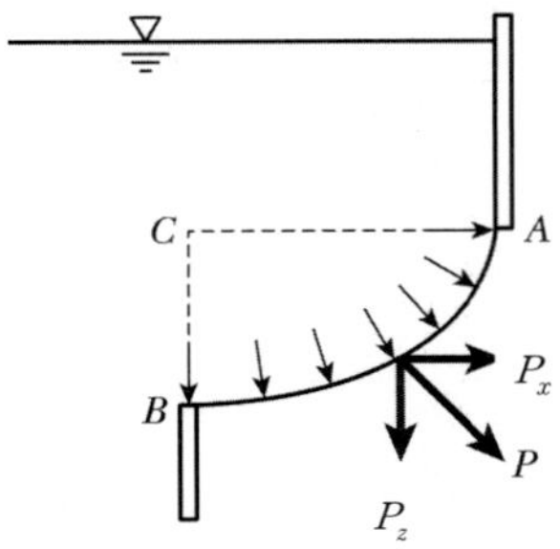

6 부력(buoyancy)

01 | 수중 물체에 작용하는 부력

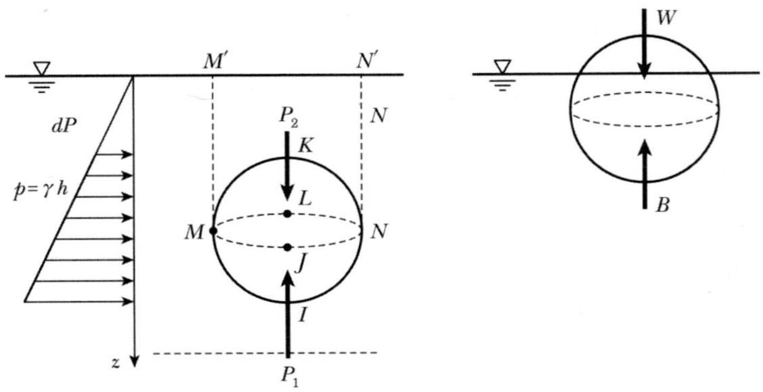

① 수평 힘 : 곡면KMI와 곡면KNI에 작용하는 전수압은 작용방향이 정반대이고 크기는 동일하므로 수평방향 힘은 없다.

② 연직 힘(부력)=곡면 MIN상의 수직방향 힘−곡면 MKN상의 수직방향 힘
=곡면 MIN상의 유체무게 − 곡면 MKN상의 유체무게
$=\gamma\times$ (물체의 수중부피)

$$\text{부력}(B) = \gamma \times V$$

여기서, γ : 물의 단위중량
V : 물체의 수중 부피(俳水容量)

02 | 물체의 수중 무게 (Archimedes의 원리)

① 공기중에서 중량 W인 물체의 수중에서의 중량은 부력(B)만큼 가벼워진다.
수중 중량=공기중 중량(W)−부력(B)

03 | 수면에 떠 있는 물체

① 중량과 부력이 평형을 이룬다.
중량(W)=부력(B)

7 수평가속도(α)를 받는 물통의 수면형

$$dp = \rho(a_x dx + a_y dy + a_z dz)$$

여기서, a_x : x 방향의 가속도
a_y : y 방향의 가속도
a_z : z 방향의 가속도
dp : 압력 변화율
ρ : 물의 밀도

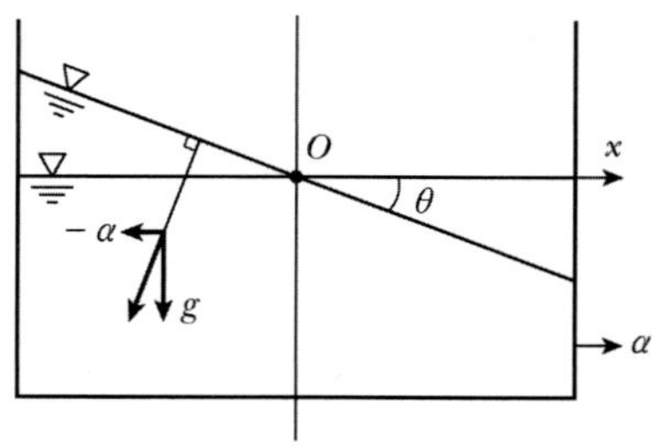

그림에서 $a_y = 0$, $a_z = g$, $a_x = -\alpha$

$$dp = \rho(-\alpha dx + 0dy + gdz) = \rho(-\alpha dx + gdz)$$

등압면(압력이 동일한 면 : 예 수면)에서는

$$dp = 0 = \rho(-\alpha dx + 0dy + gdz) = 0 \Rightarrow \alpha dx = gdz$$

$$\frac{dz}{dx} = \frac{\alpha}{g} \Rightarrow \text{수면의 경사각 } \theta = \tan^{-1}\left(\frac{\alpha}{g}\right)$$

8 연직가속도를 받는 물속의 수압

① 연직 상향의 가속도(-α)가 있을 때

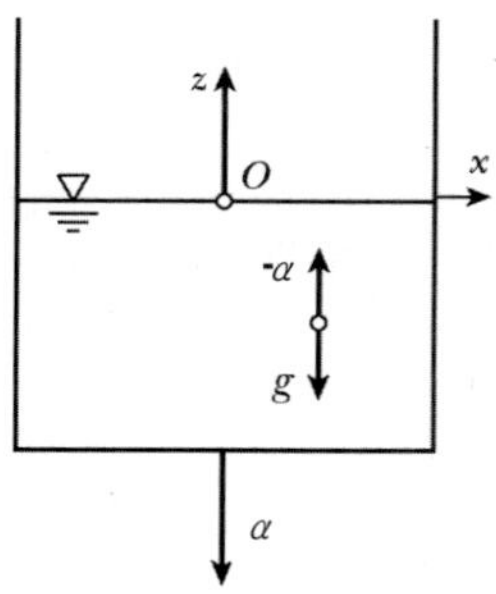

$dp = \rho(a_x dx + a_y dy + a_z dz)$에서

$a_x = 0$, $a_y = 0$, $a_z = g + \alpha$이므로

$$dp = \rho(0dx + 0dy + (g+\alpha)dz) = \rho(g+\alpha)dz$$

$$dp = \rho(g+\alpha)dz = \rho g\left(1 + \frac{\alpha}{g}\right)dz$$

수심 h에서의 수압

$$p = \int dp = \int_0^h \rho g\left(1 + \frac{\alpha}{g}\right)dz$$

$$= \gamma\left(1 + \frac{\alpha}{g}\right)\int_0^h dz$$

$$= \gamma h\left(1 + \frac{\alpha}{g}\right)$$

② 연직 하향의 가속도가 있을 때

$$p = \gamma h\left(1 - \frac{\alpha}{g}\right)$$

③ 자유낙하 중일 때

$$p = \gamma h\left(1 - \frac{g}{g}\right) = 0$$: 수압이 전혀 없음

CHAPTER 02

기출문제

기사 기출문제

01 수압기에서 피스톤의 지름이 각각 10 mm, 50 mm이고 큰 피스톤에 1000 N의 하중을 올려 놓으면 작은 쪽 피스톤에 몇 N의 힘이 작용하게 되는가? 2010 03 07

㉮ 40　　㉯ 400　　㉰ 25000　　㉱ 245000

해설 $\frac{F_1}{A_1}=\frac{F_2}{A_2}$

$$\frac{F_1}{\frac{\pi}{4}\times 0.01^2}=\frac{F_2}{\frac{\pi}{4}\times 0.05^2}=\frac{1000}{\frac{\pi}{4}\times 0.05^2}$$

$$F_1=\left(\frac{0.01^2}{0.05^2}\right)\times 1000\text{ N}=40\text{ N}$$

정답 ㉮

02 다음 그림의 액주계(manometer)에서 비중 $S_1=S_3=0.9$, $S_2=13.6$, $h_1=30$ cm, $h_3=15$ cm일 때 A점 압력과 B점 압력이 같게 되는 h_2는 약 몇 cm인가? 2010 03 07

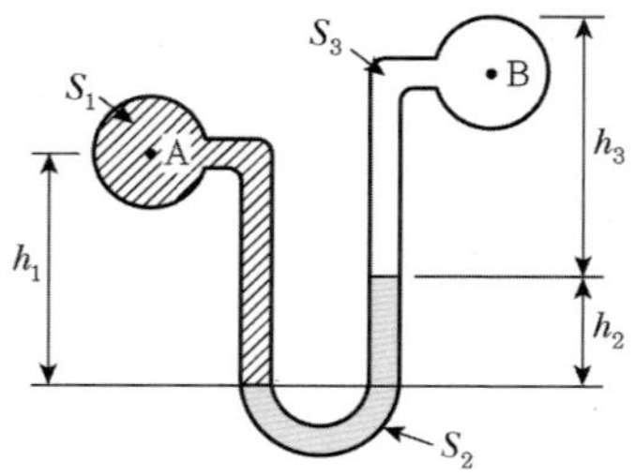

㉮ 1　　㉯ 3　　㉰ 5　　㉱ 7

해설 $p_A = p_B$

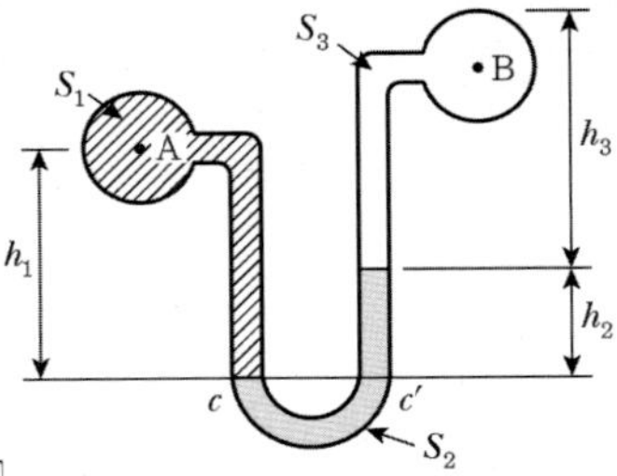

지점c, c′의 수압이 동일

$p_c = p_{c'}$

$p_c = p_A + s_1\gamma_w \times h_1 = p_A + 0.9\gamma_w \times 0.3(m)$

$p_{c'} = p_B + s_3 \cdot \gamma_w \times h_3 + s_2 \cdot \gamma_w h_2$

$= p_B + 0.9\gamma_w \times 0.15m + 13.6\gamma_w \times h_2$

$p_A + 0.9\gamma_w \times 0.3\ m = p_B + 0.9\gamma_w \times 0.15\ m + 13.6\gamma_w \times h_2$

$$h_2 = \frac{0.9\gamma_w \times 0.3\ m - 0.9\gamma_w \times 0.15\ m}{13.6\gamma_w} = \frac{0.9 \times 0.3\ m - 0.9 \times 0.15\ m}{13.6}$$

$= 0.0099\ m = 1\ cm$

정답 ㉮

03 그림과 같이 밑면이 2 m×2 m인 탱크에 비중이 0.8인 기름과 물이 각각 2 m씩 채워져 있다. 기름과 물이 벽면 AB에 작용하는 힘은 약 몇 kN인가? 2010 03 07

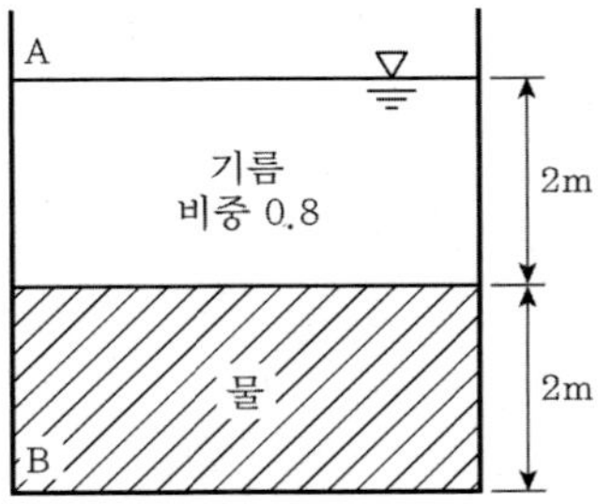

㉮ 39　　㉯ 70　　㉰ 102　　㉱ 133

해설 기름층의 전수압$(F_{oil}) = \gamma_{oil} \cdot h_G \cdot A = 0.8\gamma_w \times 1\ m \times (2\ m \times 2\ m) = 3.2\gamma_w$

수층만의 전수압$(F_{water}) = \frac{1}{2}\{\gamma_{oil} \times 2\ m + (\gamma_{oil} \times 2\ m + \gamma_w \times 2\ m)\} \times (2\ m \times 2\ m)$

$= (2\gamma_{oil} + \gamma_w) \times 4$

$= (2 \times 0.8\gamma_w + \gamma_w) \times 4$

$= 10.4\gamma_w$

AB면 작용력 $= F_{oil} + F_{water} = 3.2\ \gamma_w + 10.4\ \gamma_w = 13.6 \times 9.8 = 133.28\ kN$

정답 ㉱

04 폭 2 m의 수로 위에 그림과 같이 높이 3 m의 판이 수직으로 설치되어 있다. 유속이 매우 느리고 상류의 수위는 3.5 m, 하류의 수위는 2.5 m일 때, 물이 판에 작용하는 힘은 약 몇 kN인가?

2010 05 09

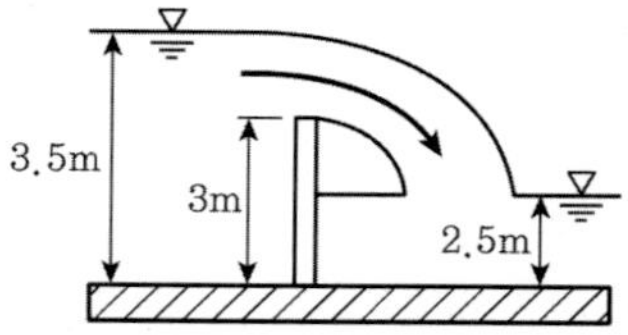

㉮ 26.9　　㉯ 56.4　　㉰ 76.2　　㉱ 96.8

해설 h_G : 도심의 깊이, A : 판의 면적

상류 작용력$(F_u) = \gamma_w \cdot h_{Gu} \cdot A_u$

$$= \gamma_w \cdot \left(\frac{0.5+3.5}{2}\ m\right) \times (3\ m \times 2\ m)$$

$$= 12\ \gamma_w$$

$$= 12 \times 9.8$$

$$= 117.6\ kN$$

하류 작용력$(F_d) = \gamma_w \cdot h_{Gd} \cdot A_d$

$$= \gamma_w \cdot \left(\frac{2.5\ m}{2}\right) \cdot (2.5\ m \times 2\ m)$$

$$= 6.25\gamma_w$$

$$= 6.25 \times 9.8$$

$$= 61.25\ kN$$

평판 작용력 $= F_u - F_d = 117.6 - 61.25 = 56.35$ kN

정답 ㉯

05 공기 중에서 무게가 941 N인 돌의 무게가 물속에서 500 N이라면 이 돌의 체적은 몇 m^3인가?

2010 05 09

㉮ 0.045　　㉯ 0.034　　㉰ 0.028　　㉱ 0.012

해설 수중무게 = 941 N − 부력 = 941 N − γ_w × 잠긴체적(V_s) = 500 N

$$잠긴체적(V_s) = \frac{441\ N}{\gamma_w} = \frac{441\ N}{9800\ N/m^3} = 0.045\ m^3$$

정답 ㉮

06 그림의 역 U자관 manometer에서 압력 차 $P_x - P_y$는 몇 Pa인가? 2010 05 09

㉮ 2826 ㉯ 3215 ㉰ 4116 ㉱ 5045

해설 지점 c, c′에서의 수압이 동일

$$p_c = P_x - \gamma_w \times 1.5\ \text{m}$$

$$p_{c'} = P_y - \gamma_w \cdot (1.5-0.4-0.2)\ \text{m} - 0.9\gamma_w \cdot 0.2\ \text{m}$$

$$= P_y - \gamma_w \times 1.08(\text{m})$$

$$P_x - 1.5\gamma_w = P_y - 1.08\gamma_w$$

$$P_x - P_y = (1.5-1.08)(\text{m}) \times 9800\ \text{N/m}^3 = 4116\ \text{Pa}$$

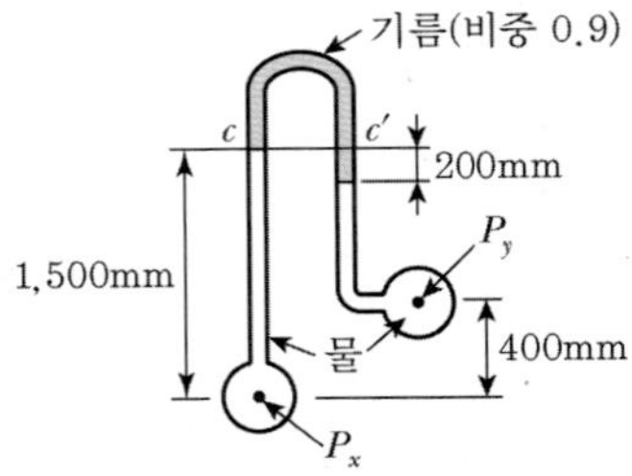

정답 ㉰

07 비중이 0.8인 물질이 흐르는 배관에 수은 마노미터를 설치하여 한쪽 끝은 대기에 노출시켰다. 내부게이지 압력이 58.6 kp이라면 수은주의 높이 차이는 약 몇 cm인가?
2010 09 05

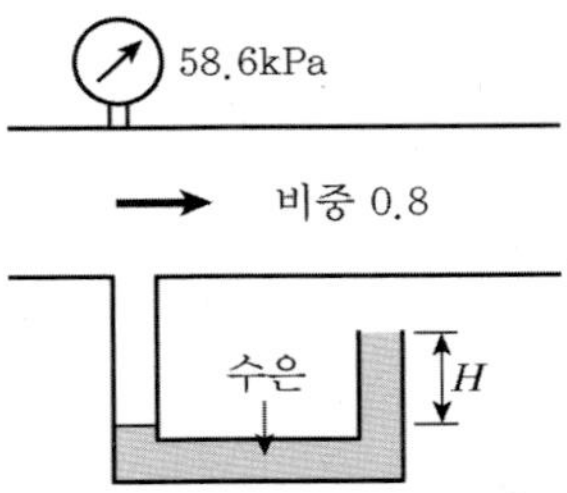

㉮ 0.441 ㉯ 0.469 ㉰ 44.1 ㉱ 46.9

해설 지점 c, c′에서의 수압이 동일

$$p_c = 58.6\ \text{kPa} + 0.8\gamma_w \times \text{H}$$

$$p_{c'} = 13.6\gamma_w \times \text{H}$$

$$58.6\text{kPa} + 0.8\gamma_w \times \text{H} = 13.6\gamma_w \times \text{H}$$

$$\text{H} = \frac{58.6\ \text{kPa}}{13.6\gamma_w - 0.8\gamma_w} = \frac{58.6\ \text{kPa}}{9.8\ \text{kN/m}^3 \times (13.6-0.8)}$$

$$= 0.467\ \text{m} = 46.7\ \text{cm}$$

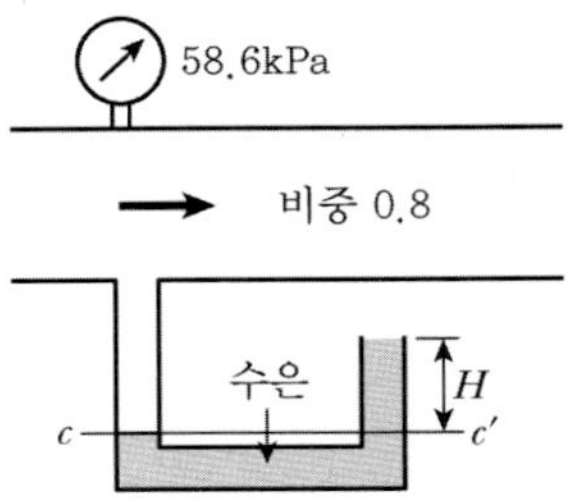

정답 ㉱

08 물속 같은 깊이에 수평으로 잠겨있는 원형평판의 지름과 정사각형평판의 한 변의 길이가 같을 때 두 평판의 한쪽 면이 받는 정수역학적 힘의 비는? 2010 09 05

㉮ 1 : 1 ㉯ 1 : 1.13 ㉰ 1 : 1.27 ㉱ 1 : 1.62

해설 평면에 작용하는 전수압 $= \gamma_w \cdot h_G \cdot A$

원형판 전수압 $= F_c = \gamma_w \times h \times \frac{\pi}{4} D^2$ (D : 원형판 지름, h : 수심)

정사각형판 전수압 $= F_r = \gamma_w \times h \times D^2$ (D : 정사각형 한변의 길이)

$F_c : F_r = \frac{\pi}{4} : 1 = 1 : 1.27$

정답 ㉰

09 아래 그림과 같이 단위중량이 각각 γ_A, $\gamma_B(\gamma_A > \gamma_B)$인 두 개의 섞이지 않는 액체가 용기에 담겨져 있다. 액체의 계기압력의 연직분포를 정확하게 묘사하고 있는 그림은? 2010 09 05

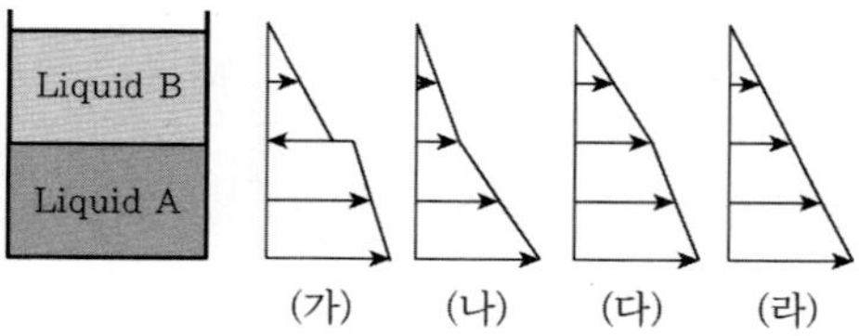

㉮ (가) ㉯ (나) ㉰ (다) ㉱ (라)

해설 액체 A의 비중량이 B의 비중량보다 크므로 B층보다 A층 수압이 급격하게 증가해야 한다.

정답 ㉯

10 국소대기압이 98.6 kPa인 곳에서 펌프에 의하여 흡입되는 물의 압력을 진공계로 측정하였다. 진공계가 7.3 kPa을 가리켰을 때 절대압력은 몇 kPa인가? 2010 09 05

㉮ 0.93 ㉯ 9.3 ㉰ 91.3 ㉱ 105.9

해설 계기압 = −7.3 kPa, 대기압 = 98.6 kPa

절대압 = 대기압 + 계기압

= 98.6 kPa − 7.3 kPa

= 91.3 kPa

정답 ㉰

11 대기압의 크기는 760 mmHg이고 수은의 비중은 13.6일 때 240 mmHg의 절대압력은 계기압력으로 약 몇 kPa인가? 2011 03 20

㉮ −32.0 ㉯ 32.0 ㉰ −69.3 ㉱ 69.3

해설 대기압 = p_a = 760 mmHg, $\gamma_m = 13.6\gamma_w$

계기압 = 절대압 − 대기압

$= 240\ \text{mmHg} - 760\ \text{mmHg}$

$= 0.24\ \text{m} \times 13.6\gamma_w - 0.76\ \text{m} \times 13.6\gamma_w$

$= 13.6 \times 9.8\ \text{kN/m}^3 \times (0.24 - 0.76)\text{m}$

$= -69.3\ \text{kPa}$

정답 ㉰

12 그림과 같은 액주계에서 원형파이프 중심의 압력은 약 몇 kPa인가? (단, 대기압은 101 kPa이다.) 2011 03 20

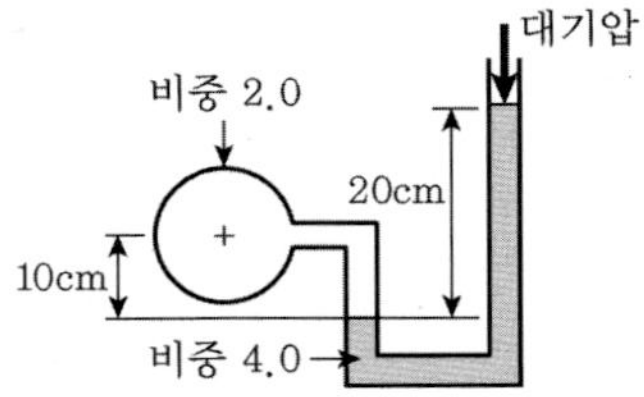

㉮ 10 ㉯ 107 ㉰ 95 ㉱ 111

해설 지점 c, c′에서의 수압이 동일

$p_c = p_A + 2.0\gamma_w \times 0.1\ \text{m}$

$p_{c'} = p_a + 4.0\gamma_w \times 0.2\ \text{m}$

$p_c = p_{c'}$

$p_A + 2.0\gamma_w \times 0.1 = p_a + 4.0\gamma_w \times 0.2\ \text{m}$

$p_A = p_a + 0.8\gamma_w - 0.2\gamma_w$

$= 101\ \text{kPa} + 0.6 \times 9.8\text{kPa}$

$= 107\ \text{kPa}$

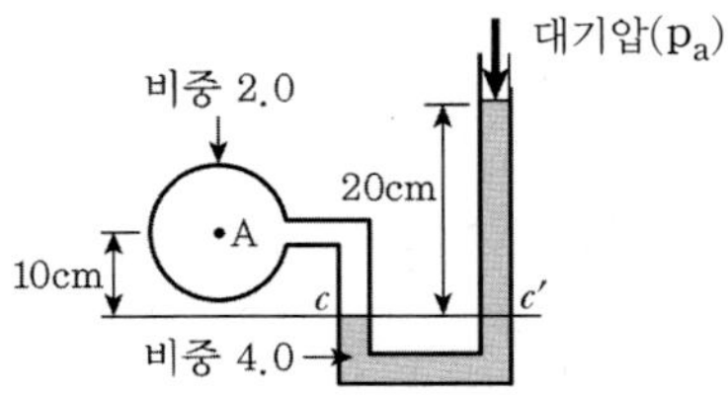

정답 ㉯

13 그림과 같은 수문 AB가 받는 수평성분 F_H와 수직성분 F_V는 각각 약 몇 N인가?

2011 03 20

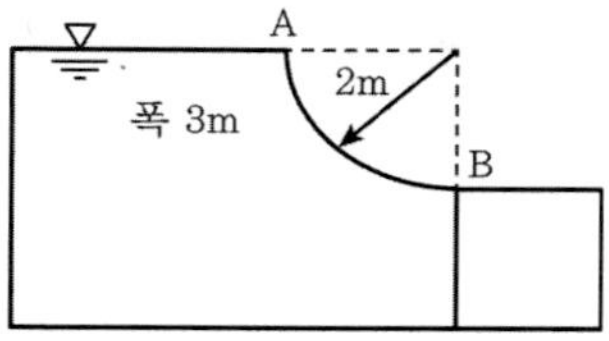

㉮ $F_H = 24400$, $F_V = 46181$ ㉯ $F_H = 58800$, $F_V = 46181$
㉰ $F_H = 58800$, $F_V = 92363$ ㉱ $F_H = 24400$, $F_V = 92363$

해설 F_H =AB면 수평투영면에 작용하는 전수압

F_V =AB면 위의 물 무게

$F_H = \gamma_w \times (h_G \times A)$

$= 9800\ N/m^3 \times (1\ m) \times (2\ m \times 3\ m)$

$= 58800\ N$

$F_V = \left(\dfrac{\pi \times 2^2}{4} \times 3(m^3)\right) \times \gamma_w$

$= \left(\dfrac{\pi \times 2^2}{4} \times 3(m^3)\right) \times 9800\ N/m^3$

$= 92363\ N$

정답 ㉰

14 비중이 1.03인 바닷물에 전체 부피의 15%가 수면 위에 떠 있는 빙산이 있다. 이 빙산의 비중은 얼마인가?

2011 03 20

㉮ 0.876 ㉯ 0.927 ㉰ 1.927 ㉱ 0.155

해설 바닷물의 비중량$=\gamma_{sw} = 1.03\gamma_w$ (γ_w : 물의 비중량)

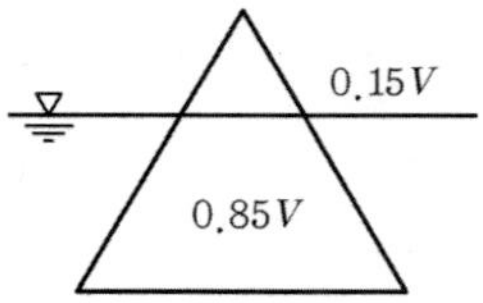

빙산의 부피 : V

빙산중량=부력

$V \times \gamma = (0.85V) \times (1.03\gamma_W)$

$\gamma = 0.85 \times 1.03\gamma_w$

$= 0.8755\gamma_w$

비중$= \dfrac{\gamma}{\gamma_w} = 0.8755$

정답 ㉮

15 다음 계측기 중 측정하고자 하는 것이 다른 것은? 2011 06 12

㉮ Bourdon 압력계 ㉯ U자관 마노미터
㉰ 피에조미터 ㉱ 열풍속계

정답 ㉱

16 그림에서 호 AB면에 작용하는 수직분력은 약 몇 kN인가? 2011 06 12

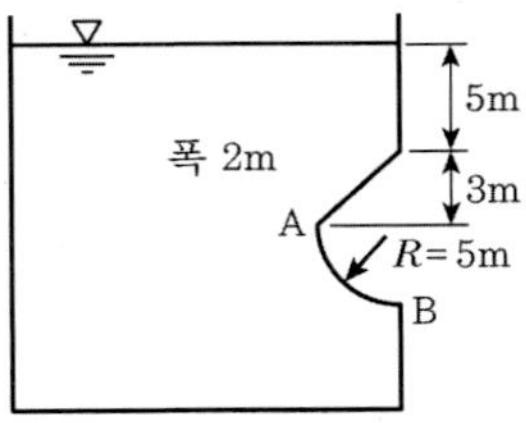

㉮ 1168.8 ㉯ 2323.4 ㉰ 976.4 ㉱ 568.34

해설 곡면에 작용하는 전수압의 수직분력(F_V)=곡면상의 물기둥 무게

$$F_V=\left\{5\text{ m}\times 2\text{ m}\times 8\text{ m}+\frac{\pi\times(5\text{ m})^2}{4}\times 2\text{ m}\right\}\times\gamma_w$$

$$=\left\{80+\frac{\pi\times 5^2}{2}\right\}(\text{m}^3)\times 9.8\text{ kN/m}^3$$

$$=1168.8\text{ kN}$$

정답 ㉮

17 표준 대기압상태인 어떤 지방의 호수 속에 있던 공기의 기포가 수면으로 올라오면서 지름이 2배로 팽창하였다. 이때 기포의 최초 위치는 수면으로부터 약 몇 m인가? (단, 기포 내의 공기는 Boyle의 법칙에 따른다.) 2011 06 12

㉮ 35 ㉯ 72 ㉰ 108 ㉱ 144

해설 수심h(m)에서의 기포 지름(d_h) $=2r_h$, $r_h=\dfrac{d_h}{2}$

수면에서의 기포 지름 $d_0=2r_0$, $r_0=\dfrac{d_0}{2}$

$d_0 = 2d_h$

대기압 $= p_a$

수심 h(m)에서의 수압 $p_h = p_a + \gamma_w \times h$

Boyle의 법칙 성립하므로

$p_a \times V_0 = p_h \times V_h$(p : 압력, V : 부피)

$$p_a \times \frac{4}{3}\pi r_0^3 = p_h \times \frac{4}{3}\pi r_h^3$$

$$p_a \times \frac{4}{3}\pi\left(\frac{d_0}{2}\right)^3 = p_h \times \frac{4}{3}\pi\left(\frac{d_h}{2}\right)^3$$

$$p_a \times d_0^3 = (p_o + \gamma_w \cdot h) \times d_h^3$$

$$p_a \times (2d_h)^3 = (p_o + \gamma_w \times h) \times d_h^3$$

$$8p_a = p_a + \gamma_w h$$

$$h = \frac{7p_a}{\gamma_w} = \frac{7 \times 10.332\ \text{m} \times \gamma_w}{\gamma_w} = 72.32\ \text{m}$$

정답 ㉯

18 그림과 같이 수평면에 대하여 60° 기울어진 경사관에 비중 S = 13.6인 수은이 채워져 있으며, A와 B에는 물이 채워져 있다. A의 압력이 250 kPa, B의 압력이 200 kPa일 때 길이 L은 몇 cm인가? 2011 10 02

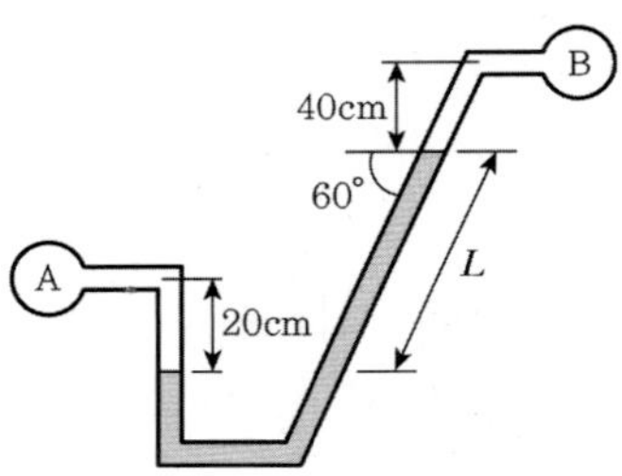

㉮ 36.0　　㉯ 39.0　　㉰ 41.6　　㉱ 45.1

해설 $p_A = 250\ \text{kPa},\ p_B = 200\ \text{kPa}$

지점 c, c′에서의 수압이 동일

$p_c = p_A + \gamma_w \times 0.2\ \text{m}$

$p_{c'} = p_B + \gamma_w \times 0.4\ \text{m} + L \times \sin 60° \times 13.6\gamma_w$

$p_c = p_{c'}$

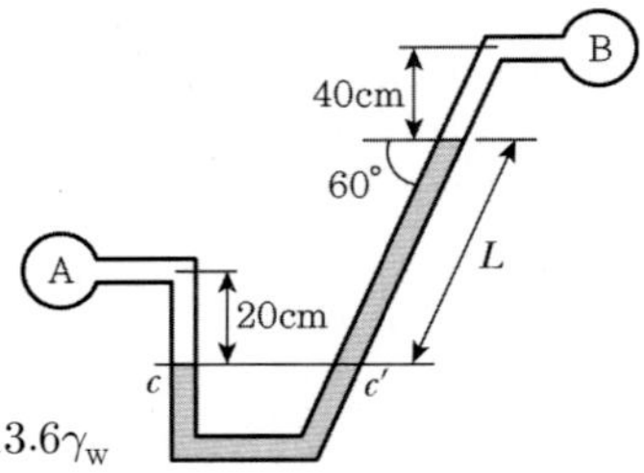

$$p_A + \gamma_w \times 0.2\ \text{m} = p_B + \gamma_w \times 0.4\ \text{m} + \frac{\sqrt{3}}{2} \cdot L(\text{m}) \cdot 13.6\gamma_w$$

$$250\ \text{kPa} + 9.8 \times 0.2(\text{kPa}) = 200\ \text{kPa} + 9.8 \times 0.4(\text{kPa}) + \frac{\sqrt{3} \cdot 13.6 \times 9.8}{2} L$$

$L = 0.416\ \text{m} = 41.6\ \text{cm}$

정답 ㉰

19 물탱크의 수직벽면에 반구형(Hemisphere)곡면을 물에 완전히 잠기도록 설치한다. 곡면이 물쪽으로 볼록한 경우(a)와 오목한 경우(b)에 곡면에 작용하는 정수력의 수평방향 성분 크기의 비는? 2011 10 02

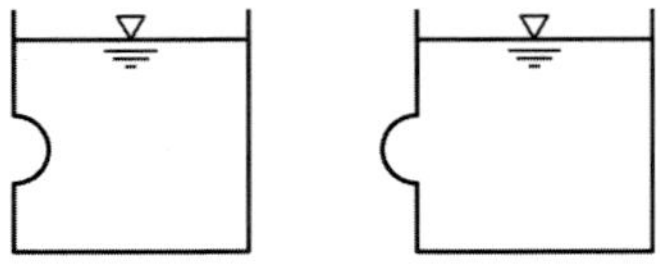

(a) (b)

㉮ $\pi : 1$ ㉯ 4 : 3 ㉰ 1 : 1 ㉱ 3 : 4

해설 곡면에 작용하는 전수압의 수평성분＝곡면의 수평투영면에 작용하는 전수압
투영면적이 동일하므로 전수압의 수평성분은 동일

정답 ㉰

20 비중이 0.95인 물체를 비중이 1.023인 바닷물에 띄우면 전체 체적의 몇 %가 물속에 잠기겠는가? 2011 10 02

㉮ 95% ㉯ 93% ㉰ 90% ㉱ 88%

해설 부력＝중량
바닷물비중량×잠긴부피＝물체비중량×물체체적

$\gamma_{sw} \times V_s = \gamma \times (V)$

$$\frac{V_s}{V} = \frac{\gamma}{\gamma_{sw}} = \frac{0.95\gamma_w}{1.023\gamma_w} = 0.9286 = 93\%$$

정답 ㉯

21 한 변이 8 cm인 정육면체를 물에 담그니 6 cm가 잠겼다. 이 정육면체를 비중이 1.26인 글리세린에 수직방향으로 눌러 완전히 잠기게 하는 데 필요한 힘은 약 몇 N인가? 2012 03 04

㉮ 2.56 ㉯ 5.12 ㉰ 6.33 ㉱ 12.6

해설 ① 물에 넣는 경우

물체중량=부력

물체비중량×물체체적=물의 비중량×잠긴부피

$$\gamma \times \left(\frac{8}{100}\text{ m}\right)^3 = \gamma_w \times \left(\frac{8}{100}\text{ m} \times \frac{8}{100}\text{ m} \times \frac{6}{100}\text{ m}\right)$$

$$\gamma = \frac{6}{8}\gamma_w$$

② 글리세린에 넣는 경우

가해주는 힘=부력−물체중량

$$\begin{aligned} &= \text{글리세린 비중량} \times \text{물체부피} - \text{물체비중량} \times \text{물체체적} \\ &= 1.26\gamma_w \times \left(\frac{8}{100}\text{ m}\right)^3 - \frac{6}{8}\gamma_w \times \left(\frac{8}{100}\text{ m}\right)^3 \\ &= \left(\frac{8}{100}\text{ m}\right)^3\left(1.26 - \frac{6}{8}\right) \times \gamma_w \\ &= \left(\frac{8}{100}\text{ m}\right)^3\left(1.26 - \frac{6}{8}\right) \times 9800\text{ N/m}^3 \\ &= 2.56\text{ N} \end{aligned}$$

정답 ㉮

22 수은이 채워진 U자형 관에 어떤 액체를 넣었다, 수은과 액체의 계면으로부터 액체 측 자유표면까지의 높이가 24 cm, 수은 측 자유표면까지의 높이가 10 cm일 때 이 액체의 비중은 약 얼마인가? (단, 수은의 비중은 13.6이다) 2012 05 20

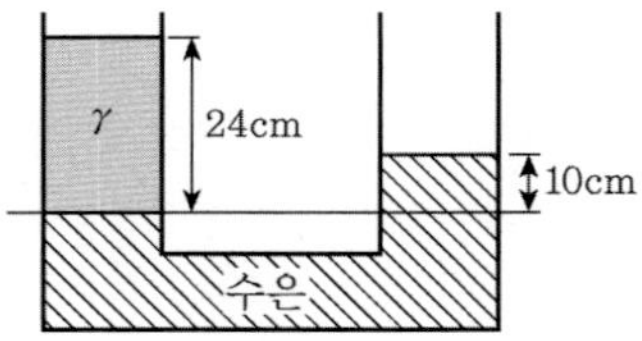

㉮ 5.67 ㉯ 6.81 ㉰ 13.6 ㉱ 32.6

해설 c, c′ 점의 압력은 동일

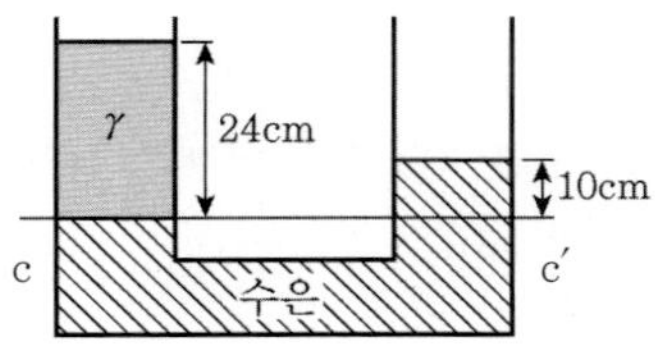

$p_c = p_{c'}$

$p_c = \gamma \times 0.24(\text{m})$

$p_{c'} = \gamma_m \times 0.1(\text{m})$

$\gamma \times 0.24 = \gamma_m \times 0.1$

$$\gamma = \frac{0.1}{0.24} \times \gamma_m$$
$$= \frac{0.1}{0.24} \times 13.6\gamma_w$$
$$= 5.67\gamma_w$$
$$s = \frac{\gamma}{\gamma_w} = 5.67$$

정답 ㉮

23 표준 대기압인 1기압과 다른 것은? 2012 05 20

㉮ $1.0332\ kg_f/cm^2$ ㉯ 10.33 mAq
㉰ 101.325 bar ㉱ 760 mmHg

해설 1 atm = 1.013 bar

정답 ㉰

24 길이 2 m, 폭 1.6 m인 직사각형 수문이 수면과 수직으로 그 상단이 수면 아래 2 m의 깊이에 설치되어 있다. 수문에 작용하는 압력의 작용점의 위치는 수면으로부터 몇 m인가?
2012 05 20

㉮ 3.51 ㉯ 3.39 ㉰ 3.21 ㉱ 3.11

해설 수면으로부터 평판을 따라 x만큼 떨어진 지점의 작용력 dF_x

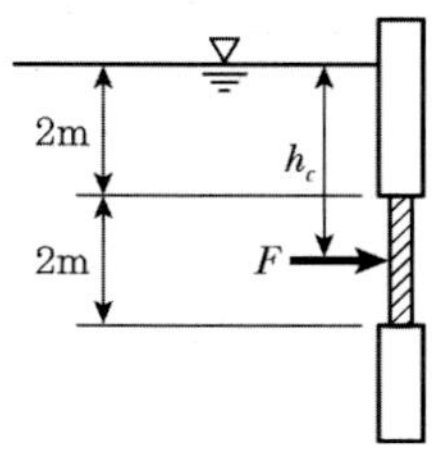

$$dF_x = (\gamma_w \cdot x) \times (1.6\ m \times dx) = 1.6\gamma_w \cdot x \cdot dx$$
$$\text{총 작용력(F)} = \int_2^4 dF_x = \int_2^4 1.6\gamma_w \cdot x \cdot dx$$
$$= 1.6\gamma_w \left[\frac{4^2 - 2^2}{2}\right]$$
$$= 9.6\gamma_w$$

작용점의 위치 = h_c

수면 축에 대한 모멘트를 취하면

$$\int_2^4 dF_x \cdot x = F \cdot h_c$$

$$h_c = \frac{1}{F} \cdot \int_2^4 1.6\gamma_w \cdot x^2 \cdot dx$$
$$= \frac{1.6\gamma_w}{9.6\gamma_w} \int_2^4 x^2 \cdot dx$$
$$= \frac{1.6}{9.6}\left[\frac{4^3 - 2^3}{3}\right]$$
$$= 3.11 \text{ m}$$

정답 ㉣

25 다음 그림은 단면적이 A와 2A인 U자관에 밀도 d인 기름을 담은 모양이다. 지금 그 한쪽 관에 관벽과는 마찰이 없는 물체를 기름위에 놓았더니 두 관의 액면차가 h_1으로 되어 평형을 이루었다. 이때 이 물체의 질량은? 2012 09 15

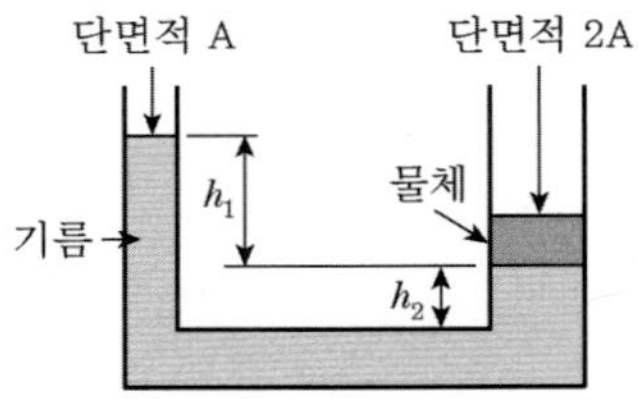

㉮ Ah_1d　　㉯ $2Ah_1d$

㉰ $Ah_1d + Ah_2d$　　㉱ $2(Ah_1d + Ah_2d)$

해설 기름의 밀도 : d

c, c′ 지점의 수압은 동일

$p_c = d \times g \times h_1$ (g : 중력가속도)

$$p_{c'} = \frac{(\text{물체질량} \times g)}{2A}$$

$p_c = p_{c'}$

$$d \times g \times h_1 = \frac{(\text{물체질량} \times g)}{2A}$$

물체질량 $= 2Ah_1d$

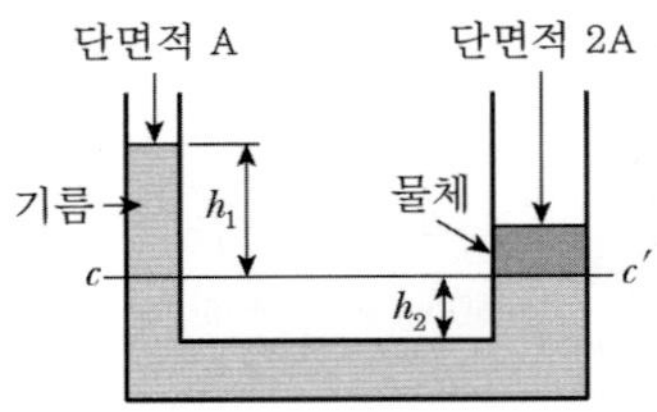

정답 ㉯

26 체적 $0.2\ m^3$인 물체를 물속에 잠겨있게 하는데 300 N의 힘이 필요하다. 만약 이 물체를 어떤 유체 속에 잠겨있게 하는데 200 N의 힘이 필요하다면 이 유체의 비중은? (단, 물의 밀도는 $1000\ kg/m^3$이다.) 2012 09 15

㉮ 0.67　　㉯ 0.85　　㉰ 0.95　　㉱ 1.05

해설 ① 물에 넣는 경우

물체중량 + 300 N = 물의 부력

물체비중량$(\gamma) \times 0.2\ m^3 + 300\ N =$ 물의 비중량$(\gamma_w) \times 0.2\ m^3$

$$0.2\gamma + 300\ N = 0.2\gamma_w$$

$$\gamma = \frac{0.2 \times 9800 - 300}{0.2}(N/m^3) = 8300\ N/m^3$$

② 어떤 액체에 넣는 경우

물체중량 + 200 N = 액체의 부력

물체 비중량$(\gamma) \times 0.2\ m^3 + 200\ N =$ 액체의 비중량$(\gamma_L) \times 0.2\ m^3$

$$0.2\ m^3 \times 8300\ N/m^3 + 200\ N = 0.2\ m^3 \cdot \gamma_L$$

$$\gamma_L = \frac{0.2 \times 8300 + 200}{0.2}(N/m^3) = 9300\ N/m^3$$

$$\text{유체비중}(s) = \frac{\gamma_L}{\gamma_w} = \frac{9300\ N/m^3}{9800\ N/m^3} = 0.95$$

정답 ㉰

27 소방펌프차가 화재 현장에 출동하여 그 곳에 설치되어 있는 수조에서 물을 흡입하였다. 이때 펌프입구의 진공계가 60 kPa을 표시하였다면 손실을 무시할 때 수면에서 펌프까지의 높이는 약 몇 m인가? 2012 09 15

㉮ 0.5452　　㉯ 0.612　　㉰ 5.42　　㉱ 6.12

해설 $p = \gamma_w \times h = -60\ kPa$

$$h = \frac{-60\ kPa}{\gamma_w} = \frac{-60\ kN/m^2}{9.8\ kN/m^3} = -6.12\ m$$

정답 ㉱

28 그림과 같이 밑면이 2 m×3 m인 탱크와 이 탱크에 연결된 단면적이 1 m^2인 관에 물과 비중이 0.9인 기름이 들어 있다. 대기압을 무시할 때 밑면 AB에 작용하는 힘은 약 몇 kN인가? 2012 09 15

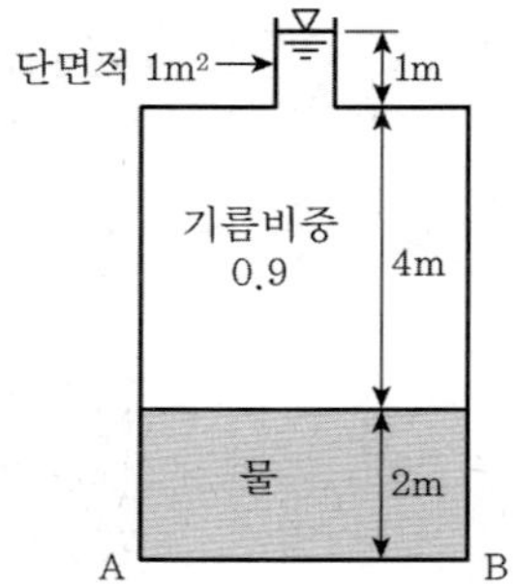

㉮ 64　　㉯ 329　　㉰ 382　　㉱ 412

해설 AB면에 작용하는 힘 = AB면 수압 × AB면적

$= \{\gamma_{oil} \times (1+4)(m) + \gamma_w \times 2(m)\} \times (2\ m \times 3\ m)$

$= \{0.9\gamma_w \times (1+4)(m) + \gamma_w \times 2(m)\} \times (2\ m \times 3\ m)$

$= 6.5\gamma_w \times (2\ m \times 3\ m)$

$= 6.5(m) \times 9.8\ kN/m^3 \times (2\ m \times 3\ m)$

$= 382.2\ kN$

정답 ㉰

29 그림과 같이 중심각 $\beta = 30°$이고 반경 R = 12 m인 원호형 방파제 AB가 있다. 방파제의 폭 1 m당 유체에 의해 작용하는 힘은 몇 kN인가? 2013 03 10

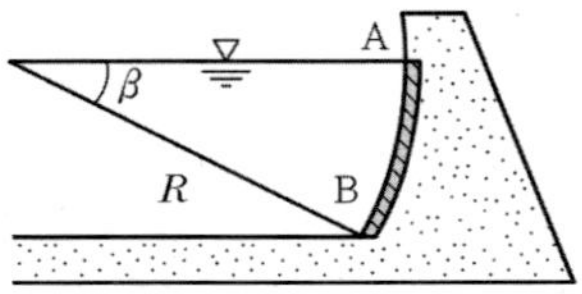

㉮ 187.6　　㉯ 198.3　　㉰ 215.7　　㉱ 227.5

해설 B점 수심 $= R\sin\beta = 12 \times \sin 30° = 12 \times \frac{1}{2} = 6\ m$

AB면 전수압의 수평분력

$(F_H) = \gamma_w \cdot h_G \cdot$ (AB면 수평투영면적)

$= 9.8\ kN/m^3 \cdot \frac{6\ m}{2} \cdot (6\ m \times 1\ m)$

$= 176.4\ kN$

AB면 전수압의 연직분력

(F_V)=AB면 위 물무게

$$=\gamma_w \times \left\{\left(\frac{30°}{360°}\times\pi\times12^2\right)-\frac{1}{2}\times(12\times\sin30°)\times(12\times\cos30°)\right\}\times1(m^3)$$

$$=9.8\ kN/m^3\times\left\{\left(\frac{30}{360}\times\pi\times12^2\right)-\frac{1}{2}\times(12\times\frac{1}{2})\times\left(12\times\frac{\sqrt{3}}{2}\right)\right\}(m^3)$$

$$=63.91\ kN$$

AB면 전수압$(F)=\sqrt{F_H^2+F_V^2}=\sqrt{176.4^2+63.91^2}=187.6\ kN$

정답 ㉮

30 그림과 같은 오리피스에서 h_m은 0.1 m, γ는 물의 비중량이고, γ_m은 수은(비중 13.6)의 비중량일 때 오리피스 전후의 압력차는 약 몇 kPa인가? 2013 03 10

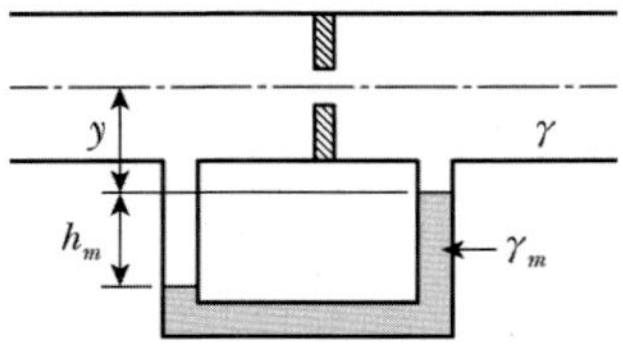

㉮ 1.43　　㉯ 14.31　　㉰ 13.33　　㉱ 12.35

해설 오리피스 앞의 압력 : p_1

오리피스 뒤의 압력 : p_2

지점 c, c′의 수압은 동일

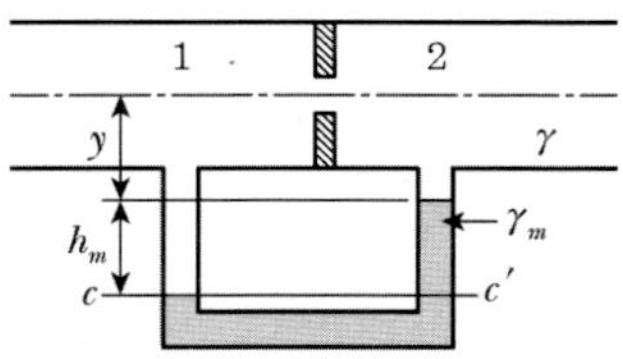

$p_c=p_1+\gamma_w\times(y+h_m)$

$p_{c'}=p_2+\gamma_w\cdot y+\gamma_m\cdot h_m$

$p_1+\gamma_w\cdot(y+h_m)=p_2+\gamma_w\cdot y+\gamma_m\cdot h_m$

$p_1-p_2=h_m(\gamma_m-\gamma_w)$

$=h_m(13.6\gamma_w-\gamma_w)$

$=12.6\gamma_w\cdot h_m$

$=12.6\times9.8\ kN/m^3\times0.1(m)$

$=12.35\ kPa$

정답 ㉱

31 표준대기압에서 게이지 압력 190 kPa을 절대압력으로 환산하면 몇 kPa이 되겠는가?

㉮ 88.7 ㉯ 190 ㉰ 291.3 ㉱ 120

해설 절대압력 = 대기압 + 계기압

= 101.3 kPa + 190 kPa

= 291.3 kPa

정답 ㉰

32 경사마노미터의 눈금이 38 mm일 때 압력 P를 계기압력(Pa)으로 표시하면? 2013 06 02

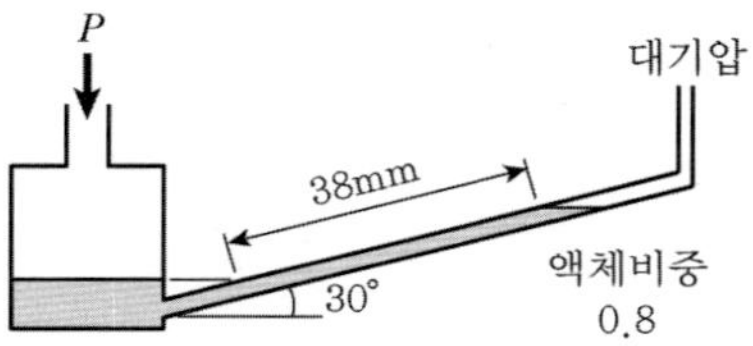

㉮ 15.2 ㉯ 149 ㉰ 186 ㉱ 298

해설 $p = \gamma \times h = 0.8\gamma_w \times 38\ \text{mm} \times \sin 30°$

$= 0.8 \times 9800\ \text{N/m}^3 \times \frac{38}{1000}\ \text{m} \times \frac{1}{2}$

$= 149\ \text{N/m}^2 = 149\ \text{Pa}$

정답 ㉯

33 진공압력이 40 mmHg일 경우 절대압력은 약 몇 kPa인가? (단, 대기압은 101.3 kPa이고 수은의 비중은 13.6이다) 2013 06 02

㉮ 53 ㉯ 96 ㉰ 106 ㉱ 196

해설 절대압력 = 대기압 + 계기압

$= 101.3\ \text{kPa} + (-40\ \text{mmHg})$

$= 101.3\ \text{kPa} + \left(-\frac{40}{1000}\text{m}\right) \times 13.6\gamma_w$

$= 101.3\ \text{kPa} - 0.04(\text{m}) \times 13.6 \times 9.8\ \text{kN/m}^3 = 96\ \text{kPa}$

정답 ㉯

34 아래 그림과 같은 폭이 3 m인 곡면의 수문 AB가 받는 수평분력은 약 몇 N인가?
2013 06 02

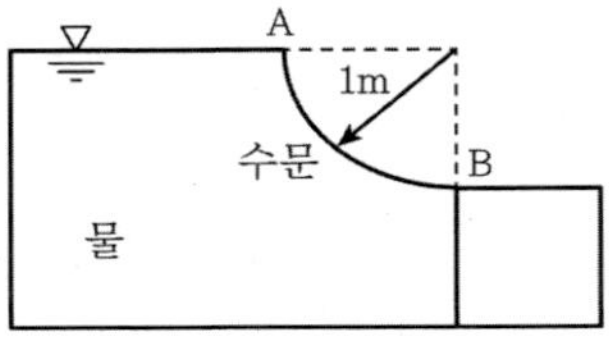

㉮ 7350　㉯ 14700　㉰ 23079　㉱ 29400

해설 AB면 전수압의 수평분력$(F_H) = \gamma_w \cdot h_G \cdot$ (AB면 수평투영면적)

$$= 9800\ N/m^3 \cdot \frac{1}{2}\ m \cdot (3\ m \times 1\ m)$$

$$= 14700\ N$$

정답 ㉯

35 어떤 정지유체의 비중량이 깊이의 2차함수로 주어진다면 압력분포는 깊이의 몇차 함수인가?
2013 06 02

㉮ 0(일정)　㉯ 1　㉰ 2　㉱ 3

해설 압력(p) = 비중량(γ) × 깊이(h)

$\gamma \propto h^2$, $\gamma = a \cdot h^2$(a : 비례상수)

$p = \gamma \times h = (a \cdot h^2) \times h = a \cdot h^3$(3차함수!)

정답 ㉱

36 다음 중 표준 대기압을 표시한 것으로 틀린 것은? 2013 09 28

㉮ 10.332 mAq　㉯ 1.033 kg_f/m^2
㉰ 760 mmHg　㉱ 1.013 bar

해설 1atm = 10.332 mH_2O = 1.033 kg_f/cm^2 = 760 mmHg = 1.013 bar

정답 ㉯

37 어떤 물체가 공기 중에서 무게는 588 N이고, 수중에서의 무게는 98 N이었다. 이 물체의 체적(V)과 비중(s)은? 2013 09 28

㉮ $V=0.05\ m^3$, $s=1.2$ ㉯ $V=50\ cm^3$, $s=10$
㉰ $V=0.5\ m^3$, $s=0.85$ ㉱ $V=0.01\ m^3$, $s=0.98$

해설 무게 $= W = \gamma \cdot V = 588\ N$ (γ : 물체 비중량, V : 물체체적)

$$\gamma = \frac{588\ N}{V}$$

$$수중무게 = W - 부력 = W - \gamma_w V = 588 - \gamma_w V = 98\ N$$

$$V = \frac{490\ N}{\gamma_w} = 0.05 m^3$$

$$\gamma = \frac{588\ N}{V} = \frac{588\ N}{0.05\ m^3} = 11760\ N/m^3$$

$$비중(s) = \frac{\gamma}{\gamma_w} = \frac{11760\ N/m^3}{9800\ N/m^3} = 1.2$$

정답 ㉮

38 그림과 같이 반지름이 0.8 m이고 폭이 2 m인 곡면 AB가 수문으로 이용된다. 물에 의한 힘의 수평성분의 크기는 약 몇 kN인가? 2013 09 28

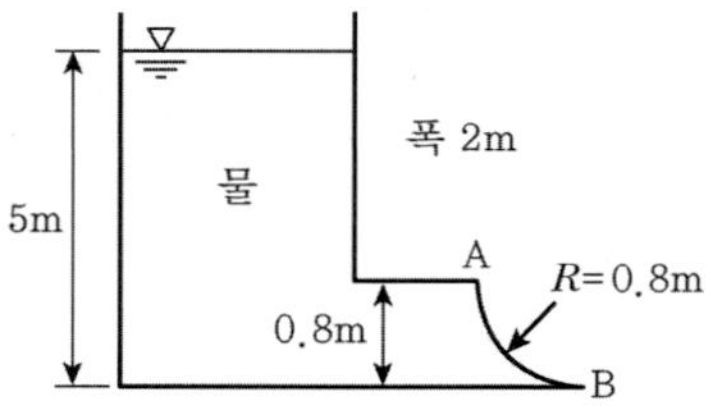

㉮ 72.1 ㉯ 84.7 ㉰ 90.2 ㉱ 95.4

해설 AB면 전수압의 수평분력$(F_H) = \gamma_w \cdot h_G \cdot$ (AB면 수평투영면적)

$$F_H = 9.8 kN/m^3 \times (5 - 0.8 + 0.4)(m) \times (0.8m \times 2m) = 72.128 kN$$

정답 ㉮

39 그림과 같이 평형상태를 유지하고 있을 때 오른쪽 관에 있는 유체의 비중은? 2013 09 28

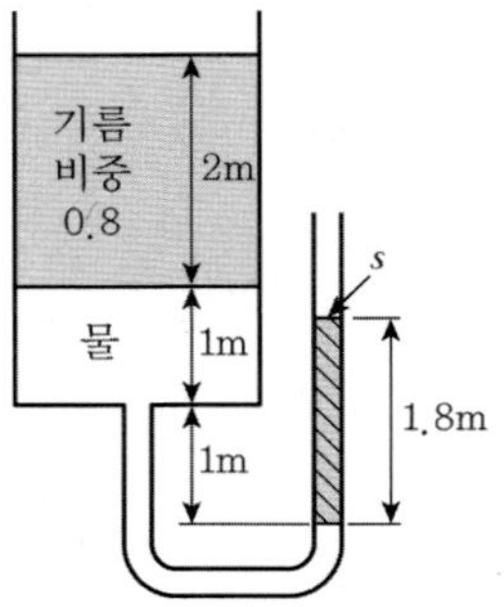

㉮ 0.9　　㉯ 1.8　　㉰ 2.0　　㉱ 2.2

해설 지점 c, c′의 수압은 동일

$p_c = 0.8\gamma_w \times 2(m) + \gamma_w \times 2(m)$

$p_{c'} = s \cdot \gamma_w \cdot 1.8(m)$

$s \cdot \gamma_w \cdot 1.8(m) = 0.8\gamma_w \times 2(m) + \gamma_w \times 2(m)$

$s = \dfrac{0.8\gamma_w \times 2(m) + \gamma_w \times 2(m)}{1.8(m) \cdot \gamma_w}$

$= 2$

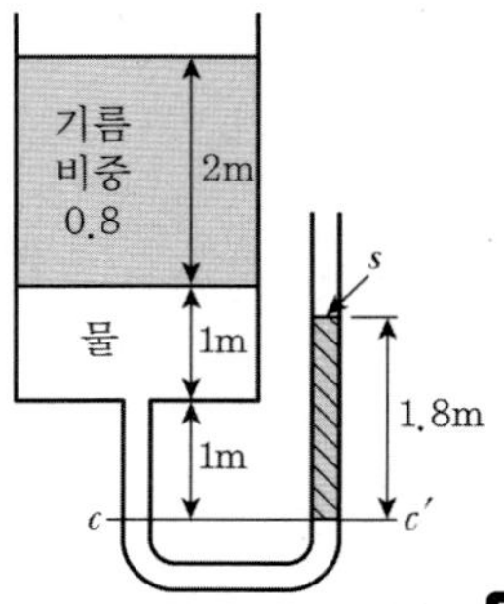

정답 ㉰

40 그림과 같이 두 기체통에 수은 액주계(마노미터)를 연결했을 때 높이 차(h)가 20 cm이었다. 두 기체통의 압력 차이는 몇 Pa인가? (단, 채워진 기체의 밀도는 수은에 비해 매우 작고, 수은의 비중량은 133 kN/m³이다.) 2014 03 02

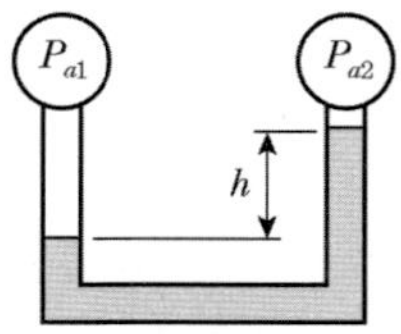

㉮ 26.6　　㉯ 266　　㉰ 2660　　㉱ 26600

해설 지점 c, c′의 압력은 동일

$p_c = p_{c'}$

$p_c = p_{a1}$

$p_{c'} = p_{a2} + 133\ kN/m^3 \times 0.2\ m$

$p_{a1} = p_{a2} + 133\ kN/m^3 \times 0.2\ m$

$p_{a1} - p_{a2} = 133\ kN/m^3 \times 0.2\ m = 26.6\ kPa = 26600\ Pa$

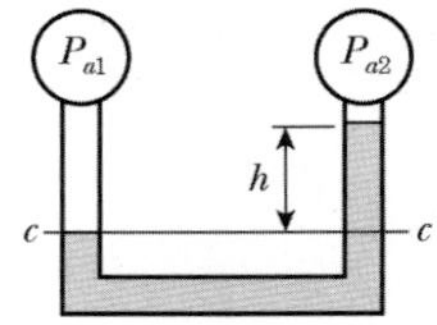

정답 ㉱

41 호주에서 무게가 20 N인 어떤 물체를 한국에서 재어보니 19.8 N이었다. 한국에서의 중력가속도는 약 몇 m/sec^2인가? (단, 호주에서의 중력가속도는 9.82 m/sec^2이다.) 2014 03 02

㉮ 9.72　㉯ 9.75　㉰ 9.78　㉱ 9.8

해설 호주에서의 중량(W_a) = $M \times g_a = 20\ N$

(M : 질량, g_a : 호주에서의 중력가속도)

$$M = \frac{W_a}{g_a} = \frac{20\ N}{9.82\ m/sec^2}$$

한국에서의 중량(W_k) = $M \times g_k = 19.8\ N$

(M : 질량, g_k : 한국에서의 중력가속도)

$$g_k = \frac{W_k}{M} = \frac{W_k}{(W_a/g_a)} = \frac{19.8\ N}{\left(\dfrac{20\ N}{9.82\ m/sec^2}\right)} = 9.72\ m/sec^2$$

정답 ㉮

42 물속 같은 깊이에 수평으로 잠겨있는 원형평판의 지름과 정사각형 평판의 한 변의 길이가 같을 때 두 평판의 한쪽 면이 받는 정수역학적 힘의 비는? 2014 03 02

㉮ 1 : 1　㉯ 1 : 1.13　㉰ 1 : 1.27　㉱ 1 : 1.62

해설 평면에 작용하는 전수압 = $\gamma_w \cdot h_G \cdot A$

원형판 전수압 = $F_c = \gamma_w \times h \times \frac{\pi}{4} D^2$ (D : 원형판 지름, h : 수심)

정사각형판 전수압 = $F_r = \gamma_w \times h \times D^2$ (D : 정사각형 한변의 길이)

$F_c : F_r = \frac{\pi}{4} : 1 = 1 : 1.27$

정답 ㉰

43 기압계에 나타난 압력이 740 mmHg인 곳에서 어떤 용기속의 계기압력이 600 kPa이었다면 절대압력으로는 몇 kPa인가? 2014 03 02

㉮ 501 ㉯ 526 ㉰ 674 ㉱ 699

해설 절대압력 = 대기압 + 계기압

$= 740\ \text{mmHg} + 600\ \text{kPa}$

$= 13.6\gamma_w \times 0.74\ \text{m} + 600\ \text{kPa}$

$= 13.6 \times 9.8\ \text{kN/m}^3 \times 0.74\ \text{m} + 600\ \text{kPa}$

$= 699\ \text{kPa}$

정답 ㉱

44 공기 중에서 무게가 941 N인 돌의 무게가 물속에서 500 N이면 이 돌의 체적은 몇 m^3인가? (단, 공기의 부력은 무시한다.) 2014 03 02

㉮ 0.012 ㉯ 0.028 ㉰ 0.034 ㉱ 0.045

해설 무게 $= W = \gamma \cdot V = 941\text{N}$ (γ : 물체 비중량, V : 돌의 체적)

수중무게 = W − 부력

$= W - \gamma_w V$

$= 941 - \gamma_w V = 500\ \text{N}$

$$V = \frac{941\text{N} - 500\text{N}}{\gamma_w} = \frac{441\text{N}}{9800\text{N/m}^3}$$

$= 0.045\ \text{m}^3$

정답 ㉱

45 반지름이 같은 4분원 모양의 두 수문 AB와 CD에 작용하는 단위 폭당 수직 정수력의 크기의 비는? (단, 대기압은 무시하며 물속에서 A와 C의 압력은 같다) 2014 05 25

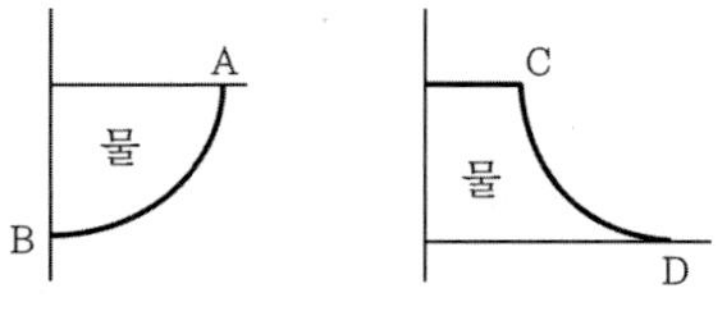

㉮ 1 : 1 ㉯ $1 : \left(1 - \frac{\pi}{4}\right)$ ㉰ $1 : \frac{2}{3}$ ㉱ $\left(1 - \frac{\pi}{4}\right) : 1$

해설 곡면 작용 수직정수력＝곡면상의 물기둥 무게
AB면 상의 물기둥무게＝CD면 상의 물기둥무게
AB면 수직정수력＝CD면 수직정수력

정답 ㉮

46 비중 0.92인 빙산이 비중 1.025의 바닷물 수면에 떠 있다. 수면 위의 빙산의 체적이 150 m^3이면 빙산의 전 체적은 몇 m^3인가? 2014 05 25

㉮ 1314 ㉯ 1464 ㉰ 1725 ㉱ 1875

해설 빙산의 전체 부피 : V

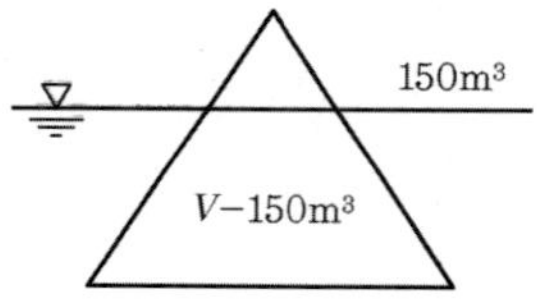

바닷물의 비중량＝$\gamma_{sw} = 1.025\gamma_w$ (γ_w : 물의 비중량)
빙산중량＝부력

$0.92\gamma_w \times V = 1.025\gamma_w \times (V - 150)$

$0.92\ V = 1.025\ V - 1.025 \times 150$

$V = \dfrac{1.025 \times 150}{1.025 - 0.92} = 1464\ m^3$

정답 ㉯

47 절대압력을 가장 적절히 설명한 것은? 2014 05 25

㉮ 절대압력＝대기압력＋게이지압력
㉯ 절대압력＝대기압력−게이지압력
㉰ 절대압력＝표준대기압력＋게이지압력
㉱ 절대압력＝표준대기압력−게이지압력

정답 ㉮

48 고가수조의 높이는 해발 250 m이고, 수조로부터 물을 공급받는 소화전은 해발 200 m이다. 연결배관에 흐름이 없다고 가정하고 물의 온도가 20℃일 때 소화전에서의 정수압력은 약 몇 kPa인가? (단, 물의 비중량은 20℃에서 9.8 kN/m^3이다.) 2014 05 25

㉮ 245 ㉯ 490 ㉰ 1960 ㉱ 2450

해설 $p = \gamma_w \times h$

$= \gamma_w \times (250 - 200)(m)$

$= 9.8kN/m^3 \times 50(m)$

$= 490kPa$

정답 ㉯

49 표준 대기압 상태인 대기 중에 노출된 큰 저수조의 수면보다 4 m 위에 설치된 펌프에서 물을 송출할 때, 펌프 입구에서의 정체압을 절대압력으로 나타내면 약 얼마인가? (단, 모든 손실은 무시한다.) 2014 09 20

㉮ 62.1 Pa ㉯ 140.5 Pa ㉰ 62.1 kPa ㉱ 140.5 kPa

해설 절대압력 = 대기압 + 계기압

$= 101.3\ kPa + [-4(m) \times \gamma_w]$

$= 101.3\ kPa - 4(m) \times 9.8\ kN/m^3$

$= 62.1\ kPa$

정답 ㉰

50 그림과 같이 밀폐된 용기 내 공기의 계기압력은 몇 Pa인가? 2014 09 20

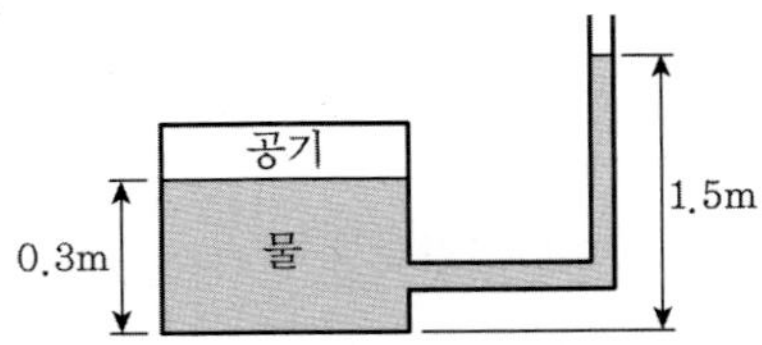

㉮ 1200 ㉯ 1500 ㉰ 11760 ㉱ 14700

해설 수조바닥수압 $= p_{air} + \gamma_w \times 0.3(m) = 1.5(m)\gamma_w$

$p_{air} = \gamma_w(1.5 - 0.3)(m)$

$= 9800\ N/m^3 \times 1.2(m)$

$= 11760\ Pa$

정답 ㉰

51 댐 수위가 2 m 올라갈 때 한 변이 1 m인 정사각형 연직수문이 받는 정수력은 20% 늘어난다면 댐 수위가 올라가기 전의 수문의 중심과 자유표면의 거리는? (단, 대기압 효과는 무시한다.)

2014 09 20

㉮ 2 m ㉯ 4 m ㉰ 5 m ㉱ 10 m

해설 h_G : 수문중심의 수심

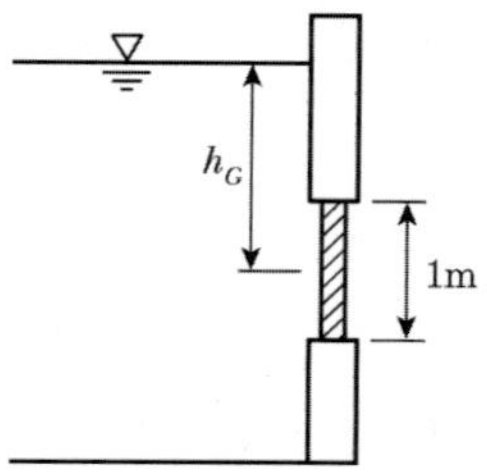

수문의 면적 $= 1\ m^2$

도심의 깊이 h_G에서의

수문 전수압$(F_h) = \gamma_w \cdot h_G \cdot A$

$= \gamma_w \times h_G \times 1\ m^2$

수심이 2 m증가했을 때의

수문 전수압$(F_{h+2}) = \gamma_w \cdot (h_G + 2) \cdot A$

$= \gamma_w \times (h_G + 2) \times 1\ m^2$

$F_h \times 1.2 = F_{h+2}$

$1.2 \times \gamma_w h_G = \gamma_w (h_G + 2)$

$1.2 h_G = h_G + 2$

$h_G = 10\ m$

정답 ㉱

52 그림에서 물에 의하여 점 B에서 힌지된 사분원 모양의 수문이 평형을 유지하기 위하여 잡아당겨야 하는 힘 T는 몇 kN인가? (단, 폭은 1 m, 반지름$(r = \overline{OB})$은 2 m, 4분원의 중심은 O점에서 왼쪽으로 $4r/3\pi$인 곳에 있으며, 물의 밀도는 1,000 kg/m^{3}이다.)

2015 03 08

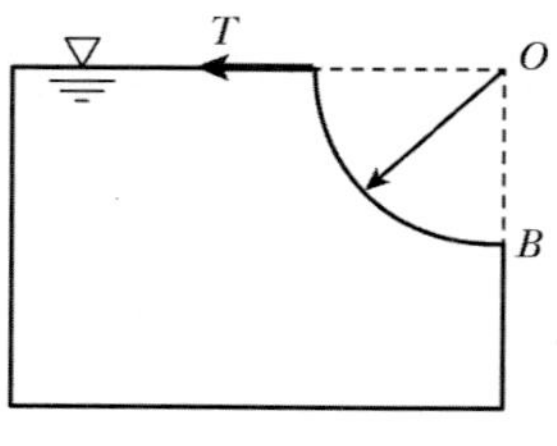

㉮ 1.96 ㉯ 9.8 ㉰ 19.6 ㉱ 29.4

해설 전수압의 수평성분 $= F_H$

전수압의 연직성분 $= F_V$

$$F_H = \gamma_w \times \left(\frac{2\ m}{2}\right) \times (2\ m \times 1\ m) = 2\gamma_w$$

F_H의 작용점 깊이(h_c)결정

O점으로부터 x인 지점의 미소 전수압 $= dF_x = \gamma_w \times x \times (1\ m \times dx)$

$$F_H \cdot h_c = \int_0^2 dF_x \times x$$

$$h_c = \frac{1}{F_H} \cdot \int_0^2 \gamma_w x^2 dx = \frac{\gamma_w}{2\gamma_w} \cdot \left(\frac{2^3}{3}\right) = \frac{4}{3} m$$

$$F_V = \gamma_w \times \left(\frac{\pi \times (2\ m)^2}{4}\right) \times 1\ m = \pi \cdot \gamma_w$$

F_V의 작용점 $= 4r/3\pi = \frac{8}{3\pi}(m)$(주어진 값)

힌지 B점을 중심으로 한 모멘트

$$T \times 2\ m = F_H \times (2 - \frac{4}{3})(m) + F_V \times \frac{8}{3\pi}(m)$$

$$T = \frac{1}{2}\left(2\gamma_w \times \frac{2}{3} + \pi\gamma_w \times \frac{8}{3\pi}\right) = \frac{2\gamma_w}{3} + \frac{4\gamma_w}{3} = 2 \times 9.8\ kN = 19.6\ kN$$

정답 ㉰

53 타원형 단면의 금속관이 팽창하는 원리를 이용하는 압력 측정장치는? 2015 03 08

㉮ 액주계
㉯ 수은기압계
㉰ 경사미압계
㉱ 부르돈압력계

정답 ㉱

54 표준대기압에서 진공압이 400 mmHg일 때 절대압력은 약 몇 kPa인가? (단, 표준대기압은 101.3 kPa, 수은의 비중은 13.6이다) 2015 03 08

㉮ 48 ㉯ 53 ㉰ 149 ㉱ 154

해설 절대압력 = 대기압 + 계기압

$= 101.3\ kPa + (-400\ mmHg)$

$= 101.3\ kPa - 0.4\ m \times 13.6\gamma_w$

$= 101.3\ kPa - 0.4\ m \times 13.6 \times 9.8\ kN/m^3$

$= 48\ kPa$

정답 ㉮

55 그림과 같이 물이 담겨있는 어느 용기에 진공펌프가 연결된 파이프를 세워 두고 펌프를 작동시켰더니 파이프 속의 물이 6.5 m까지 올라갔다. 물기둥 윗부분의 공기압은 절대압력으로 몇 kPa인가? (단, 대기압은 101.3 kPa이다.) 2015 03 08

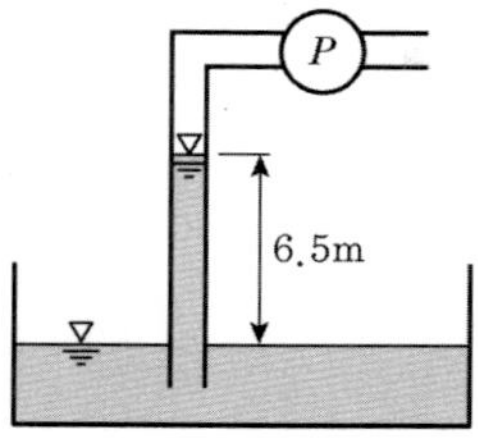

㉮ 37.6　　㉯ 47.6　　㉰ 57.7　　㉱ 67.6

해설 절대압력 = 대기압 + 계기압

$= 101.3\ \text{kPa} - 6.5(\text{m}) \times \gamma_w$

$= 101.3\ \text{kPa} - 6.5(\text{m}) \times 9.8\ \text{kN/m}^3$

$= 37.6\ \text{kPa}$

정답 ㉮

56 비중 0.6인 물체가 비중 0.8인 기름 위에 떠 있다. 이 물체가 기름 위에 노출되어 있는 부분은 전체 부피의 몇 %인가? 2015 05 31

㉮ 20　　㉯ 25　　㉰ 30　　㉱ 35

해설 물체 전체부피 : V

기름위 노출부피 : V_{air}

기름에 잠긴부피 : $V - V_{air}$

물체중량 = 부력

$0.6\gamma_w \times V = 0.8\gamma_w \times (V - V_{air})$

$(0.8 - 0.6)V = 0.8V_{air}$

$\frac{V_{air}}{V} = \frac{(0.8 - 0.6)}{0.8} = \frac{1}{4} = 25\%$

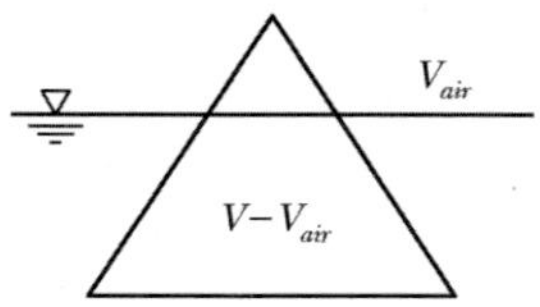

정답 ㉯

57 그림에서 점 A의 압력이 B의 압력보다 6.8 kPa 크다면 경사관의 각도 $\theta°$는 얼마인가? (단, s는 비중을 나타낸다.) 2015 05 31

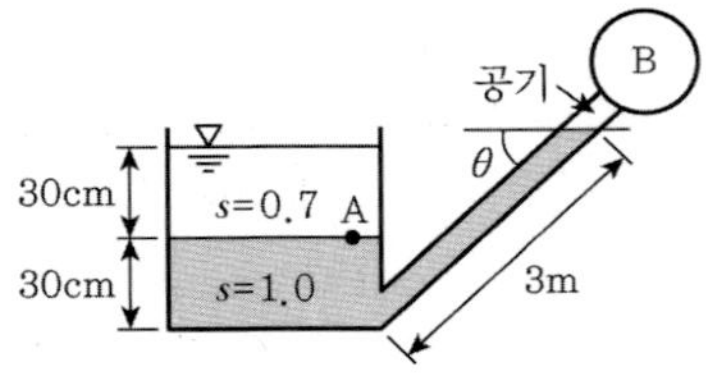

㉮ 12 ㉯ 19.3 ㉰ 22.5 ㉱ 34.5

해설 $p_A = 0.7\gamma_w \times 0.3\text{m}$

A점 압력이 B점 압력보다 6.8 kPa 크므로

$p_A = p_B + 6.8\ \text{kPa}$

$p_B = p_A - 6.8\ \text{kPa} = 0.7\gamma_w \times 0.3\ \text{m} - 6.8\ \text{kPa} = -4.742\ \text{kPa}$

수조바닥압력$(p_b) = 0.7\gamma_w \times 0.3\ \text{m} + \gamma_w \times 0.3\ \text{m} = p_B + \gamma_w \times (3\text{m} \times \sin\theta)$

$$\sin\theta = \frac{0.51\gamma_w - p_B}{3\gamma_w} = \frac{0.51\ \text{m} \times 9.8\ \text{kN/m}^3 - (-4.742\ \text{pa})}{3\ \text{m} \times 9.8\ \text{kN/m}^3} = 0.328$$

$\theta = \sin^{-1}(0.328) = 19.14°$

정답 ㉯

58 2 m 깊이로 물(비중량 9.8 kN/m³)이 채워진 직육면체 모양의 열린 물탱크 바닥에 지름 20 cm의 원형 수문을 달았을 때 수문이 받는 정수력의 크기는 약 몇 kN인가?

2015 05 31

㉮ 0.411 ㉯ 0.616 ㉰ 0.784 ㉱ 2.46

해설 수평면에 작용하는 정수압 = 수평면 위 물기둥 무게

$$= \frac{\pi}{4} \times (0.2\ \text{m})^2 \times 2\ \text{m} \times \gamma_w$$

$$= \frac{\pi}{4} \times (0.2\ \text{m})^2 \times 2\ \text{m} \times 9.8\ \text{kN/m}^3$$

$$= 2.46\ \text{kN}$$

정답 ㉯

59 체적 $0.05\ \text{m}^3$인 구 안에 유체가 가득 차 있다. 이 구를 물속에 넣고 수직방향으로 100 N의 힘을 가해서 들어주면 물속에 절반만 잠긴다. 구 안에 들어 있는 유체의 비중량(N/m^3)은? (단, 구의 두께와 무게는 모두 무시할 정도로 작다고 가정한다.) 2015 09 19

㉮ 6900 ㉯ 7250 ㉰ 7580 ㉱ 7850

해설 유체의 비중량 : γ

상향힘 $= 100\text{ N} + $ 부력

$= 100\text{ N} + \gamma_w \times$ 잠긴체적(V_s)

하향힘 $=$ 무게$(=W) = \gamma \times V$

하향힘 $=$ 상향힘

$$\gamma \times 0.05\text{ m}^3 = 100\text{ N} + \gamma_w \times \frac{0.05\text{ m}^3}{2}$$

$$\gamma = \frac{100\text{ N}}{0.05\text{ m}^3} + 9800\text{ N/m}^3 \times \frac{1}{2}$$

$$= 6900\text{ N/m}^3$$

정답 ㉮

60 다음 시차압력계에서 압력차($P_A - P_B$)는 몇 kPa인가? (단, $H_1 = 300$ mm, $H_2 = 200$ mm, $H_3 = 800$mm이고 수은의 비중은 13.6이다) 2015 09 19

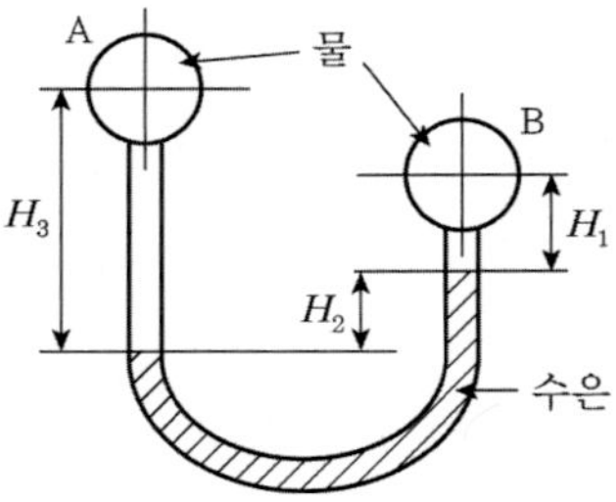

㉮ 21.76 ㉯ 31.07 ㉰ 217.6 ㉱ 310.7

해설 c, c′지점의 압력은 동일

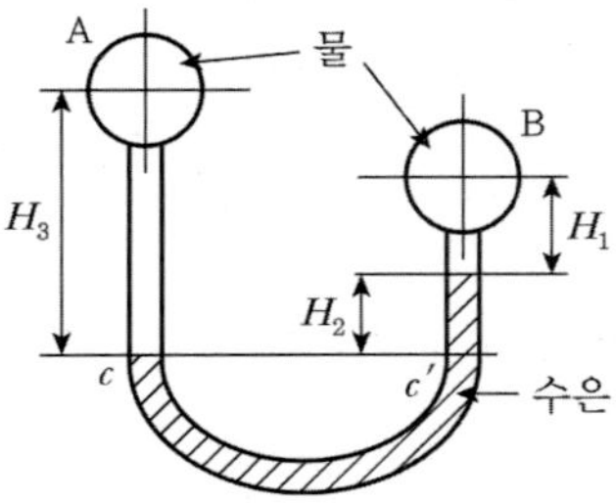

$p_c = p_{c'}$

$p_c = p_A + \gamma_w \times H_3 = p_A + 0.8\gamma_w$

$p_{c'} = p_B + \gamma_w \times H_1 + 13.6\gamma_w \times H_2$

$= p_B + 0.3\gamma_w + 13.6 \times 0.2 \times \gamma_w$

$= p_B + 3.02\gamma_w$

$p_A + 0.8\gamma_w = p_B + 3.02\gamma_w$

$p_A - p_B = (3.02 - 0.8)\gamma_w$

$= 21.76\text{ kPa}$

정답 ㉮

61 그림과 같이 탱크에 비중이 0.8인 기름과 물이 들어 있다. 벽면 AB에 작용하는 유체(기름 및 물)에 의한 힘은 약 몇 kN인가? (단, 벽면 AB의 폭(y방향)은 1 m이다.) 2015 09 19

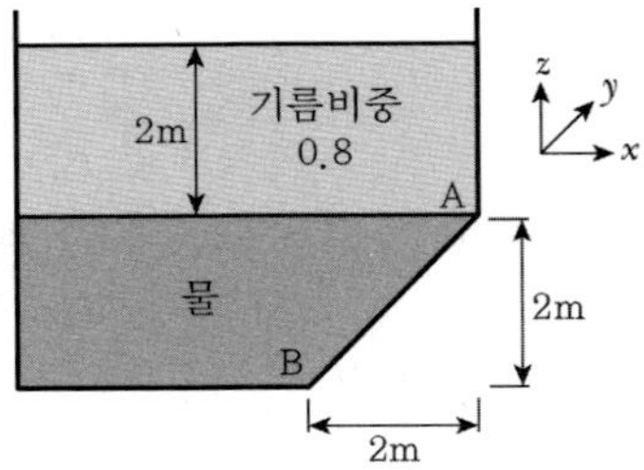

㉮ 50 ㉯ 72 ㉰ 82 ㉱ 96

해설 AB면 전수압의 수평분력(F_H) = 면AB의 수평투영면에 작용하는 전수압

$$= (\text{AB면 평균수압}) \times (\text{수평투영면적})$$

$$= \frac{(\text{A점수압} + \text{B점수압})}{2} \times (2\text{ m} \times 1\text{ m})$$

$$= \frac{1}{2}\{0.8\gamma_w \times 2\text{ m} + (0.8\gamma_w \times 2\text{ m} + \gamma_w \times 2\text{ m})\} \times 2\text{ m}^2$$

$$= 50.96\text{ kN}$$

AB면 전수압의 연직분력(F_V) = 면AB상의 유체무게

$$= 0.8\gamma_w \times (2\text{ m} \times 2\text{ m} \times 1\text{ m}) + \gamma_w \times \frac{1}{2}(2\text{ m} \times 2\text{ m} \times 1\text{ m})$$

$$= 50.96\text{ kN}$$

$$\text{AB면 전수압} = \sqrt{F_H^2 + F_V^2} = \sqrt{50.96^2 + 50.96^2} = 72.1\text{ kN}$$

정답 ㉯

62 국소대기압이 98.6 kPa인 곳에서 펌프에 의해 흡입되는 물의 압력을 진공계로 측정하였다. 진공계가 7.3 kPa을 가리켰을 때 절대압력은 몇 kPa인가? 2015 09 19

㉮ 0.93 ㉯ 9.3 ㉰ 91.3 ㉱ 105.9

해설 절대압력 = 대기압 + 계기압 = 98.6 kPa − 7.8 kPa = 91.3 kPa

정답 ㉰

63 국소대기압이 102 kPa인 곳의 기압을 비중 1.59, 증기압 13 kPa인 액체를 이용한 기압계로 측정하면 액주의 높이는? 2016 03 06

㉮ 5.71 m ㉯ 6.55 m ㉰ 9.08 m ㉱ 10.4 m

해설 대기압 = 102 kPa = (증기압) + $\gamma_l \times h$

$= 13\ kPa + 1.59\gamma_w \times h$

$$h = \frac{(102-13)\ kPa}{1.59 \times 9.8\ kN/m^3} = 5.71\ m$$

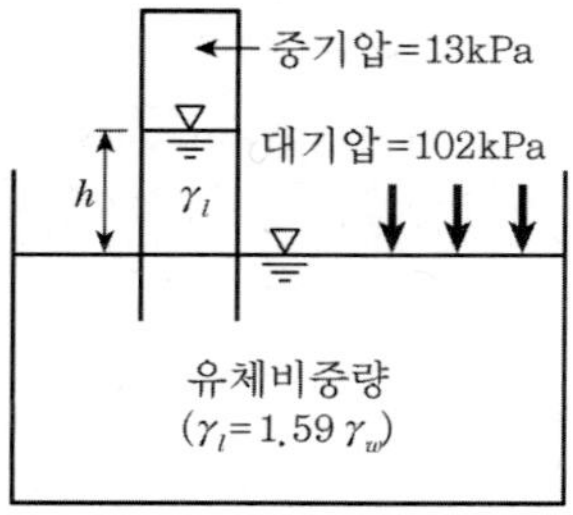

정답 ㉮

64 그림과 같이 반경 2 m, 폭(y방향) 4 m의 곡면 AB가 수문으로 이용된다. 이 수문에 작용하는 물에 의한 힘의 수평성분(x방향)의 크기는 약 얼마인가? 2016 03 06

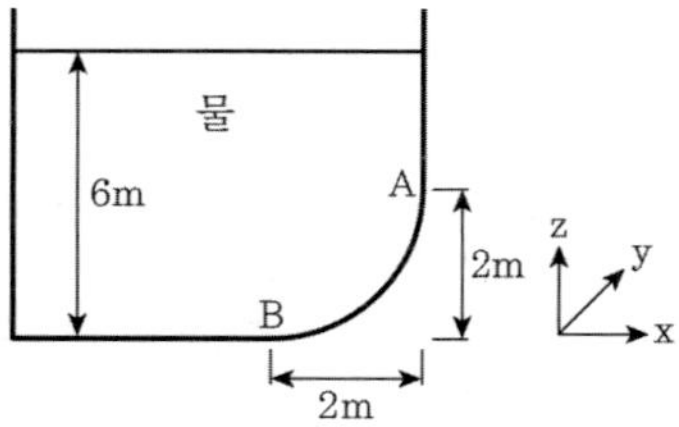

㉮ 337 ㉯ 392 ㉰ 437 ㉱ 492

해설 AB면 전수압의 수평분력(F_H) = 면AB의 수평투영면에 작용하는 전수압

$= \gamma_w \cdot h_G \cdot A$

$= 9.8\ kN/m^3 \times 5\ m \times (2\ m \times 4\ m)$

$= 392\ kPa$

정답 ㉯

65 수두 100 mmAq로 표시되는 압력은 몇 Pa인가? 2016 03 06

㉮ 0.098 ㉯ 0.98 ㉰ 9.8 ㉱ 980

해설 $p = \gamma_w \times h$

$$= 9800\ N/m^3 \times 100\ mm \times \frac{1\ m}{1000\ mm} = 980\ Pa$$

정답 ㉣

66 그림과 같이 평형상태를 유지하고 있을 때 오른쪽 관에 있는 유체의 비중(s)은? (단, 물의 밀도는 1000 kg/m^{3}이다) 2015 05 08

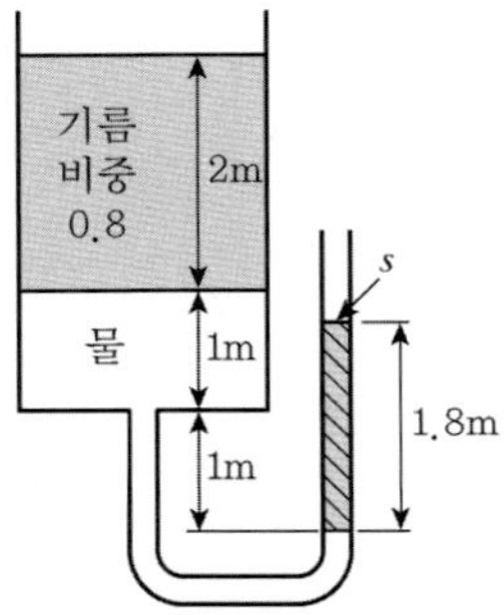

㉮ 0.9 ㉯ 1.8 ㉰ 2.0 ㉱ 2.2

해설 지점 c, c′의 수압은 동일

$p_c = 0.8\gamma_w \times 2(m) + \gamma_w \times 2(m)$

$p_{c'} = s \cdot \gamma_w \cdot 1.8(m)$

$s \cdot \gamma_w \cdot 1.8(m) = 0.8\gamma_w \times 2(m) + \gamma_w \times 2(m)$

$$s = \frac{0.8\gamma_w \times 2(m) + \gamma_w \times 2(m)}{1.8(m) \cdot \gamma_w} = 2$$

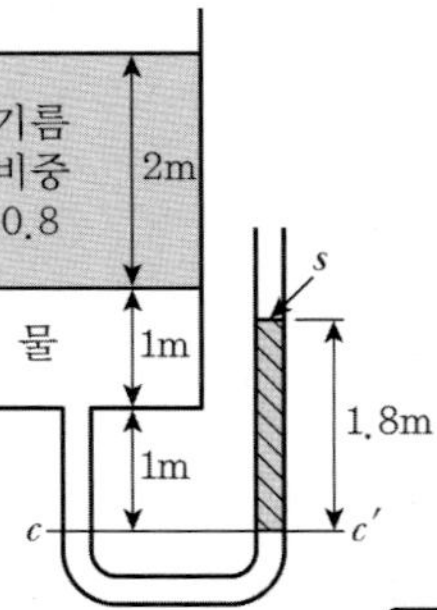

정답 ㉰

67 폭 1.5 m, 높이 4 m인 직사각형 평판이 수면과 40°의 각도로 경사를 이루는 저수지의 물을 막고 있다. 평판의 밑변이 수면으로부터 3 m 아래 있다면, 물로 인하여 평판이 받는 힘은 몇 kN인가? (단, 대기압의 효과는 무시한다.) 2016 05 08

㉮ 44.1 ㉯ 88.2 ㉰ 101 ㉱ 202

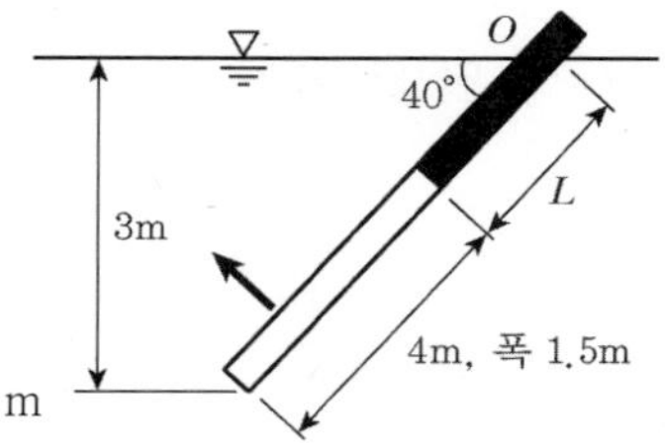

해설 L의 결정

$(4+L)\sin 40° = 3$

$L = \dfrac{3}{\sin 40°} - 4 = 0.667\ m$

도심의 깊이$(=h_G) = (L + \dfrac{4\ m}{2}) \times \sin 40°$

$= (0.667\ m + 2\ m) \times \sin 40° = 1.714\ m$

평판에 작용하는 전수압$= \gamma_W \times h_G \times A$

$= 9.8\ kN/m^3 \times 1.714\ m \times (4\ m \times 1.5\ m)$

$= 101\ kN$

정답 ㉰

68 호수 아래에서 지름 d인 공기방울이 수면으로 올라오면서 지름이 1.5배로 팽창하였다. 공기방울의 최초 위치는 수면에서부터 몇 m가 되는 곳인가? (단, 이 호수의 대기압은 750 mmHg, 수은의 비중은 13.6, 공기방울 내부의 공기는 Boyle의 법칙에 따른다.)

2016 05 08

㉮ 12.0　㉯ 24.2　㉰ 34.4　㉱ 43.3

해설 수심h(m)에서의 기포 지름$(d_h) = 2r_h$, $r_h = \dfrac{d_h}{2}$

수면에서의 기포 지름 $d_0 = 2r_0$, $r_0 = \dfrac{d_0}{2}$

$d_0 = 1.5d_h$

대기압$= p_a$

수심 h(m)에서의 수압 $p_h = p_0 + \gamma_w \times h$

Boyle의 법칙 성립하므로

$p_a \times V_0 = p_h \times V_h$(p : 압력, V : 부피)

$p_a \times \dfrac{4}{3}\pi r_0^3 = p_h \times \dfrac{4}{3}\pi r_h^3$

$p_a \times \dfrac{4}{3}\pi\left(\dfrac{d_0}{2}\right)^3 = p_h \times \dfrac{4}{3}\pi\left(\dfrac{d_h}{2}\right)^3$

$p_a \times d_0^3 = (p_a + \gamma_w \cdot h) \times d_h^3$

$p_a \times (1.5d_h)^3 = (p_a + \gamma_w \times h) \times d_h^3$

$3.375 \times p_a = p_a + \gamma_w h$

$h = \dfrac{2.375\ p_a}{\gamma_w} = \dfrac{2.375 \times (0.75\ m \times \gamma_m)}{\gamma_w} = \dfrac{2.375 \times 0.75 \times 13.6\gamma_w}{\gamma_w} = 24.2\ m$

정답 ㉯

69 그림과 같이 수족관에 직경 3 m의 투시경이 설치되어 있다. 이 투시경에 작용하는 힘은 약 몇 kN인가? 2016 10 01

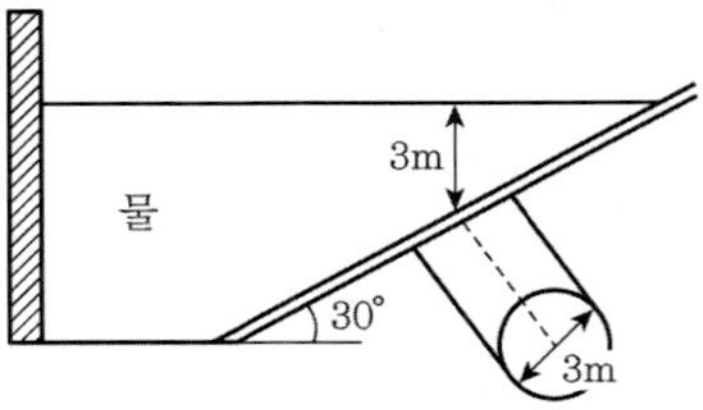

㉮ 207.8 ㉯ 123.9 ㉰ 87.1 ㉱ 52.4

해설 경사면에 작용하는 전수압 = 도심의 수압 × 면적

$$= (\gamma_w \times 3\text{ m}) \times \frac{\pi}{4} \times (3\text{ m})^2$$

$$= 9.8\text{ kN/m}^3 \times 3\text{ m} \times \frac{\pi}{4} \times (3\text{ m})^2$$

$$= 207.8\text{ kN}$$

정답 ㉮

70 수면에 잠긴 무게가 490 N인 매끈한 쇠구슬을 줄에 매달아서 일정한 속도로 내리고 있다. 쇠구슬이 물속으로 내려갈수록 들고 있는 데 필요한 힘은 어떻게 되겠는가? (단, 물은 정지된 상태이며, 쇠구슬은 완전한 구형체이다) 2016 10 01

㉮ 적어진다. ㉯ 동일하다
㉰ 수면위보다 커진다. ㉱ 수면 바로 아래보다 커진다.

해설 필요한 힘=쇠구슬의 수중무게
=쇠구슬의 공기중 무게−부력
쇠구슬의 수중무게는, 수심에 따라 불변하기 때문에, 들고 있는데 필요한 힘은 수심에 상관없이 동일하다.

정답 ㉯

71 다음 계측기 중 측정하고자 하는 것이 다른 것은? 2016 10 01

㉮ Bourdon 압력계 ㉯ U자관 마노미터
㉰ 피에조미터 ㉱ 열선풍속계

정답 ㉱

72 그림과 같이 반지름이 0.8 m이고 폭이 2 m인 곡면 AB가 수문으로 이용된다. 물에 의한 힘의 수평성분의 크기는 약 몇 kN인가? (단, 수문의 폭은 2 m이다.) 2017 03 05

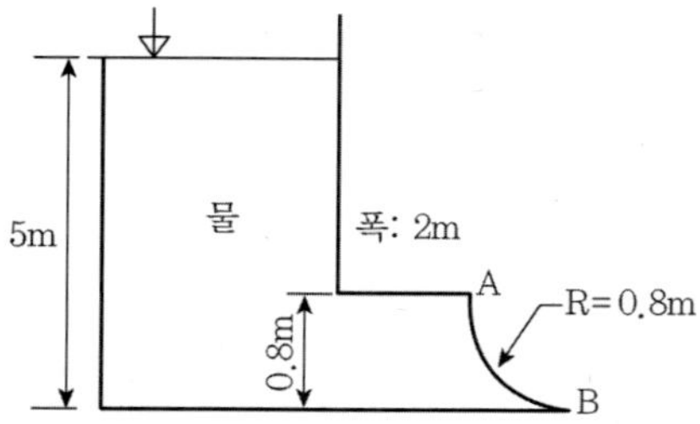

㉮ 72.1　　㉯ 84.7　　㉰ 90.2　　㉱ 95.4

해설 곡면수문 AB에 작용하는 전수압의 수평성분
=곡면 AB의 수평투영면인 면AC 작용전수압
면AC 작용 전수압 = 도심수압 × 면적
$= 9.8\ \text{kN/m}^3 \times (5\ \text{m} - 0.4\ \text{m}) \times (0.8\ \text{m} \times 2\ \text{m})$
$= 72.13\ \text{kN}$

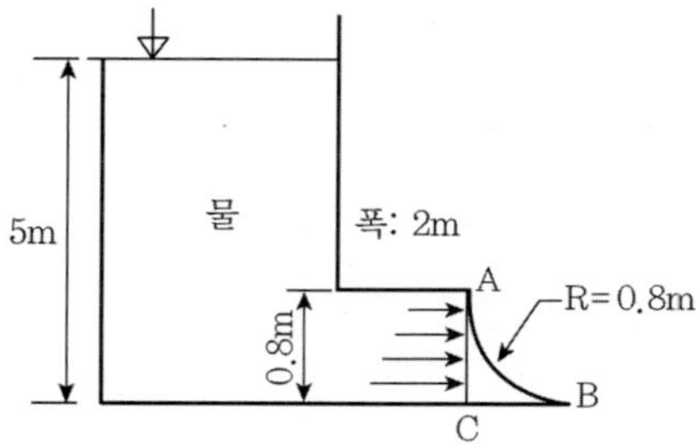

정답 ㉮

73 다음 그림과 같은 탱크에 물이 들어 있다. 물이 탱크의 밑면에 가하는 힘은 약 몇 N인가? (단, 물의 밀도는 1000 kg/m^3, 중력가속도는 10 m/sec^{2}로 가정하며 대기압은 무시한다. 또한 탱크의 폭은 전체가 1 m로 동일하다.) 2017 03 05

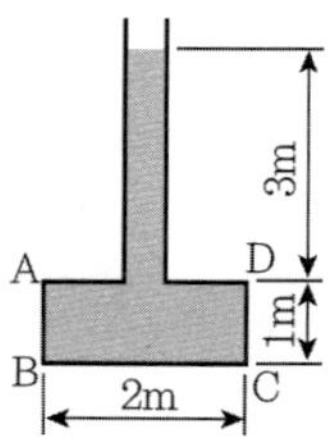

㉮ 40000　　㉯ 20000　　㉰ 80000　　㉱ 60000

해설 수중 수평면에 작용하는 전수압 = 수압 × 면적

$$= (\gamma_w \times h) \times A$$
$$= (1000\ kg/m^3 \times 10\ m/sec^2 \times 4\ m) \times (2\ m \times 1\ m)$$
$$= 80000\ N$$

정답 ㉰

74 그림과 같이 수평면에 대하여 60° 기울어진 경사관에 비중(s)이 13.6인 수은이 채워져 있으며, A와 B에는 물이 채워져 있다. A의 압력이 250 kPa, B의 압력이 200 kPa일 때, 길이 L은 약 몇 cm인가? 2017 03 05

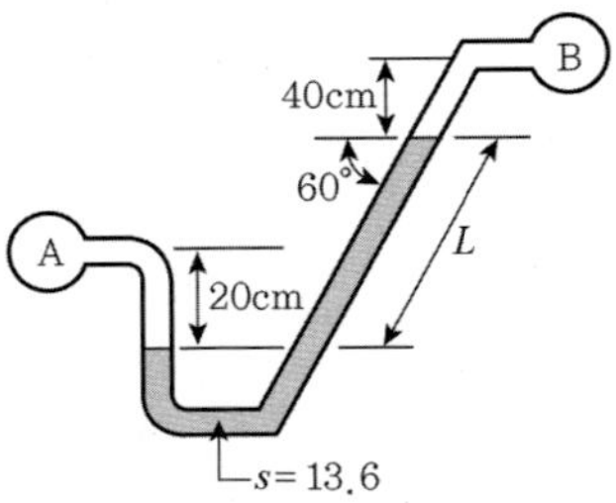

㉮ 33.3 ㉯ 38.2 ㉰ 41.6 ㉱ 45.1

해설

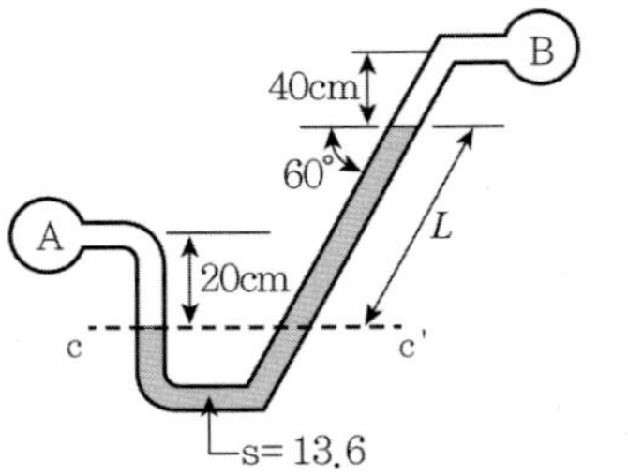

$p_c = p_A + \gamma_w \times 0.2\ m = 250\ kPa + 9.8\ kN/m^3 \times 0.2\ m = 251.96\ kPa$

$p_{c'} = p_B + \gamma_w \times 0.4\ m + 13.6\gamma_w \times (L \times \sin 60°)$

$= 200\ kPa + 9.8\ kN/m^3 \times 0.4\ m + 13.6 \times 9.8\ kN/m^3 \times \dfrac{\sqrt{3}}{2} \times L$

$= 203.92\ kPa + L \times 115.42\ kPa$

$p_c = p_{c'}$이므로

$203.92\ kPa + L \times 115.42\ kPa = 251.96\ kPa$

$L = 0.416\ m = 41.6\ cm$

정답 ㉰

75 대기의 압력이 1.08 kg_f/cm^2이었다면 게이지 압력이 12.5 kg_f/cm^2인 용기에서 절대압력(kg_f/cm^2)은? 2017 03 05

㉮ 12.50 ㉯ 13.58 ㉰ 11.42 ㉱ 14.50

해설 절대압력 = 대기압 + 계기압

$= 1.08kg_f/cm^2 + 12.5kg_f/cm^2$

$= 13.58kg_f/cm^2$

정답 ㉯

76 그림에서 두 피스톤의 지름이 각각 30 cm와 5 cm이다. 큰 피스톤이 1 cm 아래로 움직이면 작은 피스톤은 위로 몇 cm 움직이는가? 2017 05 07

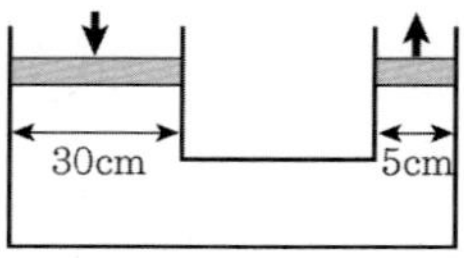

㉮ 1 cm ㉯ 5 cm ㉰ 30 cm ㉱ 36 cm

해설 이동 체적

$$\frac{\pi}{4} \times (30\text{ cm})^2 \times 1\text{ cm} = \frac{\pi}{4} \times (5\text{ cm})^2 \times x(\text{cm})$$

$$x = \frac{30^2}{5^2} \times 1\text{ cm} = 36\text{ cm}$$

정답 ㉱

77 계기압력(gauge pressure)이 50 kPa인 파이프 속의 압력은 진공압력(vacuum pressure)이 30 kPa인 용기 속의 압력보다 얼마나 높은가? 2017 05 07

㉮ 0 kPa ㉯ 20 kPa ㉰ 80 kPa ㉱ 130 kPa

해설 두 압력을 모두 절대압력으로 전환

p_1 = 대기압 + 50 kPa = p_a + 50 kPa

p_2 = 대기압 + (−30 kPa) = p_a − 30 kPa

$$p_1 - p_2 = (p_a + 50\,kPa) - (p_a - 30\,kPa) = 80\,kPa$$

정답 ㉰

78 그림과 같은 삼각형 모양의 평판이 수직으로 유체 내에 놓여 있을 때 압력에 의한 힘의 작용점은 자유표면에서 얼마나 떨어져 있는가? (단, 삼각형의 도심에서 단면 2차모멘트는 $bh^3/36$이다.)
2017 05 07

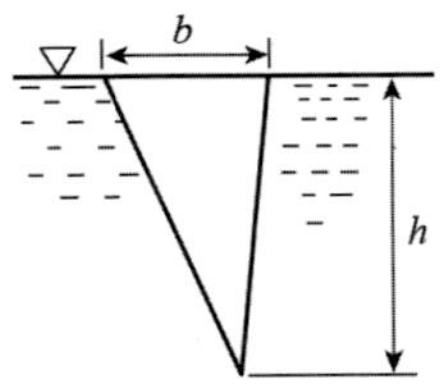

㉮ h/4　　㉯ h/3　　㉰ h/2　　㉱ 2h/3

해설 수면으로부터 평판을 따라 x만큼 떨어진 지점의 폭 $=\left(\dfrac{h-x}{h}\right)\times b$

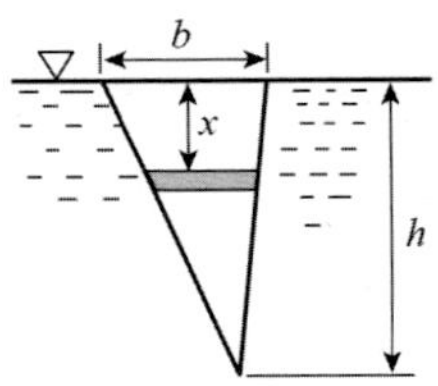

수면으로부터 평판을 따라 x만큼 떨어진 지점의 작용력 dF_x

$$dF_x = 수압 \times 미소면적 = (\gamma_w \cdot x) \times \left(\frac{h-x}{h}\right) b \cdot dx$$

$$총\ 작용력(F) = \int_0^h dF_x = \int_0^h (\gamma_w \cdot x) \times \left(\frac{h-x}{h}\right) b \cdot dx$$

작용점의 위치를 y_f로 놓고, 수면 축에 대한 모멘트를 취하면

$$F \cdot y_f = \int_0^h dF \cdot x$$

$$y_f = \frac{1}{F}\int_0^h dF_x \cdot x$$

$$= \frac{\int_0^h (\gamma_w \cdot x^2)\left(\frac{h-x}{h}\right) b \cdot dx}{\int_0^h (\gamma_w \cdot x)\left(\frac{h-x}{h}\right) b \cdot dx}$$

$$= \frac{\int_0^h (h-x)x^2 dx}{\int_0^h (h-x)x dx}$$

$$= \frac{\left(\frac{h^4}{12}\right)}{\left(\frac{h^3}{6}\right)}$$

$$= \frac{h}{2}$$

정답 ㉰

79 그림과 같이 기름이 흐르는 관에 오리피스가 설치되어 있고, 그 사이의 압력을 측정하기 위해 U자형 차압 액주계가 설치되어 있다. 이때 두 지점 간의 압력차($P_x - P_y$)는 약 몇 kPa인가? 2017 09 23

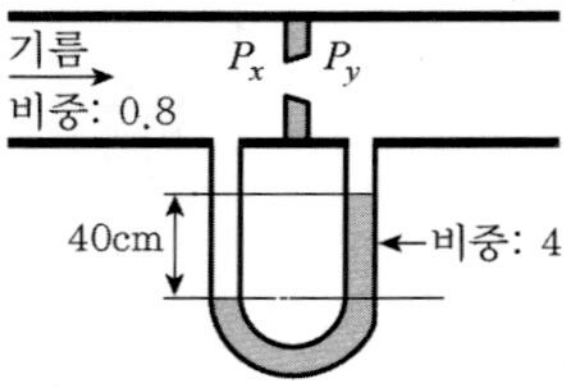

㉮ 28.8　　㉯ 15.7　　㉰ 12.5　　㉱ 3.14

해설 지점 c, c′ 에서 수압은 동일

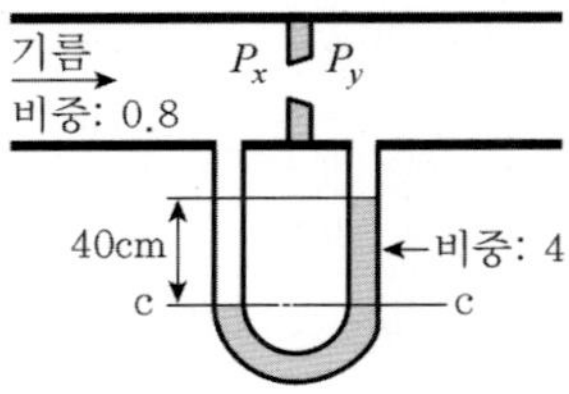

$P_c = P_{c'}$

$P_c = P_x + 0.8\gamma_w \times 0.4\text{ m}$

$P_{c'} = P_y + 4\gamma_w \times 0.4\text{ m}$

c, c′ 지점의 압력은 동일

$P_x + 0.8\gamma_w \times 0.4\text{ m} = P_y + 4\gamma_w \times 0.4\text{ m}$

$P_x - P_y = 4\gamma_w \times 0.4\text{ m} - 0.8\gamma_w \times 0.4\text{ m}$

$= 4 \times 9.8\text{ kN/m}^3 \times 0.4\text{ m} - 0.8 \times 9.8\text{ kN/m}^3 \times 0.4\text{ m}$

$= 12.544\text{ kPa}$

정답 ㉰

80 계기압력이 730 mmHg이고 대기압이 101.3 kPa일 때 절대압력은 약 몇 kPa인가? (단, 수은의 비중은 13.6이다.) 2017 09 23

㉮ 198.6　　㉯ 100.2　　㉰ 214.4　　㉱ 93.2

해설 절대압력 = 대기압 + 계기압력

$$= 101.3\ \text{kPa} + 13.6\gamma_w \times 0.73\ \text{m}$$

$$= 101.3\ \text{kPa} + 13.6 \times 9.8\ \text{kN/m}^3 \times 0.73\ \text{m}$$

$$\fallingdotseq 198.6\ \text{kPa}$$

정답 ㉮

81 피스톤 A_2의 반지름이 A_1의 반지름의 2배이며, A_1과 A_2에 작용하는 압력을 각각 P_1, P_2라 하면, 두 피스톤이 같은 높이에서 평형을 이룰 때 P_1과 P_2 사이의 관계는? 2017 09 23

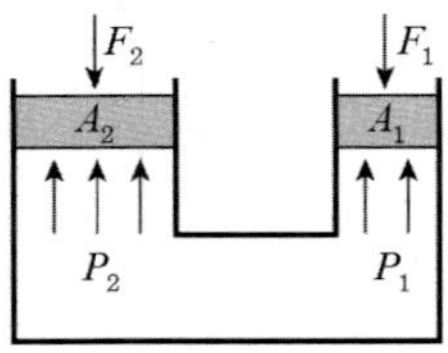

㉮ $P_1 = 2P_2$ ㉯ $P_2 = 4P_1$ ㉰ $P_1 = P_2$ ㉱ $P_2 = 2P_1$

해설 1, 2 지점에는 동일한 유체가 동일한 깊이에 있으므로 압력은 동일하다.

$P_1 = P_2$

정답 ㉰

82 그림과 같이 수조에 비중이 1.03인 액체가 담겨있다. 이 수조의 바닥면적이 4 m²일 때의 수조바닥 전체에 작용하는 힘은 약 몇 kN인가? (단, 대기압은 무시한다.) 2017 09 23

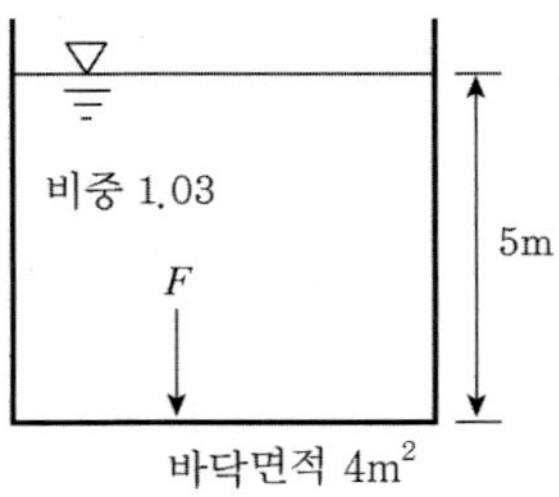

㉮ 98 ㉯ 51 ㉰ 156 ㉱ 202

해설 수중수평면 작용 전수압 = 수압 × 면적

$$= (1.03\gamma_w \times h) \times A$$
$$= (1.03 \times 9.8\ kN/m^3 \times 5\ m) \times (4\ m^2)$$
$$= 201.88\ kN$$

정답 ㉱

83 정육면체의 그릇에 물을 가득 채울 때, 그릇 밑면이 받는 압력에 의한 수직방향 평균 힘의 크기를 P라고 하면, 한 측면이 받는 압력에 의한 수평방향 평균 힘의 크기는 얼마인가? 2018 03 04

㉮ 0.5 P ㉯ P ㉰ 2 P ㉱ 4 P

해설 수심 h인 밑면의 수압이 P이므로 $P = \gamma h$

$$\text{수평방향 평균압력} = \frac{\text{수면압력} + \text{밑면압력}}{2} = \frac{0 + P}{2} = \frac{P}{2}$$

정답 ㉮

84 비중 0.92인 빙산이 비중 1.025의 바닷물 수면에 떠 있다. 수면 위에 나온 빙산의 체적이 150 m^3이면 빙산의 전체 체적은 약 몇 m^3인가? 2018 03 04

㉮ 1314 ㉯ 1464 ㉰ 1725 ㉱ 1875

해설 바닷물의 비중량$=\gamma_{sw} = 1.025\gamma_w$ (γ_w : 물의 비중량)

빙산의 부피 : $V_s + 150$ (V_s : 잠긴 부피)

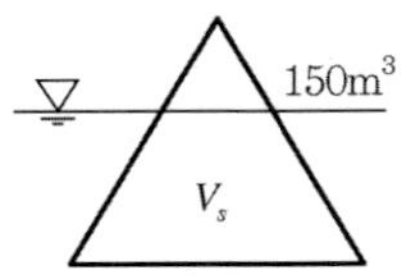

빙산중량 = 부력

$$(V_s + 150) \times 0.92\gamma_w = 1.025\gamma_w \times V_s$$
$$V_s = 1314.3\ m^3$$

빙산 전체적 $= 150\ m^3 + 1314.3\ m^3 = 1464.3\ m^3$

정답 ㉯

85 그림에서 $h_1 = 120$ mm, $h_2 = 180$ mm, $h_3 = 100$ mm일 때 A에서의 압력과 B에서의 압력의 차이($P_A - P_B$)를 구하면? (단, A, B 속의 액체는 물이고, 차압액주계에서의 중간 액체는 수은(비중 13.6)이다.) 2018 03 04

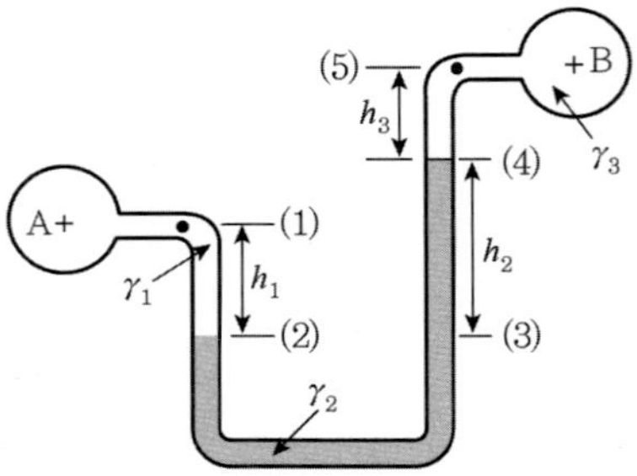

㉮ 20.4 kPa ㉯ 23.8 kPa ㉰ 26.4 kPa ㉱ 29.8 kPa

해설 지점 c, c′ 에서 수압은 동일

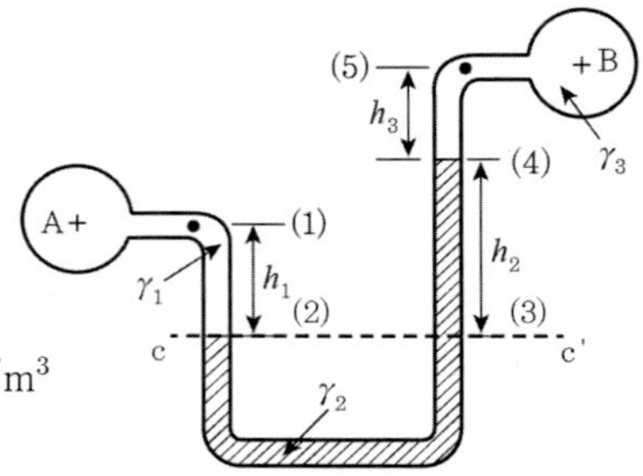

$$p_c = p_{c'}$$

$$p_A + \gamma_1 \times h_1 = p_B + \gamma_3 \times h_3 + \gamma_2 \times h_2$$

$$p_A - p_B = \gamma_3 \times h_3 + \gamma_2 \times h_2 - \gamma_1 \times h_1$$

$$= \gamma_w \times h_3 + 13.6\gamma_w \times h_2 - \gamma_w \times h_1$$

$$= 9.8\ \mathrm{kN/m^3} \times 0.1\ \mathrm{m} + 13.6 \times 9.8\ \mathrm{kN/m^3} \times 0.18\ \mathrm{m} - 9.8\ \mathrm{kN/m^3} \times 0.12\ \mathrm{m}$$

$$= 23.79\ \mathrm{kPa}$$

정답 ㉯

86 비중이 1.03인 바닷물에 비중 0.9인 빙산이 떠 있다. 전체 부피의 몇 %가 해수면 위로 올라와 있는가? 2018 04 28

㉮ 12.6 ㉯ 10.8 ㉰ 7.2 ㉱ 6.3

해설 V_a : 해수면 밖 빙산 부피

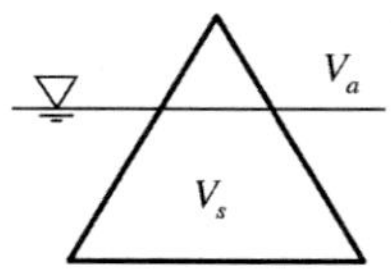

V_s : 해수에 잠긴 빙산 부피

바닷물의 비중량=$\gamma_{sw} = 1.03\ \gamma_w$ (γ_w : 물의 비중량)

빙산의 부피 : $V = V_s + V_a = 1$

빙산중량 = 부력

빙산부피 × 빙산단위중량 = 부력

$$(V_s + V_a) \times 0.9\gamma_w = V_s \times 1.03\gamma_w$$

$$\frac{V_s}{V_s + V_s} = 0.874$$: 잠긴 부피 비율

$$\therefore \text{해수면 위 부피비율} = \frac{V_a}{V_s + V_s} = 1 - \frac{V_s}{V_s + V_a} = 1 - 0.874 = 0.126 = 12.6\%$$

정답 ㉮

87 아래 그림과 같은 반지름이 1 m이고, 폭이 3 m인 곡면의 수문 AB가 받는 수평분력은 약 몇 N인가? 2018 04 28

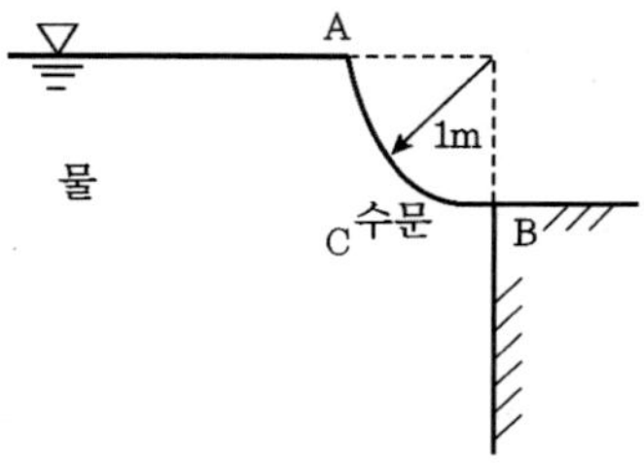

㉮ 7350 ㉯ 14700 ㉰ 23900 ㉱ 29400

해설 곡면수문 AB에 작용하는 전수압의 수평성분
=곡면 AB의 수평투영면인 AC 작용 전수압
면AC 작용 전수압 = 도심수압 × 면적
$= (9800\ \text{N/m}^3 \times 0.5\ \text{m}) \times (1\ \text{m} \times 3\ \text{m})$
$= 14700\ \text{N}$

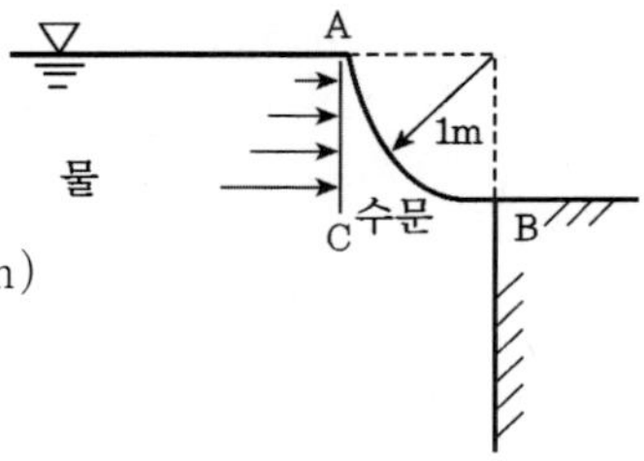

정답 ㉯

88 그림과 같은 거꾸로 된 마노미터에서 물과 기름, 수은이 채워져 있다. a = 10 cm, c = 25 cm이고 A의 압력이 B의 압력보다 80 kPa 작을 때 b의 길이는 약 몇 cm인가? (단, 수은의 비중량은 133100 N/m^3, 기름의 비중은 0.90이다.) 2018 04 28

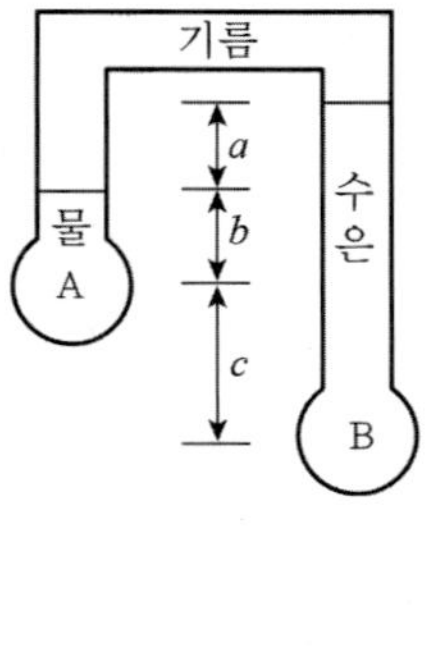

㉮ 17.8 ㉯ 27.8 ㉰ 37.8 ㉱ 47.8

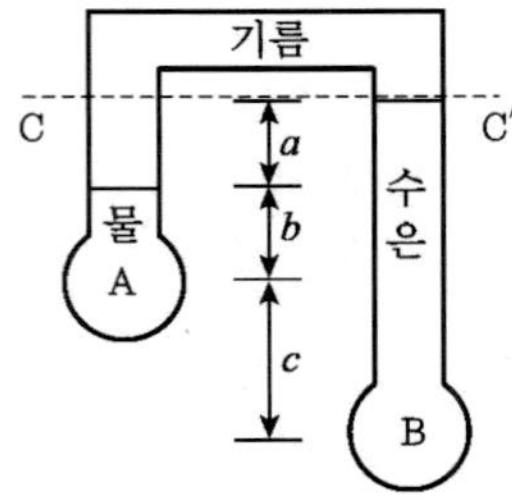

해설 c지점은 A지점보다 (a+b)만큼 위에 있으므로 c지점의 압력p_c를 구하면

$p_c = p_A - \gamma_w \times b - 0.9\gamma_w \times a$

$= p_A - 9.8\ kN/m^3 \times b - 0.9 \times 9.8\ kN/m^3 \times 0.1\ m$

c′ 지점은 B지점보다 (a+b+c)만큼 위에 있으므로 c′ 지점의 압력 $p_{c'}$를 구하면

$p_{c'} = p_B - 133.1\ kN/m^3 \times (a+b+c) = p_B - 133.1\ kN/m^3 \times (0.1\ m + b + 0.25\ m)$

지점 c, c′ 의 압력은 동일

$p_c = p_{c'}$

$p_A - 9.8\ kN/m^3 \times b - 0.9 \times 9.8\ kN/m^3 \times 0.1\ m = p_B - 133.1\ kN/m^3 \times (0.1\ m + b + 0.25\ m)$

$p_A - 9.8\ kN/m^3 \times b - 0.882\ kPa = p_B - 46.585\ kPa - 133.1\ kN/m^3 \times b$

$p_B - p_A = 80\ kPa = 133.1\ kN/m^3 \times (0.1\ m + b + 0.25\ m) - 8.82\ kN/m^3 \times (0.1\ m + b)$

$= 45.703\ kPa + 123.3\ kN/m^3 \times b$

$b = 0.278\ m = 27.8\ cm$

정답 ㉯

89 피스톤의 지름이 각각 10 mm, 50 mm인 두 개의 유압장치가 있다. 두 피스톤 안에 작용하는 압력은 동일하고, 큰 피스톤의 1000 N의 힘을 발생시킨다고 할 때 작은 피스톤에서 발생시키는 힘은 약 몇 N인가? 2018 09 15

㉮ 40 ㉯ 400 ㉰ 25000 ㉱ 245000

해설 두 피스톤의 압력이 동일, $p_{10} = p_{50}$

$$\frac{F_{10}}{\left(\frac{\pi}{4} \times 0.01^2\right)} = \frac{1000\ N}{\left(\frac{\pi}{4} \times 0.05^2\right)}$$

$$F_{10} = \frac{0.01^2}{0.05^2} \times 1000\ N = 40\ N$$

정답 ㉮

90 그림과 같이 30°로 경사진 0.5 m×3 m 크기의 수문평판 AB가 있다. A지점에서 힌지로

연결되어 있을 때 이 수문을 열기 위하여 B지점에서 수문에 직각방향으로 가해야 할 최소 힘은 약 몇 N인가? (단, 힌지 A에서의 마찰은 무시한다.) 2018 09 15

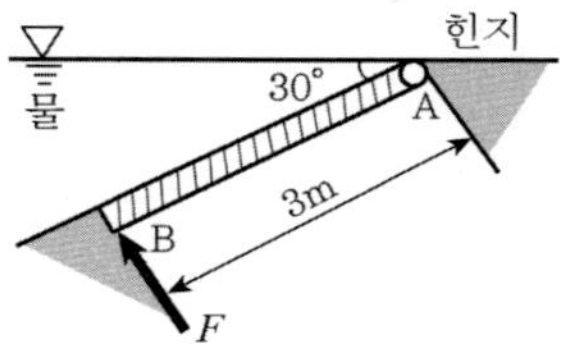

㉮ 7350　　㉯ 7355　　㉰ 14700　　㉱ 14710

해설 A지점으로부터 B점 방향으로 x만큼 떨어진 부분에 작용하는 힘(dF_x)

$$dF_x = \text{수압} \times \text{미소면적}$$
$$= (\gamma_w \times x \cdot \sin 30°) \times (0.5\ \mathrm{m} \times dx)$$
$$= 0.25\gamma_w \times x \cdot dx$$

A를 중심으로 모멘트를 취하면

$$F \times 3\ \mathrm{m} = \int dF_x \cdot x$$
$$= \int_0^3 0.25\gamma_w \times x^2 \cdot dx$$
$$F = \frac{0.25\gamma_w}{3} \int_0^3 x^2 dx$$
$$= \frac{0.25 \times 9.8}{3} \times \left[\frac{3^3}{3}\right]$$
$$= 7.35\ \mathrm{kN}$$

정답 ㉮

91 관 A에는 비중 $s_1 = 1.5$인 유체가 있으며, 마노미터 유체는 비중 $s_2 = 13.6$인 수은이고, 마노미터에서의 수은의 높이차 h_2는 20 cm이다. 이후 관 A의 압력을 종전보다 40 kPa 증가했을 때, 마노미터에서 수은의 높이차(h_2')는 약 몇 cm인가? 2018 09 15

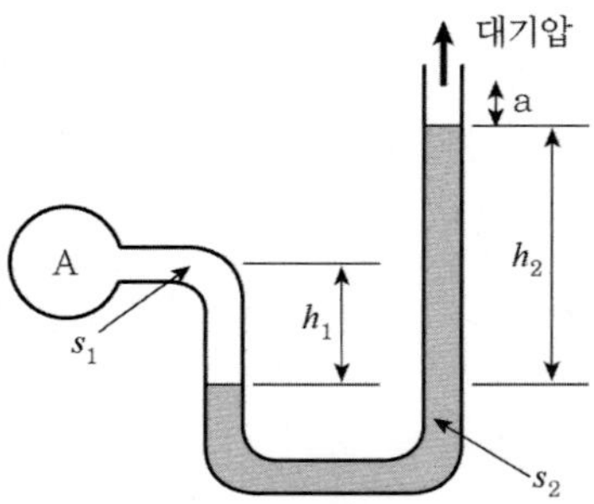

㉮ 28.4　　㉯ 35.9
㉰ 46.2　　㉱ 51.8

해설

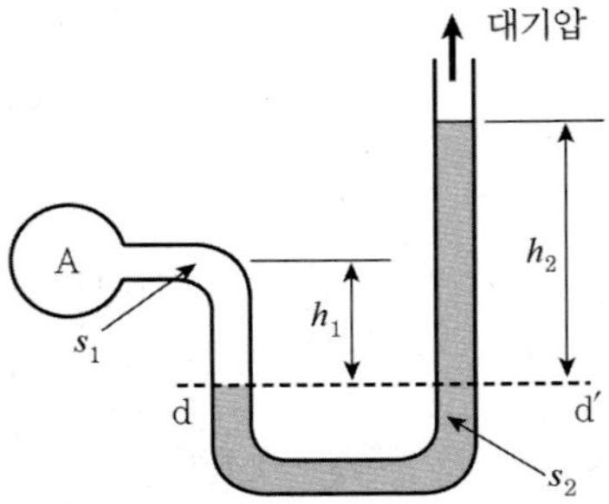

〈압력 증가 전〉

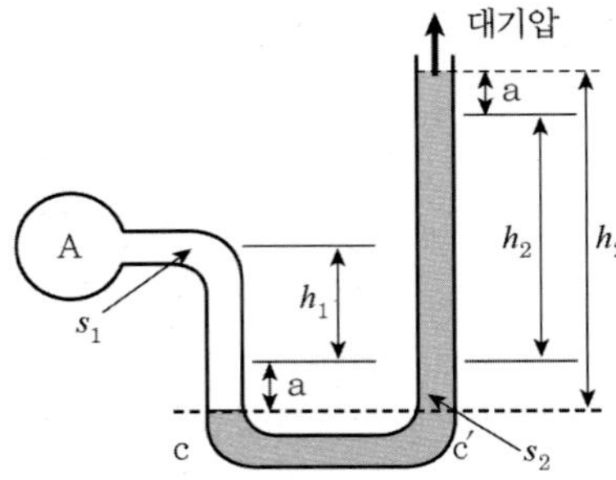

〈압력증가 후〉

㉮ A지점 압력증가 전

d, d′ 지점의 압력은 동일

$$p_A + 1.5\gamma_w \times h_1 = 13.6\gamma_w \times h_2$$
$$= 13.6\gamma_w \times 0.2\text{ m}$$

$$p_A = 13.6\gamma_w \times 0.2\text{m} - 1.5\gamma_w \times h_1$$

㉯ A지점 압력(40 kPa)증가 후

A지점의 압력이 증가하면 h_1이 a만큼 아래로 증가되고, h_2는 2a만큼 증가

$$p_c = (p_A + 40\text{kPa}) + 1.5\gamma_w \times (h_1 + a)$$

$$p_{c'} = 13.6\gamma_w \times (h_2 + 2a) = 13.6\gamma_w \times (0.2\text{ m} + 2a)$$

c′, c지점에서의 압력은 동일하므로

$$13.6\gamma_w \times (0.2\text{ m} + 2a) = (p_A + 40\text{ kPa}) + 1.5\gamma_w \times (h_1 + a)$$

$p_A = 13.6\gamma_w \times 0.2\text{ m} - 1.5\gamma_w \times h_1$를 윗 식에 대입

$$13.6\gamma_w \times (0.2\text{ m} + 2a) = [13.6\gamma_w \times 0.2\text{ m} - 1.5\gamma_w \times h_1] + 40\text{kPa}) + 1.5\gamma_w \times (h_1 + a)$$

$$13.6\gamma_w \times 2a = 40\text{ kPa} + 1.5\gamma_w \times a$$

$$25.7\gamma_w \times a = 40\text{ kPa}$$

$$a = \frac{40\text{ kPa}}{25.7 \times 9.8\text{ kN/m}^3}$$
$$= 0.1588\text{ m}$$

$$h_2' = h_2 + 2a$$
$$= 0.2\text{ m} + 2 \times 0.1588\text{ m}$$
$$= 0.518\text{ m}$$
$$= 51.8\text{ cm}$$

정답 ㉱

92 그림과 같은 U자관 차압액주계에서 A와 B에 있는 유체는 물이고 그 중간의 유체는 수은(비중 13.6)이다. 또한, 그림에서 $h_1 = 20$ cm, $h_2 = 30$ cm, $h_3 = 15$ cm일 때 A의 압력(p_A)과 B의 압력(p_B)의 차이($p_A - p_B$)는 약 몇 kPa인가? 2019 03 03

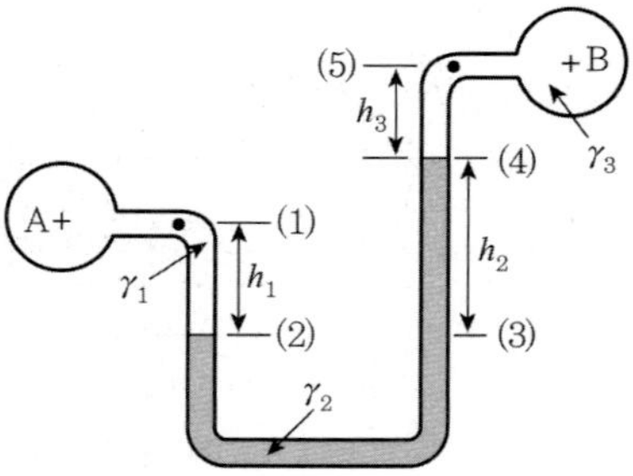

㉮ 35.4　　㉯ 39.5　　㉰ 44.7　　㉱ 49.8

해설 $p_2 = p_A + \gamma_1 \times h_1 = p_A + \gamma_w \times 0.2$ m

$p_3 = p_B + \gamma_2 \times h_2 + \gamma_3 \times h_3 = p_B + 13.6\gamma_w \times 0.3 \text{ m} + \gamma_w \times 0.15$ m

지점(2), 지점(3)의 압력은 동일

$p_A + \gamma_w \times 0.2 \text{ m} = p_B + \gamma_w \times 0.15 \text{ m} + 13.6\gamma_w \times 0.3$ m

$$p_A - p_B = 13.6\gamma_w \times 0.3 \text{ m} - \gamma_w \times 0.05 \text{ m}$$
$$= 13.6 \times 9.8 \text{ kN/m}^3 \times 0.3 \text{ m} - 9.8 \text{ kN/m}^3 \times 0.05 \text{ m}$$
$$= 39.49 \text{ kPa}$$

정답 ㉯

93 그림과 같이 피스톤의 지름이 각각 25 cm와 5 cm이다. 작은 피스톤을 화살표 방향으로 20 cm만큼 움직일 경우 큰 피스톤이 움직이는 거리는 약 몇 mm인가? (단, 누설은 없고, 비압축성이라고 가정한다.) 2019 03 03

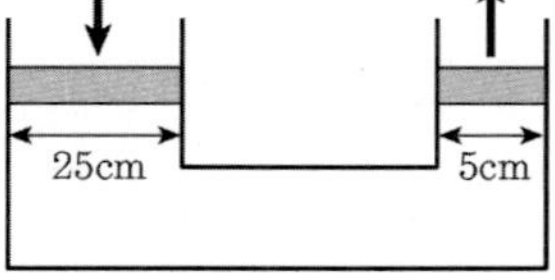

㉮ 2　　㉯ 4　　㉰ 8　　㉱ 10

해설 이동 체적

$$\frac{\pi}{4}\times(5\ \mathrm{cm})^2\times 20\ \mathrm{cm}=\frac{\pi}{4}\times(25\ \mathrm{cm})^2\times \mathrm{x(cm)}$$

$$\mathrm{x}=\frac{5^2}{25^2}\times 20\ \mathrm{cm}=0.8\ \mathrm{cm}=8\ \mathrm{mm}$$

정답 ㉰

94 다음 중 표준대기압인 1기압에 가장 가까운 것은? 2019 03 03

㉮ 860 mmHg ㉯ 10.33 mAq ㉰ 101.325 bar ㉱ $1.0332\ \mathrm{kg_f/m^2}$

해설 1기압=

$$76\ \mathrm{cmHg}=10.332\ \mathrm{mH_2O}=1.0332\ \mathrm{kg_f/cm^2}=10{,}332\ \mathrm{kg_f/m^2}=1.013\ \mathrm{bar}=101{,}325\ \mathrm{Pa}$$

정답 ㉯

95 그림과 같은 1/4원형의 수문 AB가 받는 수평성분 힘 (F_H)과 수직성분 힘 (F_V)은 각각 약 몇 kN인가? (단, 수문의 반지름은 2 m이고, 폭은 3 m이다.) 2019 03 03

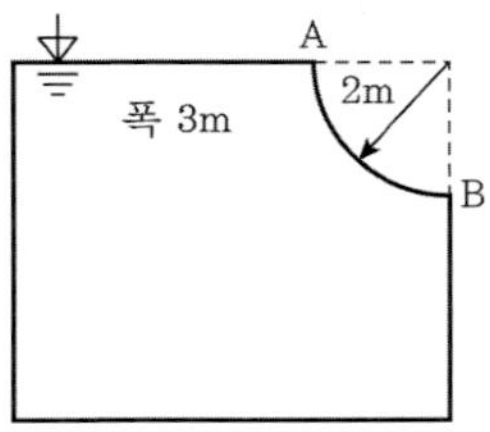

㉮ F_H= 24.4, F_V=46.2 ㉯ F_H= 24.4, F_V=92.4

㉰ F_H= 58.8, =46.2 ㉱ F_H= 58.8, F_V=92.4

해설 F_H =곡면 AB면의 수평투영면에 작용하는 전수압

F_V =AB면 위의 물 무게

$$F_H=\gamma_w\times(h_G\times A)$$
$$=9.8\ \mathrm{kN/m^3}\times(1\ \mathrm{m})\times(2\ \mathrm{m}\times 3\ \mathrm{m})$$
$$=58.8\ \mathrm{kN}$$

$$F_V = \left(\frac{\pi \times 2^2}{4} \times 3(m^3)\right) \times \gamma_w$$
$$= \left(\frac{\pi \times 2^2}{4} \times 3(m^3)\right) \times 9.8\ kN/m^3$$
$$= 92.363\ kN$$

정답 ㉣

96 그림에서 물에 의하여 점 B에서 힌지된 4분원 모양의 수문이 평형을 유지하기 위하여 수면에서 수문을 잡아당겨야 하는 힘 T는 약 몇 kN인가? (단, 수문의 폭은 1 m, 반지름 ($r=\overline{OB}$)은 2 m, 4분원의 중심은 O점에서 왼쪽으로 $\frac{4r}{3\pi}$ 인 곳에 있다.) 2019 04 27

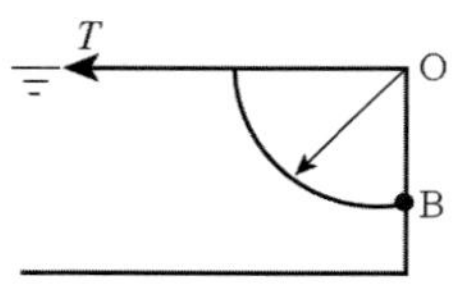

㉮ 1.96 ㉯ 9.8 ㉰ 19.6 ㉱ 29.4

해설 전수압의 수평성분 $= F_H$

전수압의 연직성분 $= F_V$

$$F_H = \gamma_w \times \left(\frac{2\ m}{2}\right) \times (2\ m \times 1\ m) = 2\gamma_w$$

F_H의 작용점 깊이(h_c)결정

O점으로부터 x인 지점의 미소 전수압$=dF_x = \gamma_w \times x \times (1\ m \times dx)$

$$F_H \cdot h_c = \int_0^2 dF_x \times x$$
$$h_c = \frac{1}{F_H} \cdot \int_0^2 \gamma_w x^2 dx$$
$$= \frac{\gamma_w}{2\gamma_w} \cdot \left(\frac{2^3}{3}\right)$$
$$= \frac{4}{3}\ m$$
$$F_V = \gamma_w \times \left(\frac{\pi \times (2\ m)^2}{4}\right) \times 1\ m = \pi \cdot \gamma_w$$

F_V의 작용점$=4r/3\pi = \dfrac{8}{3\pi}$(m)(주어진 값)

힌지 B점을 중심으로 한 모멘트

$$T \times 2\text{ m} = F_H \times \left(2-\frac{4}{3}\right)(\text{m}) + F_V \times \frac{8}{3\pi}(\text{m})$$

$$T = \frac{1}{2}\left(2\gamma_w \times \frac{2}{3} + \pi\gamma_w \times \frac{8}{3\pi}\right)$$

$$= \frac{2\gamma_w}{3} + \frac{4\gamma_w}{3}$$

$$= 2 \times 9.8\text{ kN} = 19.6\text{ kN}$$

정답 ㉰

97 단면적이 A와 2A인 U자형 관에 밀도가 d인 기름이 담겨져 있다. 단면적이 2A인 관에 관벽과는 마찰이 없는 물체를 놓았더니 그림과 같이 평형을 이루었다. 이때 이 물체의 질량은? 2019 04 27

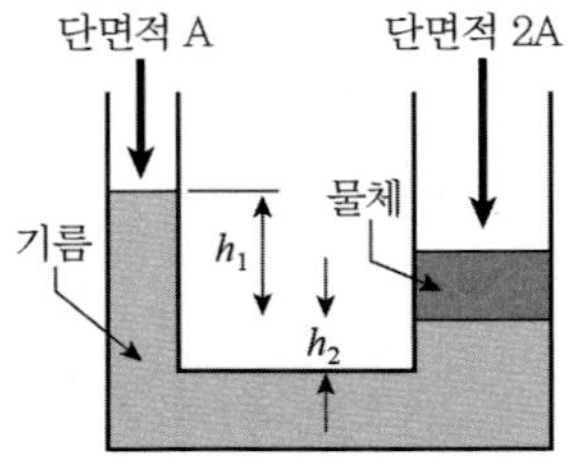

㉮ $2Ah_1d$　　㉯ Ah_1d　　㉰ $A(h_1+h_2)d$　　㉱ $A(h_1-h_2)d$

해설

기름의 밀도 : d

c, c′ 지점의 수압은 동일

$p_c = d \times g \times h_1$ (g : 중력가속도)

$$p_{c'} = \frac{(\text{물체질량} \times g)}{2A}$$

$p_c = p_{c'}$이므로

$$d \times g \times h_1 = \frac{(\text{물체질량} \times g)}{2A}$$

물체질량 $= 2Ah_1d$

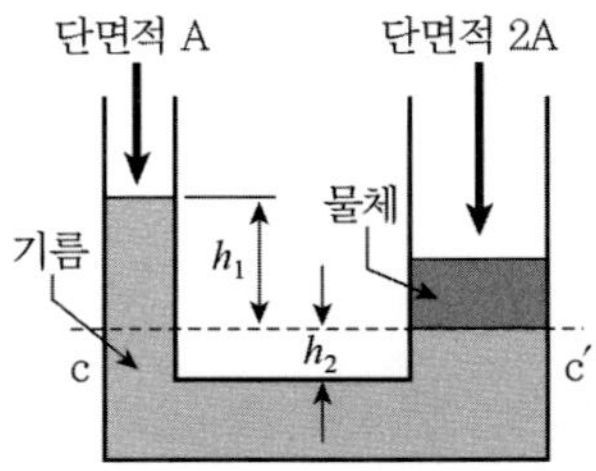

정답 ㉮

98 폭이 4 m이고 반경이 1 m인 그림과 같은 1/4원형 모양으로 설치된 수문 AB가 있다. 이 수문이 받는 수직방향분력 F_V의 크기(N)는? 2019 09. 21

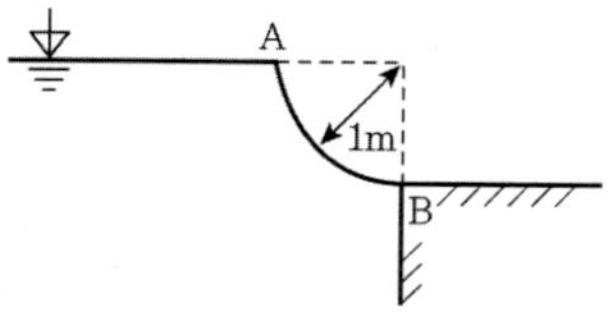

㉮ 7613 ㉯ 9801 ㉰ 30787 ㉱ 123000

해설 AB면 전수압 연직분력(F_V) = 곡면 AB면 위 물 무게

$$= \gamma_w \times \text{AB면 위 체적}$$

$$= 9800\ \text{N/m}^3 \times \left[\frac{\pi}{4} \times (1\ \text{m})^2 \times 4\ \text{m}\right]$$

$$= 30787\ \text{N}$$

정답 ㉰

99 그림의 역 U자관 마노미터에서 압력차 $(P_x - P_y)$는 약 몇 Pa인가? 2019 09 21

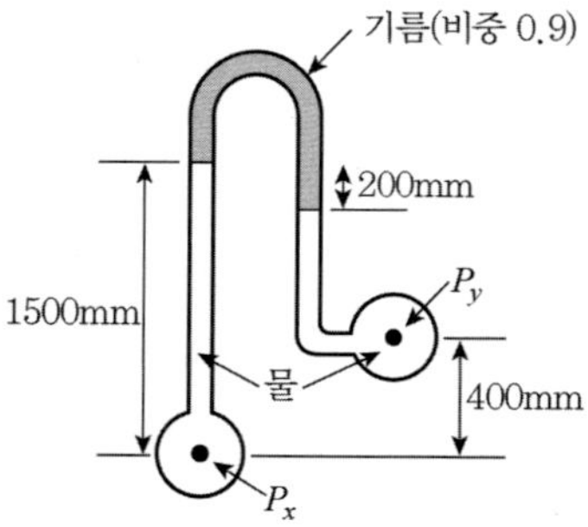

㉮ 3215 ㉯ 4116 ㉰ 5045 ㉱ 6826

해설 $p_c = P_x - \gamma_w \times 1.5\ \text{m}$

$= P_x - 9.8\ \text{kN/m}^3 \times 1.5\ \text{m}$

$= P_x - 14.7\ \text{kPa}$

$p_{c'} = P_y - \gamma_w \times (1.5\ \text{m} - 0.2\ \text{m} - 0.4\ \text{m}) - 0.9\gamma_w \times 0.2\ \text{m}$

$= P_y - 9.8\ kN/m^3 \times 0.9\ m - 0.9 \times 9.8\ kN/m^3 \times 0.2\ m$

$= P_y - 10.584\ kPa$

지점c, c′ 의 압력은 동일

$P_x - 14.7\ kPa = P_y - 10.584\ kPa$

$P_x - P_y = 14.7\ kPa - 10.584\ kPa$

$= 4.116\ kPa$

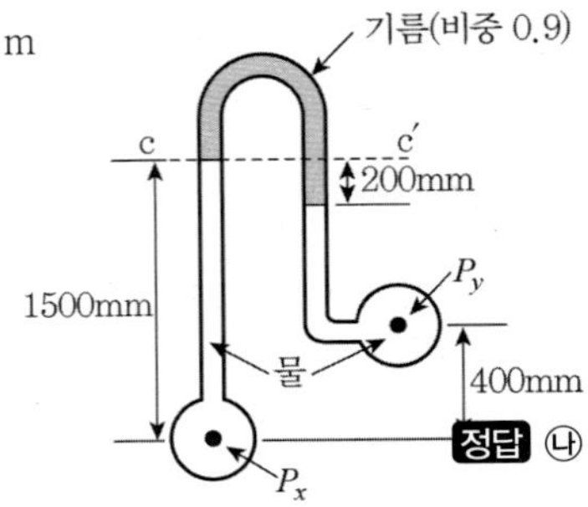

정답 ㉯

100 지름이 다른 두 개의 피스톤이 그림과 같이 연결되어 있다. 부분 1의 피스톤의 지름이 부분 2의 2배일 때, 각 피스톤에 작용하는 힘 F_1과 F_2의 크기 관계는? 2019 09 21

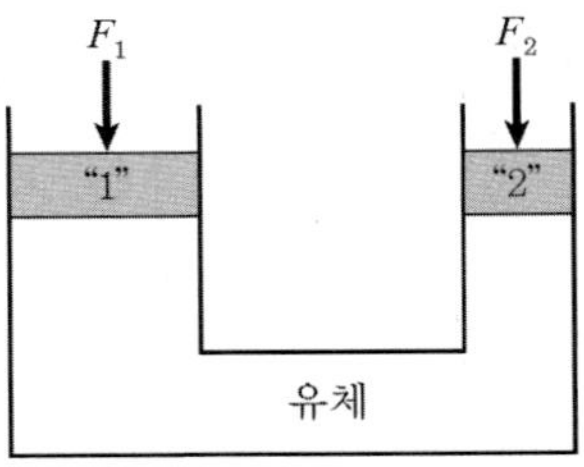

㉮ $F_1 = F_2$ ㉯ $F_1 = 2F_2$ ㉰ $F_1 = 4F_2$ ㉱ $4F_1 = F_2$

해설 $p_1 = p_2$이므로

$$\frac{F_1}{A_1} = \frac{F_2}{A_2}$$

$$\frac{F_1}{\frac{\pi}{4} \times (2d)^2} = \frac{F_2}{\frac{\pi}{4} \times d^2}$$

$F_1 = 4F_2$

정답 ㉰

101 240 mmHg의 절대압력은 계기압력으로 약 몇 kPa인가? (단, 대기압은 760 mmHg이고, 수은의 비중은 13.6이다.) 2020 06 06

㉮ −32.0 ㉯ 32.0 ㉰ −69.3 ㉱ 69.3

해설 계기압=절대압−대기압

$= \gamma_m \times 0.24(\text{m}) - \gamma_m \times 0.76(\text{m})$

$= -0.52\gamma_m$

$= -0.52 \times 13.6 \times 9.8 \text{ kN/m}^2$

$= -69.31 \text{ kPa}$

정답 ㉰

102 표준대기압 상태인 어떤 지방의 호수 밑 72.4 m에 있던 공기의 기포가 수면으로 올라오면 기포의 부피는 최초 부피의 몇 배가 되는가? (단, 기포 내의 공기는 보일의 법칙에 따른다.)

2020 06 06

㉮ 2　　㉯ 4　　㉰ 7　　㉱ 8

해설 수심 72.4 m에서의 기포 부피=V_2

수면에서의 기포 부피=V_1

수면에서의 압력(p_1)=대기압=101.3 kPa

수심 72.4 m에서의 압력(p_2)=101.3 kPa+9.8 kN/m^3 × 72.4 m = 810.82 kPa

보일의 법칙 $p_1V_1 = p_2V_2$

$$\frac{V_1}{V_2} = \frac{p_2}{p_1} = \frac{810.82 \text{ kPa}}{101.3 \text{ kPa}} = 8$$

정답 ㉱

103 다음 그림에서 A, B점의 압력차(kPa)는? (단, A는 비중 1의 물, B는 비중 0.899의 벤젠이다.)

2020 06 06

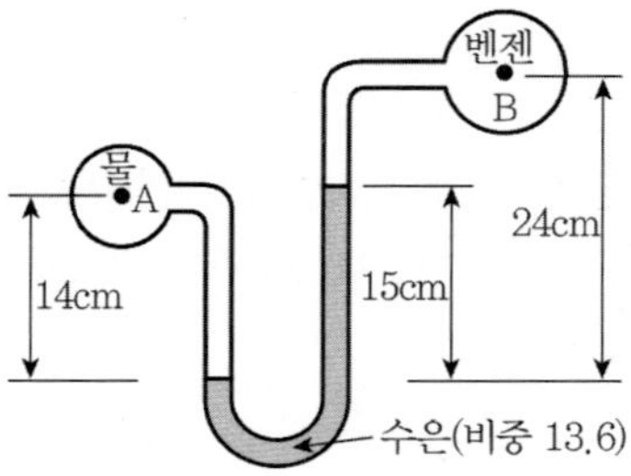

㉮ 278.7　　㉯ 191.4

㉰ 23.07　　㉱ 19.4

해설 지점 c와 c′의 수압은 동일

$p_c = p_{c'}$

$p_c = p_A + \gamma_w \times (0.14 \text{ m})$

$p_{c'} = p_B + 0.899\gamma_w \times 0.09 \text{ m} + 13.6\gamma_w \times 0.15 \text{ m}$

$p_A + \gamma_w \times (0.14 \text{ m})$

$= p_B + 0.899\gamma_w \times 0.09\text{ m} + 13.6\gamma_w \times 0.15\text{ m}$

$p_A - p_B = 1.981\text{ m} \times \gamma_w$

$= 19.41\text{ kPa}$

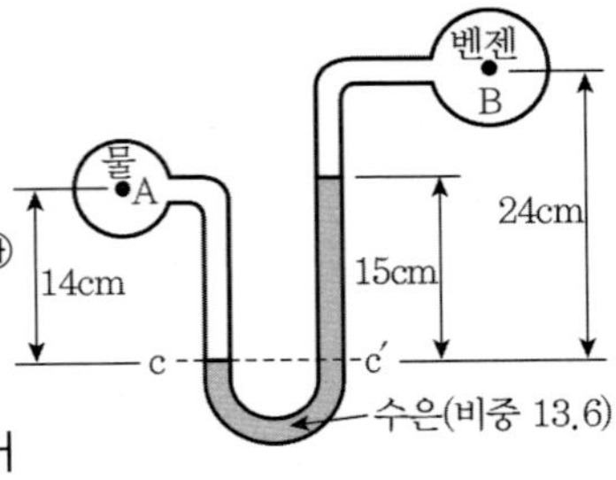

정답 ㉣

104 그림과 같이 수족관에 직경 3 m의 투시경이 설치되어 있다. 이 투시경에 작용하는 힘(kN)은? 2020 06 06

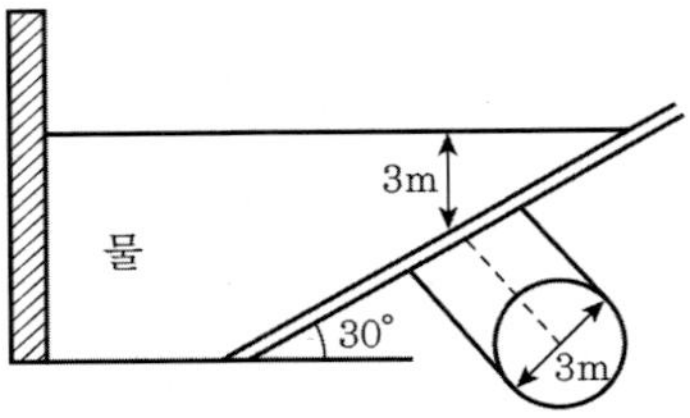

㉮ 207.8 ㉯ 123.9 ㉰ 87.1 ㉱ 52.4

해설 경사면에 작용하는 전수압 = 도심의 수압 × 면적

$$= (\gamma_w \times 3\text{ m}) \times \frac{\pi}{4} \times (3\text{ m})^2$$

$$= 9.8\text{ kN/m}^3 \times 3\text{ m} \times \frac{\pi}{4} \times (3\text{ m})^2$$

$$= 207.8\text{ kN}$$

정답 ㉮

105 그림과 같이 반지름이 1 m, 폭(y방향) 2 m인 곡면 AB에 작용하는 물에 의한 힘의 수직성분(z방향) F_Z와 수평성분(x방향) F_x와의 비(F_z/F_x)는 얼마인가? 2020 08 22

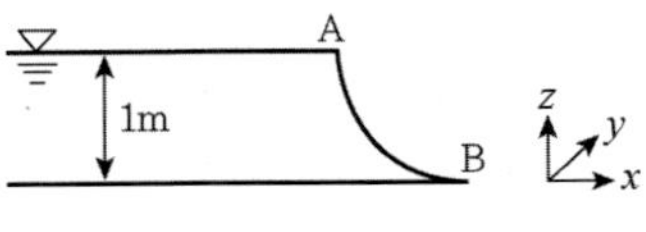

㉮ $\frac{\pi}{2}$ ㉯ $\frac{2}{\pi}$ ㉰ 2π ㉱ $\frac{1}{2\pi}$

해설 곡면에 작용하는 전수압의 수직분력(F_z) = 곡면 AB상의 물기둥 무게

$$F_z=\left\{\frac{1}{4}\times\pi\times(1\ \mathrm{m})^2\times 2\ \mathrm{m}\right\}\times\gamma_w=\frac{1}{2}\pi\times\gamma_w$$

곡면에 작용하는 전수압의 수평분력(F_x)=곡면AB의 수평투영면에 작용하는 전수압

$$F_x=(\gamma_w\times 0.5\ \mathrm{m})\times(1\ \mathrm{m}\times 2\ \mathrm{m})=1.0\gamma_w$$

$$F_z/F_x=\frac{\left(\frac{1}{2}\pi\gamma_w\right)}{1.0\gamma_w}=\frac{\pi}{2}$$

정답 ㉮

106 그림과 같이 폭(b)이 1 m이고 깊이(h_o) 1 m로 물이 들어 있는 수조가 트럭 위에 실려 있다. 이 트럭이 7 m/sec²의 가속도로 달릴 때 물의 최대 높이(h_2)와 최소 높이(h_1)는 각각 몇 m인가? 2020 08 22

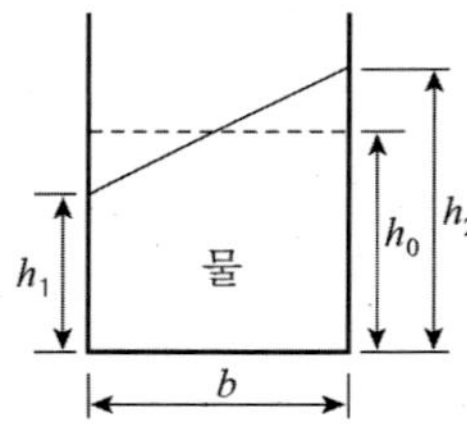

㉮ $h_1=0.643\ \mathrm{m}$, $h_2=1.413\ \mathrm{m}$ ㉯ $h_1=0.643\ \mathrm{m}$, $h_2=1.357\ \mathrm{m}$

㉰ $h_1=0.676\ \mathrm{m}$, $h_2=1.413\ \mathrm{m}$ ㉱ $h_1=0.676\ \mathrm{m}$, $h_2=1.357\ \mathrm{m}$

해설 수면기울기=$\tan\theta=\frac{\text{가속도}(\alpha)}{\text{중력가속도}(g)}=\frac{7\ \mathrm{m/sec^2}}{9.8\ \mathrm{m/sec^2}}=\frac{(h_2-h_1)}{1\ \mathrm{m}}$

$h_2-h_1=0.714\mathrm{m}$

$h_o=\frac{h_1+h_2}{2}=1\mathrm{m}$

$h_2=1.357\mathrm{m},\ h_1=0.643\mathrm{m}$

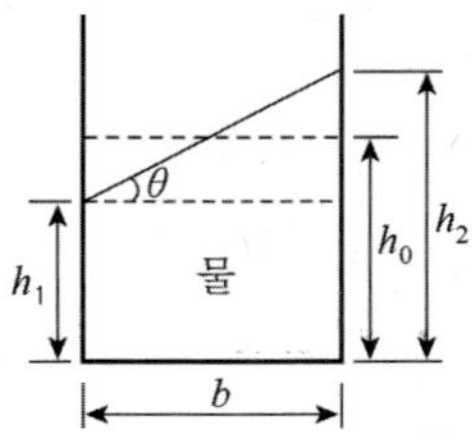

정답 ㉯

107 그림과 같이 수은 마노미터를 이용하여 물의 유속을 측정하고자 한다. 마노미터에서 측정한 높이차(h)가 30 mm일 때 오리피스 전후의 압력차이(kPa)는? 2020 08 22

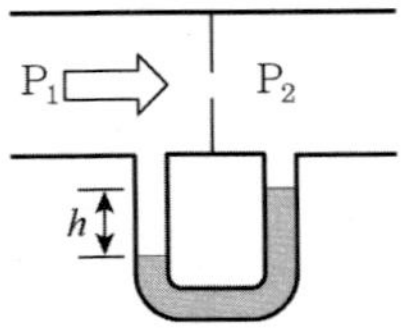

㉮ 3.4　　㉯ 3.7　　㉰ 3.9　　㉱ 4.4

해설 오리피스 전후의 압력 p_1, p_2

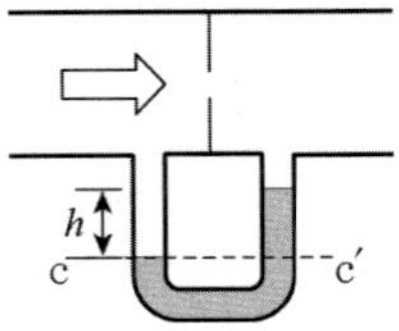

c, c′ 지점의 압력 동일

$p_c = p_{c'}$

$p_c = p_1 + \gamma_w \times 0.03\ m$

$p_{c'} = p_2 + 13.6\gamma_w \times 0.03\ m$

$p_1 + \gamma_w \times 0.03\ m = p_2 + 13.6\gamma_w \times 0.03\ m$

$p_1 - p_2 = (13.6\gamma_w - \gamma_w) \times 0.03\ m$

$= 12.6 \times 9.8\ kN/m^3 \times 0.03\ m$

$= 3.7\ kPa$

정답 ㉯

108 공기 중에서 무게가 941 N인 돌이 물속에서 500 N이라면 이 돌의 체적(m^3)은 (단, 공기의 부력은 무시한다.) 2020 09 26

㉮ 0.012　　㉯ 0.028　　㉰ 0.034　　㉱ 0.045

해설 무게(W) = 941 N

수중무게 = W − 부력(B) = 500 N

돌의 체적 = V, 돌의 비중량 = γ_s

부력(B) = $\gamma_w \cdot V = W - 500 = 941 - 500$

$$V = \frac{(941-500)N}{\gamma_w} = \frac{(941-500)N}{9800\ N/m^3} = 0.045\ m^3$$

정답 ㉱

109 그림과 같이 비중이 0.8인 기름이 흐르고 있는 관에 U자관이 설치되어 있다. A점에서의 계기압력이 200 kPa일 때 높이 h(m)는 얼마인가? (단, U자관 내의 유체의 비중은 13.6이다.) 2020 09 26

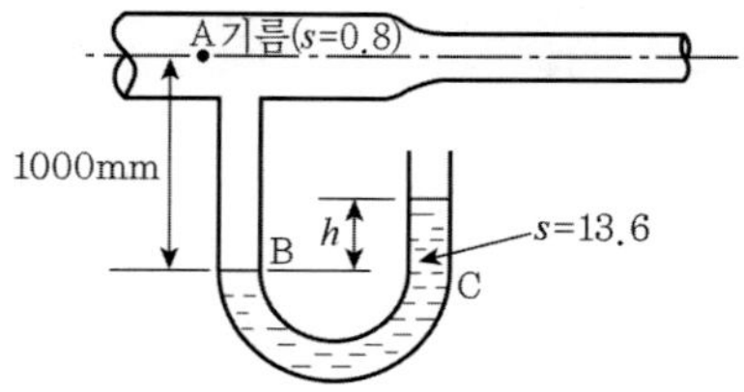

㉮ 1.42 ㉯ 1.51 ㉰ 2.43 ㉱ 3.20

해설 지점 B와 지점 C의 압력은 동일

$P_B = P_A + 0.8\gamma_w \times 0.1 \text{ m} = 200 \text{ kPa} + 0.08\gamma_w$

$P_C = 13.6\gamma_w \times h$

$13.6\gamma_w \times h = 200 \text{ kPa} + 0.08\gamma_w$

$$h = \frac{200 \text{ kPa} + 0.08\gamma_w}{13.6\gamma_w} = \frac{200 \text{ kPa} + 0.08 \text{ m} \times 9.8 \text{ kN/m}^3}{13.6 \text{ m} \times 9.8 \text{ kN/m}^3} = 1.51 \text{ m}$$

정답 ㉯

산업기사 기출문제

01 27 kPa의 압력은 수은주 높이로 약 몇 mm가 되겠는가? 2012 03 04

㉮ 157 ㉯ 203 ㉰ 264 ㉱ 557

해설 유체에 의한 압력 = 유체 비중량 × 유체 깊이

$27 \times 10^3\ N/m^2 = (13.6 \times 9800\ N/m^3) \times h$

$h = 0.2026\ m = 203\ mm$

정답 ㉯

02 비중이 s인 액체의 표면으로부터 x(m) 깊이에 있는 점의 계기압력은 수은주로 몇 mm인가? (단, 수은의 비중은 13.6이다.) 2012 03 04

㉮ $13600 \times s \cdot x$ ㉯ $13.6 \times s \cdot x$ ㉰ $\frac{s \cdot x}{13.6}$ ㉱ $\frac{1000s \cdot x}{13.6}$

해설 계기압력(p) = 유체 비중량 × 유체 깊이 $= (s \cdot \gamma_w) \times x$ (γ_w : 물의 비중량)

수은주 압력 $= (13.6\gamma_w) \times h$ (h : 수은주(m))

$s \cdot \gamma_w \times x = 13.6\gamma_w \times h$

$$h = \frac{s \cdot x(m)}{13.6} = \frac{s \cdot x(m)}{13.6} \times \frac{1000\ mm}{1\ m} = \frac{1000\ s \cdot x}{13.6}$$

정답 ㉱

03 반경 4 m, 길이 10 m인 4분 실린더(quarter cylinder) AB가 수면으로부터 3 m 아래에 놓여 있다. 4분 실린더 AB에 작용하는 수압에 의한 합력의 크기는 약 몇 kN인가? 2012 03 04

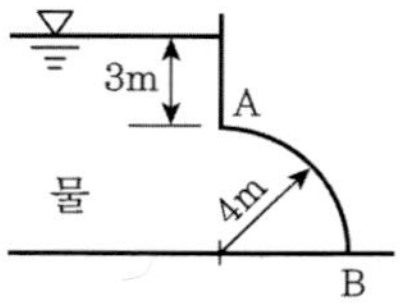

㉮ 2173　　㉯ 2257　　㉰ 2386　　㉱ 2475

해설 곡면 AB에 작용하는 전수압의 수평분력(F_x)

F_x = 곡면 AB면의 수평투영면에 작용하는 전수압

= 도심수압 × 작용면적

$= 9.8\ kN/m^3 \times (3\ m + \frac{4\ m}{2}) \times (4\ m \times 10\ m)$

$= 1960\ kN$

곡면 AB에 작용하는 전수압의 연직분력(F_v)

F_v = 곡면AB 위의 유체중량

$= 9.8\ kN/m^3 \times \left\{(3\ m \times 4\ m + (4\ m \times 4\ m - \frac{\pi}{4} \times (4\ m)^2\right\} \times 10\ m$

$= 1512.5\ kN$

합력(F)$= \sqrt{F_x^2 + F_v^2} = \sqrt{1960^2 + 1512.5^2} = 2475.8\ kN$

정답 ㉱

04 그림과 같은 탱크에 물이 들어 있다. A-B면(5 m×3 m)에 작용하는 힘은 약 몇 kN인가?

2012 05 20

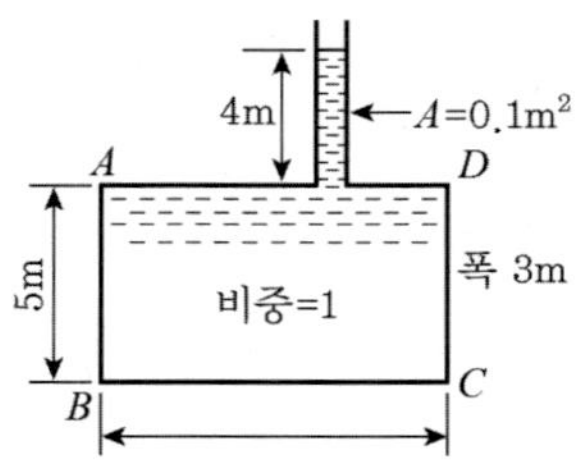

㉮ 0.95　　㉯ 10.5　　㉰ 95.5　　㉱ 955

해설 AB면에 작용하는 전수압(F)

=도심수압×작용면적

$=9.8\ \text{kN/m}^3 \times \left(4\ \text{m} + \frac{5\ \text{m}}{2}\right) \times (5\ \text{m} \times 3\ \text{m})$

=955.5 kN

정답 ㉱

05 다음 그림에서 압력차 $P_1 - P_2$는 약 몇 Pa인가? (단, 수은의 비중은 13.6, 물의 비중은 1, 벤튜리 관은 수평이며 h는 m단위이다.) 2012 05 20

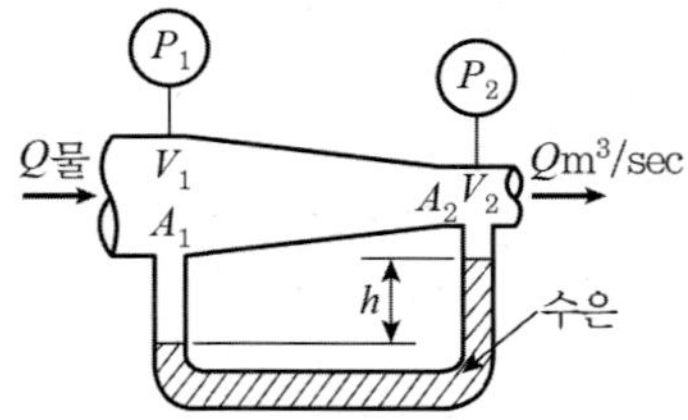

㉮ 1.35×10^4 h　　㉯ 1.25×10^4 h　　㉰ 13.25×10^4 h　　㉱ 12.35×10^4 h

해설

지점 c, c'의 수압은 동일

$p_c = p_{c'}$

$p_c = p_1 + \gamma_w \times h$,　$p_{c'} = p_2 + 13.6\gamma_w \times h$

$p_1 + \gamma_w h = p_2 + 13.6\gamma_w \times h$

$p_1 - p_2 = 13.6\gamma_w h - \gamma_w h$

$= 12.6\gamma_w h$

$= 12.6 \times 9800(\text{N/m}^3) \times h(\text{m})$

$= 1.235 \times 10^5 h(\text{N/m}^2)$

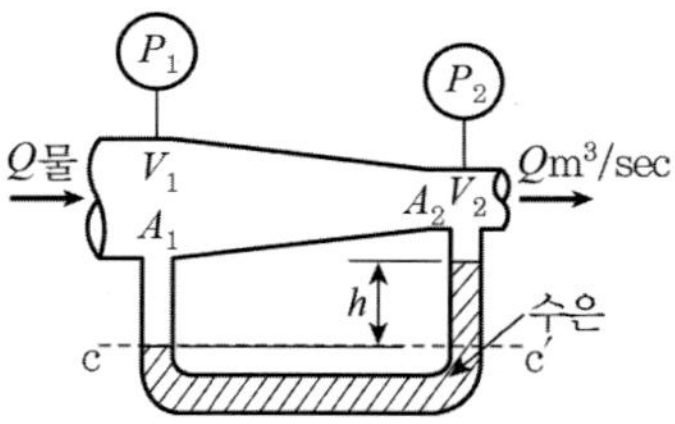

정답 ㉱

06 물탱크에서 물의 높이가 4 m일 때, 수심 2.5 m에서 받는 계기압력은 약 몇 Pa인가? 2012 05 20

㉮ 24.5　　㉯ 245　　㉰ 2450　　㉱ 24500

해설 계기압력(p)=$\gamma_w \cdot h = 9800\ \text{N/m}^3 \times 2.5\ \text{m} = 24500\ \text{N/m}^2 = 24500\ \text{Pa}$

정답 ㉱

07 그림과 같이 수평관에서 2개소의 압력차를 측정하기 위해 하부에 수은을 넣은 U자관을 부착시켰다. 이때 U자관에서 수은의 높이차 h = 500 mm이었다면 압력차 $P_1 - P_2$는 약 몇 kPa인가? 2012 09 15

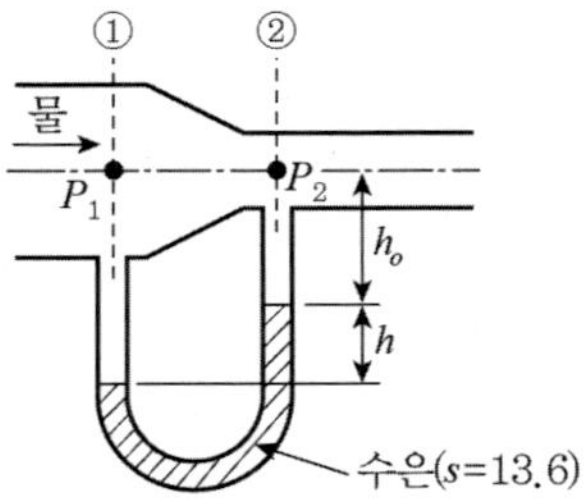

㉮ 66.6　　㉯ 61.7　　㉰ 60.5　　㉱ 50.4

해설 지점 c, c′ 의 압력은 동일

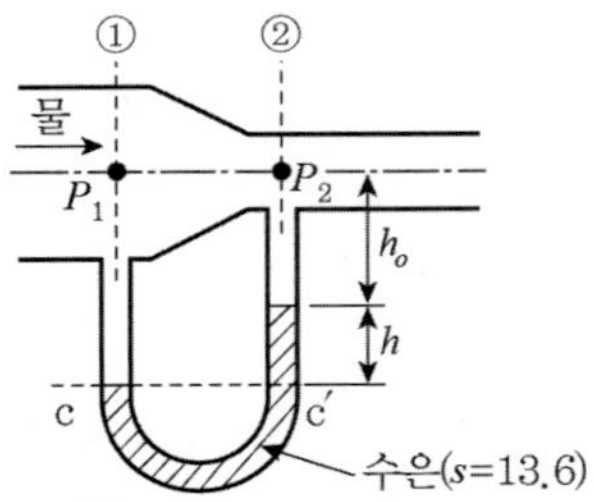

$p_c = p_{c'}$

$p_c = p_1 + \gamma_w \times (h_0 + h)$

$p_{c'} = p_2 + \gamma_w h_0 + 13.6\gamma_w \times h$

$p_1 + \gamma_w (h_0 + h) = p_2 + \gamma_w \times h_0 + 13.6\gamma_w \times h$

$p_1 - p_2 = 12.6\gamma_w \times h = 12.6 \times 9.8\ \text{kN/m}^3 \times 0.5\ \text{m} = 61.74\ \text{kPa}$

정답 ㉯

08 밑변이 8 m×3 m, 깊이가 4 m인 철제 상자가 물 위에 떠 있다. 상자의 무게를 196 kN이라 할 때 이 상자는 물속 몇 m 깊이까지 들어가 있는가? 2012 09 15

㉮ 0.83　　㉯ 0.91　　㉰ 0.98　　㉱ 1.04

해설 잠긴 깊이=h

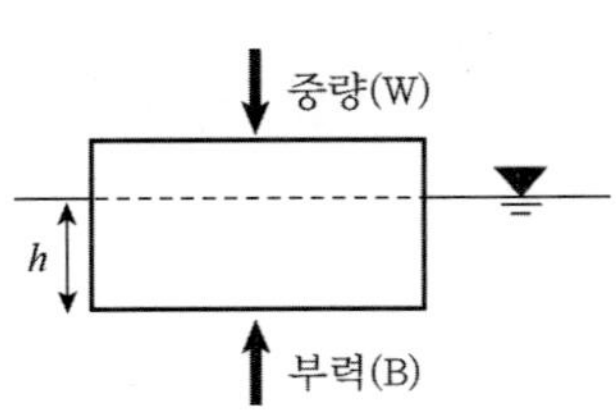

중량(W) = 부력(B)

$196\ \text{kN} = \gamma_w \times (8\ \text{m} \times 3\ \text{m} \times h(\text{m}))$

$$h = \frac{196\ \text{kN}}{9.8\ \text{kN/m}^3 \times 8\ \text{m} \times 3\ \text{m}} = 0.833\ \text{m}$$

정답 ㉮

09 밑면은 한 변의 길이가 1 m인 정사각형이고 높이 1.5 m인 직육면체 탱크에 물을 가득 채웠다. 한쪽 측면에 작용하는 힘은 몇 kN인가? 2012 09 15

㉮ 14.7　㉯ 11.0　㉰ 22.1　㉱ 7.4

해설 연직평면에 작용하는 전수압

=(도심에서의 수압)×작용면적

$= 9.8\ \text{kN/m}^3 \times \dfrac{1.5\ \text{m}}{2} \times (1.5\ \text{m} \times 1\ \text{m})$

$= 11.025\ \text{kN}$

정답 ㉯

10 그림과 같이 물이 흐르고 있는 관에 설치된 시차액주계를 보고 A, B 두 지점의 압력차를 구하면 약 몇 kPa인가? 2013 03 10

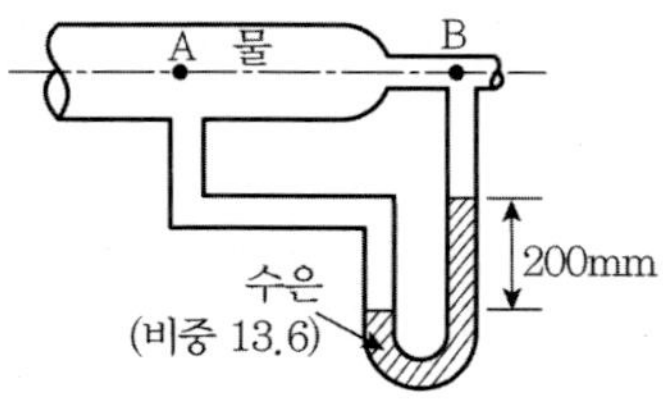

㉮ 2.72　㉯ 6.73　㉰ 24.7　㉱ 52.5

해설 지점 c, c′ 의 압력은 동일

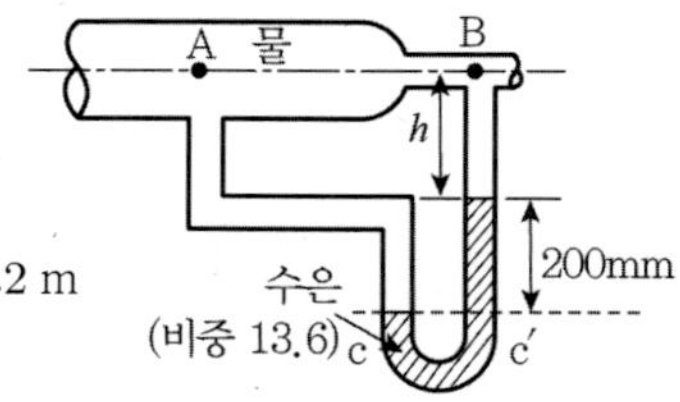

$p_c = p_A + \gamma_w \times h + \gamma_w \times 0.2\ \text{m}$

$p_{c'} = p_B + \gamma_w \times h + 13.6\ \gamma_w \times 0.2\ \text{m}$

$p_A + \gamma_w \times h + \gamma_w \times 0.2\ \text{m} = p_B + \gamma_w \times h + 13.6\ \gamma_w \times 0.2\ \text{m}$

$p_A - p_B = 12.6 \times 0.2\ \text{m} \times \gamma_w$

$= 12.6 \times 0.2\ \text{m} \times 9.8\ \text{kN/m}^3$

$= 24.7\ \text{kN/m}^2$

정답 ㉰

11 깊이를 모르는 물속에서 생성된 직경 1 cm의 공기기포가 수면으로 부상하여 직경 2 cm로 팽창하였다. 기포 내 온도가 일정하다면 물의 깊이는 몇 m인가? (단, 중력가속도는 10m/sec^2, 대기압은 $10^5\ \text{N/m}^2$, 물의 밀도는 $1000\ \text{kg/m}^3$로 가정한다.) 2013 03 10

㉮ 70　　㉯ 80　　㉰ 90　　㉱ 100

해설 •수심 h(m)에서의 기포 직경=1 cm

➡ 부피(V_h)$=\dfrac{4\pi r_h^3}{3}=\dfrac{4\pi}{3}\times\left(\dfrac{1\text{ cm}}{2}\times\dfrac{1\text{ m}}{1000\text{ cm}}\right)^3$

•수면에서의 기포 직경=2 cm

➡ 부피(V_0)$=\dfrac{4\pi r_0^3}{3}=\dfrac{4\pi}{3}\times\left(\dfrac{2\text{ cm}}{2}\times\dfrac{1\text{ m}}{1000\text{ cm}}\right)^3$

• $\dfrac{V_o}{V_h}=\left(\dfrac{2\text{ cm}}{1\text{ cm}}\right)^3=8$

•수면에서의 수압(p_0)=대기압=10^5 N/m^2

•수심 h(m)에서의 수압(p_h)=$10^5\text{ N/m}^2+\gamma_w h$

•보일의 법칙에서

$$p_0\times V_o=p_h\times V_h$$

$$p_h=\left(\frac{V_0}{V_h}\right)\times p_0$$

$$=8\times p_0$$

$$10^5\text{ N/m}^2+\gamma_w h=8\times10^5\text{ N/m}^2$$

$$h=\frac{7\times10^5\text{ N/m}^2}{1000\text{ kg/m}^3\times10\text{ m/sec}^2}$$

$$=70\text{ m}$$

정답 ㉮

12 직경 2 m의 원형수문이 그림과 같이 수면에서 3 m 아래에 30° 각도로 기울어져 있을 때 수문의 자중을 무시하면 수문이 받는 힘은 약 몇 kN인가? 2013 03 10

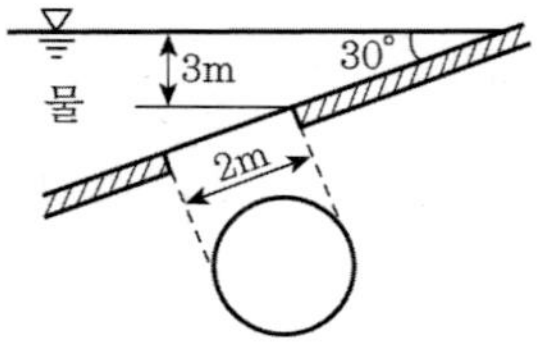

㉮ 107.7　　㉯ 94.2　　㉰ 78.5　　㉱ 62.8

해설 경사면에 작용하는 전수압

$= \text{도심수압} \times \text{작용면적}$

$= \left[9.8\ \text{kN/m}^3 \times \left(3\ \text{m} + \frac{1}{2} \times 2\ \text{m} \times \sin 30°\right)\right] \times \frac{\pi}{4} \times (2\ \text{m})^2$

$= 107.7\ \text{kN}$

정답 ㉮

13 표준대기압에서 측정한 용기 내의 압력이 각각 다음과 같다. 압력이 가장 낮은 용기는?

2013 06 02

㉮ 진공게이지 눈금이 500 mm Hg이다. ㉯ 진공게이지 눈금이 1.0 kg_f/cm^2이다.

㉰ 진공도가 90%이다. ㉱ 진공도가 0이다.

해설 p_o : 대기압(=101.3kPa), γ_w : 물의 단위중량(=9.8kN/m^3), $1kg_f = 9.8N = 9.8 \times 10^{-3}kN$

㉮ 진공게이지 눈금 500 mm Hg의 절대압력

$= \text{대기압} - 13.6\gamma_w \times 0.5\ \text{m}$

$= 101.3\ \text{kPa} - 13.6 \times 9.8\ \text{kN/m}^3 \times 0.5\ \text{m}$

$= 101.3\ \text{kPa} - 66.64\ \text{kPa}$

$= 34.66\ \text{kPa}$

㉯ 진공게이지 눈금 1.0 kg_f/cm^2일 때 절대압력

$= p_o - 1.0\ \text{kg}_f/\text{cm}^2$

$= 101.3\ \text{kPa} - 1.0\ \text{kg}_f/\text{cm}^2 \times \frac{9.8 \times 10^{-3}\ \text{kN}}{1\ \text{kg}_f} \times \frac{10^4\ \text{cm}^2}{1\ \text{m}^2}$

$= 3.3\ \text{kPa}$

㉰ 진공도 90%의 절대압력

$= \text{대기압} - 0.9\ p_o$

$= p_o - 0.9\ p_o$

$= 101.3\ \text{kPa} - 0.9 \times 101.3\ \text{kPa}$

$= 10.13\ \text{kPa}$

㉱ 진공도 0의 절대압력

$= \text{대기압} - 0$

$= 101.3\ \text{kPa}$

정답 ㉯

14 다음과 같은 차압 마노미터가 있다. 압력차 $P_A - P_B$를 바르게 표시한 것은? (단, γ_1, γ_2, γ_3는 비중량, h_1, h_2, h_3은 높이차를 나타낸다.)

2013 06 02

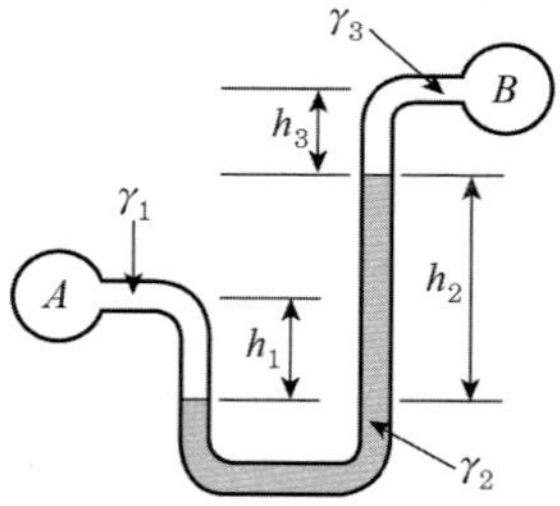

㉮ $-\gamma_1 h_1 - \gamma_2 h_2 + \gamma_3 h_3$　　㉯ $-\gamma_1 h_1 + \gamma_2 h_2 + \gamma_3 h_3$

㉰ $\gamma_1 h_1 + \gamma_2 h_2 - \gamma_3 h_3$　　㉱ $\gamma_1 h_1 - \gamma_2 h_2 - \gamma_3 h_3$

해설 지점 c, c′ 에서의 압력은 동일

$$p_c = p_A + \gamma_1 h_1$$

$$p_{c'} = p_B + \gamma_3 h_3 + \gamma_2 h_2$$

$$p_c = p_{c'}$$

$$p_A + \gamma_1 h_1 = p_B + \gamma_3 h_3 + \gamma_2 h_2$$

$$p_A - p_B = -\gamma_1 h_1 + \gamma_3 h_3 + \gamma_2 h_2$$

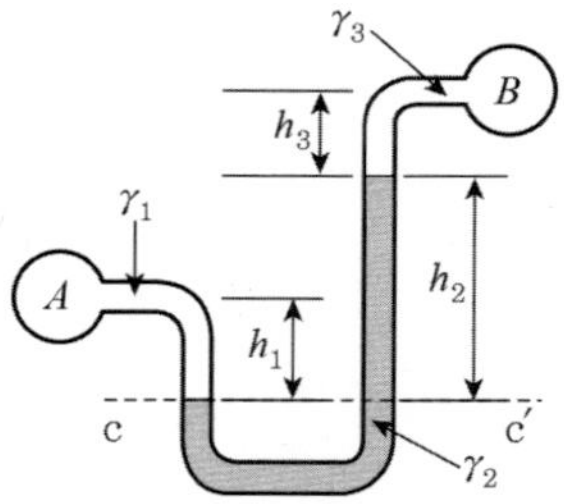

정답 ㉯

15 그림과 같은 탱크에 비중이 0.9인 기름과, 물이 들어 있다. 벽면 AB에 작용하는 유체(기름 및 물)에 의한 힘은 약 몇 kN인가? (단, 벽면 AB의 y방향 폭은 2 m이다.)

2013 06 02

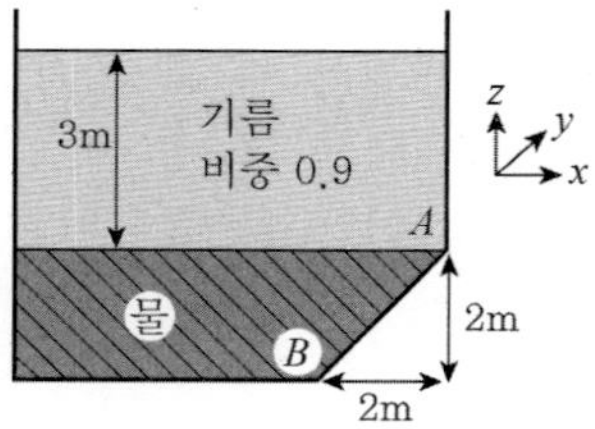

㉮ 185　　㉯ 205　　㉰ 315　　㉱ 415

해설 경사면 작용 전수압 = 도심수압 × 면적

$$= (0.9\gamma_w \times 3\text{ m} + \gamma_w \times 1\text{ m}) \times (2\text{ m} \times \frac{2\text{ m}}{\sin 45°})$$

$$= 9.8\text{ kN/m}^3 \times (0.9 \times 3\text{ m} + 1\text{ m}) \times (2\text{ m} \times \frac{2\text{ m}}{\sin 45°})$$

$$= 205.1\text{ kN}$$

정답 ㉯

16 다음 그림에서 A점의 계기압력은 약 몇 kPa인가? 2013 09 28

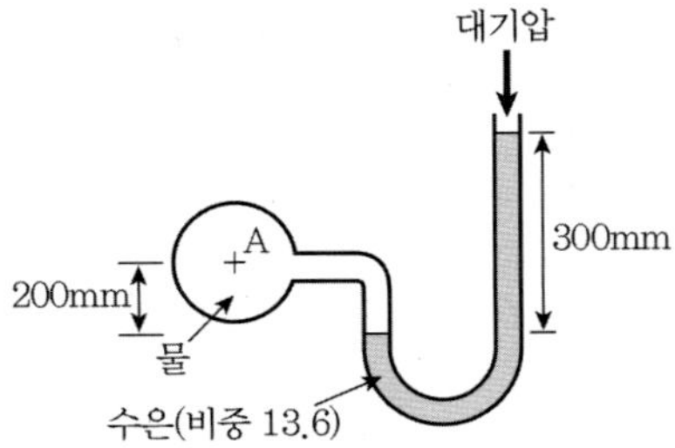

㉮ 0.38　　㉯ 38　　㉰ 0.42　　㉱ 42

해설 지점 c, c′ 에서의 압력은 동일

$p_c = p_A + \gamma_w \times 0.2\text{ m}$

$p_{c'} =$ 대기압 $+ 13.6\gamma_w \times 0.3\text{ m}$

$p_c = p_{c'}$

$p_A + \gamma_w \times 0.2\text{ m} =$ 대기압 $+ 13.6\gamma_w \times 0.3\text{ m}$

$p_A =$ 대기압 $+ 3.88\gamma_w$

$=$ 대기압 $+ 3.88 \times 9.8\text{ kPa}$

$=$ 대기압 $+ 38.02\text{ kPa}$

p_A의 계기압력=38.02 kPa

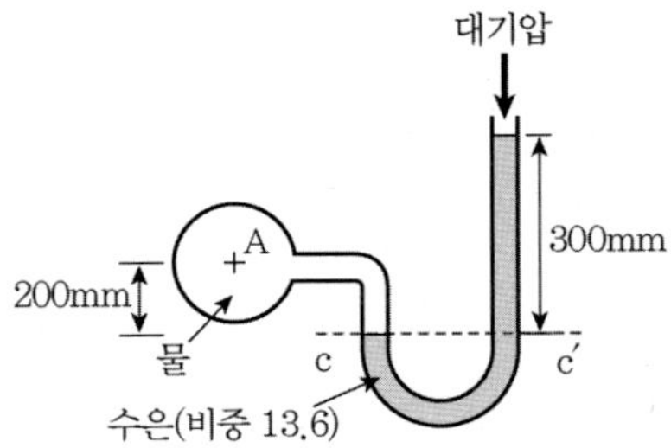

정답 ㉯

17 밑면의 길이가 각각 1 m이고 높이가 0.7 m인 목재 위에 무게가 1500 N인 물건을 올려서 물에 띄울 때, 물속에 잠긴 부분의 체적은 몇 m^3인가? (단, 목재의 비중은 0.6이다.) 2013 09 28

㉮ 0.2　　㉯ 0.57　　㉰ 0.7　　㉱ 1.2

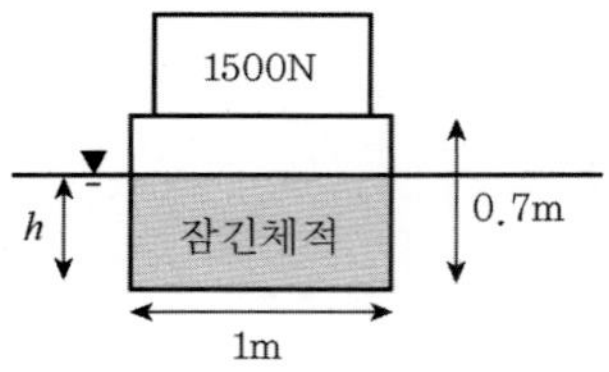

해설 중량 $= 1500\ \text{N} + \text{목재중량}$
$= 1500\ \text{N} + 0.6\ \gamma_w \times 1\ \text{m} \times 1.0\ \text{m} \times 0.7\ \text{m}$
$= 1500\ \text{N} + 0.6 \times 9800\ \text{kg/m}^3 \times 0.7\ \text{m}^3$
$= 5616\ \text{N}$

부력 $= \text{잠긴체적} \times \gamma_w$
$= \text{V}(\text{m}^3) \times 9800\text{N/m}^3$

중량=부력이므로

$9800\ \text{V} = 5616$
$\text{V} = 0.573\ \text{m}^3$

정답 ㉯

18 밑면이 3 m × 5 m인 물탱크에 물이 5 m 깊이로 채워져 있을 때, 밑면에 작용하는 물에 의한 힘은 몇 kN인가? (단, 물의 비중량은 9800 N/m^{3}이다.) 2013 09 28

㉮ 706　　㉯ 714　　㉰ 726　　㉱ 735

해설 수평판 작용 전수압 $= \text{수압} \times \text{면적}$
$= (9.8\ \text{kN/m}^3 \times 5\ \text{m}) \times (3\ \text{m} \times 5\ \text{m})$
$= 735\ \text{kN}$

정답 ㉱

19 그림에서 수문이 열리지 않도록 하기 위하여 수문의 하단에 받쳐줘야 할 최소 힘 P는 약 몇 N인가? (단, 수문의 폭은 1 m이다.) 2014 03 02

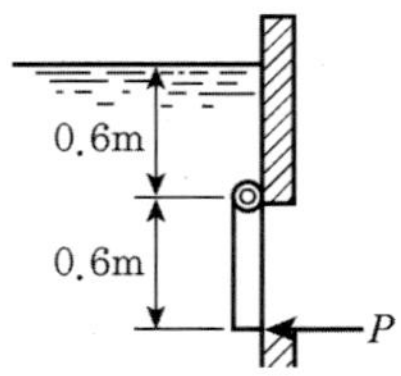

㉮ 2640　　㉯ 2940　　㉰ 3540　　㉱ 5340

해설 힌지로부터 수심 x(m)인 미소면적에 작용하는 힘 dF_x계산

$dF_x = \text{수압} \times \text{미소면적}$
$= \gamma_w \times (0.6\ \text{m} + x) \times (1\ \text{m} \times dx)$

힌지를 중심축으로 한 모멘트를 취하면

$$P \times 0.6\,m = \int_0^{0.6} dF_x \cdot x = \int_0^{0.6} \gamma_w (0.6 + x)x \cdot dx = \gamma_w \int_0^{0.6} (0.6x + x^2)dx$$

$$P = \frac{\gamma_w}{0.6}\left[\frac{0.6x^2}{2} + \frac{x^3}{3}\right]_0^{0.6}$$

$$= \frac{9800}{0.6} \times \left[\frac{0.6 \times 0.6^2}{2} + \frac{0.6^3}{3}\right]$$

$$= 2940\,N$$

정답 ㉯

20 액면으로부터 40 m 깊이의 계기압력이 515.8 kPa일 때 이 액체의 비중량은 몇 kN/m³인가? 2014 03 02

㉮ 11.8　　㉯ 12.9　　㉰ 14.2　　㉱ 16.4

해설 계기압(p) = γh

$$515.8\,kPa = \gamma \times 40\,m$$

$$\gamma = \frac{515.8\,kN/m^2}{40\,m} = 12{,}895\,kN/m^3$$

정답 ㉯

21 압력계가 1,275 kPa을 지시하고 있다. 이것을 액체가 물인 수두로 나타내면 약 몇 m인가? 2014 03 02

㉮ 13　　㉯ 15　　㉰ 130　　㉱ 150

해설 압력 = γh

$$1{,}275\,kPa = 9800\,N/m^3 \times h$$

$$h = \frac{1275\,kN/m^2 \times \frac{10^3\,N}{1\,kN}}{9800\,N/m^3} = 130.1\,m$$

정답 ㉰

22 계기압력이 1.2 MPa이고, 대기압이 96 kPa일 때 절대압력은 몇 kPa인가? 2014 03 02

㉮ 108　　㉯ 1104　　㉰ 1200　　㉱ 1296

해설 절대압 = 대기압 + 계기압
= 96 kPa + 1.2 MPa
= 96 kPa + 1,200 kPa
= 1,296 kPa

정답 ㉱

23 30 × 50 cm의 평판이 수면에서 깊이 30 cm되는 곳에 수평으로 놓여 있을 때 평판에 작용하는 물의 힘은 몇 N인가? 2014 05 25

㉮ 341　　㉯ 441　　㉰ 541　　㉱ 641

해설 수평판 작용 전수압 = 수압 × 면적
= (9.8 kN/m³ × 0.3 m) × (0.3 m × 0.5 m)
= (9,800 N/m³ × 0.3 m) × (0.3 m × 0.5 m)
= 441 N

정답 ㉯

24 2개의 큰 저수조 사이의 압력을 측정하기 위하여 U자관 액주계가 그림과 같이 설치되어 있다. 오일레벨의 차이가 수면레벨 차이의 10배($h_2 = 10h_1$)가 되도록 하는 오일의 비중은? 2014 05 25

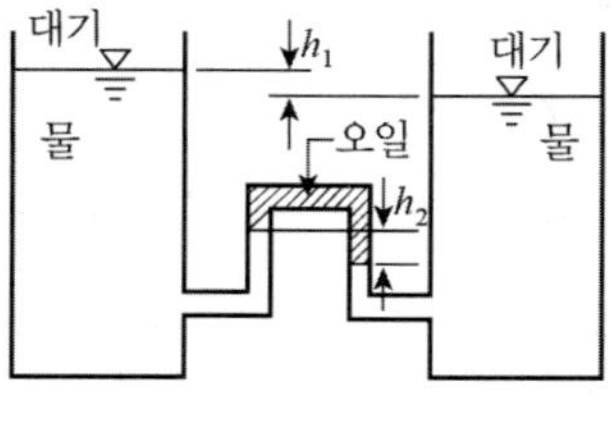

㉮ 0.1　　㉯ 0.5　　㉰ 0.9　　㉱ 1.5

해설 우측 수면으로부터 지점 c, c′까지의 수심을 h라 하면

$p_c = \gamma_w \times (h_1 + h)$

$p_{c'} = \gamma_w \times (h + h_2) - \gamma_{oil} \times h_2$

$p_c = p_{c'}$이므로

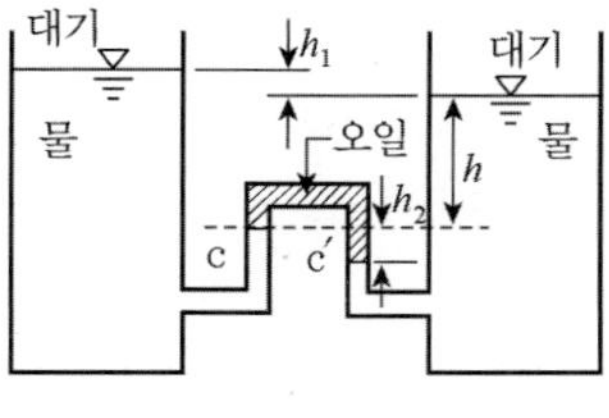

$$\gamma_w \times (h_1 + h) = \gamma_w (h + h_2) - \gamma_{oil} \times h_2$$
$$\gamma_w \times h_1 = \gamma_w \times h_2 - \gamma_{oil} \times h_2$$
$$\frac{\gamma_{oil}}{\gamma_w} = \frac{h_2 - h_1}{h_2} = \frac{10h_1 - h_1}{10h_1} = \frac{9}{10}$$

정답 ㉰

25 부력의 작용점에 대한 설명으로 옳은 것은? 2014 05 25

㉮ 떠 있는 물체의 중심　　㉯ 물체의 수직투영면 중심
㉰ 잠겨진 물체의 중력 중심　　㉱ 잠겨진 물체 체적의 중심

해설 부력의 크기 = 잠긴 물체체적 × 유체단위중량
부력 작용점 = 잠긴 물체 체적의 중심점

정답 ㉱

26 대기압 101 kPa인 곳에서 측정된 진공압력이 7 kPa일 때 절대압력은 몇 kPa인가? 2014 09 20

㉮ −7　　㉯ 7　　㉰94　　㉱ 108

해설 절대압력 = 대기압 + 계기압
= 101 kPa + (−7 kPa)
= 94 kPa

정답 ㉰

27 너비 2 m, 높이 4인 직사각형 수문이 수면과 수직으로 놓여있다. 수문 위 끝이 수면 아래 2 m 지점에 있다면 이 수문에 가해지는 압력중심은 수면으로부터 약 몇 m 지점인가? (단, 대기압은 무시한다.) 2014 09 20

㉮ 3.67　　㉯ 3.97
㉰ 4.33　　㉱ 5.55

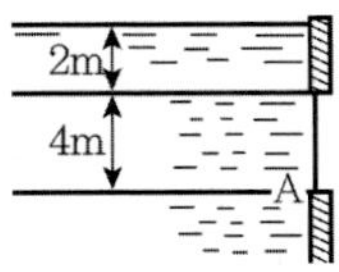

해설 수문 시작점(O)으로부터 수심 x(m)인 미소면적에 작용하는 힘 dF_x 계산

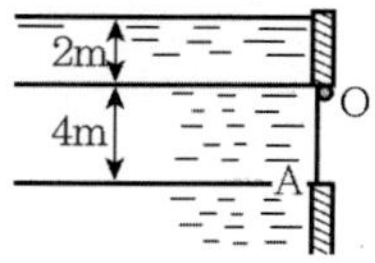

$$dF_x = 수압 \times 미소면적$$
$$= [\gamma_w \times (2\,m + x)] \times (2\,m \times dx)$$

수문에 작용하는 전수압(F)

$$F = \int_0^4 dF_x = \int_0^4 \gamma_w (4 + 2x) dx$$

O점으로부터 전수압(F)의 작용점 깊이를 y_c라 하고, O점을 중심으로 한 모멘트를 취하면

$$F \times y_c = \int_0^4 dF_x \cdot x$$
$$y_c \times \int_0^4 \gamma_w (4+2x) dx = \int_0^4 \gamma_w (4x + 2x^2) dx$$
$$32 y_c = 32 + \frac{128}{3}$$
$$y_c = 2.33\,m$$

수면으로부터의 작용점 깊이=2 m+2.33 m=4.33 m

정답 ㉰

28 관 A에는 물, 관 B에는 비중(S_1) 0.9인 유체가 차 있고, 액주계 액체의 비중(S_2)은 0.8이다. A에서의 압력을 P_A, B에서의 압력을 P_B라고 할 때 $P_A - P_B$는 약 몇 kPa인가?

2014 09 20

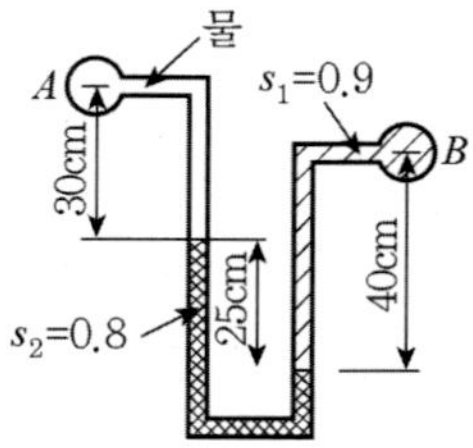

㉮ −1.47 ㉯ −1.37 ㉰ 1.37 ㉱ 1.47

해설 지점 c, c′ 에서의 압력은 동일

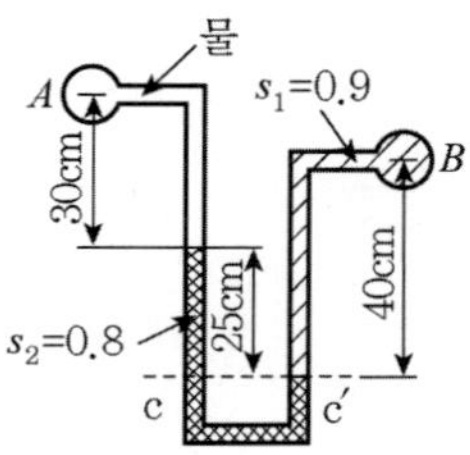

$$p_c = p_A + \gamma_w \times 0.3\,m + 0.8\gamma_w \times 0.25\,m$$
$$p_{c'} = p_B + \gamma_w \times 0.4\,m$$
$$p_c = p_{c'}$$
$$p_A + \gamma_w \times 0.3\,m + 0.8\gamma_w \times 0.25\,m = p_B + 0.9\gamma_w \times 0.4\,m$$
$$p_A - p_B = -0.14(m) \times \gamma_w$$
$$= -1.372\,kPa$$

정답 ㉯

29 다음 시차 압력계에서 압력차($P_B - P_A$)는 약 몇 kPa인가? (단, $H_1 = 25$ cm, $H_2 = 20$ cm, $H_3 = 70$ cm이고 수은의 비중은 13.6이다.) 2015 03 08

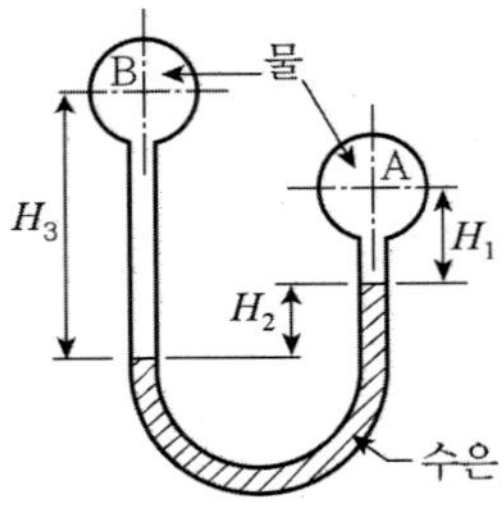

㉮ 1.1　　㉯ 2.2　　㉰ 11.1　　㉱ 22.2

해설

지점 c, c′ 에서의 압력은 동일

$p_c = p_B + \gamma_w \times H_3 = p_B + 0.7\ \text{m} \times \gamma_w$

$p_{c'} = p_A + \gamma_w \times H_1 + 13.6\gamma_w \times H_2 = p_A + \gamma_w \times 0.25\ \text{m} + 13.6\gamma_w \times 0.2\ \text{m}$

$p_c = p_{c'}$이므로

$p_B + 0.7\ \text{m} \times \gamma_w = p_A + \gamma_w \times 0.25\ \text{m} + 13.6\ \gamma_w \times 0.2\ \text{m}$

$$\begin{aligned} p_B - p_A &= 13.6\ \gamma_w \times 0.2\ \text{m} + \gamma_w \times 0.25\ \text{m} - \gamma_w \times 0.7\ \text{m} \\ &= \gamma_w \times (13.6 \times 0.2\ \text{m} + 0.25\ \text{m} - 0.7\ \text{m}) \\ &= 9.8\ \text{kN/m}^3 \times (13.6 \times 0.2\ \text{m} + 0.25\ \text{m} - 0.7\ \text{m}) \\ &= 22.246\ \text{kN/m}^2 \end{aligned}$$

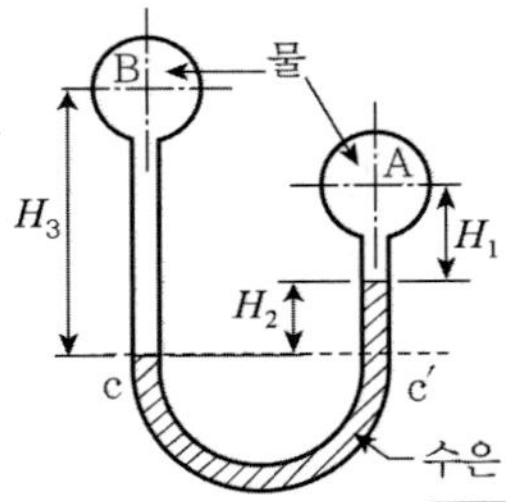

정답 ㉱

30 비중이 1.03인 바닷물에 전체 부피의 90%가 잠겨있는 빙산이 있다. 이 빙산의 비중은 얼마인가? 2015 03 08

㉮ 0.927　　㉯ 0.932　　㉰ 0.939　　㉱ 0.945

해설

바닷물의 비중량$= \gamma_{sw} = 1.03\ \gamma_w$ (γ_w : 물의 비중량)

빙산의 부피 : V

빙산중량 = 부력

$V \times \gamma = (0.9\ V) \times (1.03\ \gamma_W)$

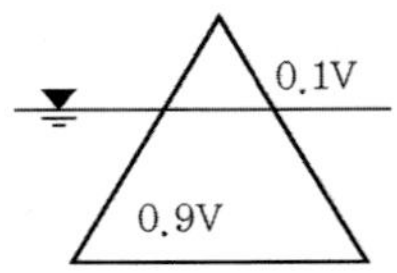

$$\gamma = 0.9 \times 1.03\, \gamma_w$$
$$= 0.927\, \gamma_w$$

$$비중 = \frac{\gamma}{\gamma_w} = 0.927$$

정답 ㉮

31 정지유체 속에 잠겨있는 경사평면의 압심(압력의 작용점)에 대한 설명으로 옳은 것은? 2015 03 08

㉮ 도심의 아래에 있다.　㉯ 도심의 위에 있다.
㉰ 도심의 위치와 같다.　㉱ 도심의 위치와 관계가 없다.

해설 〈작용점 위치〉
수심에 상관없이 수압이 일정하다면 압력작용점은 도심(圖心)에 있겠지만, 수압은 수심에 비례하여 증가하므로 압력의 작용점은 도심(圖心)보다 아래에 위치한다.

정답 ㉮

32 직경이 각각 100 mm, 50 mm인 수압기계에서 100 mm피스톤을 100 N으로 밀면 50 mm의 피스톤에 작용하는 힘은 몇 N인가? 2015 05 31

㉮ 100　㉯ 75　㉰ 50　㉱ 25

해설

$$p_{100\,\text{mm}} = p_{50\,\text{mm}}$$
$$\frac{100\text{ N}}{\frac{\pi}{4}\times(0.1\text{ m})^2} = \frac{\text{F}}{\frac{\pi}{4}\times(0.05\text{ m})^2}$$
$$\text{F} = \frac{0.05^2}{0.1^2}\times 100\text{ N}$$
$$= 25\text{ N}$$

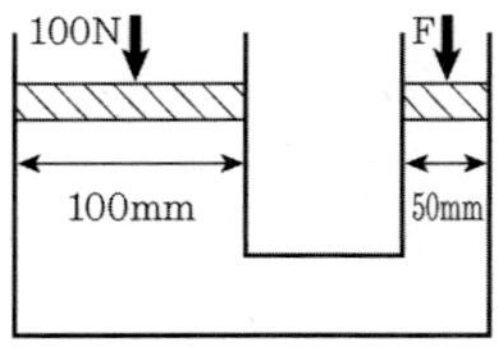

정답 ㉱

33 그림과 같은 경사판 미압계에서 밀폐 용기 속의 물 표면에 작용하는 게이지 압력은? (단, 물의 비중량은 γ이다.) 2015 05 31

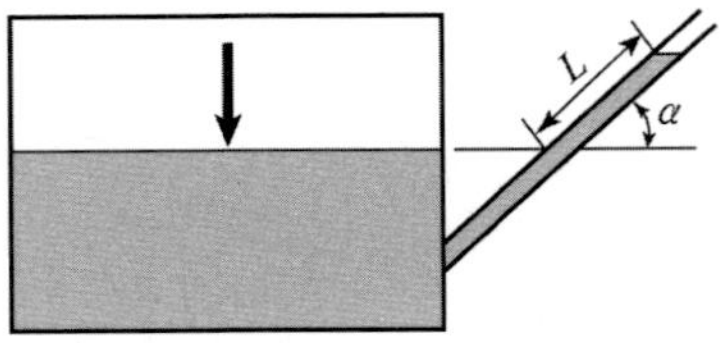

㉮ $\gamma L\cos\alpha$　　㉯ $\gamma L\sin\alpha$　　㉰ $\gamma L\tan\alpha$　　㉱ $\gamma\times\dfrac{L}{\tan\alpha}$

해설 지점 c, c' 에서의 계기압력은 동일

$$p_c = p_{c'} = \gamma\times(L\times\sin\alpha)$$

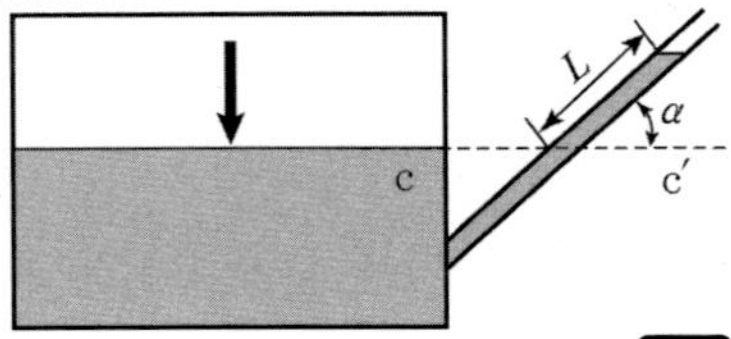

정답 ㉯

34 그림과 같이 폭 2 m인 수문에서 물의 압력에 의해 A에 걸리는 모멘트(kN · m)는?

2015 05 31

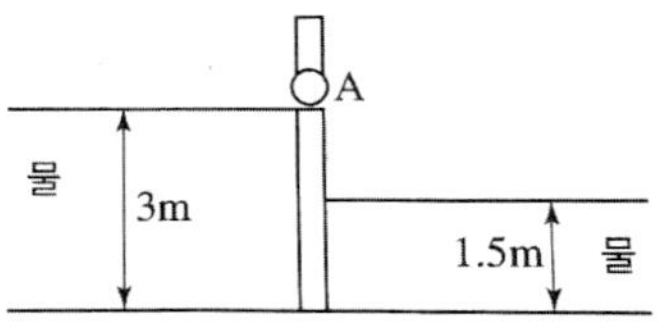

㉮ 22　　㉯ 88　　㉰ 121　　㉱ 231

해설 1. 수문 상류에 작용하는 모멘트

A점으로부터 수심 x(m)인 지점의 미소면적에 작용하는 힘 dF_x

dF_x = 수압 × 면적 $= (\gamma_w\times x)\times(2\text{ m}\times dx) = 2\gamma_w\cdot x\cdot dx$

수문 상류 모멘트(M_u)= $\int_0^3 dF_x\cdot x = \int_0^3 2\gamma_w x^2 dx$ (반시계방향)

2. 수문하류에 작용하는 모멘트

A점으로부터 수심 y(m)인 지점의 미소면적에 작용하는 힘 dF_y

dF_y = 수압 × 면적 $= [\gamma_w\times(y-1.5)]\times(2\text{ m}\times dy) = 2\gamma_w(y-1.5)dy$

수문 하류 모멘트(M_d)= $\int_{1.5}^3 dF_y\cdot y = \int_{1.5}^3 2\gamma_w(y^2-1.5y)dy$ (시계방향)

3. A점 중심의 모멘트

$$M_A = M_u - M_d$$
$$= \int_0^3 2\gamma_w \cdot x^2 dx - \int_{1.5}^3 2\gamma_w (y^2 - 1.5y) dy$$
$$= 12.375\gamma_w$$
$$= 12.375 \times 9.8$$
$$= 121.275(kN \cdot m)$$

정답 ㉰

35 밑면은 한 변의 길이가 2 m인 정사각형이고 높이가 4 m인 직육면체 탱크에 비중이 0.8인 유체를 가득 채웠다. 유체에 의해 한쪽 측면에 작용하는 힘은 약 몇 kN인가?

2015 09 20

㉮ 125.44 ㉯ 169.2 ㉰ 178.4 ㉱ 186.2

해설 연직평면에 작용하는 전수압

= 도심(圖心)수압 × 면적

$$= (0.8\gamma_w \times 2\ m) \times (2\ m \times 4\ m)$$
$$= 12.8\gamma_w$$
$$= 12.8 \times 9.8$$
$$= 125.44\ kN$$

정답 ㉮

36 물탱크에 연결된 마노미터의 눈금이 그림과 같을 때 점 A에서의 게이지 압력은 몇 kPa인가? (단, 수은의 비중은 13.6이다.)

2015 09 20

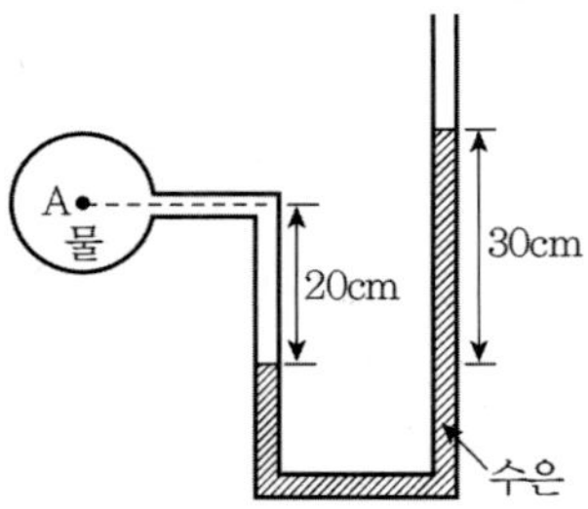

㉮ 32 ㉯ 38 ㉰ 43 ㉱ 47

해설 지점 c, c′ 에서의 압력(계기압)은 동일

$p_c = p_A + \gamma_w \times 0.2\ m$

$p_{c'} = 13.6\ \gamma_w \times 0.3\ m$

$p_c = p_{c'}$

$p_A + \gamma_w \times 0.2\ m = 13.6\ \gamma_w \times 0.3\ m$

$p_A = 13.6\ \gamma_w \times 0.3\ m - \gamma_w \times 0.2\ m$

$= 3.88\ \gamma_w$

$= 3.88 \times 9.8 (m \cdot kN/m^3)$

$= 38.02\ kPa$

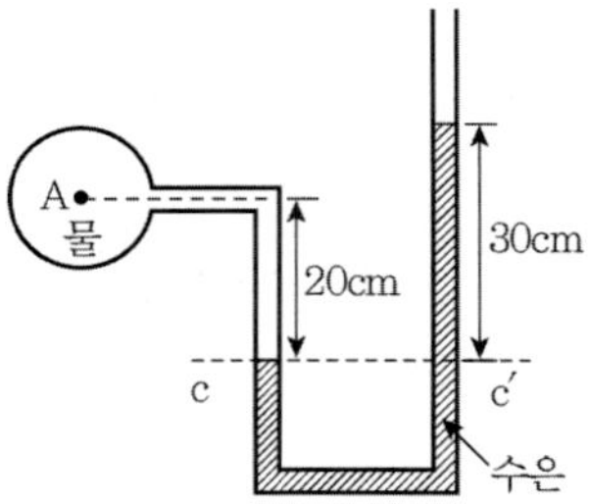

정답 ㉯

37 비중이 0.4인 나무 조각을 물에 띄우면 전체 체적의 몇 %가 물 위로 떠오르는가?

2015 09 20

㉮ 30 ㉯ 40 ㉰ 50 ㉱ 60

해설 V_1 : 잠긴체적

V_2 : 잠기지 않은 체적

$V_1 + V_2$: 전체 체적

나무조각 중량과 부력이 평형이므로

$(V_1 + V_2) \times 0.4\ \gamma_w = \gamma_w \times V_1$

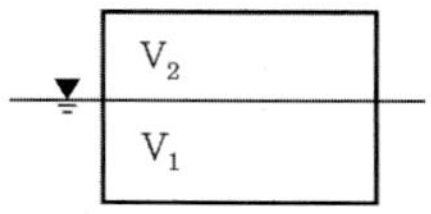

$\frac{잠긴부피}{전체부피} = \frac{V_1}{V_1 + V_2} = 0.4$

$\frac{잠기지\ 않은\ 부피}{전체부피} = \frac{V_2}{V_1 + V_2} = 1 - \frac{V_1}{V_1 + V_2} = 1 - 0.4 = 0.6$

정답 ㉱

38 공기 중에서 무게가 900 N인 돌이 물속에서는 무게가 400 N일 때 이 돌의 비중은?

2016 03 06

㉮ 1.4 ㉯ 1.6 ㉰ 1.8 ㉱ 2.25

해설 물속 무게 = 400 N = 900 N−부력 = 900 N−$V_s \cdot \gamma_w$

여기서, V_s : 돌의 부피

s : 돌의 비중

γ_w : 물의 단위중량

$V_s \cdot \gamma_w = 500$ N

공기 중 무게=900 N=$V_s \times s \cdot \gamma_w = 500$ N$\times$s

$$s = \frac{900\ \text{N}}{500\ \text{N}} = 1.8$$

정답 ㉰

39 시차압력계에서 압력차($P_A - P_B$)는 몇 kPa인가? (단, $H_1 = 250$ mm, $H_2 = 200$ mm, $H_3 = 7000$ mm이고 수은의 비중은 13.6이다.) 2016 03 06

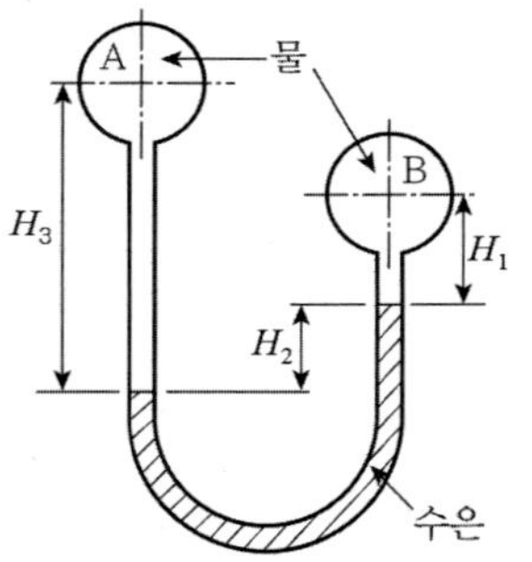

㉮ 3.107 ㉯ 22.25 ㉰ 31.07 ㉱ 222.5

해설 지점 c, c′ 에서의 압력은 동일

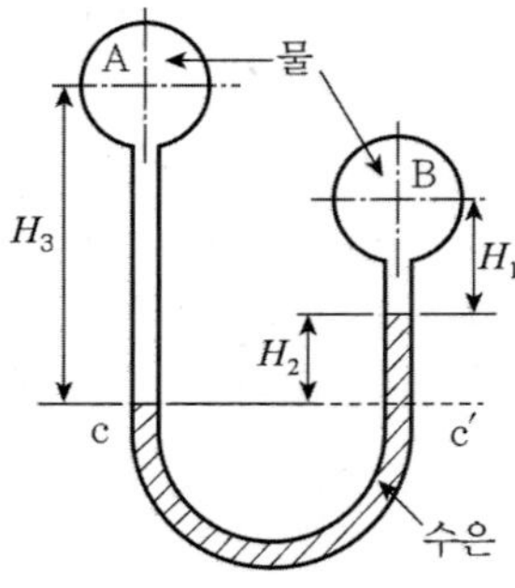

$p_c = p_A + \gamma_w \times H_3 = p_A + 0.7\ \text{m} \times \gamma_w$

$p_{c'} = p_B + \gamma_w \times H_1 + 13.6\ \gamma_w \times H_2$

$= p_B + \gamma_w \times 0.25\ \text{m} + 13.6\ \gamma_w \times 0.2\ \text{m}$

$p_c = p_{c'}$이므로

$p_A + 0.7\ \text{m} \times \gamma_w = p_B + \gamma_w \times 0.25\ \text{m} + 13.6\ \gamma_w \times 0.2\ \text{m}$

$p_A - p_B = 13.6\ \gamma_w \times 0.2\ \text{m} + \gamma_w \times 0.25\ \text{m} - \gamma_w \times 0.7\ \text{m}$

$= \gamma_w \times (13.6 \times 0.2\ \text{m} + 0.25\ \text{m} - 0.7\ \text{m})$

$= 9.8\ \text{kN/m}^3 \times (13.6 \times 0.2\ \text{m} + 0.25\ \text{m} - 0.7\ \text{m})$

$= 22.246\ \text{kN/m}^2$

정답 ㉯

40 A점에서 힌지로 연결되어 있는 수문을 열기 위한 최소한의 힘이 7355 N이라면 수문의 폭 b는 몇 m인가? (단, 수문의 무게는 무시한다.) 2016 03 06

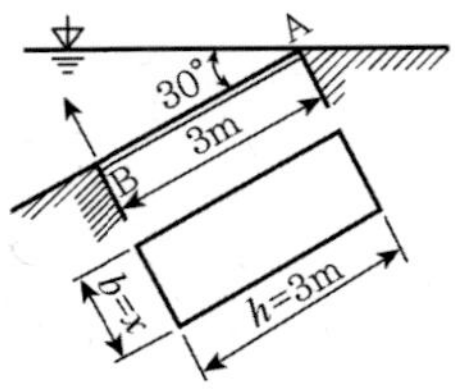

㉮ 0.75 ㉯ 0.5 ㉰ 0.4 ㉱ 0.3

해설 A 지점으로부터 수중으로 x(m)인 미소면적에 작용하는 전수압 dF_x

$$dF_x = \text{수압} \times \text{면적}$$
$$= [\gamma_w \times (x \cdot \sin 30)] \times (b \cdot dx)$$
$$= \frac{b\gamma_w}{2} x dx$$

A점 중심의 모멘트를 취하면

$$7335\ \text{N} \times 3\ \text{m} = \int_0^3 dF_x \cdot x$$
$$= \frac{b\gamma_w}{2} \int_0^3 x^2 dx$$
$$= \frac{9b\gamma_w}{2}$$

$$b = 7355\ \text{N} \times 3\ \text{m} \times \frac{2}{9\gamma_w}$$
$$= 7355 \times 3 \times \frac{2}{9 \times 9800}$$
$$= 0.5\ \text{m}$$

정답 ㉯

41 파이프 속을 흐르는 유체의 압력을 측정하기 위한 계기가 아닌 것은? 2016 05 08

㉮ 브르돈 압력계 ㉯ 마노미터 ㉰ 위어 ㉱ 피에조미터

해설 위어(weir)는 관수로가 아닌 개수로(open channel)의 도중에서 물의 흐름을 막고 흘러넘치게 하여 유량을 측정하는 장치로, 삼각위어와 사각위어가 있다.

정답 ㉰

42 바닷물 위에 떠 있는 물체에 작용하는 부력에 대한 설명으로 옳은 것은? (단, 정지하고 있는 상태이다.) 2016 05 08

㉮ 물체의 중량보다 크다.
㉯ 물체의 중량보다 작다.
㉰ 물체에 의하여 배제된 액체의 무게와 같다.
㉱ 물체에 의하여 배제된 액체의 무게에 유체의 비중량을 곱한 무게와 같다.

해설 수중에 물체가 떠 있을 때 부력과 물체중량의 관계는 다음과 같다.

1. 부력=(물체의 잠긴부피) × 유체의 비중량
   =(물체에 의해 배제된 유체부피) × 유체의 비중량
   =물체에 의해 배제된 유체의 무게
2. 부력=물체중량

정답 ㉰

43 폭 1 m, 길이 2 m인 수직평판이 물속 0.5 m 깊이에 잠겨있다. 이 평판에 작용하는 정수력은 얼마인가? 2016 05 08

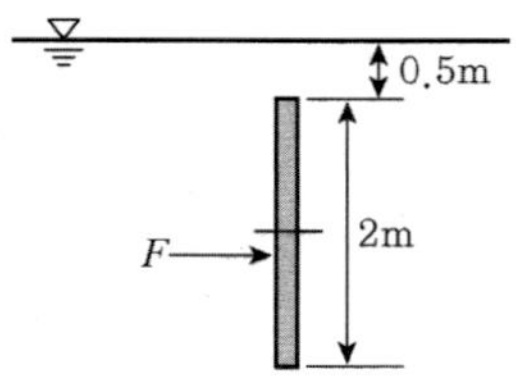

㉮ 9.8 kN ㉯ 14.7 kN ㉰ 24.5 kN ㉱ 29.4 kN

해설 연직평면에 작용하는 전수압

$=(\text{도심수압})\times(\text{면적})$

$=[\gamma_w \times (0.5\text{ m}+1\text{ m})]\times(2\text{ m}\times 1\text{ m})$

$= 9.8\text{ kN/m}^3\times 1.5\text{ m}\times 2\text{ m}^2$

$= 29.4\text{ kN}$

정답 ㉱

44 유체 속에 완전히 잠긴 경사평면에 작용하는 압력힘의 작용점은? 2016 10 01

㉮ 경사평면의 도심보다 밑에 있다.
㉯ 경사평면의 도심에 있다.
㉰ 경사평면의 도심보다 위에 있다.
㉱ 경사평면의 도심과는 관계가 없다.

해설 작용점 위치

수심에 상관없이 수압이 일정하다면 압력작용점은 도심(圖心)에 있겠지만, 수압은 수심에 비례하여 증가하므로 압력의 작용점은 도심(圖心)보다 아래에 위치한다.

정답 ㉮

45 수면으로부터 15 m의 깊이에 있는 잠수부가 물속으로 숨을 내쉬려면 그 압력은 몇 kPa이상 되어야 하는가? (단, 대기압은 98 kPa이다.) 2016 10 01

㉮ 210　　㉯ 245　　㉰ 270　　㉱ 320

해설 수심 15 m의 수압(절대압력)

$= \text{대기압} + \gamma_w \times 15\ \text{m}$

$= 98\ \text{kPa} + 9.8\ \text{kN/m}^3 \times 15\ \text{m}$

$= 245\ \text{kPa}$

정답 ㉯

46 계기압력이 25 kPa에서 85 kPa로 높아졌을 때 절대압력이 50% 증가했다면 국소대기압은 몇 kPa인가? 2016 10 01

㉮ 105　　㉯ 100　　㉰ 95　　㉱ 90

해설 계기압력 25 kPa에서의 절대압력($= p_{25}$)

$p_{25} = p_a + 25\ \text{kPa}$

p_a : 대기압

계기압력 85 kPa에서의 절대압력($= p_{85}$)

$p_{85} = p_a + 85\ \text{kPa}$

$\dfrac{p_{85}}{p_{25}} = \dfrac{p_a + 25\ \text{kPa}}{p_a + 85\ \text{kPa}} = 1.5$에서

$p_a = 95\ \text{kPa}$

정답 ㉰

47 그림과 같이 개방된 물탱크의 수면까지 수직으로 살짝 잠긴 반지름 a인 원형평판을 b만큼 밀어 넣었더니 한쪽 면이 압력에 의해 받는 힘이 50% 늘어났다. 대기압의 영향을 무시한다면 $\frac{b}{a}$는? 2017 03 05

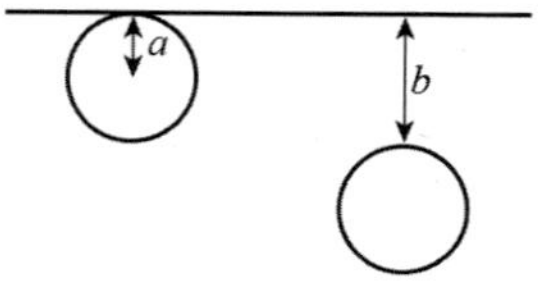

㉮ 0.2　　㉯ 0.5　　㉰ 1　　㉱ 2

해설 수면에 접할 때의 전수압(F_1)

F_1 = 도심수압 × 잠긴면적

$= (\gamma_w \times a) \times \pi a^2$

b만큼 밀어 넣었을 때 전수압(F_2)

F_2 = 도심수압 × 면적

$= [\gamma_w \times (b+a)] \times \pi a^2$

$$\frac{F_2}{F_1} = 1.5 = \frac{\gamma_w \times (b+a) \times \pi a^2}{(\gamma_w \times a) \times \pi a^2} = \frac{b+a}{a} = \frac{b}{a} + 1$$

$$\frac{b}{a} = 0.5$$

정답 ㉯

48 비중이 0.7인 물체를 물에 띄우면 전체 체적의 몇 %가 물에 잠기는가? 2017 03 05

㉮ 30%　　㉯ 49%　　㉰ 70%　　㉱ 100%

해설 V_1 : 잠긴체적

V_2 : 잠기지 않은 체적

$V_1 + V_2$: 전체 체적

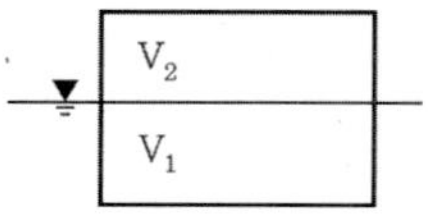

물체의 중량과 부력이 평형이므로

$(V_1 + V_2) \times 0.7\gamma_w = \gamma_w \times V_1$

$$\frac{\text{잠긴부피}}{\text{전체부피}} = \frac{V_1}{V_1 + V_2} = 0.7$$

정답 ㉰

49 그림에서 $h_1 = 300$ mm, $h_2 = 150$ mm, $h_3 = 350$ mm일 때 A와 B의 압력차($p_A - p_B$)는 약 몇 kPa인가? (단, A, B의 액체는 물이고, 그 사이의 액주계 유체는 비중이 13.6인 수은이다.) 2017 03 05

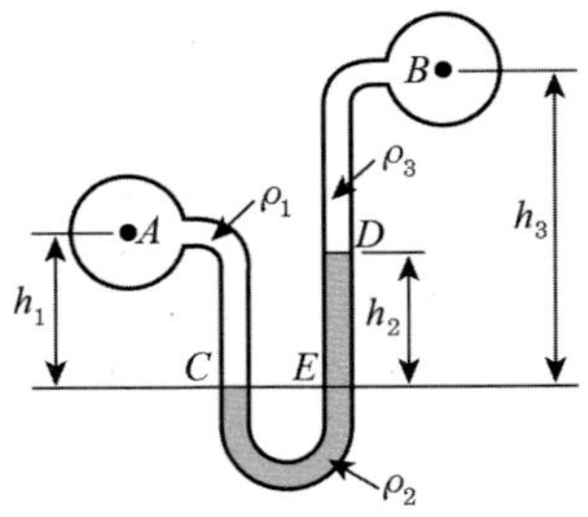

㉮ 15 ㉯ 17 ㉰ 19 ㉱ 21

해설 지점 C, E의 압력은 동일

$$p_C = p_A + \rho_1 g \times h_1 = p_A + \gamma_w \times h_1$$

$$p_E = p_B + \rho_3 g(h_3 - h_2) + 13.6\gamma_w \times h_2$$

$$= p_B + \gamma_w(h_3 - h_2) + 13.6\gamma_w \times h_2$$

$p_C = p_E$이므로

$$p_A + \gamma_w \times h_1 = p_B + \gamma_w(h_3 - h_2) + 13.6\,\gamma_w \times h_2$$

$$p_A - p_B = \gamma_w(h_3 - h_2 - h_1) + 13.6\,\gamma_w \times h_2$$

$$= 9.8 \times (0.35 - 0.1 - 0.3) + 13.6 \times 9.8 \times 0.15$$

$$= 19.01\text{ kPa}$$

정답 ㉰

50 자유표면이 대기와 접하고 있는 유체가 탱크 내에 채워져 있을 때 탱크 내의 압력에 대한 설명으로 옳은 것은? 2017 05 07

㉮ 압력은 유체의 깊이의 제곱에 비례한다.
㉯ 탱크 바닥에서의 압력은 탱크지름에 비례한다.
㉰ 압력은 유체의 밀도에 비례한다.
㉱ 깊이가 같을 경우 탱크 벽면 부근의 압력이 탱크 중심에서의 압력보다 높다.

해설 유체압력 = 비중량 × 유체깊이
$= \gamma \times h$
$= (\rho \times g) \times h$
(γ : 유체 비중량, ρ : 유체밀도, g : 중력가속도, h : 유체깊이)
유체압력은 깊이, 비중량, 밀도에 비례한다.

정답 ㉰

51 탱크 안의 물의 압력을 수은 마노미터를 이용하여 측정하였더니 수은주의 높이가 500 mm이었다. 대기압이 100 kPa일 때 탱크 안의 물의 절대압력은 몇 kPa인가? (단, 수은의 비체적은 $7.35 \times 10^{-5} m^3/kg$이다.) 2017 05 07

㉮ 154.2 ㉯ 160.2 ㉰ 166.7 ㉱ 174.5

해설 수은의 밀도 $= \dfrac{1}{\text{수은 비체적}} = \dfrac{1}{7.35 \times 10^{-5}\ m^3/kg} = 13605.4\ kg/m^3$

절대압력 = 대기압 + ρgh
= 대기압 + 계기압력
$= 100\ kPa + 13605.4\ kg/m^3 \times 9.8\ m/sec^2 \times 0.5\ m$
$= 100\ kPa + 66.67 \times 10^3\ Pa$
$= 166.67\ kPa$

정답 ㉰

52 그림과 같이 비중량이 γ인 유체에 잠겨있고, 면적이 A인 평판에 작용하는 힘은? 2017 05 07

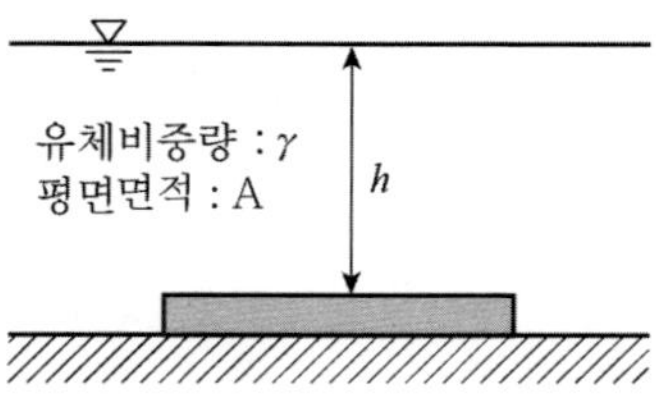

㉮ $\dfrac{1}{2}\gamma hA$ ㉯ $\dfrac{hA}{2\gamma}$ ㉰ $\dfrac{hA}{\gamma}$ ㉱ γhA

해설 수평 평판에 작용하는 전수압

= 압력 × 면적

$= (\gamma h) \times A$

정답 ㉱

53 급수탑의 수면과 지상에 설치된 옥외 소화전의 방수구까지의 높이차가 50 m일 때 옥외 소화전 방수구에서의 정수압력은 약 몇 kPa인가? 2017 09 23

㉮ 490 ㉯ 980 ㉰ 4900 ㉱ 9800

해설 정수압력 = 비중량 × 높이차

$= 9.8\ kN/m^3 \times 50\ m$

$= 490\ kPa$

정답 ㉮

54 비중이 1.36인 액체가 흐르는 곳의 압력을 측정하기 위하여 피에조미터를 연결한 결과 90 mm 상승하였다. 이 파이프 내의 압력은 약 몇 Pa인가? 2017 09 23

㉮ 2462 ㉯ 1842 ㉰ 1200 ㉱ 649

해설 파이프내 압력 = 비중량 × 높이

$= 1.36\gamma_w \times 0.09\ m$

$= 1.36 \times 9800\ N/m^3 \times 0.09\ m$

$= 1199.52\ N/m^2$

정답 ㉰

55 비중이 0.2인 물체를 물 위에 띄웠을 때 물 밖으로 나오는 부피는 전체 부피의 몇 %인가? 2017 09 23

㉮ 20 ㉯ 40 ㉰ 60 ㉱ 80

해설 V_1 : 잠긴 체적

V_2 : 잠기지 않은 체적

$V_1 + V_2$: 전체 체적

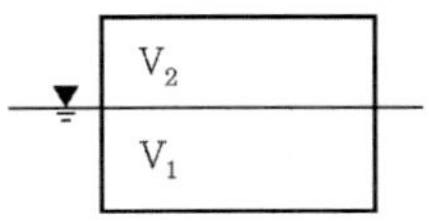

물체의 중량과 부력이 평형이므로

$(V_1 + V_2) \times 0.2\gamma_w = \gamma_w \times V_1$

$$\frac{\text{잠긴부피}}{\text{전체부피}} = \frac{V_1}{V_1 + V_2} = 0.2$$

$$\frac{\text{잠기지 않은 부피}}{\text{전체부피}} = \frac{V_2}{V_1 + V_2} = 1 - \frac{V_1}{V_1 + V_2} = 0.8 = 80\%$$

정답 ㉱

56 관광용 잠수함의 벽면에 지름 30 cm인 원형의 창문을 수직방향으로 설치하려고 한다. 잠수함은 30 m까지 잠수할 수 있고, 잠수함의 내부는 대기압으로 유지되고 있다면 이 창문이 지탱하도록 설계하려면 최소한 몇 kN의 힘을 견딜 수 있게 설계해야 하는가? (단, 해수의 밀도는 1025 kg/m^3이다.) 2017 09 23

㉮ 5.33 ㉯ 53.3 ㉰ 2.13 ㉱ 21.3

해설 원형 창문에 작용하는 전수압

= 압력 × 면적

= (해수비중량 × 수심) × 면적

$= (1025\ kg/m^3 \times 9.8\ m/sec \times 30\ m) \times \frac{\pi}{4} \times (0.3\ m)^2$

= 21301.2 Pa

= 21.3 kPa

정답 ㉱

57 개방된 물통에 깊이 2 m로 물이 들어 있고, 이 물 위에 깊이 2 m의 기름이 떠 있다. 기름의 비중이 0.5일 때, 물통 바닥에서의 압력은 약 몇 Pa인가? (단, 유체 상부면에 작용하는 대기압은 무시한다.) 2018 03 04

㉮ 9810 ㉯ 16280 ㉰ 29420 ㉱ 34240

해설 물통 바닥 수압

$= \gamma_{oil} \times 2\ m + \gamma_w \times 2\ m$

$= 0.5\ \gamma_w \times 2\ m + \gamma_w \times 2\ m$

$= \gamma_w \times 3\ m$

$= 9800\ N/m^3 \times 3\ m$

$= 29400\ N/m^2$

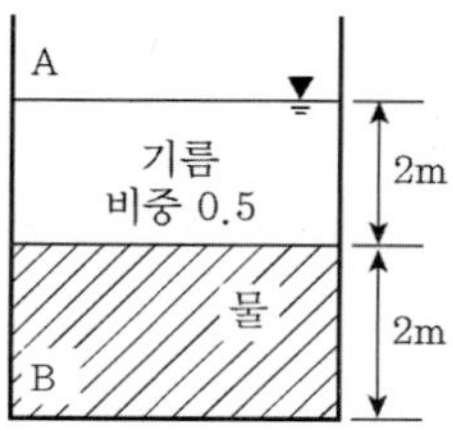

정답 ㉰

58 다음 중 압력차를 측정하는 데 사용하는 기구는? 2018 03 04

㉮ 로터미터 ㉯ U자관 액주계 ㉰ 열전대 ㉱ 위어

해설 U자관 시차액주계 : 두 지점(관로) 사이의 압력차를 측정하는 기구

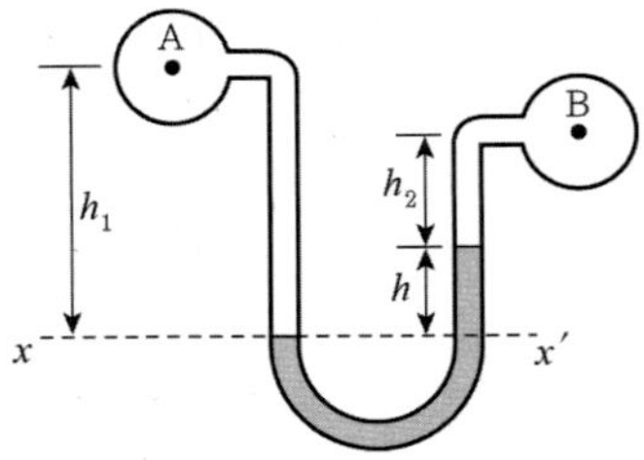

정답 ㉯

59 정지유체 속에 잠겨 있는 경사진 평면에서 압력에 의해 작용하는 합력의 작용점에 대한 설명으로 옳은 것은? 2018 03 04

㉮ 도심의 아래에 있다. ㉯ 도심의 위에 있다.
㉰ 도심의 위치와 같다. ㉱ 도심의 위치와 관계가 없다.

해설 작용점 위치
수심에 상관없이 수압이 일정하다면 압력작용점은 도심(圖心)에 있겠지만, 수압은 수심에 비례하여 증가하므로 압력의 작용점은 도심(圖心)보다 아래에 위치한다.

정답 ㉮

60 물이 2 m 깊이로 차 있는 개방된 직육면체 모양의 물탱크 바닥에 한 변이 20 cm인 정사각형 판이 놓여 있다. 이 판의 윗면이 받는 힘은 약 몇 N인가? (단, 대기압은 무시한다.) 2018 04 28

㉮ 784 ㉯492 ㉰ 259 ㉱ 157

해설 수평 평판에 작용하는 전수압
$= 압력 \times 면적$
$= (\gamma h) \times A$
$= (9800\ N/m^3 \times 2\ m) \times (0.2\ m \times 0.2\ m)$
$= 784\ N$

정답 ㉮

61 한 변의 길이가 10 cm인 정육면체의 금속무게를 공기중에서 달았더니 77 N이었고, 어떤 액체 중에서 달아보니 70 N이었다. 이 액체의 비중량은 몇 N/m^3인가? 2018 04 28

㉮ 770 ㉯ 7300 ㉰ 7000 ㉱ 6300

해설 액체 중 무게 = 공기 중무게 − 부력

$70N = 77N - 부력$

$부력 = 7N$

$= \gamma \times (0.1m \times 0.1m \times 0.1m)$

$\gamma = 7000N/m^3$

정답 ㉰

62 열려 있는 탱크에 비중(S)이 2.5인 액체가 1.2 m, 그 위에 물이 1 m가 있다. 이때 탱크의 바닥면에 작용하는 계기압력은 약 몇 kPa인가? 2018 04 28

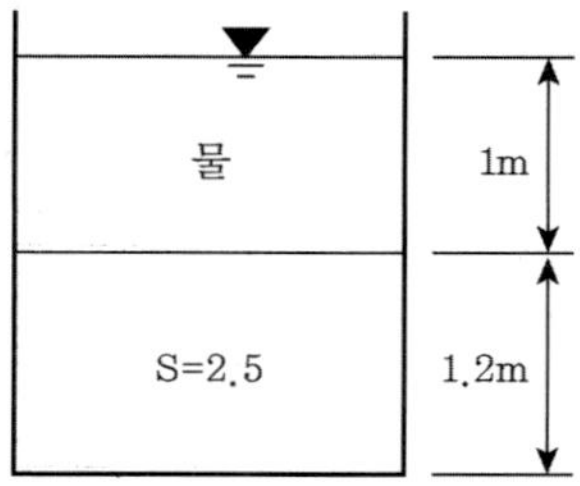

㉮ 19.6 ㉯ 39.2 ㉰ 58.8 ㉱ 78.4

해설 바닥압력 $= \gamma_w \times 1\ m + 2.5\gamma_w \times 1.2\ m$

$= 9.8\ kN/m^3 \times 1\ m + 2.5 \times 9.8\ kN/m^3 \times 1.2\ m$

$= 39.2\ kN/m^2$

$= 39.2\ kPa$

정답 ㉯

63 다음 중 금속의 탄성변형을 이용하여 기계적으로 압력을 측정할 수 있는 것은? 2018 09 15

㉮ 부르돈관 압력계 ㉯ 수은 기압계
㉰ 맥라우드 진공계 ㉱ 마노미터 압력계

해설 부르돈관 압력계 : 압력변화에 따라 금속이 갖는 탄성변형을 이용한 압력 측정장치

정답 ㉮

64 수평하수도관에 $\frac{1}{2}$만 물이 차 있다. 관의 안지름이 1 m, 길이가 3 m인 하수도관 내 물과 접촉하는 곡면에서 받는 합력의 수직방향성분은 약 몇 kN인가? (단, 대기압의 효과는 무시한다.) 2018 09 15

㉮ 11.55 ㉯ 23.09 ㉰ 46.18 ㉱ 92.36

해설 곡면에 작용하는 전수압의 수직 성분

= 곡면 위 유체무게

= $\gamma_w \times$ 곡면 위 유체체적

$= 9.8\ \text{kN/m}^3 \times \left[\frac{1}{2} \times \frac{\pi}{4} \times (1\ \text{m})^2 \times 3\ \text{m}\right]$

$= 11.55\ \text{kN}$

정답 ㉮

65 그림과 같이 비중량이 γ_1, γ_2, γ_3인 세 가지의 유체로 채워진 마노미터에서 A점과 B점의 압력차이($p_A - p_B$)는? 2019 03 03

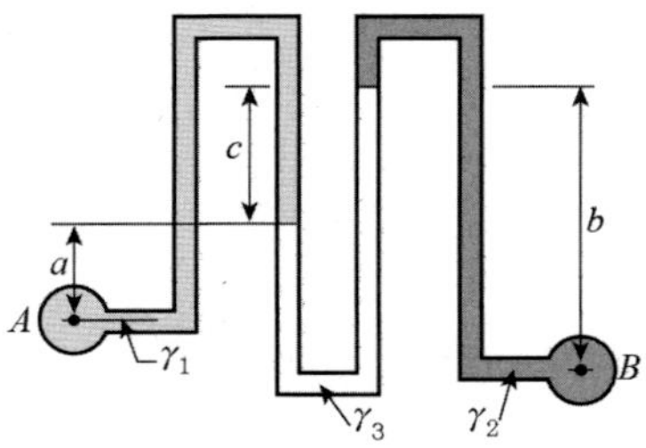

㉮ $-a\gamma_1 - b\gamma_2 + c\gamma_3$ ㉯ $a\gamma_1 + b\gamma_2 - c\gamma_3$

㉰ $a\gamma_1 - b\gamma_2 + c\gamma_3$ ㉱ $a\gamma_1 - b\gamma_2 - c\gamma_3$

해설 ① d_1, $d_{1'}$지점은 동일높이, 동일유체이므로 동일수압이고, d_1, d_2지점도 동일유체, 동일 깊이므로 수압이 동일하다. 따라서, $p_{d_1} = p_{d_1'}$이고, $p_{d_1} = p_{d_2}$이므로 $p_{d_1} = p_{d_1}' = p_{d_2}$이다

② d_1' 지점은 A점보다 a만큼 위에 있으므로

$p_A = p_{d_1'} + \gamma_1 \times a$

③ e지점은 d_2보다 c만큼 위에 있으므로

$p_e = p_{d_2} - \gamma_3 \times c$

④ B지점은 e지점보다 b만큼 아래 있으므로

$p_B = (p_e) + \gamma_2 \times b = (p_{d_2} - \gamma_3 \times c) + \gamma_2 \times b$

⑤ ②, ④의 p_A, p_B로부터

$p_A - p_B = (p_{d_1'} + \gamma_1 \times a) - [p_{d_2} - \gamma_3 \times c + \gamma_2 \times b]$

⑥ $p_{d_1} = p_{d_1}' = p_{d_2}$이므로

$$p_A - p_B = (\cancel{p_{d_1'}} + \gamma_1 \times a) - [\cancel{p_{d_2}} - \gamma_3 \times c + \gamma_2 \times b]$$
$$= \gamma_1 \times a - \gamma_2 \times b + \gamma_3 \times c$$

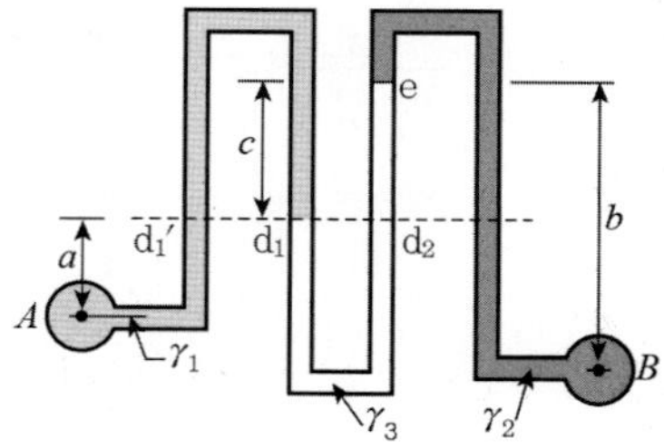

정답 ㈐

66 그림에서 피스톤 A와 피스톤 B의 단면적이 각각 6 cm², 600 cm²이고, 피스톤 B의 무게가 90 kN이며, 내부에는 비중이 0.75인 기름으로 채워져 있다. 그림과 같은 상태를 유지하기 위한 피스톤 A의 무게는 약 몇 N인가? (단, C와 D는 수평선상에 있다.) 2019 03 03

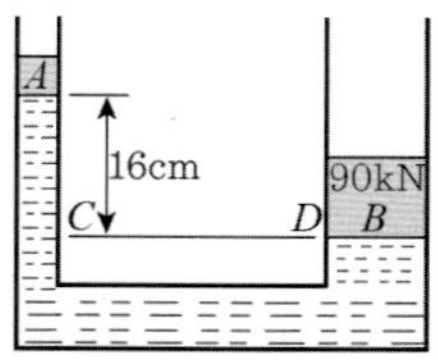

㈎ 756 ㈏ 899 ㈐ 1252 ㈑ 1504

해설 A지점의 압력(p_A)$= \dfrac{W_A}{6\text{cm}^2}$, ($W_A$: 피스톤 A 무게)

D지점의 압력(p_D)$= \dfrac{90\text{ kN}}{600\text{ cm}^2}$

C, D지점은 동일 깊이, 동일 유체이므로

$p_C = p_D$ 이고 $p_C = p_A + 0.75\,\gamma_w \times 16\text{ cm}$이므로

$$p_A + 0.75\,\gamma_w \times 16\text{ cm} = \frac{90\text{ kN}}{600\text{ cm}^2}$$

$$\frac{W_A}{6\ cm^2} + 0.75\ \gamma_w \times 16\ cm = \frac{90\ kN}{600\ cm^2}$$

$$W_A = \left(\frac{90\ kN}{600\ cm^2} - 0.75\ \gamma_w \times 16\ cm\right) \times 6\ cm^2$$

$$= \left(\frac{90 \times 10^3 N}{600\ cm^2} - 0.75 \times \left[\frac{9800\ N}{1\ m^3}\right] \times 16\ cm\right) \times 6\ cm^2$$

$$= \left(\frac{90 \times 10^3 N}{600\ cm^2} - 0.75 \times \left[\frac{9800\ N}{1\ m^3} \times \frac{1\ m^3}{10^6\ cm^3}\right] \times 16\ cm\right) \times 6\ cm^2$$

$$= 899.3\ N$$

정답 ㉯

67 그림과 같이 높이가 h이고 윗변의 길이가 $\frac{h}{2}$인 직각 삼각형으로 된 평판이 자유표면에 윗변을 두고 물속에 수직으로 놓여 있다. 물의 비중량이 γ라고 하면, 이 평판에 작용하는 힘은?
2019 03 03

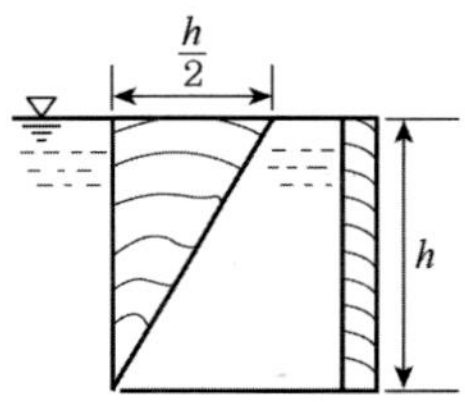

㉮ $\frac{\gamma h^3}{2}$　　㉯ $\frac{\gamma h^3}{6}$　　㉰ $\frac{\gamma h^3}{8}$　　㉱ $\frac{\gamma h^3}{12}$

해설 연직평면에 작용하는 전수압(P)

$P =$ 도심수압$(\gamma h_G) \times$ 면적$(A) = \gamma h_G A$

h_G : 평면 A의 도심 깊이

윗변이 $\frac{h}{2}$이고, 깊이 h이므로 도심깊이 $h_G = \frac{h}{3}$

A : 연직평면의 면적 $= \frac{1}{2} \times$ 윗변 $\times$ 높이 $= \frac{1}{2} \times \left(\frac{h}{2}\right) \times h = \frac{h^2}{4}$

$P = \gamma h_G A = \gamma \times \frac{h}{3} \times \frac{h^2}{4} = \frac{\gamma h^3}{12}$

정답 ㉱

68 액면으로부터 40 m인 지점의 계기압력이 515.8 kPa일 때 이 액체의 비중량은 몇 kN/m^3 인가? 2019 04 27

㉮ 11.8 ㉯ 12.9 ㉰ 14.2 ㉱ 16.4

해설 $p_{40m} = 515.8\ kPa = \gamma \times 40\ m$

$$\gamma = \frac{515.8\ kPa}{40\ m} = \frac{515.8\ kN/m^2}{40\ m} \fallingdotseq 12.9\ kN/m^3$$

정답 ㉯

69 원통형 탱크(지름 3 m)에 물이 3 m 깊이로 채워져 있다. 물의 비중을 1 이라할 때, 물에 의해 탱크 밑면에 받는 힘은 몇 kN인가? 2019 04 27

㉮ 62.9 ㉯ 102 ㉰ 165 ㉱ 208

해설 수평판 작용 전수압 = 수압 × 면적

$$= (9.8\ kN/m^3 \times 3.0m) \times \left(\frac{\pi}{4} \times (3\ m)^2\right)$$

$$= 207.82\ kN$$

$$\fallingdotseq 208\ kN$$

정답 ㉱

70 다음 그림에서 A점의 계기압력은 약 몇 kPa인가? 2019 04 27

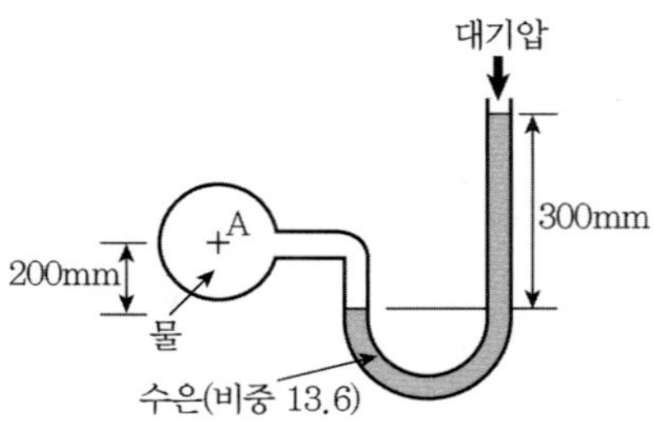

㉮ 0.38 ㉯ 38 ㉰ 0.42 ㉱ 42

해설 $p_c = p_A + \gamma_w \times 0.2\ m$

$p_{c'} = 13.6\ \gamma_w \times 0.3\ m$

c, c′ 지점의 압력은 동일

$p_A + \gamma_w \times 0.2\ m = 13.6\ \gamma_w \times 0.3\ m$

$p_A = 13.6\ \gamma_w \times 0.3\ m - \gamma_w \times 0.2\ m$

$= 13.6 \times 9.8\ kN/m^3 \times 0.3\ m - 9.8\ kN/m^3 \times 0.2\ m$

$= 38.024\ kPa$

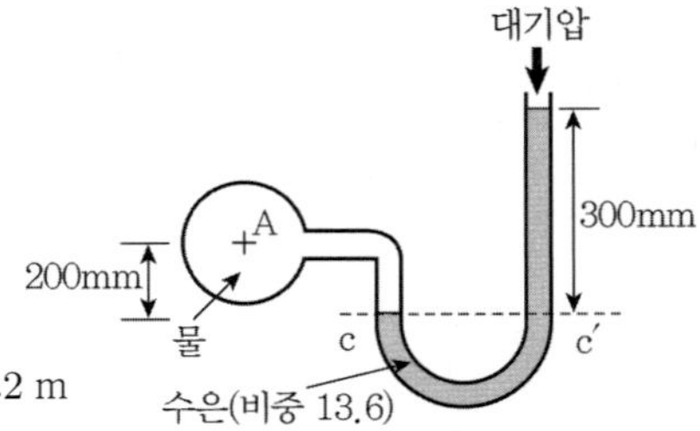

정답 ㉯

71 세 액체가 그림과 같은 U자관에 들어 있을 때, 가운데 유체 S_2의 비중은 얼마인가? (단, 비중 $S_1 = 1$, $S_3 = 2$, $h_1 = 20\ cm$, $h_2 = 10cm$, $h_3 = 30\ cm$이다.) 2019 09 21

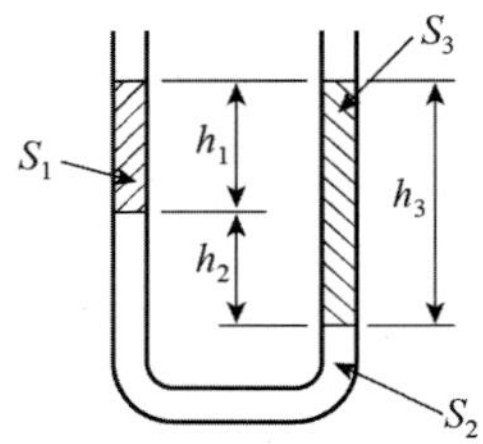

㉮ 1　　㉯ 2　　㉰ 4　　㉱ 8

해설 $p_c = S_1 \cdot \gamma_w \times h_1 + S_2 \cdot \gamma_w \times h_2$

$= \gamma_w \times 0.2\ m + S_2 \cdot \gamma_w \times 0.1\ m$

$p_{c'} = S_3 \cdot \gamma_w \times h_3$

$= 2\ \gamma_w \times 0.3\ m$

c, c′ 지점의 압력은 동일

$\gamma_w \times 0.2\ m + S_2 \cdot \gamma_w \times 0.1\ m = 2\ \gamma_w \times 0.3\ m$

$S_2 = 4$

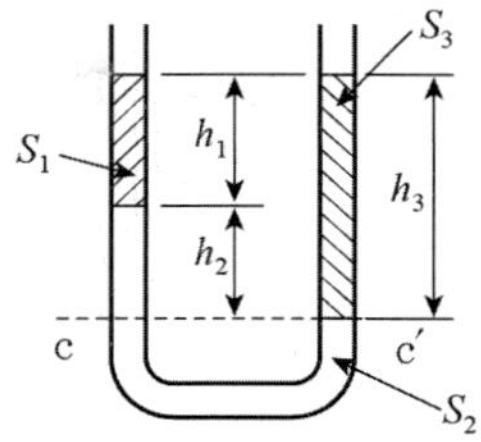

정답 ㉰

72 그림에서 수문의 길이는 1.5 m이고 폭은 1 m이다. 유체의 비중(s)이 0.8일 때 수문의 수직방향으로 작용하는 압력에 의한 힘 F(kN)의 크기는? 2019 09 21

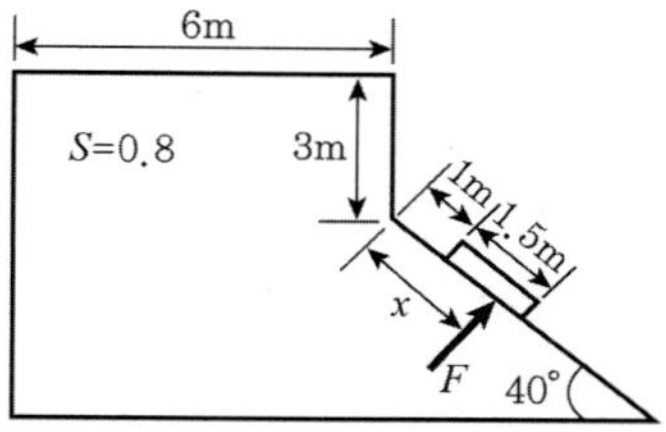

㉮ 96.9　　㉯ 75.5　　㉰ 60.2　　㉱ 48.5

해설 도심깊이(h_G) $= 3\text{ m} + (1\text{ m} + \frac{1.5\text{ m}}{2}) \times \sin 40° = 4.125\text{ m}$

전수압(F) = 도심수압 × 면적

$= (0.8\gamma_w \times 4.125\text{ m}) \times (1.5\text{ m} \times 1\text{ m})$

$= (0.8 \times 9.8\text{ kN/m}^3 \times 4.125\text{ m}) \times (1.5\text{ m} \times 1\text{ m})$

$= 48.51\text{ kN}$

정답 ㉱

73 밑면은 한 변의 길이가 2 m인 정사각형이고 높이가 4 m인 직육면체 탱크에 비중이 0.8인 유체를 가득 채웠다. 유체에 의해 탱크의 한쪽 측면에 작용하는 힘(kN)은?

2020 06 13

㉮ 125.4　　㉯ 169.2　　㉰ 178.4　　㉱ 186.2

해설 연직면 작용하는 전수압 $= \gamma \cdot h_G \cdot A = (0.8\gamma_w) \cdot h_G \cdot A$

$= (0.8 \times 9.8\ \text{kN/m}^3) \times 2\text{ m} \times (2\text{ m} \times 4\text{ m})$

$= 125.4\text{ kPa}$

정답 ㉮

74 비중이 0.85인 가연성 액체가 직경 20 m, 높이 15 m인 탱크에 저장되어 있을 때 탱크 최저부에서의 액체에 의한 압력(kPa)은?

2020 06 13

㉮ 147　　㉯ 12.7　　㉰ 125　　㉱ 14.7

해설 압력(p) = $(0.85\,\gamma_w) \times 15\ m = (0.85 \times 9.8\ kN/m^3) \times 15\ m = 124.95\ kN/m^2 \fallingdotseq 125\ kPa$

정답 ㉰

75 표준대기압상태에서 소방펌프차가 양수 시작 후 펌프입구의 진공계가 10 cmHg을 표시하였다면 펌프에서 수면까지의 높이(m)는? (단, 수은의 비중은 13.6이며, 모든 마찰손실 및 펌프 입구에서의 속도수두는 무시한다.) 2020 06 13

㉮ 0.36 ㉯ 1.36 ㉰ 2.36 ㉱ 3.36

해설 계기압 $= -10cmHg$
$= -0.1\ m \times (13.6\gamma_w)$
$= -1.36\ m \times \gamma_w$

정답 ㉯

76 그림과 같이 수면으로부터 2 m 아래에 직경 3 m의 평면 원형수문이 수직으로 설치되어 있다. 물의 압력에 의해 수문이 받는 전압력의 세기(kN)는? 2020 08 23

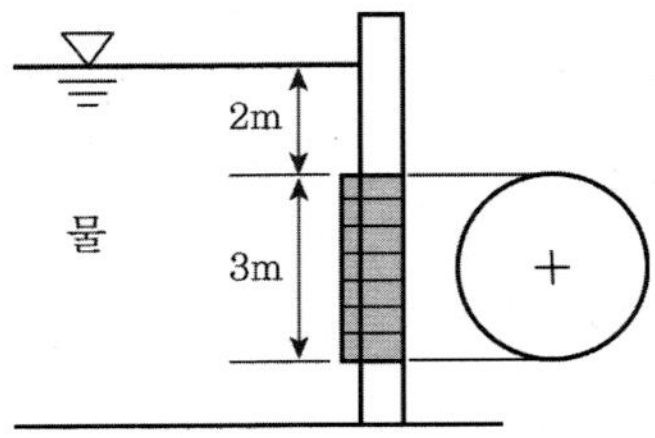

㉮ 104.5 ㉯ 242.5 ㉰ 346.5 ㉱ 417.5

해설 연직면에 작용하는 유체의 힘
= 도심수압 × 면적
$= \{9.8\ kN/m^3 \times (2\ m + 1.5\ m)\} \times \left\{\frac{\pi}{4} \times (3\ m)^2\right\}$
$= 242.5\ kN$

정답 ㉯

77 부력에 대한 설명으로 틀린 것은? 2020 08 23

㉮ 부력의 중심인 부심은 유체에 잠긴 물체 체적의 중심이다.
㉯ 부력의 크기는 물체에 의해 배제된 유체의 무게와 같다.
㉰ 부력이 작용하므로 모든 물체는 항상 유체 속에 잠기지 않고 유체표면에 뜨게 된다.
㉱ 정지유체에 잠겨있거나 떠 있는 물체가 유체에 의하여 수직 상방향으로 받는 힘을 부력이라고 한다.

해설 물체비중이 유체보다 크면 가라앉고, 물체비중이 유체보다 작으면 유체표면에 뜨게 된다.

정답 ㉰

78 U자관 액주계가 오리피스 유량계에 설치되어 있다. 액주계의 내부에는 비중 13.6인 수은으로 채워져 있으며, 유량계에는 비중 1.6인 유체가 유동하고 있다. 액주계에서 수은의 높이 차이가 200 mm이라면 오리피스 전후의 압력차(kPa)는 얼마인가? 2020 08 23

㉮ 13.5 ㉯ 23.5 ㉰ 33.5 ㉱ 43.5

해설 오리피스 앞의 압력 : p_1

오리피스 뒤의 압력 : p_2

지점 c, c′의 수압은 동일

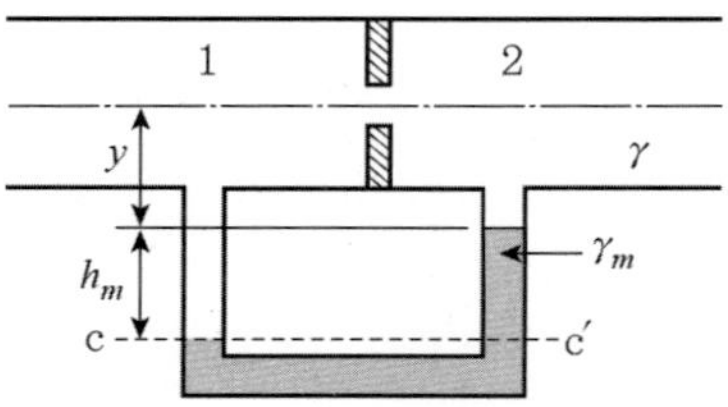

$p_c = p_1 + (1.6\gamma_w) \times (y + h_m)$

$p_{c'} = p_2 + (1.6\gamma_w) \times y + \gamma_m \times h_m$

$p_1 + 1.6\gamma_w \cdot (y + h_m) = p_2 + 1.6\gamma_w \cdot y + \gamma_m \cdot h_m$

$$\begin{aligned} p_1 - p_2 &= h_m(\gamma_m - 1.6\gamma_w) \\ &= h_m(13.6\gamma_w - 1.6\gamma_w) \\ &= 12\gamma_w \cdot h_m \\ &= 12 \times 9.8\ \text{kN/m}^3 \times 0.2(\text{m}) \\ &= 23.52\ \text{kPa} \end{aligned}$$

정답 ㉯

PART

03

동수역학
(動水力學)

Fluid Dynamics of Firefighting

01 | Reynolds의 실험

장치의 밸브를 점차 열어 유리관의 유속을 증가시켰을 때, 저속에서는 유체의 흐름이 혼합 없이 일정하게 흐르는 층류(laminar flow)이지만, 빠른 유속에서는 유체가 매우 불규칙하게 요동치며 흐르는 난류(turbulent flow)로 된다.

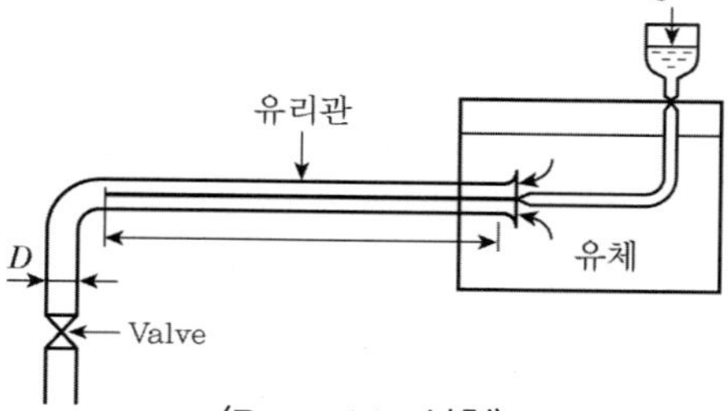

〈Reynolds 실험〉

02 | 층류(laminar flow)와 난류(turbulent flow)

유체의 흐름에 의해 발생하는 손실수두(Δh)가 층류에서는 유속에 비례하지만, 난류에서는 유속의 제곱에 비례하여 증가한다.

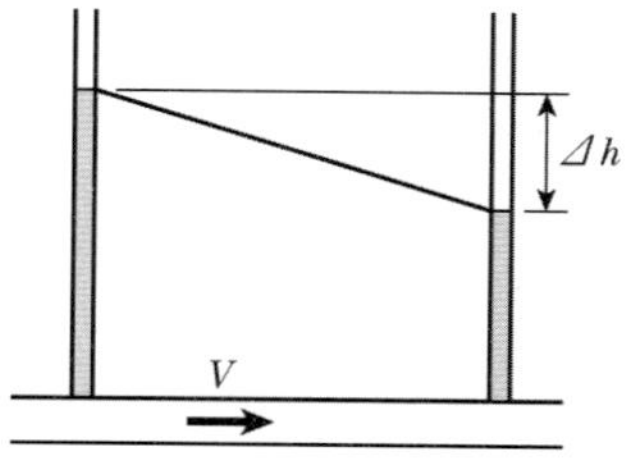

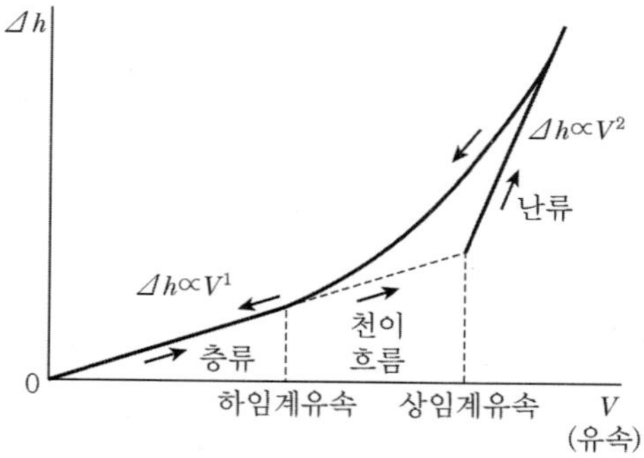

〈층류(laminar flow)와 난류(turbulent flow)〉

층류(Laminar flow)	난류(Turbulent flow)
• $\Delta h \propto V$ • 손실수두 : 평균속도에 비례 • 층상흐름 형성	• $\Delta h \propto V^{2.0}$ • 손실수두 : 평균속도의 제곱에 비례 • 혼란상태 흐름

03 | Reynolds 수(Number)

$$Re = \frac{\rho D V}{\mu} = \frac{DV}{\nu} = \left[\frac{\text{관성력}}{\text{점성력}}\right]$$

여기서, Re : Reynolds 수(무차원 수)

μ : 유체의 점성계수

ν : 유체의 동점성계수

ρ : 유체밀도

D : 관로 직경

V : 유속

① 층류 : $Re < 2100$

② 천이영역 : $2100 < Re < 4100$

③ 난류 : $4100 < Re$

④ 상임계 속도(upper critical velocity) : 층류에서 난류로 천이할 때의 유속

⑤ 하임계 속도(lower critical velocity) : 난류에서 속도를 줄이면 다시 층류로 되돌아 갈 때의 속도(하임계 Reynolds 수=2100)

04 | 흐름 종류

① 정류(定流) 또는 정상류(定常流 ; steady flow) : 시간에 따라 유속(v), 유량(Q)이 변하지 않는 흐름

$$\frac{\partial v}{\partial t} = 0 \text{ 또는 } \frac{\partial Q}{\partial t} = 0$$

② 부정류(不定流) : 시간에 따라 유속(v), 유량(Q)이 변하는 흐름

$$\frac{\partial v}{\partial t} \neq 0 \text{ 또는 } \frac{\partial Q}{\partial t} \neq 0$$

③ 등류(等流) : 정류상태에서 위치에 따라 유속(v), 단면적(A)이 변하지 않는 흐름

$$\frac{\partial v}{\partial x} = 0 \text{ 또는 } \frac{\partial A}{\partial x} = 0$$

④ 부등류(不等流) : 정류상태에서 위치에 따라 유속(v), 단면적(A)이 변하는 흐름

$$\frac{\partial v}{\partial x}\neq 0 \text{ 또는 } \frac{\partial A}{\partial x}\neq 0$$

⑤ 유적선(path line) : 물 입자가 움직인 경로

⑥ 유선(stream line) : 속도벡터가 접선이 되는 곡선

⑦ 유관(stream tube) : 유선들의 묶음

⑧ 유맥선(streak line) : 유동장 내 특정한 지점을 일정한 시간 동안 지나갈 때 유체입자군의 특정한 시간에서의 위치를 순서에 따라 이은 선. 사진 촬영 시에 나타나는 유체의 이동 경로

※ 정류에서는 유선과 유적선이 일치

05 | 유적선 방정식

2차원 흐름에서 유선 위의 한 점에서의 유속이 v일 때 이동거리를 ds라 하고, x, y 방향 성분을 dx, dy 하면

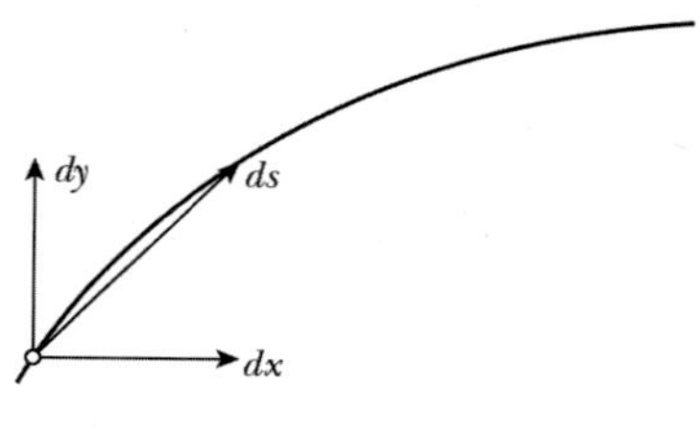

$dx = u_x \cdot dt$, $dy = v_y \cdot dt$ 이므로

$$\frac{dx}{u_x} = \frac{dy}{v_y} = dt \text{ 성립}$$

여기서, u_x : x 방향 유속

v_y : y 방향 유속

w_z : z 방향 유속

3차원에서 $\frac{\mathrm{dx}}{\mathrm{u_x}}=\frac{\mathrm{dy}}{\mathrm{v_y}}=\frac{\mathrm{dz}}{\mathrm{w_z}}=\mathrm{dt}$ (유적선의 방정식)

속도가 $V=u\underline{i}+v\underline{j}+w\underline{k}$ (i, j, k는 각각 x방향, y방향, z방향의 단위 속도 성분)로 표현 될 때도, 유적선 방정식은 $\frac{dx}{u}=\frac{dy}{v}=\frac{dz}{w}$

06 | 흐름의 가속도

속도 v가 위치(s)와 시간에 따라 변한다고 할 때 v는 $v(s,t)$로 표시 가능

$$v=v(s,t)$$

전미분하면

$$dv=\frac{\partial v}{\partial s}ds+\frac{\partial v}{\partial t}dt$$

가속도는 시간(dt)에 따른 v의 변화율(dv)로 표시하므로

$$a=\frac{dv}{dt}=\frac{\frac{\partial v}{\partial s}ds+\frac{\partial v}{\partial t}dt}{dt}=v\frac{\partial v}{\partial s}+\frac{\partial v}{\partial t}$$

여기서, $\frac{dv}{dt}$: 전 가속도(全 加速度, total acceleration)

$v\frac{\partial v}{\partial s}$: 대류 가속도(對流 加速度, convective acceleration)

$\frac{\partial v}{\partial t}$: 순간가속도(瞬間加速度, temporal acceleration)

$\frac{\partial v}{\partial s}=0$: 등류(uniform flow)

$\frac{\partial v}{\partial s}\neq 0$: 부등류

$\frac{\partial v}{\partial t}=0$: 정류(steady flow)

$\frac{\partial v}{\partial t}\neq 0$: 부정류

07 | 1차원 흐름의 연속방정식(continuity equation) : 질량보존의 법칙

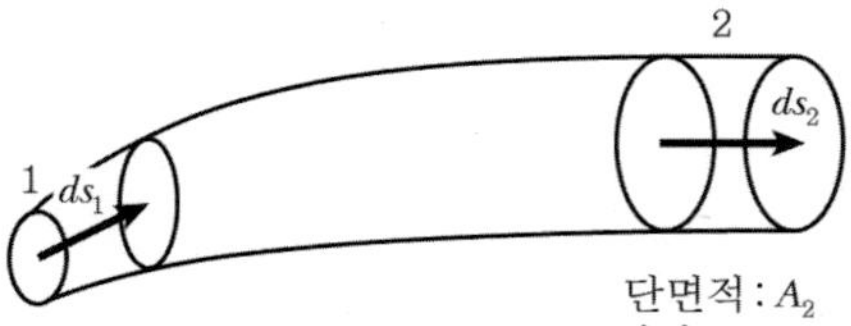

지점 1,과 지점 2 사이의 물질 수지

지점 1, 2 사이 질량의 시간변화율 = 유입질량 − 유출질량

$$\frac{dM}{dt} = \frac{\rho_1 \cdot \mathrm{ds}_1 \cdot \mathrm{A}_1 - \rho_2 \cdot \mathrm{ds}_2 \cdot \mathrm{A}_2}{\mathrm{dt}}$$

$$= \rho_1 \mathrm{V}_1 \mathrm{A}_1 - \rho_2 \mathrm{V}_2 \mathrm{A}_2$$

질량보존의 법칙에 의해 질량변화가 없다고 가정한다면 $\frac{dM}{dt} = 0$

따라서, $\rho_1 \mathrm{V}_1 \mathrm{A}_1 = \rho_2 \mathrm{V}_2 \mathrm{A}_2 = \mathrm{M}$ ([M/T], 질량유량), 양변에 g를 곱하면

$\mathrm{g}\rho_1 \mathrm{V}_1 \mathrm{A}_1 = \mathrm{g}\rho_2 \mathrm{V}_2 \mathrm{A}_2$ ➡ ➡ $\gamma_1 \mathrm{V}_1 \mathrm{A}_1 = \gamma_2 \mathrm{V}_2 \mathrm{A}_2 = \mathrm{G}$ ([F/T], 중량 유량)

$\mathrm{V}_1 \mathrm{A}_1 = \mathrm{V}_2 \mathrm{A}_2 = \mathrm{Q}$ ([L^3/T], 체적유량)(밀도변화가 없는 유체)

단면적 A가 크면 유속(V)은 느리고, 좁은 단면적에서는 유속이 빨라진다.

08 | 평균유속(mean velocity)와 점유속

$$V = \frac{Q}{A} = \frac{\int_A v dA}{A}$$

여기서 V : 평균유속(mean velocity)

v : 점유속(point velocity)

A : 단면적[m^2]

Q : 유량[m^3/s]

09 | 1차원 흐름에서의 Euler 방정식, Bernoulli 방정식(에너지보존 법칙)

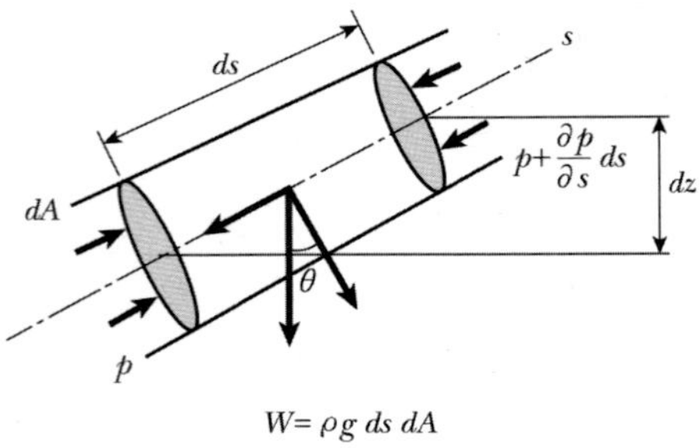

여기서, s : 이동거리
dA : 단면적
p : 작용압력
W : 미소체적(dV) 내 유체의 중량
z : 높이 차

유선 s 위의 힘

$$m\frac{dv}{dt}=\rho dV\left(v\frac{\partial v}{\partial s}+\frac{\partial v}{\partial t}\right)=pdA-\left(p+\frac{\partial p}{\partial s}ds\right)dA-W\sin\theta$$

그런데, 미소체적 $dV=dA\ ds$, $W=\rho g\ ds\ dA$, $\sin\theta=\frac{dz}{ds}$ 이므로

$$\rho\, dA\ ds\left(v\frac{\partial v}{\partial s}+\frac{\partial v}{\partial t}\right)=-\frac{\partial p}{\partial s}ds\cdot dA-\rho\, g\, ds\ dA\frac{dz}{ds}$$

정상류$\left(\frac{\partial v}{\partial t}=0\right)$을 가정하고 정리하면

$$\rho\left(v\frac{dv}{ds}\right)=-\frac{dp}{ds}-\rho\, g\ \frac{dz}{ds}\ \Rightarrow\ \rho v\frac{dv}{ds}+\frac{dp}{ds}+\rho\, g\ \frac{dz}{ds}=0$$

$\Rightarrow\ vdv+\frac{dp}{\rho}+gdz=0$ 또는 $d\left(\frac{v^2}{2g}\right)+\frac{dp}{\gamma}+dz=0$(1차원 Euler 운동방정식)

비압축성 유체(밀도 불변)임을 가정하고 적분

$$\mathbf{\frac{v^2}{2g}+\frac{p}{\gamma}+z=}\textbf{일정}\mathbf{=H}$$ (Bernoulli 정리)

속도수두 압력수두 위치수두

$\frac{v^2}{2g}$, $\frac{p}{\gamma}$, z 모두 길이 차원

이상유체가 유선 위의 임의 점에서 보유하는 여러 에너지(압력, 위치, 속도) 꼴의 총합은 일정불변이다.

Bernoulli식 유도의 가정
① 이상유체(ideal fluid) : 비점성 유체, 비압축성 유체 가정
② 에너지손실(비점성 유체의 마찰손실)을 고려하지 않음
③ 정상류(steady flow, $\frac{\partial v}{\partial t}=0$)을 가정
④ 유선(stream line)을 따라 성립

10 | Bernoulli 정리의 변형

① 기본형

$$\underbrace{\frac{v^2}{2g}}_{\text{속도수두}} + \underbrace{\frac{p}{\gamma}}_{\text{압력수두}} + \underbrace{z}_{\text{위치수두}} = \text{일정} = H$$

② 단위질량 유체의 비에너지 표시

$$\underbrace{\frac{p}{\rho}}_{\text{비압력E}} + \underbrace{\frac{v^2}{2}}_{\text{비운동E}} + \underbrace{gz}_{\text{비위치E}} = gH$$

- 단위질량(예를 들면 1 kg)의 유체가 가지는 에너지의 총합은 유선을 따라서 일정하다.

③ 압력의 차원으로 표시

$$\underbrace{p}_{\substack{\text{정압}\\\text{(static pressure)}}} + \underbrace{\frac{\rho v^2}{2}}_{\substack{\text{동압}\\\text{(dynamic pressure)}}} + \underbrace{\gamma \cdot z}_{\substack{\text{퍼텐셜압력}\\\text{(potential pressure)}}} = \gamma H$$

- 에너지를 압력의 단위[$N/m^2 = Pa$]로 나타낸 것으로 비압축성 유체를 다룰 때 사용

11 | Bernoulli 정리의 도식적 표현

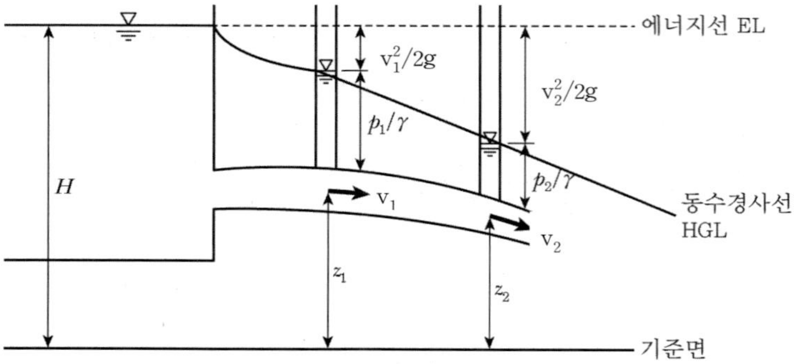

① 동수경사선(HGL : Hydraulic Grade Line, 수력기울기선이라고도 함)

- 위치수두와 압력수두를 더하여 연결한 선
- 움직이는 유체의 수면(水面)의 선

② 에너지선(Energy Line)

- "HGL(위치수두+압력수두)+속도수두"를 연결한 선
- 전체 에너지 선
- 이상유체에서는 에너지 손실이 없으므로 일정
- 실제유체에서는 흘러감에 따라 손실수두만큼 감소
- 에너지선은 수력기울기선보다 속도수두($\frac{v^2}{2g}$)만큼 위에 위치한다.

12 | 수정 Bernoulli 정리

실제유체와 이상유체의 차이

- 흐름에 의해 점성으로 인한 에너지 손실수두(head loss) 존재
- 펌프 등에 의한 기계적 에너지의 증가

$$\frac{p_1}{\gamma}+\frac{v_1^2}{2g}+z_1=\frac{p_2}{\gamma}+\frac{v_2^2}{2g}+z_2+h_\ell\ [m]$$

h_ℓ : 손실수두(head loss)

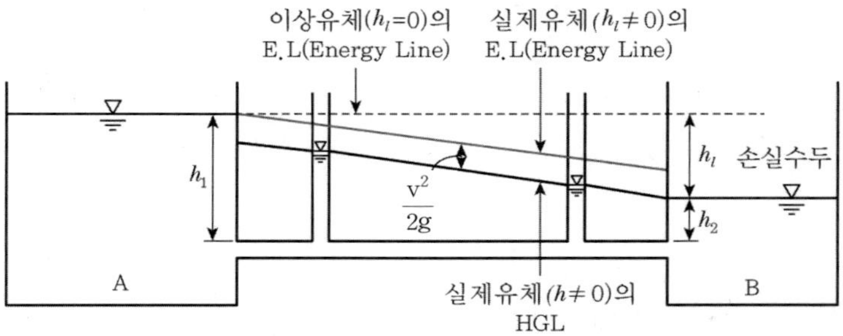

13 | Bernoulli 정리 응용 – Torricelli의 정리

수심 h인 지점에서의 유출속도

A, B 지점에 대해 Bernoulli 정리 적용

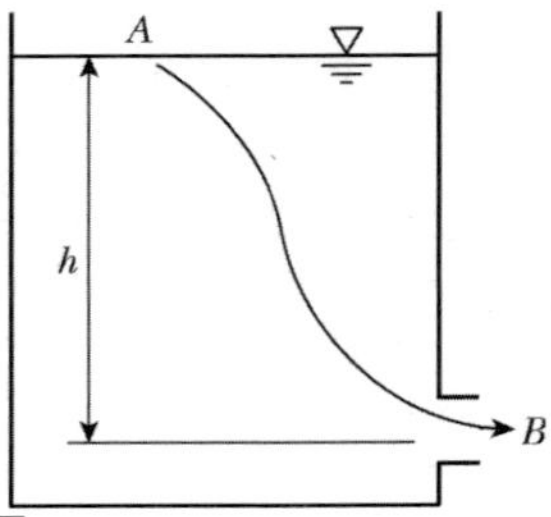

$$\frac{v_A^2}{2g}+\frac{p_A}{\gamma}+z_A=\frac{v_B^2}{2g}+\frac{p_B}{\gamma}+z_B,\ v_A \fallingdotseq 0,$$

$$p_A=p_B=0(\text{대기압}),\ z_A=z_B+h$$

$$\frac{0^2}{2g}+\frac{0}{\gamma}+h=\frac{v_B^2}{2g}+\frac{0}{\gamma},\ v_B^2=2gh \Rightarrow \Rightarrow v=\sqrt{2gh}$$

14 | Bernoulli 정리 응용 – 벤츄리미터(venturi meter)

벤츄리미터 : 관의 일부에 단면을 축소하여 압력수두차가 생기게 하여 유량을 측정하는 계량기

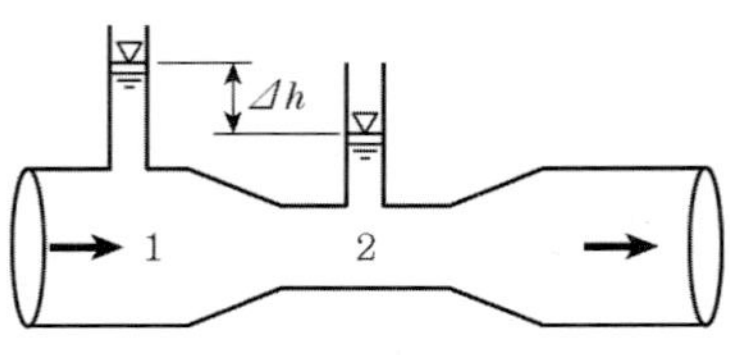

$$\frac{v_1^2}{2g}+\frac{p_1}{\gamma}+z_1=\frac{v_2^2}{2g}+\frac{p_2}{\gamma}+z_2,\quad \frac{p_1}{\gamma}=\frac{p_2}{\gamma}+h,\quad A_1v_1=A_2v_2$$

세 조건을 대입하여 풀면

$$v_2 = \frac{A_1}{\sqrt{A_1^2 - A_2^2}}\sqrt{2gh},\ Q = A_2 \cdot v_2 = \frac{A_1 A_2}{\sqrt{A_1^2 - A_2^2}}\sqrt{2gh}$$

15 | Bernoulli 정리 응용 – 피토관(pitot – tube)

피토관 : 양단이 개구되어 있는 1개의 관으로 정압과 동압차를 측정하여 국부유속을 측정하는 장치

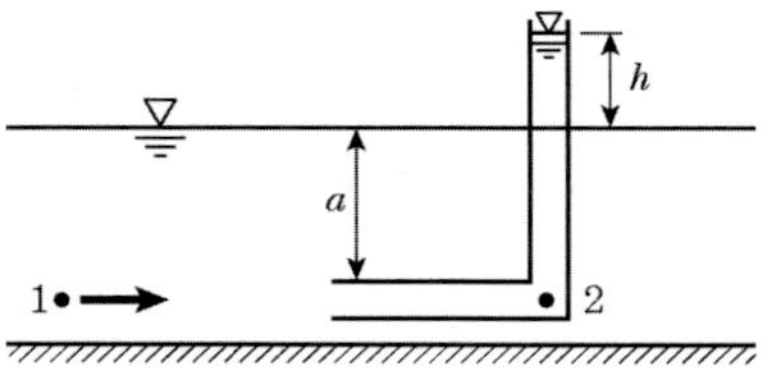

$$\frac{v_1^2}{2g} + \frac{p_1}{\gamma} + z_1 = \frac{v_2^2}{2g} + \frac{p_2}{\gamma} + z_2$$

$$z_1 = z_2,\quad p_1 = \gamma a,\ p_2 = \gamma(a+h),\ v_2 = 0$$

$$\frac{v_1^2}{2g} + \frac{\gamma a}{\gamma} + z_1 = \frac{0^2}{2g} + \frac{\gamma(a+h)}{\gamma} + z_2$$

$$v = v_1 = \sqrt{2gh}$$

16 | 압력과 유속, 유량과의 관계

압력 $p = \gamma h$, 수두 $= h = \frac{p}{\gamma}$, 유속 $v = \sqrt{2gh} = \sqrt{2g\frac{p}{\gamma}} = \sqrt{\frac{2g}{\gamma}}\sqrt{p}$

유량(직경 D인 원형관인 경우)

유량(Q) 단위 L/min, 직경(D) 단위 mm, 압력(p)의 단위 kg_f/cm^2일 때 단위환산 식

$$\begin{aligned} Q &= Av = \frac{\pi}{4}D^2 \times \sqrt{2g\frac{p}{\gamma}} \\ &= \left\{\frac{\pi}{4} \times \left(\frac{D}{1000}m\right)^2 \sqrt{\frac{2 \times 9.8m/sec^2}{1000kg_f/m^3} \times p(kg_f/cm^2) \times \frac{10^4cm^2}{1m^2}}\right\} \\ &\quad \times 1000 \times 60(L/min) \\ &= 0.659D^2\sqrt{p} \end{aligned}$$

여기서, Q: 유량(L/min)

D: 직경(mm)
p: 압력(kg_f/cm^2)

유량단위 L/min, 직경 단위 mm, p'의 단위가 MPa일 때 단위환산

$$Q = 0.659D^2\sqrt{10p'}$$

여기서, Q: 유량(L/min)
D: 직경(mm)
p′: 압력($MPa = 10^6 Pa$)

기출문제

기사 기출문제

01 깊이 1 m까지 물을 넣은 물탱크의 밑에 오리피스가 있다. 수면에 대기압이 작용할 때의 2배 유속으로 물을 유출시키려면 수면에는 몇 kPa의 압력을 더 가하면 되는가? (단, 손실은 무시한다) 2010 03 07

㉮9.8 ㉯9.6 ㉰ 29.4 ㉱ 39.2

해설 1. 대기압이 작용할 때의 오리피스 유속(V_1)

$$V_1 = \sqrt{2g \cdot \frac{p_{1m}}{\gamma_w}} = \sqrt{2g \cdot \frac{(\gamma_w \times 1\ m)}{\gamma_w}}$$

2. 수면 가압시 오리피스 유속(V_2)

$$V_2 = 2V_1 = 2 \times \sqrt{2g \cdot \frac{(\gamma_w \times 1\ m)}{\gamma_w}}$$

$$= \sqrt{2g \cdot \frac{(\gamma_w \times 4\ m)}{\gamma_w}}$$

$$= \sqrt{2g \cdot \frac{(\gamma_w \times 1\ m + \gamma_w \times 3\ m)}{\gamma_w}}$$

수면에 가해진 압력 $= \gamma_w \times 3\ m = 9.8\ kN/m^3 \times 3\ m = 29.4\ kN/m^2 = 29.4\ kPa$

정답 ㉰

02 다음 중 경사진 관로의 유체흐름에서 수력기울기선(Hydraulic Grade Line : HGL)의 위치로 옳은 것은? 2010 03 07

㉮ 언제나 에너지선보다 위에 있다.
㉯ 에너지선보다 속도수두만큼 아래에 있다.
㉰ 항상 수평이 된다.
㉱ 개수로의 수면보다 속도수두만큼 위에 있다.

해설 에너지선은 수력기울기선보다 속도수두($\frac{V^2}{2g}$)만큼 위에 위치한다.

정답 ㉯

03 직경이 15 cm 배관에 5 m^3/min으로 물이 정상류로 흐르고 있을 때 물의 평균유속은 약 몇 m/sec인가? 2010 03 07

㉮ 4.7　　㉯ 5.7
㉰ 6.7　　㉱ 7.7

해설 직경(D) = 15 cm = 0.15 m
유량(Q) = 5 m^3/min

$$유속(V) = \frac{Q}{A} = \frac{5\ m^3/min}{\frac{\pi}{4}\times(0.15\ m)^2} = \frac{5\ m^3/min \times 1\ min/60sec}{\frac{\pi}{4}\times(0.15\ m)^2} = 4.7\ m/sec$$

정답 ㉮

04 소방호스의 노즐로부터 유속 4.9 m/sec로 방사되는 물제트에 피토관의 흡입구를 갖다 대었을 때 피토관의 수직부에 나타나는 수주의 높이는 약 몇 m인가? (단, 중력가속도는 9.8 m/sec^2이고, 손실은 무시한다.) 2010 05 09

㉮ 1.22　　㉯ 0.25
㉰ 2.69　　㉱ 3.69

해설 $$속도수두 = \frac{V^2}{2g} = \frac{4.9^2}{2\times 9.8} = 1.225(m)$$

정답 ㉮

05 주사기통의 단면적이 A이고, 바늘의 단면적이 A_n인 주사기 내에 밀도가 ρ인 유체를 플런저 속도 V로 밀어주기 위해 가해야 하는 힘을 구하면? (단, 점성효과는 무시하고 준 정상상태로 가정한다.) 2010 05 09

㉮ $\frac{1}{2}\rho A\left[\frac{A^2}{(A_n)^2}-1\right]V^2$　　㉯ $\rho A\left[\frac{A^2}{(A_n)^2}-1\right]V^2$

㉰ $\frac{1}{2}\rho A\left[1-\frac{A_n^2}{A^2}\right]V^2$　　㉱ $\rho A\left[1-\frac{A_n^2}{A^2}\right]V^2$

해설 지점 1, 2에 대해 베르누이정리 적용

$$\frac{V^2}{2g}+\frac{p_1}{\gamma}+z_1=\frac{V_n^2}{2g}+\frac{p_2}{\gamma}+z_2$$

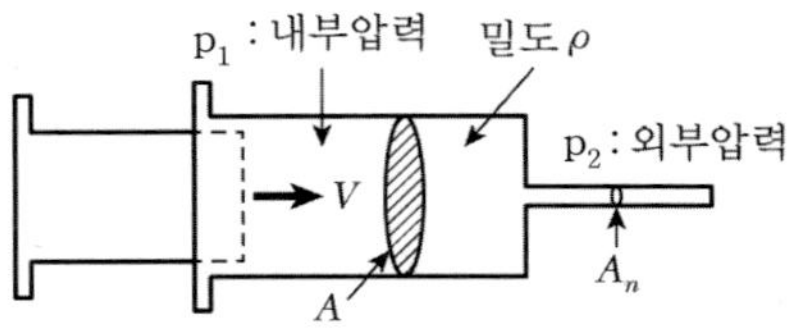

$z_1=z_2,\ p_2=0$

$A\times V=A_n\times V_n$

$$V_n=\left(\frac{A}{A_n}\right)\times V$$

$$\frac{p_1}{\gamma}=\frac{V_n^2-V^2}{2g}$$

$$p_1=\gamma\cdot\frac{V_n^2-V^2}{2g}=\rho g\cdot\frac{V_n^2-V^2}{2g}=\frac{\rho(V_n^2-V^2)}{2}$$

$$힘=p_1\times A=\frac{\rho A(V_n^2-V^2)}{2}$$

$$=\frac{\rho A}{2}\left\{\left(\frac{A}{A_n}\right)^2V^2-V^2\right\}$$

$$=\frac{1}{2}\rho A\left\{\left(\frac{A}{A_n}\right)^2-1\right\}V^2$$

정답 ㉮

06 노즐의 계기압력 400 kPa로 방사되는 옥내소화전에서 저수조의 수량이 10 m^3라면 저수조의 물이 전부 소비되는 데 걸리는 시간은? (단, 노즐의 직경은 10 mm이다) 2010 05 09

㉮ 75분　　㉯ 95분

㉰ 150분　　㉱ 180분

해설 방수유량(Q) × 방수시간(t) = 저수조수량

$Q\times t=10\ m^3$

$$t = \frac{10\ m^3}{Q} = \frac{10\ m^3}{A \times V} = \frac{10\ m^3}{\frac{\pi}{4} \times (0.01\ m)^2 \times \sqrt{2 \times g \times \frac{p}{\gamma}}}$$

$$= \frac{10\ m^3}{\frac{\pi}{4} \times (0.01\ m)^2 \times \sqrt{2 \times 9.8\ m/sec^2 \times \frac{400\ kPa}{9.8\ kN/m^3}}}$$

$$= 4501.6\ sec \doteqdot 75\ min$$

정답 ㉮

07 동점성계수가 0.6×10^{-6} m^2/sec인 유체가 내경 30 cm인 파이프 속을 평균 유속 3 m/sec로 흐른다면 이 유체의 레이놀즈 수는 얼마인가? 2010 05 09

㉮ 1.5×10^6 ㉯ 2.0×10^6 ㉰ 2.5×10^6 ㉱ 3.0×10^6

해설 동점성계수(ν) = 0.6×10^{-6} m^2/sec, 직경(D) = 30 cm = 0.3 m, 유속(V) = 3 m/sec

$$\text{레이놀즈 수(Re)} = \frac{DV}{\nu} = \frac{0.3\ m \times 3\ m/sec}{0.6 \times 10^{-6}\ m^2/sec} = 1.5 \times 10^6$$

정답 ㉮

08 용량 2000 L인 탱크에 물을 가득 채운 소방차가 화재현장에 출동하여 노즐압력 390 kPa(계기압력), 노즐구경 2.5 cm를 사용하여 방수한다면 소방차 내의 물이 전부 방수되는 데 걸리는 시간은? 2010 09 05

㉮ 약 2분 30초 ㉯ 3분 30초 ㉰ 4분 30초 ㉱ 5분30초

해설 방수유량(Q) × 방수시간(t) = 저수조수량

$Q \times t = 2000\ L = 2.0\ m^3$

$$t = \frac{2\ m^3}{Q} = \frac{2\ m^3}{A \times V} = \frac{2\ m^3}{\frac{\pi}{4} \times (0.025\ m)^2 \times \sqrt{2 \times g \times \frac{p}{\gamma}}}$$

$$= \frac{2\ m^3}{\frac{\pi}{4} \times (0.025\ m)^2 \times \sqrt{2 \times 9.8\ m/sec^2 \times \frac{390\ kPa}{9.8\ kN/m^3}}}$$

$$= 145.9\ sec \doteqdot 2\ min\ \ 26\ sec$$

정답 ㉮

09 일반적인 베르누이방정식을 적용할 수 있는 조건으로 구성된 것은? 2010 09 05

㉮ 비압축성 흐름, 점성흐름, 정상흐름
㉯ 압축성흐름, 비점성흐름, 정상유동
㉰ 비압축성 흐름, 비점성 흐름, 비정상 유동
㉱ 비압축성 흐름, 비점성 흐름, 정상유동

해설 Bernoulli식 유도의 가정
① 이상유체(ideal fluid) : 비점성 유체, 비압축성 유체 가정
② 에너지손실(비점성 유체의 마찰손실)를 고려하지 않음
③ 정상류(steady flow, $\frac{\partial v}{\partial t}=0$)을 가정
④ 유선(stream line)을 따라 성립

정답 ㉱

10 관 내에 물이 흐르고 있을 때 그림과 같이 액주계를 설치하였다. 관 내에서 물의 평균유속은 약 몇 m/sec인가? 2010 09 05

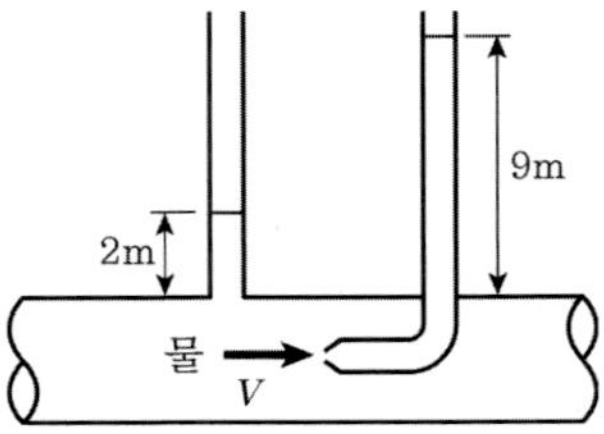

㉮ 2.6 ㉯ 7 ㉰ 11.7 ㉱ 137.2

해설 $V=\sqrt{2gh}=\sqrt{2\times 9.8\ \text{m/sec}^2\times(9-2)\ \text{m}}=11.7\ \text{m/sec}$

정답 ㉰

11 다음 설명 중 틀린 것은? 2011 03 20

㉮ 일반적인 베르누이 방정식은 마찰이 없는 비압축성 정상유동에서 유선을 따라 성립한다.
㉯ 베르누이 방정식은 질량보존의 법칙만으로 유도될 수 있다.
㉰ 에너지선은 수력기울기선보다 속도수두만큼 위에 있다.
㉱ 수력기울기선은 위치수두와 압력수두의 합을 나타낸다.

해설 질량보존의 법칙으로 유도되는 식은 연속방정식이다.

정답 ㉯

12 연속방정식에 대한 설명으로 가장 적합한 것은? 2011 03 20

㉮ 질량보존의 법칙을 만족한다.
㉯ 뉴턴의 제2법칙을 만족시키는 방정식이다.
㉰ 단면적과 유량은 서로 반비례한다는 관계를 구할 수 있다.
㉱ 연속방정식에 따르면 실제 유체의 경우 경계면에서 속도는 상대적으로 0 이어야 한다.

해설 연속방정식은 질량보존의 법칙에 의해 유도된다.

정답 ㉮

13 내경 27 mm의 배관 속을 정상류의 물이 매분 150 L 흐를 때 속도수두는 약 몇 m인가? 2011 03 20

㉮ 1.11　　㉯ 0.97　　㉰ 0.77　　㉱ 0.56

해설 $$속도수두=\frac{V^2}{2g}=\frac{1}{2g}\left(\frac{Q}{A}\right)^2=\frac{1}{2\times 9.8\ \text{m/sec}^2}\cdot\left(\frac{150\ \text{L/min}\times\dfrac{1\ \text{m}^3}{1000\ \text{L}}\times\dfrac{1\ \text{min}}{60\ \text{sec}}}{\dfrac{\pi}{4}\times\left(\dfrac{27}{1000}\text{m}\right)^2}\right)^2$$
$$=0.97\ \text{m}$$

정답 ㉯

14 베르누이 방정식 $\left[\dfrac{P}{\gamma}+\dfrac{V^2}{2g}+Z=C\right]$을 유도할 때 가정으로 올바르지 못한 것은? 2011 06 12

㉮ 마찰이 없는 흐름이다.
㉯ 정상상태 흐름이다.
㉰ 비압축성 유체의 흐름이다.
㉱ 유동장 내 임의의 두 점에 대하여 성립한다.

해설 Bernoulli식 유도의 가정
① 이상유체(ideal fluid) : 비점성 유체, 비압축성 유체 가정

② 에너지손실(비점성 유체의 마찰손실)를 고려하지 않음

③ 정상류(steady flow, $\frac{\partial v}{\partial t} = 0$)을 가정

④ 유선(stream line)을 따라 성립

정답 ㉱

15 관의 지름이 45 cm이고 관로에 설치된 오리피스의 지름이 3 cm이다. 이 관로에 물이 유동하고 있을 때 오리피스의 전후 압력수두 차이가 12 cm이었다. 유량을 계산하면? (단, 유량계수는 0.66이다) 2011 06 12

㉮ $0.03725\ m^3/s$　　㉯ $0.0675\ m^3/s$

㉰ $0.000715\ m^3/s$　　㉱ $0.00855\ m^3/s$

해설 $Q = A_1V_1 = A_2V_2$에서

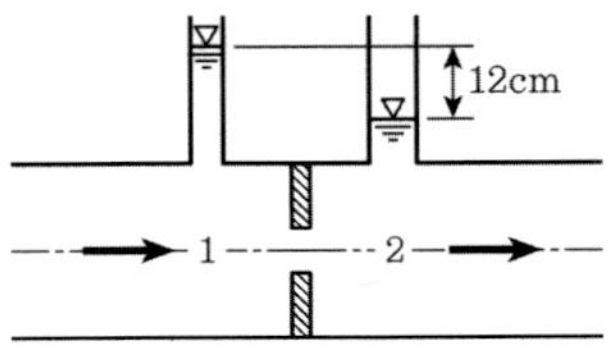

$$V_2 = \left(\frac{A_2}{A_1}\right) \times V_1 = \left(\frac{0.45\ m}{0.03\ m}\right)^2 \times V_1 = 225V_1$$

$$V_1 = \frac{1}{225}V_2$$

지점 1, 2의 압력차이

$$p_1 - p_2 = \gamma_w \times 12\ cm = 0.12\gamma_w$$

지점 1,2에 대해 베르누이 정리 적용

$$\frac{V_1^2}{2g} + \frac{p_1}{\gamma_w} + z_1 = \frac{V_2^2}{2g} + \frac{p_2}{\gamma_w} + z_2$$

$$z_1 = z_2$$

$$\frac{V_2^2 - V_1^2}{2g} = \frac{p_1 - p_2}{\gamma_w} = \frac{0.12\gamma_w}{\gamma_w} = 0.12(m)$$

$$\frac{V_2^2 - V_1^2}{2g} = 0.12(m)$$

$$V_2^2 - V_1^2 = V_2^2 - \left(\frac{1}{225}V_2\right)^2 = 0.12(m) \times 2 \times 9.8\ m/sec^2$$

$$V_2 \doteqdot \sqrt{0.12\ m/sec \times 2 \times 9.8\ m/sec^2} = 1.533\ m/sec$$

$$유량(Q) = C_Q \times A_2 \times V_2 = 0.66 \times \frac{\pi}{4} \times (0.03m)^2 \times 1.533\ m/sec$$

$$= 0.000715\ m^3/sec$$

정답 ㉰

16 물의 유속을 측정하기 위하여 피토정압관(pitot static tube)을 사용하였더니 전압과 정체압의 차이가 5 cmHg이다. 수은의 비중이 13.6이라면 유속은 몇 m/sec인가? 2011 06 12

㉮ 3.65　　㉯ 5.16　　㉰ 7.30　　㉱ 13.3

해설 동압(Δp) = 전체압 − 정압 = $13.6\gamma_w \times 5$ cm = $13.6\gamma_w \times 0.05$ m

$$V = \sqrt{2gh} = \sqrt{2g \times \frac{\Delta p}{\gamma_w}} = \sqrt{2g \times \frac{13.6\gamma_w \times 0.05m}{\gamma_w}}$$

$$= \sqrt{2 \times 9.8 \times 13.6 \times 0.05} = 3.65 m/sec$$

정답 ㉮

17 직경 20 cm의 소화용 호스에 물이 질량유량 100 kg/sec로 흐른다. 이때의 평균 유속은 약 몇 m/sec인가? 2011 06 12

㉮ 1　　㉯ 1.5　　㉰ 2.18　　㉱ 3.18

해설 질량유량(M) = 100 kg/sec = $\rho \times A \times V$

$$V = \frac{100\ kg/sec}{\rho \times A} = \frac{100\ kg/sec}{1000\ kg/m^3 \times \frac{\pi}{4} \times (0.2m)^2} = 3.18\ m/sec$$

정답 ㉱

18 지름이 5 cm인 원 관 속에 비중이 0.55인 유체가 0.01 m^3/sec의 유량으로 흐르고 있다. 이 유체의 동점성계수가 $1 \times 10^{-5} m^2$/sec일 때 이 유체의 흐름은 어떤 흐름인가? 2011 10 02

㉮ 층류　　㉯ 임계흐름　　㉰ 난류　　㉱ 천이흐름

해설 지름(D) = 5 cm = 0.05 m

비중(s) = $\frac{\gamma}{\gamma_w} = 0.55$, $\gamma = 0.55\gamma_w$

유량(Q) = 0.01 m^3/sec, 동점성계수(ν) = $1 \times 10^{-5}\ m^2$/sec

유속(V) = $\frac{Q}{A} = \frac{0.01\ m^3/sec}{\frac{\pi}{4} \times (0.05\ m)^2} = 5.093\ m/sec$

$$레이놀즈\ 수(Re) = \frac{DV}{\nu} = \frac{0.05\ m \times 5.093\ m/sec}{1 \times 10^{-5}\ m^2/sec} = 25465(난류)$$

정답 ㉰

19 기준면보다 10 m 높은 곳에서 물의 속도가 2 m/sec이다. 이곳의 압력이 900 Pa이라면 전 수두는 약 몇 m인가? 2011 10 02

㉮ 18.3　　㉯ 15.3　　㉰ 10.3　　㉱ 8.6

해설 $전수두 = \frac{V^2}{2g} + \frac{p}{\gamma} + z = \frac{(2\ m/sec)^2}{2 \times 9.8\ m/sec} + \frac{900\ Pa}{9800\ N/m^2} + 10\ m = 10.3\ m$

정답 ㉰

20 그림과 같은 관을 흐르는 유체의 연속방정식을 맞게 기술한 것은? 2011 10 02

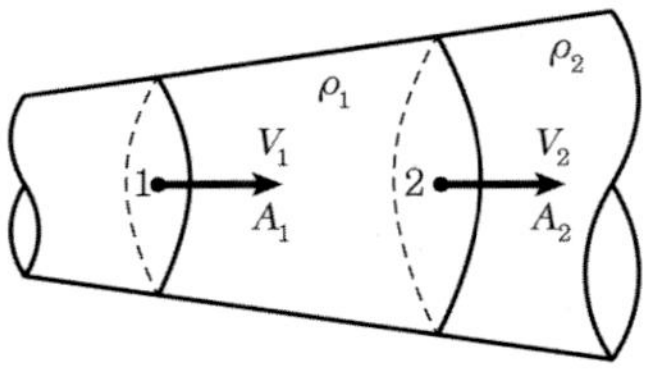

㉮ 방정식은 $\rho_1 A_1 V_1 = \rho_2 A_2 V_2$로 표시된다.

㉯ 배관 내의 속도가 일정하다.

㉰ 방정식은 $\rho_1 A_1 = \rho_2 A_2$로 표시된다.

㉱ 방정식은 $\rho_1 V_1 = \rho_2 V_2$로 표시된다.

해설 유체밀도가 변하면 중량유량(γAV) 또는 질량유량(ρAV)을 적용해야 한다.

정답 ㉮

21 그림과 같이 화살표 방향으로 물이 흐르고 있는 호칭구경 100 mm의 배관에 압력계와 전압측정을 위한 피토계가 설치되어 있다. 압력계와 피토계의 지시바늘이 각각 392 kPa, 402 kPa을 가리키고 있다면 유속은 약 몇 m/sec인가? 2011 10 02

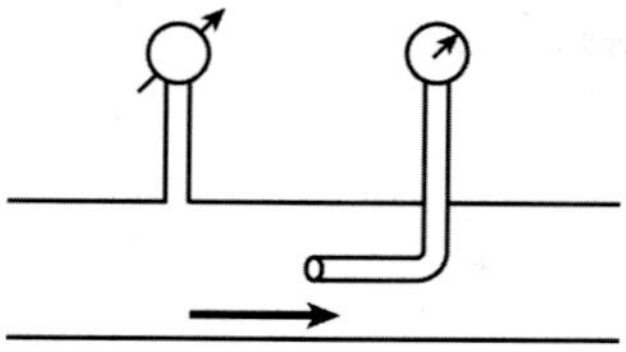

㉮ 2.24 ㉯ 3.16 ㉰ 4.47 ㉱ 6.32

해설 $V = \sqrt{2gh}$

$$= \sqrt{2g \times \frac{\Delta p}{\gamma}}$$

$$= \sqrt{2 \times 9.8\ \text{m/sec}^2 \times \frac{(402-392)\text{kPa}}{9.8\ \text{kN/m}^3}}$$

$$= 4.47\ \text{m/sec}$$

정답 ㉰

22 그림과 같은 수조에 1.0 m×0.3 m 크기의 사각수문을 통해 유출되는 유량은 몇 m^3/sec인가? (단, 마찰손실은 무시하고 수조의 크기는 매우 크다고 가정한다.) 2012 03 04

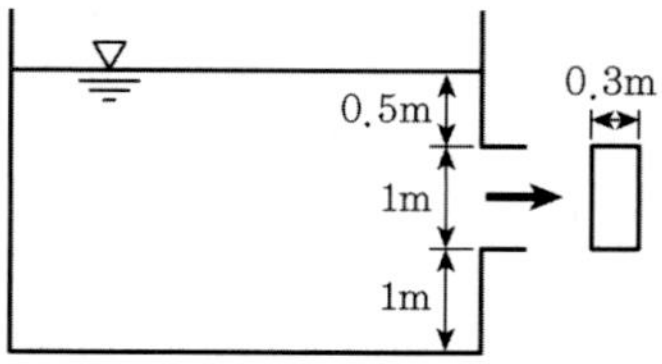

㉮ 1.31 ㉯ 2.33 ㉰ 3.13 ㉱ 4.43

해설 평균유속$(V) = \sqrt{2gh} = \sqrt{2 \times 9.8\text{m/sec}^2 \times 1\text{m}} = 4.42\text{m/sec}$

유량$(Q) = A \times V = (1\text{m} \times 0.3\text{m}) \times 4.42\text{m/sec} = 1.33\text{m}^3/\text{sec}$

정답 ㉮

23 물이 아래 그림과 같이 수평 벤튜리관을 통과하고 있다. B단면의 면적이 단면 A, C의 $\frac{1}{4}$이라고 하면 연속방정식과 에너지 보존법칙을 고려할 때 어느 것이 맞는가?

2012 03 04

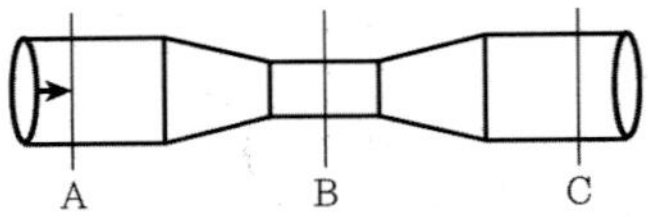

㉮ B에서 압력이 증가한다.
㉯ B에서 유속이 감소한다.
㉰ B에서 압력에너지가 감소한다.
㉱ B에서 운동에너지가 감소한다.

해설 A와 C에서는 유속이 작으므로 압력은 높고, B에서는 유속이 크므로 압력은 낮아진다.

정답 ㉰

24 다음 설명 중 맞는 것은? 2012 03 04

㉮ 에너지선은 항상 수력 기울기선 아래에 있다.
㉯ 질량과 속도의 곱을 운동량이라 한다.
㉰ 베르누이 방정식은 질량보존의 법칙을 나타낸다.
㉱ 레이놀즈 수의 물리적 의미는 점성력과 표면 장력의 비를 나타내는 것이다.

해설 에너지선은 수력기울기선보다 속도수두만큼 위에 위치한다.
베르누이 방정식은 에너지보존법칙을 나타낸다.
레이놀즈 수의 물리적 의미는 점성력과 관성력의 비를 나타낸다.

정답 ㉯

25 그림과 같은 벤튜리관에 유량 3 m^3/min으로 물이 흐르고 있다. 단면 1의 직경이 20 cm, 단면 2의 직경이 10 cm일 때 벤튜리 효과에 의한 물의 높이 차 Δh는 약 몇 m인가? (단, 모든 손실은 무시한다.) 2012 05 20

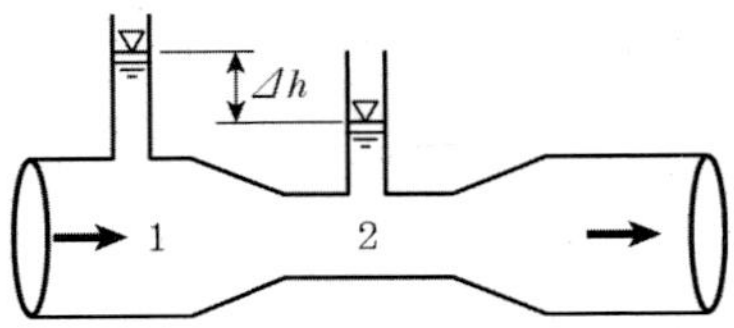

㉮ 6.37　　㉯ 1.94　　㉰ 1.61　　㉱ 1.2

해설 지점 1, 2의 수압차 $= \Delta p = \gamma_w \times \Delta h$
유량(Q) $= 3\ m^3/min$

$$V_1 = \frac{Q}{A_1} = \frac{3\ m^3/min}{\frac{\pi}{4} \times (0.2\ m)^2} = \frac{3\ m^3/min \times \frac{1\ min}{60\ sec}}{\frac{\pi}{4} \times (0.2\ m)^2} = 1.591\ m/sec$$

$A_1V_1 = A_2V_2$에서

$$\frac{\pi}{4} \times (0.2m)^2 \times V_1 = \frac{\pi}{4} \times (0.1m)^2 \times V_2$$

$$V_2 = 4V_1$$

지점 1,2에 대해 베르누이정리 적용

$$\frac{V_1^2}{2g} + \frac{p_1}{\gamma_w} + z_1 = \frac{V_2^2}{2g} + \frac{p_2}{\gamma_w} + z_2$$

$z_1 = z_2$이고 지점1, 2의 수압차 $= \Delta p = \gamma_w \times \Delta h$이므로

$$\frac{(V_2^2 - V_1^2)}{2g} = \frac{p_1 - p_2}{\gamma_w} = \frac{\gamma_w \Delta h}{\gamma_w} = \Delta h$$

$$\Delta h = \frac{(V_2^2 - V_1^2)}{2g} = \frac{1}{2g} \cdot \{(4V_1)^2 - V_1^2\} = \frac{15V_1^2}{2g} = \frac{15 \times (1.591\ m/sec)^2}{2 \times 9.8\ m/sec^2} = 1.94\ m$$

정답 ㉯

26 그림과 같은 사이펀에서 마찰손실수두를 무시할 때 흐를 수 있는 최대유속은 몇 m/sec인가?

2012 05 20

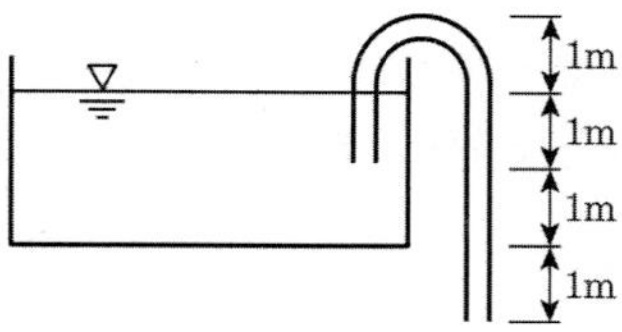

㉮ 6.26　　㉯ 7.67　　㉰ 8.85　　㉱ 9.90

해설 $V = \sqrt{2gh} = \sqrt{2 \times 9.8\ m/sec^2 \times 3\ m} = 7.67\ m/sec$

정답 ㉯

27 물탱크의 바닥에 직경 10 cm의 구멍이 생겨서 물이 12 m/sec의 속도로 방출되고 있다. 물탱크의 수면의 높이는 바닥으로부터 약 몇 m인가? (단, 속도 보정계수는 0.98이다.)

2012 05 20

㉮ 7.20 ㉯ 7.35 ㉰ 7.65 ㉱ 73.5

해설 $V = C_v\sqrt{2gh} = 0.98 \times \sqrt{2 \times 9.8\ \text{m/sec}^2 \times h} = 12\ \text{m/sec}$

$h = 7.65\ \text{m}$

정답 ㉰

28 다음 설명 중 틀린 것은? 2012 05 20

㉮ 정상유동은 유동장에서 유체흐름의 특성이 시간에 따라 변하지 않는 흐름을 말한다.

㉯ 직관로 속의 어느 지점에서 항상 일정한 유속을 가지는 물의 흐름은 정상류로 볼 수 있다.

㉰ 연속방정식은 질량보존의 법칙을 나타낸 것이다.

㉱ 체적유량이 일정하다는 것은 압축성유체에 적용하는 방정식이다.

해설 유체밀도가 변하는 압축성유체는 체적유량을 적용할 수 없고, 중량유량 또는 질량유량을 적용해야 한다.

정답 ㉱

29 내경 50 mm인 소화배관에 물이 260 L/min으로 흐른다. 압력이 400 kPa이고 배관의 중심선이 기준면보다 20 m 높은 곳에서 소화수가 갖는 전수두는 약 몇 m인가? 2012 09 15

㉮ 61 ㉯ 40 ㉰ 20 ㉱ 12

해설 $$\text{유속}(V) = \frac{Q}{A} = \frac{260\ \text{L/min}}{\frac{\pi}{4} \times (0.05\ \text{m})^2} = \frac{260\ \text{L/min} \times \frac{1\ \text{m}^3}{1000\ \text{L}} \times \frac{1\ \text{min}}{60\ \text{sec}}}{\frac{\pi}{4} \times (0.05\ \text{m})^2} = 2.207\ \text{m/sec}$$

$$\text{전수두} = \frac{V^2}{2g} + \frac{p}{\gamma} + z = \frac{(2.207\ \text{m/sec})^2}{2 \times 9.8\ \text{m/sec}^2} + \frac{400\ \text{kPa}}{9.8\ \text{kN/m}^3} + 20(\text{m}) = 61\ \text{m}$$

정답 ㉮

30 소방호스의 노즐로부터 유속 4.9 m/sec로 방사되는 물제트에 피토관의 흡입구를 갖다 대었을 때 피토관의 수직부에 나타나는 수주의 높이는 약 몇 m인가? (단, 중력가속도는

9.8 m/sec^{2}이고, 손실은 무시한다.) 2012 09 15

㉮ 0.25 ㉯ 1.22 ㉰ 2.69 ㉱ 3.69

해설 $\sqrt{2gh} = 4.9\ \text{m/sec}$

$$h = \frac{(4.9\ \text{m/sec})^2}{2g} = \frac{(4.9\ \text{m/sec})^2}{2 \times 9.8\ \text{m/sec}} = 1.225\ \text{m}$$

정답 ㉯

31 안지름 100 mm인 파이프를 통해 5 m/sec의 속도로 흐르는 물의 유량은 몇 m^3/min인가? 2012 09 15

㉮ 23.55 ㉯ 2.355 ㉰ 0.517 ㉱ 5.170

해설 안지름(d) = 100 mm = 0.1 m, 유속(V) = 5 m/sec

$$\text{유량(Q)} = A \times V = \left(\frac{\pi}{4} \times (0.1\ \text{m})^2\right) \times (5\ \text{m/sec})$$
$$= 0.0393\ \text{m}^3/\text{sec} = 0.0393\ \text{m}^3/\text{sec} \times 60\ \text{sec/min}$$
$$= 2.36\ \text{m}^3/\text{min}$$

정답 ㉯

32 옥내소화전설비의 노즐선단 방수압력을 피토관으로 측정한 결과 490 kPa(계기압력)이었다. 본 설비에 사용한 노즐의 구경이 13 mm인 경우 방수량은 몇 m^3/min인가?
2012 09 15

㉮ 0.125 ㉯ 0.249 ㉰ 0.498 ㉱ 0.996

해설 압력(p) = 490 kPa, 직경(D) = 13 mm = 0.013 m

$$\text{유속(V)} = \sqrt{2gh} = \sqrt{2g \cdot \frac{p}{\gamma}} = \sqrt{2 \times 9.8\ \text{m/sec}^2 \times \frac{490\ \text{kPa}}{9.8\ \text{kN/m}^3}} = 31.3\ \text{m/sec}$$

$$\text{유량(Q)} = A \times V = \frac{\pi}{4} \times (0.013\ \text{m})^2 \times 31.3\ \text{m/sec}$$
$$= 0.00415\ \text{m}^3/\text{sec}$$
$$= 0.00415\ \text{m}^3/\text{sec} \times 60\ \text{sec/min}$$
$$= 0.249\ \text{m}^3/\text{min}$$

다른 방법

유량(Q) $= 0.653D^2\sqrt{10p}$

여기서, Q : 유량(L/min)

D : 직경(mm)

p : 압력(MPa)

$Q = 0.653 \times 13^3\sqrt{10 \times 0.49} = 244.3\text{L/min} = 0.244\text{m}^3/\text{min}$

정답 ㉯

33 직경 5 cm의 수평 원관에 10℃의 물이 평균속도 0.6 m/sec로 흐를 때 레이놀즈 수와 유동상태는? (단, 10℃일 때 물의 동점성계수는 $1.31 \times 10^{-6}\text{m}^2/\text{sec}$이다.) 2012 09 15

㉮ 22.9(층류) ㉯ 22.9(난류)

㉰ 22900(층류) ㉱ 22900(난류)

해설 직경(D) = 5 cm = 0.05 m, 유속(V) = 0.6 m/sec, 동점성계수(ν) $= 1.31 \times 10^{-6}\ \text{m}^2/\text{sec}$

레이놀즈 수(Re) $= \dfrac{DV}{\nu} = \dfrac{0.05\ \text{m} \times 0.6\ \text{m/sec}}{1.31 \times 10^{-6}\ \text{m}^2/\text{sec}} = 22900$(난류)

정답 ㉱

34 대기 중에 개방된 탱크 속의 액면이 점선의 위치에서 현재 액면의 위치 D까지 서서히 내려왔다. 파이프 끝 C에서 대기 중으로 방출될 때 유출속도 V_c는 약 몇 m/sec인가? (단, 관에서의 마찰은 무시한다) 2013 03 10

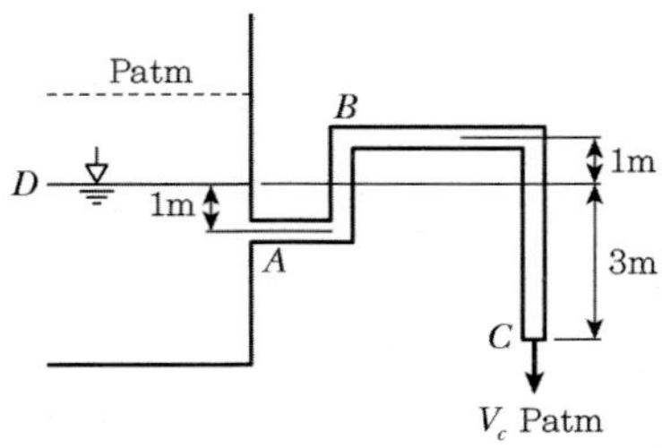

㉮ 3.1 ㉯ 6.2 ㉰ 7.7 ㉱ 9.9

해설 $V = \sqrt{2gh} = \sqrt{2 \times 9.8\ \text{m/sec}^2 \times 3\,\text{m}} = 7.7\ \text{m/sec}$

정답 ㉰

35 다음 그림과 같이 설치한 피토 정압관의 액주계눈금 $R=100$ mm일 때 1에서의 물의 유속은 약 몇 m/sec인가? (단, 액주계에 사용된 수은의 비중은 13.6이다) 2013 03 10

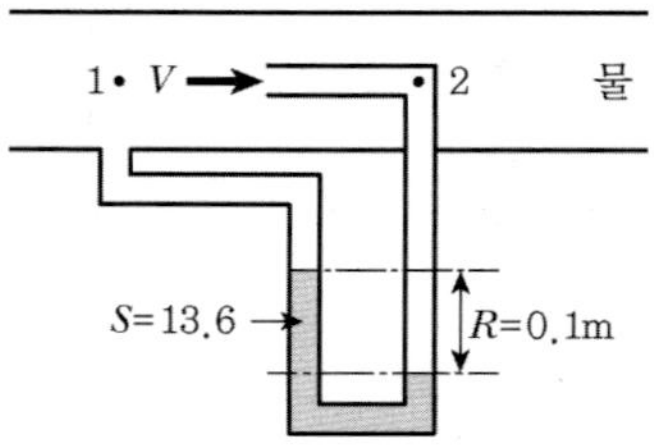

㉮ 15.7 ㉯ 5.35 ㉰ 5.16 ㉱ 4.97

해설 지점 1, 2에 대해 베르누이 정리 적용

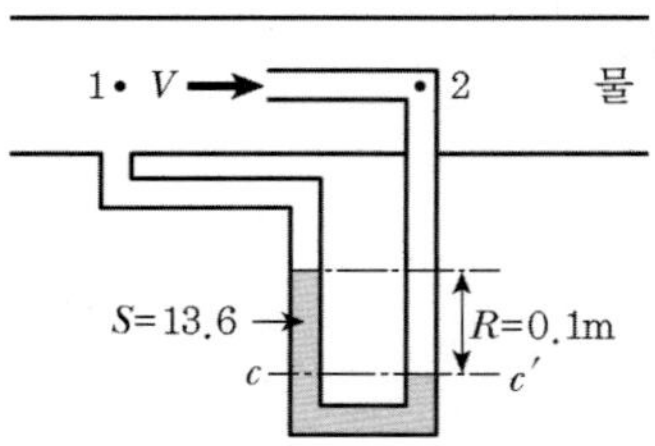

$$\frac{V_1^2}{2g}+\frac{p_1}{\gamma_w}+z_1=\frac{V_2^2}{2g}+\frac{p_2}{\gamma_w}+z_2$$

$z_1=z_2$, $V_2=0$

$$\frac{V_1^2}{2g}+\frac{p_1}{\gamma_w}=\frac{p_2}{\gamma_w}$$

c, c′ 지점의 압력은 동일

$p_c=p_{c'}$

$p_c=p_1+13.6\gamma_w\times0.1\text{ m}$

$p_{c'}=p_2+\gamma_w\times0.1\text{ m}$

$p_1+13.6\gamma_w\times0.1\text{ m}=p_2+\gamma_w\times0.1\text{ m}$

$p_2-p_1=0.1\text{ m}\times(13.6\gamma_w-\gamma_w)$

$\frac{V_1^2}{2g}+\frac{p_1}{\gamma_w}=\frac{p_2}{\gamma_w}$ 에서

$$\frac{V_1^2}{2g}=\frac{p_2-p_1}{\gamma_w}=\frac{0.1\text{ m}\times(13.6\gamma_w-\gamma_w)}{\gamma_w}$$

$$V_1=\sqrt{2g\times\frac{0.1\text{ m}\times(13.6\gamma_w-\gamma_w)}{\gamma_w}}$$

$$=\sqrt{2\times9.8\times0.1\times(13.6-1)}$$

$$=4.97\text{ m/sec}$$

정답 ㉱

36 그림과 같이 물이 유량 Q로 저수조로 들어가고, 속도 $V=\sqrt{2gh}$로 저수조 바닥에 있는 면적 A_2의 구멍을 통해 나간다. 저수조 수면높이의 변화속도 $\frac{dh}{dt}$는? 2013 03 10

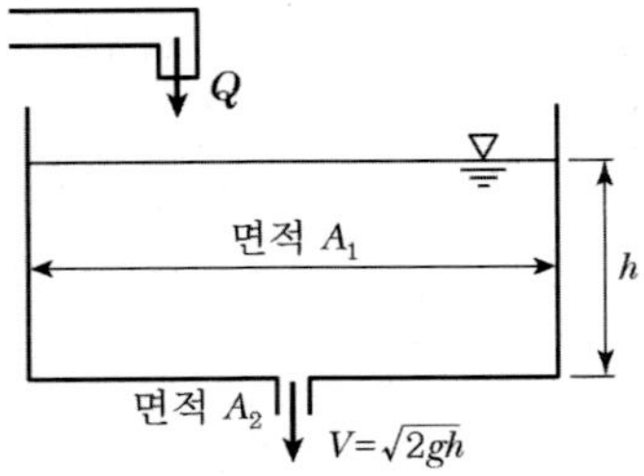

㉮ $\dfrac{Q}{A_2}$ ㉯ $\dfrac{A_2\sqrt{2gh}}{A_1}$ ㉰ $\dfrac{Q-A_2\sqrt{2gh}}{A_2}$ ㉱ $\dfrac{Q-A_2\sqrt{2gh}}{A_1}$

해설 시간(t)경과에 의한 수조체적(V)의 변화
(A_1 : 수조면적, h : 수조수심, A_2 : 유출구 면적)

$$\frac{dV}{dt}=\frac{d}{dt}\{A_1\times h\}$$
$$=\text{유입유량}-\text{유출유량}$$
$$=Q-A_2\times\sqrt{2gh}$$
$$\frac{d}{dt}\{A_1\times h\}=Q-A_2\times\sqrt{2gh}$$
$$\frac{dh}{dt}=\frac{1}{A_1}\left(Q-A_2\sqrt{2gh}\right)$$

정답 ㉱

37 직경이 150 mm인 배관을 통해 8 m/sec의 속도로 흐르는 물의 유량은 약 몇 m^3/min인가?
2013 06 02

㉮ 0.14 ㉯ 8.48 ㉰ 33.9 ㉱ 42.4

해설 직경(D) = 150 mm = 0.15 m, 유속(V) = 8 m/sec
유량(Q) $= A\times V=\frac{\pi}{4}\times(0.15\text{m})^2\times 8\text{m/sec}\times 60\text{sec/min}=8.48\text{m}^3/\text{min}$

정답 ㉯

38 물통에서 유출하는 물의 속도를 V라 하고, 동압을 P라 하면 V와 P의 관계는?
2013 06 02

㉮ $V^2 \propto P$ ㉯ $V \propto P^2$

㉰ $V \propto 1/P$ ㉱ $V \propto 1/P^2$

해설 유속 : V, 동압 : P

$$V = \sqrt{2gh} = \sqrt{2g\frac{P}{\gamma}} = \sqrt{\frac{2g}{\gamma}} \times \sqrt{P}$$

$V \propto P^{1/2}$ 또는 $V^2 \propto P$

정답 ㉮

39 배연설비의 배관을 흐르는 공기의 유속을 피토정압관으로 측정할 때 정압단과 정체압단에 연결된 U자관의 수은기둥 높이차가 0.03 m이었다. 이때 공기의 속도는 약 몇 m/sec인가? (단, 공기의 비중은 0.00122, 수은의 비중은 13.6이다) 2013 06 02

㉮ 81 ㉯ 86 ㉰ 91 ㉱ 96

해설 공기의 비중=0.00122

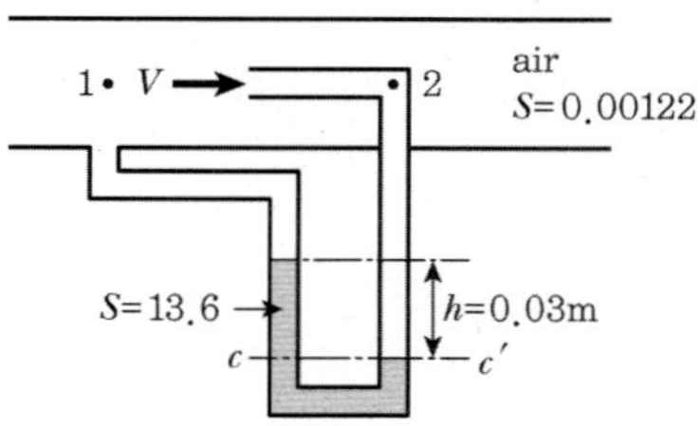

지점 1, 2에 대해 베르누이 정리 적용

$$\frac{V_1^2}{2g} + \frac{p_1}{\gamma_{air}} + z_1 = \frac{V_2^2}{2g} + \frac{p_2}{\gamma_{air}} + z_2$$

$z_1 = z_2, \ V_2 = 0$

$$\frac{V_1^2}{2g} + \frac{p_1}{\gamma_{air}} = \frac{p_2}{\gamma_{air}}$$

c, c′ 지점의 압력은 동일

$p_c = p_{c'}$

$p_c = p_1 + 13.6\gamma_w \times 0.03 \text{ m}$

$p_{c'} = p_2 + \gamma_{air} \times 0.03 \text{ m}$

$p_1 + 13.6\gamma_w \times 0.03 \text{ m} = p_2 + \gamma_{air} \times 003 \text{ m}$

$p_2 - p_1 = 0.03 \text{ m} \times (13.6\gamma_w - \gamma_{air})$

$\frac{V_1^2}{2g} + \frac{p_1}{\gamma_{air}} = \frac{p_2}{\gamma_{air}}$ 에서

$$\frac{V_1^2}{2g} = \frac{p_2 - p_1}{\gamma_{air}} = \frac{0.03 \text{ m} \times (13.6\gamma_w - \gamma_{air})}{\gamma_{air}}$$

$$V = V_1 = \sqrt{2g \times 003(\text{m}) \times \frac{(13.6\gamma_w - \gamma_{air})}{\gamma_{air}}}$$

$$= \sqrt{2g \times 0.03(m) \times \frac{(13.6\rho_w - \rho_{air})}{\rho_{air}}}$$

$$= \sqrt{2 \times 9.8 \times 0.03 \times \frac{(13.6 - 0.00122)}{0.00122}}$$

$$= 81 \text{ m/sec}$$

정답 ㉮

40 비중 0.8, 점성계수가 0.03 kg/m · sec인 기름이 안지름 450 mm의 파이프를 통하여 0.3 m^3/sec의 유량으로 흐를 때 레이놀즈 수는? (단, 물의 밀도는 1000 kg/m^3이다.)

2013 06 02

㉮ 5.66×10^4 ㉯ 2.26×10^4
㉰ 2.83×10^4 ㉱ 9.04×10^4

해설 비중=0.8, 점성계수(μ)=0.03 kg/m · sec, 지름(D)=450 mm=0.45 m
유량(Q)=0.3 m^3/sec

$$\text{유속(V)} = \frac{Q}{A} = \frac{0.3 \text{ m}^3/\text{sec}}{\frac{\pi}{4} \times (0.45 \text{ m})^2} = 1.89 \text{ m/sec}$$

$$\text{레이놀즈 수} = \frac{\rho DV}{\mu} = \frac{0.8 \times 1000 \text{ kg/m}^3 \times 0.45 \text{ m} \times 1.89 \text{ m/sec}}{0.03 \text{ kg/m} \cdot \text{sec}} = 22680$$

정답 ㉯

41 지름이 65 mm인 배관 내로 물이 2.8 m/sec의 속도로 흐를 때 유동 형태는? (단, 물의 밀도는 998 kg/m^3, 점성계수는 0.001139 kg/m · sec이다.)

2013 09 28

㉮ 천이유동 ㉯ 층류 ㉰ 난류 ㉱ 와류

해설 지름(D)=65 mm=0.065 m, 유속(V)=2.8 m/sec, 밀도(ρ)=998 km/m^3
점성계수(μ)=0.001139 kg/m · sec

$$\text{레이놀즈 수(Re)} = \frac{\rho DV}{\mu} = \frac{998 \text{ kg/m}^3 \times 0.065 \text{ m} \times 2.8 \text{ m/sec}}{0.001139 \text{ kg/m} \cdot \text{sec}} = 159470(\text{난류})$$

정답 ㉰

42 수면의 면적이 10 m^2인 저수조에 계속적으로 1 m^3/min의 유량으로 물이 채워지고 있다. 화재초기에 수심은 2 m이었고 진화를 위해 2 m^3/min의 물을 계속 사용한다면, 이 저수조가 고갈될 때까지 약 몇 분 걸리겠는가? 2013 09 23

㉮ 15　　㉯ 20　　㉰ 25　　㉱ 30

해설 저수조 수량(V) = 초기저장량 + 유입유량 − 유출유량

$= 10\ m^2 \times 2\ m + 1\ m^3/min \times t(min) - 2\ m^3/min \times t(min)$

$= 20\ m^3 - 1\ m^3/min \times t(min)$

$V = 0 = 20 - 1 \times t$

$t = 20\ min$

정답 ㉯

43 입구면적이 0.1 m^2, 출구면적이 0.02 m^2인 수평한 노즐을 이용하여 공기(밀도 1.23 kg/m^3)를 대기로 10 m/sec의 속도로 분출하려 한다. 마찰을 무시하고 입출구에서 균일한 속도분포를 갖는다면, 이때 필요한 노즐입구의 계기압은? 2013 09 28

㉮ 59 Pa　　㉯ 590 Pa　　㉰ 5.9 Pa　　㉱ 59 kPa

해설 $A_1 = 0.1\ m^2,\ A_2 = 0.02\ m^2,\ \rho_1 = \rho_2 = 1.23\ kg/m^3$

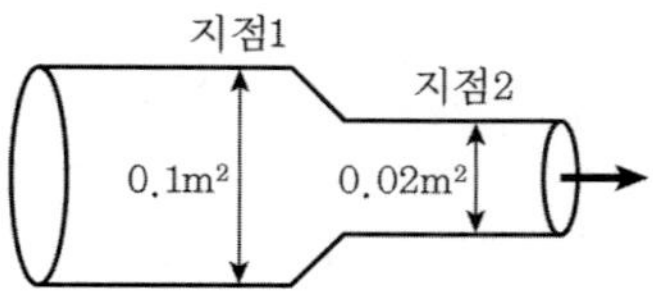

$\rho_1 A_1 V_1 = \rho_2 A_2 V_2$에서

$A_1 V_1 = A_2 V_2$

$0.1\ m^2 \times V_1 = 0.02\ m^2 \times V_2$

$V_2 = 5V_1$

$V_2 = 10\ m/sec$이므로 $V_1 = 2\ m/sec$

지점 1, 2에 대해 베르누이정리 적용

$$\frac{V_1^2}{2g} + \frac{p_1}{\gamma_{air}} + z_1 = \frac{V_2^2}{2g} + \frac{p_2}{\gamma_{air}} + z_2$$

$z_1 = z_2,\ p_2 = 0$

$$\frac{p_1}{\gamma_{air}} = \frac{V_2^2 - V_1^2}{2g}$$

$$p_1 = \gamma_{air} \times \frac{V_2^2 - V_1^2}{2g} = \rho g \times \frac{25V_1^2 - V_1^2}{2g} = \rho \times 12V_1^2$$

$= 1.23\ kg/m^3 \times 12 \times (2\ m/sec)^2 = 59 kg \cdot m/sec^2 \cdot m^2$

$= 59\ Pa$

정답 ㉮

44 유속 6 m/sec로 정상류의 물이 화살표 방향으로 흐르는 배관에 압력계와 피토계가 설치되어 있다. 이때 압력계의 계기압력이 300 kPa이었다면 피토계의 계기압력은 몇 kPa인가? (단, 중력가속도는 9.8 m/sec^{2}이다) 2013 09 28

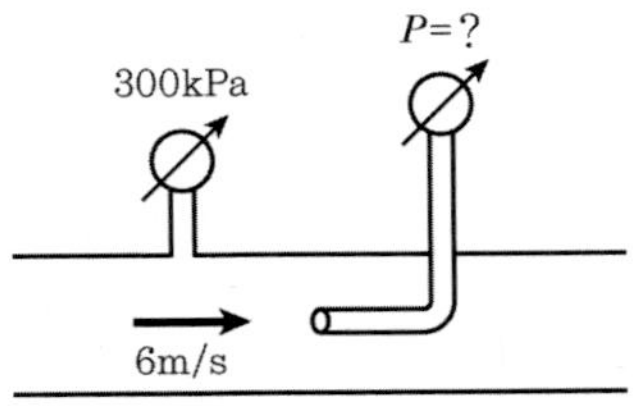

㉮ 180　　㉯ 280　　㉰ 318　　㉱ 336

해설 $V = 6\ m/sec = \sqrt{2gh} = \sqrt{2g\dfrac{\Delta p}{\gamma}} = \sqrt{2 \times 9.8\ m/sec \times \dfrac{\Delta p}{9.8\ kN/m^3}}$

$\Delta p = 18\ kN/m^2$

$\therefore\ P = 300\ kPa + 18\ kPa = 318\ kPa$

정답 ㉰

45 지름이 5 cm인 원형관에 어떤 이상기체가 흐르고 있다. 다음 중 이 기체의 흐름이 층류일 때 속도는? (단, 이 기체의 절대압력은 200 kPa, 온도는 27℃, 기체상수는 2080J/kg · °K, 점성계수는 2×10^{-5}N · sec/m^2, 층류에서 하임계 레이놀즈 값은 2200으로 한다.) 2014 03 02

㉮ 0.3 m/sec　　㉯ 2.8 m/sec
㉰ 8.3 m/sec　　㉱ 15.5 m/sec

해설 기체상수(R) = 2080J/kg · °K

PV = MRT (P : 압력, V : 체적, M : 질량, T : 절대온도)

$\rho = \dfrac{M}{V} = \dfrac{P}{RT} = \dfrac{200 \times 10^3\ N/m^2}{2080\ J/kg \cdot {}^\circ K \times (273+27)^\circ K} = 0.3205\ kg/m^3$

레이놀즈 수(Re) $= 2200 = \dfrac{\rho DV}{\mu}$

유속(V) $= \dfrac{2200\mu}{\rho D} = \dfrac{2200 \times 2 \times 10^{-5}\ N \cdot sec/m^2}{0.3205\ kg/m^3 \times 0.05\ m} = 2.8\ m/sec$

정답 ㉯

46 직경이 18 mm인 노즐을 사용하여 노즐압력 147 kPa로 옥내소화전을 방수하면 방수속도는 약 몇 m/sec인가?
2014 03 02

㉮ 10.3 ㉯ 14.7 ㉰ 16.3 ㉱ 17.1

해설 지름(D) = 18 mm = 0.018 m, 노즐압력(Δp) = 147 kPa

$$V = \sqrt{2gh} = \sqrt{2g\frac{\Delta p}{\gamma}} = \sqrt{2 \times 9.8\ \mathrm{m/sec^2} \times \frac{147\ \mathrm{kPa}}{9.8\ \mathrm{kN/m^3}}} = 17.1\ \mathrm{m/sec}$$

정답 ㉱

47 유체의 흐름에서 다음의 베르누이 방정식이 성립하기 위한 조건을 설명한 것으로 옳지 않은 것은?
2014 03 02

$$\frac{V_1^2}{2g} + \frac{p_1}{\gamma} + z_1 = \frac{V_2^2}{2g} + \frac{p_2}{\gamma} + z_2$$

㉮ 유체는 정상유동을 한다.
㉯ 비압축성 유체의 흐름으로 본다.
㉰ 적용되는 임의의 두 점은 같은 유선상에 있다.
㉱ 마찰에 의한 에너지 손실은 유체의 손실수두로 환산한다.

해설 Bernoulli식 유도의 가정

① 이상유체(ideal fluid) : 비점성 유체, 비압축성 유체 가정
② 에너지손실(비점성 유체의 마찰손실)를 고려하지 않음
③ 정상류(steady flow, $\frac{\partial v}{\partial t} = 0$)을 가정
④ 유선(stream line)을 따라 성립

정답 ㉱

48 펌프의 일과 손실을 고려할 때 베르누이 수정방정식을 바르게 나타낸 것은? (단, H_P와 H_L은 펌프의 수두와 손실수두를 나타내며, 하첨자 1, 2는 각각 펌프의 전후 위치를 나타낸다.)
2014 03 02

㉮ $\frac{V_1^2}{2g} + \frac{p_1}{\gamma} + z_1 = \frac{V_2^2}{2g} + \frac{p_2}{\gamma} + H_L$

㉯ $\frac{V_1^2}{2g}+\frac{p_1}{\gamma}+z_1+H_P=\frac{V_2^2}{2g}+\frac{p_2}{\gamma}+H_L$

㉰ $\frac{V_1^2}{2g}+\frac{p_1}{\gamma}+H_P=\frac{V_2^2}{2g}+\frac{p_2}{\gamma}+Z_2+H_L$

㉱ $\frac{V_1^2}{2g}+\frac{p_1}{\gamma}+z_1+H_P=\frac{V_2^2}{2g}+\frac{p_2}{\gamma}+z_2+H_L$

해설 펌프에 의한 수두증가(H_P)는 전반부에, 손실수두에 수두감소(H_L)는 후반부에 고려해주어야 한다.

정답 ㉱

49 굴뚝에서 나온 연기형상을 촬영하였다면 이 형상은 다음 중 무엇에 가장 가까운가? 2014 03 02

㉮ 유선(stream line) ㉯ 유맥선(streak line)
㉰ 시간선(time line) ㉱ 유적선(path line)

해설 유맥선은 사진촬영시에 나타나는 유체의 이동경로선이다.

정답 ㉯

50 풍동에서 유속을 측정하기 위하여 피토정압관을 사용하였다. 이때 비중이 0.8인 알코올의 높이 차이가 10 cm이었다. 압력이 101.3 kPa이고, 온도가 20℃일 때 풍동에서 공기의 속도는 약 몇 m/sec인가? (단, 공기의 기체상수는 287 N · m/kg · °K이다) 2014 05 25

㉮ 26.5 ㉯ 28.5 ㉰ 29.4 ㉱ 36.1

해설 기체상수(R) = 287 N · m/kg · °K

PV = MRT (P : 압력, V : 체적, M : 질량, T : 절대온도)

$$\rho=\frac{M}{V}=\frac{P}{RT}=\frac{101.3\times10^3\ \text{N/m}^2}{287\ \text{N}\cdot\text{m/kg}\cdot{}^\circ\text{K}\times(273+20)^\circ\text{K}}=1.2\ \text{kg/m}^3$$

지점 1, 2에 대해 베르누이 정리 적용

$$\frac{V_1^2}{2g}+\frac{p_1}{\gamma_{air}}+z_1=\frac{V_2^2}{2g}+\frac{p_2}{\gamma_{air}}+z_2$$

$z_1=z_2,\ V_2=0$

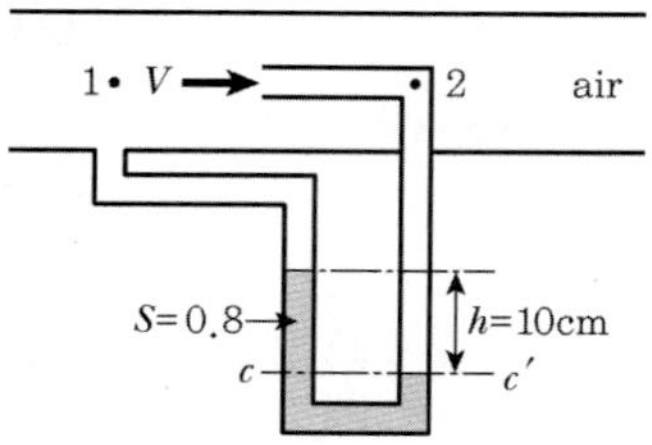

$$\frac{V_1^2}{2g}+\frac{p_1}{\gamma_{air}}=\frac{p_2}{\gamma_{air}}$$

c, c′ 지점의 압력은 동일

$$p_c = p_{c'}$$

$$p_c = p_1 + 0.8\gamma_w \times 0.1\ m$$

$$p_{c'} = p_2 + \gamma_{air} \times 0.1\ m$$

$$p_1 + 0.8\gamma_w \times 0.1\ m = p_2 + \gamma_{air} \times 0.1\ m$$

$$p_2 - p_1 = 0.1\ m \times (0.8\gamma_w - \gamma_{air})$$

$\frac{V_1^2}{2g}+\frac{p_1}{\gamma_{air}}=\frac{p_2}{\gamma_{air}}$ 에서

$$\frac{V_1^2}{2g}=\frac{p_2-p_1}{\gamma_{air}}=\frac{0.1\ m \times (0.8\gamma_w - \gamma_{air})}{\gamma_{air}}$$

$$V = V_1 = \sqrt{2g \times 0.1(m) \times \frac{(0.8\gamma_w-\gamma_{air})}{\gamma_{air}}} = \sqrt{2g \times 0.1(m) \times \frac{(0.8\rho_w-\rho_{air})}{\rho_{air}}}$$

$$= \sqrt{2 \times 9.8 \times 0.1 \times \frac{(800-1.2)}{1.2}} = 36.1\ m/sec$$

정답 ㉣

51 그림과 같은 물탱크에서 원형형상의 출구를 통해 물이 유출되고 있다. 출구의 형상을 동일한 단면적의 사각형으로 변경했을 때 유출되는 유량의 변화는? (단, 사각 및 원형형상 출구의 손실계수는 각각 0.5 및 0.04이다) 2014 05 25

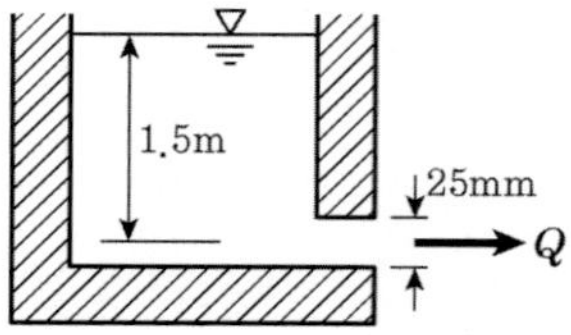

㉮ 0.00044 m^3/sec만큼 증가한다.
㉯ 0.00044 m^3/sec만큼 감소한다.
㉰ 0.00088 m^3/sec만큼 증가한다.
㉱ 0.00088 m^3/sec만큼 감소한다.

해설 지점 1, 2에 대해 베르누이정리 적용

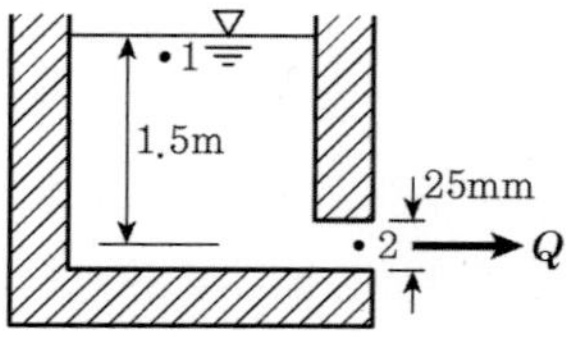

$$\frac{V_1^2}{2g}+\frac{p_1}{\gamma}+z_1=\frac{V_2^2}{2g}+\frac{p_2}{\gamma}+z_2+h_L$$

$$V_1 = 0,\ p_1 = p_2 = 0,\ z_1 = z_2 + 1.5\ m$$

$$h_L = K \cdot \frac{V^2}{2g}$$ (h_L : 손실수두, K : 손실계수)

① 사각출구인 경우 $K = K_R = 0.5$

$$1.5\ m = \frac{V_R^2}{2g} + 0.5 \times \frac{V_R^2}{2g} = 1.5\frac{V_R^2}{2g}$$

$V_R = \sqrt{2g \cdot 1\,m} = 4.427\,m/sec$

$Q_R = A \times V_R$

$= \left(\frac{\pi}{4} \times \left(\frac{25\,m}{1000}\right)^2\right) \times 4.427\,m/sec$

$= 0.002173\,m^3/sec$

② 원형출구인 경우 $K = K_C = 0.04$

$1.5\,m = \frac{V_c^2}{2g} + 0.04 \times \frac{V_c^2}{2g} = 1.04 \times \frac{V_c^2}{2g}$

$V_c = \sqrt{2g \times \frac{1.5}{1.04}} = 5.317\,m/sec$

$Q_c = V_c \times A$

$= 5.317\,m/sec \times \frac{\pi}{4} \times \left(\frac{25\,m}{1000}\right)$

$= 0.00261\,m^3/sec$

③ 유량차이

$Q_c - Q_R = 0.00261 - 0.002173 = 0.00044\,m^3/sec$

정답 ㉯

52 관 내에 흐르는 유체의 흐름을 구분하는 데 사용되는 레이놀즈 수의 물리적 의미는? 2014 05 25

㉮ 관성력/중력
㉯ 관성력/탄성력
㉰ 관성력/점성력
㉱ 관성력/압축력

해설 레이놀즈 수는 점성력과 관성력의 비를 나타낸다.

정답 ㉰

53 오일러의 운동방정식은 유체운동에 대하여 어떠한 관계를 표시하는가? 2014 05 25

㉮ 유체입자의 운동경로와 힘의 관계를 나타낸다.
㉯ 유선에 따라 유체의 질량이 어떻게 변화하는가를 나타낸다.
㉰ 유체가 가지는 에너지와 이 것이 하는 일과의 관계를 나타낸다.
㉱ 비점성운동에서 유선상의 한 점을 통과하는 유체입자의 가속도와 그것에 미치는 힘과의 관계를 나타낸다.

해설 오일러운동방정식은 비점성운동에서 유선상의 한 점을 통과하는 유체입자의 가속도와 그것에 미치는 힘과의 관계를 나타낸다.

정답 ㉱

54 에너지선에 대한 설명으로 옳은 것은? 2014 09 20

㉮ 수력구배선보다 아래에 있다.
㉯ 압력수두와 속도수두의 합이다.
㉰ 속도수두와 위치수두의 합이다.
㉱ 수력구배선보다 속도수두만큼 위에 있다.

해설 에너지선은 수력기울기선보다 속도수두($\frac{V^2}{2g}$)만큼 위에 위치한다.

정답 ㉱

55 노출선단에서의 방사압력을 측정하였더니 200 kPa(계기압력)이었다면 이때 물의 순간 유출속도는 몇 m/sec인가? 2014 09 20

㉮ 10 ㉯ 14.1 ㉰ 20 ㉱ 28.3

해설 $p = 200\ \text{kPa}$

$$V = \sqrt{2gh} = \sqrt{2g \cdot \frac{p}{\gamma}}$$
$$= \sqrt{2 \times 9.8\ \text{m/sec}^2 \times \frac{200\ \text{kPa}}{9.8\ \text{kN/m}^3}}$$
$$= 20\ \text{m/sec}$$

정답 ㉰

56 그림과 같이 두 개의 가벼운 공의 사이로 빠른 기류를 불어 넣으면 두 개의 공은 어떻게 되겠는가? 2014 09 20

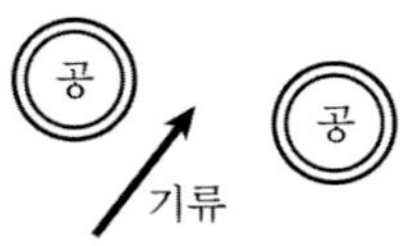

㉮ 뉴턴의 법칙에 따라 벌어진다.
㉯ 뉴턴의 법칙에 따라 가까워진다.
㉰ 베르누이의 법칙에 따라 벌어진다.
㉱ 베르누이의 법칙에 따라 가까워진다.

해설 베르누이법칙에 따라 공 사이의 유속이 빨라지면 압력이 낮아지므로 두 공은 가까워진다.

정답 ㉱

57 베르누이 방정식을 실제유체에 적용시키려면? 2014 09 20

㉮ 손실수두의 항을 삽입시키면 된다.
㉯ 실제 유체에는 적용이 불가능하다.
㉰ 베르누이 방정식의 위치수두를 수정하여야 한다.
㉱ 베르누이 방정식은 이상유체와 실제유체에 같이 적용된다.

해설 베르누이법칙을 실제 유체에 적용하기 위해서는 손실수두를 추가로 고려해야 한다.

정답 ㉮

58 그림과 같이 지름이 300 mm에서 200 mm로 축소된 관으로 물이 흐를 때 질량유량이 130 kg/sec라면 작은 관에서의 평균속도는 약 몇 m/sec인가? 2014 09 20

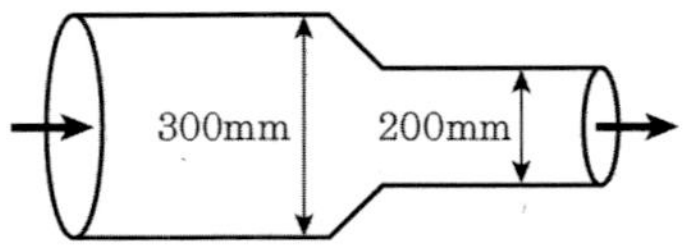

㉮ 3.84 ㉯ 4.14 ㉰ 6.24 ㉱ 18.4

해설 질량유량(M) $= \rho \cdot A \cdot V = 130\ \text{kg/sec} = 1000\ \text{kg/m}^3 \times \frac{\pi}{4} \times (0.2\ \text{m})^2 \times V$

$V = 4.14\ \text{m/sec}$

정답 ㉯

59 물탱크에 담긴 수면의 높이가 10 m일 때, 물탱크 바닥에 구멍이 생겨서 10 L/sec만큼 물이 유출되고 있다. 원형구멍의 지름은 약 몇 cm인가? (단, 구멍의 유량 보정계수는 0.6이다) 2014 09 20

㉮ 2.7 ㉯ 3.1 ㉰ 3.5 ㉱ 3.9

해설 $V = \sqrt{2gh} = \sqrt{2 \times 9.8\text{m/sec}^2 \times 10\text{ m}} = 14\text{ m/sec}$

유량(Q) $= C_Q \times A \times V = 0.6 \times \frac{\pi}{4} \times D^2 \times 14\text{ m/sec} = 10\text{ L/sec}$

$$D = \left(\frac{10\text{ L/min} \times \frac{1\text{ m}^3}{1000\text{ L}}}{0.6 \times \frac{\pi}{4} \times 14\text{ m/sec}} \right)^{0.5} = 0.039\text{ m} = 3.9\text{ cm}$$

정답 ㉱

60 지름 4 cm의 파이프로 기름(점성계수 0.38 Pa · sec)이 분당 200 kg씩 흐를 때 레이놀즈(Reynolds) 수는 다음 중 어느 값의 범위에 속하는가? 2014 09 20

㉮ 100 미만 ㉯ 100 이상 500 미만
㉰ 500 이상 1500 미만 ㉱ 1500 이상

해설 지름(D) = 4 cm = 0.04 m, 점성계수(μ) = 0.38 Pa · sec, 질량유량(M) = 200 kg/min

$$M = \rho \cdot A \cdot V = \rho \times \frac{\pi}{4} \times (0.04\text{ m})^2 \times V = 200\text{ kg/min}$$

$$\rho \cdot V = \frac{200\text{kg/min}}{\frac{\pi}{4} \times (0.04\text{m})^2} = \frac{200\text{ kg/min} \times 1\text{ min/60 sec}}{\frac{\pi}{4} \times (0.04\text{ m})^2} = 2652.6\text{kg/m}^2 \cdot \text{sec}$$

$$\text{레이놀즈 수(Re)} = \frac{\rho D V}{\mu} = \frac{2652.6\text{ kg/m}^2 \cdot \text{sec} \times 0.04\text{ m}}{0.38\text{ N/m}^2 \cdot \text{sec}} = 279.2$$

정답 ㉯

61 노즐의 계기압력 400 kPa로 방사되는 옥내소화전에서 저수조의 수량이 10 m^{3}라면 저수조의 물이 전부 소비되는 데 걸린 시간은 약 몇 분인가? (단, 노즐의 직경은 10 mm이다.) 2015 03 08

㉮ 75 ㉯ 95 ㉰ 150 ㉱ 180

해설 저수량(V) = 10 m³, 압력(p) = 400 kPa, 직경(D) = 10 mm = 0.01 m

방사유량(Q) = A × v

저수량(V) = 방사유량(Q) × 방사시간(t) (V: 저수량, v : 유속)

$$V = Q \times t = A \times \sqrt{2g\frac{p}{\gamma}} \times t$$

$$t = \frac{V}{A \times \sqrt{2g\frac{p}{\gamma}}}$$

$$= \frac{10\ m^3}{\frac{\pi}{4} \times (0.01\ m)^2 \times \sqrt{2 \times 9.8\ m/sec^2 \times \frac{400\ kPa}{9.8\ kN/m^3}}}$$

$$= 4504sec \approx 75min$$

정답 ㉮

62 물의 유속을 측정하기 위해 피토관을 사용하였다. 동압이 60 mm Hg이면 유속은 몇 m/sec인가? (단, 수은의 비중은 13.6이다) 2015 03 08

㉮ 2.7　　㉯ 3.5　　㉰ 3.7　　㉱ 4.0

해설 동압(p) $= \gamma_m \times \left(\frac{60\ m}{1000}\right) = 13.6\gamma_w \times 0.06\ m$

$$= 13.6 \times 9.8\ kN/m^3 \times 0.06\ m = 8.0\ kN/m^2$$

$$V = \sqrt{2gh} = \sqrt{2g \times \frac{p}{\gamma}}$$

$$= \sqrt{2 \times 9.8\ m/sec^2 \times \frac{8.0\ kN/m^2}{9.8\ kN/m^3}}$$

$$= 4\ m/sec$$

정답 ㉱

63 온도 50℃, 압력 100 kPa인 공기가 지름 10 mm인 관 속을 흐르고 있다. 임계 레이놀즈수가 2100일 때 층류로 흐를 수 있는 최대 평균속도(V)와 유량(Q)은 각각 약 얼마인가? (단, 공기의 점성계수는 19.5×10^{-6} kg/m · sec이며, 기체상수는 287J/kg · °K이다.) 2015 03 08

㉮ V = 0.6 m/s, Q = 0.5×10^{-4} m³/s　　㉯ V = 1.9 m/s, Q = 1.5×10^{-4} m³/s

㉰ V = 3.8 m/s, Q = 3.0×10^{-4} m³/s　　㉱ V = 5.8 m/s, Q = 6.1×10^{-4} m³/s

해설 온도 = 50℃, 압력 = 100 kPa, 지름(D) = 10 mm = 0.01 m

PV = MRT에서

$$\text{밀도}(\rho) = \frac{M}{V} = \frac{P}{RT} = \frac{100\text{ kPa} \times \frac{10^3\text{ N/m}^2}{\text{kPa}}}{287\text{ J/kg}\cdot{}^\circ\text{K} \times (273+50)^\circ\text{K}} = 1.08\text{ kg/m}^3$$

$$\text{레이놀즈 수}(Re) = \frac{\rho DV}{\mu} = 2100$$

$$\text{유속}(V) = \frac{2100\mu}{\rho D} = \frac{2100 \times 19.5 \times 10^{-6}\text{ kg/m}\cdot\text{sec}}{1.08\text{ kg/m}^3 \times 0.01\text{ m}} = 3.792\text{ m/sec}$$

$$\text{유량}(Q) = A \times V = \frac{\pi}{4} \times (0.01\text{m})^2 \times 3.792\text{ m/sec} = 3.0 \times 10^{-4}\text{ m}^3\text{/sec}$$

정답 ㉰

64 관 내에서 물이 평균속도 9.8 m/sec로 흐를 때의 속도수두는 몇 m인가? 2015 03 08

㉮ 4.9 ㉯ 9.8 ㉰ 48 ㉱ 128

해설 $\text{속도수두} = \frac{V^2}{2g} = \frac{(9.8\text{ m/sec})^2}{2 \times 9.8\text{ m/sec}^2} = 4.9\text{ m}$

정답 ㉮

65 500 mm×500 mm인 4각관과 원형관을 연결하여 유체를 흘려보낼 때, 원형관 내 유속이 4각관 내 유속의 두 배가 되려면 관의 지름을 약 몇 cm로 하여야 하는가? 2015 03 08

㉮ 37.14 ㉯ 38.12 ㉰ 39.89 ㉱ 41.32

해설 $\text{유량}(Q) = A_r \times V_r = A_c \times V_c = A_c \times (2V_r)$

여기서, A_r : 사각관 단면적

V_r : 사각관 유속

A_c : 원형관 단면적

V_c : 원형관 유속($= 2V_r$)

$$0.5\text{ m} \times 0.5\text{ m} \times V_r = \frac{\pi}{4} \times D^2 \times (2V_r)$$

$$D = \sqrt{0.5\text{ m} \times 0.5\text{ m} \times \frac{2}{\pi}} = 0.3989\text{ m} = 39.89\text{ cm}$$

정답 ㉰

66 피토관으로 파이프 중심선에서의 유속을 측정할 때 피토관의 액주높이가 5.2 m, 정압튜브의 액주 높이가 4.2 m를 나타낸다면 유속은 약 몇 m/sec인가?(단, 물의 밀도 1,000 kg/m^3) 2015 05 31

㉮ 2.8
㉯ 3.5
㉰ 4.4
㉱ 5.8

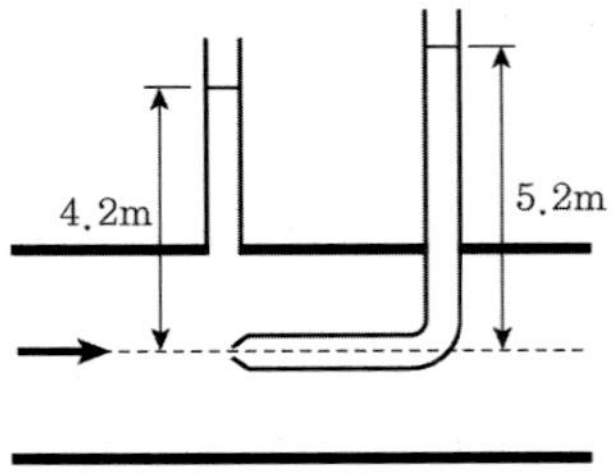

해설 $V = \sqrt{2gh} = \sqrt{2 \times 9.8\ m/sec^2 \times (5.2-4.2)m} = 4.43\ m/sec$

정답 ㉰

67 압력 200 kPa, 온도 400°K의 공기가 10 m/s의 속도로 흐르는 지름 10 cm의 원관이 지름 20 cm의 원관에 연결된 다음 압력 180 kPa, 온도 350°K로 흐른다. 공기가 이상기체라면 정상상태에서 지름 20 cm인 원관에서의 공기의 속도(m/sec)는? 2015 05 31

㉮ 2.43 ㉯ 2.50 ㉰ 2.67 ㉱ 4.50

해설 $PV = MRT$에서

$$\text{밀도}(\rho) = \frac{M}{V} = \frac{P}{RT}$$

$$\text{질량유량} = \rho_1 \times A_1 \times V_1 = \rho_2 \times A_2 \times V_2$$

$$\left(\frac{P_1}{RT_1}\right) \times A_1 \times V_1 = \left(\frac{P_2}{RT_2}\right) \times A_2 \times V_2$$

$$V_2 = \frac{P_1}{P_2} \times \frac{T_2}{T_1} \times \frac{A_1}{A_2} \times V_1 = \frac{200\ kPa}{180\ kPa} \times \frac{350°K}{400°K} \times \frac{\frac{\pi}{4} \times (0.1\ m)^2}{\frac{\pi}{4} \times (0.2\ m)^2} \times 10\ m/sec$$

$$= 2.43\ m/sec$$

정답 ㉮

68 펌프로부터 분당 150ℓ의 소방용수가 토출되고 있다. 토출 배관의 내경이 65 mm일 때 레이놀즈 수는 약 얼마인가? (단, 물의 점성계수는 0.001 kg/m · sec로 한다.) 2015 05 31

㉮ 1300 ㉯ 5400 ㉰ 49000 ㉱ 82000

해설 유량(Q) $= 150\ \text{L/min} = 0.15\ \text{m}^3/\text{min} = \dfrac{0.15}{60}\ \text{m}^3/\text{sec}$

내경(D) $= 65\ \text{mm} = 0.065\ \text{m}$

유속(V) $= \dfrac{Q}{A} = \dfrac{\dfrac{0.15}{60}\ \text{m}^3/\text{sec}}{\dfrac{\pi}{4} \times (0.065\ \text{m})^2} = 0.753\ \text{m/sec}$

레이놀즈 수(Re) $= \dfrac{\rho DV}{\mu}$

$= \dfrac{1000\ \text{kg/m}^3 \times 0.065\ \text{m} \times 0.753\ \text{m/sec}}{0.001\ \text{kg/m} \cdot \text{sec}}$

$= 48970$

정답 ㉰

69 물이 들어 있는 탱크에 수면으로부터 20 m 깊이에 지름 50 mm의 오리피스가 있다. 이 오리피스에서 흘러나오는 유량은 약 몇 m^3/min인가? (단, 탱크의 수면 높이는 일정하고 모든 손실은 무시한다.) 2015 05 31

㉮ 1.3 ㉯ 2.3 ㉰ 3.3 ㉱ 4.3

해설 유량(Q) $= AV = \dfrac{\pi}{4} \times D^2 \times \sqrt{2gh}$

$= \dfrac{\pi}{4} \times (0.05\ \text{m})^2 \times \sqrt{2 \times 9.8\ \text{m/sec}^2 \times 20\ \text{m}}$

$= 0.0389\ \text{m}^3/\text{sec}$

$= 0.0389\ \text{m}^3/\text{sec} \times \dfrac{60\ \text{sec}}{\text{min}}$

$= 2.33\ \text{m}^3/\text{min}$

정답 ㉯

70 392 N/sec의 물이 지름 20 cm의 관속에 흐르고 있을 때 평균속도는 약 몇 m/sec인가? 2015 09 19

㉮ 0.127 ㉯ 1.27 ㉰ 2.27 ㉱ 12.7

해설 중량유량(G) = $\gamma \cdot A \cdot V = 392\ N/sec$

$$V = \frac{392\ N/sec}{\gamma \cdot A} = \frac{392\ N/sec}{9800\ N/m^3 \times \frac{\pi}{4} \times (0.2m)^2} = 1.27\ m/sec$$

정답 ㉯

71 레이놀즈 수에 대한 설명으로 옳은 것은? 2015 09 19

㉮ 정상류와 비정상류를 구별하여 주는 척도가 된다.
㉯ 실제유체와 이상유체를 구별하여 주는 척도가 된다.
㉰ 층류와 난류를 구별하여 주는 척도가 된다.
㉱ 등류와 비등류를 구별하여 주는 척도가 된다.

해설 레이놀즈 수는 층류와 난류를 구분하여 주는 척도이다.

정답 ㉰

72 그림과 같이 크기가 다른 관이 접속된 수평배관 내에 화살표 방향으로 정상류의 물이 흐르고 있고 두 개의 압력계 A, B가 각각 설치되어 있다. 압력계 A, B에서 지시하는 압력을 각각 P_A, P_B라고 할 때 P_A와 P_B의 관계로 옳은 것은? 2015 09 19

㉮ $P_A > P_B$
㉯ $P_A < P_B$
㉰ $P_A = P_B$
㉱ 이 조건만으로는 판단할 수 없다.

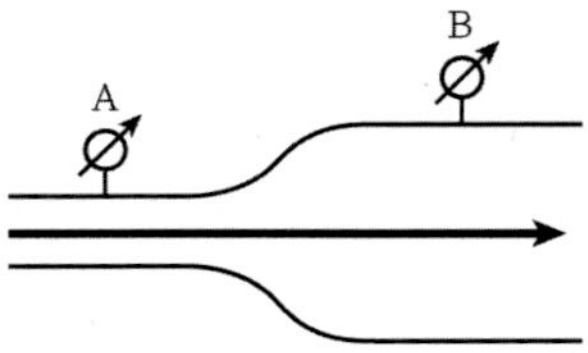

해설 A지점의 단면적이 작으므로 B지점에 비해 A지점에서 유속은 크고 압력은 작게된다.

정답 ㉯

73 안지름 30 cm의 원관 속을 절대압력 0.32 MPa, 온도 27℃인 공기가 4 kg/sec로 흐를 때 이 원관 속을 흐르는 공기의 평균속도는 약 몇 m/sec인가? (단, 공기의 기체상수 $R = 287\ J/kg \cdot °K$이다.) 2016 03 06

㉮ 15.2 ㉯ 20.3 ㉰ 25.2 ㉱ 32.5

해설 온도 = 27℃, 압력 = 0.32 MPa = 320 kPa, 지름(D) = 30 cm = 0.3 m
PV = MRT에서

$$밀도(\rho) = \frac{M}{V} = \frac{P}{RT} = \frac{320\ \text{kPa} \times \frac{10^3\ \text{N/m}^2}{\text{kPa}}}{287\ \text{J/kg}\cdot{}^\circ\text{K} \times (273+27)^\circ\text{K}} = 3.72\ \text{kg/m}^3$$

질량유량 = $\rho \cdot A \cdot V = 4\ \text{kg/sec}$

$$V = \frac{4\ \text{kg/sec}}{\rho \cdot A} = \frac{4\ \text{kg/sec}}{3.72\ \text{kg/m}^3 \times \frac{\pi}{4} \times (0.3\ \text{m})^2} = 15.2\ \text{m/sec}$$

정답 ㉮

74 경사진 관로의 유체흐름에서 수력기울기선의 위치로 옳은 것은? 2016 03 06

㉮ 언제나 에너지선보다 위에 있다.
㉯ 에너지선보다 속도수두만큼 아래에 있다.
㉰ 항상 수평이 된다.
㉱ 개수로의 수면보다 속도수두만큼 위에 있다.

해설 에너지선은 수력기울기선보다 속도수두($\frac{V^2}{2g}$)만큼 위에 위치한다.

정답 ㉯

75 안지름 50 mm인 관에 동점성계수 2×10^{-3} cm²/sec인 유체가 흐르고 있다. 층류로 흐를 수 있는 최대 유량은 약 얼마인가? (단, 임계 레이놀즈 수는 2100으로 한다.)
2016 03 06

㉮ 16.5 cm³/sec ㉯ 33 cm³/sec
㉰ 49.5 cm³/sec ㉱ 66 cm³/sec

해설 레이놀즈 수(Re) = $\frac{DV}{\nu} = 2100$

$$V = 2100 \times \frac{\nu}{D} = \frac{2100 \times 2 \times 10^{-3}\ \text{cm}^2/\text{sec}}{5\ \text{cm}} = 0.84\ \text{cm/sec}$$

$$유량(Q) = AV = \frac{\pi}{4} \times (5\ \text{cm})^2 \times 0.84\ \text{cm/sec} = 16.5\ \text{cm}^3/\text{sec}$$

정답 ㉮

76 관의 단면적이 0.6 m^2에서 0.2 m^2로 감소하는 수평 원형 축소관으로 공기를 수송하고 있다. 관 마찰손실은 없는 것으로 가정하고 7.26 N/sec의 공기가 흐를 때 압력감소는 몇 Pa인가? (단, 공기의 밀도는 1.23 kg/m^3이다.) 2016 03 06

㉮ 4.96　　㉯ 5.58　　㉰ 6.20　　㉱ 9.92

해설 $A_1 = 0.6\ m^2$, $A_2 = 0.2\ m^2$, 공기밀도$(\rho_{air}) = 1.23\ kg/m^3$

중량유량(G) $= \gamma_{air}A_1V_1 = \gamma_{air}A_2V_2 = 7.26\ N/sec$

$$\rho_{air} \times g \times A_1 \times V_1 = 7.26\ N/sec$$

$$V_1 = \frac{7.26\ N/sec}{1.23\ kg/m^3 \times 9.8\ m/sec^2 \times 0.6\ m^2} = 1.004\ m/sec$$

$$V_2 = V_1 \times \left(\frac{A_1}{A_2}\right) = 1.004 \times \left(\frac{0.6}{0.2}\right) = 3.011\ m/sec$$

지점 1, 2에 베르누이정리 적용

$$\frac{V_1^2}{2g} + \frac{p_1}{\gamma_{air}} + z_1 = \frac{V^2}{2g} + \frac{p_2}{\gamma_{air}} + z_2$$

$z_1 = z_2$이므로

$$\frac{(p_1 - p_2)}{\gamma_{air}} = \frac{V_2^2 - V_1^2}{2g}$$

$$p_1 - p_2 = \frac{\gamma_{air}}{2g} \times (V_2^2 - V_1^2)$$

$$= \frac{\rho_{air} \times g}{2g} \times (V_2^2 - V_1^2)$$

$$= \frac{1}{2} \times 1.23\ kg/m^3 \times (3.011^2 - 1.004^2)(m/sec)^2$$

$$= 4.96\ kg \cdot m/sec^2 \cdot m^2$$

$$= 4.96\ Pa$$

정답 ㉮

77 안지름이 15 cm인 소화용 호스에 물이 질량유량 100 kg/sec로 흐르는 경우 평균 유속은 약 몇 m/sec인가? 2016 03 06

㉮ 1.0　　㉯ 1.41　　㉰ 3.18　　㉱ 5.66

해설 질량유량(M) $= \rho \times A \times V = 100\ kg/sec$

$$V = \frac{100\ \text{kg/sec}}{\rho \times A} = \frac{100\ \text{kg/sec}}{1000\ \text{kg/m}^3 \times \frac{\pi}{4} \times (0.15\ \text{m})^2} = 5.66\ \text{m/sec}$$

정답 ㉱

78 배연설비의 배관을 흐르는 공기의 유속을 피토정압관으로 측정할 때 정압단과 정체압단에 연결된 U자관의 수은기둥 높이 차가 0.03 m이었다. 이때 공기의 속도는 약 몇 m/sec인가? (단, 공기의 비중은 0.00122, 수은의 비중은 13.6이다.) 2016 05 08

㉮ 81　　㉯ 86　　㉰ 91　　㉱ 96

해설 공기의 비중=0.00122

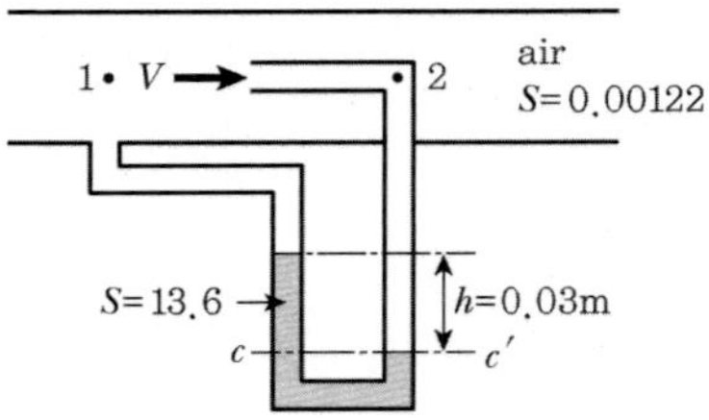

지점 1, 2에 대해 베르누이 정리 적용

$$\frac{V_1^2}{2g} + \frac{p_1}{\gamma_{air}} + z_1 = \frac{V_2^2}{2g} + \frac{p_2}{\gamma_{air}} + z_2$$

$z_1 = z_2$, $V_2 = 0$

$$\frac{V_1^2}{2g} + \frac{p_1}{\gamma_{air}} = \frac{p_2}{\gamma_{air}}$$

c, c′ 지점의 압력은 동일

$p_c = p_{c'}$

$p_c = p_1 + 13.6\gamma_w \times 0.03\ \text{m}$

$p_{c'} = p_2 + \gamma_{air} \times 0.03\ \text{m}$

$p_1 + 13.6\gamma_w \times 0.03\ \text{m} = p_2 + \gamma_{air} \times 003\ \text{m}$

$p_2 - p_1 = 0.03\ \text{m} \times (13.6\gamma_w - \gamma_{air})$

$\frac{V_1^2}{2g} + \frac{p_1}{\gamma_{air}} = \frac{p_2}{\gamma_{air}}$ 에서

$$\frac{V_1^2}{2g} = \frac{p_2 - p_1}{\gamma_{air}} = \frac{0.03\ \text{m} \times (13.6\gamma_w - \gamma_{air})}{\gamma_{air}}$$

$$V = V_1 = \sqrt{2g \times 003(\text{m}) \times \frac{(13.6\gamma_w - \gamma_{air})}{\gamma_{air}}}$$

$$= \sqrt{2g \times 0.03(\text{m}) \times \frac{(13.6\rho_w - \rho_{air})}{\rho_{air}}}$$

$$= \sqrt{2 \times 9.8 \times 0.03 \times \frac{(13.6 - 0.00122)}{0.00122}}$$

$= 81\ \text{m/sec}$

정답 ㉮

79 그림과 같은 수조에 0.3 m×1.0 m크기의 사각수문을 통하여 유출되는 유량은 몇 m^3/sec인가? (단, 마찰손실은 무시하고 수조의 크기는 매우 크다고 가정한다.) 2016 05 08

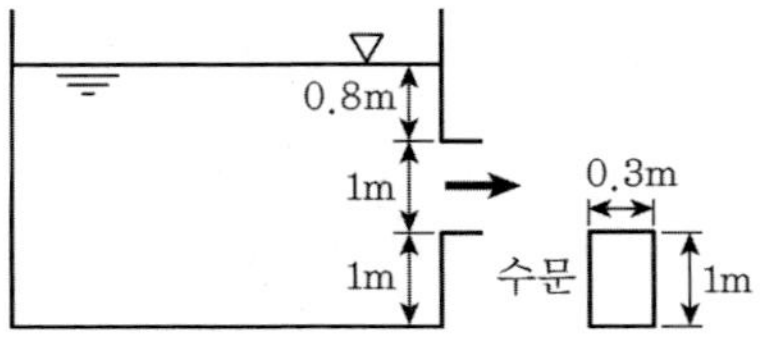

㉮ 1.3 ㉯ 1.5 ㉰ 1.7 ㉱ 1.9

해설 유량(Q) $= A \times V = (0.3\ m \times 1\ m) \times \sqrt{2gh}$

$= (0.3\ m \times 1\ m) \times \sqrt{2g \times (0.8\ m + 0.5\ m)}$

$= (0.3m \times 1m) \times \sqrt{2 \times 9.8m/sec^2 \times (0.8m + 0.5m)}$

$= 1.514m^3/sec$

정답 ㉯

80 액체가 일정한 유량으로 파이프를 흐를 때 유체속도에 대한 설명으로 틀린 것은? 2016 05 08

㉮ 관 지름에 반비례한다.
㉯ 관 단면적에 반비례한다.
㉰ 관 지름의 제곱에 반비례한다.
㉱ 관 반지름의 제곱에 반비례한다.

해설 유속(V) $= \frac{Q}{A} = \frac{Q}{\left(\frac{\pi}{4} \times D^2\right)} = \frac{Q}{\pi r^2}$

(A: 단면적, V: 유속, D: 직경, r: 반경)
유체속도는 관지름(또는 반지름)의 제곱에 반비례한다.

정답 ㉮

81 직경 50 cm의 배관 내를 유속 0.06 m/sec의 속도로 흐르는 물의 유량은 약 몇 L/min인가? 2016 10 01

㉮ 153 ㉯ 255 ㉰ 338 ㉱ 707

해설 유량(Q) $= A \times V = \frac{\pi}{4} \times (0.5\ m)^2 \times 0.06\ m/sec$

$$= 0.0118\ m^3/sec = 0.0118\ m^3/sec \times \frac{60\ sec}{1\ min} \times \frac{1000\ L}{1\ m^3}$$

$$= 707\ L/min$$

정답 ㉱

82 지름이 15 cm인 관에 질소가 흐르는데, 피토관에 의한 마노미터는 4 cmHg의 차를 나타냈다. 유속은 약 몇 m/s인가? (단, 질소의 비중은 0.00114, 수은의 비중은 13.6, 중력가속도는 9.8 m/sec^{2}이다.)
2016 10 01

㉮ 76.5 ㉯ 85.6 ㉰ 96.6 ㉱ 105.6

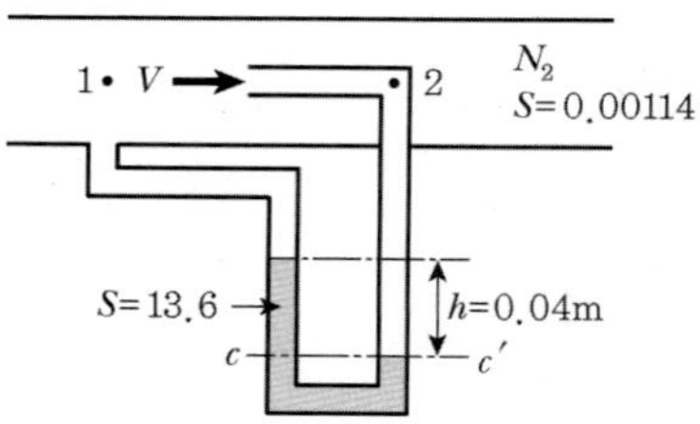

해설 N_2가스의 비중=0.00114

지점 1, 2에 대해 베르누이 정리 적용

$$\frac{V_1^2}{2g} + \frac{p_1}{\gamma_{N_2}} + z_1 = \frac{V_2^2}{2g} + \frac{p_2}{\gamma_{N_2}} + z_2$$

$$z_1 = z_2,\ V_2 = 0$$

$$\frac{V_1^2}{2g} + \frac{p_1}{\gamma_{N_2}} = \frac{p_2}{\gamma_{N_2}}$$

c, c′지점의 압력은 동일

$$p_c = p_{c'}$$

$$p_c = p_1 + 13.6\gamma_w \times 0.04\ m$$

$$p_{c'} = p_2 + \gamma_{N_2} \times 0.04\ m$$

$$p_1 + 13.6\gamma_w \times 0.04\ m = p_2 + \gamma_{N_2} \times 0.04\ m$$

$$p_2 - p_1 = 0.04\ m \times (13.6\gamma_w - \gamma_{N_2})$$

$\frac{V_1^2}{2g} + \frac{p_1}{\gamma_{N_2}} = \frac{p_2}{\gamma_{N_2}}$에서

$$\frac{V_1^2}{2g} = \frac{p_2 - p_1}{\gamma_{N_2}} = \frac{0.04\ m \times (13.6\gamma_w - \gamma_{N_2})}{\gamma_{N_2}}$$

$$V = V_1 = \sqrt{2g \times 004(m) \times \frac{(13.6\gamma_w - \gamma_{N_2})}{\gamma_{N_2}}}$$

$$= \sqrt{2g \times 0.04(m) \times \frac{(13.6\rho_w - \rho_{N_2})}{\rho_{N_2}}}$$

$$= \sqrt{2 \times 9.8 \times 0.04 \times \frac{(13.6 - 0.00114)}{0.00114}}$$

$$= 96.6 \text{ m/sec}$$

정답 ㉰

83 베르누이의 정리 $\left(\frac{p}{\rho} + \frac{V^2}{2} + g \cdot Z = \text{Constant}\right)$가 적용되는 조건이 될 수 없는 것은? 2016 10 01

㉮ 압축성의 흐름이다.
㉯ 정상상태의 흐름이다.
㉰ 마찰이 없는 흐름이다.
㉱ 베르누이 정리가 작용되는 임의의 두 점은 같은 유선상에 있다.

해설 Bernoulli식 유도의 가정
① 이상유체(ideal fluid) : 비점성 유체, 비압축성 유체 가정
② 에너지손실(비점성 유체의 마찰손실)를 고려하지 않음
③ 정상류(steady flow, $\frac{\partial v}{\partial t} = 0$)를 가정
④ 유선(stream line)을 따라 성립

정답 ㉮

84 베르누이 방정식을 적용할 수 있는 기본 전제조건으로 옳은 것은? 2017 03 05

㉮ 비압축성 흐름, 점성 흐름, 정상유동
㉯ 압축성 흐름, 비점성 흐름, 정상유동
㉰ 비압축성 흐름, 비점성 흐름, 비정상유동
㉱ 비압축성 흐름, 비점성 흐름, 정상유동

해설 Bernoulli 방정식 전제조건
㉮ 이상유체(ideal fluid) : 비점성, 비압축성 유체 가정
㉯ 에너지손실(점성유체의 마찰손실)를 고려하지 않음
㉰ 정상류(steady flow, $\frac{\partial v}{\partial t} = 0$) 가정
㉱ 유선(stream line)을 따라 성립

정답 ㉱

85 3m/sec의 속도로 물이 흐르고 있는 관로 내에 피토관을 삽입하고, 비중 1.8의 액체를 넣은 시차액주계에서 나타나게 되는 액주차는 약 몇 m인가? 2017 03 05

㉮ 0.191 ㉯ 0.573 ㉰ 1.41 ㉱ 2.15

해설

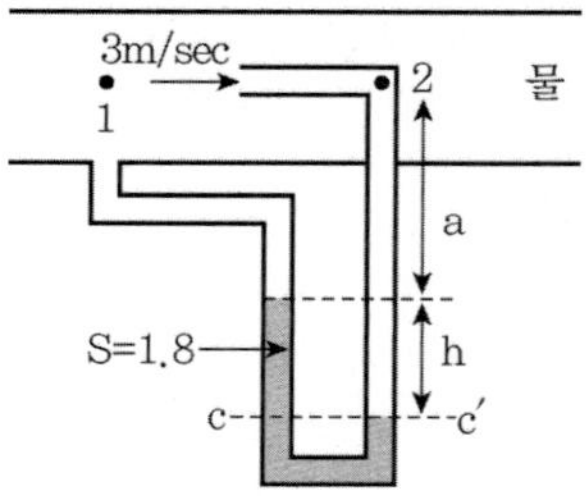

지점 1, 2에 대해 베르누이 정리 적용

$$\frac{V_1^2}{2g}+\frac{p_1}{\gamma_w}+z_1=\frac{V_2^2}{2g}+\frac{p_2}{\gamma_w}+z_2$$

$z_1=z_2$, $V_1=3\text{ m/sec}$, $V_2=0$

$$\frac{V_1^2}{2g}+\frac{p_1}{\gamma_w}=\frac{p_2}{\gamma_w}$$

c, c′ 지점의 압력은 동일

$p_c=p_{c'}$

$p_c=p_1+(\gamma_w\cdot a)+1.8\gamma_w\times h$

$p_{c'}=p_2+(\gamma_w\cdot s)+\gamma_w\times h$

$p_1+(\gamma_w\cdot a)+1.8\gamma_w\times h=p_2+(\gamma_w\cdot a)+\gamma_w\times h$

$p_2-p_1=0.8\gamma_w\times h$

$\frac{V_1^2}{2g}+\frac{p_1}{\gamma_w}=\frac{p_2}{\gamma_w}$ 에서

$$\frac{(p_2-p_1)}{\gamma_w}=\frac{V_1^2}{2g}$$

$$\frac{(0.8\gamma_w h)}{\gamma_w}=\frac{(3\text{ m/sec})^2}{2g}$$

$$h=\frac{1}{0.8}\cdot\frac{(3\text{ m/sec})^2}{2\times 9.8\text{ m/sec}^2}$$

$=0.573\text{ m}$

정답 ㉯

86 지름이 5 cm인 원형관 내에 어떤 이상기체가 흐르고 있다. 다음 보기 중 이 기체의 흐름이 층류이면서 가장 빠른 속도는? (단, 이 기체의 절대압력은 200 kPa, 온도는 27℃, 기체상수는 2080 J/kg · °K, 점성계수는 $2\times10^{-5}\text{ N}\cdot\text{sec/m}^2$, 층류에서 하임계 레이놀즈값은 2200으로 한다.) 2017 03 05

[보기]
㉠ 0.3 m/sec ㉡ 1.5 m/sec ㉢ 8.3 m/sec ㉣ 15.5 m/sec

㉮ ㉠ ㉯ ㉡ ㉰ ㉢ ㉱ ㉣

해설 기체상수(R)=2080 J/kg · °K

PV = MRT (P : 압력, V : 체적, M : 질량, T : 절대온도)

$$\rho = \frac{M}{V} = \frac{P}{RT} = \frac{200\times 10^3\ N/m^2}{2080\ J/kg\cdot °K\times(273+27)°K} = 0.3205\ kg/m^3$$

$$레이놀즈수(Re) = 2200 = \frac{\rho DV}{\mu}$$

$$유속(V) = \frac{2200\mu}{\rho D} = \frac{2200\times 2\times 10^{-5}\ N\cdot sec/m^2}{0.3205\ kg/m^3\times 0.05\ m} = 2.8\ m/sec$$ 이하 → 1.5 m/sec 선택

정답 ㉯

87 안지름 100 mm인 파이프를 통해 2 m/sec의 속도로 흐르는 물의 질량유량은 약 몇 kg/min인가? 2017 03 05

㉮ 15.7 ㉯ 157 ㉰ 94.2 ㉱ 942

해설 질량유량(M) = $\rho\times A\times V$

$$= 1000\ kg/m^3\times\left(\frac{\pi}{4}\times(0.1\ m)^2\right)\times 2\ m/sec$$

$$= 15.7\ kg/sec$$

$$= 15.7\ kg/sec\times\frac{60sec}{min}$$

$$= 942\ kg/min$$

정답 ㉱

88 온도가 37.5℃인 원유가 0.3 m^3/sec의 유량으로 원관에 흐르고 있다. 레이놀즈 수가 2100일 때, 관의 지름은 약 몇 m인가? (단, 원유의 동점성계수는 $6\times 10^{-5}\ m^2$/sec이다.) 2017 05 07

㉮ 1.25 ㉯ 2.45 ㉰ 3.03 ㉱ 4.45

해설 유량(Q)=0.3 m^3/sec, 동점성계수(ν)=$6\times10^{-5}\ m^2/sec$
레이놀즈 수(Re)=2100

$$V=\frac{Q}{A}=\frac{Q}{\frac{\pi}{4}\times D^2}$$

$$Re=\frac{D\cdot V}{\nu}=\frac{D}{\nu}\times\left(\frac{Q}{\frac{\pi}{4}\times D^2}\right)=\frac{Q}{\frac{\pi}{4}\times\nu\times D}=2100$$

$$D=\frac{Q}{\frac{\pi}{4}\times2100\times\nu}=\frac{0.3\ m^3/sec}{\frac{\pi}{4}\times2100\times(6\times10^{-5}\ m^2/sec)}=3.03\ m$$

정답 ㉰

89 관 내 물의 속도가 12m/sec, 압력이 103 kPa이다. 속도수두(H_v)와 압력수두(H_p)는 각각 약 몇 m인가? 2017 05 07

㉮ $H_v=7.35,\ H_p=9.8$　　㉯ $H_v=7.35,\ H_p=10.5$
㉰ $H_v=6.52,\ H_p=9.8$　　㉱ $H_v=6.52,\ H_p=10.5$

해설 속도수두(H_v) $=\frac{V^2}{2g}=\frac{(12\ m/sec)^2}{2\times9.8\ m/sec^2}=7.35\ m$

압력수두(H_p) $=\frac{p}{\gamma}=\frac{103\ kPa}{9.8\ kN/m^3}=\frac{103\ kN/m^2}{9.8\ kN/m^3}=10.5\ m$

정답 ㉯

90 지름 40 cm인 소방용 배관에 물이 80kg/sec로 흐르고 있다면 물의 유속은 약 몇 m/sec인가? 2017 05 07

㉮ 6.4　　㉯ 0.64　　㉰ 12.7　　㉱ 1.27

해설 질량유량(M) $=\rho\times A\times V=1000\ kg/m^3\times\left(\frac{\pi}{4}\times(0.4\ m)^2\right)\times V=80\ kg/sec$

$$V=\frac{80\ kg/sec}{1000\ kg/m^3\times\left(\frac{\pi}{4}\times(0.4\ m)^2\right)}=0.637\ m/sec$$

정답 ㉯

91 그림과 같이 수조의 밑 부분에 구멍을 뚫고 물을 유량 Q로 방출시키고 있다. 손실을 무시할 때 수위가 처음 높이의 $\frac{1}{2}$로 되었을 때 방출되는 유량은 어떻게 되는가?

2017 09 23

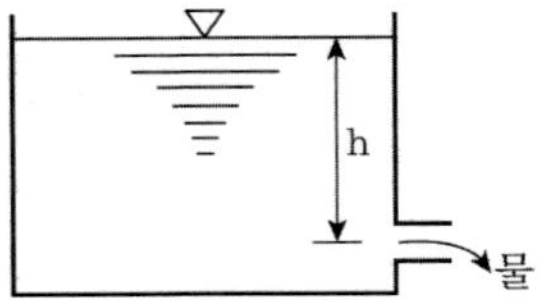

㉮ $\frac{1}{\sqrt{2}}Q$ ㉯ $\frac{1}{2}Q$ ㉰ $\frac{1}{\sqrt{3}}Q$ ㉱ $\frac{1}{3}Q$

해설 수심 h에서의 유속(V_h)= $\sqrt{2gh}$, 유량(Q)=$A \times V_h = A \times \sqrt{2gh}$

수심 0.5 h에서의 유속($V_{0.5h}$)= $\sqrt{2g \times 0.5h} = \sqrt{gh}$,

유량($Q_{0.5h}$)=$A \times V_{0.5h} = A \times \sqrt{gh}$

$$\frac{Q_{0.5h}}{Q} = \frac{A \times \sqrt{gh}}{A \times \sqrt{2gh}} = \frac{1}{\sqrt{2}}$$

$$Q_{0.5h} = \frac{1}{\sqrt{2}}Q$$

정답 ㉮

92 대기 중으로 방사되는 물제트에 피토관의 흡입구를 갖다 대었을 때, 피토관의 수직부에 나타나는 수주의 높이가 0.6 m라고 하면, 물제트의 유속은 약 몇 m/sec인가? (단, 모든 손실은 무시한다.)

2017 09 23

㉮ 0.25 ㉯ 1.55 ㉰ 2.75 ㉱ 3.43

해설 $h = \frac{V^2}{2g}$에서 $V = \sqrt{2gh} = \sqrt{2 \times 9.8\ m/sec^2 \times 0.6\ m} = 3.43\ m/sec$

정답 ㉱

93 안지름이 13 mm인 옥내소화전의 노즐에서 방출되는 물의 압력(계기압력)이 230 kPa이라면 10분 동안의 방수량은 약 몇 m^3인가?

2017 09 23

㉮ 1.7　　㉯ 3.6　　㉰ 5.2　　㉱ 7.4

해설 $V = \sqrt{2gh} = \sqrt{2g \times \frac{p}{\gamma}} = \sqrt{2 \times 9.8\ m/sec^2 \times \frac{230\ kPa}{9.8\ kN/m^3}} = 21.44\ m/sec$

방수량 = 유량 × 방수시간

= (A × V) × 방수시간

$= \left(\frac{\pi}{4} \times (0.013\ m)^2 \times 21.44\ m/sec\right) \times 10\ min$

$= \left(\frac{\pi}{4} \times (0.013\ m)^2 \times 21.44\ m/sec\right) \times 10\ min \times \frac{60\ sec}{1\ min}$

$= 1.707\ m^3$

정답 ㉮

94 유속 6 m/sec로 정상류의 물이 화살표 방향으로 흐르는 배관에 압력계와 피토계가 설치되어 있다. 이때 압력계의 계기압력이 300 kPa이었다면 피토계의 계기압력은 약 몇 kPa인가? 2018 03 04

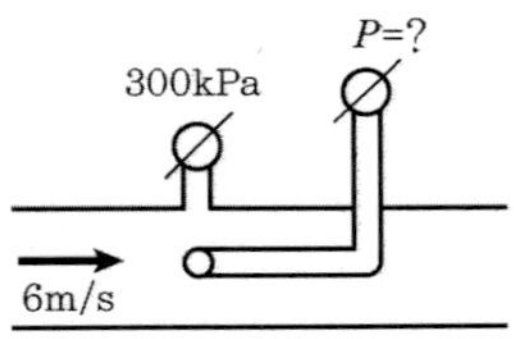

㉮ 180　　㉯ 280　　㉰ 31　　㉱ 336

해설 $V = 6\ m/sec = \sqrt{2gh} = \sqrt{2g\frac{\Delta p}{\gamma}} = \sqrt{2 \times 9.8\ m/sec \times \frac{\Delta p}{9.8\ kN/m^3}}$

$\Delta p = 18\ kN/m^2 = 18\ kPa$

$\therefore P = 300\ kPa + 18\ kPa = 318\ kPa$

정답 ㉰

95 관 내에 흐르는 유체의 흐름을 구분하는 데 사용되는 레이놀즈 수의 물리적인 의미는? 2018 03 04

㉮ 관성력/중력　　㉯ 관성력/탄성력
㉰ 관성력/압축력　　㉱ 관성력/점성력

해설 레이놀즈 수= $\frac{\rho DV}{\mu}=\frac{\text{관성력}}{\text{점성력}}$

정답 ㉱

96 그림과 같은 사이펀에서 마찰손실을 무시할 때, 사이펀 끝단에서의 속도(V)가 4 m/sec이기 위해서는 h가 약 몇 m이어야 하는가? 2018 03 04

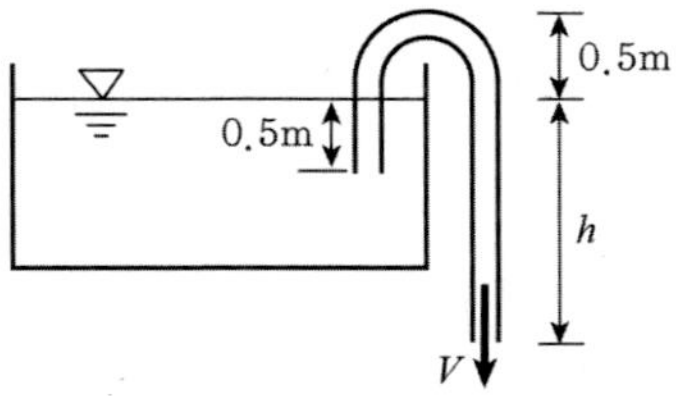

㉮ 0.82 m　　㉯ 0.77 m　　㉰ 0.72 m　　㉱ 0.87 m

해설 $V=\sqrt{2gh}=\sqrt{2\times 9.8\ m/sec^2\times h}=4\ m/sec$
$h=0.816\ m$

정답 ㉮

97 비압축성 유체의 2차원 정상유동에서, x방향의 속도를 u, y방향의 속도를 v라고 할 때 다음에 주어진 식들 중에서 연속방정식을 만족하는 것은 어느 것인가? 2018 03 04

㉮ $u=2x+2y,\ v=2x-2y$　　㉯ $u=x+2y,\ v=x^2-2y$
㉰ $u=2x+y,\ v=x^2+2y$　　㉱ $u=x+2y,\ v=2x-y^2$

해설 ㉠ 비압축성 유체의 1차원 흐름 연속방정식
$A_1V_1=A_2V_2$ (A : 단면적, V : 유속)
㉡ 비압축성 유체의 2차원 흐름 연속방정식
$\frac{du}{dx}+\frac{dv}{dy}=0$ (u : x방향 유속, v : y방향 유속)

위의 $\frac{du}{dx}+\frac{dv}{dy}=0$을 만족시키는 것은 ㉮$u=2x+2y,\ v=2x-2y$일 때 성립

즉, $\frac{du}{dx}+\frac{dv}{dy}=\frac{d(2x+2y)}{dx}+\frac{d(2x-2y)}{dy}$

$$=\left(\frac{d(2x)}{dx}+\frac{d(2y)}{dx}\right)+\left(\frac{d(2x)}{dy}-\frac{d(2y)}{dy}\right)$$

$$=(2+0)+(0-2)$$

$$=0$$

정답 ㉮

98 물탱크에 담긴 물의 수면의 높이가 10 m인데, 물탱크 바닥에 원형 구멍이 생겨서 10 L/sec만큼 물이 유출되고 있다. 원형 구멍의 지름은 약 몇 cm인가? (단, 구멍의 유량보정계수는 0.6이다.) 2018 04 28

㉮ 2.7　　㉯ 3.1　　㉰ 3.5　　㉱ 3.9

해설 $Q=C_o\times A\times V=C_o\times\left(\frac{\pi}{4}\times D^2\right)\times\sqrt{2gh}$

$$0.01\text{m}^3/\text{sec}=0.6\times\left(\frac{\pi}{4}\times D^2\right)\times\sqrt{2\times9.8\times10}$$

$$=6.597D^2$$

$$D=0.0389\ \text{m}=3.89\ \text{cm}$$

정답 ㉱

99 지름 20 cm의 소화용 호스에 물이 질량유량 80 kg/sec로 흐른다. 이때 평균유속은 약 몇 m/sec인가? 2018 04 28

㉮ 0.58　　㉯ 2.55　　㉰ 5.97　　㉱ 25.48

해설 질량유량(M) $=80\ \text{kg/sec}=\rho\times A\times V$

$$V=\frac{80\ \text{kg/sec}}{\rho\times A}=\frac{80\ \text{kg/sec}}{1000\ \text{kg/m}^3\times\frac{\pi}{4}\times(0.2\ \text{m})^2}=2.55\ \text{m/sec}$$

정답 ㉯

100 깊이 1 m까지 물을 넣은 물탱크의 밑에 오리피스가 있다. 수면에 대기압이 작용할 때의 초기 오리피스에서의 유속 대비 2배 유속으로 물을 유출시키려면 수면에 몇 kPa의 압력을 더 가하면 되는가? (단, 손실은 무시한다.) 2018 04 28

㉮ 9.8 ㉯ 19.6 ㉰ 29.4 ㉱ 39.2

해설 1. 대기압이 작용할 때의 오리피스 유속(V_1)

$$V_1 = \sqrt{2g \cdot \frac{p_{1\,m}}{\gamma_w}} = \sqrt{2g \cdot \frac{(\gamma_w \times 1\,m)}{\gamma_w}}$$

2. 수면 가압시 오리피스 유속(V_2)

$$V_2 = 2V_1$$

$$= 2 \times \sqrt{2g \cdot \frac{(\gamma_w \times 1\,m)}{\gamma_w}}$$

$$= \sqrt{2g \cdot \frac{(\gamma_w \times 4\,m)}{\gamma_w}}$$

$$= \sqrt{2g \cdot \frac{(\gamma_w \times 1\,m + \gamma_w \times 3\,m)}{\gamma_w}}$$

수면에 가해진 압력$=\gamma_w \times 3\,m = 9.8\,kN/m^3 \times 3\,m = 29.4\,kN/m^2 = 29.4\,kPa$

정답 ㉰

101 물이 소방노즐을 통해 대기로 방출될 때 유속이 24 m/sec가 되도록 하기 위해서는 노즐 입구의 압력은 몇 kPa이 되어야 하는가? (단, 압력은 계기압력으로 표시되며 마찰손실 및 노즐입구에서의 속도는 무시한다.) 2018 04 28

㉮ 153 ㉯ 203 ㉰ 288 ㉱ 312

해설 $V = \sqrt{2gh} = \sqrt{2g \times \frac{p}{\gamma}} = \sqrt{2 \times 9.8\,m/sec^2 \times \frac{p}{9.8\,kN/m^3}} = 24\,m/sec$

$p = 288\,kPa$

정답 ㉰

102 동점성계수가 $1.15 \times 10^{-6}\,m^2/sec$인 물이 30 mm의 지름 원관 속을 흐르고 있다. 층류가 기대될 수 있는 최대 유량은 약 몇 m^3/s인가? (단, 임계 레이놀즈 수는 2100이다.) 2018 04 28

㉮ 2.85×10^{-5} ㉯ 5.69×10^{-5} ㉰ 2.85×10^{-7} ㉱ 5.69×10^{-7}

해설 지름(D)=30 mm=0.03 m, 동점성계수(ν) = 1.15×10^{-6} m²/sec
임계 레이놀즈 수(Re)= 2100

$$Re = \frac{\rho \cdot D \cdot V}{\mu} = \frac{D \cdot V}{\nu}$$ 에서

$$V = \frac{Re \cdot \nu}{D} = \frac{2100\times(1.15\times10^{-6}\ m^2/sec)}{0.03\ m} = 0.0805\ m/sec$$

$$유량(Q) = A\times V = \left(\frac{\pi}{4}\times(0.03\ m)^2\right)\times0.0805\ m/sec = 5.69\times10^{-5}\ m^3/sec$$

정답 ㉯

103 관 내에서 물이 평균속도 9.8m/sec로 흐를 때의 속도수두는 약 몇 m인가? 2018 09 15

㉮ 4.9 ㉯ 9.8 ㉰ 48 ㉱ 128

해설 $$속도수두(h) = \frac{V^2}{2g} = \frac{(9.8\ m/sec)^2}{2\times9.8\ m/sec^2} = 4.9\ m$$

정답 ㉮

104 부자(float)의 오르내림에 의해서 배관 내의 유량을 측정하는 기구의 명칭은? 2018 09 15

㉮ 피토관(pitot tube) ㉯ 로터미터(rotameter)
㉰ 오리피스(orifice) ㉱ 벤투리미터(venturi meter)

해설 로터미터는 면적유량계의 일종으로서, 하부가 뾰족하고 상부가 넓은 유리관 속에 부표가 장치되어 액체의 유량의 대소에 따라 액체통 속에서 부표가 정지하는 위치가 달라지는 성질을 이용하여 유량을 측정하는 유량계

정답 ㉯

105 관 내에 물이 흐르고 있을 때, 그림과 같이 액주계를 설치하였다. 관 내에서 물의 유속은 약 몇 m/sec인가? 2018 09 15

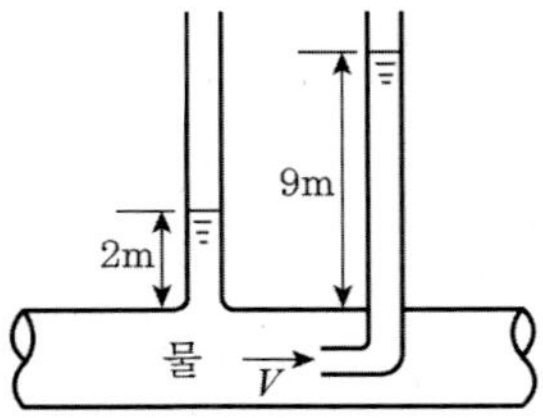

㉮ 2.6 ㉯ 7 ㉰ 11.7 ㉱ 137.2

해설 $V = \sqrt{2g\Delta h} = \sqrt{2 \times 9.8\ m/sec^2 \times (9\ m - 2\ m)} = 11.7\ m/sec$

정답 ㉰

106 관로에서 20℃의 물이 수조에 5분 동안 유입되었을 때 유입된 물의 중량이 60 kN이라면 이때 유량은 몇 m^3/sec인가? 2018 09 15

㉮ 0.015 ㉯ 0.02 ㉰ 0.025 ㉱ 0.03

해설 물의 유입중량(W) = (중량유량) × 유입시간

$$60\ kN = (9.8\ kN/m^3 \times Q) \times \left(5min \times \frac{60\ sec}{min}\right)$$

$$Q = 0.0204\ m^3/sec$$

정답 ㉯

107 평균유속 2 m/sec로 50 L/sec 유량의 물을 흐르게 하는 데 필요한 관의 안지름은 약 몇 mm인가? 2019 03 03

㉮ 158 ㉯ 168 ㉰ 178 ㉱ 188

해설 체적유량(Q) = A × V

$$50\ L/sec \times \frac{1\ m^3}{1000\ L} = \left(\frac{\pi}{4} \times D^2\right) \times 2\ m/sec$$

$$D = 0.178\ m$$
$$= 178\ mm$$

정답 ㉰

108 비중이 0.877인 기름이 단면적이 변하는 원관을 흐르고 있으며 체적유량은 0.146 m^3/sec이다. A점에서는 안지름이 150 mm, 압력이 91 kPa이고, B점에서는 안지름이 450 mm, 압력이 60.3 kPa이다. 또한 B점은 A점보다 3.66 m 높은 곳에 위치한다. 기름이 A점에서 B점까지 흐르는 동안의 손실수두는 약 몇 m인가? 2019 03 03

㉮ 3.3 ㉯ 7.2 ㉰ 10.7 ㉱ 14.1

해설 A점의 유속 $V_A = \frac{Q}{A} = \frac{0.146\ m^3/sec}{\frac{\pi}{4} \times (0.15\ m)^2} = 8.262\ m/sec$

B점의 유속 $V_B = \frac{Q}{A} = \frac{0.146\ m^3/sec}{\frac{\pi}{4} \times (0.45\ m)^2} = 0.918\ m/sec$

기름의 단위중량(γ_{oil})$=0.877 \times 9.8\ kN/m^3 = 8.6\ kN/m^3$

A점과 B점에 대해 베르누이정리 적용

$$\frac{V_A^2}{2g} + \frac{p_A}{\gamma_{oil}} + z_A = \frac{V_B^2}{2g} + \frac{p_B}{\gamma_{oil}} + z_B + h_\ell$$

$$\frac{(8.262\ m/sec)^2}{2 \times 9.8\ m/sec^2} + \frac{91\ kPa}{8.6\ kN/m^3} + 0 = \frac{(0.918\ m/sec)^2}{2 \times 9.8\ m/sec^2} + \frac{60.3\ kPa}{8.6\ kN/m^3} + 3.66\ m + h_\ell$$

$h_\ell = 3.34\ m$

정답 ㉮

109 스프링클러헤드의 방수압이 4배가 되면 방수량은 몇 배가 되는가? 2019 03 03

㉮배 ㉯ 2배 ㉰ 4배 ㉱ 8배

해설 방수압이 p일 때 방수량(Q_p) $= A \times V_p = A \times \sqrt{2g \times \frac{p}{\gamma}}$

방수압이 4p일 때 방수량(Q_{4p}) $= A \times V_{4p} = A \times \sqrt{2g \times \frac{4p}{\gamma}} = 2A \times \sqrt{2g \times \frac{p}{\gamma}} = 2Q_p$

정답 ㉯

110 지면으로부터 4 m의 높이에 설치된 수평관 내로 물이 4 m/sec로 흐르고 있다. 물의 압력이 78.4 kPa인 관 내의 한 점에서 전수두는 지면을 기준으로 약 몇 m인가? 2019 03 03

㉮ 4.76 ㉯ 6.24 ㉰ 8.82 ㉱ 12.81

해설 전수두 = 속도수두 + 압력수두 + 위치수두

$$= \frac{V^2}{2g} + \frac{p}{\gamma} + z$$

$$= \frac{(4\,\text{m/sec})^2}{2 \times 9.8\,\text{m/sec}^2} + \frac{78.4\,\text{kPa}}{9.8\,\text{kN/m}^3} + 4\,\text{m}$$

$$= 12.81\,\text{m}$$

정답 ㉱

111 그림과 같이 물이 들어 있는 큰 탱크에 사이펀이 설치되어 있다. 출구에서의 속도 V와 관의 중심 A지점에서의 게이지 압력 p_A를 구하는 식은? (단, g는 중력가속도, ρ는 물의 밀도이며, 관의 직경은 일정하고 모든 손실은 무시한다.) 2019 04 27

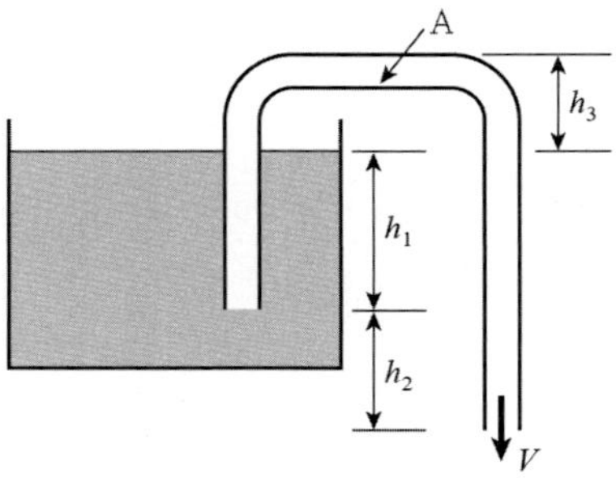

㉮ $V = \sqrt{2g(h_1 + h_2)}$, $p_A = -\rho g h_3$

㉯ $V = \sqrt{2g(h_1 + h_2)}$, $p_A = -\rho g(h_1 + h_2 + h_3)$

㉰ $V = \sqrt{2gh_2}$, $p_A = -\rho g(h_1 + h_2 + h_3)$

㉱ $V = \sqrt{2g(h_1 + h_2)}$, $p_A = \rho g(h_1 + h_2 - h_3)$

해설 지점 1, 2에 대해 베르누이 정리 적용

$$\frac{V_1^2}{2g} + \frac{p_1}{\gamma} + (h_1 + h_2) = \frac{V_2^2}{2g} + \frac{p_2}{\gamma} + 0$$

$p_1 = p_2 = 0$, $V_1 = 0$, $V_2 = V$이므로

$$\frac{0^2}{2g} + \frac{0}{\gamma} + (h_1 + h_2) = \frac{V^2}{2g} + \frac{0}{\gamma} + 0$$

$$V = \sqrt{2g(h_1 + h_2)}$$

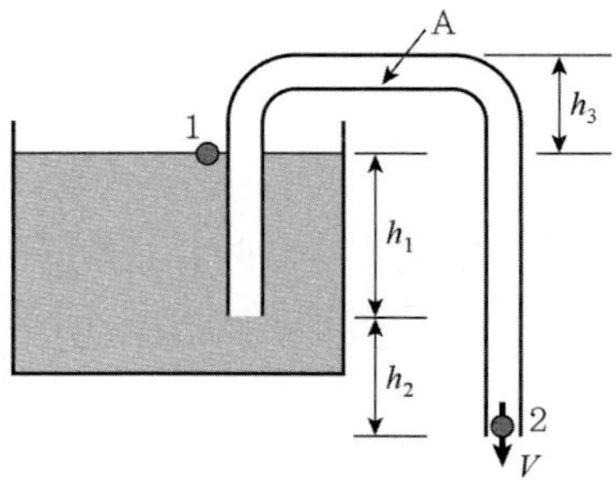

지점 A와 지점 2에 대해 베르누이 정리 적용

$$\frac{V^2}{2g}+\frac{p_A}{\gamma}+(h_1+h_2+h_3)=\frac{V^2}{2g}+\frac{0}{2g}+0$$

$$p_A=-\gamma\times(h_1+h_2+h_3)$$

$$=-\rho g\times(h_1+h_2+h_3)$$

정답 ㉯

112 피토관을 사용하여 일정 속도로 흐르고 있는 물의 유속(V)을 측정하기 위해 그림과 같이 비중 s인 유체를 갖는 액주계를 설치하였다. $s=2$일 때 액주의 높이 차이가 $H=h$가 되면, $s=3$일 때 액주의 높이차(H)는 얼마가 되겠는가? 2019 04 27

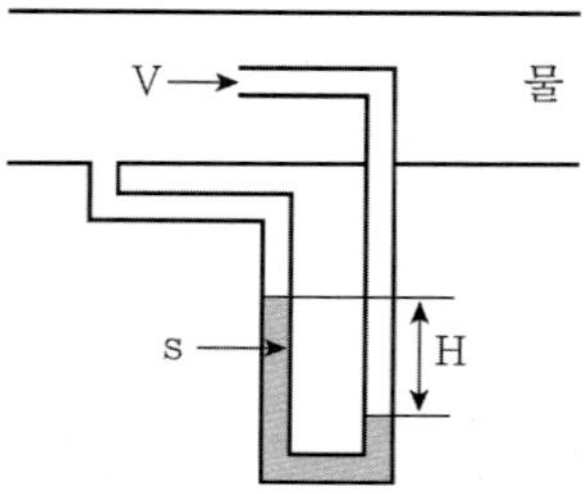

㉮ $\frac{h}{2}$　　㉯ $\frac{h}{\sqrt{3}}$　　㉰ $\frac{h}{3}$　　㉱ $\frac{h}{2}$

해설

$p_2-p_1=s\cdot\gamma_wH-\gamma_wH$

s=2일 때

$p_2-p_1=2\cdot\gamma_wh-\gamma_wh=\gamma_wh$

s=3일 때

$p_2-p_1=3\cdot\gamma_wH_3-\gamma_wH_3=2\gamma_wH_3$

$\therefore\ \gamma_wh=2\gamma_wH_3$

$H_3=\frac{h}{2}$

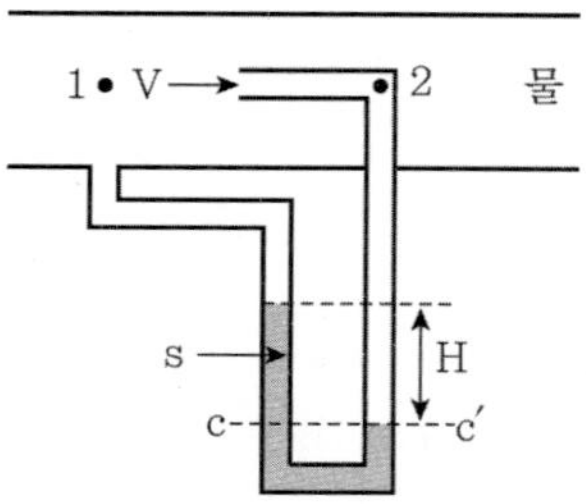

정답 ㉱

113 안지름이 25 mm인 노즐선단에서의 방수압력은 계기압력으로 5.8×10^5 Pa이다. 이때 방수량은 약 몇 m^3/sec인가? 2019 04 27

㉮ 0.017　　㉯ 0.17　　㉰ 0.034　　㉱ 0.34

해설 유속(V)= $\sqrt{2g \times \frac{p}{\gamma}} = \sqrt{2 \times 9.8\ m/sec^2 \times \frac{5.8 \times 10^5\ N/m^2}{9800\ N/m^3}} = 34.06\ m/sec$

방수량(Q)= $A \times V = \left(\frac{\pi}{4} \times (0.025\ m)^2\right) \times 34.06\ m/sec = 0.0167\ m^3/sec$

정답 ㉮

114 수평원관 내 완전발달 유동에서 유동을 일으키는 힘(㉠)과 방해하는 힘(㉡)은 각각 무엇인가? 2019 04 27

㉮ ㉠ : 압력차에 의한 힘, ㉡ : 점성력　　㉯ ㉠ : 중력 힘, ㉡ : 점성력
㉰ ㉠ : 중력 힘, ㉡ : 압력차에 의한 힘　　㉱ ㉠ : 압력차에 의한 힘, ㉡ : 중력 힘

해설 수평원관에서 유동을 가능하게 하는 힘은 두 지점 간 압력차이고, 가속되지 않고 일정한 유속으로 흐르게 하는 요인은 점성에 의한 전단력(점성력)이다.

정답 ㉮

115 그림과 같은 관에 비압축성 유체가 흐를 때 A단면의 평균속도가 V_1이라면 B단면에서의 평균속도 V_2는? (단, A단면에서의 지름은 d_1이고, B단면의 지름은 d_2이다.) 2019 04 27

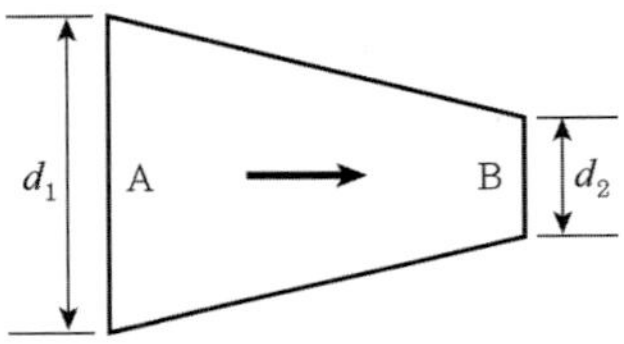

㉮ $V_2 = \left(\frac{d_1}{d_2}\right) V_1$　　㉯ $V_2 = \left(\frac{d_1}{d_2}\right)^2 V_1$

㉰ $V_2 = \left(\frac{d_2}{d_1}\right) V_1$　　㉱ $V_2 = \left(\frac{d_2}{d_1}\right)^2 V_1$

해설 연속방정식에 의해 $Q = A_1 \times V_1 = A_2 \times V_2$이므로

$$\left(\frac{\pi}{4}\times d_1^2\right)\times V_1=\left(\frac{\pi}{4}\times d_2^2\right)\times V_2$$

$$V_2=\left(\frac{d_1}{d_2}\right)^2\times V_1$$

정답 ㉯

116 용량 2000 L의 탱크에 물을 가득 채운 소방차가 화재현장에 출동하여 노즐압력 390 kPa (계기압력), 노즐구경 2.5 cm를 사용하여 방수한다면 소방차 내의 물이 전부 방수되는 데 걸리는 시간은? 2019 09 21

㉮ 약 2분 26초　　㉯ 약 3분 35초
㉰ 약 4분 12초　　㉱ 약 5분 44초

해설 방수량 = (유량) × 방수시간(t)

$$=(A\times V)\times \text{방수시간}(t)$$

$$=(A\times\left(\sqrt{2g\times\frac{p}{\gamma}}\right)\times \text{방수시간}(t)$$

$$2000\text{ L}\times\frac{1\text{ m}^3}{1000\text{ L}}=\left(\frac{\pi}{4}\times(0.025\text{ m})^2\times\sqrt{2g\times\frac{390\text{ kN/m}^2}{9.8\text{ kN/m}^3}}\right)\times t$$

$t=145.9$ sec = 2분 26초

정답 ㉮

117 피토관으로 파이프 중심선에서 흐르는 물의 유속을 측정할 때 피토관의 액주높이가 5.2 m, 정압튜브의 액주높이가 4.2 m를 나타낸다면 유속(m/sec)은? (단, 속도계수 C_V는 0.97이다.) 2019 09 21

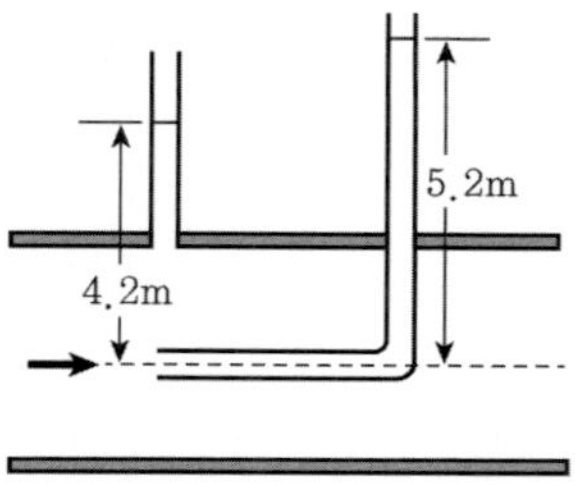

㉮ 4.3　　㉯ 3.5　　㉰ 2.8　　㉱ 1.9

해설 $V = C_V\sqrt{2g\Delta h} = 0.97\sqrt{2\times 9.8\,\text{m/sec}^2\times(5.2\,\text{m}-4.2\,\text{m})} = 4.3\,\text{m/sec}$

정답 ㉮

118 지름이 75 mm인 관로속에 물이 평균속도 4 m/sec로 흐르고 있을 때 유량(kg/sec)은?
2019 09 21

㉮ 15.52 ㉯ 16.92 ㉰ 17.67 ㉱ 18.52

해설 질량유량$(M) = \rho\times A\times V = 1000\,\text{kg/m}^3\times\frac{\pi}{4}\times(0.075\,\text{m})^2\times 4\,\text{m/sec} = 17.67\,\text{kg/sec}$

정답 ㉰

119 다음 그림과 같이 두 개의 가벼운 공 사이로 빠른 기류를 불어 넣으면 두 개의 공은 어떻게 되겠는가?
2019 09 21

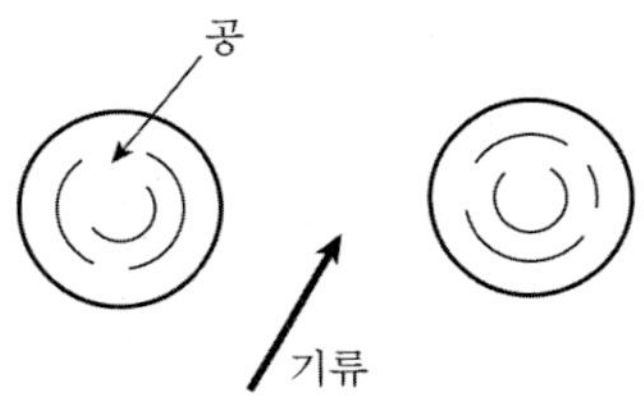

㉮ 뉴턴의 법칙에 따라 벌어진다.
㉯ 뉴턴의 법칙에 따라 가까워진다.
㉰ 베르누이의 법칙에 따라 벌어진다.
㉱ 베르누이의 법칙에 따라 가까워진다.

해설 베르누이 법칙에 의해서 공 사이에는 기류속도가 있으므로, 즉, 속도수두가 있기 때문에 압력이 낮아져서 공은 가까워진다.

정답 ㉱

120 펌프의 일과 손실을 고려할 때 베르누이 수정방정식을 바르게 나타낸 것은? (단, H_P와 H_L은 펌프의 수두와 손실수두를 나타내며, 하첨자 1, 2는 각 펌프의 전후 위치를 나타낸다.)
2020 06 06

㉮ $\frac{V_1^2}{2g}+\frac{P_1}{\gamma}+Z_1=\frac{V_2^2}{2g}+\frac{P_2}{\gamma}+H_L$

㉯ $\frac{V_1^2}{2g}+\frac{P_1}{\gamma}+Z_1+H_P=\frac{V_2^2}{2g}+\frac{P_2}{\gamma}+H_L$

㉰ $\frac{V_1^2}{2g}+\frac{P_1}{\gamma}+H_P=\frac{V_2^2}{2g}+\frac{P_2}{\gamma}+Z_2+H_L$

㉱ $\frac{V_1^2}{2g}+\frac{P_1}{\gamma}+Z_1+H_P=\frac{V_2^2}{2g}+\frac{P_2}{\gamma}+Z_2+H_L$

해설 펌프에 의한 수두증가(H_P)는 전반부에, 손실수두에 수두감소(H_L)는 후반부에 고려해주어야 한다.

정답 ㉱

121 다음 중 배관의 유량을 측정하는 계측장치가 아닌 것은? 2020 06 06

㉮ 로터미터(rotameter)　　㉯ 유동노즐(flow nozzle)
㉰ 마노미터(manometer)　　㉱ 오리피스(orifice)

해설 마노미터는 압력측정장치이다.

정답 ㉰

122 그림과 같이 길이 5 m, 입구직경(D_1) 30 cm, 출구직경(D_2) 16 cm인 직관을 수평면과 30° 기울어지게 설치하였다. 입구에서 0.3 m^3/sec로 유입되어 출구에서 대기 중으로 분출된다면 입구에서의 압력(kPa)은? (단, 대기는 표준대기압 상태이고 마찰손실은 없다.) 2020 06 06

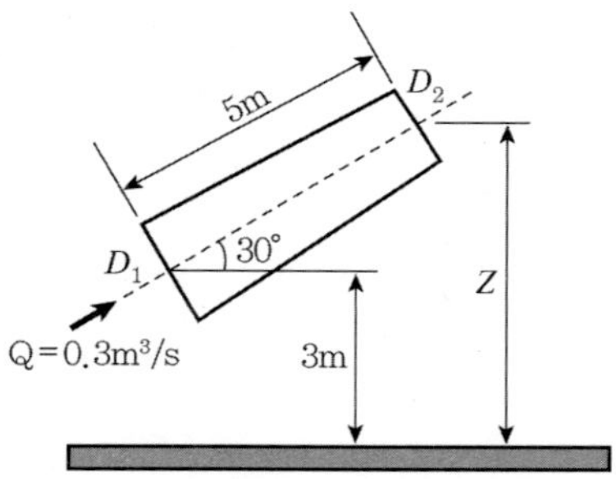

㉮ 24.5 ㉯ 102 ㉰ 127 ㉱ 228

해설 $V_1 = \dfrac{0.3\ m^3/sec}{\dfrac{\pi}{4} \times (0.3\ m)^2} = 4.24\ m/sec$, $V_1 = \dfrac{0.3\ m^3/sec}{\dfrac{\pi}{4} \times (0.16\ m)^2} = 14.9\ m/sec$

지점 1과 지점 2의 높이차$(z_2 - z_1) = 5\ m \times \sin 30° = 2.5\ m$

지점 1과 지점 2에 대한 베르누이정리 적용

$$\frac{V_1^2}{2g} + \frac{p_1}{\gamma} + z_1 = \frac{V_2^2}{2g} + \frac{p_2}{\gamma} + z_2,\ p_2 = 0$$

$$p_1 = \gamma \times \left(\frac{V_2^2 - V_1^2}{2g} + z_2 - z_1\right)$$

$$= 9.8\ kN/m^3 \times \left(\frac{(14.9\ m/sec)^2 - (4.24\ m/sec)^2}{2 \times 9.8\ m/sec^2} + 2.5\ m\right)$$

$$\fallingdotseq 127\ kPa$$

정답 ㉱

123 그림과 같이 단면 A에서 정압이 500 kPa이고 10 m/sec로 난류의 물이 흐르고 있을 때 단면 B에서의 유속(m/sec)은? 2020 06 06

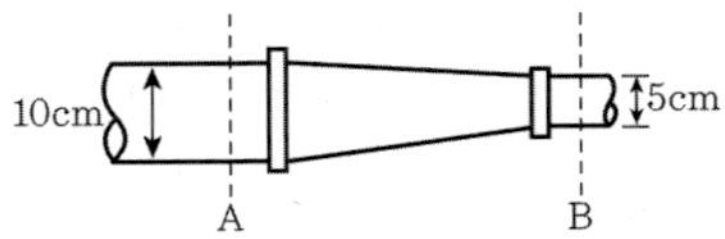

㉮ 20 ㉯ 40 ㉰ 60 ㉱ 80

해설 $Q = A_1V_1 = A_2V_2$

$$V_2 = V_1 \times \frac{A_1}{A_2} = 10\ m/sec \times \frac{\dfrac{\pi}{4} \times (0.1\ m)^2}{\dfrac{\pi}{4} \times (0.05\ m)^2} = 40\ m/sec$$

정답 ㉯

124 안지름 40 mm의 배관 속을 정상류의 물이 매분 150 L로 흐를 때의 평균유속(m/sec)은? 2020 08 22

㉮ 0.99 ㉯ 1.99 ㉰ 2.45 ㉱ 3.01

해설 $V=\dfrac{Q}{A}=\dfrac{150\ \text{L/min}\times\dfrac{1\ \text{m}^3}{1000\ \text{L}}\times\dfrac{1\ \text{min}}{60\text{sec}}}{\dfrac{\pi}{4}\times(0.04\ \text{m})^2}=1.99\ \text{m/sec}$

정답 ㉯

125 경사진 관로의 유체흐름에서 수력기울기선의 위치로 옳은 것은? 2020 08 22

㉮ 언제나 에너지선보다 위에 있다.
㉯ 에너지선보다 속도수두만큼 아래에 있다.
㉰ 항상 수평이 된다.
㉱ 개수로의 수면보다 속도수두만큼 위에 있다.

해설 에너지선은 수력기울기선보다 속도수두만큼 위에 위치한다.

정답 ㉯

126 두 개의 가벼운 공을 그림과 같이 실로 매달아 놓았다. 두 개 공 사이로 공기를 불어 넣으면 공은 어떻게 되겠는가? 2020 08 22

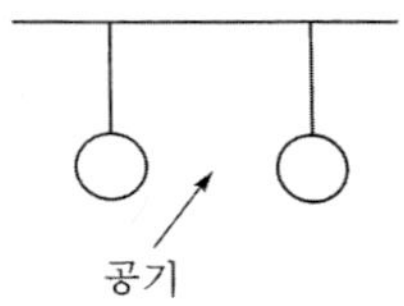

㉮ 파스칼의 법칙에 따라 벌어진다.
㉯ 파스칼의 법칙에 따라 가까워진다.
㉰ 베르누이 법칙에 따라 벌어진다.
㉱ 베르누이 법칙에 따라 가까워진다.

해설 베르누이 법칙에 의해서 공 사이에는 기류속도가 있으므로, 즉, 속도수두가 있기 때문에 압력이 낮아져서 공은 가까워진다.

정답 ㉱

127 그림과 같이 수조의 밑 부분에 구멍을 뚫고 물을 유량 Q로 방출시키고 있다. 손실을 무시할 때 수위가 처음 높이의 1/2로 되었을 때 방출되는 유량은 어떻게 되겠는가?

2020 09 26

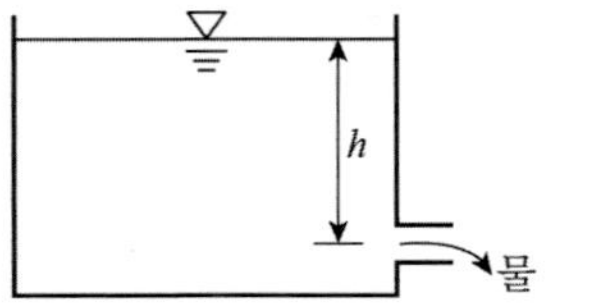

㉮ $\frac{1}{\sqrt{2}}Q$　㉯ $\frac{1}{2}Q$　㉰ $\frac{1}{\sqrt{3}}Q$　㉱ $\frac{1}{3}Q$

해설 $V = \sqrt{2gH}$

(V : 유속, H : 수위, g : 중력가속도)

$Q = V \times A = \sqrt{2gH} \times A$

(Q : 유량, A : 유수단면적)

수위$=\frac{H}{2}$일 때

$V_2 = \sqrt{2g \times \frac{H}{2}}$

$Q_2 = V_2 \times A$

$= \sqrt{2g \times \frac{H}{2}} \times A$

$= \frac{1}{\sqrt{2}} \times (\sqrt{2gH} \times A)$

$= \frac{1}{\sqrt{2}} \times Q$

정답 ㉮

128 비중이 0.95인 액체가 흐르는 곳에 그림과 같이 피토관을 직각으로 설치하였을 때 h는 150 mm, H는 30 mm이었다. 점1 위치에서의 유속(m/sec)은? 2020 09 26

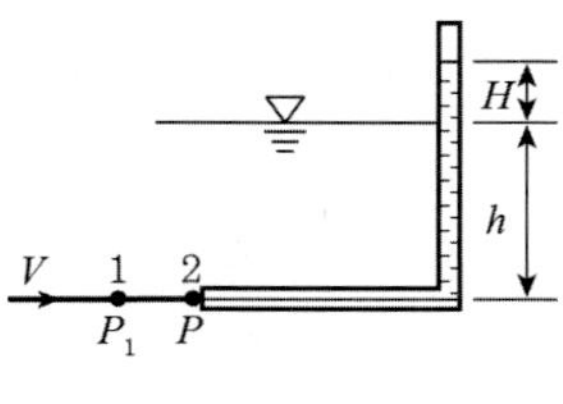

㉮ 0.8　　㉯ 1.6　　㉰ 3.2　　㉱ 4.2

해설 $V = \sqrt{2gH} = \sqrt{2 \times 9.8\ m/sec^2 \times 0.03\ m} = 0.767\ m/sec$

정답 ㉮

129 옥내소화전에서 노즐의 직경이 2 cm이고, 방수량이 0.5 m^3/min라면 방수압(계기압력, kPa)은?

2020 09 26

㉮ 35.18　　㉯ 351.8　　㉰ 566.4　　㉱ 56.64

해설 유속(V)$= \dfrac{0.5\ m^3/min}{\dfrac{\pi}{4} \times (0.02\ m)^2} = \dfrac{0.5\ m^3/min \times \dfrac{1\ min}{60sec}}{\dfrac{\pi}{4} \times (0.02\ m)^2} = 26.53\ m/sec$

$$V = \sqrt{2gh} = \sqrt{2g \times \frac{p}{\gamma}}$$

$$26.53\ m/sec = \sqrt{2 \times 9.8\ m/sec^2 \times \frac{p}{9.8\ kN/m^3}}$$

$$p = 351.8\ kPa$$

정답 ㉯

130 지름 40 cm인 소방용 배관에 물이 80 kg/sec로 흐르고 있다면 물의 유속(m/sec)은?

2020 09 26

㉮ 6.4　　㉯ 0.64　　㉰ 12.7　　㉱ 1.27

해설 질량유량(M)$=\rho AV$

$$80\ kg/sec = 1000\ kg/m^3 \times \left(\frac{\pi}{4} \times (0.4\ m)^2\right) \times V$$

$$V = 0.637\ m/sec$$

정답 ㉯

131 원관 내에 유체가 흐를 때 유동의 특성(층류 또는 난류)을 결정하는 가장 중요한 요소는?

2020 09 26

㉮ 관성력과 점성력 ㉯ 압력과 관성력
㉰ 중력과 압력 ㉱ 압력과 점성력

해설 유동특성 결정요소 : 레이놀즈 수(Re : Reynolds number)

$$\mathrm{Re} = \frac{\rho DV}{\mu} = \frac{\text{관성력}}{\text{점성력}}$$

정답 ㉮

산업기사 기출문제

01 소화배관을 흐르고 있는 물의 동압이 144 Pa이었다면 유속은 약 몇 m/sec인가? (단, 물의 밀도는 1000 kg/m^3이다.) 2012 03 04

㉮ 0.54　　㉯ 14.7　　㉰ $\frac{14.7}{9.8}$　　㉱ $\frac{14.7^2}{2\times9.8}$

해설 동압$=\gamma_w \cdot \frac{V^2}{2g} = (\rho_w \times g)\frac{V^2}{2g}$

$$144\ N/m^2 = (1000\ kg/m^3 \times 9.8\ m/sec^2) \times \frac{V^2}{2\times 9.8\ m/sec^2}$$

$V = 0.536\ m/sec$

정답 ㉮

02 배관의 관로상에 설치하는 유량측정장치로 배관의 관로를 축소하여 그때 발생하는 차압을 이용하는 유량계로서 압력손실이 가장 큰 것은? 2012 03 04

㉮ 노즐(nozzle)
㉯ 벤츄리 미터(venturi meter)
㉰ 오리피스 미터(orificemeter)
㉱ 피토 관(pitot tube)

해설 관로축소 유량측정장치
㉮ 벤츄리 미터(venturi meter)
㉯ 노즐 미터(nozzle meter)
㉰ 오리피스 미터(orifice meter)
압력손실 크기 : ㉰벤츄리 미터 $<$ ㉯ 노즐미터 $<$ ㉮ 오리피스 미터

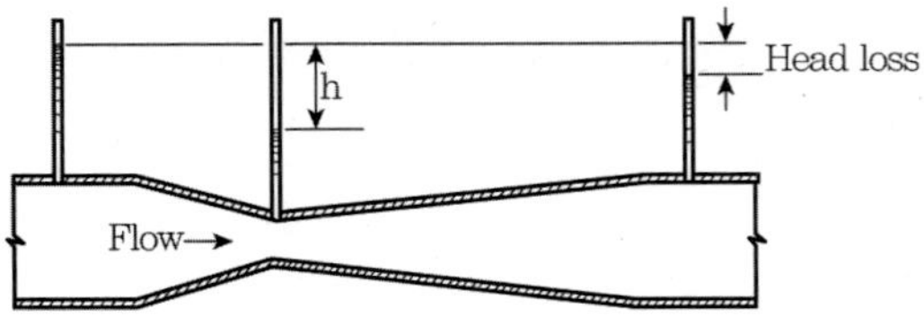

〈venturi meter〉

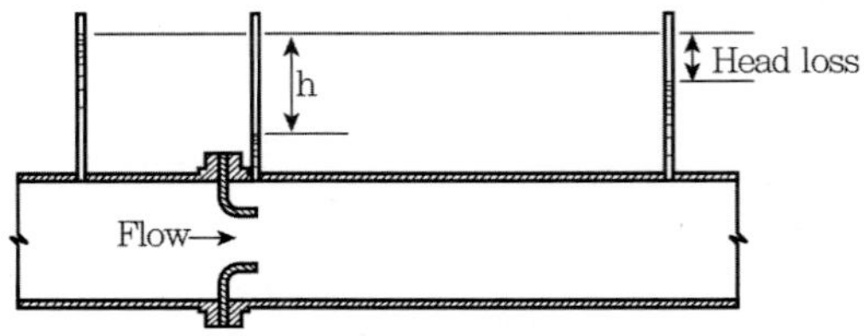

〈nozzle meter〉

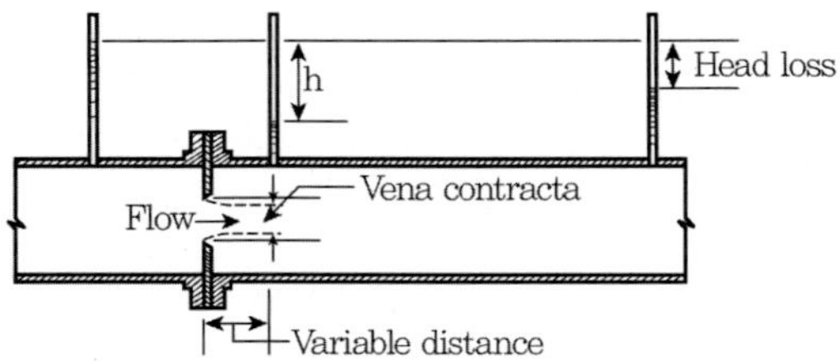

〈orifice meter〉

정답 ㉰

03 직경이 0.4 m인 파이프에 1 m^3/min의 유량으로 물을 수송한다고 할 때 질량유량은 약 몇 kg/sec인가?
2012 03 04

㉮ 16.67　　㉯ 1.67　　㉰ 1000　　㉱ 0.001

해설 질량유량$(M) = \rho \cdot A \cdot V = \rho \cdot Q$

여기서, ρ : 밀도
A : 유동단면적
V : 유속
Q : 체적유량

$$M = 1000\ kg/m^3 \times 1\ m^3/min = 1000\ kg/m^3 \times 1\ m^3/min \times \frac{1\ min}{60\ sec} = 16.67\ kg/sec$$

정답 ㉮

04 그림과 같은 상태에서 손실을 무시하는 경우 물의 분출 속도를 구하면 약 몇 m/sec인가?

2012 05 20

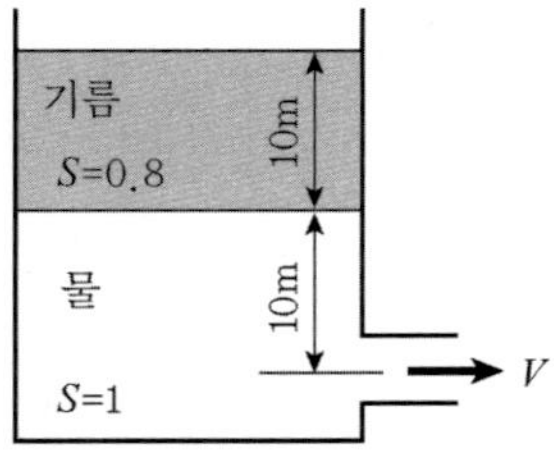

㉮ 16.2　　㉯ 18.8　　㉰ 19.8　　㉱ 22.8

해설 $V = \sqrt{2gh} = \sqrt{2g \times \dfrac{p}{\gamma}}$

(V : 유속, h : 수두, γ : 유체단위중량, p : 압력)

유출구에서의 압력(=p)=$0.8\gamma_w \times 10\text{ m} + \gamma_w \times 10\text{ m} = 18\gamma_w$

$$V = \sqrt{2gh} = \sqrt{2g \times \frac{p}{\gamma_w}} = \sqrt{2 \times 9.8\text{ m/sec}^2 \times \frac{18\gamma_w}{\gamma_w}} = 18.8\text{ m/sec}$$

정답 ㉯

05 오리피스 유량계에서 오리피스의 지름은 3 cm, 관의 안지름은 9 cm이다. 이 관로에 물을 유동시켰을 때 오리피스 전후에서 압력수두의 차가 12 cm이었다. 유량계수가 0.66일 때 유량은 몇 m^3/sec인가?

2012 05 20

㉮ 7.2×10^{-4}　　㉯ 9.3×10^{-4}　　㉰ 1.3×10^{-3}　　㉱ 3.5×10^{-3}

해설 $Q = A_1V_1 = A_2V_2$에서

$$V_2 = \left(\frac{A_2}{A_1}\right) \times V_1 = \left(\frac{\frac{\pi}{4} \times (0.09\text{ m})^2}{\frac{\pi}{4} \times (0.03\text{ m})^2}\right)^2 \times V_1 = 81V_1$$

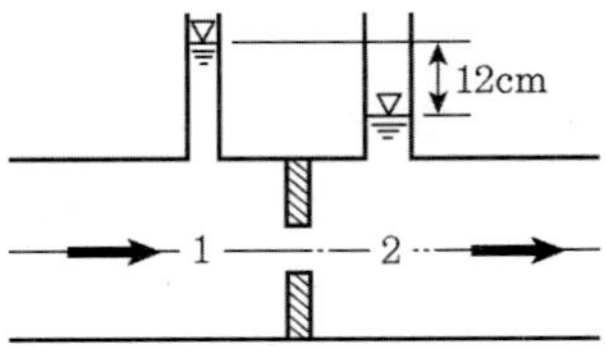

$$V_1 = \frac{1}{81}V_1$$

지점 1, 2의 압력차이

$p_1 - p_2 = \gamma_w \times 12\text{ cm} = 0.12\gamma_w$

지점 1,2에 대해 베르누이 정리 적용

$$\frac{V_1^2}{2g}+\frac{p_1}{\gamma_w}+z_1=\frac{V_2^2}{2g}+\frac{p_2}{\gamma_w}+z_2$$

$$z_1=z_2$$

$$\frac{V_2^2-V_1^2}{2g}=\frac{p_1-p_2}{\gamma_w}=\frac{0.12\gamma_w}{\gamma_w}=0.12(\text{m})$$

$$\frac{V_2^2-V_1^2}{2g}=0.12(\text{m})$$

$$V_2^2-V_1^2=V_2^2-\left(\frac{1}{81}V_2\right)^2=0.12(\text{m})\times 2\times 9.8\ \text{m/sec}^2$$

$$V_2 \doteqdot \sqrt{0.12\text{m/sec}\times 2\times 9.8\text{m/sec}^2}=1.533\text{m/sec}$$

$$\text{유량}(Q)=C_Q\times A_2\times V_2=0.66\times\frac{\pi}{4}\times(0.03\ \text{m})^2\times 1.533\ \text{m/sec}$$

$$=0.000715\ \text{m}^3/\text{sec}$$

정답 ㉮

06 밀도가 1.24 kg/m³인 공기가 직경 30 cm인 관속을 3 kg/sec의 질량유량으로 흐르고 있다. 이때 관내의 유량은 몇 m³/sec인가? 2012 05 20

㉮ 1.82 ㉯ 2.12 ㉰ 2.42 ㉱ 2.72

해설 질량유량$(M)=\rho\cdot A\cdot V=\rho\cdot Q$

(ρ : 밀도, A : 유동단면적, V : 유속, Q : 체적유량)

$3\text{kg/sec}=\rho\cdot Q$

$=1.24\ \text{kg/m}^3\times Q$

$Q=2.42\ \text{m}^3/\text{sec}$

정답 ㉰

07 질량보존의 법칙으로부터 유도된 방정식은? 2012 09 15

㉮ $\tau=\mu\frac{du}{dy}$ ㉯ $pV=RT$

㉰ $\rho_1A_1v_1=\rho_2A_2v_2$ ㉱ $\frac{p_1}{\gamma}+\frac{v_1^2}{2g}+z_1=\frac{p_2}{\gamma}+\frac{v_2^2}{2g}+z_2$

해설 질량보존법칙으로부터 유도된 유체이동 속도식

㉮ 질량유량(M)= $\rho_1 A_1 v_1 = \rho_2 A_2 v_2$

㉯ 중량유량(G)= $\gamma_1 A_1 v_1 = \gamma_2 A_2 v_2$

㉰ 체적유량(Q)= $A_1 v_1 = A_2 v_2$

(ρ : 밀도, γ : 비중량, A : 유동단면적, v : 유속)

정답 ㉰

08 그림과 같이 출구가 수직방향으로 향하는 원관에서 물이 유출되어 떨어지고 있다. 원관의 내경은 10 cm, 출구에서 유속이 1.4 m/sec일 때 손실을 무시하면 1.5 m 아래에서 물기둥의 직경은 몇 cm인가? 2012 09 15

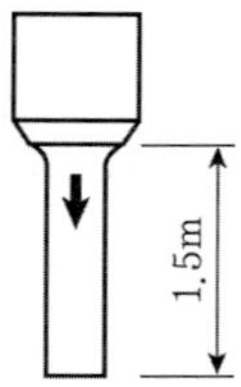

㉮ 10 ㉯ 9 ㉰ 7 ㉱ 5

해설 1.5 m 아래 유속= $\sqrt{2gh} = \sqrt{2\times 9.8\ \text{m/sec}^2 \times 1.5\ \text{m}} = 5.42\ \text{m/sec}$

유량(Q)= $A_1V_1 = A_2V_2$

$1.4\ \text{m/sec} \times \frac{\pi}{4} \times (0.1\ \text{m})^2 = 5.42\ \text{m/sec} \times \frac{\pi}{4} \times D^2$

$D = 0.05\ \text{m} = 5\ \text{cm}$

정답 ㉱

09 수조의 수면으로부터 20 m 아래에 설치된 직경 4 cm의 오리피스에서 1분간 분출된 유량은 약 몇 m^3인가? (단, 수심은 일정하게 유지된다고 가정하고 오리피스의 유량계수 C=0.98로 하며 다른 조건은 무시한다.) 2012 09 15

㉮ 1.46 ㉯ 2.46 ㉰ 3.46 ㉱ 4.86

해설 오리피스 유출유량(Q)

$= CA \times \sqrt{2gh}$

여기서, C : 유량계수
A : 유동단면적
h : 수두
g : 중력가속도

$$Q = 0.98 \times \frac{\pi}{4} \times (0.04\ \text{m})^2 \times \sqrt{2 \times 9.8\ \text{m/sec}^2 \times 20\ \text{m}}$$
$$= 0.02437\ \text{m}^3/\text{sec}$$
$$= 0.02437\ \text{m}^3/\text{sec} \times 60\ \text{sec/min}$$
$$= 1.46\ \text{m}^3/\text{min}$$

정답 ㉮

10 20℃에서 물이 지름 75 mm인 관에서 $1.9 \times 10^{-3}\ \text{m}^3/\text{sec}$로 흐르고 있다. 이때 레이놀즈 수는 얼마인가? (단, 20℃일 때 물의 동점성계수는 $1.006 \times 10^{-6}\ \text{m}^2/\text{sec}$이다.) 2013 03 10

㉮ 1.13×10^4　㉯ 1.99×10^4　㉰ 2.83×10^4　㉱ 3.21×10^4

해설 유속$(V) = \frac{Q}{A}$

$$= \frac{1.9 \times 10^{-3}\ \text{m}^3/\text{sec}}{\frac{\pi}{4} \times (0.075\ \text{m})^2}$$
$$= 0.43\ \text{m/sec}$$

$$\text{Re} = \frac{DV}{\nu}$$ (D : 직경, V : 유속, ν : 동점성계수)

$$= \frac{0.075\text{m} \times 0.43\text{m/sec}}{1.006 \times 10^{-6}\text{m}^2/\text{sec}}$$
$$= 32063$$

정답 ㉱

11 검사면을 통과하는 유동에 대하여 질량유량(M)을 $M = \rho A V$로 구할 때 필요한 조건이 아닌 것은? (단, ρ는 밀도 A는 유동단면적, V는 유체의 속도이다.) 2013 03 10

㉮ 검사면은 움직이지 않는다.　㉯ 밀도는 일정하다.
㉰ 검사면이 원형이다.　㉱ 유동은 검사면에 수직이다.

해설 질량유량, 중량유량 유도 조건

㉮ 검사면은 움직이지 않는다.

㉯ 정상류이다.

㉰ 이동유량은 검사면에 수직이다.

※ 검사면이 원형일 필요는 없다.

정답 ㉰

12 물이 담긴 탱크의 밑바닥 옆면에 지름 5 mm의 구멍이 뚫렸다. 탱크는 오리피스 단면에 비하여 무한히 크다. 오리피스 중심으로부터 물이 몇 m 높이로 담겨있을 때 10 m/sec로 물이 분출되겠는가? (단, 오리피스의 속도계수 $C_v = 0.9$이다.) 2013 03 10

㉮ 5.1 ㉯ 6.3 ㉰ 7.5 ㉱ 8.7

해설 오리피스 유출속도(V) = $C_v \times \sqrt{2gh}$

$10\text{m/sec} = 0.9\sqrt{2 \times 9.8\text{m/sec}^2 \times \text{h}}$

h = 6.3m

정답 ㉯

13 어떤 관속의 정압(절대압력)은 294 kPa, 온도는 27℃, 공기의 기체상수 $R = 287$ J/kg · °K일 경우, 안지름 250 mm인 관속을 흐르고 있는 공기의 평균유속이 50 m/sec이면 공기는 매초 약 몇 kg이 흐르는가? 2013 03 10

㉮ 8.4 ㉯ 9.5 ㉰ 10.7 ㉱ 12.5

해설 이상기체방정식 PV = MRT에서

$$\rho = \frac{M}{V} = \frac{P}{RT} = \frac{294\,\text{kPa} \times \dfrac{10^3\,\text{N/m}^2}{\text{kPa}}}{287\,\text{J/kg} \cdot \text{°K} \times (273+27)\text{°K}} = 3.415\,\text{kg/m}^3$$

(ρ : 밀도, P : 압력, V : 부피, M : 기체질량, T : 절대온도)

질량유량$= \rho \times A \times V = 3.415\,\text{kg/m}^3 \times \frac{\pi}{4} \times (0.25\,\text{m})^2 \times 50\,\text{m/sec} = 8.38\,\text{kg/sec}$

(A : 흐름단면적, V : 유속)

정답 ㉮

14 물이 흐르고 있는 관에 피토정압관을 넣어 정체압 p_s와 정압 p_o를 측정하였더니, 수은이 들어 있는 피토정압관에 연결한 U자관에서 75 mm의 액면차가 생겼다. 피토정압관 위치에서 유속은 몇 m/sec인가? (단, 수은의 비중은 13.6이다.) 2013 06 02

㉮ 4.3　㉯ 4.45　㉰ 4.6　㉱ 4.75

해설 지점 s, o에 대해 베르누이 정리 적용

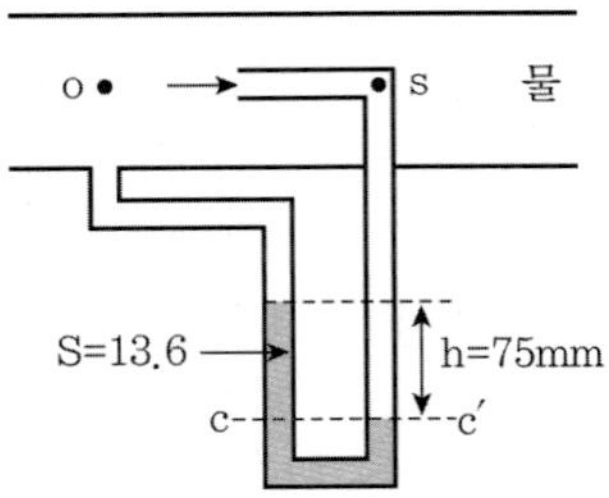

$$\frac{V_o^2}{2g}+\frac{p_o}{\gamma_w}+z_o=\frac{V_s^2}{2g}+\frac{p_s}{\gamma_w}+z_s$$

$z_o=z_s,\ V_s=0$

$$\frac{V_o^2}{2g}+\frac{p_o}{\gamma_w}=\frac{p_s}{\gamma_w}$$

c, c′ 지점의 압력은 동일하므로

$p_c=p_{c'}$

$p_c=p_o+13.6\gamma_w\times 0.075\text{ m}$

$p_{c'}=p_s+\gamma_w\times 0.075\text{ m}$

$p_o+13.6\gamma_w\times 0.075\text{ m}=p_s+\gamma_w\times 0.075\text{ m}$

$p_s-p_o=0.075\text{ m}\times(13.6\gamma_w-\gamma_w)$

$\frac{V_o^2}{2g}+\frac{p_o}{\gamma_w}=\frac{p_s}{\gamma_w}$ 에서

$$\frac{V_o^2}{2g}=\frac{p_s-p_o}{\gamma_w}=\frac{0.075\text{ m}\times(13.6\gamma_w-\gamma_w)}{\gamma_w}$$

$$V=V_o=\sqrt{2g\times\frac{0.075\text{ m}\times(13.6\gamma_w-\gamma_w)}{\gamma_w}}$$

$$=\sqrt{2\times 9.8\times\frac{0.075\times(13.6-1)}{1}}$$

$$=4.3\text{ m/sec}$$

정답 ㉮

15 안지름 1000 mm의 원통형 수조에 안지름 150 mm인 관을 통해 평균유속 3 m/sec로 배출한다. 이때 수조 내의 수면의 강하속도는 몇 cm/sec인가? 2013 06 02

㉮ 3.24　㉯ 1.423　㉰ 6.75　㉱ 14.13

해설 시간(t)경과에 따른 수조체적의 변화($\frac{dV}{dt}$)

(A_1 : 수조면적, h : 수심, A_2 : 유출 오리피스 면적)

$$\frac{dV}{dt}=\frac{d(A_1\times h)}{dt}=\text{유입유량}-\text{유출유량}$$

$$=0-A_2\times V$$

$$A_1\frac{dh}{dt}=-A_2\times V$$

$$\frac{dh}{dt}=-\frac{A_2}{A_1}\times V$$

$$=-\frac{\frac{\pi}{4}\times(0.15\text{ m})^2}{\frac{\pi}{4}\times(1.0\text{ m})^2}\times 3\text{ m/sec}$$

$$=-0.0675\text{ m/sec}$$

$$=-6.75\text{ cm/sec}$$

정답 ㉰

16 기준면에서 5 m 위에 있는 내경 50 mm의 소화전 배관으로 분당 0.39 m^3의 소화용수가 흐른다. 이 배관 속 소화수의 압력이 150 kPa이라면 소화수의 전수두는 약 몇 m인가?

2013 06 02

㉮ 5　　㉯ 15　　㉰ 21　　㉱ 31

해설 유속(V)$=\frac{Q}{A}=\frac{0.39\text{ m}^3/\text{min}\times\frac{1\text{ min}}{60\text{ sec}}}{\frac{\pi}{4}\times(0.05\text{ m})^2}=3.31\text{ m/sec}$

전수두 = 속도수두 + 압력수두 + 위치수두

$$=\frac{V^2}{2g}+\frac{p}{\gamma}+z$$

$$=\frac{(3.31\ m/\text{sec})^2}{2\times 9.8\text{ m/sec}^2}+\frac{150\text{ kPa}}{9.8\text{ kN/m}^3}+5\text{ m}$$

$$=20.87\text{ m}$$

정답 ㉰

17 지름 4 cm인 관에 동점성계수 $5\times10^{-2}\mathrm{cm^2/sec}$인 유체가 2 m/sec의 속도로 흐르고 있을 때 레이놀즈 수는? 2013 06 02

㉮ 14000 ㉯ 16000 ㉰ 18000 ㉱ 20000

해설 $Re=\dfrac{DV}{\nu}$ (D : 직경, V : 유속, ν : 동점성계수)

$=\dfrac{4\ \mathrm{cm}\times200\ \mathrm{cm/sec}}{5\times10^{-2}\ \mathrm{cm^2/sec}}$

$=16,000$

정답 ㉯

18 물제트가 덮개가 없는 수조 내로 유입되어 수조 밑바닥에 있는 오리피스를 통해 0.003 $\mathrm{m^3/sec}$의 유량으로 방출되고 있다. 수조 내로 유입되는 물제트의 단면적은 0.0025 $\mathrm{m^2}$이고 속도가 7 m/sec일 때 수조 내의 물이 증가되는 속도는 몇 kg/sec인가? 2013 09 28

㉮ 14.5 ㉯ 15.5 ㉰ 16.5 ㉱ 17.5

해설 수조내 물 증가속도(M) = 유입질량유량 − 유출질량유량

$=\rho\times A_1\times V_1-\rho\times Q_2$

$=\rho\times(A_1\times V_1-Q_2)$

$=1000\ \mathrm{kg/m^3}\times(0.0025\ \mathrm{m^2}\times7\ \mathrm{m/sec}-0.003\ \mathrm{m^3/sec})$

$=14.5\ \mathrm{kg/sec}$

정답 ㉮

19 높이 4 m에 있는 물의 수압이 7.84×10^5 Pa이고, 속도가 10 m/sec일 때 전수두는 몇 m인가? 2013 09 28

㉮ 69.1 ㉯ 79.1 ㉰ 89.1 ㉱ 99.1

해설 전수두 = 속도수두 + 압력수두 + 위치수두

$=\dfrac{V^2}{2g}+\dfrac{p}{\gamma}+z$

$=\dfrac{(10\ \mathrm{m/sec})^2}{2\times9.8\ \mathrm{m/sec^2}}+\dfrac{7.84\times10^5\ \mathrm{Pa}}{9800\ \mathrm{N/m^3}}+4\ \mathrm{m}$

$=89.1\ \mathrm{m}$

정답 ㉰

20 유체역학 이론에서 에너지 보존법칙과 가장 관련이 있는 식은? 2013 09 23

㉮ 베르누이(Bernoulli)식
㉯ 라울(Raoult's)식
㉰ 달시-웨(Darcy-Weisbach's)식
㉱ 하젠윌리암(Hazen-William's)식

해설 에너지 보존법칙 이용 식 : 베르누이(Bernoulli)식
질량 보존의 법칙 이용 식 : 연속방정식(질량유량, 중량유량, 체적유량)

정답 ㉮

21 압력계가 1275 kPa을 지시하고 있다. 이것을 액체가 물인 수두로 나타내면 약 몇 m인가? 2014 03 02

㉮ 13　㉯ 15　㉰ 130　㉱ 150

해설 압력수두 $= \dfrac{p}{\gamma_w} = \dfrac{1275\ \mathrm{kPa}}{9.8\ \mathrm{kN/m^3}} = 130.1\ \mathrm{m}$

정답 ㉰

22 동점성계수가 $6\times10^{5}\ \mathrm{m^2/sec}$인 유체가 $0.4\ \mathrm{m^3/sec}$의 유량으로 원관에 흐르고 있다. 하임계 레이놀즈 수가 2100일 때 층류로 흐를 수 있는 관의 최소 지름은 약 몇 m인가? 2014 03 02

㉮ 1.01　㉯ 2.02　㉰ 4.05　㉱ 6.06

해설 유속(V) $= \dfrac{유량}{단면적} = \dfrac{0.4\ \mathrm{m^3/sec}}{\dfrac{\pi}{4}\times D^2}$

$$Re = 2100 = \frac{VD}{\nu} = \frac{0.4\ \mathrm{m^3/sec}}{\frac{\pi}{4}\times D^2} \times \frac{D}{6\times10^{-5}\ \mathrm{m^2/sec}} = \frac{8488.26}{D}$$

$D = 4.042\ \mathrm{m}$

정답 ㉰

23 물이 흐르는 관로상에 피토관을 설치하고 전압과 정압단자를 수은이 든 U자관의 양측에 연결하였더니 측정되는 수은의 높이 차가 49.6 mm이었다. 이 위치에서의 유속은 약 몇 m/sec인가? (단, 수은의 비중은 13.6이고, U자관 내 물도 고려한다.) 2014 03 02

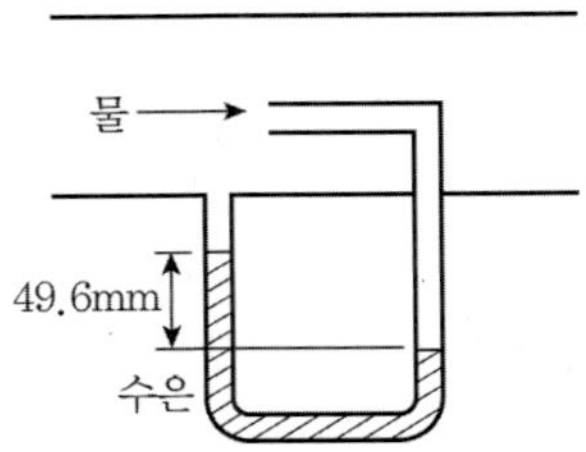

㉮ 2.47 ㉯ 3.5 ㉰ 3.84 ㉱ 11.12

해설 지점 o, s에 대해 베르누이 정리 적용

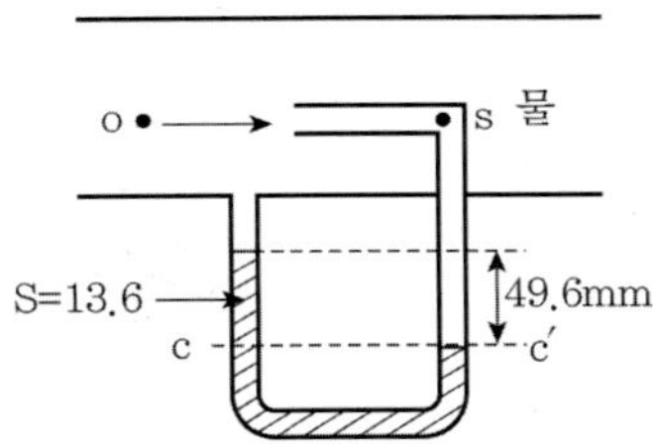

$$\frac{V_o^2}{2g}+\frac{p_o}{\gamma_w}+z_o=\frac{V_s^2}{2g}+\frac{p_s}{\gamma_w}+z_s$$

$z_o=z_s,\ V_s=0$

$$\frac{V_o^2}{2g}+\frac{p_o}{\gamma_w}=\frac{p_s}{\gamma_w}$$

c, c′ 지점의 압력은 동일하므로

$p_c=p_{c'}$

$p_c=p_o+13.6\gamma_w\times 0.0496\text{ m}$

$p_{c'}=p_s+\gamma_w\times 0.0496\text{ m}$

$p_o+13.6\gamma_w\times 0.0496\text{ m}=p_s+\gamma_w\times 0.0496\text{ m}$

$p_s-p_o=0.0496\text{ m}\times(13.6\gamma_w-\gamma_w)$

$\frac{V_o^2}{2g}+\frac{p_o}{\gamma_w}=\frac{p_s}{\gamma_w}$ 에서

$$\frac{V_o^2}{2g}=\frac{p_s-p_o}{\gamma_w}=\frac{0.0496\text{ m}\times(13.6\gamma_w-\gamma_w)}{\gamma_w}$$

$$V=V_o=\sqrt{2g\times\frac{0.0496\text{ m}\times(13.6\gamma_w-\gamma_w)}{\gamma_w}}$$

$$=\sqrt{2\times 9.8\times\frac{0.00496\times(13.6-1)}{1}}$$

$=3.5\text{ m/sec}$

정답 ㉯

24 유체의 연속방정식에 대한 설명으로 가장 적절한 것은? 2014 03 02

㉮ 뉴턴의 운동방정식을 만족시키는 방정식
㉯ 일과 에너지의 관계를 나타내는 방정식
㉰ 유선에 따른 오일러 방정식을 적분한 방정식
㉱ 질량보존의 법칙을 유체유동에 적용한 방정식

해설 베르누이(Bernoulli)식 : 에너지 보존법칙 이용
연속방정식(질량유량, 중량유량, 체적유량) : 질량보존의 법칙 이용

정답 ㉱

25 소방차에 설치되어 있는 물탱크에 소화수원으로 $2\ m^3$ 채워진 상태로 화재현장에 출동하여 구경이 21 mm인 노즐을 사용하여 294.2 kPa의 방수압력으로 방사할 경우, 물탱크 내의 소화수원이 완전히 소모되는 데 약 몇 분이 소요되겠는가? 2014 03 02

㉮ 4 ㉯ 5 ㉰ 7 ㉱ 8

해설 노즐방수량(Q) = AV

$$= \frac{\pi}{4} \times D^2 \times \sqrt{2g \times \frac{p}{\gamma}}$$

$$= \frac{\pi}{4} \times (0.021\ m)^2 \times \sqrt{2 \times 9.8\ m/sec^2 \times \frac{294.2\ kPa}{9.8\ kN/m^3}}$$

$$= 0.0084\ m^3/sec$$

시간(t)에 따른 수조 내 수량=V(t)
V(t) = 초기수량 + 유입수량 × t − 노즐방수량 × t

$0 = 2\ m^3 + 0 \times t - 0.0084\ m^3/sec \times t$
$t = 238.1\ sec$
$= 3\ min\ \ 58.1\ sec$

정답 ㉮

26 수평원형관의 상류측 단면의 안지름이 300 mm, 하류측 단면의 안지름이 600 mm인 점차 확대관이 있다. 상류측 물의 유속이 2 m/sec일 때 하류측 단면에서의 물의 유속은 몇 m/sec인가? 2014 05 25

㉮ 0.45　　㉯ 0.5　　㉰ 0.55　　㉱ 0.6

해설 유량(Q)$=A_1V_1=A_2V_2$

$$\left(\frac{\pi}{4}\times(0.3\text{ m})^2\right)\times 2\text{ m/sec}=\left(\frac{\pi}{4}\times(0.6\text{ m})^2\right)\times V_2$$

$V_2=0.5\text{ m/sec}$

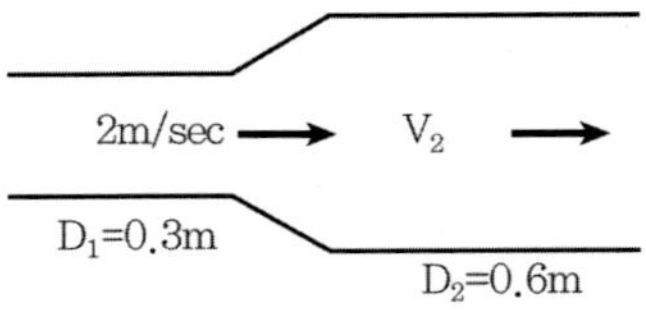

정답 ㉯

27 그림과 같이 수조에 붙어 있는 상하 두 노즐에서 물이 분출하여 한 점 A에서 만나려고 하면 어떤 관계식이 성립되어야 하는가? (단, 공기의 저항과 노즐의 손실은 무시한다.)

2014 05 25

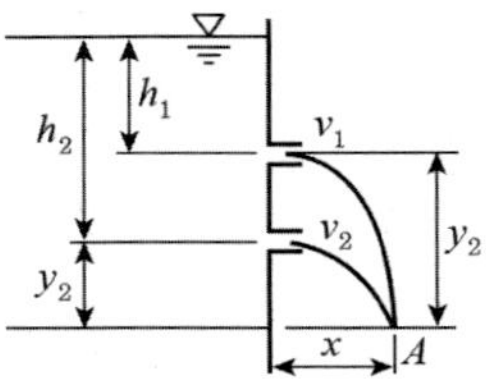

㉮ $h_1y_1=h_2y_2$　　㉯ $h_1y_2=h_2y_1$　　㉰ $h_1h_2=y_1y_2$　　㉱ $h_1y_1=2h_2y_2$

해설 $V_1=\sqrt{2gh_1}$, $V_2=\sqrt{2gh_2}$

A점 도달시간을 t_1, t_2라 하면

낙하거리

$y_1=\frac{1}{2}gt_1^2$, $y_2=\frac{1}{2}gt_2^2$

$t_1=\sqrt{\frac{2y_1}{g}}$, $t_2=\sqrt{\frac{2y_2}{g}}$

$x=V_1\cdot t_1$, $x=V_2\cdot t_2$

$V_1\cdot t_1=V_2\cdot t_2$

$\sqrt{2gh_1}\times\sqrt{\frac{2y_1}{g}}=\sqrt{2gh_2}\times\sqrt{\frac{2y_2}{g}}$

$\sqrt{4h_1y_1}=\sqrt{4h_2y_2}$

$h_1y_1=h_2y_2$

정답 ㉮

28 [보기]에서 제시한 실험관 ⓐ, ⓑ의 명칭을 바르게 나열한 것은? 2014 05 25

[보기]

ⓐ ⓑ

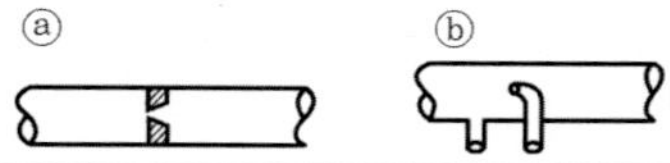

㉮ ⓐ오리피스, ⓑ피토관
㉯ ⓐ관노즐, ⓑ벤튜리관
㉰ ⓐ위어, ⓑ벤튜리관
㉱ ⓐ벤튜리관, ⓑ오리피스

해설 ㉮ 오리피스(orifice)

유체가 흐르는 관 내부에, 동심원의 내부가 날카롭게 가공된 얇은 판을 설치하여, 유체의 흐름 단면적을 줄여줌으로써, 벤튜리 유량계와 비슷한 원리로, 유량을 측정하는 장치

㉯ 피토관(pitot tube)

유체흐름 속에 피토관을 넣어, 유체가 피토관에 가하는 압력을 측정하여 유속을 알아내는 유속 측정장치

정답 ㉮

29 수평면과 45°경사를 갖는 지름 250 mm인 원관의 위쪽 출구방향으로 유출하는 물제트의 유출속도가 9.8 m/sec라면 물제트의 출구로부터의 최고 수직상승높이는 약 몇 m인가? (단, 공기의 저항은 무시한다.) 2014 09 20

㉮ 2.45 ㉯ 3 ㉰ 3.45 ㉱ 4.45

해설 유출지점 1, 최고 수직 상승 지점 2에 대해 베르누이(Bernoulli)식 적용

$$\frac{V_1^2}{2g}+\frac{p_1}{\gamma}+z_1=\frac{V_2^2}{2g}+\frac{p_2}{\gamma}+z_2$$

대기 중에 있으므로 $p_1=p_2=0$

$z_2-z_1=$수직 상승높이

$V_1=V\times\sin45°=9.8\ \text{m/sec}\times\sin45°$(유출지점 상승유속)

$V_2=0$(최고 상승높이에서의 상승유속)

$$\frac{V_1^2}{2g}+\frac{p_1}{\gamma}+z_1=\frac{V_2^2}{2g}+\frac{p_2}{\gamma}+z_2$$

$$\frac{(V\sin45°)^2}{2g}+\frac{0}{\gamma}+z_1=\frac{0^2}{2g}+\frac{0}{\gamma}+z_2$$

$$z_2 - z_1 = \frac{(V\sin 45°)^2}{2g}$$
$$= \frac{(9.8\text{m/sec} \times \sin 45°)^2}{2 \times 9.8\ \text{m/sec}^2}$$
$$= \frac{9.8}{4}\ \text{m}$$

정답 ㉮

30 그림과 같이 관에 시차압력계를 설치하였을 때 점 A에서의 유속은 약 몇 m/sec인가? (단, 시차압력계 내부의 유체는 비중 13.6인 수은이고, 관속을 흐르는 유체는 물이다.)

2014 09 20

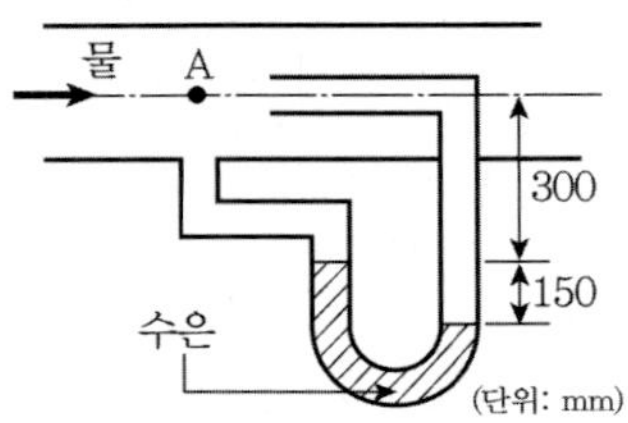

㉮ 4.28　　㉯ 6.09　　㉰ 7.03　　㉱ 10.5

해설 지점 A, O에 대해 베르누이 정리 적용

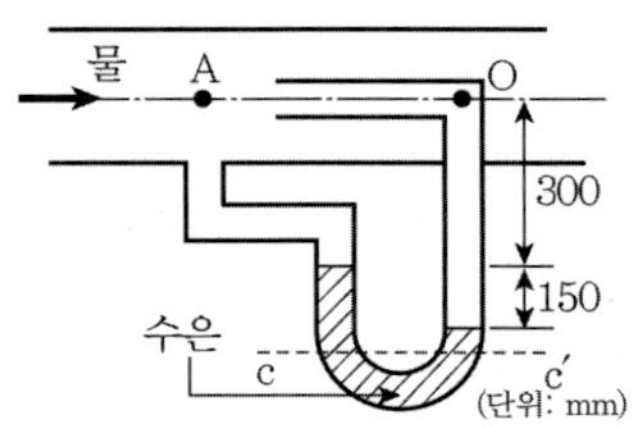

$$\frac{V_A^2}{2g} + \frac{p_A}{\gamma_w} + z_A = \frac{V_o^2}{2g} + \frac{p_o}{\gamma_w} + z_o$$

$z_A = z_o,\ V_o = 0$

$$\frac{V_A^2}{2g} + \frac{p_A}{\gamma_w} = \frac{p_o}{\gamma_w}$$

c, c′ 지점의 압력은 동일

$p_c = p_{c'}$

$p_c = p_A + \gamma_w \times 0.3\ \text{m} + 13.6\gamma_w \times 0.15\ \text{m}$

$p_{c'} = p_o + \gamma_w \times 0.3\text{m} + \gamma_w \times 0.15\text{m}$

$p_A + \gamma_w \times 0.3\ \text{m} + 13.6\gamma_w \times 0.15\ \text{m} = p_o + \gamma_w \times 0.3\ \text{m} + \gamma_w \times 0.15\ \text{m}$

$p_o - p_A = 0.15\ \text{m} \times (13.6\gamma_w - \gamma_w)$

$\frac{V_A^2}{2g} + \frac{p_A}{\gamma_w} = \frac{p_o}{\gamma_w}$ 에서

$$\frac{V_A^2}{2g} = \frac{p_o - p_A}{\gamma_w} = \frac{0.15\text{ m} \times (13.6\gamma_w - \gamma_w)}{\gamma_w}$$

$$V = V_A = \sqrt{2g \times \frac{0.15\text{ m} \times (13.6\gamma_w - \gamma_w)}{\gamma_w}}$$

$$= \sqrt{2 \times 9.8 \times \frac{0.15 \times (13.6 - 1)}{1}}$$

$$= 6.09\text{ m/sec}$$

정답 ㉯

31 동점성계수가 1.15×10^{-6} m^2/sec인 물이 지름이 30 mm인 원관 속을 흐르고 있다. 층류가 기대될 수 있는 최대 유량은 몇 cm^3 /sec인가? (단, 상임계 레이놀즈 수는 4,000, 하임계 레이놀즈 수는 2,100 이다.) 2014 09 20

㉮ 57 ㉯ 61 ㉰ 65 ㉱ 71

해설 레이놀즈 수가 하임계값 2100 이하일 때 층류이므로

$$Re = 2100 = \frac{DV}{\nu} \qquad (Q : \text{유량}, D : \text{직경}, V : \text{유속}, \nu : \text{동점성계수})$$

$$= \frac{1}{\nu} \times D \times \frac{Q}{\frac{\pi}{4} \times D^2}$$

$$= \frac{4Q}{\pi \nu D}$$

$$Q = \frac{2100}{4} \times \pi \nu D$$

$$= \frac{2100}{4} \times \pi \times (1.15 \times 10^{-6}\text{ m}^2/\text{sec}) \times 0.03\text{ m}$$

$$= 5.69 \times 10^{-5}\text{ m}^3/\text{sec}$$

$$= 56.9\text{ cm}^3/\text{sec}$$

정답 ㉮

32 물이 내경 10 mm인 오리피스에서 유속 40 m/sec로 방수되고 있을 때 방수량은 약 몇 m^3/sec인가? 2014 09 20

㉮ 0.0031 ㉯ 0.031 ㉰ 0.31 ㉱ 3.1

해설 유량 = 유속 × 단면적

$$= 40\ \text{m/sec} \times \left(\frac{\pi}{4} \times (0.01\ \text{m})^2\right)$$

$$= 0.0314\ \text{m}^3/\text{sec}$$

정답 ㉮

33 물이 안지름 600 mm의 파이프를 통하여 평균 3 m/sec의 속도로 흐를 때 유량은 약 몇 m^3/sec인가? 2015 03 08

㉮ 0.3 ㉯ 0.85 ㉰ 1.8 ㉱ 2.8

해설 유량 = 유속 × 단면적

$$= 3\ \text{m/sec} \times \left(\frac{\pi}{4} \times (0.6\ \text{m})^2\right)$$

$$= 0.848\ \text{m}^3/\text{sec}$$

정답 ㉯

34 기체가 1 kg/sec의 유속으로 파이프 속을 등온상태로 흐른다. 파이프 내경이 20 cm이고 압력이 294 kPa일 때 유속은 약 몇 m/sec인가? (단, 기체상수는 196 N · m/kg · °K이고, 온도는 27℃ 이다. 2015 03 08

㉮ 5.26 ㉯ 5.29 ㉰ 6.29 ㉱ 6.366

해설 이상기체방정식 PV = MRT에서

$$\rho = \frac{M}{V} = \frac{P}{RT} = \frac{294\ \text{kPa} \times \dfrac{10^3\ \text{N/m}^2}{\text{kPa}}}{196\ \text{N} \cdot \text{m/kg} \cdot {}^\circ\text{K} \times (273+27)^\circ\text{K}} = 5\ \text{kg/m}^3$$

(ρ : 밀도, P : 압력, V : 부피, M : 기체질량, T : 절대온도)

질량유량 = $\rho \times A \times V$ (ρ: 밀도, A: 흐름단면적, V: 유속)

$$= 5\ \text{kg/m}^3 \times \frac{\pi}{4} \times (0.2\ \text{m})^2 \times V$$

$$= 1\ \text{kg/sec}$$

$$V = 6.36\ \text{m/sec}$$

정답 ㉱

35 수두가 9 m일 때 오리피스에서 물의 유속이 11 m/sec이다. 속도계수는 약 얼마인가?
2015 03 08

㉮ 0.01 ㉯ 0.83 ㉰ 0.95 ㉱ 0.97

해설 $V = C_v \times \sqrt{2gh}$ (V : 유속, C_v : 유속계수, h : 수두)

$11\text{m/sec} = C_v \times \sqrt{2 \times 9.8\text{m/sec}^2 \times 9\text{m}}$

$C_v = 0.828$

정답 ㉯

36 피토관을 물이 흐르는 관속에 넣었을 때 10 cm의 높이까지 올라가 정지되었다. 관의 단면적이 0.05 m^2이라면 1분 동안 흘러간 물은 몇 m^3인가?
2015 03 08

㉮ 4.2 ㉯ 4.9 ㉰ 5.2 ㉱ 5.9

해설 피토관 유속(V) $= \sqrt{2gh} = \sqrt{2 \times 9.8\text{ m/sec}^2 \times 0.1\text{ m}} = 1.4\text{ m/sec}$

유량(Q) = 단면적 × 유속

$= 0.05\text{ m}^2 \times 1.4\text{ m/sec}$

$= 0.07\text{ m}^3/\text{sec}$

$= 0.07\text{ m}^3/\text{sec} \times \dfrac{60\text{ sec}}{1\text{ min}}$

$= 4.2\text{ m}^3/\text{min}$

정답 ㉮

37 단면 크기가 가로 0.3 m, 세로 0.5 m인 덕트 속을 공기가 흐르고 있다. 덕트 속의 공기 유량이 0.45 m^3/sec일 때 공기의 질량유량은 몇 kg/sec인가? (단, 공기의 밀도는 2 kg/m^3이다.)
2015 03 08

㉮ 0.7 ㉯ 0.8 ㉰ 0.9 ㉱ 1

해설 질량유량(M) $= \rho \times Q$ (ρ : 밀도, M : 질량유량, Q : 체적유량)

$= 2\text{ kg/m}^3 \times (0.45\text{m}^3/\text{sec})$

$= 0.9\text{ kg/sec}$

정답 ㉰

38 그림과 같이 화살표 방향으로 물이 흐르고 있을 때 직경 100 mm의 원관에 압력계와 피토관이 설치되어 있다. 압력계와 피토관의 지시바늘이 각각 400 kPa과 410 kPa을 나타내면 유속은 얼마인가? 2015 05 31

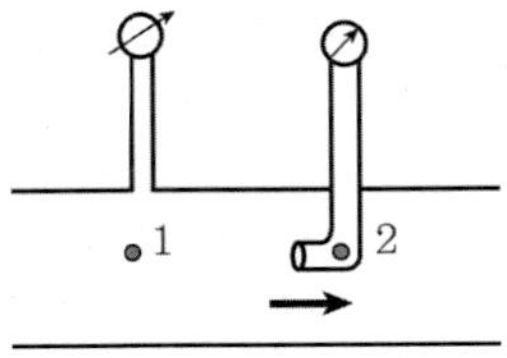

㉮ 4.47　　㉯ 3.25　　㉰ 2.85　　㉱ 2.44

해설 지점 1, 2에 대해 베르누이(Bernoulli)식 적용

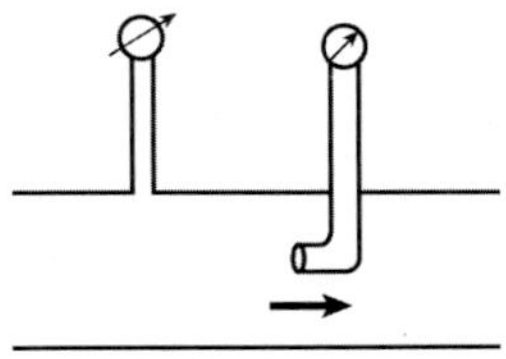

$$\frac{V_1^2}{2g}+\frac{p_1}{\gamma}+z_1=\frac{V_2^2}{2g}+\frac{p_2}{\gamma}+z_2$$

(V : 유속, p : 압력, z : 위치수두, γ : 비중량)

$V_2=0$, $z_1=z_2$

$$\frac{V_1^2}{2g}=\frac{p_2}{\gamma}-\frac{p_1}{\gamma}=\frac{p_2-p_1}{\gamma}$$

$$V=V_1=\sqrt{2g\times\frac{(p_2-p_1)}{\gamma}}$$

$$=\sqrt{2\times 9.8\text{m/sec}^2\times\frac{(410-400)\text{kPa}}{9.8\text{kN/m}^3}}$$

$$=4.47\text{m/sec}$$

정답 ㉮

39 다음 중 연속방정식이 아닌 것은? 2015 05 31

㉮ $\rho_1 A_1 V_1=\rho_2 A_2 V_2$　　㉯ $A_1V_1=A_2V_2$

㉰ $\frac{\partial u}{\partial x}+\frac{\partial v}{\partial y}+\frac{\partial w}{\partial z}=0$　　㉱ $\frac{\partial x}{u}=\frac{\partial y}{u}=\frac{\partial z}{w}$

해설 $\frac{\partial x}{u}=\frac{\partial y}{v}=\frac{\partial z}{w}$: 유적선 방정식

정답 ㉱

40 내경 40 cm인 관에 유속 0.5 m/sec로 물이 흐르고 있다면 유량은 약 몇 m^3/sec인가? 2015 05 31

㉮ 0.06 ㉯ 0.63 ㉰ 1.6 ㉱ 16

해설 유량(Q) = A × V

$$= \frac{\pi}{4} \times (0.4\ \mathrm{m})^2 \times (0.5\ \mathrm{m/sec})$$

$$= 0.0623\ \mathrm{m^3/sec}$$

정답 ㉮

41 옥내소화전설비에서 노즐구경이 동일한 노즐에서 방수압력(계기압)을 9배 올리면 방수량은 몇배로 되는가? 2015 05 31

㉮ $\sqrt{3}$ ㉯ 2 ㉰ 3 ㉱ 9

해설 $Q_1 = A \times V_1$

$$= A \times \sqrt{2g \times \frac{p}{\gamma}}$$

$Q_9 = A \times V_9$

$$= A \times \sqrt{2g \times \frac{9p}{\gamma}}$$

$$= 3A \times \sqrt{2g \times \frac{p}{\gamma}}$$

$$= 3Q_1$$

정답 ㉰

42 다음 그림에서 h=3 m일 때 지름 60 mm인 오리피스를 통해 유출되는 물의 유량(m^3/sec)은? (단, 용기는 굉장히 크다고 가정하고 마찰손실은 무시한다.) 2015 05 31

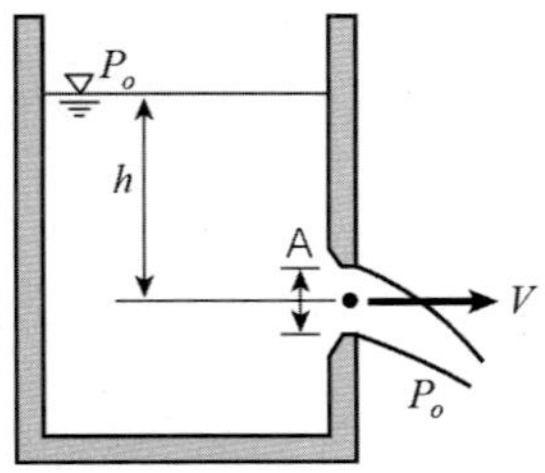

㉮ 0.0217 ㉯ 0.217 ㉰ 5.374 ㉱ 9.266

해설 유량(Q) $= A \times V$

$$= \frac{\pi}{4} \times D^2 \times \sqrt{2gh}$$

$$= \frac{\pi}{4} \times (0.06\text{ m})^2 \times \sqrt{2 \times 9.8\text{m/sec}^2 \times 3\text{ m}}$$

$$= 0.217\text{ m}^3/\text{sec}$$

정답 ㉮

43 임계 레이놀즈 수가 2100일 때 지름이 10 cm인 원관에서 실제유체가 층류로 흐를 수 있는 최대평균유속은 몇 m/sec인가? (단, 관에는 동점성계수 $\nu = 1.8 \times 10^{-6}\text{ m}^2/\text{sec}$인 물이 흐른다.) 2015 09 20

㉮ 3.78×10^{-1} ㉯ 3.78×10^{-2} ㉰ 2.46×10^{-1} ㉱ 2.46×10^{-2}

해설 $Re = 2100 = \dfrac{DV}{\nu}$

$$V = \frac{2100\nu}{D}$$

$$= \frac{2100 \times 1.8 \times 10^{-6}\text{ m}^2/\text{sec}}{0.1\text{ m}}$$

$$= 0.0378\text{ m/sec}$$

정답 ㉯

44 지름 250 mm인 원관으로부터 수평면과 45° 윗 방향으로 분출하는 물제트의 유출속도가 9.8 m/sec라고 한다면 출구로부터 물제트의 최고 수직상승높이는 몇 m인가? (단, 공기의 저항은 무시한다.) 2015 09 20

㉮ 2.45 ㉯ 3 ㉰ 3.45 ㉱ 4.45

해설 유출지점 1, 최고 수직 상승 지점 2에 대해 베르누이(Bernoulli)식 적용

$$\frac{V_1^2}{2g} + \frac{p_1}{\gamma} + z_1 = \frac{V_2^2}{2g} + \frac{p_2}{\gamma} + z_2$$

대기 중에 있으므로 $p_1 = p_2 = 0$

$z_2 - z_1$ =수직 상승높이

$V_1 = V \times \sin 45° = 9.8\ m/sec \times \sin 45°$(유출지점 상승유속)

$V_2 = 0$(최고 상승높이에서의 상승유속)

$$\frac{(V\sin 45°)^2}{2g} + \frac{0}{\gamma} + z_1 = \frac{0^2}{2g} + \frac{0}{\gamma} + z_2$$

$$z_2 - z_1 = \frac{(V\sin 45°)^2}{2g} = \frac{(9.8\ m/sec \times \sin 45°)^2}{2 \times 9.8\ m/sec^2} = \frac{9.8}{4}\ m$$

정답 ㉮

45 유체에서의 연속방정식과 관련이 없는 것은? 2015 09 20

㉮ $A_1V_1 = A_2V_2$

㉯ $\rho_1 A_1 V_1 = \rho_2 A_2 V_2$

㉰ $\frac{\partial u}{\partial x} + \frac{\partial v}{\partial y} + \frac{\partial w}{\partial z} = 0$

㉱ $\tau = \mu \frac{du}{dy}$

해설 $\tau = \mu \frac{du}{dy}$은 뉴턴의 점성법칙을 나타낸 식이다.

정답 ㉱

46 흐름이 있는 유체의 동압을 측정하기 위한 기구는? 2015 09 20

㉮ 노즐 ㉯ 오리피스관 ㉰ 벤튜리미터 ㉱ 피토정압관

해설 피토관(pitot tube)

유체흐름 속에 피토관을 넣어, 유체가 피토관에 가하는 압력을 측정하여 유속을 알아내는 유속 측정장치

정답 ㉱

47 베르누이(Bernoulli)방정식으로 맞는 것은? 2016 03 06

㉮ $\frac{P}{\gamma} + \frac{V}{2g} + Z = constant$

㉯ $\frac{P}{\gamma^2} + \frac{V}{2g} + Z = constant$

㉰ $\frac{P^2}{\gamma} + \frac{V^2}{2g} + Z = constant$

㉱ $\frac{P}{\gamma} + \frac{V^2}{2g} + Z = constant$

해설 베르누이(Bernoulli)식 : $\frac{V_1^2}{2g}+\frac{p_1}{\gamma}+z_1=\frac{V_2^2}{2g}+\frac{p_2}{\gamma}+z_2$

정답 ㉱

48 안지름 65 mm의 관내를 유량 0.24 m^3/min로 물이 흘러간다면 평균유속은 몇 m/sec인가?

2016 03 06

㉮ 1.2 ㉯ 2.4 ㉰ 3.6 ㉱ 4.8

해설 유속(V) $=\frac{Q}{A}$

$$=\frac{0.24\ m^3/min}{\frac{\pi}{4}\times(0.065\ m)^2}$$

$$=\frac{0.24\ m^3/min\times\frac{1\ min}{60sec}}{\frac{\pi}{4}\times(0.065\ m)^2}$$

$=1.205$ m/sec

정답 ㉮

49 배관 내 유체의 유량 또는 유속 측정법이 아닌 것은?

2016 03 06

㉮ 삼각위어에 의한 방법 ㉯ 오리피스에 의한 방법
㉰ 벤츄리관에 한 방법 ㉱ 피토관에 의한 방법

해설 위어(Weir) : 개수로(開水路, open channel)에 설치하여 흐름의 폭, 깊이 등을 재서 유량을 측정하는 유량측정장치로, 삼각위어와 사가위어가 있다. 관수로에는 설치할 수 없다.

정답 ㉮

50 20℃에서 물이 지름 75 mm인 관속을 $1.9\times10^{-3}\ m^3/sec$로 흐르고 있다. 이때 레이놀즈 수는 얼마 정도인가? (단, 20℃일 때 물의 동점성계수는 $1.006\times10^{-6}\ m^2/sec$이다.)

2016 03 06

㉮ 1.13×10^4　㉯ 1.99×10^4　㉰ 2.83×10^4　㉱ 3.21×10^4

해설 유속(V) $= \dfrac{Q}{A} = \dfrac{1.9\times10^{-3}\,m^3/sec}{\dfrac{\pi}{4}\times(0.075\,m)^2} = 0.43\,m/sec$

$$Re = \frac{DV}{\nu} = \frac{0.075\,m\times0.43\,m/sec}{1.006\times10^{-6}\,m^2/sec} = 32{,}058$$

정답 ㉱

51 그림과 같은 수평관로에서 유체가 ㉮에서 ㉯로 흐르고 있다. ㉮, ㉯에서의 압력과 속도를 각각 P_1, V_1 및 P_2, V_2라 하고 손실수두를 H_ℓ이라 할 때 에너지 방정식은? 2016 05 08

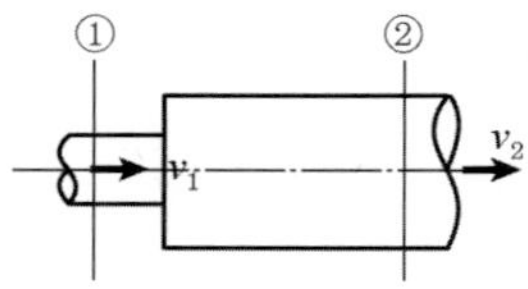

㉮ $\dfrac{P_1}{\gamma}+\dfrac{V_1^2}{2g}=\dfrac{P_2}{\gamma}+\dfrac{V_2^2}{2g}+H_\ell$　㉯ $\dfrac{P_1}{\gamma}+\dfrac{V_1^2}{2g}+H_\ell=\dfrac{P_2}{\gamma}+\dfrac{V_2^2}{2g}$

㉰ $\dfrac{P_1}{\gamma}+\dfrac{V_1^2}{2g}=\dfrac{P_2}{\gamma}+\dfrac{V_2^2}{2g}$　㉱ $H_\ell=\dfrac{P_1}{\gamma}+\dfrac{P_2}{\gamma}-\left(\dfrac{V_1^2}{2g}+\dfrac{V_2^2}{2g}\right)$

해설 손실수두(H_ℓ)가 있을 때 관로 지점 1, 지점 2 사이의 베르누이(Bernoulli)식 적용

$$\frac{V_1^2}{2g}+\frac{p_1}{\gamma}+z_1=\frac{V_2^2}{2g}+\frac{p_2}{\gamma}+z_2+H_\ell$$

위치수두가 동일한 수평관인 경우 $z_1=z_2$이므로

$$\frac{V_1^2}{2g}+\frac{p_1}{\gamma}=\frac{V_2^2}{2g}+\frac{p_2}{\gamma}+H_\ell$$

정답 ㉮

52 옥내소화전 노즐선단에서 물제트의 방사량이 0.1 m³/min, 노즐 선단의 내경이 25 mm일 때 방사압력(계기압력)은 약 몇 kPa인가? 2016 05 08

㉮ 3.27　㉯ 4.41　㉰ 5.32　㉱ 5.78

해설 $Q = A \times V = \frac{\pi}{4} \times D^2 \times \sqrt{2g \times \frac{p}{\gamma}}$

$0.1\ m^3/min \times \frac{1\ min}{60\ sec} = \frac{\pi}{4} \times (0.025\ m)^2 \times \sqrt{2 \times 9.8\ m/sec^2 \times \frac{p(kPa)}{9.8\ kN/m^3}}$

$p = 5.76\ kPa$

정답 ㉱

53 노즐에서 10 m/sec의 속도로 수직방향으로 물을 분사할 때 최대 상승높이는 약 몇 m인가? (단, 저항은 무시한다.) 2016 05 08

㉮ 5.10 ㉯ 6.34 ㉰ 3.22 ㉱ 2.65

해설 최대상승높이=속도수두$= \frac{V^2}{2g} = \frac{(10\ m/sec)^2}{2 \times 9.8\ m/sec^2} = 5.1\ m$

정답 ㉮

54 직경 7.62 cm, 길이 10 m인 소방호스에 $1.67 \times 10^{-3}\ m^3/sec$의 물이 흐르고 있을 때 평균유속은 약 몇 m/sec인가? 2016 05 08

㉮ 0.27 ㉯ 0.37 ㉰ 0.47 ㉱ 0.57

해설 $V = \frac{Q}{A} = \frac{1.67 \times 10^{-3}\ m^3/sec}{\frac{\pi}{4} \times (0.0762\ m)^2} = 0.366\ m/sec$

정답 ㉯

55 100 mm 관로를 통하여 물을 정확히 10분 동안 탱크에 공급하였다. 탱크의 늘어난 무게가 95.3 kN이다. 이 관로를 흐르는 평균유량은 약 몇 m^3/sec인가? 2016 10 01

㉮ 0.0162 ㉯ 0.0972 ㉰ 0.162 ㉱ 0.972

해설 증가중량 = 중량유량(G) × 흐름시간(t)

$95.3\ kN = [9.8\ kN/m^3 \times Q] \times 10\ min$

$$Q = \frac{95.3\ \text{kN}}{9.8\ \text{kN/m}^3 \times 10\ \text{min} \times \frac{60\text{sec}}{1\ \text{min}}}$$

$$= 0.0162\ \text{m}^3/\text{sec}$$

정답 ㉮

56 다음 그림에서 단면1의 관지름은 50 cm이고 단면2의 관지름은 30 cm이다. 단면1과 단면2의 압력이 같을 때 관을 통과하는 유량은 약 몇 m^3/sec인가? (단, 관로의 모든 손실은 무시한다.)

2016 10 01

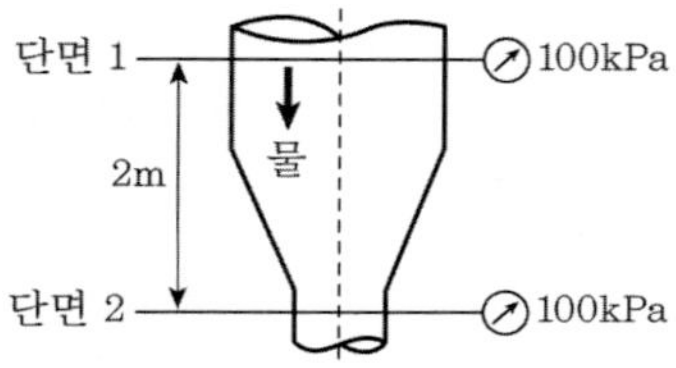

㉮ 0.474　　㉯ 0.671　　㉰ 4.74　　㉱ 9.71

해설 단면1과 단면2에 대한 연속방정식 적용

$$A_1V_1 = A_2V_2$$

$$\frac{\pi}{4} \times (0.5\ \text{m})^2 \times V_1 = \frac{\pi}{4} \times (0.5\ \text{m})^2 \times V_2$$

$$V_1 = 0.36V_2$$

베르누이 식 적용

$$\frac{V_1^2}{2g} + \frac{p_1}{\gamma} + z_1 = \frac{V_2^2}{2g} + \frac{p_2}{\gamma} + z_2$$

$$\frac{(0.36V_2)^2}{2g} + \frac{100\ \text{kPa}}{9.8\ \text{kN/m}^3} + z_1 = \frac{V_2^2}{2g} + \frac{100\ \text{kPa}}{9.8\ \text{kN/m}^3} + z_2$$

$$\frac{V_2^2 - (0.36V_2)^2}{2g} = 2\ \text{m}$$

$$V_2 = \sqrt{\frac{2g \times 2\ \text{m}}{(1 - 0.36^2)}}$$

$$= 6.71\ \text{m/sec}$$

$$\text{유량}(Q) = A_2 \times V_2$$

$$= \frac{\pi}{4} \times (0.3\ \text{m})^2 \times 6.71\ \text{m/sec}$$

$= 0.474\ m^3/sec$

정답 ㉮

57 배관 내 유량을 직접 측정할 수 있는 기기가 아닌 것은? 2016 10 01

㉮ 마노미터 ㉯ 벤투리미터 ㉰ 로터미터 ㉱ 오리피스미터

해설 마노미터는 유량측정장치가 아닌 압력측정장치이다.

정답 ㉮

58 안지름 1000 mm의 원통형 수조에 들어 있는 물을 안지름 150 mm인 관을 통해 평균유속 3 m/sec로 배출한다. 이때 수조 내 수면의 강하속도는 약 몇 cm/sec인가? 2017 03 05

㉮ 3.24 ㉯ 1.423 ㉰ 6.75 ㉱ 14.13

해설 시간(t)경과에 따른 수조체적의 변화($\frac{dV}{dt}$)

(A_1 : 수조면적, h : 수심, A_2 : 유출관 단면적)

$$\frac{dV}{dt} = \frac{d(A_1 \times h)}{dt} = \text{유입유량} - \text{유출유량}$$

$$= 0 - A_2 \times V$$

$$A_1 \frac{dh}{dt} = -A_2 \times V$$

$$\frac{dh}{dt} = -\frac{A_2}{A_1} \times V$$

$$= -\frac{\frac{\pi}{4} \times (0.15\ m)^2}{\frac{\pi}{4} \times (1.0\ m)^2} \times 3\ m/sec$$

$$= -0.0675\ m/sec$$

$$= -6.75\ cm/sec$$

정답 ㉰

59 유량계수가 0.94인 방수노즐로부터 방수압력(계기압력) 255 kPa로 물을 방사할 때 방수량을 측정한 결과 0.1 m^3/min이었다면 사용한 노즐의 구경은 약 몇 mm인가? 2017 03 05

㉮ 10　　㉯ 12　　㉰ 14　　㉱ 16

해설 노즐유출유량(Q) $= CA \times \sqrt{2g \times \frac{p}{\gamma}}$

(C : 유량계수, A : 유동단면적, p : 방수압력, g : 중력가속도)

$0.1\ m^3/min \times \frac{1\ min}{60\ sec} = 0.94 \times \frac{\pi}{4} \times D^2 \times \sqrt{2 \times 9.8\ m/sec^2 \times \frac{255\ kPa}{9.8\ kN/m^3}}$

D = 10 mm

정답 ㉮

60 그림과 같이 수조측면에 구멍이 나 있다. 이 구멍을 통하여 흐르는 유속은 약 몇 m/sec인가? 2017 03 05

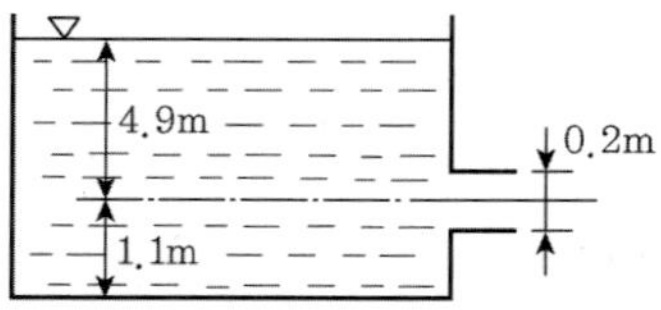

㉮ 6.9　　㉯ 3.09　　㉰ 9.8　　㉱ 13.8

해설 유출속도(V)$= \sqrt{2gh} = \sqrt{2 \times 9.8\ m/sec^2 \times 4.9\ m} = 9.8\ m/sec$

정답 ㉰

61 지름 4 cm인 관에 동점성계수 $5 \times 10^{-2}\ cm^2/sec$인 유체가 평균속도 2 m/sec로 흐르고 있을 때 레이놀즈 수는 얼마인가? 2017 03 05

㉮ 14,000　　㉯ 16,000　　㉰ 18,000　　㉱ 20,000

해설 $Re = \frac{DV}{\nu} = \frac{4\ cm \times 200\ cm/sec}{5 \times 10^{-2}\ cm^2/sec} = 16,000$

정답 ㉯

62 관의 안지름이 변화하는 관로에서 안지름이 3배로 되면 유속은 어떻게 되는가? 2017 05 07

㉮ 9배로 커진다. ㉯ 3배로 커진다. ㉰ 1/3로 작아진다. ㉱ 1/9로 작아진다.

해설 유량$(Q)=A_1 \times V_1 = A_2 \times V_2$

$$\left(\frac{\pi}{4}\times D^2\right)\times V_1 = \left(\frac{\pi}{4}\times (3D)^2\right)\times V_2$$

$$V_2 = \frac{1}{9}V_1$$

정답 ㉱

63 유속이 0.99 m/sec이고, 비중이 0.85인 기름이 흐르고 있는 곳에 피토관을 세웠을 때, 피토관에서 기름의 상승높이(H)는 약 몇 mm인가? 2017 05 07

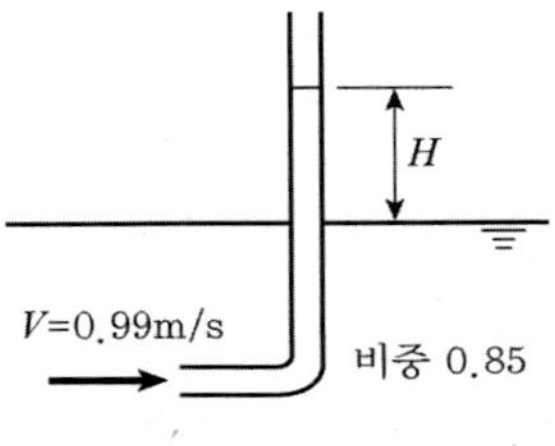

㉮ 50 ㉯ 5 ㉰ 42 ㉱ 4.2

해설 $V=\sqrt{2gH}$ 에서 $H=\frac{V^2}{2g}=\frac{(0.99\ m/sec)^2}{2\times 9.8\ m/sec^2}=0.05\ m=50\ mm$

정답 ㉮

64 안지름이 50 mm인 옥내소화전 배관으로 분당 0.26 m^3의 물이 흐른다. 이때 물속의 압력이 392 kPa이라면 기준면에서 20 m 위에 있는 이 배관 속의 물이 갖는 전 수두는 약 몇 m인가? 2017 05 07

㉮ 24.3 ㉯ 32.8 ㉰ 44.3 ㉱ 60.2

해설 유속$(V)=\frac{Q}{A}=\frac{0.26\ m^3/min\times\frac{1\ min}{60\ sec}}{\frac{\pi}{4}\times(0.05\ m)^2}=2.21\ m/sec$

전수두 = 속도수두 + 압력수두 + 위치수두

$$= \frac{V^2}{2g} + \frac{p}{\gamma} + z$$

$$= \frac{(2.21\ m/sec)^2}{2 \times 9.8\ m/sec^2} + \frac{392\ kN/m^2}{9.8\ kN/m^2} + 20\ m$$

$$= 60.2\ m$$

정답 ㉣

65 그림과 같은 수평관로에서 유체가 ①에서 ②로 흐르고 있다. ①, ②에서의 압력과 속도를 각각 P_1, V_1 및 P_2, V_2라 하고 손실수두를 H_ℓ이라 할 때 에너지 방정식은?

2017 09 23

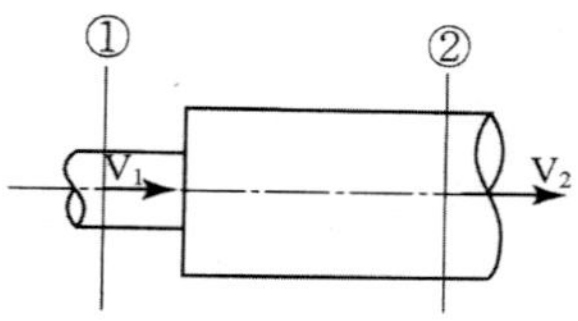

㉮ $\frac{P_1}{\gamma} + \frac{V_1^2}{2g} = \frac{P_2}{\gamma} + \frac{V_2^2}{2g} + H_\ell$

㉯ $\frac{P_1}{\gamma} + \frac{V_1^2}{2g} + H_\ell = \frac{P_2}{\gamma} + \frac{V_2^2}{2g}$

㉰ $\frac{P_1}{\gamma} + \frac{V_1^2}{2g} = \frac{P_2}{\gamma} + \frac{V_2^2}{2g}$

㉱ $H_\ell = \frac{P_1}{\gamma} + \frac{P_2}{\gamma} - \left(\frac{V_1^2}{2g} + \frac{V_2^2}{2g}\right)$

정답 ㉮

66 안지름이 50 mm인 관에 비중이 0.8인 유체가 0.26 m^3/min의 유량으로 흐를 때 유속은 약 몇 m/sec인가?

2017 09 23

㉮ 1.31 ㉯ 2.21 ㉰ 13.2 ㉱ 22.1

해설 유량(Q) = A × V

$$0.26m^3/min \times \frac{1min}{60sec} = \left(\frac{\pi}{4} \times (0.05m)^2\right) \times V$$

$$V = 2.21m/sec$$

정답 ㉯

67 공기가 그림과 같은 안지름 10 cm인 직관의 두 단면 사이를 정상유동으로 흐르고 있다. 각 단면에서의 온도와 압력은 일정하다고 하고, 단면(2)에서의 공기의 평균속도가 10 m/sec일 때 단면(1)에서의 평균속도는 몇 m/sec인가? (단, 공기는 이상기체라고 가정하고, 각 단면에서의 온도와 압력은 $P_1 = 100\,Pa$, $T_1 = 320°K$, $P_2 = 20\,Pa$, $T_2 = 300°K$ 이다.) 2017 09 23

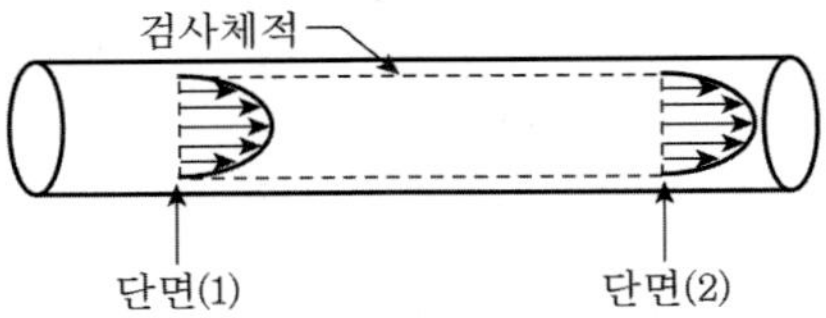

㉮ 1.675 ㉯ 2.133 ㉰ 2.875 ㉱ 3.732

해설 이상기체방정식 $pV = MRT$ (P : 압력, V : 체적, M : 질량, T : 절대온도, R : 기체상수)

$$\frac{M}{V} = \rho = \frac{P}{RT}$$

$$\rho_1 = \frac{P_1}{RT_1},\ \rho_2 = \frac{P_2}{RT_2}$$

질량유량$= \rho_1 A_1 V_1 = \rho_2 A_2 V_2$

$$V_1 = \left(\frac{\rho_2}{\rho_1}\right) \times \left(\frac{A_2}{A_1}\right) \times V_2 = \left(\frac{\frac{P_2}{RT_2}}{\frac{P_1}{RT_1}}\right) \times 1 \times 10\,m/sec$$

$$= \left(\frac{P_2 \times T_1}{P_1 \times T_2}\right) \times 10\,m/sec$$

$$= \left(\frac{20\,Pa \times 320°K}{100\,Pa \times 300°K}\right) \times 10\,m/sec$$

$$= 2.133\,m/sec$$

정답 ㉯

68 20℃의 물이 안지름 20 cm인 원관 내를 1 m^3/sec의 유량으로 흐르고 있을 때 레이놀즈 수(Re)는 약 얼마인가? (단, 물의 동점성계수는 $1.2\times10^{-4}m^2/sec$이다.) 2017 09 23

㉮ 2841 ㉯ 5305 ㉰ 28412 ㉱ 53052

해설 $유속(V) = \frac{Q}{A} = \frac{1\,m^3/sec}{\frac{\pi}{4}\times(0.2\,m)^2} = 31.831\,m/sec$

$레이놀즈수(Re) = \frac{D\cdot V}{\nu} = \frac{0.2\,m\times31.831\,m/sec}{1.2\times10^{-4}\,m^2/sec} = 53052$

정답 ㉱

69 그림과 같은 균일 유동인 직선관에 설치된 피토관의 수은 액주계 높이 차이가 20 mm이다. 유동유체는 공기이며, 밀도는 1.23 kg/m^3일 때 공기의 평균 속도는 약 몇 m/sec인가? (단, 수은의 비중은 13.6이다.) 2017 09 23

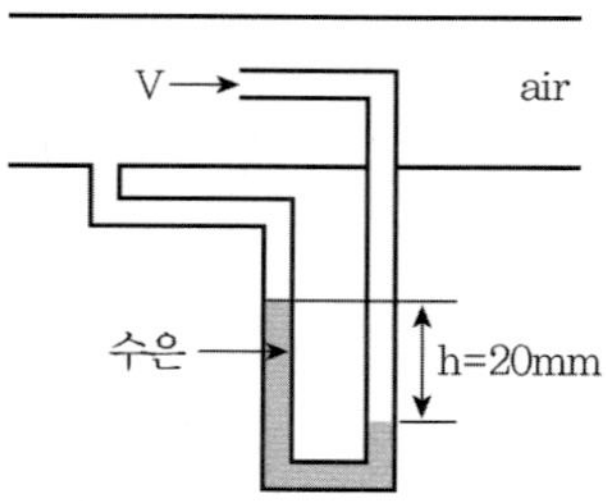

㉮ 2.08 ㉯ 46.5 ㉰ 65.8 ㉱ 131.6

해설 공기밀도$=\rho_{air} = 1.23\,kg/m^3$

지점 1, 2에 대해 베르누이 정리 적용

$$\frac{V_1^2}{2g} + \frac{p_1}{\gamma_{air}} + z_1 = \frac{V_2^2}{2g} + \frac{p_2}{\gamma_{air}} + z_2$$

$z_1 = z_2,\ V_2 = 0$

$$\frac{V_1^2}{2g} + \frac{p_1}{\gamma_{air}} = \frac{p_2}{\gamma_{air}}$$

c, c′ 지점의 압력은 동일

$p_c = p_{c'}$

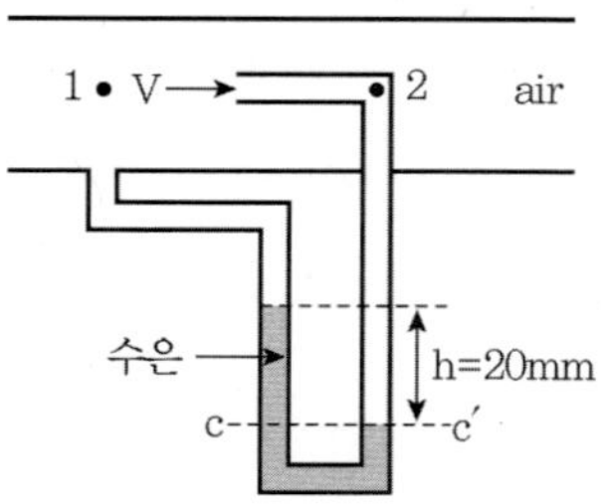

$$p_c = p_1 + 13.6\gamma_w \times 0.02\ \text{m}$$
$$p_{c'} = p_2 + \gamma_{air} \times 0.02\ \text{m}$$
$$p_1 + 13.6\gamma_w \times 0.02\ \text{m} = p_2 + \gamma_{air} \times 0.02\ \text{m}$$
$$p_2 - p_1 = 0.02\ \text{m} \times (13.6\gamma_w - \gamma_{air})$$
$$\frac{V_1^2}{2g} + \frac{p_1}{\gamma_{air}} = \frac{p_2}{\gamma_{air}} \text{ 에서}$$
$$\frac{V_1^2}{2g} = \frac{p_2 - p_1}{\gamma_{air}} = \frac{0.02\ \text{m} \times (13.6\gamma_w - \gamma_{air})}{\gamma_{air}}$$
$$V = V_1 = \sqrt{2g \times 0.02(\text{m}) \times \frac{(13.6\gamma_w - \gamma_{air})}{\gamma_{air}}}$$
$$= \sqrt{2g \times 0.02(\text{m}) \times \frac{(13.6\rho_w - \rho_{air})}{\rho_{air}}}$$
$$= \sqrt{2 \times 9.8 \times 0.02 \times \frac{(13.6 \times 1000 - 1.23)}{1.23}}$$
$$= 65.8\ \text{m/sec}$$

정답 ㉰

70 지름이 10 mm인 노즐에서 물이 방사되는 방사압(계기압력)이 392 kPa이라면 방수량은 약 몇 m^3/min인가? 2018 03 04

㉮ 0.402　　㉯ 0.220　　㉰ 0.132　　㉱ 0.012

해설 유량(Q) = A × V

$$= \frac{\pi}{4} D^2 \times \sqrt{2g \times \frac{p}{\gamma}}$$
$$= \left(\frac{\pi}{4} \times (0.01\ \text{m})^2\right) \times \sqrt{2 \times 9.8\ \text{m/sec}^2 \times \frac{392\ \text{kPa}}{9.8\ \text{kN/m}^3}}$$
$$= 0.002199\ \text{m}^3/\text{sec}$$
$$= 0.002199\ \text{m}^3/\text{sec} \times \frac{60\ \text{sec}}{1\ \text{min}}$$
$$= 0.132\text{m}^3/\text{min}$$

정답 ㉰

71 옥내소화전 설비의 배관유속이 3 m/sec인 위치에 피토정압관을 설치하였을 때, 정체압과 정압의 차를 수두로 나타내면 몇 m가 되겠는가? 2018 03 04

㉮ 0.46 ㉯ 4.6 ㉰ 0.92 ㉱ 9.2

해설 동압수두 = 속도수두 = $\frac{V^2}{2g} = \frac{(3\ m/sec)^2}{2 \times 9.8\ m/sec^2} = 0.46\ m$

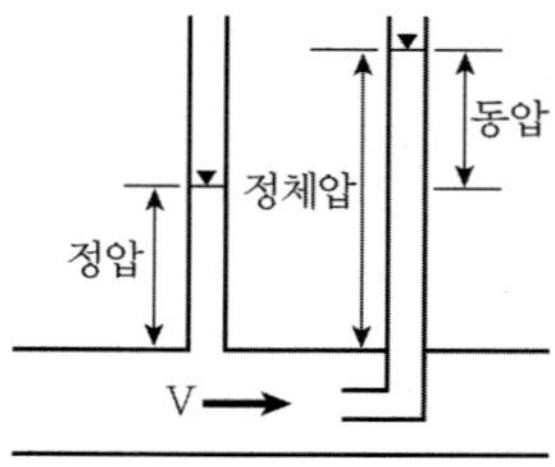

정답 ㉮

72 물이 안지름 600 mm의 파이프를 통하여 평균 3 m/sec의 속도로 흐를 때, 유량은 약 몇 m^3/sec인가? 2018 03 04

㉮ 0.34 ㉯ 0.85 ㉰ 1.82 ㉱ 2.88

해설 유량(Q) = $A \times V = \frac{\pi}{4} \times D^2 \times V = \left(\frac{\pi}{4} \times (0.6\ m)^2\right) \times 3\ m/sec = 0.848\ m^3/sec$

정답 ㉯

73 관의 단면에 축소부분이 있어서 유체를 단면에서 가속시킴으로써 생기는 압력 차이를 측정하여 유량을 측정하는 장치가 있다. 다음 중 이에 해당하지 않는 것은? 2018 03 04

㉮ nozzle meter ㉯ orifice meter ㉰ venturi meter ㉱ rota meter

해설 rota meter 유량계는 가변면적식 유량계로서, 유량이 증가함에 따라 원추형 유리관 내부로 float가 상승하고 float가 위치하고 있는 눈금위치로 유량을 읽을 수 있다.

정답 ㉱

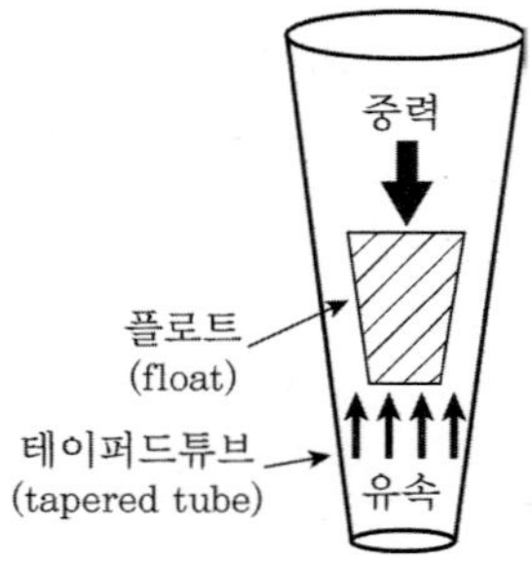

74 흐르는 유체에서 정상유동(steady flow)이란 어떤 것을 지칭하는가? 2018 03 04

㉮ 임의의 점에서 유체의 속도가 시간에 따라 일정하게 변하는 흐름
㉯ 임의의 점에서 유체의 속도가 시간에 따라 변하지 않는 흐름
㉰ 임의의 시각에서 유로 내 모든 점의 속도벡터가 일정한 흐름
㉱ 임의의 시각에서 유로 내 각 점의 속도벡터가 서로 다른 흐름

해설 정류(定流) 또는 정상류(定常流 ; steady flow) : 시간에 따라 유속(v), 유량(Q)이 변하지 않는 흐름

정답 ㉯

75 유량이 0.75 m^3/min인 소화설비 배관의 안지름이 100 mm일 때 배관 속을 흐르는 물의 평균 유속은 약 몇 m/sec인가? 2018 04 28

㉮ 0.8 ㉯ 1.1 ㉰ 1.4 ㉱ 1.6

해설 $유속(V) = \frac{Q}{A} = \frac{0.75\ m^3/min}{\frac{\pi}{4}\times(0.1\ m)^2} = \frac{0.75\ m^3/min \times \frac{1\ min}{60sec}}{\frac{\pi}{4}\times(0.1\ m)^2} = 1.59\ m/sec$

정답 ㉱

76 출구지름이 1 cm인 노즐이 달린 호스로 20 L의 생수통에 물을 채운다. 생수통을 채우는 시간이 50초가 걸린다면 노즐 출구에서의 물의 평균속도는 몇 m/sec인가? 2018 04 28

㉮ 5.1 ㉯ 7.2 ㉰ 11.2 ㉱ 20.4

해설 $유량 \times 시간 = (A \times V) \times t = \left(\frac{\pi}{4}\times(0.01\ m)^2 \times V\right)\times 50\ sec = 20\ L = 0.02\ m^3$

$V = 5.1\ m/sec$

정답 ㉮

77 유동하는 물의 속도가 12 m/sec, 압력이 98 kPa이다. 이때 속도수두와 압력수두는 각각 얼마인가? 2018 04 28

㉮ 7.35 m, 10 m　　㉯ 43.5 m, 10.5 m
㉰ 7.35 m, 20.3 m　　㉱ 0.66 m, 10 m

해설 속도수두 $= \frac{V^2}{2g} = \frac{(12\ \mathrm{m/sec})^2}{2 \times 9.8\ \mathrm{m/sec^2}} = 7.35\ \mathrm{m}$

압력수두 $= \frac{p}{\gamma} = \frac{98\ \mathrm{kPa}}{9.8\ \mathrm{kN/m^3}} = 10\ \mathrm{m}$

정답 ㉮

78 노즐 내의 유체의 질량 유량을 0.06 kg/sec, 출구에서의 비체적을 7.8 m^3/kg, 출구에서의 평균속도를 80 m/sec라고 하면 노즐 출구의 단면적은 약 몇 cm^2인가? 2018 09 15

㉮ 88.5　　㉯ 78.5　　㉰ 68.5　　㉱ 58.5

해설 밀도$(\rho) = \frac{1}{\text{비체적}} = \frac{1}{7.8\ \mathrm{m^3/kg}} = \frac{1}{7.8}\ \mathrm{kg/m^3}$

질량유량$(M) = \rho \times A \times V = \left(\frac{1}{7.8}\ \mathrm{kg/m^3}\right) \times A \times 80\ \mathrm{m/sec} = 0.06\ \mathrm{kg/sec}$

$A = 0.00585\ \mathrm{m^2} = 58.5\ \mathrm{cm^2}$

정답 ㉱

79 지름이 13 mm인 옥내소화전의 노즐에서 10분간 방사된 물의 양이 1.7 m^3이었다면 노즐의 방사압력(계기압력)은 약 몇 kPa인가? 2018 09 15

㉮ 17　　㉯ 27　　㉰ 228　　㉱ 456

해설 유량$(Q) = \frac{1.7\ \mathrm{m^3}}{10\ \mathrm{min}} = \frac{1.7\ \mathrm{m^3}}{10\ \mathrm{min} \times \frac{60\ \mathrm{sec}}{1\ \mathrm{min}}} = \frac{1.7}{600}\ \mathrm{m^3/sec}$

$Q = A \times V = \frac{\pi}{4} \times D^2 \times \sqrt{2g \times \frac{p}{\gamma}}$

$\frac{1.7}{600}\ \mathrm{m^3/sec} = \frac{\pi}{4} \times (0.013\ \mathrm{m})^2 \times \sqrt{2 \times 9.8\ \mathrm{m/sec^2} \times \frac{p(\mathrm{kPa})}{9.8\ \mathrm{kN/m^3}}}$

$p = 227.8\ \mathrm{kPa}$

정답 ㉰

80 온도와 압력이 각각 15℃, 101.3 kPa이고 밀도 1.225 kg/m^{3}인 공기가 흐르는 관로 속에 U자관 액주계를 설치하여 유속을 측정하였더니 수은주의 높이차가 250 mm이었다. 이때 공기는 비압축성 유동이라고 가정할 때 공기의 유속은 약 몇 m/sec인가? (단, 수은의 비중은 13.60이다.) 2018 09 15

㉮ 174 ㉯ 233 ㉰ 296 ㉱ 355

해설 공기밀도=$\rho_{air} = 1.225\ kg/m^3$

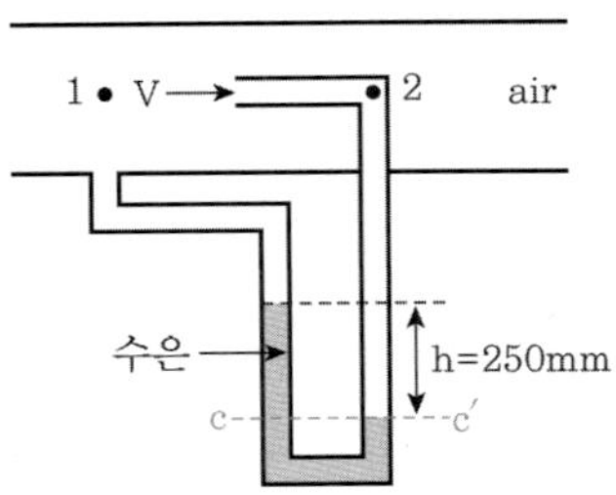

지점 1, 2에 대해 베르누이 정리 적용

$$\frac{V_1^2}{2g} + \frac{p_1}{\gamma_{air}} + z_1 = \frac{V_2^2}{2g} + \frac{p_2}{\gamma_{air}} + z_2$$

$z_1 = z_2,\ V_2 = 0$

$$\frac{V_1^2}{2g} + \frac{p_1}{\gamma_{air}} = \frac{p_2}{\gamma_{air}}$$

c, c′ 지점의 압력은 동일

$p_c = p_{c'}$

$p_c = p_1 + 13.6\gamma_w \times 0.25\ m$

$p_{c'} = p_2 + \gamma_{air} \times 0.25\ m$

$p_1 + 13.6\gamma_w \times 0.25\ m = p_2 + \gamma_{air} \times 0.25\ m$

$p_2 - p_1 = 0.25\ m \times (13.6\gamma_w - \gamma_{air})$

$\frac{V_1^2}{2g} + \frac{p_1}{\gamma_{air}} = \frac{p_2}{\gamma_{air}}$에서

$$\frac{V_1^2}{2g} = \frac{p_2 - p_1}{\gamma_{air}} = \frac{0.25\ m \times (13.6\gamma_w - \gamma_{air})}{\gamma_{air}}$$

$$V = V_1 = \sqrt{2g \times 0.25(m) \times \frac{(13.6\gamma_w - \gamma_{air})}{\gamma_{air}}}$$

$$= \sqrt{2g \times 0.25(m) \times \frac{(13.6\rho_w - \rho_{air})}{\rho_{air}}}$$

$$= \sqrt{2 \times 9.8 \times 0.25 \times \frac{(13.6 \times 1000 - 1.225)}{1.225}}$$

$= 233.3\ m/sec$

정답 ㉯

81 20℃의 물이 안지름 2 cm인 원관 속을 흐르고 있는 경우 평균속도는 약 몇 m/sec인가? (단, 레이놀즈 수는 2100, 동점성계수는 $1.006 \times 10^{-6}\ m^2/sec$이다.) 2018 09 15

㉮ 0.106　　㉯ 1.067　　㉰ 2.003　　㉱ 0.703

해설 레이놀즈 수(Re) $= \frac{D \times V}{\nu} = 2100$

$$V = \frac{2100 \times \nu}{D} = \frac{2100 \times (1.006 \times 10^{-6}\ m^2/sec)}{0.02\ m} = 0.106\ m/sec$$

정답 ㉮

82 피토정압관으로 지름이 400 mm인 풍동의 유속을 측정했을 때 풍동의 중심에서 정체압과 정압이 각각 수주로 80 mmAq, 40 mmAq이었다. 풍동 내에서 평균유속을 중심부 유속의 3/4이라 할 때 공기의 유량은 약 몇 m^3/sec인가? (단, 풍동 내의 공기의 밀도는 $1.25 kg/m^3$이고, 피토관의 계수(C)는 1로 한다.) 2019 03 03

㉮ 1.15　　㉯ 2.36　　㉰ 3.56　　㉱ 4.71

해설 p_1 = 정압 $= 40\ mmAq = 9800\ N/m^3 \times 0.04\ m = 392\ N/m^2 = 392\ Pa$

p_2 = 정체압 $= 80\ mmAq = 9800\ N/m^3 \times 0.08\ m = 784\ N/m^2 = 784\ Pa$

지점 1, 2에 대해 베르누이(Bernoulli)식 적용

$$\frac{V_1^2}{2g} + \frac{p_1}{\gamma_{air}} + z_1 = \frac{V_2^2}{2g} + \frac{p_2}{\gamma_{air}} + z_2$$

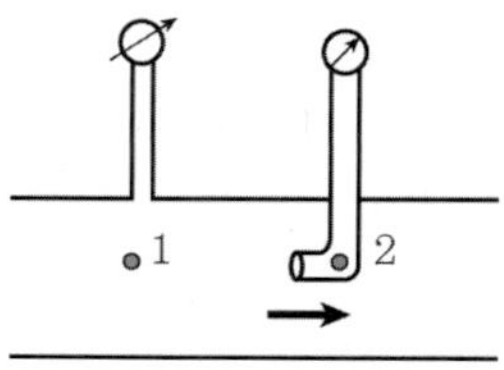

(V : 관중심 유속, p : 압력, z : 위치수두, γ_{air} : 공기비중량)

$V_2 = 0,\ z_1 = z_2$

$$\frac{V_1^2}{2g} = \frac{p_2 - p_1}{\gamma_{air}}$$

$$V = V_1 = \sqrt{2g \times \frac{(p_2 - p_1)}{\rho_{air} \times g}}$$

$$= \sqrt{2 \times 9.8\ m/sec^2 \times \frac{(784 - 392)Pa}{1.25\ kg/m^3 \times 9.8\ m/sec^2}}$$

$$= 25\ m/sec$$

평균유속(V_m) = 관중심유속 $\times \frac{3}{4} = 25\ m/sec \times \frac{3}{4} = 18.75\ m/sec$

공기유량(Q) $= A \times V_m = \frac{\pi}{4} \times (0.4\ m)^2 \times 18.75\ m/sec = 2.36\ m^3/sec$

정답 ㉯

83 할론1300이 밀도 1.4 g/cm^3, 속도 15 m/sec로 지름 50 mm 배관을 통해 정상류로 흐르고 있다. 이때 할론 1301의 질량유량은 약 몇 kg/sec인가? 2019 03 03

㉮ 20.4　　㉯ 30.6　　㉰ 41.2　　㉱ 52.5

해설 질량유량(M) $= \rho \cdot A \cdot V$

$$= 1.4\ g/cm^3 \times \left(\frac{\pi}{4} \times (0.05\ m)^2\right) \times 15\ m/sec$$

$$= \left(1.4\ g/cm^3 \times \frac{1kg}{1000g} \times \frac{10^6\ cm^3}{1\ m^3}\right) \times \left(\frac{\pi}{4} \times (0.05\ m)^2\right) \times 15\ m/sec$$

$$= 41.2\ kg/sec$$

정답 ㉰

84 그림과 같이 수직관로를 통해 물이 위에서 아래로 흐르고 있다. 손실을 무시할 때 상하에 설치된 압력계의 눈금이 동일하게 지시되도록 하려면 아래의 지름 d는 약 몇 mm로 하여야 하는가? (단, 위의 압력계가 있는 곳에서 유속은 3 m/sec, 안지름은 65 mm이고, 압력계의 설치 높이차는 5 m이다.) 2019 03 03

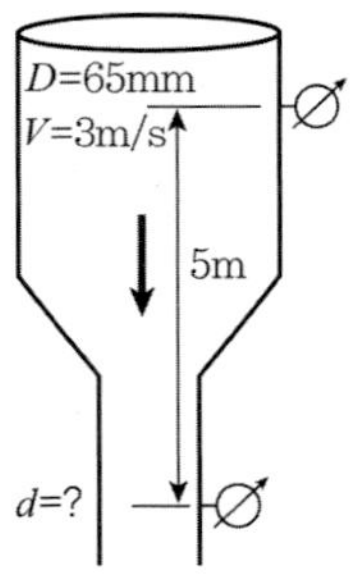

㉮ 30 mm　　㉯ 35 mm　　㉰ 40 mm　　㉱ 45 mm

해설 상부지점을 지점 1, 하부지점을 지점 2라 하고
베르누이정리를 적용하면

$$\frac{V_1^2}{2g} + \frac{p_1}{\gamma} + z_1 = \frac{V_2^2}{2g} + \frac{p_2}{\gamma} + z_2$$

$p_1 = p_2$, $z_1 - z_2 = 5$ m이므로

$$\frac{(3\ m/sec)^2}{2g} + 5 = \frac{V_2^2}{2g}$$

$V_2 = 10.34 \text{ m/sec}$

유량$(Q) = A_1V_1 = A_2V_2$

$\left(\frac{\pi}{4} \times (0.065 \text{ m})^2\right) \times 3 \text{ m/sec} = \left(\frac{\pi}{4} \times d^2\right) \times 10.34 \text{ m/sec}$

$d = 0.035 \text{ m} = 35 \text{ mm}$

정답 ㉯

85 물이 흐르고 있는 관내에 피토정압관을 넣어 정체압 p_s와 정압 p_o를 측정하였더니 수은이 들어 있는 피토정압관에 연결한 U자관에서 75 mm의 액면차가 생겼다. 피토정압관 위치에서의 유속은 몇 m/sec인가? (단, 수은의 비중은 13.6이다) 2019 04 27

㉮ 4.3 ㉯ 4.45 ㉰ 4.6 ㉱ 4.75

해설 지점 s, o에 대해 베르누이 정리 적용

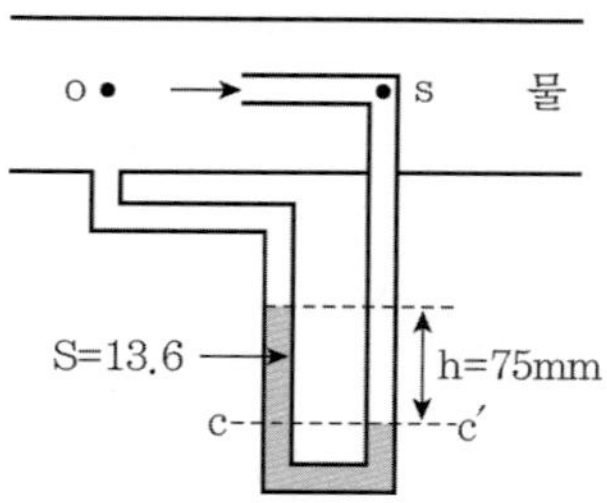

$\frac{V_o^2}{2g} + \frac{p_o}{\gamma_w} + z_o = \frac{V_s^2}{2g} + \frac{p_s}{\gamma_w} + z_s$

$z_o = z_s, \ V_s = 0$

$\frac{V_o^2}{2g} + \frac{p_o}{\gamma_w} = \frac{p_s}{\gamma_w}$

c, c′ 지점의 압력은 동일하므로

$p_c = p_{c'}$

$p_c = p_o + 13.6\gamma_w \times 0.075 \text{ m}$

$p_{c'} = p_s + \gamma_w \times 0.075 \text{ m}$

$p_o + 13.6\gamma_w \times 0.075 \text{ m} = p_s + \gamma_w \times 0.075 \text{ m}$

$p_s - p_o = 0.075\text{m} \times (13.6\gamma_w - \gamma_w)$

$\frac{V_o^2}{2g} + \frac{p_o}{\gamma_w} = \frac{p_s}{\gamma_w}$에서

$\frac{V_o^2}{2g} = \frac{p_s - p_o}{\gamma_w} = \frac{0.075 \text{ m} \times (13.6\gamma_w - \gamma_w)}{\gamma_w}$

$V = V_o = \sqrt{2g \times \frac{0.075 \text{ m} \times (13.6\gamma_w - \gamma_w)}{\gamma_w}}$

$= \sqrt{2 \times 9.8 \times \frac{0.075 \times (13.6 - 1)}{1}}$

$= 4.3 \text{ m/sec}$

정답 ㉮

86 지름 1 m인 곧은 수평원관에서 층류로 흐를 수 있는 유체의 최대 평균속도는 몇 m/sec인가? (단, 임계 레이놀즈(Reynolds) 수는 2000이고, 유체의 동점성계수는 $4\times10^{-4}\,\text{m}^2/\text{sec}$ 이다.) 2019 04 27

㉮ 0.4 ㉯ 0.8 ㉰ 40 ㉱ 80

해설 $\text{Re} = \dfrac{\text{D}\times\text{V}}{\nu} = 2000$에서

$$\text{V} = \frac{2000\times\nu}{\text{D}} = \frac{2000\times(4\times10^{-4}\,\text{m}^2/\text{sec})}{1\,\text{m}} = 0.8\,\text{m/sec}$$

정답 ㉯

87 안지름이 65 mm인 관내를 유량 $0.24\,\text{m}^3/\text{min}$로 물이 흘러간다면 평균 유속은 약 몇 m/sec인가? 2019 04 27

㉮ 1.2 ㉯ 2.4 ㉰ 3.6 ㉱ 4.8

해설 $$\text{유속(V)} = \frac{\text{Q}}{\text{A}} = \frac{0.24\,\text{m}^3/\text{min}}{\frac{\pi}{4}\times(0.065\,\text{m})^2} = \frac{0.24\,\text{m}^3/\text{min}\times\frac{1\,\text{min}}{60\,\text{sec}}}{\frac{\pi}{4}\times(0.065\,\text{m})^2} = 1.2\,\text{m/sec}$$

정답 ㉮

88 관 출구단면적이 입구단면적의 $\frac{1}{2}$이고, 마찰손실을 무시하였을 때 압력계 p의 계기압력은 얼마인가? (단, 유속 V=5 m/sec, 입구단면적 A=0.01 m^2, 대기압 101.3 kPa, 밀도 =1000 kg/m^3이다.) 2019 04 27

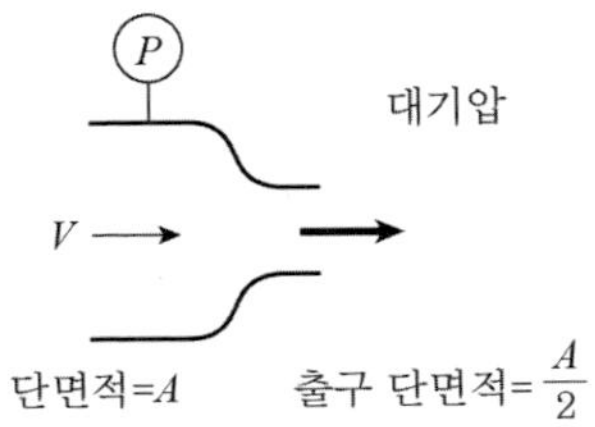

㉮ 375 kPa ㉯ 12.5 kPa ㉰ 37.5 kPa ㉱ 138.8 kPa

해설 입구, 출구 지점을 지점 1, 지점 2라 하면

$$V_2 = \left(\frac{A_1}{A_2}\right) \times V_1 = 2 \times 5\ \text{m/sec} = 10\ \text{m/sec}$$

지점 1, 2에 대해 베르누이 정리 적용

$$\frac{V_1^2}{2g} + \frac{p_1}{\gamma} + z_1 = \frac{V_2}{2g} + \frac{p_2}{\gamma} + z_2 \ (p_1,\ p_2\text{는 모두 계기압})$$

$$p_2 = 0,\ z_1 = z_2$$

$$p_1 = \gamma \times \left(\frac{V_2^2 - V_1^2}{2g}\right) = 9.8\ \text{kN/m}^3 \times \left(\frac{(10\ \text{m/sec})^2 - (5\ \text{m/sec})^2}{2 \times 9.8\ \text{m/sec}^2}\right) = 37.5\ \text{kPa}$$

정답 ㉰

89 관 속에 물이 흐르고 있다. 피토정압관을 수은이 들어 있는 U자관에 연결하여 전압과 정압을 측정하였더니 20 mm의 액면차가 생겼다. 피토정압관 위치에서의 유속(m/sec)은? (단, 수은의 비중은 13.6이고, 유량계수는 0.9이며, 유체는 정상상태, 비점성, 비압축성 유동이라고 가정한다.) 2019 09 21

㉮ 2.0 ㉯ 3.0 ㉰ 11.0 ㉱ 12.0

해설 지점 s, o에 대해 베르누이 정리 적용

$$\frac{V_o^2}{2g} + \frac{p_o}{\gamma_w} + z_o = \frac{V_s^2}{2g} + \frac{p_s}{\gamma_w} + z_s$$

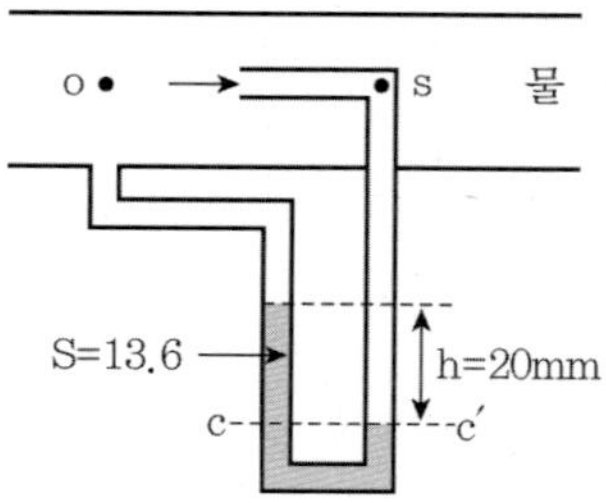

$$z_o = z_s,\ V_s = 0$$

$$\frac{V_o^2}{2g} + \frac{p_o}{\gamma_w} = \frac{p_s}{\gamma_w}$$

c, c′ 지점의 압력은 동일하므로

$$p_c = p_{c'}$$

$$p_c = p_o + 13.6\gamma_w \times 0.02\ \text{m}$$

$$p_{c'} = p_s + \gamma_w \times 0.02\ \text{m}$$

$$p_o + 13.6\gamma_w \times 0.02\ \text{m} = p_s + \gamma_w \times 0.02\ \text{m}$$

$$p_s - p_o = 0.02\ \text{m} \times (13.6\gamma_w - \gamma_w)$$

$$\frac{V_o^2}{2g} + \frac{p_o}{\gamma_w} = \frac{p_s}{\gamma_w}\text{에서}$$

$$\frac{V_o^2}{2g} = \frac{p_s - p_o}{\gamma_w} = \frac{0.02\ m \times (13.6\gamma_w - \gamma_w)}{\gamma_w}$$

$$V = C \times V_o = 0.9 \times \sqrt{2g \times \frac{0.02\ m \times (13.6\gamma_w - \gamma_w)}{\gamma_w}}$$
$$= 0.9 \times \sqrt{2 \times 9.8 \times \frac{0.02 \times (13.6 - 1)}{1}}$$
$$= 2.0\ m/sec$$

정답 ㉮

90 안지름 2 cm의 원관 내에 물을 흐르게 하여 층류상태로부터 점차 유속을 빠르게 하여 완전 난류상태로 될 때의 한계유속(cm/sec)은? (단, 물의 동점성계수는 0.01 cm^2/sec, 완전난류가 되는 임계 레이놀즈 수는 4000이다.) 2019 09 21

㉮ 10 ㉯ 15 ㉰ 20 ㉱ 40

해설 $Re = \frac{D \times V}{\nu} = 4000$

$$V = \frac{4000 \times \nu}{D} = \frac{4000 \times 0.01\ cm^2/sec}{2\ cm} = 20\ cm/sec$$

정답 ㉰

91 물이 들어 있는 그림과 같은 수조에서 바닥에 지름 D의 구멍이 있다. 모든 손실과 표면장력의 영향을 무시할 때, 바닥아래 y지점에서의 분류반지름 r의 값은? (단, H는 일정하게 유지된다고 가정한다.) 2019 09 21

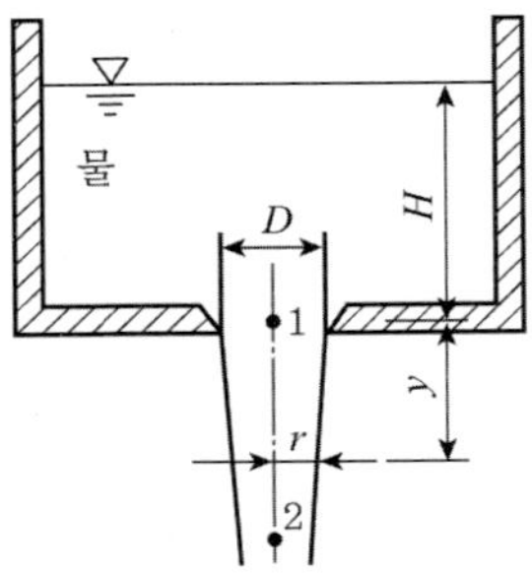

㉮ $\frac{\pi D^2}{4}\left(\frac{H+y}{H}\right)^{1/2}$ ㉯ $\frac{D}{4}\left(\frac{H+y}{H}\right)^{1/4}$

㉰ $\frac{D}{2}\left(\frac{H}{H+y}\right)^{1/4}$ ㉱ $\frac{D}{2}\left(\frac{H+y}{H}\right)^{1/2}$

해설 지점 1과 지점 2의 유량은 동일

$$A_1V_1 = A_2V_2$$

$$\left(\frac{\pi}{4}\times D^2\right)\times\sqrt{2gH} = \pi r^2\times\sqrt{2g(H+y)}$$

$$r = \frac{D}{2}\times\left(\frac{H}{H+y}\right)^{1/4}$$

정답 ㉰

92 내경이 D인 배관에 비압축성 유체인 물이 V의 속도로 흐르다가 갑자기 내경이 3D인 확대관으로 흘렀다. 확대된 배관에서 물의 속도는 어떻게 되는가? 2019 09 21

㉮ 변화 없다. ㉯ $\frac{1}{3}$로 줄어든다.

㉰ $\frac{1}{6}$로 줄어든다. ㉱ $\frac{1}{9}$로 줄어든다.

해설 $A_1V_1 = A_2V_2$

$$\left(\frac{\pi}{4}\times D^2\right)\times V_1 = \left(\frac{\pi}{4}\times(3D)^2\right)\times V_2$$

$$V_2 = \frac{1}{9}V_1$$

정답 ㉱

93 직경이 20 mm에서 40 mm로 돌연 확대하는 원형관이 있다. 이때 직경이 20 mm인 관에서 레이놀즈 수가 5000이라면 직경이 40 mm인 관에서의 레이놀즈 수는 얼마인가? 2020 06 13

㉮ 2500 ㉯ 5000 ㉰ 7500 ㉱ 10000

해설 직경 20 mm에서의 레이놀즈 수=$Re_1 = \frac{\rho\times D_1\times V_1}{\mu}$

직경 40 mm에서의 레이놀즈 수=$Re_2 = \frac{\rho \times D_2 \times V_2}{\mu}$

유량 $= Q = A_1V_1 = A_2V_2$에서

$$V_2 = \left(\frac{A_1}{A_2}\right) \times V_1 = \left(\frac{\frac{\pi}{4} \times (0.02\ \mathrm{m})^2}{\frac{\pi}{4} \times (0.04\ \mathrm{m})^2}\right) \times V_1 = \frac{1}{4} V_1$$

$$\frac{Re_2}{Re_1} = \frac{D_2 \times V_2}{D_1 \times V_1} = \left(\frac{D_2}{D_1}\right) \times \left(\frac{V_2}{V_1}\right) = \left(\frac{40\ \mathrm{mm}}{20\ \mathrm{mm}}\right) \times \left(\frac{\frac{1}{4}V_1}{V_1}\right) = \frac{1}{2}$$

$$Re_2 = \frac{1}{2} \times Re_1 = \frac{1}{2} \times 5000 = 2500$$

정답 ㉮

94 어떤 수평관에서 물의 속도는 28 m/sec이고, 압력은 160 kPa이다. (㉠) 속도수두와 (㉡) 압력수두는 각각 얼마인가? 2020 06 13

㉮ ㉠ 40 m, ㉡ 14.3 m　　㉯ ㉠ 50 m, ㉡ 14.3 m
㉰ ㉠ 40 m, ㉡ 16.3 m　　㉱ ㉠ 50 m, ㉡ 14.3 m

해설 속도수두=$\frac{V^2}{2g} = \frac{(28\ \mathrm{m/sec})^2}{2 \times 9.8\ \mathrm{m/sec^2}} = 40\ \mathrm{m}$

압력수두=$\frac{p}{\gamma} = \frac{160\ \mathrm{kN/m^2}}{9.8\ \mathrm{kN/m^3}} = 16.3\ \mathrm{m}$

정답 ㉰

95 유체의 흐름에 있어서 유선에 대한 설명으로 옳은 것은? 2020 06 13

㉮ 유동단면의 중심을 연결한 선이다.
㉯ 유체의 흐름에 있어서 위치벡터에 수직한 방향을 갖는 연속적인 선이다.
㉰ 모든 점에서 유체흐름의 속도벡터의 방향을 갖는 연속적인 선이다.
㉱ 정상류에만 존재하고 난류에서는 존재하지 않는다.

해설 유선(stream line) : 속도벡터가 접선이 되는 곡선

정답 ㉰

96 그림과 같은 단순 피토관에서 물의 유속(m/sec)은? 2020 06 13

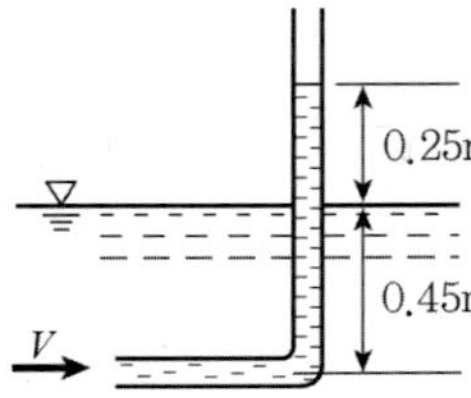

㉮ 1.71 ㉯ 1.98 ㉰ 2.21 ㉱ 3.28

해설 $V = \sqrt{2gh} = \sqrt{2 \times 9.8\ \mathrm{m/sec^2} \times 0.25\ \mathrm{m}} = 2.21\ \mathrm{m/sec}$

정답 ㉰

97 직경이 D인 소방호스 끝에 직경이 $\frac{D}{2}$인 노즐이 연결되어 있다. 노즐에서 유출되는 유체의 평균속도는 호스에서의 평균속도에 얼마인가? 2020 08 23

㉮ $\frac{1}{4}$ ㉯ $\frac{1}{2}$ ㉰ 2배 ㉱ 4배

해설 $Q = A_1V_1 = A_2V_2$

(Q : 유량, V_1 : 직경 D에서의 유속, V_2 : 직경 $\frac{D}{2}$에서의 유속, A : 유수 단면적)

$$V_2 = V_1 \times \frac{A_1}{A_2} = V_1 \times \left(\frac{\frac{\pi}{4} \times D^2}{\frac{\pi}{4} \times \left(\frac{D}{2}\right)^2} \right) = 4V_1$$

정답 ㉱

98 풍동에서 유속을 측정하기 위해서 피토관을 설치하였다. 이때 피토관에 연결된 U자관 액주계 내 비중이 0.8인 알코올이 10 cm 상승하였다. 풍동 내의 공기의 압력이 100 kPa이고, 온도가 20℃일 때 풍동에서 공기의 속도(m/sec)는? (단, 일반기체상수는 0.287kJ/kg · °K이다.) 2020 08 23

㉮ 33.5 ㉯ 36.3 ㉰ 38.6 ㉱ 40.4

해설 기체상수(R) = 0.287 kJ/kg · °K = 287 J/kg · °K = 287 N · m/kg · °K

$pV = MRT$ (p : 압력, V : 체적, M : 질량, T : 절대온도)

$$\rho = \frac{M}{V} = \frac{p}{RT} = \frac{100 \times 10^3 \ N/m^2}{287 \ N \cdot m/kg \cdot °K \times (273+20)°K} = 1.189 \ kg/m^3$$

지점 1, 2에 대해 베르누이 정리 적용

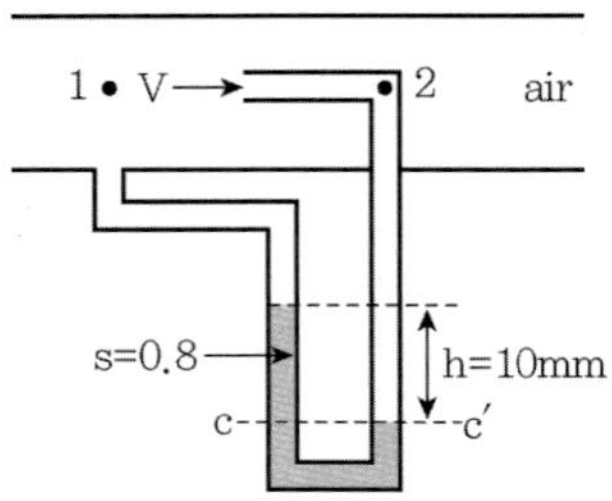

$$\frac{V_1^2}{2g} + \frac{p_1}{\gamma_{air}} + z_1 = \frac{V_2^2}{2g} + \frac{p_2}{\gamma_{air}} + z_2$$

$$z_1 = z_2, \ V_2 = 0$$

$$\frac{V_1^2}{2g} + \frac{p_1}{\gamma_{air}} = \frac{p_2}{\gamma_{air}}$$

c, c′ 지점의 압력은 동일

$$p_c = p_{c'}$$

$$p_c = p_1 + 0.8\gamma_w \times 0.1 \ m$$

$$p_{c'} = p_2 + \gamma_{air} \times 0.1 \ m$$

$$p_1 + 0.8\gamma_w \times 0.1 \ m = p_2 + \gamma_{air} \times 0.1 \ m$$

$$p_2 - p_1 = 0.1 \ m \times (0.8\gamma_w - \gamma_{air})$$

$\frac{V_1^2}{2g} + \frac{p_1}{\gamma_{air}} = \frac{p_2}{\gamma_{air}}$ 에서

$$\frac{V_1^2}{2g} = \frac{p_2 - p_1}{\gamma_{air}} = \frac{0.1 \ m \times (0.8\gamma_w - \gamma_{air})}{\gamma_{air}}$$

$$V = V_1 = \sqrt{2g \times 0.1(m) \times \frac{(0.8\gamma_w - \gamma_{air})}{\gamma_{air}}}$$

$$= \sqrt{2g \times 0.1(m) \times \frac{(0.8\rho_w - \rho_{air})}{\rho_{air}}}$$

$$= \sqrt{2 \times 9.8 \times 0.1 \times \frac{(800 - 1.189)}{1.189}}$$

$$= 36.3 \ m/sec$$

정답 ㉯

99 U자관 액주계가 오리피스 유량계에 설치되어 있다. 액주계의 내부에는 비중 13.6인 수은으로 채워져 있으며, 유량계에는 비중 1.6인 유체가 유동하고 있다. 액주계에서 수은의 높이 차이가 200 mm이라면 오리피스 전후의 압력차(kPa)는 얼마인가? 2020 08 23

㉮ 13.5　　㉯ 23.5　　㉰ 33.5　　㉱ 43.5

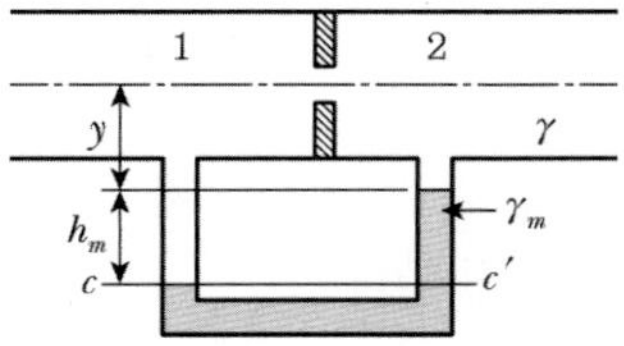

해설 오리피스 앞의 압력 : p_1

오리피스 뒤의 압력 : p_2

지점 c, c′의 수압은 동일

$$p_c = p_1 + (1.6\gamma_w) \times (y + h_m)$$

$$p_{c'} = p_2 + (1.6\gamma_w) \times y + \gamma_m \times h_m$$

$$p_1 + 1.6\gamma_w \cdot (y + h_m) = p_2 + 1.6\gamma_w \cdot y + \gamma_m \cdot h_m$$

$$\begin{aligned} p_1 - p_2 &= h_m(\gamma_m - 1.6\gamma_w) \\ &= h_m(13.6\gamma_w - 1.6\gamma_w) \\ &= 12\gamma_w \cdot h_m \\ &= 12 \times 9.8\ \text{kN/m}^3 \times 0.2(\text{m}) \\ &= 23.52\ \text{kPa} \end{aligned}$$

정답 ㉯

100 기준면에서 7.5 m 높은 곳에서 유속이 6.5 m/sec인 물이 흐르고 있을 때 압력이 55 kPa이었다. 전수두는 얼마인가? 2020 08 23

㉮ 15.3　　㉯ 17.4　　㉰ 19.1　　㉱ 23.5

해설 전수두 $= \dfrac{p}{\gamma} + \dfrac{V^2}{2g} + z$

$$= \frac{55\ \text{kN/m}^2}{9.8\ \text{kN/m}^3} + \frac{(6.5\ \text{m/sec})^2}{2 \times 9.8\ \text{m/sec}^2} + 7.5\ \text{m}$$

$$= 15.27\ \text{m}$$

정답 ㉮

PART

04

운동량의 원리

Fluid Dynamics of Firefighting

CHAPTER 01

이론

01 | 유체가 벽면에 미치는 힘과 그 방향에서의 속도변화와의 관계를 표시

02 | 곡면에 미치는 힘, nozzle의 반발력 등 계산에 이용

03 | 1차원 운동량방정식

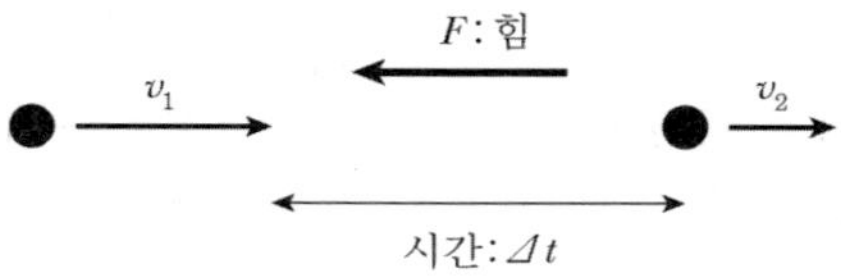

$$F = m \times a = m\frac{\Delta v}{\Delta t} = m \times \frac{v_2 - v_1}{\Delta t}$$

➡➡ $F \cdot \Delta t = m(v_2 - v_1)$: 운동량방정식

F의 방향 : $v_2 - v_1$의 방향과 일치
$F \cdot \Delta t$: 역적(力積)
mv : 운동량

04 | 운동량방정식의 의미

① 물체속도가 변화하면 가속도가 발생하고 그에 따라 외부 구조물에 힘이 작용(물체에 외부의 힘이 작용하면 물체속도가 변화)

② 단위시간 동안 속도변화가 클수록 발생되는 힘의 크기 증가(또는 운동하는 물체에 힘을 크게 가할수록 물체의 속도변화 증가)

05 | 2차원 운동량방정식 : 방향 고려

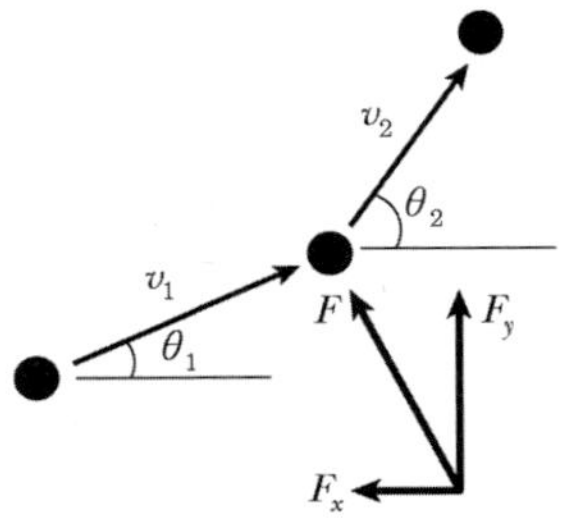

$$F_x \cdot \Delta t = mv_2\cos\theta_2 - mv_1\cos\theta_1 = m(v_2\cos\theta_2 - v_1\cos\theta_1)$$

$$F_y \cdot \Delta t = mv_2\sin\theta_2 - mv_1\sin\theta_1 = m(v_2\sin\theta_2 - v_1\sin\theta_1)$$

06 | 유체의 운동량방정식(2차원) : 한 유선 위에서의 운동량방정식

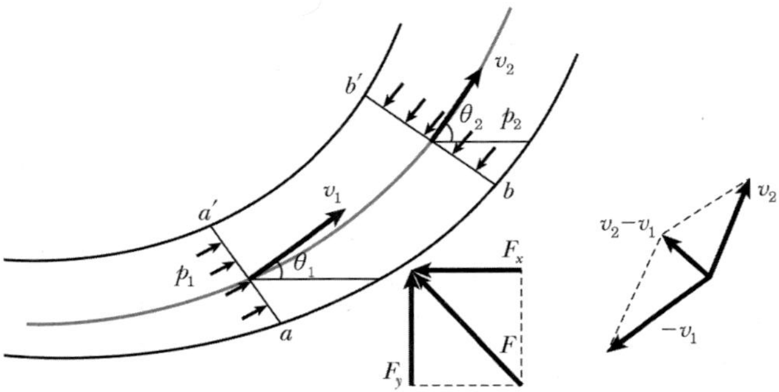

$$\sum F = \frac{m}{\Delta t}(v_2 - v_1) = \frac{\rho V_o}{\Delta t}(v_2 - v_1) = \rho Q(v_2 - v_1)$$

여기서, $\rho Q(v_2 - v_1)$: 운동량유속(momentum flux)

V_0 : Δt 시간동안 이동한 유체의 체적

v_1, v_2 : 유선 위의 유속

Q : 유량

$\sum F$의 방향 : $v_2 - v_1$의 방향과 일치

① x축 방향 힘

$$\sum F_x = p_1A_1\cos\theta_1 - p_2A_2\cos\theta_2 - F_x$$
$$= \rho Q(v_{2x} - v_{1x}) = \rho Q(v_2\cos\theta_2 - v_1\cos\theta_1)$$

$$F_x = p_1A_1\cos\theta_1 - p_2A_2\cos\theta_2 - \rho Q(v_2\cos\theta_2 - v_1\cos\theta_1)$$

② y축 방향 힘

$$\sum F_y = p_1A_1\sin\theta_1 - p_2A_2\sin\theta_2 - (W) + F_y$$
$$= \rho Q(v_{2y} - v_{1y}) = \rho Q(v_2\sin\theta_2 - v_1\sin\theta_1)$$

W : 물의 중량(대개 무시)

$$F_y = \rho Q(v_2\sin\theta_2 - v_1\sin\theta_1) - p_1A_1\sin\theta_1 + p_2A_2\sin\theta_2$$

③ 총 힘 : $F = \sqrt{F_x^2 + F_y^2}$

07 | 유체의 운동량방정식(2차원) : 전 단면에서의 운동량방정식

$$\sum F_x = \rho Q(\beta_2 V_{x2} - \beta_1 V_{x1})$$

$$\sum F_y = \rho Q(\beta_2 V_{y2} - \beta_1 V_{y1})$$

$\beta = \dfrac{1}{A}\displaystyle\int_A \left(\dfrac{v}{V}\right)^2 dA$ (β : 운동량 보정계수, v : 각 유선 위의 점 유속)

V : 각 단면에서의 평균 유속($V = \dfrac{Q}{A} = \dfrac{\int_A v\, dA}{A}$)

※ 에너지 보정계수(α)

$$\alpha = \frac{1}{A}\int_A \left(\frac{v}{V}\right)^3 dA$$

$$\alpha_1 \frac{V_1^2}{2g} + \frac{p_1}{\gamma} + z_1 = \alpha_2 \frac{V_2^2}{2g} + \frac{p_2}{\gamma} + z_2 + h_l$$

08 | 원추면에 미치는 힘

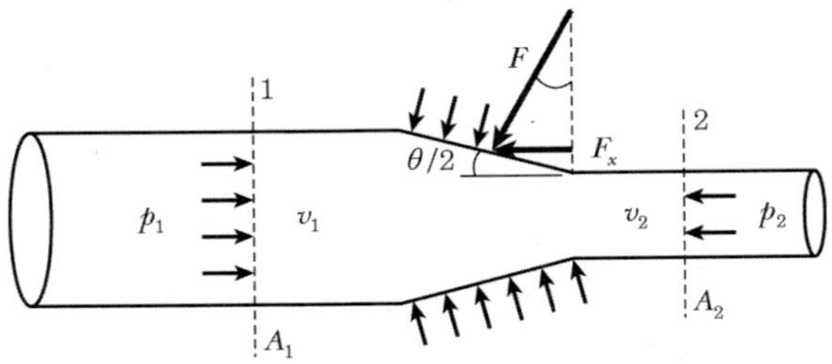

〈관로의 원추면에 미치는 힘〉

$$p_1A_1 - p_2A_2 - F_x = \rho Q(v_2 - v_1)$$

$$\therefore\ F_x = (p_1A_1 - p_2A_2) - \rho Q(v_2 - v_1)$$

원추의 정각이 θ이면, $F_x = F \times \sin\frac{\theta}{2}$, $F = F_x\ \mathrm{cosec}\left(\frac{\theta}{2}\right)$

09 | Nozzle에 미치는 힘

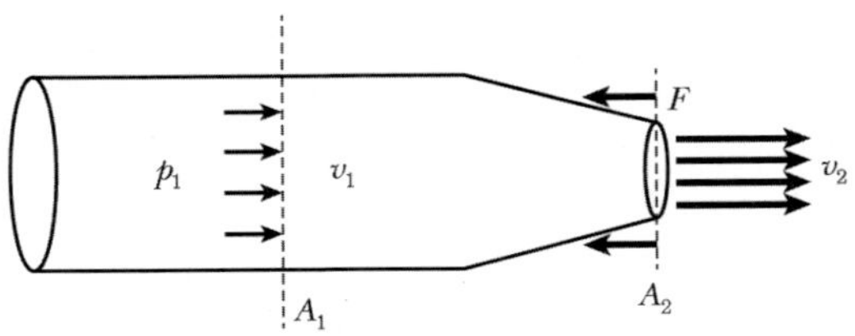

$p_1A_1 - p_2A_2 - F = \rho Q(v_2 - v_1)$에서 $p_2 = 0$이므로

$$F = p_1A_1 - \rho Q(v_2 - v_1)$$

10 | 평판에 충돌하는 물제트의 힘–고정평판에 수직으로 충돌하는 분류의 힘

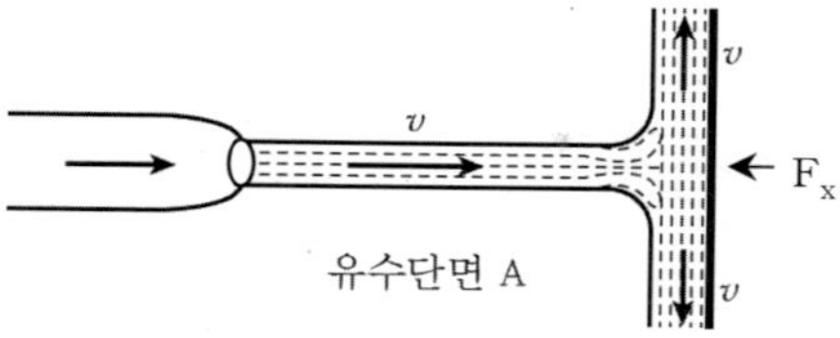

〈물제트가 넓은 고정면에 충돌할 경우〉

$$\sum F_x = p_1A_1\cos\theta_1 - p_2A_2\cos\theta_2 - F_x = \rho Q(v_2\cos\theta_2 - v_1\cos\theta_1)\text{에서}$$

$$p_1 = p_2 = 0,\ \theta_1 = 0,\ \theta_2 = \frac{\pi}{2}$$

따라서,

$$\sum F_x = 0 \times A_1\cos 0 - 0 \times A_2\cos\frac{\pi}{2} - F_x = \rho Q\left(v_2\cos\frac{\pi}{2} - v_1\cos 0\right)$$

$$F_x = \rho Q v_1 \ \Rightarrow\Rightarrow\ F = \rho Q v$$

11 | 고정 경사판에 충돌하는 물제트의 힘

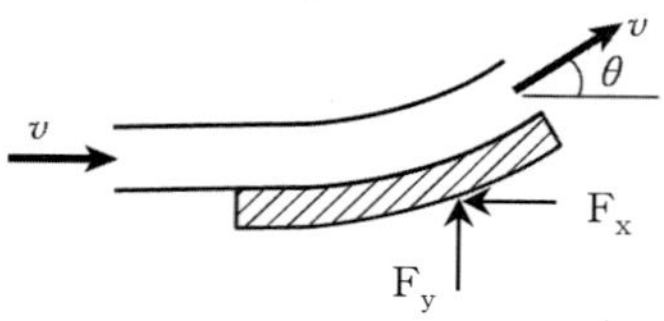

〈경사판에 물제트가 충돌할 경우〉

$$\sum F_x = p_1A_1\cos\theta_1 - p_2A_2\cos\theta_2 - F_x = \rho Q(v_2\cos\theta_2 - v_1\cos\theta_1)$$

$$p_1 = p_2 = 0,\ \theta_1 = 0\ ,\ \theta_2 = \theta,\ v_1 \fallingdotseq v_2 = v$$

$$0 \times A_1\cos 0 - 0 \times A_2\cos\theta_2 - F_x = \rho Q(v\cos\theta - v\cos 0)$$

$$F_x = \rho Q(v - v\cos\theta) = \rho Q v(1 - \cos\theta)$$

$$\sum F_y = p_1A_1\sin\theta_1 - p_2A_2\sin\theta_2 - (W) + F_y = \rho Q(v_2\sin\theta_2 - v_1\sin\theta_1)$$

$$p_1 = p_2 = 0,\ \theta_1 = 0\ ,\ \theta_2 = \theta,\ v_1 \fallingdotseq v_2 = v$$

$$F_y = \rho Q(v\sin\theta - v\sin 0) = \rho Q v\sin\theta$$

$$F_y/F_x = \frac{\sin\theta}{1-\cos\theta}$$

12 | 평판에 충돌하는 물제트의 힘–이동하는 평판과 수직으로 충돌하는 물제트의 힘

$$F = \rho Q'(v-u) = \rho\{A(v-u)\}(v-u) = \rho A(v-u)^2$$

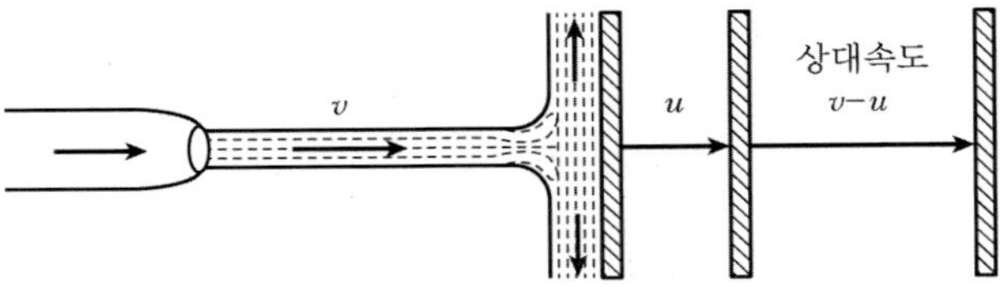

u : 평판 이동속도

〈평판이 물제트의 방향으로 u의 속도로 이동하는 경우〉

13 | 고정 경사판에 작용하는 분류(free jet)

공기 중으로 분사된 제트류가 고정 경사 평판에 충돌하여 1, 2 방향으로 분리되어 나가는 경우 경사각도(θ)에 따라, 분리되는 유량(Q_1, Q_2)과 작용하는 힘(F) 계산

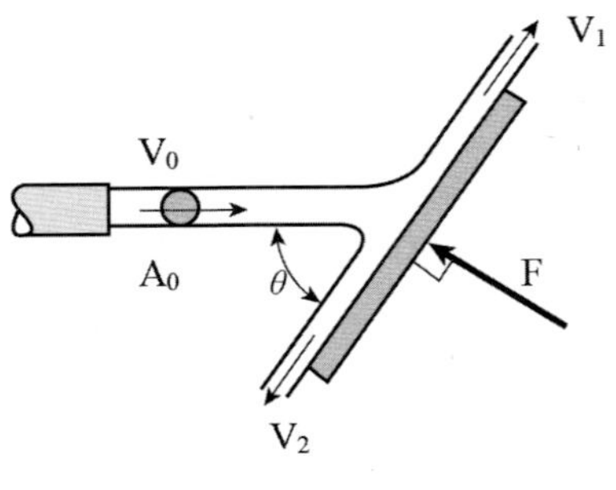

질량유량에서

유입 질량유량 = 유출 질량유량

$$\rho_0 V_0 A_0 = \rho_1 V_1 A_1 + \rho_2 V_2 A_2$$

비압축성 유체라 가정하면 ρ가 일정하므로

$$A_0 V_0 = A_1 V_1 + A_2 V_2$$

Bernoulli 방정식을 적용하면

$$\frac{p_0}{\gamma} + \frac{V_o^2}{2g} + Z_0 = \frac{p_1}{\gamma} + \frac{V_1^2}{2g} + Z_1$$

$$\frac{p_0}{\gamma} + \frac{V_o^2}{2g} + Z_0 = \frac{p_2}{\gamma} + \frac{V_2^2}{2g} + Z_2$$

모든 지점의 높이는 같다고 간주하면 $Z_0 = Z_1 = Z_2$

공기 중에서의 흐름이어서 대기압이므로

$$p_0 = p_1 = p_2 = 0$$

따라서

$$\frac{V_o^2}{2g} = \frac{V_1^2}{2g}, \quad \frac{V_o^2}{2g} = \frac{V_2^2}{2g}$$

즉, $V_0 = V_1 = V_2 = V$가 얻어진다.

$Q_0 = Q_1 + Q_2$이므로 $A_0 V_0 = A_1 V_1 + A_2 V_2$에서

$A_0 = A_1 + A_2$

평판을 따라 x 축을 취하고 이 축 방향의 작용력을 F_x라 하면($F_x = 0$), 작용 힘의 식을 쓰면

$$p_0 A_0 \sin\theta_0 - p_1 A_1 \sin\theta_1 - p_2 A_2 \sin\theta_2 - F_x = (\rho Q_1 V_{1x} - \rho Q_2 V_{2x}) - \rho Q_0 V_{0x}$$

θ_0, θ_1, θ_2는 모두 평판에 대한 각도이므로

$$\theta_0 = \theta \text{이고, } \theta_1 = \theta_2 = 0°,\ p_0 = p_1 = p_2 = 0$$

$$0 \cdot A_0 \sin\theta - 0 \cdot A_1 \sin\theta_1 - 0 \cdot A_2 \sin\theta_2 - 0 = (\rho Q_1 V_1 - \rho Q_2 V_2) - \rho Q_0 V_0 \cos\theta$$

$$\rho Q_0 V_0 \cos\theta = (\rho Q_1 V_1 - \rho Q_2 V_2)$$

$V_0 = V_1 = V_2 = V$이므로

$$Q_0 V \cos\theta = (Q_1 V - Q_2 V)$$

$$Q_0 \cos\theta = Q_1 - Q_2$$

$Q_0 = Q_1 + Q_2$이므로

$$Q_1 = \frac{Q_0}{2}(1 + \cos\theta)$$

$$Q_2 = \frac{Q_0}{2}(1 - \cos\theta)$$

평판에 직각인 축을 y축으로 취하고 이 축방향의 작용력을 F_y(=F)라 하고 작용하는 힘의 식을 쓰면

$$p_0 A_0 \cos\theta_0 - p_1 A_1 \cos\theta_1 - p_2 A_2 \cos\theta_2 + F_y = \rho Q_0 V_{0y} - (\rho Q_1 V_{1y} - \rho Q_2 V_{2y})$$

$\theta_0 = \theta$이고, $\theta_1 = \theta_2 = 0°$, $p_0 = p_1 = p_2 = 0$이므로

$$0 \cdot A_0 \cos\theta_0 - 0 \cdot A_1 \cos\theta_1 - 0 \cdot A_2 \cos\theta_2 + F_y = \rho Q_0 V_0 \sin\theta - (\rho Q_1 V_1 \sin 0° - \rho Q_2 V_2 \sin 0°)$$

$$F_y = F = \rho Q_0 V_0 \sin\theta = \rho Q V \sin\theta$$

$$F = F_y = \rho Q V \sin\theta$$

기출문제

기사 기출문제

01 그림과 같이 노즐에서 분사되는 물이 속도가 $V=12\text{m/sec}$이고, 분류에 수직인 평판은 속도 $u=4\text{m/sec}$이다. 평판이 받는 힘은 몇 N인가? (단, 노즐(분류)의 단면적은 0.01 m^2이다) 2010 03 07

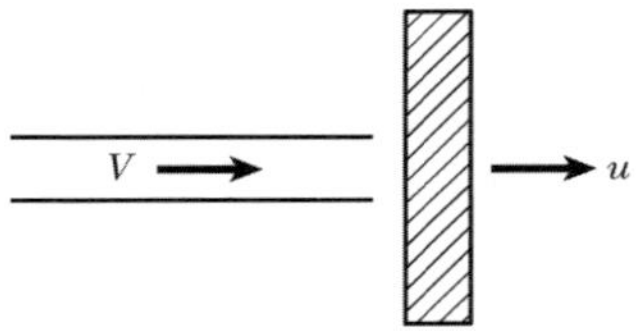

㉮ 640　㉯ 960　㉰ 1280　㉱ 1440

해설 $F=\rho Q'V'=\rho(AV')(V')$, $(V'=V-u$이므로$)$

$$=\rho A(V'^2)$$
$$=\rho A\times(V-u)^2$$
$$=1000\ \text{kg/m}^3\times(0.01\ \text{m}^2)\times((12-4)\ \text{m/sec})^2$$
$$=640\ \text{N}$$

정답 ㉮

02 지름의 비가 1 : 2인 두 원형 물제트가 정지한 수직 원판의 양쪽에서 수직으로 부딪혀서 평형을 이루려면 분출속도의 비는? 2010 05 09

㉮ 1 : 1　㉯ 2 : 1　㉰ 4 : 1　㉱ 8 : 1

해설 $F_1=\rho QV_1=\rho\left(\frac{\pi}{4}\times D_1^2\times V_1\right)V_1=\frac{\pi}{4}D_1^2\times\rho V_1^2$

$F_2=\rho QV_2=\rho\left(\frac{\pi}{4}\times D_2^2\times V_2\right)V_2=\rho\left(\frac{\pi}{4}\times(2D_1)^2\times V_2\right)V_2=\frac{4\pi}{4}D_1^2\times\rho V_2^2$

$F_1=F_2$이므로

$$\frac{\pi}{4}D_1^2\times\rho V_1^2=\frac{4\pi}{4}D_1^2\times\rho V_2^2$$

$$V_1^2=4V_2^2$$

$$V_1=2V_2$$

정답 ㉯

03 시간 Δt 사이에 물체의 선운동량이 ΔP만큼 변했을 때 $\frac{\Delta P}{\Delta t}$는 무엇을 의미하는가?

2010 09 05

㉮ 운동량의 변화　　㉯ 충격량의 변화
㉰ 가속도　　㉱ 힘

해설 $\left[\frac{\text{선운동량}}{\Delta t}\right]=\left[\frac{\text{질량}\times\text{속도}}{T}\right]\equiv\left[\frac{M\times L/T}{T}\right]=[M\times LT^{-2}]=[\text{질량}\times\text{가속도}]=[\text{힘}]$

정답 ㉱

04 지름 20 cm, 속도 1 m/sec인 물제트가 그림에서와 같이 넓은 평판에 60° 경사지게 충돌한다. 제트가 평판에 수직으로 작용하는 힘 F_N은 약 몇 N인가? (단, 중력은 무시한다)

2011 03 20

㉮ 2.72
㉯ 3.14
㉰ 27.2
㉱ 31.4

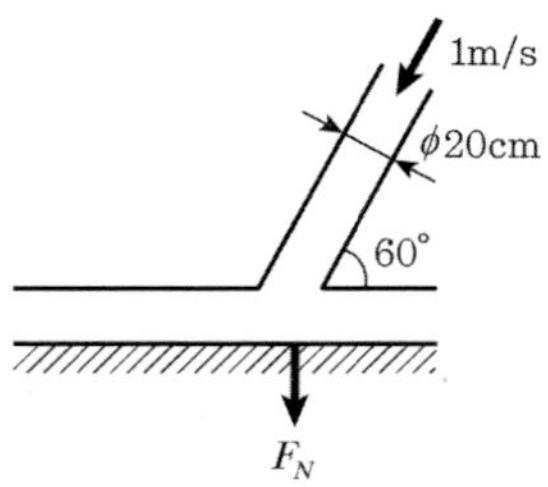

해설 수직 성분 작용력

$$p_1A_1\sin\theta_1-p_2A_2\sin\theta_2+F_N=\rho Q(V_2\sin\theta_2-V_1\sin\theta_1)$$

$$p_1=p_2=0,\ V_1=V_2=V$$

$$F_N=\rho Q(V\sin180°-(-V\sin60°))$$

$$F_N=\rho QV\sin60°$$

$$F_N=\rho(AV)V\sin60°$$

$$=1000\ kg/m^3\times\frac{\pi}{4}\times(0.2\ m)^2\times(1\ m/sec)^2\times\frac{\sqrt{3}}{2}=27.2\ N$$

정답 ㉰

05 그림과 같이 속도 V인 유체가 정지하고 있는 곡면 깃에 부딪혀 θ의 각도로 유동방향이 바뀐다. 유체가 곡면에 가하는 힘의 x, y 성분의 크기를 $|F_x|$와 $|F_y|$라 할 때 $|F_y|/|F_x|$는? (단, 유동단면적은 일정하고 $0° < \theta < 90°$) 2011 06 12

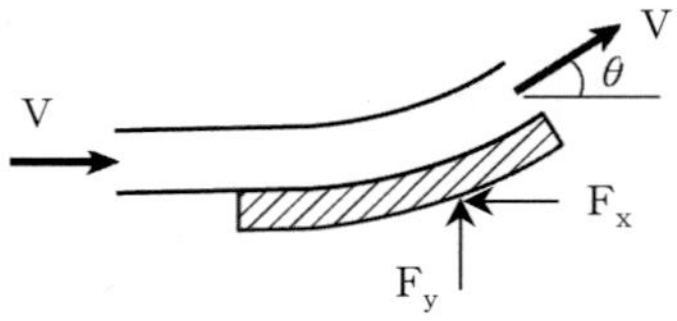

㉮ $\frac{1-\cos\theta}{\sin\theta}$　　㉯ $\frac{\sin\theta}{1-\cos\theta}$　　㉰ $\frac{1-\sin\theta}{\cos\theta}$　　㉱ $\frac{\cos\theta}{1-\sin\theta}$

해설 x 방향 작용력

$$p_1A_1\cos\theta_1 - p_2A_2\cos\theta_2 - F_x = \rho Q(V_2\cos\theta_2 - V_1\cos\theta_1)$$

$$p_1 = p_2 = 0,\ \theta_2 = \theta,\ \theta_1 = 0°,\ V_1 = V_2 = V$$

$$-F_x = \rho Q(V\cos\theta - V\cos 0°)$$

$$F_x = \rho QV(1-\cos\theta)$$

y 방향 작용력

$$p_1A_1\sin\theta_1 - p_2A_2\sin\theta_2 + F_y + (W) = \rho Q(V_2\sin\theta_2 - V_1\sin\theta_1)$$

$$p_1 = p_2 = 0,\ \theta_2 = \theta,\ \theta_1 = 0°,\ W \fallingdotseq 0,\ V_1 = V_2 = V$$

$$F_y = \rho Q(V\sin\theta - V\times\sin 0°) = \rho Q(V\sin\theta)$$

$$\therefore \frac{F_y}{F_x} = \frac{\rho QV\sin\theta}{\rho QV(1-\cos\theta)} = \frac{\sin\theta}{(1-\cos\theta)}$$

정답 ㉯

06 액체추진 로켓을 발사하기 위하여 고온 고압의 배기가스를 배출한다. 단면적, 온도와 압력 등 모든 조건이 같은 상태에서 배출속도만 2배로 높이면 추진력은 몇 배가 되는가? 2011 10 02

㉮ $\sqrt{2}$　　㉯ 2　　㉰ $2\sqrt{2}$　　㉱ 4

해설 배출속도 V_1일 때

$$F_1 = \rho QV_1 = \rho(AV_1)V_1 = \rho AV_1^2$$

배출속도 $V_2 = 2V_1$일 때

$$F_2 = \rho Q V_2 = \rho(A \times 2V_1)(2V_1) = 4\rho A V_1^2 = 4F_1$$

정답 ㉱

07 원판을 줄에 매달아 놓고 양쪽에서 물제트를 중심으로 향하도록 쏴서 평형을 유지한다. 제트지름의 비가 4 : 5라면 속도의 비는? 2012 05 20

㉮ 16 : 25 ㉯ 4 : 5 ㉰ 5 : 4 ㉱ 25 : 16

해설 $F_1 = \rho Q V_1 = \rho\left(\frac{\pi}{4} \times D_1^2 \times V_1\right)V_1 = \frac{\pi}{4}D_1^2 \times \rho V_1^2$

$$F_2 = \rho Q V_2 = \rho\left(\frac{\pi}{4} \times D_2^2 \times V_2\right)V_2 = \rho\left(\frac{\pi}{4} \times (\frac{5}{4}D_1)^2 \times V_2\right)V_2 = \frac{25}{16} \times \frac{\pi}{4}D_1^2 \times \rho V_2^2$$

$F_1 = F_2$이므로

$$\frac{\pi}{4}D_1^2 \times \rho V_1^2 = \frac{25}{16} \times \frac{\pi}{4}D_1^2 \times \rho V_2^2$$

$$V_1^2 = \frac{25}{16}V_2^2$$

$$V_1 = \frac{5}{4}V_2$$

$$\frac{V_1}{V_2} = \frac{5}{4}$$

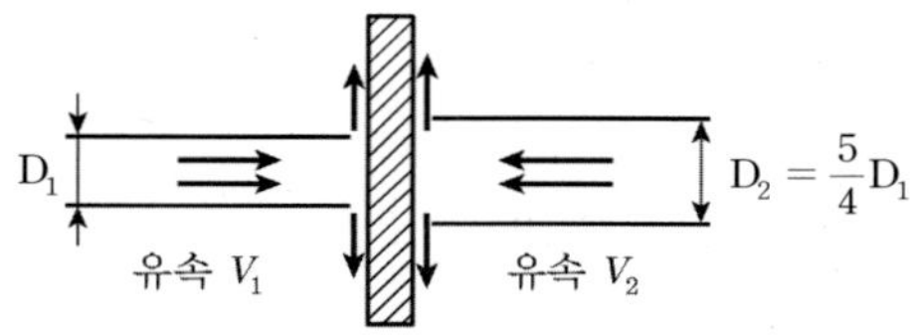

정답 ㉰

08 그림에서 탱크차가 받는 추력은 약 몇 N인가? (단, 노즐의 단면적은 0.03 m^2이며 마찰은 무시한다.) 2013 03 10

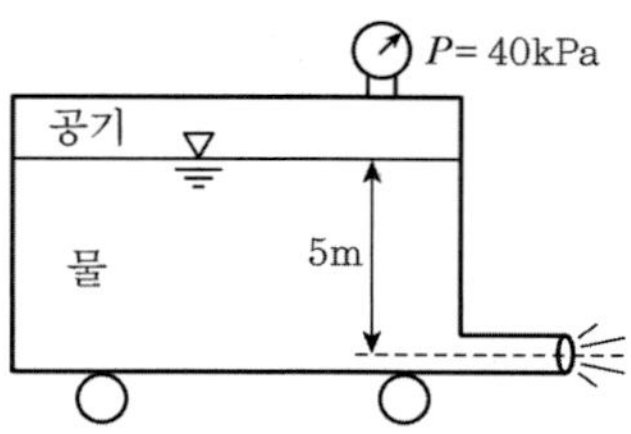

㉮ 800 ㉯ 1480 ㉰ 2700 ㉱ 5340

해설 $F = \rho Q V$

$$V = \sqrt{2g\frac{p}{\gamma}} = \sqrt{2 \times 9.8\ \text{m/sec}^2 \times \frac{(40\ \text{kPa} + 9.8\ \text{kN/m}^3 \times 5\ \text{m})}{9.8\ \text{kN/m}^3}} = 13.34\ \text{m/sec}$$

$$F = \rho Q V = \rho(AV)V = \rho A V^2 = 1000\ \text{kg/m}^3 \times 0.03\ \text{m}^2 \times (13.34\ \text{m/sec})^2 = 5340\ \text{N}$$

정답 ㉱

09 출구단면적이 0.02 m^2인 수평노즐을 통하여 수평방향으로 8 m/sec의 속도로 노즐출구에 놓여 있는 수직평판에 분사될 때 평판에 작용하는 힘은 몇 N인가? 2013 03 10

㉮ 80 ㉯ 1280 ㉰ 2560 ㉱ 12544

해설 $F = \rho Q V = \rho(AV)V = \rho A V^2 = 1000\ \text{kg/m}^3 \times 0.02\ \text{m}^2 \times (8\ \text{m/sec})^2 = 1280\ \text{N}$

정답 ㉯

10 직경이 $\frac{D}{2}$인 출구를 통해 유체가 대기로 방출될 때 이음매에 작용하는 힘은? (단, 마찰손실과 중력의 영향은 무시하고 유체의 밀도 ρ, 단면적 $A = \frac{\pi}{4}D^2$) 2013 09 28

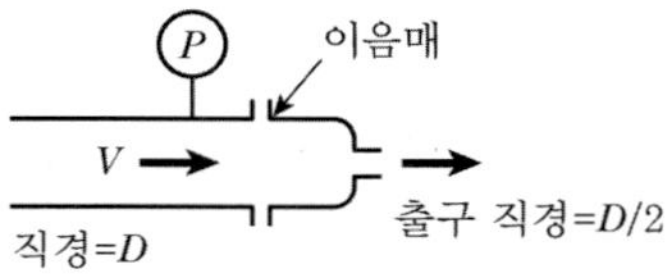

㉮ $\frac{1}{2}\rho V^2 A$ ㉯ $3\rho V^2 A$ ㉰ $\frac{9}{2}\rho V^2 A$ ㉱ $\frac{15}{2}\rho V^2 A$

해설 $Q = A_1 V_1 = A_2 V_2$에서

$$\frac{\pi}{4} \times D^2 \times V_1 = \frac{\pi}{4} \times \left(\frac{D}{2}\right)^2 \times V_2$$

$$V_2 = 4V_1,\ V_1 = \frac{V_2}{4}$$

지점 1,2 에 대해 베르누이 정리 적용

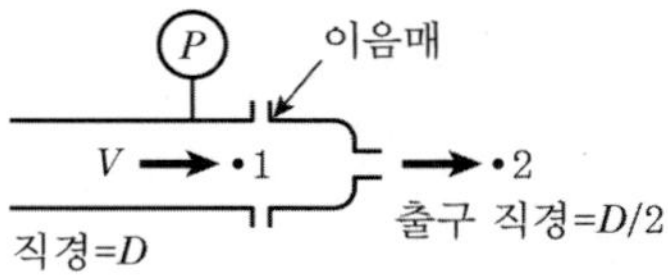

$$\frac{V_1^2}{2g}+\frac{p_1}{\gamma}+z_1=\frac{V_2^2}{2g}+\frac{p_2}{\gamma}+z_2$$

$$z_1=z_2,\ p_2=0$$

$$\frac{p_1}{\gamma}=\frac{V_2^2-V_1^2}{2g}$$

$$=\frac{16V_1^2-V_1^2}{2g}$$

$$=\frac{15V_1^2}{2g}$$

$$p_1=p=\frac{15\gamma V_1^2}{2g}$$

지점 1, 2 작용력

$p_1A_1-p_2A_2-F_x=\rho Q(V_2-V_1)$에서

$$p_2=0,\ V_1=V,\ V_2=4V_1=4V,\ A_1=A$$

$$F_x=p_1A_1-\rho Q(V_2-V_1)$$

$$=\frac{15\gamma V^2}{2g}\times A_1-\rho(A_1V)(4V-V)$$

$$=\frac{15\rho gV^2}{2g}A_1-3\rho A_1V^2$$

$$=\frac{15}{2}\rho A_1V^2-3\rho A_1V^2$$

$$=\frac{9}{2}\rho AV^2$$

정답 ㉰

11 유체에 작용하는 힘과 운동량방정식에 관한 설명으로 옳지 않은 것은? 2014 03 02

㉮ 유체에 작용하는 전단응력은 체적력에 해당한다.
㉯ 유체에 작용하는 힘에는 체적력과 표면력이 있다.
㉰ 운동량방정식은 등속운동을 하는 관성좌표계의 경우에도 적용된다.
㉱ 운동량방정식은 검사체적에 주어진 힘과 운동량 변화율과의 관계를 설명한다.

해설 전단응력은 표면력에 해당한다.

정답 ㉮

12 그림과 같은 면적 A_1인 원형관의 출구에 노즐이 볼트로 연결되어 있으며 노즐 끝의 면적은 A_2이고 노즐 끝(2지점)에서의 물의 속도는 V, 물의 밀도는 ρ이다. 볼트 전체에 작용하는 힘이 F_B일 때, 1지점에서의 압력(게이지 압력)을 구하는 식은? 2014 05 25

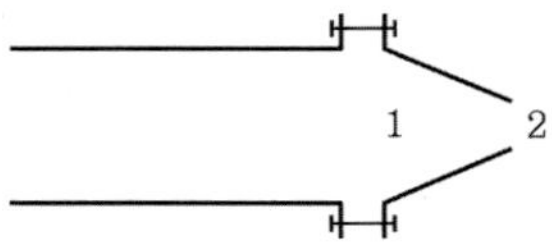

㉮ $\dfrac{F_B}{A_1} - \rho V^2\left(1 + \dfrac{A_2}{A_1}\right)$

㉯ $\dfrac{F_B}{A_1} + \rho V^2\left(1 - \dfrac{A_2}{A_1}\right)\dfrac{A_2}{A_1}$

㉰ $\dfrac{F_B}{A_1} - \rho V^2\left(1 - \dfrac{A_1}{A_2}\right)$

㉱ $\dfrac{F_B}{A_1} - \rho V^2\left(1 - \dfrac{A_2}{A_1}\right)\dfrac{A_2}{A_1}$

해설 유량$(Q) = A_1V_1 = A_2V_2$에서 $V_1 = \left(\dfrac{A_2}{A_1}\right)V_2 = \left(\dfrac{A_2}{A_1}\right)V$

지점 1, 2 작용력

$$p_1A_1 - p_2A_2 - F_B = \rho Q(V_2 - V_1)$$

$$p_2 = 0,\ V_2 = V$$

$$p_1A_1 = F_B + \rho Q\left\{V_2 - V_2 \cdot \left(\frac{A_2}{A_1}\right)\right\}$$

$$p_1 = \frac{F_B}{A_1} + \frac{1}{A_1}\rho(A_2V_2)\left\{V_2 - V_2 \cdot \left(\frac{A_2}{A_1}\right)\right\}$$

$$= \frac{F_B}{A_1} + \rho V_2^2\left(1 - \frac{A_2}{A_1}\right)\frac{A_2}{A_1}$$

$$= \frac{F_B}{A_1} + \rho V^2\left(1 - \frac{A_2}{A_1}\right)\frac{A_2}{A_1}$$

정답 ㉯

13 지름 2 cm, 속도 50 m/sec의 수평 물제트와 지름 3 cm, 속도 40 m/sec의 수직 물제트가 분출되어 부딪힌 후 하나로 진행할 때 합쳐진 제트의 속도는 약 몇 m/sec인가? (단, 제트가 고속이므로 중력효과는 무시한다.) 2014 09 20

㉮ 32　㉯ 41　㉰ 45　㉱ 47

해설 지름$(D_1)=2$ cm, $V_1=V_x=50$ m/sec, $Q_1=\frac{\pi}{4}\times\left(\frac{2m}{100}\right)^2\times 50$ m/sec= 0.01571 m^3/sec

지름$(D_2)=3$ cm, $V_2=V_y=40$ m/sec, $Q_2=\frac{\pi}{4}\times\left(\frac{3m}{100}\right)^2\times 40$ m/sec= 0.02827 m^3/sec

여기서, V : 합쳐진 후의 유속

Q : 합쳐진 후의 유량$(=Q_1+Q_2)=0.04398$ m^3/sec

합쳐진 후 운동량의 수평성분$=Q_1$의 운동량

$$=\rho Q_1 V_1$$

$$=\rho(Q_1+Q_2)\times V\cdot\cos\theta$$

$$V\cdot\cos\theta=\left(\frac{Q_1V_1}{Q_1+Q_2}\right)=50\text{ m/sec}\times\left(\frac{0.01571\text{ m}^3/\text{sec}}{0.04398\text{ m}^3/\text{sec}}\right)=17.86\text{ m/sec}$$

합쳐진 후 운동량의 수직성분$=Q_2$의 운동량이므로

$$V\cdot\sin\theta=\left(\frac{Q_2V_2}{Q_1+Q_2}\right)=40\text{ m/sec}\times\left(\frac{0.02827\text{ m}^3/\text{sec}}{0.04398\text{ m}^3/\text{sec}}\right)=25.71\text{ m/sec}$$

$$(V\cos\theta)^2+(V\sin\theta)^2=V^2(\cos^2\theta+\sin^2\theta)=V^2=17.86^2+25.71^2$$

$$V=\sqrt{17.86^2+25.71^2}=32\text{ m/sec}$$

정답 ㉮

14 단순화된 선형운동량방정식 $\sum\vec{F}=\dot{m}(\vec{V_2}-\vec{V_1})$이 성립되기 위하여 다음 [보기] 중 꼭 필요한 조건을 모두 고른 것은? (단, $\dot{m}$은 질량유량, $\vec{V_1}$은 검사체적입구 평균속도, $\vec{V_2}$는 출구평균속도이다.) 2015 03 08

[보기]		
(가) 정상상태	(나) 균일운동	(다) 비점성 유동

㉮ (가)　　㉯ (가), (나)　　㉰ (나), (다)　　㉱ (가), (나), (다)

해설 운동량방정식의 가정 조건

- 정상류이다.
- 한 유선 위에서 성립한다.
- 한 유선 위가 아니라면, 그 단면에서의 유속은 전 단면에 걸쳐 균일속도이어야 한다.

정답 ㉯

15 단면적이 일정한 물 분류가 속도 20 m/sec, 유량 0.3 m^3/sec로 분출되고 있다. 분류와 같은 방향으로 10 m/sec의 속도로 운동하고 있는 평판에 이 분류가 수직으로 충돌할 경우 판에 작용하는 충격력은 몇 N인가? 2015 05 31

㉮ 1500 ㉯ 2000 ㉰ 2500 ㉱ 3000

해설 $V = 20\ m/sec,\ u = 10\ m/sec,\ Q = 0.3\ m^3/sec,\ A = \frac{Q}{V} = \frac{0.03\ m^3/sec}{20\ m/sec} = 0.015\ m^2$

$$F = \rho Q'V' = \rho(AV')(V')$$
$$= \rho A(V'^2),\quad (V' = V - u \text{이므로})$$
$$= \rho A \times (V-u)^2$$
$$= 1000\ kg/m^3 \times (0.015\ m^2) \times (10\ m/sec)^2$$
$$= 1500\ N$$

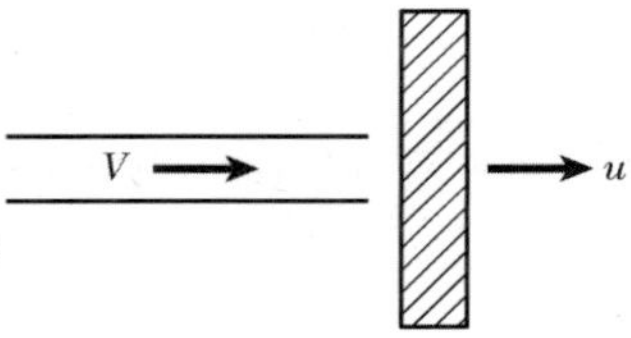

정답 ㉮

16 검사체적(control volume)에 대한 운동량방정식의 근원이 되는 법칙 또는 방정식은? 2015 09 19

㉮ 질량보존의 법칙 ㉯ 연속방정식
㉰ 베르누이방정식 ㉱ 뉴턴의 운동 제2법칙

해설 운동량방정식은, 힘의 법칙에 관련된 뉴턴법칙에 기초한다.

정답 ㉱

17 그림과 같이 속도 V인 유체가 정지하고 있는 곡면 깃에 부딪혀 θ의 각도로 유동방향이 바뀐다. 유체가 곡면에 가하는 힘의 x, y성분의 크기를 $|F_x|$와 $|F_y|$라 할 때 $|F_x|/|F_y|$는? (단, 유동단면적은 일정하고 $0° < \theta < 90°$이다.) 2016 03 06

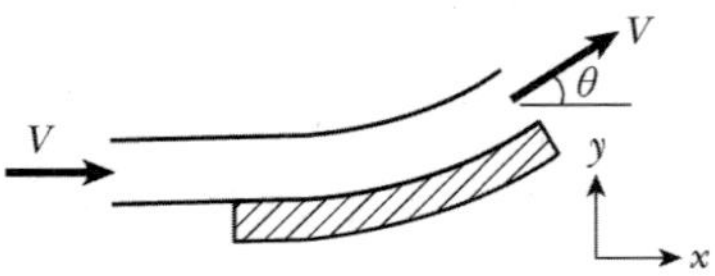

㉮ $\frac{1-\cos\theta}{\sin\theta}$ ㉯ $\frac{\sin\theta}{1-\cos\theta}$ ㉰ $\frac{1-\sin\theta}{\cos\theta}$ ㉱ $\frac{\cos\theta}{1-\sin\theta}$

해설 x 방향 작용력

$$p_1A_1\cos\theta_1 - p_2A_2\cos\theta_2 - F_x = \rho Q(V_2\cos\theta_2 - V_1\cos\theta_1)$$

$$p_1 = p_2 = 0,\ \theta_2 = \theta,\ \theta_1 = 0°,\ V_1 = V_2 = V$$

$$-F_x = \rho Q(V\cos\theta - V\cos 0°)$$

$$F_x = \rho QV(1-\cos\theta)$$

y 방향 작용력

$$p_1A_1\sin\theta_1 - p_2A_2\sin\theta_2 + F_y + (W) = \rho Q(V_2\sin\theta_2 - V_1\sin\theta_1)$$

$$p_1 = p_2 = 0,\ \theta_2 = \theta,\ \theta_1 = 0°,\ W \fallingdotseq 0,\ V_1 = V_2 = V$$

$$F_y = \rho Q(V\sin\theta - V\times\sin 0°)$$
$$= \rho Q(V\sin\theta)$$

$$\therefore \frac{F_y}{F_x} = \frac{\rho QV\sin\theta}{\rho QV(1-\cos\theta)} = \frac{\sin\theta}{(1-\cos\theta)}$$

정답 ㉯

18 출구지름이 50 mm인 노즐이 100 mm의 수평관과 연결되어 있다. 이 관을 통해 물(밀도 1000 kg/m^3)이 0.02 m^3/s의 유량으로 흐르는 경우, 이 노즐에 작용하는 힘은 몇 N인가?

2016 05 08

㉮ 230 ㉯ 424 ㉰ 508 ㉱ 7709

해설 유량$(Q) = 0.02\ m^3/sec = A_1V_1 = \frac{\pi}{4}\times(0.1\ m)^2\times V_1$

$$V_1 = 2.55\ m/sec$$

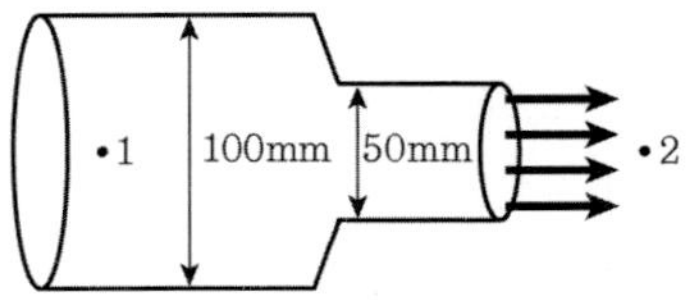

$$0.02\ m^3/sec = A_2V_2 = \frac{\pi}{4}\times(0.05\ m)^2\times V_2$$

$$V_2 = 10.19\ m/sec$$

지점 1, 2 에 대해 베르누이 정리 적용

$$\frac{V_1^2}{2g} + \frac{p_1}{\gamma} + z_1 = \frac{V_2^2}{2g} + \frac{p_2}{\gamma} + z_2$$

$$z_1 = z_2,\ p_2 = 0$$

$$\frac{p_1}{\gamma} = \frac{V_2^2 - V_1^2}{2g}$$

$$p_1 = \frac{\gamma}{2g}\times(V_2^2 - V_1^2) = \frac{\rho g}{2g}\times(V_2^2 - V_1^2)$$

$$=\frac{\rho}{2}\times(V_2^2-V_1^2)=\frac{1000\ kg/m^3}{2}\times\{(10.19\ m/sec)^2-(2.55\ m/sec)^2\}$$

$$=48666.8\ N/m^2=48.67\ kN/m^2$$

지점 1, 2 작용력

$$p_1A_1-p_2A_2-F=\rho Q(V_2-V_1)$$

$$p_2=0$$

$$F=p_1A_1-\rho Q(V_2-V_1)$$

$$=48666.8\ N/m^2\times\frac{\pi}{4}\times(0.1\ m)^2$$

$$-1000\ kg/m^3\times0.02\ m^3/sec\times(10.19-2.55)(m/sec)$$

$$=230\ N$$

정답 ㉮

19 그림과 같은 원형관에 유체가 흐르고 있다. 원형관 내의 유속분포를 측정하여 실험식을 구하였더니 $V=V_{max}\cdot\frac{(r_o^2-r^2)}{r_o^2}$ 이었다. 관 속을 흐르는 유체의 평균 속도는?

2016 10 01

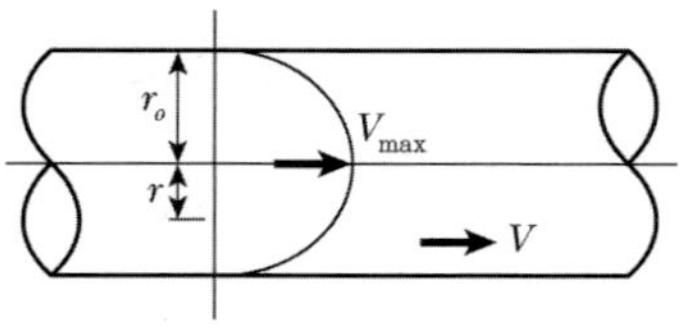

㉮ $\frac{V_{max}}{8}$ ㉯ $\frac{V_{max}}{4}$ ㉰ $\frac{V_{max}}{2}$ ㉱ V_{max}

해설 유속분포$(v)=V_{max}\cdot\frac{(r_o^2-r^2)}{r_o^2}=V_{max}\cdot\left(1-\frac{r^2}{r_o^2}\right)$

중심으로부터 r(m) 떨어진 지점에서의 미소유량(dQ)

dQ=(미소면적)×(지점유속)

$$=(2\pi r\cdot dr)\times\left(V_{max}\cdot\left(1-\frac{r^2}{r_o^2}\right)\right)=2(\pi V_{max})\times\left(r-\frac{r^3}{r_o^2}\right)dr$$

유량$(Q)=\int_0^{r_o}dQ$

$$= (2\pi V_{max}) \int_0^{r_o} \left(r - \frac{r^3}{r_o^2} \right) dr$$

$$= (2\pi V_{max}) \left[\frac{r_o^2}{2} - \frac{1}{4} \frac{r_o^4}{r_o^2} \right]$$

$$= \frac{\pi r_o^2 \cdot V_{max}}{2}$$

$$\text{평균유속}(V) = \frac{Q}{A} = \frac{\pi r_o^2 \cdot V_{max}}{2} \times \frac{1}{\pi r_o^2} = \frac{V_{max}}{2}$$

정답 ㉰

20 그림과 같은 곡관에 물이 흐르고 있을 때 계기압력으로 p_1이 98 kPa이고, p_2가 29.42 kPa이면 이 곡관을 고정시키는 데 필요한 힘은 몇 N인가? (단, 높이차 및 모든 손실은 무시한다.) 2016 10 01

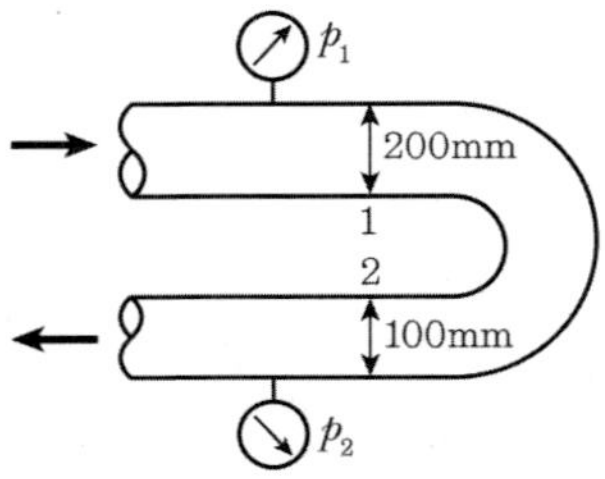

㉮ 4141　　㉯ 4314　　㉰ 4565　　㉱ 4743

해설 유량$(Q) = A_1V_1 = A_2V_2$

$$\frac{\pi}{4} \times (0.2\text{ m})^2 \times V_1 = \frac{\pi}{4} \times (0.1\text{ m})^2 \times V_2$$

$$V_2 = 4V_1,\ V_1 = \frac{V_2}{4}$$

지점 1, 2에 대해 베르누이정리 적용

$$\frac{V_1^2}{2g} + \frac{p_1}{\gamma} + z_1 = \frac{V_2^2}{2g} + \frac{p_2}{\gamma} + z_2,\quad z_1 = z_2$$

$$\frac{V_2^2 - V_1^2}{2g} = \frac{p_1 - p_2}{\gamma}$$

$$\frac{(4V_1)^2 - V_1^2}{2g} = \frac{p_1 - p_2}{\gamma}$$

$$\frac{15V_1^2}{2g} = \frac{98\,\text{kPa} - 29.42\,\text{kPa}}{9.8\,\text{kN/m}^3} = 7(\text{m})$$

$$V_1 = \sqrt{\frac{2g \times 7(\text{m})}{15}} = \sqrt{\frac{2 \times 9.8\,\text{m/sec}^2 \times 7(\text{m})}{15}} = 3.02\,\text{m/sec}$$

$$V_2 = 4V_1 = 12.08\,\text{m/sec}$$

$$Q = A_1V_1 = \frac{\pi}{4} \times (0.2\,\text{m})^2 \times 3.02\,\text{m/sec} = 0.0949\,\text{m}^3/\text{sec}$$

압력과 유속의 방향

$p_1 : \rightarrow,\ p_2 : \rightarrow,\ V_1 : \rightarrow,\ V_2 : \leftarrow$(−부호)

지점 1, 2 작용력

$$p_1A_1 + p_2A_2 - F = \rho Q((-V_2) - V_1) = -\rho Q(V_2 + V_1)$$

$$F = p_1A_1 + p_2A_2 + \rho Q(V_2 + V_1)$$

$$= 98 \times 10^3\text{Pa} \times \frac{\pi}{4} \times (0.2\,\text{m})^2 + 29.42 \times 10^3\text{Pa} \times \frac{\pi}{4} \times (0.1\,\text{m})^2$$

$$+ 1000\,\text{kg/m}^3 \times 0.0949\,\text{m}^3/\text{sec} \times (12.08 + 3.02)(\text{m/sec})$$

$$= 4743\,\text{N}$$

정답 ㉱

21 시간 Δt 사이에 유체의 선운동량이 ΔP만큼 변했을 때 $\frac{\Delta P}{\Delta t}$는 무엇을 뜻하는가?

2017 03 05

㉮ 유체 운동량의 변화량　㉯ 유체 충격량의 변화량

㉰ 유체의 가속도　㉱ 유체에 작용하는 힘

해설 $\left[\frac{\text{선운동량}}{\Delta t}\right] = \left[\frac{\text{질량} \times \text{속도변화}}{T}\right] = \left[\frac{M \times \frac{L}{T}}{T}\right] = [ML/T^2] = [\text{힘}]$

정답 ㉱

22 노즐에서 분사되는 물의 속도가 V=12 m/sec이고, 분류에 수직인 평판은 속도 u=4 m/sec로 움직일 때, 평판이 받는 힘은 약 몇 N인가? (단, 노즐(분류)의 단면적은 0.01 m^2이다.)

2017 05 07

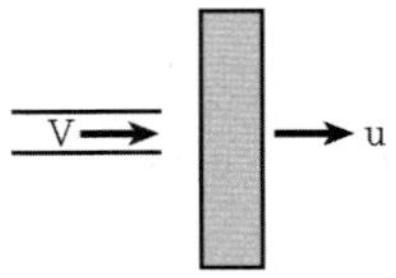

㉮ 640　　㉯ 960　　㉰ 1280　　㉱ 1440

해설 $F = \rho Q'V' = \rho(AV')(V')$, $(V' = V - u$이므로$)$

$= \rho A(V'^2)$

$= \rho A \times (V - u)^2$

$= 1000\ kg/m^3 \times (0.01\ m^2) \times (12\ m/sec - 4\ m/sec)^2$

$= 640\ N$

정답 ㉮

23 지름이 5 cm인 소방 노즐에서 물제트가 40 m/sec의 속도로 건물 벽에 수직으로 충돌하고 있다. 벽이 받는 힘은 약 몇 N인가? 2017 09 23

㉮ 1204　　㉯ 2253　　㉰ 2570　　㉱ 3141

해설 $F = \rho QV = \rho(AV)V = \rho AV^2 = 1000\ kg/m^3 \times \left(\frac{\pi}{4} \times (0.05\ m)^2\right) \times (40\ m/sec)^2 = 3141\ N$

정답 ㉱

24 그림과 같이 수직 평판에 속도 2 m/sec로 단면적이 0.01 m^2인 물제트가 수직으로 세워진 벽면에 충돌하고 있다. 벽면의 오른쪽에서 물제트를 왼쪽 방향으로 쏘아 벽면의 평형을 이루게 하려면 물제트의 속도를 약 몇 m/sec인가? 2018 03 04

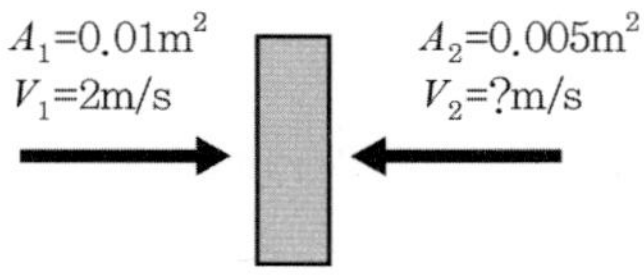

㉮ 1.42　　㉯ 2.00　　㉰ 2.83　　㉱ 4.00

해설 $F_1 = \rho Q_1 V_1 = \rho(A_1V_1)V_1 = \rho A_1 V_1^2$

$F_2 = \rho Q_2 V_2 = \rho(A_2V_2)V_2 = \rho A_2 V_2^2$

$F_1 = F_2$이므로

$\rho A_1 V_1^2 = \rho A_2 V_2^2$

$$V_2 = V_1 \times \sqrt{\frac{A_1}{A_2}} = (2\ m/sec) \times \sqrt{\frac{0.01\ m^2}{0.005\ m^2}} = 2.83\ m/sec$$

정답 ㉰

25 그림과 같이 중앙부분에 구멍이 뚫린 원판에 지름 D의 원형 물제트가 대기압 상태에서 V의 속도로 충돌하여, 원판뒤로 지름 $\frac{D}{2}$의 원형 물제트가 V의 속도로 흘러나가고 있을 때, 이 원판이 받는 힘은 얼마인가? (단, ρ는 물의 밀도이다.) 2018 04 28

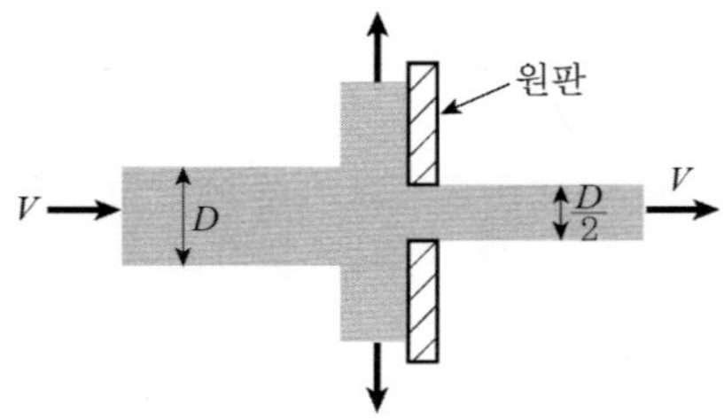

㉮ $\frac{3}{16}\rho\pi V^2 D^2$ ㉯ $\frac{3}{8}\rho\pi V^2 D^2$ ㉰ $\frac{3}{4}\rho\pi V^2 D^2$ ㉱ $3\rho\pi V^2 D^2$

해설 $F = \rho Q V = \rho(A'V)V = \rho A' \times V^2 = \rho \times \left(\frac{\pi}{4}D^2 - \frac{\pi}{4} \times \left(\frac{D}{2}\right)^2\right) \times V^2 = \frac{3\pi}{16}\rho V^2 D^2$

정답 ㉮

26 그림과 같이 스프링상수(spring constant)가 10 N/cm인 4개의 스프링으로 평판 A가 벽 B에 그림과 같이 설치되어 있다. 이 평판에 유량 0.01 m^3/sec, 속도 10 m/s인 물제트가 평판 A의 중앙에 직각으로 충돌할 때, 물제트에 의해 평판과 벽 사이의 단축되는 거리는 약 몇 cm인가? 2018 09 15

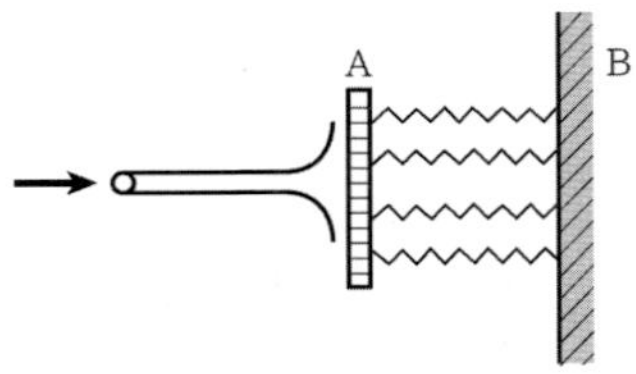

㉮ 2.5　　㉯ 5　　㉰ 10　　㉱ 40

해설 평판 A에 가해지는 힘

$F = \rho QV = 1000\ kg/m^3 \times 0.01\ m^3/sec \times 10\ m/sec = 100\ N$

4개 스프링에 가해지는 힘 = 스피링상수 × 스프링단축거리 × 4

$100\ N = 10\ N/cm \times L \times 4$

$L = 2.5\ cm$

정답 ㉮

27 그림에서 물탱크차가 받는 추력은 약 몇 N인가? (단, 노즐의 단면적은 $0.03\ m^2$이며, 탱크 내의 계기압력은 40 kPa이다. 또한 노즐에서 마찰손실은 무시한다.) 2019 03 03

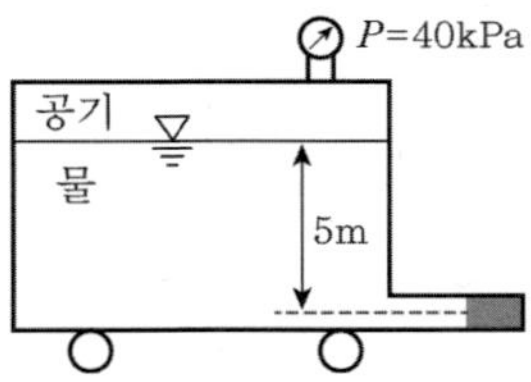

㉮ 812　　㉯ 1489　　㉰ 2709　　㉱ 5340

해설 물분출속도(V) $= \sqrt{2g\frac{p}{\gamma}} = \sqrt{2 \times 9.8\ m/sec^2 \times \frac{(40\ kPa + 9.8\ kN/m^3 \times 5\ m)}{9.8\ kN/m^3}}$

$= 13.342\ m/sec$

추력 $= \rho QV = \rho(AV)V = \rho AV^2 = 1000\ kg/m^3 \times (0.03\ m^2) \times (13.34\ m/sec)^2 = 5340\ N$

정답 ㉱

28 출구단면적이 0.02 m^2인 수평노즐을 통하여 물이 수평방향으로 8 m/sec의 속도로 노즐출구에 놓여 있는 수직평판에 분사될 때 평판에 작용하는 힘은 약 몇 N인가? 2019 04 27

㉮ 800 ㉯ 1280 ㉰ 2560 ㉱ 12544

해설 $F = \rho QV = \rho(AV)V = \rho AV^2 = 1000\ kg/m^3 \times (0.02\ m^2) \times (8\ m/sec)^2 = 1280\ N$

정답 ㉯

29 검사체적(control volume)에 대한 운동량방정식(momentum equation)과 가장 관계가 깊은 법칙은? 2019 09 21

㉮ 열역학 제2법칙 ㉯ 질량보존의 법칙
㉰ 에너지보존의 법칙 ㉱ 뉴턴(Newton)의 운동법칙

해설 운동량방정식은 유체의 충돌에 의해 발생되는 힘(Force)에 관련된 것으로 뉴턴의 힘의 법칙과 관련이 있다.

정답 ㉱

30 지름 10 cm의 호스에 출구지름이 3 cm인 노즐이 부착되어 있고, 1500 L/min의 물이 대기 중으로 뿜어져 나온다. 이때 4개의 플랜지볼트를 사용하여 노즐을 호스에 부착하고 있다면 볼트 1개에 작용하는 힘의 크기(N)는? (단, 유동에서 마찰이 존재하지 않는다고 가정한다.) 2020 06 06

㉮ 58.3 ㉯ 899.4 ㉰ 1018.9 ㉱ 4098.2

해설

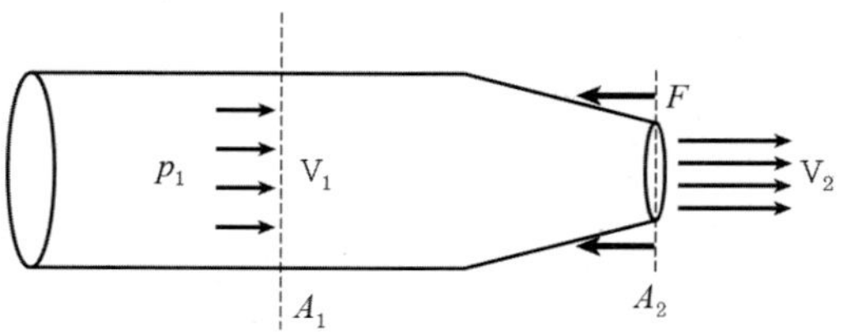

$$Q = 1500\ L/min = 1500\ L/min \times \frac{1\ m^3}{1000\ L} \times \frac{1\ min}{60\ sec} = 0.025\ m^3/sec$$

$$V_1 = \frac{Q}{A_1} = \frac{0.025\ m^3/sec}{\frac{\pi}{4} \times (0.1\ m)^2} = 3.18\ m/sec$$

$$V_2 = \frac{Q}{A_2} = \frac{0.025\ m^3/sec}{\frac{\pi}{4} \times (0.03\ m)^2} = 35.4\ m/sec$$

베르누이정리 적용

$$\frac{V_1^2}{2g} + \frac{p_1}{\gamma} + z_1 = \frac{V_2^2}{2g} + \frac{p_2}{\gamma} + z_2,\ z_1 = z_2,\ p_2 = 0$$

$$p_1 = \gamma \times \left(\frac{V_2^2 - V_1^2}{2g}\right)$$

$$= 9.8\ kN/m^3 \times \left(\frac{(35.4\ m/sec)^2 - (3.18\ m/sec)^2}{2 \times 9.8\ m/sec^2}\right)$$

$$= 621.5\ kN/m^2$$

$$= 621.5 \times 10^3\ N/m^2$$

운동량방정식 적용

$$p_1A_1 - p_2A_2 - F = \rho Q(V_2 - V_1),\ p_2 = 0$$

$$F = p_1A_1 - \rho Q(V_2 - V_1)$$

$$= 621.5 \times 10^3\ N/m^2 \times \left[\frac{\pi}{4} \times (0.1\ m)^2\right] - 10^3\ kg/m^3 \times 0.025\ m^3/sec$$

$$(35.4\ m/sec - 3.18\ m/sec)$$

$$= 4075.8\ N$$

플랜지 볼트 1개에 작용하는 힘(F)= $\frac{4075.8\ N}{4} = 1018.9\ N$

정답 ㉰

31 출구단면이 0.0004 m^2인 소방호스로부터 25 m/sec의 속도로 수평으로 분출되는 물제트가 수직으로 세워진 평판과 충돌한다. 평판을 고정시키기 위한 힘(F)은 몇 N인가?

2020 08 22

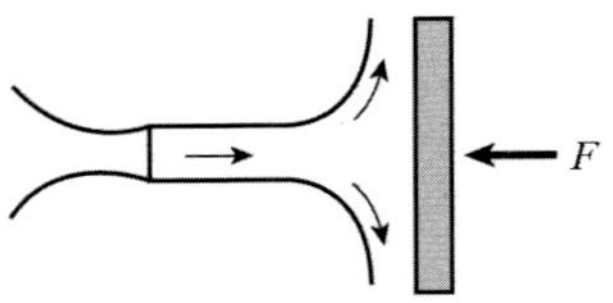

㉮ 150 ㉯ 200 ㉰ 250 ㉱ 300

해설 유량(Q)=$0.0004\ m^2 \times 25\ m/sec = 0.01\ m^3/sec$

힘(F)=$\rho QV = 1000\ kg/m^3 \times 0.01\ m^3/sec \times 25\ m/sec = 250\ N$

정답 ㉰

32 그림과 같은 곡관에 물이 흐르고 있을 때 계기압력으로 P_1이 98 kPa이고, P_2가 29.42 kPa이면 이 곡관을 고정시키는 데 필요한 힘(N)은? (단, 높이차 및 모든 손실은 무시한다.)

2020 09 26

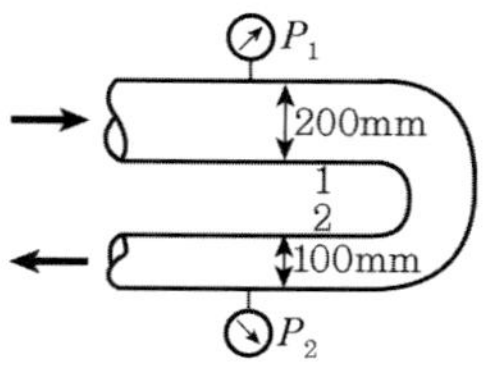

㉮ 4141　　㉯ 4314　　㉰ 4565　　㉱ 4747

해설 $Q = A_1V_1 = A_2V_2$에서

$$V_2 = \frac{A_1}{A_2} \times V_1 = \frac{\frac{\pi}{4} \times (0.2m)^2}{\frac{\pi}{4} \times (0.1m)^2} \times V_1 = 4V_1$$

지점 1과 지점 2에 대해 베르누이정리 적용

$$\frac{V_1^2}{2g} + \frac{P_1}{\gamma} + z_1 = \frac{V_2^2}{2g} + \frac{P_2}{\gamma} + z_2,\ z_1 = z_2$$

$$\frac{V_2^2 - V_1^2}{2g} = \frac{P_1 - P_2}{\gamma}$$

$$\frac{(4V_1)^2 - V_1^2}{2g} = \frac{98\ kPa - 29.42\ kPa}{9.8\ kN/m^3}$$

$$V_1^2 = \frac{2g}{15} \times \frac{98\ kPa - 29.42\ kPa}{9.8\ kN/m^3}$$

$V_1 = 3.024\ m/sec$

$V_2 = 4V_1 = 12.1m/sec$

$$Q = A_1V_1 = \frac{\pi}{4} \times (0.2\ m)^2 \times 3.024\ m/sec = 0.095\ m^3/sec$$

㉮ $\frac{\rho\pi V(D^2-d^2)}{16}$　　㉯ $\frac{\rho\pi V(D^2-d^2)}{4}$

㉰ $\frac{\rho\pi V^2(D^2-d^2)}{16}$　　㉱ $\frac{\rho\pi V^2(D^2-d^2)}{4}$

해설 $F=\rho QV=\rho(A'V)V=\rho A'\times V^2=\rho\times\left(\frac{\pi}{4}D^2-\frac{\pi}{4}\times d^2\right)\times V^2=\frac{\rho\pi V^2(D^2-d^2)}{4}$

정답 ㉱

03 그림과 같이 속도 3 m/sec로 운동하는 평판에 속도 10 m/sec인 물 분류가 직각으로 충돌하고 있다. 분류의 단면적이 0.01 m^2으로 일정하다면 평판이 받는 힘은 몇 N인가?
2012 09 15

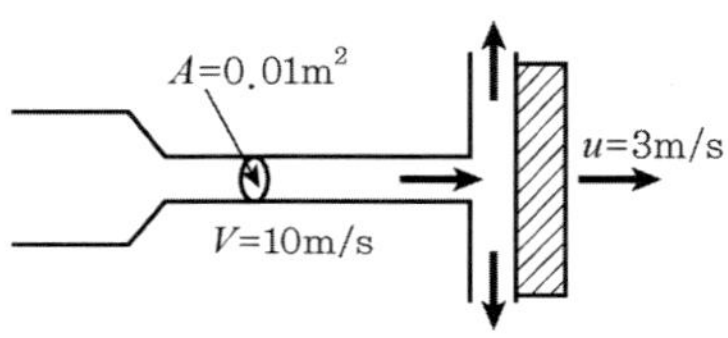

㉮ 98　　㉯ 490　　㉰ 700　　㉱ 1000

해설 $F=\rho Q'V'$
$=\rho[A\times(V-u)]\times(V-u)$
$=\rho\times A\times(V-u)^2$
$=1000\ kg/m^3\times 0.01\ m^2\times(10\ m/sec-3\ m/sec)^2$
$=490\ N$

정답 ㉯

04 그림과 같은 고정된 노즐에서 균일한 유속 V=40 m/sec, 유량 Q=0.2 m^3/sec로 물이 분출되고 있다. 분류와 같은 방향으로 u=10m/sec의 일정한 속도로 운동하고 있는 평판에 분사된 물이 수직으로 충돌할 때 분류가 평판에 미치는 충격력은 몇 kN인가?
2013 03 10

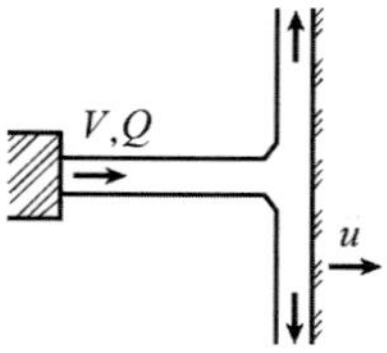

㉮ 4.5　　㉯ 6　　㉰ 44.1　　㉱ 58.8

해설 단면적(A)$=\frac{Q}{V}=\frac{0.2\ m^3/sec}{40\ m/sec}=0.005\ m^2$

$F=\rho Q'V'$

$=\rho\times[A\times(V-u)]\times(V-u)$

$=\rho\times A\times(V-u)^2$

$=1000\ kg/m^3\times0.005\ m^2\times(40\ m/sec-10\ m/sec)^2$

$=4500\ N$

$=4.5\ kN$

정답 ㉮

05 그림과 같이 수평으로 놓여 있는 엘보에 물이 0.05 m^3/sec의 유량으로 흐른다. 관의 지름은 10 cm, 엘보 입구와 출구의 계기압력은 각각 200 kPa, 150 kPa일 때 x방향으로 작용하는 힘(R_x)은 약 몇 N인가? 2013.06.02

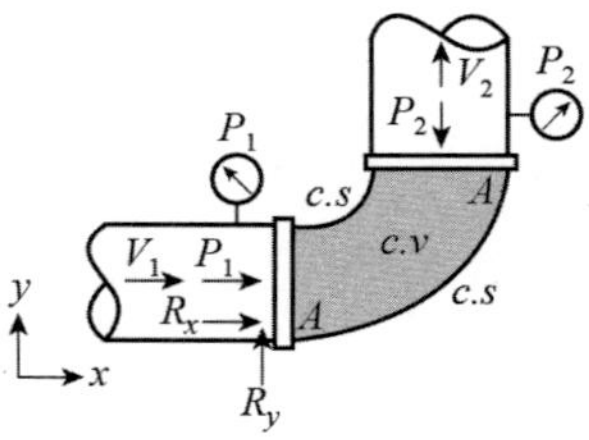

㉮ −1209　　㉯ −1538　　㉰ −1889　　㉱ −2108

해설 유속(V)$=\frac{Q}{A}=\frac{0.05\ m^3/sec}{\frac{\pi}{4}\times(0.1\ m)^2}=6.37\ m/sec$

x 방향 작용력

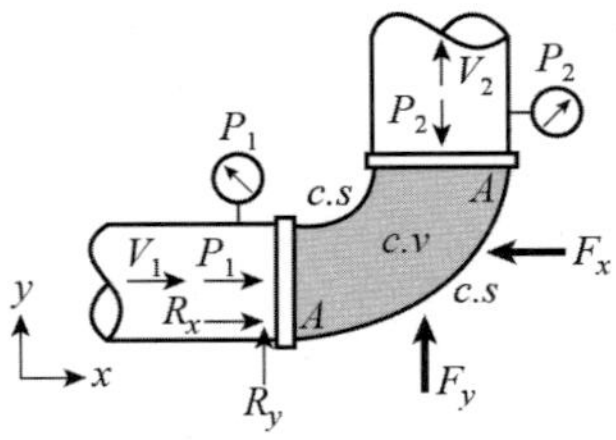

$P_1A_1\cos\theta_1 - P_2A_2\cos\theta_2 - F_x = \rho Q(V_2\cos\theta_2 - V_1\cos\theta_1)$

$P_1 = 200\,kPa,\ P_2 = 150\,kPa,$

$\theta_2 = \frac{\pi}{2},\ \theta_1 = 0°,\ V_1 = V_2 = V = 6.37\,m/sec$

$F_x = P_1A_1\cos 0° - P_2A_2\cos\frac{\pi}{2} - \rho Q(V\cos\frac{\pi}{2} - V\cos 0°)$

$= P_1A_1 + \rho QV$

$= 200\times10^3\,Pa \times \frac{\pi}{4}\times(0.1\,m)^2 + 1000\,kg/m^3\times 0.05\,m^3/sec \times 6.37\,m/sec$

$= 1889.3\,N$

$R_X = -F_x = -1889.3N$

정답 ㉰

06 그림과 같이 수조차의 탱크 측벽에 지름이 25 cm인 노즐을 달아 깊이 h=3 m만큼 물을 실었다. 차가 받는 추력 F는 약 몇 kN인가? (단, 노면과의 마찰은 무시한다.)2013 09 28

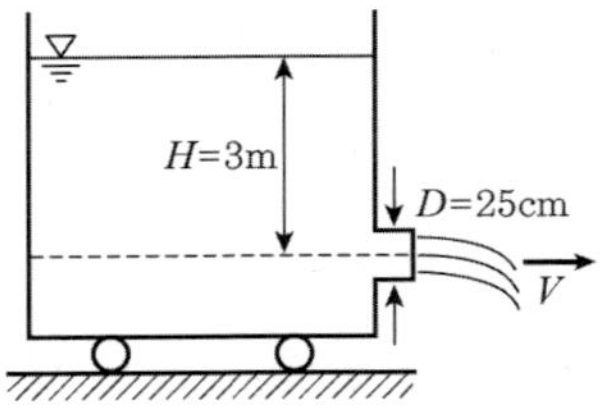

㉮ 1.79　　㉯ 2.89　　㉰ 4.56　　㉱ 5.21

해설 물 분출속도(V)= $\sqrt{2gh} = \sqrt{2\times 9.8\,m/sec^2\times 3\,m} = 7.67\,m/sec$

분출유량(Q)= $\left(\frac{\pi}{4}\times D^2\right)\times V = \left(\frac{\pi}{4}\times(0.25\,m)^2\right)\times 7.67\,m/sec = 0.377\,m^3/sec$

$F = \rho QV = 1000\,kg/m^3\times 0.377\,m^3/sec\times 7.67\,m/sec = 2891.6\,N = 2.892\,kN$

정답 ㉯

07 깃(Vane)에 수평으로 유입된 물제트가 각도 θ만큼 방향이 변하여 유출될 때 깃이 받는 수직방향 힘이 최대가 되는 θ는 얼마인가? (단, 중력과 마찰 효과는 무시한다.)

2014 03 02

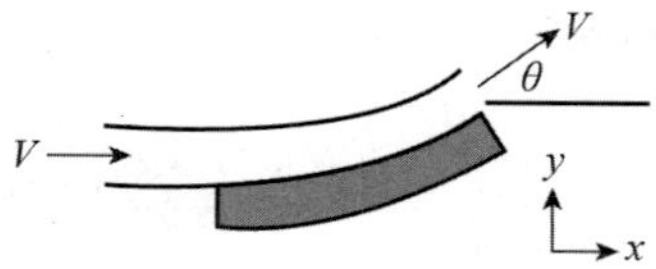

㉮ 30°　　㉯ 45°　　㉰ 60°　　㉱ 90°

해설 y 방향 작용력(F_y)

$p_1A_1\sin\theta_1 - p_2A_2\sin\theta_2 + F_y = \rho Q(V_2\sin\theta_2 - V_1\sin\theta_1)$

$p_1 = p_2 = 0,\ \theta_2 = \theta,\ \theta_1 = 0°,\ V_1 = V_2 = V$

$F_y = \rho QV\sin\theta$

$\theta = 90°$일 때, 최대 $F_y = \rho QV$

정답 ㉱

08 지름 6 cm인 원관으로부터 매분 4000 L의 물이 고정된 평면판에 직각으로 부딪힐 때 평면에 작용하는 충격력은 약 몇 N인가? 2014 05 25

㉮ 1380　　㉯ 1570　　㉰ 1700　　㉱ 1930

해설 분출유량(Q)=$4000\ \text{L/min} = 4000\ \text{L/min} \times \dfrac{1\ \text{m}^3}{1000\ \text{L}} \times \dfrac{1\ \text{min}}{60\ \text{sec}} = 0.0667\ \text{m}^3/\text{sec}$

물 분출속도(V)=$\dfrac{Q}{A} = \dfrac{0.0667\ \text{m}^3/\text{sec}}{\dfrac{\pi}{4}\times(0.06\ \text{m})^2} = 23.58\ \text{m/sec}$

$F = \rho QV = 1000\ \text{kg/m}^3 \times 0.0667\ \text{m}^3/\text{sec} \times 23.58\ \text{m/sec} = 1572\ \text{N}$

정답 ㉯

09 그림과 같이 직각으로 구부러진 고정날개에 밀도 ρ인 물 분류가 충돌하여 수직방향으로 분출되고 있다. 분류의 속도는 V, 유량은 Q일 때 고정날개가 받는 충격력의 크기는? 2014 09 20

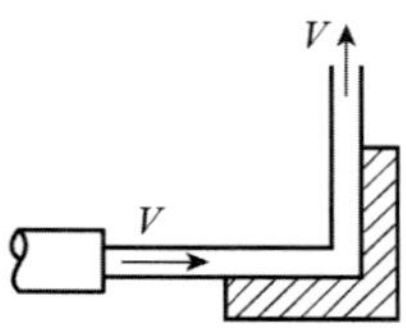

㉮ $\frac{1}{\sqrt{2}}\rho QV$ ㉯ $\sqrt{2}\rho QV$ ㉰ $2\rho QV$ ㉱ $2\sqrt{2}\rho QV$

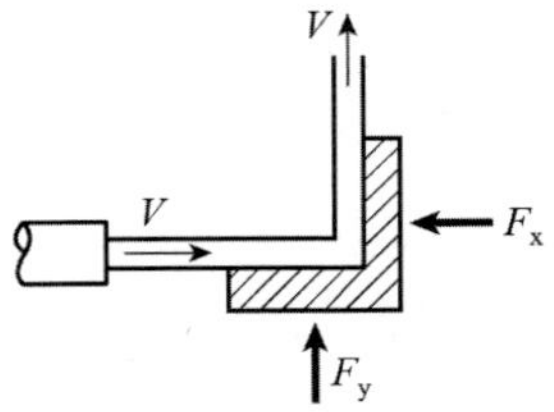

해설 x 방향 작용력(F_x)

$p_1A_1\cos\theta_1 - p_2A_2\cos\theta_2 - F_x = \rho Q(V_2\cos\theta_2 - V_1\cos\theta_1)$

$p_1 = p_2 = 0,\ \theta_2 = \frac{\pi}{2},\ \theta_1 = 0°,\ V_1 = V_2 = V$

$-F_x = \rho Q(V\cos\frac{\pi}{2} - V\cos 0°)$

$F_x = \rho QV$

y 방향 작용력

$p_1A_1\sin\theta_1 - p_2A_2\sin\theta_2 + F_y + (W) = \rho Q(V_2\sin\theta_2 - V_1\sin\theta_1)$

$p_1 = p_2 = 0,\ \theta_2 = \frac{\pi}{2},\ \theta_1 = 0°,\ W \fallingdotseq 0,\ V_1 = V_2 = V$

$F_y = \rho Q(V\sin\frac{\pi}{2} - V \times \sin 0°)$

$= \rho QV$

F_x와 F_y의 합력(F)= $\sqrt{F_x^2 + F_y^2} = \sqrt{(\rho QV)^2 + (\rho QV)^2} = \sqrt{2}\rho QV$

정답 ㉯

10 밀도 ρ, 체적유량 Q, 속도 V의 물 분류가 그림과 같이 $\beta = 30°$의 각도로 고정평판에 충돌할 때 분류에 의해 판이 받는 수직충격력은? 2015 03 08

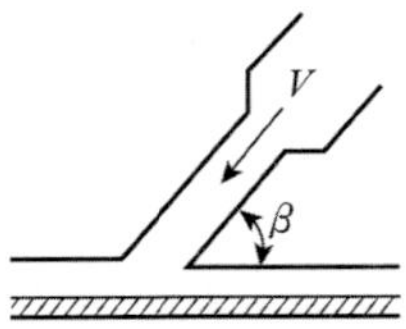

㉮ $\frac{\rho QV}{2}$ ㉯ $\frac{\sqrt{3}\rho QV}{2}$

㉰ $\frac{2\rho QV}{\sqrt{3}}$ ㉱ $\frac{\sqrt{2}\rho QV}{3}$

해설 분류에 작용하는 판의 수직력=F_y

수직방향 작용력의 식

$p_1A_1\sin\theta_1 - p_2A_2\sin\theta_2 + F_y = \rho Q(V_2\sin\theta_2 - V_1\sin\theta_1)$

$p_1 = p_2 = 0$, $V_1 = V_2 = V$, $\theta_1 = 210°$, $\theta_2 = 180°$

$F_y = \rho Q(V_2\sin 180° - V_1\sin 210°) = \frac{1}{2}\rho QV_1 = \frac{1}{2}\rho QV$

$F_y = \frac{1}{2}\rho QV$

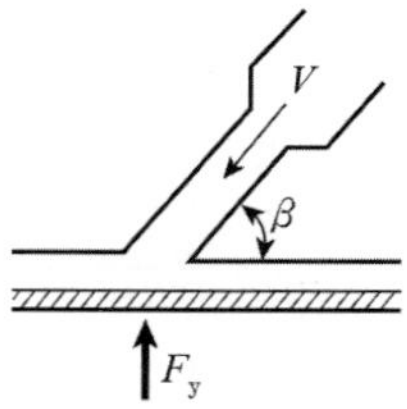

정답 ㉮

11 그림과 같은 차 위에 물탱크와 펌프가 장치되어 펌프 끝의 지름 5 cm의 노즐에서 매초 0.09 m^3의 물이 수평으로 분출된다면 그 추력(N)은 얼마인가? 2015 05 31

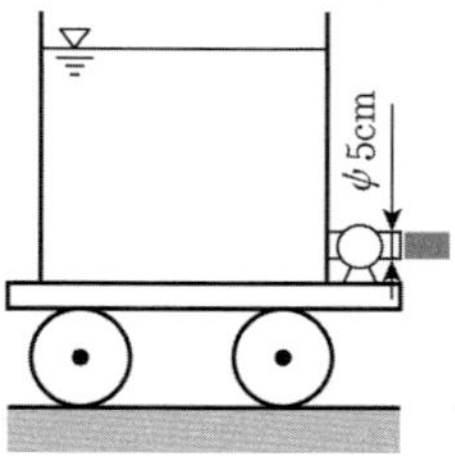

㉮ 4125　　㉯ 2079　　㉰ 412　　㉱ 212

해설 분출유량(Q)=0.09 m^3/sec

분출속도(V)=$\frac{Q}{A} = \frac{0.09\ m^3/sec}{\frac{\pi}{4}\times(0.05\ m)^2} = 45.83\ m/sec$

$F = \rho QV = 1000\ kg/m^3 \times 0.09\ m^3/sec \times 45.83\ m/sec = 4124.7\ N$

정답 ㉮

12 직경이 2 cm인 호스에 출구직경이 1 cm인 원뿔형 노즐이 연결되었고, 노즐을 통해서 600 cm^3/sec의 물(밀도 998 kg/m^3)이 수평방향으로 대기 중에 분사되고 있다. 노즐입구의 계기압력이 400 kPa일 때 노즐을 고정하기 위한 수평방향의 힘은? 2015 09 20

㉮ 122 N　　㉯ 126 N　　㉰ 130 kN　　㉱ 136 kN

해설

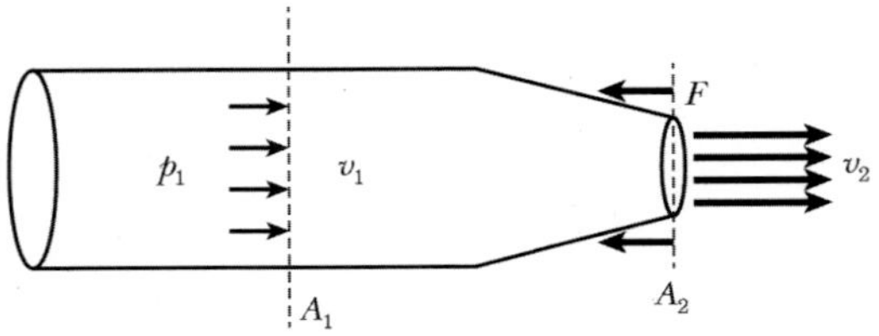

$$Q = 600\ \text{cm}^3/\text{sec} = 0.0006\ \text{cm}^3/\text{sec} = A_1 v_1 = A_2 v_2,$$

$$v_1 = \frac{Q}{A_1} = \frac{600\ \text{cm}^3/\text{sec}}{\frac{\pi}{4} \times (2\ \text{cm})^2} = 191\ \text{cm/sec} = 1.91\ \text{m/sec}$$

$$v_1 = \frac{Q}{A_2} = \frac{600\ \text{cm}^3/\text{sec}}{\frac{\pi}{4} \times (1\ \text{cm})^2} = 764\ \text{cm/sec} = 7.64\ \text{m/sec}$$

$p_1 A_1 - p_2 A_2 - F = \rho Q(v_2 - v_1)$에서 $p_2 = 0$이므로

$$F = p_1 A_1 - \rho Q(v_2 - v_1)$$

$$= (400 \times 10^3\ \text{N/m}^2) \times \frac{\pi}{4} \times (0.02\ \text{m})^2 - 998\ \text{kg/m}^3 \times 0.0006\ \text{m}^3/\text{sec} \times (7.64 - 1.91)\ \text{m/sec}$$

$$= 122.2\ \text{N}$$

정답 ㉮

13 그림과 같이 수평으로 분사된 유량 Q의 분류가 경사진 고정평판에 충돌한 후 양쪽으로 분리되어 흐르고 있다. 윗 방향의 유량이 $Q_1 = 0.7Q$일 때 수평선과 관이 이루는 각 θ는 몇 도인가? (단, 이상유체의 흐름이고 중력과 압력은 무시한다.) 2016 03 06

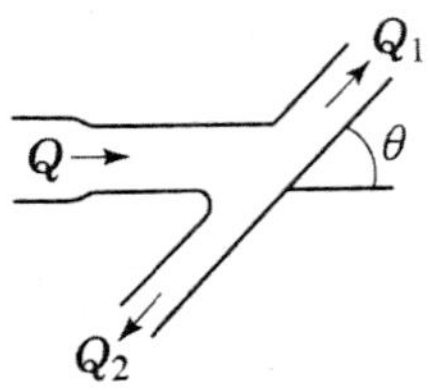

㉮ 76.4　　㉯ 66.4　　㉰ 56.4　　㉱ 46.4

해설 $Q = Q_1 + Q_2,\ Q_1 = \frac{Q}{2}(1 + \cos\theta),\ Q_2 = \frac{Q}{2}(1 - \cos\theta)$

$Q_1 = \frac{Q}{2}(1 + \cos\theta) = 0.7Q,\ \cos\theta = 0.4,\ \theta = 66.4°$

정답 ㉯

14 그림과 같이 3 m/sec의 속도로 분류의 방향을 따라 이동하는 평판에 10 m/sec의 속도로 물이 분출하여 충돌한다. 분류의 단면적이 0.02 m^2일 때, 평판이 받는 힘 F는 몇 N인가? (단, 물의 밀도는 1000 kg/m^3으로 한다.) 2016 05 08

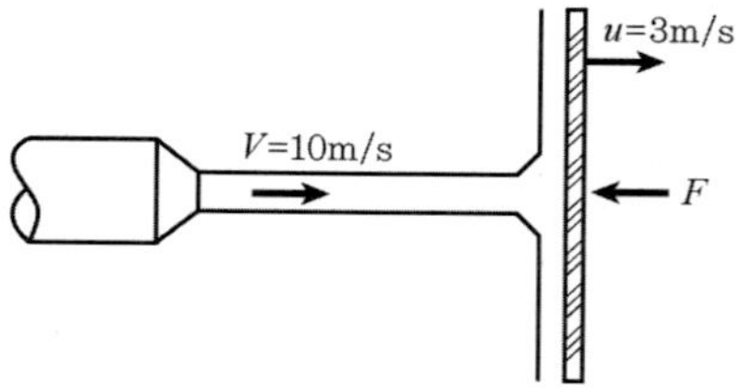

㉮ 960 ㉯ 980 ㉰ 1000 ㉱ 1020

해설 $F = \rho Q'V'$

$= \rho \times [A \times (V-u)] \times (V-u)$

$= \rho \times A \times (V-u)^2$

$= 1000\ kg/m^3 \times 0.02\ m^2 \times (10\ m/sec - 3\ m/sec)^2$

$= 980\ N$

정답 ㉯

15 그림과 같이 고정된 노즐에서 균일한 유속 V=40 m/sec, 유량 Q=0.2 m^3/sec로 물이 분출되고 있다. 분류와 같은 방향으로 u=10 m/sec의 일정속도로 운동하고 있는 평판에 분사된 물이 수직으로 충돌할 때 분류가 평판에 미치는 충격력은 몇 kN인가? 2016 10 01

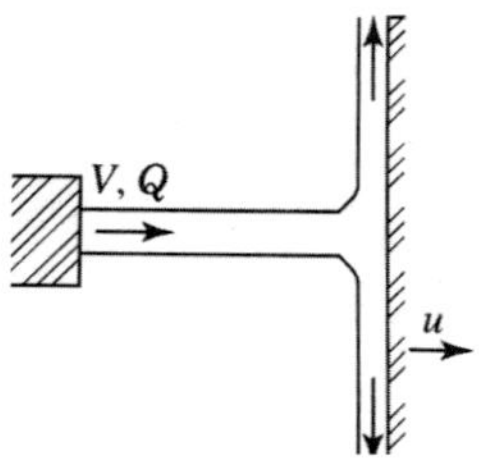

㉮ 4.5 ㉯ 6 ㉰ 44.1 ㉱ 58.8

해설 단면적(A)$= \frac{Q}{V} = \frac{0.2\ m^3/sec}{40\ m/sec} = 0.005\ m^2$

$F = \rho Q'V'$

$= \rho \times [A \times (V - u)] \times (V - u)$

$= \rho \times A \times (V - u)^2$

$= 1000\ kg/m^3 \times 0.005\ m^2 \times (40\ m/sec - 10\ m/sec)^2$

$= 4500\ N$

$= 4.5\ kN$

정답 ㉮

16 깃(vane)에 수평으로 유입된 물제트가 각도 θ만큼 방향이 변하여 유출될 때 깃이 받는 수직방향(vertical direction) 힘이 최대가 되는 θ는 얼마인가? 2017 03 05

㉮ 30°　　㉯ 45°　　㉰ 60°　　㉱ 90°

해설 y 방향 작용력(F_y)

$p_1A_1\sin\theta_1 - p_2A_2\sin\theta_2 - F_y = \rho Q(V_2\sin\theta_2 - V_1\sin\theta_1)$

$p_1 = p_2 = 0,\ \theta_2 = \theta,\ \theta_1 = 0°,\ V_1 = V_2 = V$

$F_y = \rho QV\sin\theta$

$\theta = 90°$일 때, 최대 $F_y = \rho QV$

정답 ㉱

17 단면적이 $0.01\ m^2$인 옥내소화전 노즐로 그림과 같이 7 m/sec로 움직이는 벽에 수직으로 물을 방수할 때 벽이 받는 힘은 약 몇 kN인가? 2017 05 07

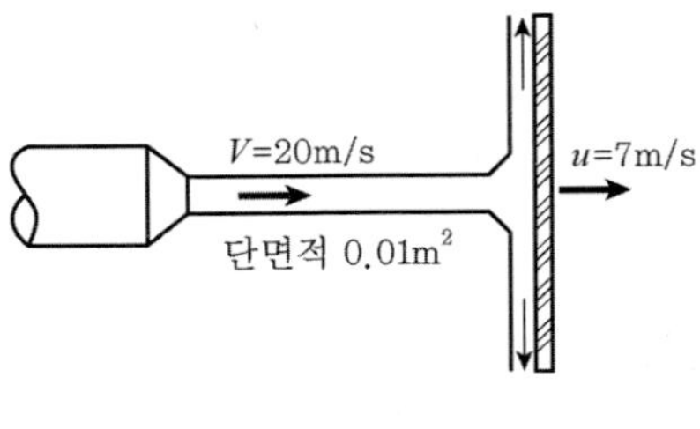

㉮ 1.42　　㉯ 1.69　　㉰ 1.8　　㉱ 2.14

해설 $F = \rho Q'V'$

$= \rho \times [A \times (V-u)] \times (V-u)$

$= \rho \times A \times (V-u)^2$

$= 1000\ kg/m^3 \times 0.01\ m^2 \times (20\ m/sec - 7\ m/sec)^2$

$= 1690\ N$

$= 1.69\ kN$

정답 ㉯

18 그림과 같이 유량 0.314 m³/sec로 분출하는 물제트가 U=5 m/sec의 속도로 이동하고 있는 평판에 충돌할 때 평판에 작용하는 힘은 약 몇 N 인가? (단, 제트의 지름은 200 mm이다.)

2017 09 23

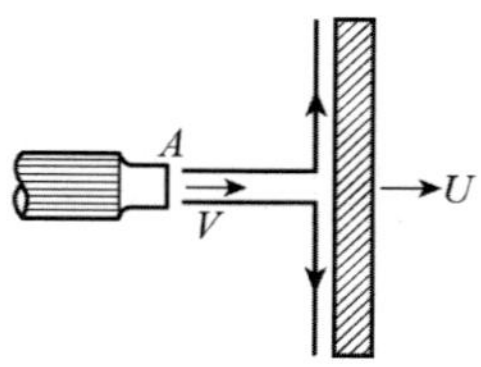

㉮ 196.4　　㉯ 273.3　　㉰ 78　　㉱ 984.4

해설 물제트 유속(V)$=\dfrac{Q}{A}=\dfrac{0.314\ m^3/sec}{\dfrac{\pi}{4}\times(0.2\ m)^2}=10\ m/sec$

$F = \rho Q'V'$

$= \rho \times [A \times (V-u)] \times (V-u)$

$= \rho \times A \times (V-u)^2$

$= 1000\ kg/m^3 \times \left(\dfrac{\pi}{4}\times(0.2\ m)^2\right) \times (10\ m/sec - 5\ m/sec)^2$

$= 785\ N$

정답 ㉰

19 지름(D) 60 mm인 물 분류가 30 m/sec의 속도로 고정평판에 대하여 45°의 각도로 부딪칠 때 지면에 수직방향으로 작용하는 힘(F_y)은 약 몇 N인가?

2018 03 04

㉮ 1700　　㉯ 1800　　㉰ 1900　　㉱ 2000

해설 분류에 작용하는 판의 수직력=F_y

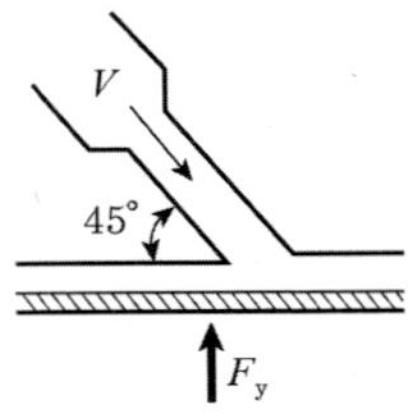

수직방향 작용력의 식

$p_1A_1\sin\theta_1 - p_2A_2\sin\theta_2 + F_y = \rho Q(V_2\sin\theta_2 - V_1\sin\theta_1)$

$p_1 = p_2 = 0,\ V_1 = V_2 = V,\ \theta_1 = -45°,\ \theta_2 = 0°$

$$F_y = \rho Q(V\sin 0° - V\sin(-45°))$$
$$= \frac{1}{\sqrt{2}}\rho QV$$
$$= \frac{1}{\sqrt{2}} \times 1000\ \mathrm{kg/m^3} \times \left(\frac{\pi}{4} \times (0.06\ \mathrm{m})^2 \times (30\ \mathrm{m/sec})\right) \times 30\ \mathrm{m/sec}$$
$$= 1800\ \mathrm{N}$$

정답 ㉯

20 물 분류가 고정평판을 60°의 각도로 충돌할 때 유량이 500 L/min, 유속이 15 m/sec이면 분류가 평판에 수직방향으로 미치는 힘은 약 몇 N인가? (단, 중력은 무시한다.)

2018 04 28

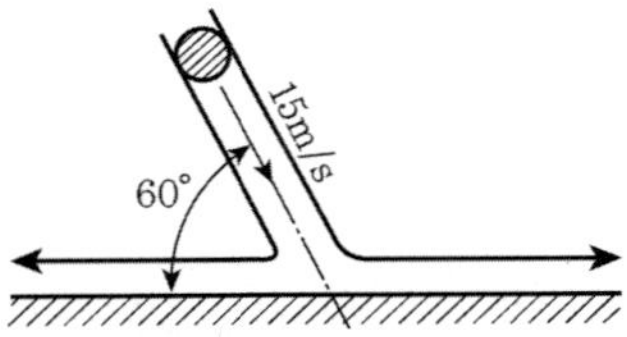

㉮ 10.8　　㉯ 5.4　　㉰ 108　　㉱ 54

해설 분류에 작용하는 수직력 = F_y

$p_1A_1\sin\theta_1 - p_2A_2\sin\theta_2 + F_y = \rho Q(V_2\sin\theta_2 - V_1\sin\theta_1)$

$p_1 = p_2 = 0,\ V_1 = V_2 = V,\ \theta_1 = -60°,\ \theta_2 = 0°$

$$F_y = \rho Q(V\sin 0° - V\sin(-60°)),$$
$$= \frac{\sqrt{3}}{2}\rho QV$$
$$= \frac{\sqrt{3}}{2} \times 1000\ \mathrm{kg/m^3} \times \left(500\ \mathrm{L/min} \times \frac{1\ \mathrm{m^3}}{10^3\ \mathrm{L}} \times \frac{1\ \mathrm{min}}{60\ \mathrm{sec}}\right) \times 15\ \mathrm{m/sec}$$
$$= 108.25\ \mathrm{N}$$

정답 ㉰

21 지름 10 cm의 원형노즐에서 물이 50 m/sec의 속도로 분출되어 벽에 수직으로 충돌할 때 벽이 받는 힘의 크기는 약 몇 kN인가? 2018 09 15

㉮ 19.6 ㉯ 33.9 ㉰ 57.1 ㉱ 79.3

해설 $F = \rho QV$

$$= 1000\ \text{kg/m}^3 \times \left(\frac{\pi}{4} \times (0.1\ \text{m})^2 \times 50\ \text{m/sec}\right) \times 50\ \text{m/sec}$$

$$= 19635\ \text{N}$$

$$= 19.63\ \text{kN}$$

정답 ㉮

22 반지름 R인 수평원관 내 속도분포가 $u(r) = U\left[1-\left(\frac{r}{R}\right)^2\right]$으로 주어질 때 유량으로 옳은 것은? (단, U는 관중심에서의 유속이며, r은 관중심에서 반지름 방향으로의 거리이다.) 2019 03 03

㉮ $\pi R^2 U$ ㉯ $\frac{\pi R^2 U}{2}$ ㉰ $\frac{3\pi R^2 U}{4}$ ㉱ $\frac{5\pi R^2 U}{8}$

해설 원형관 흐름에서 관 중심에서의 유속이 최대유속(U)이며, 평균유속(V_m)과 최대유속(U)의 관계는 $V_m = \frac{1}{2}U$이므로

$$\text{유량}(Q) = \text{평균유속}(V_m) \times \text{유수단면적} = \frac{1}{2}U \times \pi R^2 = \frac{\pi R^2 U}{2}$$

정답 ㉯

23 그림과 같이 수조차의 탱크 측면에 안지름이 25 cm인 노즐을 설치하여 노즐로부터 물이 분사되고 있다. 노즐중심은 수면으로부터 3 m 아래에 있다고 할 때 수조차가 받는 추력 F는 약 몇 kN인가? (단, 노면과의 마찰은 무시한다.) 2019 03 03

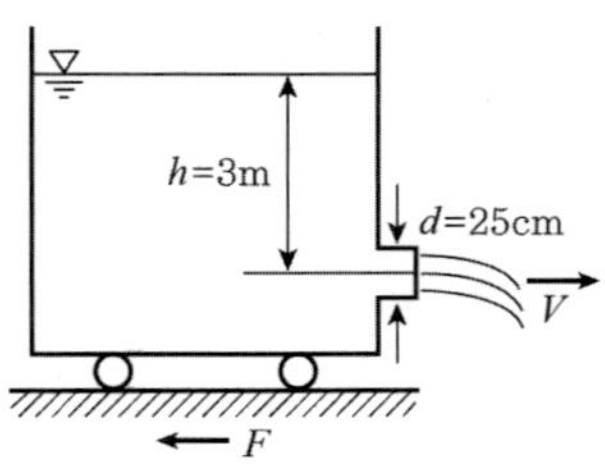

㉮ 1.77　　　㉯ 2.89　　　㉰ 4.56　　　㉱ 5.21

해설 유속(V)= $\sqrt{2gh} = \sqrt{2\times 9.8\ m/sec^2 \times 3\ m} = 7.67\ m/sec$

$F = \rho QV$

$= 1000\ kg/m^3 \times \left(\frac{\pi}{4}\times(0.25\ m)^2 \times 7.67\ m/sec\right) \times 7.67\ m/sec$

$= 2887.8\ N$

$= 2.89\ kN$

정답 ㉯

24 그림과 같이 입구와 출구가 β의 각을 이루고 있는 고정된 판에 질량유량 $\dot{m}$의 분류가 V의 속도로 충돌하고 있다. 분류에 의해 판이 받는 힘의 크기는? 2019 04 27

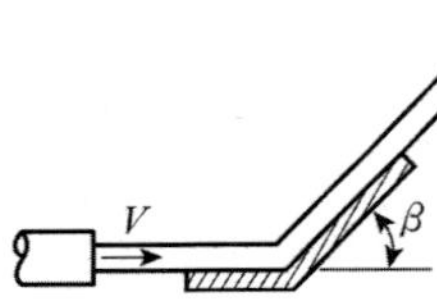

㉮ $\dot{m}V(1-\sin\beta)$　　　㉯ $\dot{m}V(1-\cos\beta)$

㉰ $\dot{m}V\sqrt{2(1-\sin\beta)}$　　　㉱ $\dot{m}V\sqrt{2(1-\cos\beta)}$

해설 질량유량= $\rho AV = \rho Q = \dot{m}$

x 방향 작용력

$p_1A_1\cos\theta_1 - p_2A_2\cos\theta_2 - F_x = \rho Q(V_2\cos\theta_2 - V_1\cos\theta_1)$

$p_1 = p_2 = 0,\ \theta_2 = \beta,\ \theta_1 = 0°,\ V_1 = V_2 = V$

$-F_x = \rho Q(V\cos\beta - V\cos 0°)$

$F_x = \dot{m}V(1-\cos\beta)$

y 방향 작용력

$p_1A_1\sin\theta_1 - p_2A_2\sin\theta_2 + F_y + (W) = \rho Q(V_2\sin\theta_2 - V_1\sin\theta_1)$

$p_1 = p_2 = 0,\ \theta_2 = \beta,\ \theta_1 = 0°,\ V_1 = V_2 = V,\ W \fallingdotseq 0$

$F_y = \rho Q(V\sin\beta - V\times\sin 0°)$

$= \dot{m}V\sin\beta$

F_x와 F_y의 합력(F)

$= \sqrt{F_x^2+F_y^2} = \sqrt{[\dot{m}V(1-\cos\beta)]^2+[\dot{m}V\sin\beta]^2} = \dot{m}V\sqrt{2(1-\cos\beta)}$

정답 ㉱

25 그림과 같이 속도 V인 자유제트가 곡면부에 부딪혀 θ의 각도로 유동방향이 바뀐다. 유체가 곡면에 가하는 힘의 x, y성분의 크기인 F_x와 F_y는 θ가 증가함에 따라 각각 어떻게 되겠는가? (단, 유동단면적은 일정하고, $0° < \theta < 90°$이다.) 2019 09 21

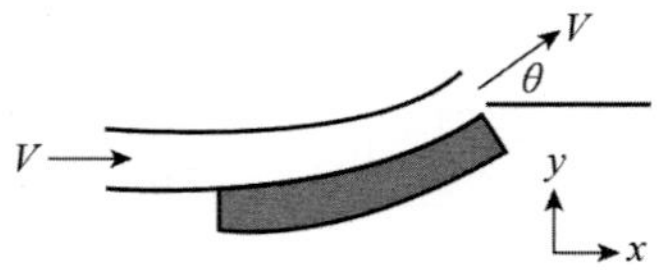

㉮ F_x : 감소한다. F_y : 감소한다.
㉯ F_x : 감소한다. F_x : 증가한다.
㉰ F_x :증가한다. F_x : 감소한다.
㉱ F_x : 증가한다. F_x : 증가한다.

해설 $F_x = \rho QV(1-\cos\theta)$, $F_y = \rho QV\sin\theta$이므로 F_x와 F_y는 증가한다.

정답 ㉱

26 4 kg/sec의 물제트가 평판에 수직으로 부딪힐 때 평판을 고정시키기 위하여 60 N의 힘이 필요하다면 제트의 분출속도(m/sec)는? 2020 06 13

㉮ 3 ㉯ 7 ㉰ 15 ㉱ 30

해설 $F = \rho QV$

$60N = (\rho Q) \times V$

$= (4kg/sec) \times V$

$V = 15\ m/sec$

정답 ㉰

27 수평 노즐입구에서의 계기압력이 p_1(Pa), 면적이 A_1(m^2)이고, 출구에서의 면적은 A_2(m^2)이다. 물이 노즐을 통해 V_2(m/sec)의 속도로 대기 중으로 방출될 때 노즐을 고정시키

는 데 필요한 힘(N)은 얼마인가? (단, 물의 밀도는 $\rho(\mathrm{kg/m^3})$이다.) 2020 08 23

㉮ $p_1A_1 - \rho A_2V_2^2\left(1-\frac{A_2}{A_1}\right)$

㉯ $p_1A_1 + \rho A_2V_2^2\left(1-\frac{A_2}{A_1}\right)$

㉰ $p_1A_1 - \rho A_2V_2^2\left(1+\frac{A_1}{A_2}\right)$

㉱ $p_1A_1 + \rho A_2V_2^2\left(1+\frac{A_1}{A_2}\right)$

해설 Nozzle에 미치는 힘(F)

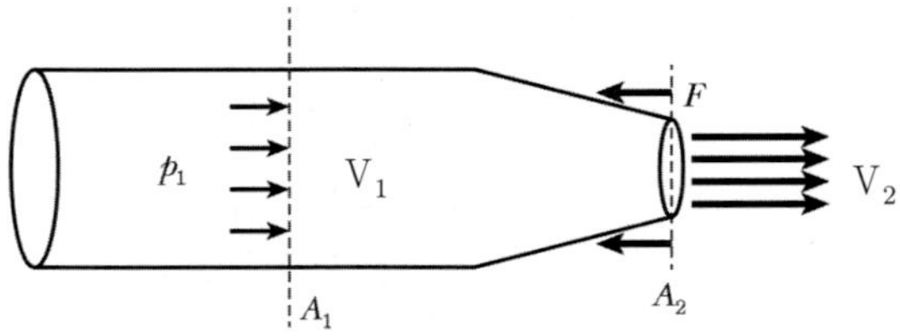

$$Q = A_1V_1 = A_2V_2,\ \frac{V_1}{V_2} = \frac{A_2}{A_1}$$

$p_1A_1 - p_2A_2 - F = \rho Q(V_2 - V_1)$에서 $p_2 = 0$이므로

$$\begin{aligned} F &= p_1A_1 - \rho Q(V_2 - V_1) \\ &= p_1A_1 - \rho\times(A_2V_2)\times(V_2 - V_1) \\ &= p_1A_1 - \rho\times(A_2V_2)\times V_2\times\left(1-\frac{V_1}{V_2}\right) \\ &= p_1A_1 - \rho A_2V_2^2\left(1-\frac{V_1}{V_2}\right) \\ &= p_1A_1 - \rho A_2V_2^2\left(1-\frac{A_2}{A_1}\right) \end{aligned}$$

정답 ㉮

PART

05

관내 유체 흐름

Fluid Dynamics of Firefighting

이론

1 원관 속의 층류에서의 흐름

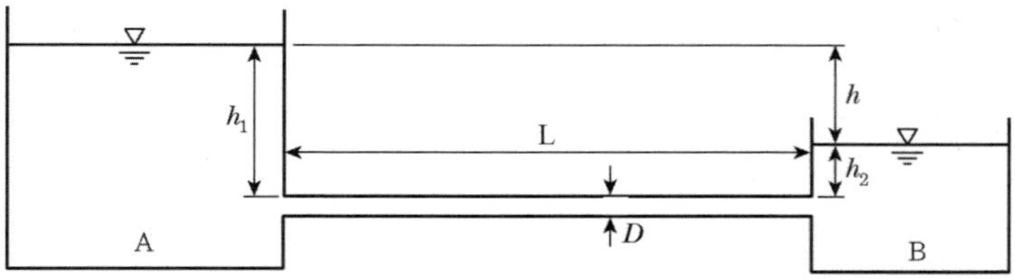

① 흐름 조건

- 층류➡➡ $\tau = -\mu \dfrac{du}{dr}$
- 두 수조 간 압력차 : $\Delta p = p_1 - p_2 = \gamma h_1 - \gamma h_2 = \gamma h$
- 직경 : D$(=2r_o)$, 길이 : L
- 정상류
- 관 중심에서의 유속 : $u_{\max}$
- 관 벽에서의 유속 : 0
- 관의 기울기 : 수평

② 임의 반경 r인 원통형 유체에 작용하는 힘

- 압력 차이, 전단응력(마찰력)

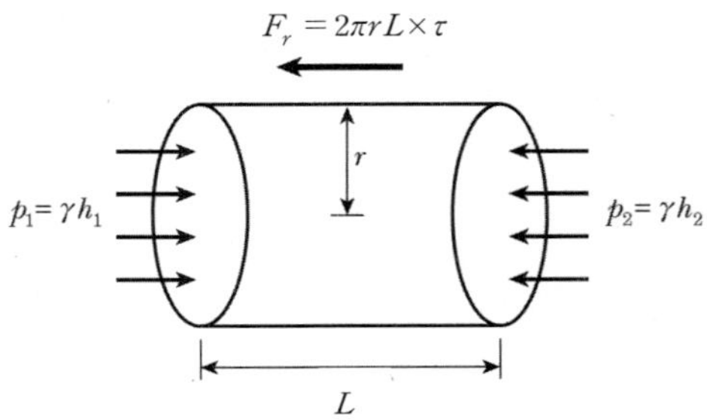

힘의 평형에서 $p_1 \pi r^2 = p_2 \pi r^2 + 2\pi r L \times \tau$, $\tau = -\mu \dfrac{du}{dr}$이므로 대입하면

$$p_1 \pi r^2 = p_2 \pi r^2 + 2\pi r L \times \left(-\mu \frac{du}{dr}\right)$$

$$\Rightarrow \frac{du}{dr} = -\frac{(p_1 - p_2) r}{2\mu L}, \quad du = -\frac{(p_1 - p_2) r \cdot dr}{2\mu L}$$

적분하면

$$u = \int du = \int -\frac{(p_1 - p_2) r \cdot dr}{2\mu L} = -\frac{(p_1 - p_2)}{4\mu L} r^2 + C, \ (C\text{는 적분상수})$$

$u = -\dfrac{(p_1 - p_2)}{4\mu L} r^2 + C$에서 $r = r_o$일 때 $u = 0$이므로

$$C = \frac{(p_1 - p_2)}{4\mu L} r_o^2$$

따라서, $u = \dfrac{(p_1 - p_2)}{4\mu L}\left(r_0^2 - r^2\right) = \dfrac{\gamma h}{4\mu L}\left(r_0^2 - r^2\right)$

- 유속분포 : 관 중심에서 최대유속($u_{\max}$)이며 관벽 쪽으로 갈수록 포물선형으로 감소한다.
- 최대 유속 : r=0일 때(관 중심) $u = u_{\max}$
- 최저 유속 : r=r_o일 때(관 벽) $u = 0$

③ 유량

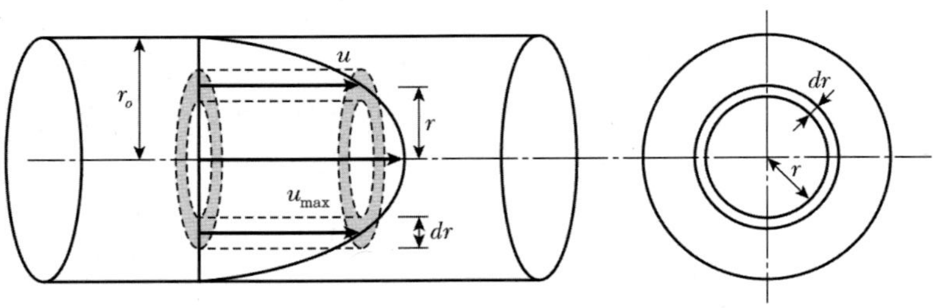

반지름 r인 부분의 미소유량 dQ

$$dQ = 2\pi \cdot r \cdot dr \times u$$

$$Q = \int_0^{r_o} dQ = \int_0^{r_o} 2\pi \cdot r \cdot dr \times u$$

$$= \int_0^{r_o} 2\pi \cdot r \cdot dr \times \frac{\gamma h}{4\mu L}(r_o^2 - r^2)$$

$$= \frac{\pi\gamma h}{8\mu L} r_o^4 = \frac{\pi\gamma h}{128\mu L} D^4$$

$$= \frac{\pi \Delta p}{128\mu L} D^4 (\text{Hagen} - \text{Poiseuille 식})$$

- 유량은 반지름의 4승에 비례하고, 손실수두에 비례, 점성계수에 반비례

④ 평균 유속

- $\text{평균유속} = V = \dfrac{Q}{A} = \dfrac{\left(\dfrac{\pi\gamma h r_o^4}{8\mu L}\right)}{\pi r_0^2} = \dfrac{\gamma h}{8\mu L} r_0^2$

- $u = \dfrac{\gamma h}{4\mu L}\left(r_0^2 - r^2\right) = \dfrac{\gamma h}{4\mu L} r_o^2 \left(1 - \dfrac{r^2}{r_o^2}\right) = 2V\left(1 - \dfrac{r^2}{r_o^2}\right) = u_{max}\left(1 - \dfrac{r^2}{r_o^2}\right)$

- $u_{max} = 2V$: 최대유속은 평균유속의 2배 크기를 가진다.

⑤ 전단응력

- 전단응력 분포: 전단응력은 $\tau = -\mu \dfrac{du}{dr}$에 따라 변화하므로, 관 중심에서 0이며, 관벽 쪽으로 갈수록 직선적으로 증가한다.

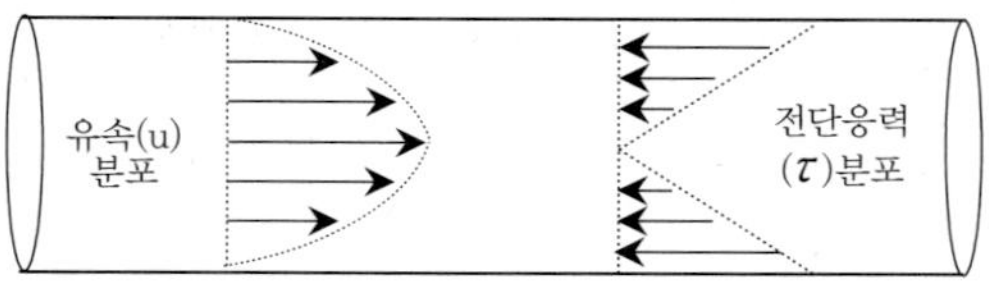

- 관 벽면($r = r_0$) 전단응력

$$\tau = -\mu \times \left(\frac{du}{dr}\right)_{r_0} = -\mu \times \frac{d}{dr}\left[u_{max}\left\{\left(1-\left(\frac{r}{r_0}\right)^2\right\}\right]_{r_0} = -\mu\left(-u_{max} \times \frac{2r_0}{r_0^2}\right) = \frac{2\mu u_{max}}{r_0}$$

관 벽면($r=r_0$)에서의 전단응력의 크기(τ_0)$=\dfrac{2\mu \cdot u_{max}}{r_0}$

⑥ 압력강하$= \Delta p = \gamma h = p_1 - p_2 = \dfrac{8\mu LV}{r_o^2} = \dfrac{128\mu LQ}{\pi D^4}$

⑦ 마찰손실수두$(h) = \dfrac{8\mu LV}{\gamma \cdot r_o^2} = \dfrac{128\mu LQ}{\gamma \cdot \pi D^4}$

- 손실수두 : 유체 점성계수(μ), 관의 길이 L 및 유량(Q)에 비례하고, 관경의 4제곱에 반비례
- Darcy-Weisbach의 마찰손실수두공식

$$h = \frac{8\mu LV}{\gamma \cdot r_o^2} = \frac{8\mu LV}{\rho g(\frac{D}{2})^2} = \frac{32\mu LV}{\rho g D^2} = 64\left(\frac{\mu}{\rho DV}\right)\frac{L}{D}\frac{V^2}{2g} = \frac{64}{Re}\frac{L}{D}\frac{V^2}{2g}$$

$\dfrac{64}{Re} = f$로 놓으면(f : 마찰손실 계수)

$h = f\dfrac{L}{D}\dfrac{V^2}{2g}$ (Darcy-Weisbach의 마찰손실수두공식)

2 관로 손실수두

① 주 손실수두(major loss) : 유체가 관로 속을 흐를 때 관벽과의 마찰에 의해 생기는 마찰손실수두

② 부차적(국부적) 손실수두 : 단면적 크기, 형상, 방향등의 변화, 관로의 입구와 출구, 관로 도중에 장치되는 밸브, 콕(cock), 유니온(union), 티(Tee) 등을 지날 때에 생기는 손실수두

3 주 손실(major loss) : 마찰손실

① 층류일 때

$$h = f\frac{L}{D}\frac{V^2}{2g}$$ (Darcy−Weisbach의 식) : f는 레이놀즈 수(Re)만의 함수

여기서, h : 손실수두

L : 관의 길이

V : 유속

f : 마찰손실계수 $f = \frac{64}{Re}$

Re : Reynold 수

압력강하 $\Delta p = \rho g h = f\frac{L}{D}\frac{\rho V^2}{2}$

② 난류일 때 $h = f\frac{L}{D}\frac{V^2}{2g}$(Darcy−Weisbach의 식) : f는 상대조도($\frac{k}{D}$)와 레이놀즈 수(Re)의 함수

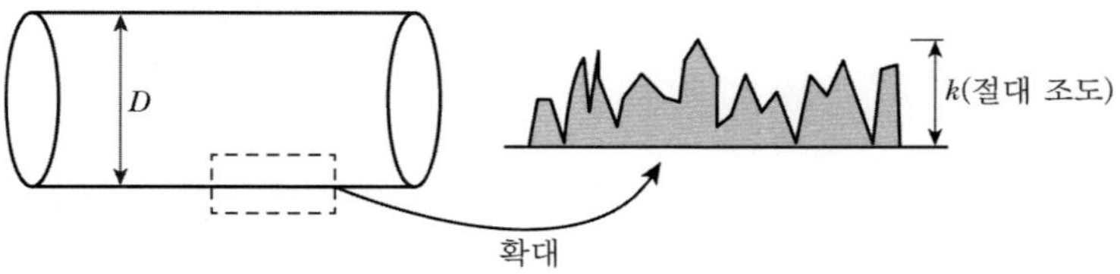

여기서, D : 직경

k : 절대 조도

$\frac{k}{D}$: 상대 조도

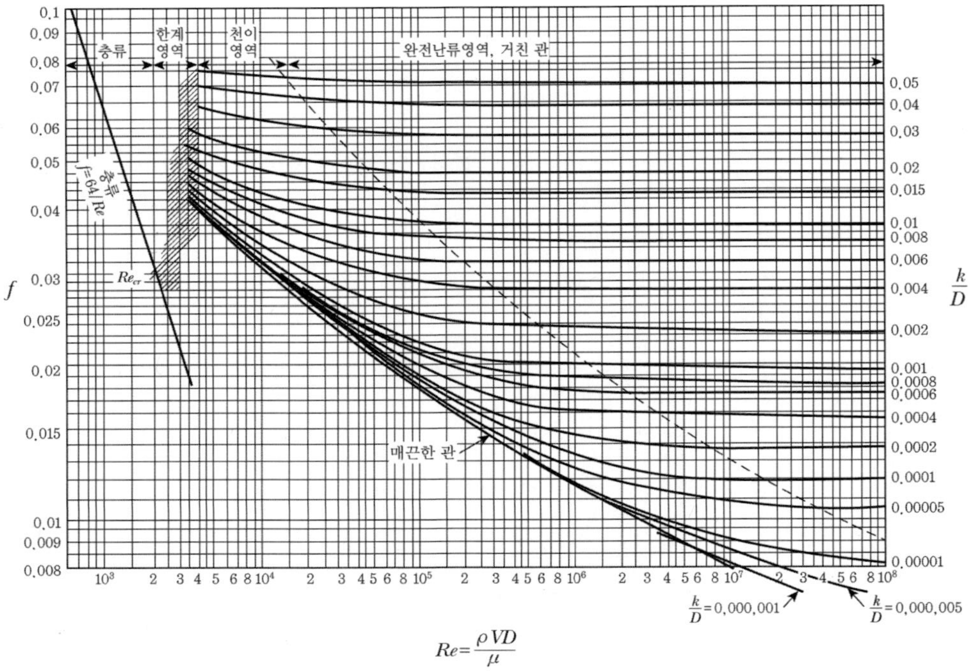

〈Moody 선도〉

4 부차적 손실(형상손실, 국소손실 minor loss)

① 마찰손실수두 이외의 손실수두

② 관 단면변화(직경변화, 방향변화, 밸브 유무, 유입, 유출부), 밸브 등으로 인한 손실수두

③ 국부적 손실수두(minor head loss)

④ 표시 : 저항계수(손실계수)법

$$h_m = K\frac{V^2}{2g}$$

여기서, K : 부차적 손실계수(저항계수), K는 실험적으로 결정(단면급확대 제외)

⑤ 표시 : 상당길이 법

- fitting류(부속품)의 부차적 손실을 직관에 상당하는 길이로 나타내는 방법
- 상당길이(L_{eq})는 저항계수식과 Darcy−Weisbach식에 의해 유도
- $h = f\dfrac{L}{D} \cdot \dfrac{V^2}{2g} = K\dfrac{V^2}{2g}$ 에서

$$f\frac{L}{D} = K \Rightarrow \text{상당길이(직관) } L_{eq} = \frac{KD}{f}$$

01 | 입구의 형상과 손실계수 K_e

$$h_e = K_e\frac{V^2}{2g}$$

여기서, h_e : 유입손실수두

K_e : 유입손실계수

V : 평균 유속

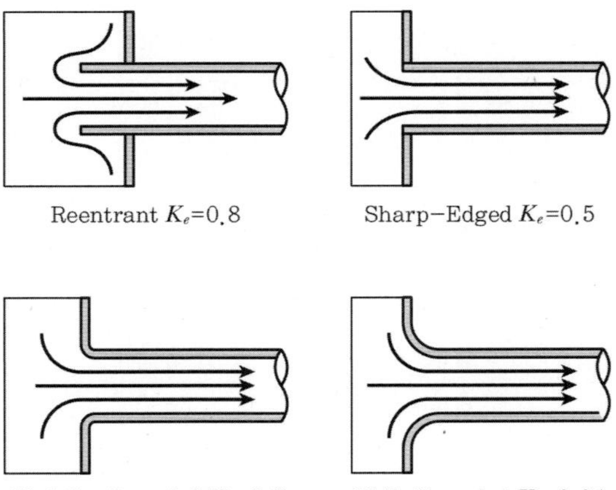

Reentrant K_e=0.8　　Sharp−Edged K_e=0.5

Slightly−Rounded K_e=0.2　　Well−Rounded K_e=0.04

02 | 급확대 관로의 손실 K_w

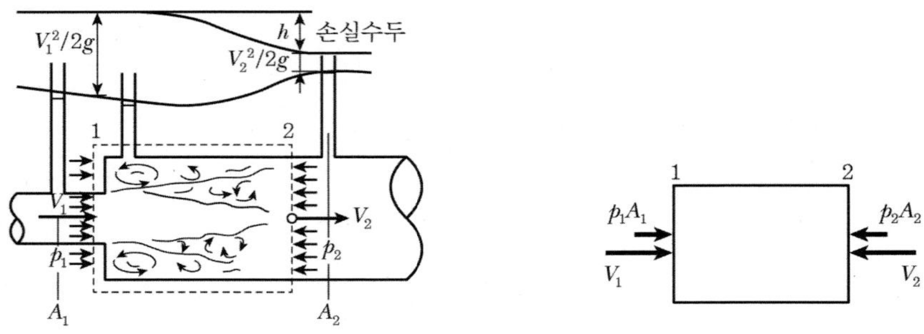

(a) (b)

〈급확대 관로 속의 흐름〉

① 운동량방정식 : 확대부분과 A_2부분. 확대부분에서의 압력(p)은 p_1, p_2의 평균값이지만, 실험에 의하면 p_1과 거의 동일

$$p_1 A_1 + p(A_2 - A_1) - p_2 A_2 = \rho Q(V_2 - V_1)$$

$$p_1 A_1 + p_1(A_2 - A_1) - p_2 A_2 = A_2(p_1 - p_2) = \rho Q(V_2 - V_1)$$

② 단면 1, 2 사이의 손실수두를 h라 하고, Bernoulli의 정리 적용

$$\frac{p_1}{\rho g} + \frac{V_1^2}{2g} = \frac{p_2}{\rho g} + \frac{V_2^2}{2g} + h$$

③ 운동량방정식과 Bernoulli의 정리를 연립하여 h를 구하면

$$h = \frac{(V_1 - V_2)^2}{2g} = \frac{V_1^2}{2g}\left(1 - \frac{A_1}{A_2}\right)^2 = K_w \frac{V_1^2}{2g},\ 단\ K_w = \left(1 - \frac{A_1}{A_2}\right)^2$$

④ 출구손실(exit loss)

$$h = \frac{V_1^2}{2g}\left(1 - \frac{A_1}{A_2}\right)^2 = K_w \frac{V_1^2}{2g} 에서\ \frac{A_1}{A_2} \fallingdotseq 0\ 이므로\ K_w = 1,\ h = \frac{V^2}{2g}$$

03 | 급축소 관로 속의 흐름

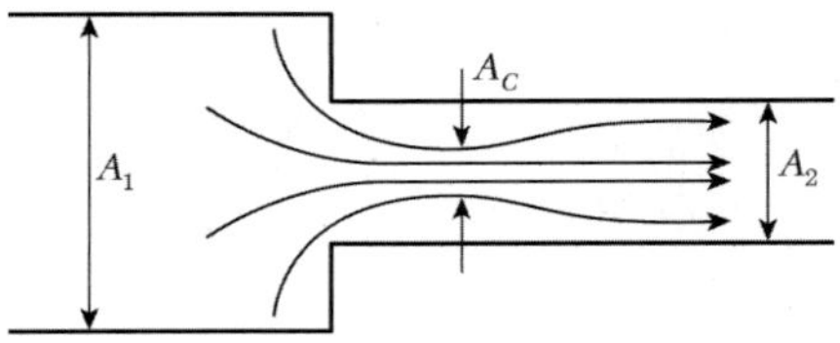

〈급축소 관로의 손실〉

급확대와 반대로 굵은 관으로부터 가는 관으로 흐를 때에 일어나는 손실

$$h=\frac{(V_C-V_2)^2}{2g}=\left(1-\frac{A_C}{A_2}\right)^2\frac{V_c^2}{2g}=\left(\frac{1}{C_C}-1\right)^2\frac{V_2^2}{2g}$$ 단, $C_c=A_c/A_2$(수축계수)

〈급축소 관로의 수축계수〉

A_2/A_1	0.2	0.3	0.4	0.5	0.6	0.7	0.8	0.9	1.0
$C_c=A_c/A_2$	0.62	0.63	0.65	0.67	0.70	0.73	0.77	0.84	1.00
$(1/C_c-1)^2$	0.38	0.34	0.29	0.24	0.18	0.14	0.089	0.036	0

04 | 곡관의 손실수두

$$h_{cb}=K_{cb}\frac{V^2}{2g}$$

K_{cb} : 곡관손실계수

$$K_{cb}=\left\{0.131+1.847\left(\frac{r}{R}\right)^{3.5}\frac{\theta}{90}\right\}$$

05 | 굴절관(엘보)의 손실수두

$$h_{ab} = K_{ab}\frac{V^2}{2g}$$

여기서, K_{ab} : 굴절손실계수

$$K_{ab} = 0.946\sin^2\frac{\theta}{2} + 2.05\sin^4\frac{\theta}{2}$$

〈엘보의 손실계수 K_{eb}〉

$\theta°$		5	10	15	22.5	30	45	60	90
K_{eb}	매끈한	0.016	0.034	0.042	0.066	0.130	0.236	0.471	1.129
	거 친	0.024	0.044	0.062	0.154	0.165	0.320	0.687	1.265

06 | 밸브와 콕에 의한 손실

$$h_v = K_v\frac{V^2}{2g}$$

여기서, K_v : 밸브손실계수

개도와 호칭구경에 따라 변화

〈밸브의 K_v의 값〉

호칭구경 \ 개도	1/8	1/4	3/8	1/2	3/4	1
1/2	374	53.6	18.26	7.74	2.204	0.080
3/4	303	40.3	10.15	4.23	0.920	0.280
1	211	34.9	9.91	3.54	0.882	0.233
2	146	22.5	7.15	3.22	0.739	0.175
4	67.2	13.0	4.62	1.93	0.412	0.164
6	87.3	17.1	6.12	2.64	0.522	0.145
8	66.3	13.5	4.92	2.19	0.464	0.103
10	96.2	17.4	5.61	2.29	0.414	0.047

5 평균유속공식

01 | 윤변(S : wetted perimeter)

① 유수단면과 수로 벽이 접하는 길이

② 유체와 수로의 벽 사이에 마찰이 일어나는 부분의 길이

③ 동일한 유수단면적일 경우 윤변이 짧을수록 좋은 수로임

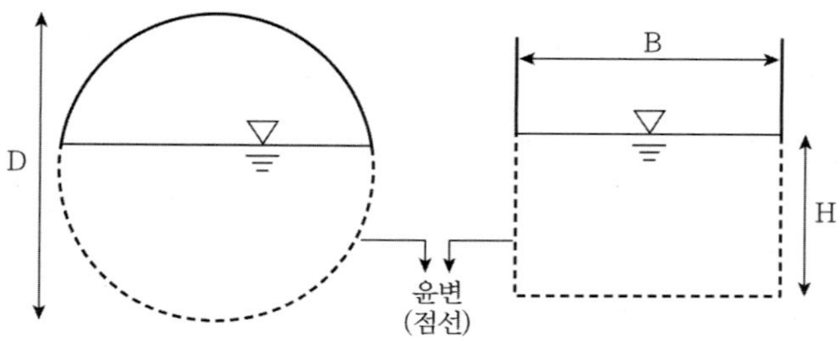

02 | 수력반경(수리반경, 평균수리수심, 경심, Hydraulic radius)

① $\text{수력반경}(R) = \dfrac{\text{유수단면적}}{\text{윤변}} = \dfrac{A}{S}$

② 마찰이 작용하는 윤변 단위길이당 유수단면적의 크기

③ 경심이 클수록 수리학적으로 유리한 단면

④ 직경 D인 만수(滿水) 원형관의 경우

$$S = \pi D,\ A = \frac{\pi D^2}{4},\ R = \frac{A}{S} = \frac{\frac{\pi D^2}{4}}{\pi D} = \frac{D}{4}$$

⑤ 깊이 H, 폭 B인 직사각형 수로인 경우

$$S = B + 2H,\ A = BH,\ R = \frac{BH}{B + 2H}$$

03 | 평균 유속 공식 : 유체가 물인 경우에만 적용

$h = f\dfrac{L}{D}\dfrac{V^2}{2g}$ 에서

$$V^2 = \frac{h}{L}\frac{2g}{f}D = \left(\frac{8g}{f}\right)\left(\frac{D}{4}\right)\left(\frac{h}{L}\right),$$

$$V = \sqrt{\left(\frac{8g}{f}\right)}\left(\frac{D}{4}\right)^{1/2}\left(\frac{h}{L}\right)^{1/2} = CR^{1/2}I^{1/2}\text{(Chezy의 평균유속공식)}$$

단, D : 직경
R : 수력반경(경심)
f : 마찰손실계수
C : 유속계수
I : 동수경사($=h/L$)

① Chezy의 식 $V = C\sqrt{RI}$

② Manning 식 $V = \dfrac{1}{n}R^{2/3}I^{1/2}$, (단 $f = \dfrac{124.6n^2}{\sqrt[3]{D}} = \dfrac{8g \cdot n^2}{R^{1/3}}$)

③ Williams–Hazen 식 $V = 0.84935CR^{0.63}I^{0.54}$ (단, $f = \dfrac{133.7}{D^{0.167} \cdot C^{1.87} \cdot V^{0.15}}$)

〈Manning 공식의 조도계수〉

재료	n	재료	n
놋쇠관, 유리관	0.01~0.012	연철관	0.012~0.014
용접강관	0.01~0.013	도금연철관	0.013~0.015
도장주철관	0.01~0.013	콘크리트관(활면)	0.012~0.013
주철관(신)	0.012~0.014	큰크리트(조면)	0.014~0.016
주철관(구)	0.014~0.018	흄관	0.011~0.014

〈Hazen-Williams의 유속계수(조도계수)〉

관의 종류(재료)			C	관의 종류(재료)		C
주철	신제품	모든크기 (mm)	130	용접강관		주철관에 5년 가산된 C
	5년 경과	300 이상	120	강관(신제품)		140~150
		200	119	콜타르 피복 강관		145~150
		100	118	리벳 강관		110
주철	10년 경과	600 이상	113	콘크리트관 또는 콘크리트 피복관	강재거푸집제조 (큰 관)	140
		300	111		목재거푸집제조 (큰 관)	120
		100	107		원심력관	135
	20년 경과	600 이상	100	시멘트 피복 연(또는 단)철관		140
		300	96	석면시멘트		140
		100	89	벽돌		100
	30년 경과	600 이상	90	황동(또는 놋쇠)		130~140
		300	87	유리		140
		100	75	구리(또는 동)		130~140
	40년 경과	750 이상	83	아연도금철판(또는 함석)		120
		400	80	납		130~140
		100	64	주석		130
	50년 경과	1,000 이상	77	플라스틱		140~150
		600	74	나무(또는 목)(연령에 관계없이)		120
		100	55	점토		110

④ Hazen-Williams식의 표현

$V=0.84935CR^{0.63}I^{0.54}$에서 만수된 원형관로인 경우 $R=\dfrac{D}{4}$, $I=h/L$, $A=\dfrac{\pi}{4}D^2$ 이므로

$$Q=AV=\frac{\pi}{4}D^2\times 0.84935C\left(\frac{D}{4}\right)^{0.63}\left(\frac{h}{L}\right)^{0.54}$$

$$Q=0.27853D^{2.63}C\left(\frac{h}{L}\right)^{0.54}$$

$$h = \frac{10.666L}{C^{1.85}D^{4.87}}Q^{1.85} = K \cdot Q^{1.85}$$

단, $K = \dfrac{10.666L}{C^{1.85}D^{4.87}}$, 압력강하$(\Delta p) = \gamma h$

여기서, Q : 유량(m^3/sec)
L : 관의 길이(m)
D : 직경(m)
C : 유속계수
h : 마찰손실수두(m)

⑤ 단위변화 : 길이(L)단위 : m, 유량(Q)단위 : L/min, 직경(D) 단위 : mm, 압력손실(Δp)단위 : kg_f/cm^2일 때

- 손실수두

$$h = 10.666\frac{Q^{1.85}L}{C^{1.85}D^{4.87}} = \frac{10.666\left(\dfrac{Q}{1000\times 60}\right)^{1.85}L}{C^{1.85}\left(\dfrac{D}{1000}\right)^{4.87}}$$

$$= 6.174\times 10^{6}\frac{Q^{1.85}L}{C^{1.85}D^{4.87}}\,(\mathrm{m})$$

- 압력손실

$$\Delta p = \gamma h$$

$$= 1000\mathrm{kg_f/m^3}\times\left(6.174\times 10^{6}\times\frac{Q^{1.85}}{C^{1.85}D^{4.87}}\times L\right)(\mathrm{m})$$

$$= 1000\times\left(6.174\times 10^{6}\times\frac{Q^{1.85}}{C^{1.85}D^{4.87}}\times L\right)(\mathrm{kg_f/m^2})$$

$$= 1000\times\left(6.174\times 10^{6}\times\frac{Q^{1.85}}{C^{1.85}D^{4.87}}\times L\right)(\mathrm{kg_f/10^4cm^2})$$

$$= 6.174\times 10^{5}\times\left(\frac{Q^{1.85}}{C^{1.85}D^{4.87}}\times L\right)(\mathrm{kg_f/cm^2})$$

기출문제

기사 기출문제

01 물이 흐르는 지름 40 cm인 관에 게이트밸브(K = 10)와 Tee(K = 2)가 설치되어 있다. 관마찰계수가 0.04일 때 게이트 밸브와 Tee에 대한 관의 상당길이는 몇 m인가? (단, K는 표에서 얻어진 손실계수이다) 2010 03 07

㉮ 100 ㉯120 ㉰ 260 ㉱ 370

해설 마찰손실수두$(h_f) = f\frac{L}{D}\frac{V^2}{2g}$

부차적 손실수두$(h_m) = (K_v + K_t)\frac{V^2}{2g}$

$h_f = h_m$이 되는 길이(L) = 상당길이(L_{eq})

$$f\frac{L_{eq}}{D}\frac{V^2}{2g} = (K_v + K_t)\frac{V^2}{2g}$$

$$L_{eq} = (K_v + K_t)\frac{D}{f} = \frac{(10+2)\times 0.4\text{ m}}{0.04} = 120\text{ m}$$

정답 ㉯

02 그림에서 d_1, d_2는 각각 300 mm, 200 mm이고 l_1, l_2는 600 m, 900 m이며, 마찰계수 f_1, f_2가 0.03, 0.02라고 할 때 직경 d_1인 관길이 l_1을, 직경 d_2인 관으로 환산한 등가길이(L_{ie})는 몇 m인가? 2010 05 09

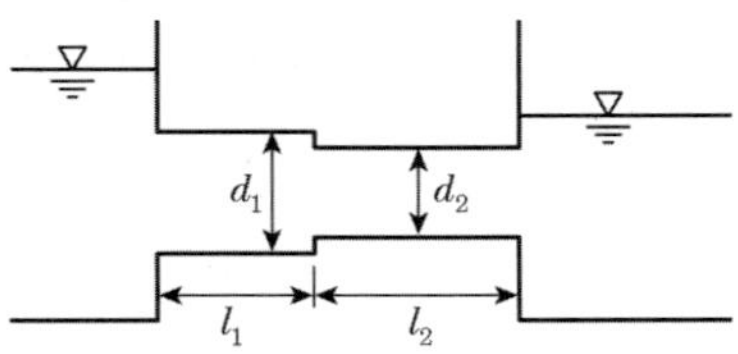

㉮ 118.5 m　　㉯ 121.2 m　　㉰ 134.2　　㉱ 142.3 m

해설 $Q = A_1V_1 = A_2V_2$에서

$$\frac{\pi}{4}(0.3\text{ m})^2 \times V_1 = \frac{\pi}{4}\times(0.2\text{ m})^2 \times V_2$$

$$V_1 = \frac{4}{9}V_2,\ V_2 = \frac{9}{4}V_1$$

$$h_1 = f_1 \cdot \frac{l_1}{d_1} \cdot \frac{V_1^2}{2g} = f_2 \cdot \frac{L_{ie}}{d_2} \cdot \frac{V_2^2}{2g}$$

$$L_{ie} = \frac{f_1}{f_2} \cdot \frac{d_2}{d_1} \cdot \frac{V_1^2}{V_2^2} \cdot l_1$$

$$= \frac{0.03}{0.02} \cdot \frac{0.2\text{ m}}{0.3\text{ m}} \cdot \left(\frac{4}{9}\right)^2 \cdot 600\text{ m} = 118.5\text{ m}$$

정답 ㉮

03 유동단면이 30 cm×40 cm인 사각덕트를 통하여 비중 0.86, 점성계수 0.027 kg/m · sec인 기름이 2 m/sec의 속도로 흐른다. 이때 수력직경에 기초한 레이놀즈 수는? 2010 09 05

㉮ 18670　　㉯ 21850　　㉰ 32150　　㉱ 33290

해설 수력직경$(R_h) = \frac{D}{4}$(D : 직경)

$$R_h = \frac{\text{유수단면적}}{\text{윤변}} = \frac{0.3\text{ m}\times 0.4\text{ m}}{2(0.3\text{ m}+0.4\text{ m})} = 0.0857\text{ m}$$

$$D = 4R_h = 4\times 0.0857\text{ m} = 0.343\text{ m}$$

$$\text{레이놀즈 수}(Re) = \frac{\rho DV}{\mu} = \frac{0.86\times 1000\text{ kg/m}^3 \times 0.343\text{ m}\times 2\text{ m/sec}}{0.027\text{ kg/m}\cdot\text{sec}} = 21850$$

정답 ㉯

04 곧은 원관 내 완전난류 유동에 대한 마찰손실수두에 관한 설명으로서 틀린 것은? 2010 05 09

㉮ 속도의 제곱에 비례한다.　　㉯ 관의 길이에 비례한다.
㉰ 관경에 비례한다.　　㉱ 마찰계수에 비례한다.

해설 마찰손실수두(h)=$f\frac{L}{D}\frac{V^2}{2g}$

손실수두는 관경(D)에 반비례한다.

정답 ㉰

05 관내 흐름에서 부차적 손실에 해당되지 않는 것은? 2010 09 05

㉮ 관 단면의 급격한 확대에 의한 손실
㉯ 유동단면의 장애물에 의한 손실
㉰ 직선 원관 내의 손실
㉱ 곡선부에 의한 손실

해설 직선 원관 내에서의 손실은 마찰손실로서 주 손실에 해당한다.

정답 ㉰

06 지름 30 cm인 원형관과 지름 45 cm인 원형관이 급격하게 면적이 확대되도록 직접 연결되어 있을 때 작은 관에서 큰 관쪽으로 매초 230 L의 물을 보내면 연결부의 손실수두는 약 몇 m인가? (단, 면적이 A_1에서 A_2로 급확대될 때 작은 관을 기준으로 한 손실계수는 $\left(1-\frac{A_1}{A_2}\right)^2$이다) 2011 03 20

㉮ 0.025 ㉯ 0.125 ㉰ 0.135 ㉱ 0.167

해설 유량(Q) = 230 L/sec = 0.23 m³/sec

$$V_1 = \frac{Q}{A_1} = \frac{0.23\ m^3/sec}{\frac{\pi}{4}\times(0.3\ m)^2} = 3.254\ m/sec$$

$$V_2 = \frac{Q}{A_2} = \frac{0.23\ m^3/sec}{\frac{\pi}{4}\times(0.45\ m)^2} = 1.446\ m/sec$$

$$h_m = \frac{(V_1-V_2)^2}{2g} = \frac{(3.254-1.446)^2}{2\times9.8} = 0.167\ m$$ 또는

$$h_m = \frac{(V_1-V_2)^2}{2g} = \frac{V_1^2\left(1-\frac{A_1}{A_2}\right)^2}{2\times9.8} = \frac{3.254^2\times\left(1-\left(\frac{0.3\ m}{0.45\ m}\right)^2\right)^2}{2\times9.8} = 0.167\ m$$

정답 ㉱

07 소방호스의 마찰손실에 대한 설명으로 가장 옳은 것은? 2011 03 20

㉮ 마찰손실은 호스길이에 반비례한다.
㉯ 호스지름이 클수록 마찰손실이 크다.
㉰ 속도가 빠를수록 마찰손실이 크다.
㉱ 마찰손실은 호스의 거칠기(조도)와 무관하다.

해설 마찰손실수두(h)$=f\frac{L}{D}\frac{V^2}{2g}$

손실수두(h)는 호스길이(L), 거칠기(f : 조도)에 비례하고, 속도의 제곱에 비례하며, 호스지름에 반비례한다.

정답 ㉰

08 글로브밸브에 의한 손실을 지름이 10 cm이고 관마찰계수가 0.025인 관의 길이로 환산한다면 상당길이는 몇 m인가? (단, 글로브밸브의 부차적 손실계수는 10이다) 2011 06 12

㉮ 20 ㉯ 25 ㉰ 40 ㉱ 80

해설 마찰손실수두$(h_f)=f\frac{L}{D}\frac{V^2}{2g}$

부차적 손실수두$(h_m)=K_v\cdot\frac{V^2}{2g}$

$h_f=h_m$이 되는 길이(L)=상당길이(L_{eq})

$$f\frac{L_{eq}}{D}\frac{V^2}{2g}=K_v\cdot\frac{V^2}{2g}$$

$$L_{eq}=\frac{K_vD}{f}=\frac{10\times0.1}{0.025}=40\text{ m}$$

정답 ㉰

09 저장용기로부터 20℃의 물을 길이 300 m, 직경 900 mm인 콘크리트 수평원관을 통하여 공급하고 있다. 유량이 1.25 m^3/sec일 때 원관에서의 압력강하는 몇 kPa인가? (단, 물의 동점성계수는 1.31×10^{-6} m^2/sec이고, 관마찰계수는 0.023이다.) 2011 06 12

㉮ 16.1　　㉯ 14.8　　㉰ 12.3　　㉱ 11.7

해설 유속(V) $= \frac{Q}{A} = \frac{1.25\ m^3/sec}{\frac{\pi}{4} \times (0.9\ m)^2} = 1.965\ m/sec$

압력강하(Δp) $= \gamma h = \gamma \cdot \left(f \frac{L}{D} \frac{V^2}{2g} \right)$

$= 9.8\ kN/m^3 \cdot \left(0.023 \times \frac{300\ m}{0.9\ m} \times \frac{(1.965\ m/sec)^2}{2 \times 9.8\ m/sec^2} \right)$

$= 14.8 kPa$

정답 ㉯

10 부차손실계수가 $K = 5$인 밸브를 관 마찰계수 $f = 0.025$, 지름 2 cm인 관으로 환산한다면 등가길이는 몇 m인가? 2011 10 02

㉮ 2　　㉯ 2.5　　㉰ 4　　㉱ 5

해설 마찰손실수두(h_f) $= f \frac{L}{D} \frac{V^2}{2g}$

부차적 손실수두(h_m) $= K_v \frac{V^2}{2g}$

$h_f = h_m$이 되는 길이(L) = 상당길이(L_{eq})

$f \frac{L_{eq}}{D} \frac{V^2}{2g} = K_v \frac{V^2}{2g}$

$L_{eq} = \frac{K_v \cdot D}{f} = \frac{5 \times 0.02\ m}{0.025} = 4\ m$

정답 ㉰

11 그림과 같이 안지름 10 cm, 바깥지름 18 cm인 매끈한 동심2중관(annular pipe)에 물이 가득차 흐르고 있다. 동심관에 흐르는 물의 평균유속이 1 m/sec라 하면 길이 100 m에 대하여 손실수두는 약 몇 m인가? (단, 동점성계수 $\nu = 10^{-6} m^2/sec$, 관마찰계수 $f = 0.0188$이다.) 2012 03 04

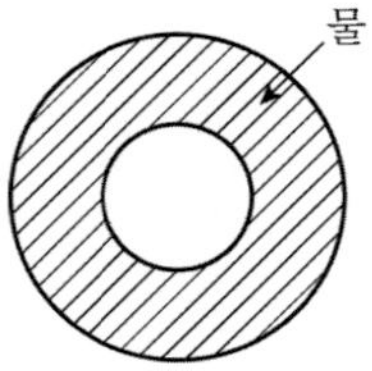

㉮ 1.2 ㉯ 2.4 ㉰ 5.2 ㉱ 4.8

해설 수력반경(R_h) $= \dfrac{\text{유수단면적}}{\text{윤변}} = \dfrac{\frac{\pi}{4}\times(0.18\text{ m})^2 - \frac{\pi}{4}\times(0.1\text{ m})^2}{\pi(0.18\text{ m}+0.1\text{ m})} = 0.02\text{ m}$

$R_h = \dfrac{D}{4}$

$D = 4R_h = 4\times 0.02\text{ m} = 0.08\text{ m}$

손실수두(h) $= f\dfrac{L}{D}\dfrac{V^2}{2g} = 0.0188\times\dfrac{100\text{ m}}{0.08\text{ m}}\times\dfrac{(1\text{ m/sec})^2}{2\times 9.8\text{ m/sec}^2} = 1.2\text{ m}$

정답 ㉮

12 그림과 같은 큰 탱크에 연결된 길이 100 m, 직경 20 cm인 원관에 부차적 손실계수가 5인 밸브A가 부착되어 있다. 탱크 수면으로부터 관 출구까지의 전체 손실수두에 가장 가까운 것은? (단, 관 입구에서의 부차적 손실계수는 0.5, 관마찰계수는 0.02이고 평균속도는 V이다.) 2012 03 04

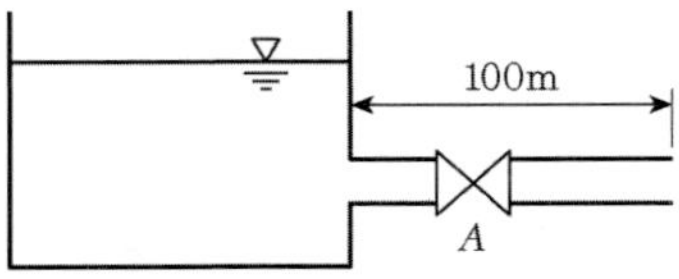

㉮ $5.5\dfrac{V^2}{2g}$ ㉯ $14.5\dfrac{V^2}{2g}$ ㉰ $\dfrac{15\,V^2}{2g}$ ㉱ $15.5\dfrac{V^2}{2g}$

해설 전체 손실수두 = 마찰손실수두 + 밸브손실수두 + 유입손실수두

$= f\dfrac{L}{D}\dfrac{V^2}{2g} + K_v\dfrac{V^2}{2g} + K_e\dfrac{V^2}{2g}$

$= \dfrac{V^2}{2g}\times\left(f\dfrac{L}{D} + K_v + K_e\right)$

$$= \frac{V^2}{2g} \times \left(0.02 \times \frac{100\ m}{0.2\ m} + 5 + 0.5\right)$$
$$= 15.5 \times \frac{V^2}{2g}$$

정답 ㉱

13 지름 400 mm의 원관으로 100 m 떨어진 곳에 물을 수송하려고 한다. 2시간에 300 m^3의 물을 보내기 위해 극복해야 하는 압력손실은 약 몇 Pa인가? (단, 관 마찰계수는 0.02이다.)
2012 05 20

㉮ 27.5 ㉯ 275 ㉰ 2750 ㉱ 27500

해설 유속(V) $= \frac{Q}{A} = \frac{300\ m^3/2hr}{\frac{\pi}{4} \times (0.4\ m)^2} = \frac{300\ m^3/2\ hr \times \frac{1\ hr}{3600\ sec}}{\frac{\pi}{4} \times (0.4\ m)^2} = 0.3316\ m/sec$

압력손실$(\Delta p) = \gamma \times h = \gamma \times \left(f \frac{L}{D} \frac{V^2}{2g}\right)$
$$= 9800\ N/m^3 \times \left(0.02 \times \frac{100\ m}{0.4\ m} \times \frac{(0.3316\ m/sec)^2}{2 \times 9.8\ m/sec^2}\right)$$
$$= 274.9\ N/m^2$$

정답 ㉯

14 직사각형 덕트에서 가로는 반으로 줄이고, 세로는 2배로 늘리면 수력직경은 몇 배가 되는가?
2012 05 20

㉮ 1.25 ㉯ 2
㉰ 2.5 ㉱ 주어진 정보로는 알 수 없다.

해설 폭(B), 깊이(H)의 수력반경$(R_{h_1}) = \frac{유수단면적}{윤변} = \frac{B \times H}{2(B+H)} = \frac{B \times H}{2B + 2H}$

폭$\left(\frac{B}{2}\right)$, 깊이(2H)의 수력반경$(R_{h_2}) = \frac{유수단면적}{윤변} = \frac{\frac{B}{2} \times 2H}{2\left(\frac{B}{2} + 2H\right)} = \frac{B \times H}{B + 4H}$

$$\frac{R_{h_2}}{R_{h_1}} = \frac{2B+2H}{B+4H}$$

정답 ㉱

15 부차적 손실계수 K = 2인 관 부속품에서의 손실수두가 2 m라면 이때의 유속은 약 몇 m/sec인가? 2013 03 10

㉮ 4.43 ㉯ 3.14 ㉰ 2.21 ㉱ 2.00

해설 부차적 손실수두$(h_m) = K\frac{V^2}{2g} = 2\times\frac{V^2}{2g} = 2\text{ m}$

$V = \sqrt{2g} = \sqrt{2\times 9.8} = 4.43\text{ m/sec}$

정답 ㉮

16 원관에서의 유체의 흐름에 대한 일반적인 설명으로 맞는 것은? 2013 03 10

㉮ 수평원관에서 일정유량의 물이 층류로 흐를 때 관 직경을 2배로 하면 손실수두는 1/2로 줄어든다.
㉯ 원관에 유체가 층류로 흐를 때 평균속도는 최대속도의 1/2이다.
㉰ 원관에 유체가 층류로 흐를 때 속도는 관 중앙에서 0이고 관벽까지 직선적으로 증가한다.
㉱ 수평 원관 속의 층류흐름에서 압력손실은 유량에 반비례한다.

해설 원관 내 층류흐름에서

손실수두 $h = \frac{128\mu LQ}{\pi D^4}$이므로 직경의 4승에 반비례한다.

유속은 관 중앙에서 최대이다.

압력손실은 유량에 비례한다.

정답 ㉯

17 직경 25 cm의 매끈한 원관을 통해서 물을 초당 100 L를 수송하고 있다. 관의 길이 50 m에 대한 손실수두는 약 몇 m인가? (단, 관 마찰계수 f는 0.03이다) 2013 03 10

㉮ 0.013 ㉯ 0.13 ㉰ 1.3 ㉱ 13

해설 유량(Q) = 100 L/sec = 0.1 m^3/sec

$$유속(V) = \frac{Q}{A} = \frac{0.1\ m^3/sec}{\frac{\pi}{4}\times(0.25\ m)^2} = 2.037\ m/sec$$

$$손실수두(h) = f\frac{L}{D}\frac{V^2}{2g} = 0.03\times\frac{50\ m}{0.25\ m}\times\frac{(2.037\ m/sec)^2}{2\times 9.8\ m/sec^2} = 1.27\ m$$

정답 ㉰

18 지름 0.7 m의 관 속에 5 m/sec의 평균속도로 물이 흐르고 있을 때 관의 길이 700 m에 대한 마찰손실수두는 약 몇 m인가? (단, 관마찰계수는 0.03이다) 2013 09 28

㉮ 19 ㉯ 27 ㉰ 30 ㉱ 38

해설 $$손실수두(h) = f\frac{L}{D}\frac{V^2}{2g} = 0.03\times\frac{70\ m}{0.7\ m}\times\frac{(5\ m/sec)^2}{2\times 9.8\ m/sec^2} = 38.3\ m$$

정답 ㉱

19 소방호스의 노즐에서 출구속도를 기준으로 한 부차적 손실계수가 0.05일 때의 분사속도는 부차적 손실이 없을 때에 비해 몇 % 느려지는가? 2013 09 28

㉮ 1. ㉯ 2.4 ㉰ 4.8 ㉱ 5.0

해설 ① 부차적 손실수두 없을 때

$$속도수두(h) = \frac{V_1^2}{2g},\quad V_1 = \sqrt{2gh}$$

② 부차적 손실수두 있을 때

$$속도수두(h) = \frac{V_2^2}{2g} + 0.05\frac{V_2^2}{2g} = 1.05\cdot\frac{V_2^2}{2g},\quad V_2 = \sqrt{\frac{2gh}{1.05}}$$

③ $$\frac{V_2}{V_1} = \frac{\sqrt{\frac{2gh}{1.05}}}{\sqrt{2gh}} = \frac{1}{\sqrt{1.05}} = 0.976\ (약\ 2.4\%\ 감소)$$

정답 ㉯

20 한 변의 길이가 L인 정사각형단면의 수력직경은? (단, P는 유체의 젖은 단면 둘레의 길이, A는 관 단면적이며, $D_h = \frac{4A}{P}$로 정의한다.) 2014 03 02

㉮ L/4 ㉯ L/2 ㉰ L ㉱ 2L

해설 수력반경$(R_h) = \frac{\text{유수단면적}}{\text{윤변}} = \frac{L \times L}{2(L+L)} = \frac{L}{4}$

수력직경$(D_h) = 4\frac{A}{P} = 4 \times R_h = 4 \times \frac{L}{4} = L$

정답 ㉰

21 하겐-포아젤(Hagen- poiseuille)의 식에 관한 설명으로 옳은 것은? 2014 05 25

㉮ 수평 원관 속의 난류흐름에 대한 유량을 구하는 식이다.
㉯ 수평 원관 속의 층류흐름에서 레이놀즈 수와 유량과의 관계식이다.
㉰ 수평 원관 속의 층류 및 난류흐름에서 마찰식을 구하는 식이다.
㉱ 수평 원관 속의 층류흐름에서 유량, 관경, 점성계수, 길이, 압력강하 등의 관계식이다.

해설 Hagen- poiseuille식은 수평 원관 속의 층류흐름에서 유량, 관경, 점성계수, 길이, 압력강하 등의 관계식이다.

정답 ㉱

22 관마찰 계수가 일정할 때 배관 속을 흐르는 유체의 손실수두에 관한 설명으로 옳은 것은? 2014 09 20

㉮ 관 길이에 반비례한다. ㉯ 유속의 제곱에 비례한다.
㉰ 유체의 밀도에 반비례한다. ㉱ 관 내경의 제곱에 반비례한다.

해설 마찰손실수두(h)$=f\frac{L}{D}\frac{V^2}{2g}$

손실수두(h)는 관 길이(L), 손실계수(f)에 비례하고, 유속의 제곱에 비례하며, 관 내경에 반비례한다.

정답 ㉯

23 직경 10 cm이고 관 마찰계수가 0.04인 원관에 부차적 손실계수가 4인 밸브가 장치되어 있다. 이 밸브의 등가길이(상당길이)는 몇 m인가? 2014 09 20

㉮ 0.1　　㉯ 1.6　　㉰ 10　　㉱ 16

해설 마찰손실수두$(h_f) = f\dfrac{L}{D}\dfrac{V^2}{2g}$

부차적 손실수두$(h_m) = K_v \cdot \dfrac{V^2}{2g}$

$h_f = h_m$이 되는 길이(L) = 상당길이(L_{eq})

$$f\frac{L_{eq}}{D}\frac{V^2}{2g} = K_v \cdot \frac{V^2}{2g}$$

$$L_{eq} = \frac{K_v D}{f} = \frac{4\times 0.1}{0.04} = 10\text{ m}$$

정답 ㉰

24 길이 100 m, 직경 50 mm, 상대조도 0.01인 원형 수도관 내에 물이 흐르고 있다. 관 내 평균 유속이 2 m/sec에서 4 m/sec로 2배 증가하였다면 압력손실은 몇 배로 되겠는가? (단, 유동은 마찰계수가 일정한 완전 난류로 한다.) 2015 03 08

㉮ 1.41배　　㉯ 2배　　㉰ 4배　　㉱ 8배

해설 유속$(V_1) = 2\text{m/sec}$일 때

$$\Delta p_1 = \gamma\times\left(f\frac{L}{D}\frac{V_1^2}{2g}\right) = \gamma\times f\times\frac{L}{D}\times\frac{2^2}{2g}$$

유속$(V_2) = 4\text{m/sec}$일 때

$$\Delta p_2 = \gamma\times\left(f\frac{L}{D}\frac{V_2^2}{2g}\right) = \gamma\times f\times\frac{L}{D}\times\frac{4^2}{2g}$$

$$\frac{\Delta p_2}{\Delta p_1} = \frac{4^2}{2^2} = 4\text{배}$$

정답 ㉰

25 관 내의 흐름에서 부차적 손실에 해당되지 않는 것은? 2015 03 08

㉮ 곡선부에 의한 손실

㉯ 직선 원관 내의 손실
㉰ 유동단면의 장애물에 의한 손실
㉱ 관 단면의 급격한 확대에 의한 손실

해설 직선 원관 내의 손실은 마찰손실로서 주 손실수두이다.

정답 ㉯

26 기름이 0.02 m^3/sec의 유량으로 직경 50 cm인 주철관을 흐르고 있다. 길이 1000 m에 대한 손실수두는 약 몇 m인가? (단, 기름의 점성계수는 0.103 N · sec/m^2, 비중은 0.9이다.) 2015 05 31

㉮ 0.15 ㉯ 0.3 ㉰ 0.45 ㉱ 0.6

해설 유속(V) $= \dfrac{Q}{A} = \dfrac{0.02\ m^3/sec}{\dfrac{\pi}{4} \times (0.5\ m)^2} = 0.102\ m/sec$

레이놀즈 수(Re) $= \dfrac{\rho DV}{\mu} = \dfrac{900\ kg/m^3 \times 0.5\ m \times 0.102\ m/sec}{0.103\ N \cdot sec/m^2} = 445.6$(층류)

손실수두(h) $= \dfrac{64}{Re} \cdot \dfrac{L}{D} \cdot \dfrac{V^2}{2g} = \dfrac{64}{445.6} \times \dfrac{1000\ m}{0.5\ m} \times \dfrac{(0.102\ m/sec)^2}{2 \times 9.8\ m/sec^2} = 0.152\ m$

정답 ㉮

27 직경 4 cm, 관 마찰계수 0.02인 원관에 부차적 손실계수가 4인 밸브가 장치되어 있을 때 이 밸브의 등가길이(상당길이)는 몇 m인가? 2015 05 31

㉮ 4 ㉯ 6 ㉰ 8 ㉱ 10

해설 마찰손실수두(h_f) $= f\dfrac{L}{D}\dfrac{V^2}{2g}$

부차적 손실수두(h_m) $= K_v \cdot \dfrac{V^2}{2g}$

$h_f = h_m$이 되는 길이(L) = 상당길이(L_{eq})

$f\dfrac{L_{eq}}{D}\dfrac{V^2}{2g} = K_v \cdot \dfrac{V^2}{2g}$

$$L_{eq} = \frac{K_v D}{f} = \frac{4 \times 0.04}{0.02} = 8\text{ m}$$

정답 ㉰

28 액체가 지름 4 mm의 수평으로 놓인 원통형 튜브를 $12 \times 10^{-6}\text{m}^3\text{/sec}$의 유량으로 흐르고 있다. 길이 1 m에서의 압력강하는 몇 kPa인가? (단, 유체의 밀도와 점성계수는 각각 $\rho = 1.18 \times 10^3\text{kg/m}^3$, $\mu = 0.0045\text{N} \cdot \text{sec/m}^2$이다.) 2015 09 19

㉮ 7.59 ㉯ 8.59 ㉰ 9.59 ㉱ 10.59

해설 $\text{유속}(V) = \frac{Q}{A} = \frac{12 \times 10^{-6}\text{ m}^3\text{/sec}}{\frac{\pi}{4} \times (0.004\text{ m})^2} = 0.955\text{ m/sec}$

$\text{레이놀즈 수}(Re) = \frac{\rho \cdot D \cdot V}{\mu} = \frac{1.18 \times 10^3\text{ kg/m}^3 \times 0.004\text{ m} \times 0.955\text{ m/sec}}{0.0045\text{ N} \cdot \text{sec/m}^2}$

$= 1001.7(\text{층류})$

$\text{압력강하}(\Delta p) = \gamma h = \rho g \times \left(\frac{64}{Re} \cdot \frac{L}{D} \cdot \frac{V^2}{2g} \right)$

$= 1.18 \times 10^3\text{ kg/m}^3 \times 9.8\text{ m/sec}^2$

$\times \frac{64}{1001.7} \times \frac{1\text{ m}}{0.004\text{ m}} \times \frac{(0.955\text{ m/sec})^2}{2 \times 9.8\text{ m/sec}^2}$

$= 8595\text{ Pa} = 8.59\text{ kPa}$

정답 ㉯

29 동점성계수가 $0.1 \times 10^{-5}\text{ m}^2\text{/sec}$인 유체가 안지름 10 cm인 원관 내에 1 m/sec로 흐르고 있다. 관의 마찰계수가 $f = 0.022$이며, 등가길이가 200 m일 때의 손실수두는 몇 m인가? (단, 비중량은 9800 N/m^3이다.) 2015 09 19

㉮ 2.24 ㉯ 6.58 ㉰ 11.0 ㉱ 22.0

해설 $\text{손실수두}(h) = f \cdot \frac{L_{eq}}{D} \cdot \frac{V^2}{2g} = 0.022 \times \frac{200\text{ m}}{0.1\text{ m}} \times \frac{(1\text{ m/sec})^2}{2 \times 9.8\text{ m/sec}^2} = 2.24\text{ m}$

정답 ㉮

30 수평배관 설비에서 상류지점인 A지점의 배관을 조사해보니 지름 100 mm, 압력 0.45 MPa, 평균 유속 1 m/sec이었다. 또 하류의 B지점을 조사해 보니 지름 50 mm, 압력 0.4 MPa이었다면 두 지점 사이의 손실수두는 약 몇 m인가? 2015 09 19

㉮ 4.34 ㉯ 5.87 ㉰ 8.67 ㉱ 10.87

해설 $V_A = 1\ m/sec$

$$V_B = V_A \times \left(\frac{0.1\ m}{0.05\ m}\right)^2 = 1\ m/sec \times 4 = 4\ m/sec$$

$$\frac{V_A^2}{2g} + \frac{p_A}{\gamma} + z_A = \frac{V_B^2}{2g} + \frac{p_B}{\gamma} + z_B + h_L \quad (z_A = z_B \text{ 가정})$$

$$\frac{(1\ m/sec)^2}{2 \times 9.8\ m/sec^2} + \frac{450\ kPa}{9.8k\ N/m^3} = \frac{(4\ m/sec)^2}{2 \times 9.8\ m/sec^2} + \frac{400\ kPa}{9.8k\ N/m^3} + h_L$$

$h_L = 4.34\ m$

정답 ㉮

31 어떤 밸브가 장치된 지름 20 cm인 원관에 4℃의 물이 2 m/sec의 평균 속도로 흐르고 있다. 밸브의 앞과 뒤에서의 압력 차이가 7.6 kPa일 때, 이 밸브의 부차적 손실계수 K와 등가길이 L_e는? (단, 관의 마찰계수는 0.02이다) 2016 03 06

㉮ $K = 3.8,\ L_e = 38\ m$ ㉯ $K = 7.6,\ L_e = 38\ m$

㉰ $K = 38,\ L_e = 3.8\ m$ ㉱ $K = 38,\ L_e = 7.6\ m$

해설 압력손실(Δp) = 7.6 kPa = γ × 부차적 손실수두(h)

$$\text{부차적 손실수두(h)} = \frac{7.6kPa}{\gamma} = \frac{7.6kPa}{9.8kN/m^3} = 0.7755m$$

$$\text{부차적 손실수두} = 0.7755\ m = K \cdot \frac{V^2}{2g} = K \cdot \frac{(2\ m/sec)^2}{2 \times 9.8\ m/sec^2}$$

$K = 3.8$

$$\text{등가길이}(L_e) = \frac{KD}{f} = \frac{3.8 \times 0.2\ m}{0.02} = 38\ m$$

정답 ㉮

32 직경 150 mm인 관을 통해 소방용수가 흐르고 있다. 평균유속이 5 m/sec이고 50 m 떨어진 두 지점 사이의 수두손실이 10 m라고 하면 이 관의 마찰계수는? 2016 03 06

㉮ 0.0235 ㉯ 0.0315 ㉰ 0.0351 ㉱ 0.0472

해설 손실수두(h) $= 10\text{ m} = f \cdot \dfrac{L}{D} \cdot \dfrac{V^2}{2g}$

$$f = 10\text{ m} \cdot \frac{D}{L} \cdot \frac{2g}{V^2}$$
$$= 10\text{ m} \times \frac{0.15\text{ m}}{50\text{ m}} \times \frac{2 \times 9.8\text{ m/sec}^2}{(5\text{ m/sec})^2}$$
$$= 0.02352$$

정답 ㉮

33 부차적 손실계수가 5인 밸브가 관에 부착되어 있으면 물의 평균유속이 4 m/sec인 경우, 이 밸브에서 발생하는 부차적 손실수두는 몇 m인가? 2016 05 08

㉮ 61.3 ㉯ 6.13 ㉰ 40.8 ㉱ 4.08

해설 부차적 손실수두(h_m) $= K \cdot \dfrac{V^2}{2g} = 5 \times \dfrac{(4\text{m/sec})^2}{2 \times 9.8\text{m/sec}^2} = 4.08\text{m}$

정답 ㉱

34 매끈한 원관을 통과하는 난류의 관 마찰계수에 영향을 미치지 않는 변수는? 2016 05 08

㉮ 길이 ㉯ 속도 ㉰ 직경 ㉱ 밀도

해설 난류흐름에서 관마찰 계수(f)는 레이놀즈 수($=\dfrac{\rho DV}{\mu}$)와 상대조도($=\dfrac{k}{D}$)의 함수이다. 따라서, 속도, 직경, 밀도, 점성계수, 절대조도에 영향받는다.

정답 ㉮

35 부차적 손실계수 K = 40인 밸브를 통과할 때의 수두손실이 2 m일 때, 이 밸브를 지나는 유체의 평균유속은 약 몇 m/sec인가? 2016 10 01

㉮ 0.49 ㉯ 0.99 ㉰ 1.98 ㉱ 9.81

해설 부차적 손실수두$(h_m) = 2\ m = K_v \cdot \frac{V^2}{2g} = 40 \times \frac{V^2}{2g}$

$$V = \sqrt{\frac{2g \times 2\ m}{40}} = \sqrt{\frac{2 \times 9.8\ m/sec^2 \times 2\ m}{40}} = 0.99\ m/sec$$

정답 ㈏

36 안지름이 0.1 m인 파이프 내를 평균유속 5 m/sec로 물이 흐르고 있다. 길이 10 m 사이에서 나타나는 손실수두는 약 몇 m인가? (단, 관 마찰계수는 0.013이다.) 2016 10 01

㉮ 0.7　㉯ 1　㉰ 1.5　㉱ 1.7

해설 손실수두$(h) = f \cdot \frac{L}{D} \cdot \frac{V^2}{2g} = 0.013 \times \frac{10\ m}{0.1\ m} \times \frac{(5\ m/sec)^2}{2 \times 9.8\ m/sec^2} = 1.7\ m$

정답 ㈑

37 파이프 내에 정상 비압축성 유동에 있어서 관마찰계수는 어떤 변수들의 함수인가? 2017 03 05

㉮ 절대조도와 관지름　㉯ 절대조도와 상대조도
㉰ 레이놀즈 수와 상대조도　㉱ 마하수와 코우시수

해설 마찰손실수두 $h = f\frac{L}{D}\frac{v^2}{2g}$

㉮ 층류일 때 $f = \frac{64}{Re}$ (Re : Reynols 수)

㉯ 난류일 때 f = 상대조도$(\frac{k}{D})$와 Re 수에 따른 변수(k : 절대조도, D : 직경)

정답 ㈐

38 길이가 400 m이고 유동단면이 20cm × 30cm인 직사각형관에 물이 가득 차서 평균속도 3 m/sec로 흐르고 있다. 이때 손실수두는 약 몇 m인가? (단, 관마찰계수는 0.01이다.) 2017 03 05

㉮ 2.38 ㉯ 4.76 ㉰ 7.65 ㉱ 9.52

해설 수력반경(R)= $\frac{\text{유수단면적}}{\text{윤변}} = \frac{0.2\text{ m}\times 0.3\text{ m}}{2(0.2\text{ m}+0.3\text{ m})} = 0.06\text{ m}$

수력직경(D)=4R $= 4\times 0.06\text{ m} = 0.24\text{ m}$

손실수두(h)= $f\frac{L}{D}\frac{V^2}{2g} = 0.01\times\frac{400\text{ m}}{0.24\text{ m}}\times\frac{(3\text{ m/sec})^2}{2\times 9.8\text{ m/sec}^2} = 7.65\text{ m}$

정답 ㉰

39 직사각형 단면의 덕트에서 가로와 세로가 각각 a 및 1.5a이고, 길이가 L이며, 이 안에서 공기가 V의 평균속도로 흐르고 있다. 이때 손실수두를 구하는 식으로 옳은 것은? (단, f는 이 수력지름에 기초한 마찰계수이고, g는 중력가속도를 의미한다.) 2017 05 07

㉮ $f\frac{L}{a}\frac{V^2}{2.4g}$ ㉯ $f\frac{L}{a}\frac{V^2}{2g}$ ㉰ $f\frac{L}{a}\frac{V^2}{1.4g}$ ㉱ $f\frac{L}{a}\frac{V^2}{g}$

해설 수력반경(R)= $\frac{\text{유수단면적}}{\text{윤변}} = \frac{a\times 1.5a}{2(a+1.5a)} = 0.3a$

수력직경(D)=4R $= 4\times 0.3a = 1.2a$

손실수두(h)= $f\frac{L}{D}\frac{V^2}{2g} = f\cdot\frac{L}{1.2a}\times\frac{V^2}{2g} = f\cdot\frac{L}{a}\times\frac{V^2}{2.4g}$

정답 ㉮

40 안지름 300 mm, 길이 200 m인 수평 원관을 통해 유량 0.2 m^3/sec의 물이 흐르고 있다. 관의 양 끝단에서의 압력 차이가 500 mmHg이면 관의 마찰계수는 약 얼마인가? (단, 수은의 비중은 13.6이다.) 2017 05 07

㉮ 0.017 ㉯ 0.025 ㉰ 0.038 ㉱ 0.041

해설 직경(D)=300 mm=0.3 m, 관길이(L)=200 m, 유량=0.2 m^3/sec

유속(V)= $\frac{\text{유량}}{\text{단면적}} = \frac{0.3\text{ m}^3/\text{sec}}{\frac{\pi}{4}\times(0.3\text{ m})^2} = 2.83\text{ m/sec}$

압력차이(Δp) $= 500\text{ mmHg} = 13.6\times 0.5\text{ mH}_2\text{O} = 6.8\text{ mH}_2\text{O}$

$$손실수두(h) = 6.8\ m = f\frac{L}{D}\frac{V^2}{2g} = f \times \frac{200\ m}{0.3\ m} \times \frac{(2.83\ m/sec)^2}{2 \times 9.8\ m/sec^2}$$

f=0.025

정답 ㉯

41 길이가 5 m이며 외경과 내경이 각각 40 cm와 30 cm인 환형(annular)관에 물이 4 m/sec의 평균속도로 흐르고 있다. 수력지름에 기초한 마찰계수가 0.02일 때 손실수두는 약 몇 m인가? 2017 09 23

㉮ 0.063　　㉯ 0.204　　㉰ 0.472　　㉱ 0.816

해설 $수력반경(R) = \frac{유수단면적}{윤변} = \frac{\frac{\pi}{4}(0.4^2 - 0.3^2)}{2(0.3\pi + 0.4\pi)} = 0.025\ m$

$수력직경(D) = 4R = 4 \times 0.025\ m = 0.1\ m$

$$손실수두(h) = f\frac{L}{D}\frac{V^2}{2g} = 0.02 \cdot \frac{5\ m}{0.1\ m} \times \frac{(4\ m/sec)^2}{2 \times 9.8\ m/sec^2} = 0.816\ m$$

정답 ㉱

42 길이 1200 m, 안지름 100 mm인 매끈한 원관을 통해서 0.01 m^3/sec의 유량으로 기름을 수송한다. 이때 관에서 발생하는 압력손실은 약 몇 kPa인가? (단, 기름의 비중은 0.8, 점성계수는 0.06 N·sec/m^2이다.) 2017 09 23

㉮ 163.2　　㉯ 201.5　　㉰ 293.4　　㉱ 349.7

해설 직경(D)=100 mm=0.1 m, 관길이(L)=1,200 m, 유량=0.01 m^3/sec

$$유속(V) = \frac{유량}{단면적} = \frac{0.01\ m^3/sec}{\frac{\pi}{4} \times (0.1\ m)^2} = 1.273\ m/sec$$

$$레이놀즈\ 수(Re) = \frac{\rho DV}{\mu} = \frac{(0.8 \times 1000\ kg/m^3) \times 0.1\ m \times 1.273\ m/sec}{0.06\ N \cdot sec/m^2} = 1697(층류!)$$

$$손실수두(h) = f\frac{L}{D}\frac{V^2}{2g} = \frac{64}{Re} \cdot \frac{L}{D} \cdot \frac{V^2}{2g}$$

$$= \frac{64}{1697} \times \frac{1200\ m}{0.1\ m} \times \frac{(1.273\ m/sec)^2}{2 \times 9.8\ m/sec^2}$$

$$= 37.42\ m$$

압력손실$(\Delta p) = \gamma \times h = 0.8\gamma_w \times h = 0.8 \times 9.8\ kN/m^3 \times 37.42\ m = 293.4\ kPa$

정답 ㉰

43 원형 단면을 가진 관 내에 유체가 완전 발달된 비압축성 층류유동으로 흐를 때 전단응력은? 2018 03 04

㉮ 중심에서 0이고, 중심선으로부터 거리에 비례하여 변한다.
㉯ 관 벽에서 0이고, 중에서 최대이며 선형분포한다.
㉰ 중심에서 0이고, 중심선으로부터 거리의 제곱에 비례하여 변한다.
㉱ 전 단면에 걸쳐 일정하다.

해설 〈원형관 층류흐름〉

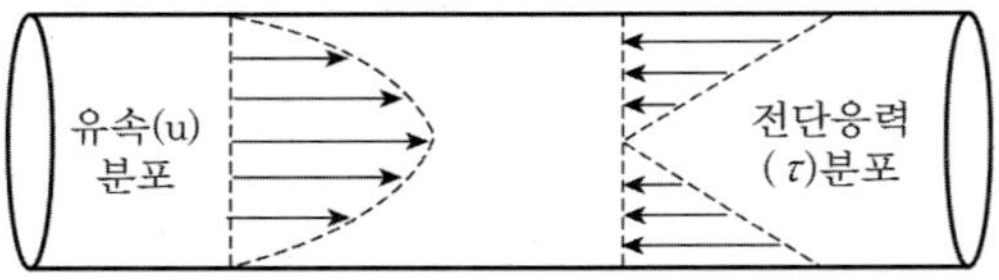

- 유속분포 : 관 중심에서 최대유속이며 관벽 쪽으로 갈수록 포물선형으로 감소한다.
- 전단응력분포 : 관 중심에서 0이며, 관벽 쪽으로 갈수록 직선적으로 증가한다.

정답 ㉮

44 한 변의 길이가 L인 정사각형 단면의 수력지름(hydraulic diameter)은? 2018 03 04

㉮ $\frac{L}{4}$ ㉯ $\frac{L}{2}$ ㉰ L ㉱ 2L

해설 수력직경(D_H, hydraulic diameter) $= 4\frac{A}{S}$

(A : 유수단면적, S : 윤변길이)

수력반경(R_H, hydraulic radius) $= \frac{\text{유수단면적}}{\text{윤변}} = \frac{A}{S} = \frac{L^2}{4L} = \frac{L}{4}$

수력직경$(D_H) = 4\frac{A}{S} = 4 \times \frac{L}{4} = L$

정답 ㉰

45 저장용기로부터 20℃의 물을 길이 300 m, 지름 900 mm인 콘크리트 수평 원관을 통하여 공급하고 있다. 유량이 1 m^3/sec일 때 원관에서의 압력강하는 약 몇 kPa인가? (단, 관마찰계수는 0.023이다.) 2018 04 28

㉮ 3.57 ㉯ 9.47 ㉰ 14.3 ㉱ 18.8

해설 직경(D)=900 mm=0.9 m, 관길이(L)=300 m, 유량=1.0 m^3/sec

$$\text{유속}(V)=\frac{\text{유량}}{\text{단면적}}=\frac{1.0\ m^3/sec}{\frac{\pi}{4}\times(0.9\ m)^2}=1.572\ m/sec$$

$$\begin{aligned}\text{손압력강하}(\Delta p) &= \gamma\times h\\ &= \gamma\times f\frac{L}{D}\frac{V^2}{2g}\\ &= 9.8\ kN/m^3\times 0.023\times\frac{300\ m}{0.9\ m}\times\frac{(1.572\ m/sec)^2}{2\times 9.8\ m/sec^2}\\ &= 9.47\ kPa\end{aligned}$$

정답 ㉯

46 다음과 같은 유동형태를 갖는 파이프 입구영역의 유동에서 부차적 손실계수가 가장 큰 것은? 2018 04 28

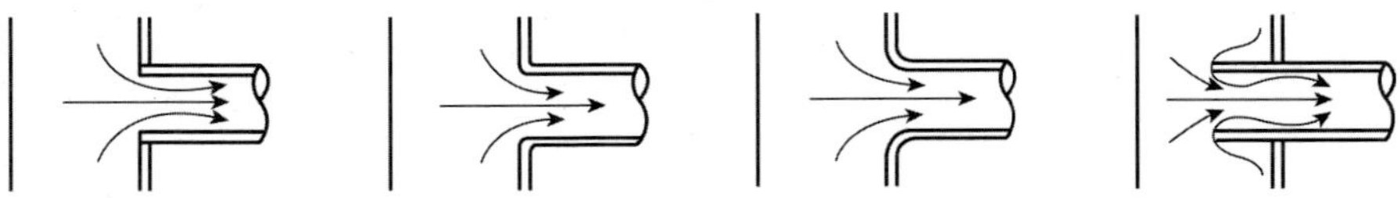

날카로운 모서리 약간 둥근 모서리 잘 다듬어진 모서리 돌출입구

㉮ 날카로운 모서리 ㉯ 약간 둥근 모서리
㉰ 잘 다듬어진 모서리 ㉱ 돌출 입구

해설 〈입구 형상과 손실계수〉

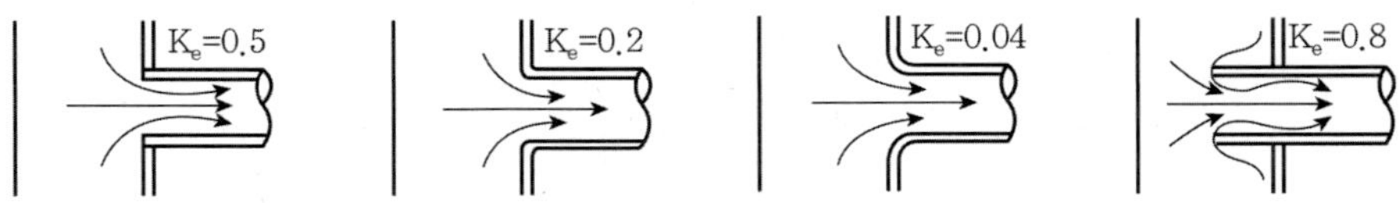

날카로운 모서리 약간 둥근 모서리 잘 다듬어진 모서리 돌출입구

정답 ㉱

47 유체가 매끈한 원 관 속을 흐를 때 레이놀즈 수가 1200이라면 관마찰계수는 약 얼마인가? 2018 09 15

㉮ 0.0254　　㉯ 0.00128　　㉰ 0.0059　　㉱ 0.053

해설 층류일 때 $f = \frac{64}{Re} = \frac{64}{1200} = 0.053$

정답 ㉱

48 파이프 단면적이 2.5배로 급격하게 확대되는 구간을 지난 후의 유속이 1.2 m/sec이다. 부차적 손실계수가 0.36이라면 급격확대로 인한 손실수두는 몇 m인가? 2018 09 15

㉮ 0.0264　　㉯ 0.0661　　㉰ 0.165　　㉱ 0.331

해설 유량$(Q) = A_1V_1 = A_2V_2$

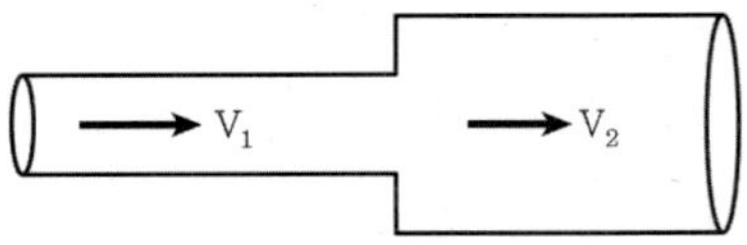

$A_1V_1 = (2.5A_1) \times 1.2\ m/sec$

$V_1 = 2.5 \times 1.2\ m/sec = 3\ m/sec$

㉮ 급확대관로 손실수두$(h) = \frac{(V_1 - V_2)^2}{2g} = \frac{(3\ m/sec - 1.2\ m/sec)^2}{2 \times 9.8\ m/sec^2} = 0.165\ m$

㉯ $h = \frac{(V_1 - V_2)^2}{2g}$

$= \frac{V_2^2}{2g} \times \left(\frac{V_1}{V_2} - 1\right)^2$

$= \frac{V_2^2}{2g} \times \left(\frac{1.2\ m/sec}{3\ m/sec} - 1\right)^2$

$= \frac{V_2^2}{2g} \times 0.36$

$= \frac{(1.2\ m/sec)^2}{2 \times 9.8\ m/sec^2} \times 0.36$

$= 0.165\ m$

정답 ㉰

49 안지름 10 cm의 관로에서 마찰손실수두가 속도수두와 같다면 그 관로의 길이는 약 몇 m인가? (단, 관마찰계수는 0.03이다.) 2019 03 03

㉮ 1.58　　㉯ 2.54　　㉰ 3.33　　㉱ 4.52

해설 마찰손실수두$=f\dfrac{L}{D}\dfrac{V^2}{2g}$, 속도수두$=\dfrac{V^2}{2g}$

$$f\frac{L}{D}\frac{V^2}{2g}=\frac{V^2}{2g}$$

$$L=\frac{D}{f}=\frac{0.1\text{ m}}{0.03}=3.33\text{ m}$$

정답 ㉰

50 일반적인 배관시스템에서 발생되는 손실을 주 손실과 부차적 손실로 구분할 때 다음 중 주 손실에 해당하는 것은? 2019 03 03

㉮ 직관에서 발생하는 마찰손실
㉯ 파이프 입구와 출구에서의 손실
㉰ 단의 확대 및 축소에 의한 손실
㉱ 배관부품(엘보, 리턴밴드, 티, 리듀서, 유니언, 밸브 등)에서 발생하는 손실

해설 주 손실수두 : 유체가 관로 속을 흐를 때 관 벽과의 마찰에 의해 생기는 마찰 손실수두
부차적 손실수두 : 관 단면변화(직경변화, 방향변화), 배관부품, 유입 · 유출부 등에서 발생하는 손실수두

정답 ㉮

51 관 내의 흐름에서 부차적 손실에 해당하지 않는 것은? 2019 04 27

㉮ 곡선부에 의한 손실
㉯ 직선 원관 내의 손실
㉰ 유동단면의 장애물에 의한 손실
㉱ 관 단면의 급격한 확대에 의한 손실

해설 주 손실수두 : 유체가 관로 속을 흐를 때 관 벽과의 마찰에 의해 생기는 마찰 손실수두
부차적 손실수두 : 관 단면변화(직경변화, 방향변화), 배관부품, 유입 · 유출부 등에서 발생하는 손실수두

정답 ㉯

52 수평관의 길이가 100 m이고, 안지름이 100 mm인 소화설비 배관 내를 평균유속 2 m/sec로 물이 흐를 때 마찰손실수두는 약 몇 m인가? (단, 관의 마찰계수는 0.05이다.)
2019 04 27

㉮ 9.2 ㉯ 10.2 ㉰ 11.2 ㉱ 12.2

해설 $h = f\frac{L}{D}\frac{V^2}{2g} = 0.05 \times \frac{100\ \text{m}}{0.1\ \text{m}} \times \frac{(2\ \text{m/sec})^2}{2 \times 9.8\ \text{m/sec}^2} = 10.2\ \text{m}$

정답 ㉯

53 지름이 150 mm인 원관에 비중이 0.85, 동점성계수가 $1.33 \times 10^{-4}\ \text{m}^2/\text{sec}$인 기름이 0.01 m^3/sec의 유량으로 흐르고 있다. 이때 관 마찰계수는? (단, 임계 레이놀즈 수는 2100이다.)
2019 09 21

㉮ 0.10 ㉯ 0.14 ㉰ 0.18 ㉱ 0.22

해설 유속(V)= $\frac{Q}{A} = \frac{0.01\ \text{m}^3/\text{sec}}{\frac{\pi}{4} \times (0.15\ \text{m})^2} = 0.566\ \text{m/sec}$

레이놀즈 수(Re)= $\frac{DV}{\nu} = \frac{0.15\ \text{m} \times 0.566\ \text{m/sec}}{1.33 \times 10^{-4}\ \text{m}^2/\text{sec}} = 638.3$(층류!)

층류일 때 $f = \frac{64}{Re}$ 이므로

$f = \frac{64}{Re} = \frac{64}{638.3} = 0.1$

정답 ㉮

54 거리가 1000 m 되는 곳에 안지름 20 cm의 관을 통하여 물을 수평으로 수송하려 한다. 한 시간에 800 m^3를 보내기 위해 필요한 압력(kPa)은? (단, 관의 마찰계수는 0.03이다.)
2019 09 21

㉮ 1370 ㉯ 2010 ㉰ 3750 ㉱ 4580

해설 유속(V)= $\frac{Q}{A} = \frac{800\ \text{m}^3/\text{hr}}{\frac{\pi}{4} \times (0.2\ \text{m})^2} = \frac{800\ \text{m}^3/\text{hr} \times \frac{1\ \text{hr}}{3600\ \text{sec}}}{\frac{\pi}{4} \times (0.2\ \text{m})^2} = 7.074\ \text{m/sec}$

압력=

$$\gamma \times h = \gamma \times f\frac{L}{D}\frac{V^2}{2g} = (9.8\ kN/m^3) \times \left(0.03 \times \frac{1000\ m}{0.2\ m} \times \frac{(7.074\ m/sec)^2}{2 \times 9.8\ m/sec^2}\right) = 3753.1\ kPa$$

정답 ㊂

55 글로브 밸브에 의한 손실을 지름이 10 cm이고 관 마찰계수가 0.025인 관의 길이로 환산하면 상당길이가 40 m가 된다. 이 밸브의 부차적 손실계수는? 2019 09 21

㉮ 0.25　㉯ 1　㉰ 2.5　㉱ 10

해설 $f\frac{L_{eq}}{D} \cdot \frac{V^2}{2g} = K\frac{V^2}{2g}$

상당길이 $L_{eq} = \frac{KD}{f}$

$$K = \frac{L_{eq} \times f}{D} = \frac{40\ m \times 0.025}{0.1\ m} = 10$$

정답 ㉱

56 비중이 0.85이고 동점성계수가 $3 \times 10^{-4}\ m^2/sec$인 기름이 직경 10 cm의 수평원형관 내에 20L/sec로 흐른다. 이 원형관의 100 m의 길이에서의 수두손실(m)은? (단, 정상 비압축성 유동이다.) 2020 06 06

㉮ 16.6　㉯ 25.0　㉰ 49.8　㉱ 82.2

해설 유속(V) $= \frac{Q}{A} = \frac{0.02\ m^3/sec}{\frac{\pi}{4} \times (0.1\ m)^2} = 2.546\ m/sec$

레이놀즈 수(Re)$= \frac{DV}{\nu} = \frac{(0.1\ m \times 2.546\ m/sec)}{3 \times 10^{-4}\ m^2/sec} = 848.7$: 층류

마찰계수(f) $= \frac{64}{\text{레이놀즈 수(Re)}} = \frac{64}{848.7} = 0.075$

수두손실(h)$= f\frac{L}{D}\frac{V^2}{2g} = 0.075 \times \frac{100\ m}{0.1\ m} \times \frac{(2.546\ m/sec)^2}{2 \times 9.8\ m/sec^2} \fallingdotseq 25\ m$

정답 ㉯

57 관의 길이가 L이고, 지름이 D, 관 마찰계수가 f일 때 총 손실수두 H(m)를 식으로 바르게 나타낸 것은? (단, 입구손실계수가 0.5, 출구손실계수가 1.0, 속도수두는 $\frac{V^2}{2g}$ 이다.)

2020 06 06

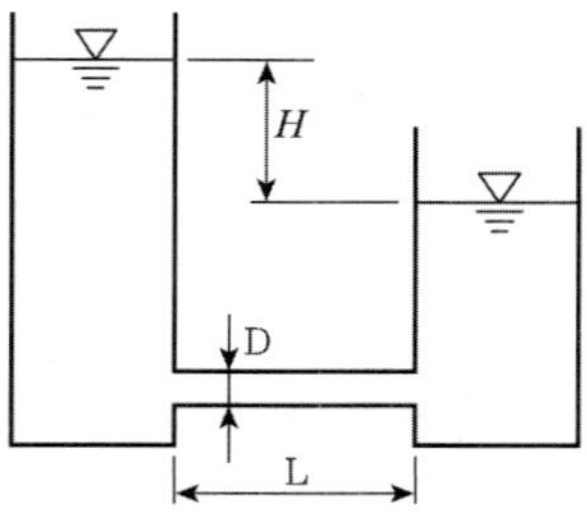

㉮ $\left(1.5 + f\frac{L}{D}\right)\frac{V^2}{2g}$　　㉯ $\left(1.0 + f\frac{L}{D}\right)\frac{V^2}{2g}$

㉰ $\left(0.5 + f\frac{L}{D}\right)\frac{V^2}{2g}$　　㉱ $\left(f\frac{L}{D}\right)\frac{V^2}{2g}$

해설 총손실수두(H) = 입구손실수두 + 마찰손실수두 + 출구손실수두

$$= 0.5\times\frac{V^2}{2g} + f\frac{L}{D}\times\frac{V^2}{2g} + 1.0\times\frac{V^2}{2g}$$

$$= \left(1.5 + f\frac{L}{D}\right)\frac{V^2}{2g}$$

정답 ㉮

58 원관에서 길이가 2배, 속도가 2배가 되면 손실수두는 원래의 몇 배가 되는가? (단, 두 경우 모두 완전발달 난류 유동에 해당되며, 관마찰계수는 일정하다.) 2020 08 22

㉮ 동일하다.　　㉯ 2배　　㉰ 4배　　㉱ 8배

해설 $H = f\frac{L}{D}\times\frac{V^2}{2g}$

$$H_2 = f\times\frac{(2L)}{D}\times\frac{(2V)^2}{2g} = 8\times f\frac{L}{D}\frac{V^2}{2g} = 8H$$

정답 ㉱

59 원관 속의 흐름에서 관의 직경, 유체의 속도, 유체의 밀도, 유체의 점성계수가 각각 D, V, ρ, μ로 표시될 때 층류흐름의 마찰계수(f)는 어떻게 표현될 수 있는가? 2020 08 22

㉮ $f=\dfrac{64\mu}{DV\rho}$ ㉯ $f=\dfrac{64\rho}{DV\mu}$ ㉰ $f=\dfrac{64D}{V\rho\mu}$ ㉱ $f=\dfrac{64}{DV\rho\mu}$

해설 층류일 때 $f=\dfrac{64}{Re}=\dfrac{64}{\left(\dfrac{\rho DV}{\mu}\right)}=\dfrac{64\mu}{\rho DV}$

정답 ㉮

60 그림과 같이 매우 큰 탱크에 연결된 길이 100 m, 안지름 20 cm인 원관에 부차적 손실계수가 5인 밸브 A가 부착되어 있다. 관 입구에서의 부차적 손실계수가 0.5, 관마찰계수는 0.02이고, 평균속도가 2 m/sec일 때 물의 높이 H(m)는? 2020 08 22

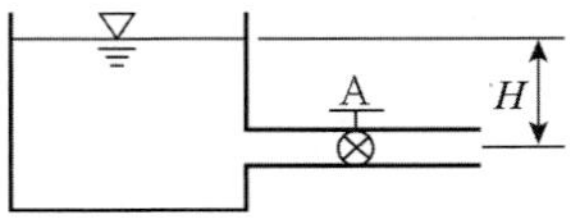

㉮ 1.48 ㉯ 2.14 ㉰ 2.81 ㉱ 3.36

해설 총손실수두(H) = 유입손실수두 + 밸브손실수두 + 마찰손실수두 + 유출손실수두

$$=0.5\times\frac{V^2}{2g}+5\times\frac{V^2}{2g}+f\frac{L}{D}\frac{V^2}{2g}+\frac{V^2}{2g}$$

$$=\frac{(2\ m/sec)^2}{2\times 9.8\ m/sec^2}\times\left(0.5+5+0.02\times\frac{100\ m}{0.2\ m}+1\right)$$

$$=3.36\ m$$

정답 ㉱

61 점성계수가 0.101 N·sec/m², 비중이 0.85인 유체가 지름이 300 mm, 길이 3 km의 주철관 내부를 0.044 m³/sec의 유량으로 흐를 때 손실수두(m)는? 2020 09 26

㉮ 7.1 ㉯ 7.7 ㉰ 7.9 ㉱ 8.9

해설 유속(V)= $\dfrac{0.044\ m^3/sec}{\dfrac{\pi}{4}\times(0.3\ m)^2}=0.622\ m/sec$

레이놀즈 수(Re)= $\frac{\rho DV}{\mu} = \frac{(0.85 \times 1000\ kg/m^3) \times 0.3\ m \times 0.622\ m/sec}{0.101\ N \cdot sec/m^2} \fallingdotseq 1570$: 층류!

마찰손실계수(f)= $\frac{64}{Re} = \frac{64}{1570} = 0.04$

손실수두(h)= $f\frac{L}{D}\frac{V^2}{2g} = 0.04 \times \frac{3000\ m}{0.3\ m} \times \frac{(0.622\ m/sec)^2}{2 \times 9.8\ m/sec^2} = 7.9\ m$

정답 ㉰

62 다음 중 배관의 출구측 형상에 따라 손실계수가 가장 큰 것은? 2020 09 26

㉠ 돌출 출구	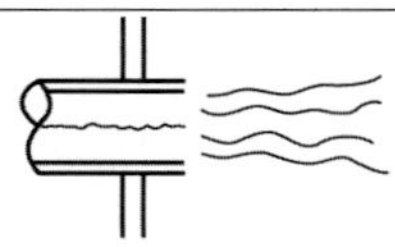
㉡ 사각모서리 출구	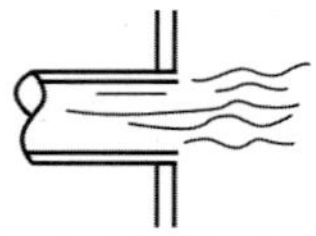
㉢ 둥근 출구	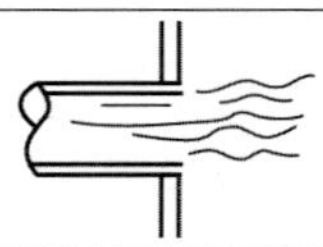

㉮ ㉠ ㉯ ㉡ ㉰ ㉢ ㉱ 모두 같다.

해설 출구측 손실계수는 모두 $1.0\frac{V^2}{2g}$ 로 동일하다.

정답 ㉱

산업기사 기출문제

01 직경 7.5 cm인 매끈한 직원관을 통하여 물을 3 m/sec의 속도로 보내려 한다. 무디선도로부터 관마찰계수가 0.03임을 알았다. 관의 길이가 100 m이면 압력강하는 몇 kPa인가? 2012 03 04

㉮ 180 ㉯ 190 ㉰ 200 ㉱ 210

해설 압력강하(Δp)=

$$\gamma \times h = \gamma \times f\frac{L}{D} \times \frac{V^2}{2g} = 9.8\ kN/m^3 \times 0.03 \times \frac{100\ m}{0.075\ m} \times \frac{(3\ m/sec)^2}{2 \times 9.8\ m/sec^2} = 180\ kPa$$

정답 ㉮

02 반경 R_0인 원형관에 유체가 흐를 때 최대속도를 U_{max}로 표시하면 반경 R에서의 속도분포식은 어떻게 표시되는가? (단, 유체는 층류로 흐른다.) 2012 03 04

㉮ $\frac{U}{U_{max}} = \left(\frac{R}{R_0}\right)^2$ ㉯ $\frac{U}{U_{max}} = 2\left(\frac{R}{R_0}\right)$

㉰ $\frac{U}{U_{max}} = \left(\frac{R}{R_0}\right) - 2$ ㉱ $\frac{U}{U_{max}} = 1 - \left(\frac{R}{R_0}\right)^2$

해설 반경이 R_0인 원형관에서 유체가 층류로 흐를 때, 관 중심에서 최대유속(U_{max})을 가지며 속도분포는 $U = U_{max} \times \left(1 - \left(\frac{R}{R_0}\right)^2\right)$이다.

정답 ㉱

03 부차적 손실계수가 4인 밸브를 관마찰계수가 0.035이고, 관지름이 3 cm인 관으로 환산한다면 관의 상당길이는 약 몇 m인가? 2012 03 04

㉮ 2.57 ㉯ 3.05 ㉰ 3.43 ㉱ 3.95

해설 $f\frac{L_{eq}}{D}\cdot\frac{V^2}{2g}=K\frac{V^2}{2g}$

상당길이$(L_{eq})=\frac{kD}{f}=\frac{4\times0.03\text{ m}}{0.035}=3.43\text{ m}$

정답 ㉰

04 수평원관 내 층류 유동에서의 유량은? 2012 05 20

㉮ 관의 길이에 비례한다. ㉯ 점성에 비례한다.
㉰ 지름의 4승에 비례다. ㉱ 압력강하에 반비례한다.

해설 수평관 내 층류 흐름에 대한 Hagen−Poiseuille식

$$Q=\frac{\pi(\gamma h)}{8\mu L}r_o^4=\frac{\pi(\Delta p)}{128\mu L}D^4$$

유량(Q)은 압력강하에 비례하고, 관경의 4승에 비례하고, 관의 길이(L)와 점성(μ)에 반비례한다.

정답 ㉰

05 그림과 같이 지름이 D_1, D_2인 두 개의 동심원 사이에 유체가 흐르고 있다. 유동단면의 수력직경(hydraulic diameter)을 구하면? 2012 05 20

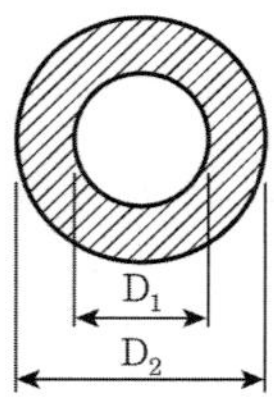

㉮ D_2-D_1 ㉯ $\frac{D_2+D_1}{2}$ ㉰ $\frac{D_2-D_1}{4}$ ㉱ $\frac{D_2+D_1}{4}$

해설 수력반경$(=R_H)=\frac{\text{유동단면적}(A)}{\text{윤변길이}(L)}=\frac{\frac{\pi}{4}D_2^2-\frac{\pi}{4}D_1^2}{\pi D_1+\pi D_2}=\frac{1}{4}(D_2-D_1)$

수력직경$(D_H)=4R_H=4\times\frac{1}{4}(D_2-D_1)=D_2-D_1$

정답 ㉮

06 안지름 20 cm인 관속에 평균유속 2 m/sec인 물이 흐른다면 관의 길이 100 m 사이에서 압력손실수두는 약 몇 m 인가? (단, 관마찰계수는 0.05이다.) 2012 05 20

㉮ 3 ㉯ 4 ㉰ 5 ㉱ 6

해설 손실수두(h)$=f\dfrac{L}{D}\dfrac{V^2}{2g}=0.05\times\dfrac{100\text{ m}}{0.2\text{ m}}\times\dfrac{(2\text{ m/sec})^2}{2\times 9.8\text{ m/sec}^2}=5.1\text{ m}$

정답 ㉰

07 부차적 손실이 $H=K\dfrac{V^2}{2g}$ 인 관의 상당길이는? (단, d는 관 지름, f는 관마찰계수, K는 부차손실계수) 2012 09 15

㉮ $\dfrac{K\cdot d}{f}$ ㉯ $\dfrac{f}{K\cdot d}$ ㉰ $\dfrac{f\cdot K}{d}$ ㉱ $\dfrac{d}{f\cdot K}$

해설 $f\dfrac{L_{eq}}{d}\cdot\dfrac{V^2}{2g}=K\dfrac{V^2}{2g}$

상당길이$(L_{eq})=\dfrac{kd}{f}$

정답 ㉮

08 수평으로 설치된 안지름 D, 길이 L의 곧은 원관 내에 체적유량 Q의 유체가 흐를 때 손실수두는? (단, 관마찰계수는 f이고 중력가속도는 g이다.) 2012 09 15

㉮ $\dfrac{4fLQ^2}{\pi^2gD^4}$ ㉯ $\dfrac{8fLQ^2}{\pi^2gD^4}$ ㉰ $\dfrac{4fLQ^2}{\pi^2gD^5}$ ㉱ $\dfrac{8fLQ^2}{\pi^2gD^5}$

해설 $V=\dfrac{Q}{A}=\dfrac{Q}{\dfrac{\pi}{4}\times D^2}$

$$h=f\frac{L}{D}\frac{V^2}{2g}=f\frac{L}{D}\times\frac{1}{2g}\times\left(\frac{Q}{\frac{\pi}{4}\times D^2}\right)^2=\frac{8fLQ^2}{\pi^2gD^5}$$

정답 ㉱

09 급확대관과 급축소관에서 부차적 손실계수를 정의하는 기준속도는? 2013 03 10

㉮ 모두 상류속도

㉯ 모두 하류속도

㉰ 급확대관 : 상류속도, 급축소관 : 하류속도

㉱ 급확대관 : 하류속도, 급축소관 : 상류속도

해설 급확대관 손실수두

$$h = \frac{(V_1 - V_2)^2}{2g} = \frac{V_1^2}{2g} \times \left(1 - \frac{V_2}{V_1}\right)^2 = \frac{V_1^2}{2g}\left(1 - \frac{A_1}{A_2}\right)^2 = K_w \times \frac{V_1^2}{2g},\ K_w = \left(1 - \frac{A_1}{A_2}\right)^2$$

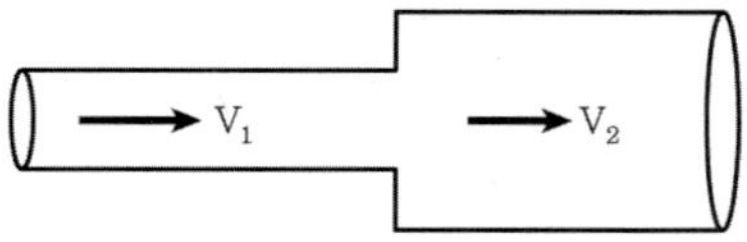

급축소관 손실수두

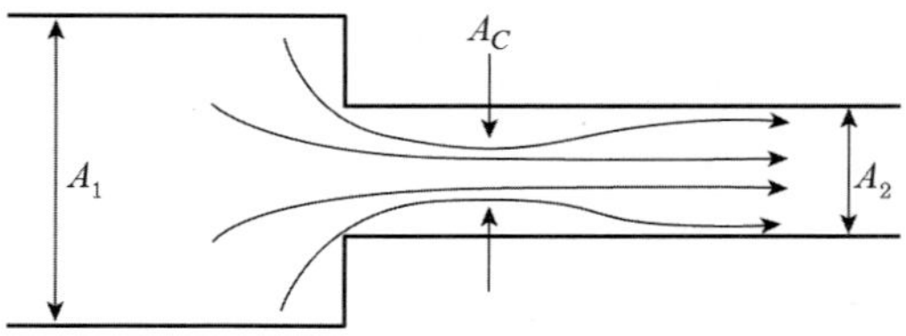

$$h = \left(1 - \frac{A_c}{A_2}\right)^2 \frac{V_c^2}{2g} = \left(\frac{1}{C_c} - 1\right)^2 \frac{V_2^2}{2g},\quad C_c = A_c/A_2(\text{수축계수})$$

급확대관로에서는 상류속도(V_1)를, 급축소관로에서는 하류속도(V_2)를 사용하는 것이 일반적이다

정답 ㉰

10 직경 200 mm인 수평 원관에 어떤 액체가 층류로 흐를 때 관벽에서의 전단응력이 150 Pa이다. 관의 길이가 30 m일 때 압력강하 Δp는 몇 kPa인가? 2013 03 10

㉮ 70 ㉯ 80 ㉰ 90 ㉱ 100

해설 상류와 하류의 압력차 Δp, $\tau = 150$ Pa, L=30 m, r=0.1 m

작용하는 힘

$$p\times\pi r^2=(p+\Delta p)\times\pi r^2+2\pi rL\times\tau$$
$$\Delta p=-\frac{2L\tau}{r}=-90000\ \mathrm{Pa}=-90\ \mathrm{kPa}$$

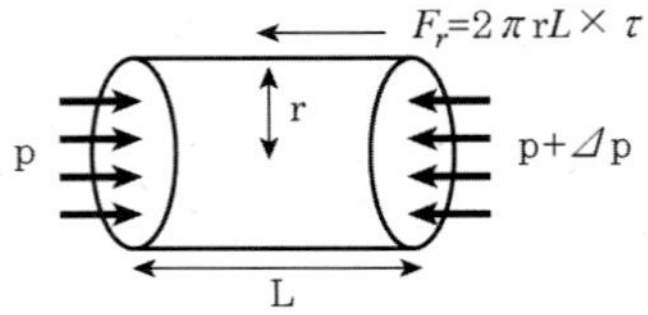

정답 ㉰

11 옥내소화전 노즐전단에서 방사량이 0.1 m³/min, 노즐선단 내경이 25 mm일 때 압력(계기 압력)은 약 몇 kPa인가? 2013 06 02

㉮ 3.27　　㉯ 4.41　　㉰ 5.32　　㉱ 5.78

해설 유속(V)$=\dfrac{Q}{A}=\dfrac{0.1\ \mathrm{m^3/min}}{\dfrac{\pi}{4}\times(0.025\ \mathrm{m})^2}=\dfrac{0.1\ \mathrm{m^3/min}\times\dfrac{1\ \mathrm{min}}{60\ \mathrm{sec}}}{\dfrac{\pi}{4}\times(0.025\ \mathrm{m})^2}=3.4\ \mathrm{m/sec}$

$V=\sqrt{2gh},\ h=\dfrac{V^2}{2g}$

압력(P)$=\gamma h=\gamma\left(\dfrac{V^2}{2g}\right)=9.8\ \mathrm{kN/m^3}\times\left(\dfrac{(3.4\ \mathrm{m/sec})^2}{2\times9.8\ \mathrm{m/sec^2}}\right)=5.78\ \mathrm{kPa}$

정답 ㉱

12 급확대관에서의 손실수두는? 2013 06 02

㉮ 압력수두에 반비례한다.　　㉯ 위치수두에 비례한다.
㉰ 유량에 반비례한다.　　㉱ 속도수두에 비례한다.

해설 손실수두(h)$=\dfrac{(V_1-V_2)^2}{2g}$

$$=\frac{V_1^2}{2g}\times\left(1-\frac{V_2}{V_1}\right)^2$$
$$=\frac{V_1^2}{2g}\left(1-\frac{A_1}{A_2}\right)^2$$
$$=K_w\times\frac{V_1^2}{2g}$$

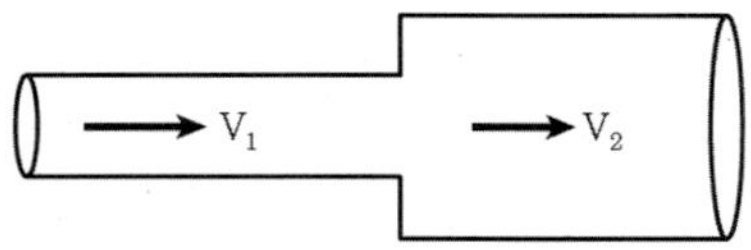

손실수두는 속도수두$\left(=\dfrac{V^2}{2g}\right)$에 비례한다.

정답 ㉱

13 소화용수 공급용 배관에서의 압력손실에 대한 설명 중 옳은 것은? 2013 06 02

㉮ 완전난류의 경우 관마찰손실수두는 속도에 비례하여 증가한다.
㉯ 동일유량인 경우는 직경이 큰 관의 압력손실이 더 크다.
㉰ 관 부속품에 의한 손실수두는 압력수두에 비례하여 증가한다.
㉱ 수평배관에서의 압력손실 발생은 관의 마찰에 의한 값이 가장 크다.

해설 ㉮ 관마찰손실수두는 속도의 제곱에 비례하여 증가한다.
㉯ 동일 유량인 경우 직경이 커지면 손실수두, 압력손실은 감소한다.
㉰ 관 부속품에 의한 손실수두는 속도수두에 비례하여 증가한다.

정답 ㉱

14 곧은 원관 속의 흐름이 층류일 때에 대한 설명으로 올바른 것은? 2013 09 28

㉮ 전단응력이 벽면에서는 0이고 중심까지 직선적으로 변한다.
㉯ 전단응력이 중심을 최고점으로 하는 포물선의 형태를 갖는다.
㉰ 전단응력이 중심에서는 0이고 벽면까지 직선적으로 변한다.
㉱ 전단응력이 전단면에 걸쳐 일정하다.

해설 〈원형관 층류흐름〉

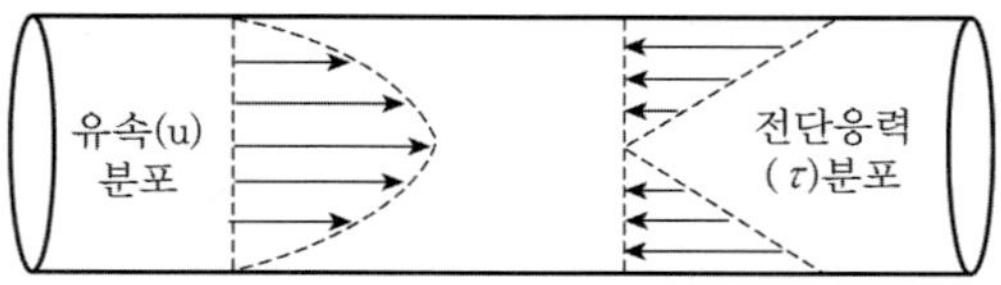

- 유속분포 : 관 중심에서 최대유속이며 관벽 쪽으로 갈수록 포물선형으로 감소한다.
- 전단응력분포 : 관 중심에서 0이며, 관벽 쪽으로 갈수록 직선적으로 증가한다.

정답 ㉰

15 지름이 240 mm인 관로 유동에서 관로의 손실수두가 150 m, 관의 길이가 4410 m이다. 이때 관내 유속은 몇 m/sec인가? (단, 관 마찰계수는 0.04이다.) 2013 09 28

㉮ 2.0 ㉯ 2.2 ㉰ 2.4 ㉱ 2.6

해설 $h = f\frac{L}{D}\frac{V^2}{2g}$

$$150 = 0.04 \times \frac{4410\ \text{m}}{0.24} \times \frac{V^2}{2g}$$

$$V = 2\ \text{m/sec}$$

정답 ㉮

16 그림과 같은 수평 관로계에서 펌프가 물을 0.03 m³/sec의 유량으로 수송한다. 관로에서의 총 손실수두는? (단, 관의 직경은 150 mm, 마찰계수는 0.0173이다.) 2013 09 28

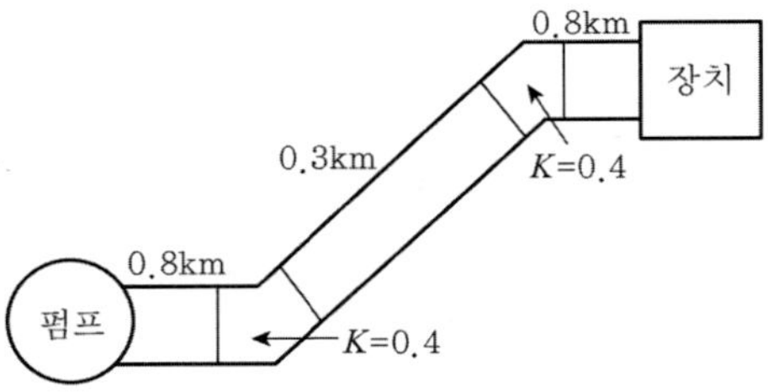

㉮ 90.3 m ㉯ 60.5 m ㉰ 54.3 m ㉱ 32.6 m

해설 $유속(V) = \frac{Q}{A} = \frac{0.03\ \text{m}^3/\text{sec}}{\frac{\pi}{4}\times(0.15\ \text{m})^2} = 1.7\ \text{m/sec}$

$$총손실수두 = f\frac{L}{D}\frac{V^2}{2g} + 2K\frac{V^2}{2g}$$

$$= \frac{V^2}{2g}\left(f\frac{L}{D} + 2K\right)$$

$$= \frac{(1.7\ \text{m/sec})^2}{2\times 9.8\ \text{m/sec}^2} \times \left(0.0173 \times \frac{(800\ \text{m} + 300\ \text{m} + 800\ \text{m})}{0.15\ \text{m}} + 2\times 0.4\right)$$

$$= 32.4\ \text{m}$$

정답 ㉰

17 날카로운 모서리를 갖는 파이프 입구영역에서의 부차적 손실계수가 0.5이고 평균유속이 3 m/sec라면 입구손실수두는 몇 m 인가? 2014 03 02

㉮ 0.0235 ㉯ 0.230 ㉰ 2.25 ㉱ 230

해설 $h_e = K_e \frac{V^2}{2g} = 0.5 \times \frac{(3\ m/sec)^2}{2 \times 9.8\ m/sec^2} = 0.23\ m$

정답 ㉯

18 안지름 50 mm인 원관에 기름이 2.5 m/sec의 평균속도로 흐를 때 관마찰계수는 얼마인가? (단, 기름의 동점성계수는 $1.31 \times 10^{-4}\ m^2/sec$이다.) 2014 03 02

㉮ 0.0013 ㉯ 0.067 ㉰ 0.125 ㉱ 0.954

해설 레이놀즈 수(Re)$= \frac{DV}{\nu} = \frac{0.05\ m \times 2.5\ m/sec}{1.31 \times 10^{-4}\ m^2/sec} = 954.2$(층류!)

관마찰계수(f) $= \frac{64}{Re} = \frac{64}{954.2} = 0.067$

정답 ㉯

19 단면적이 $0.15\ m^2$인 관내에 유량 $0.9\ m^3/sec$의 물이 흐르고 있다. 관 단면적이 $0.1\ m^2$로 축소되는 부분에서 손실계수가 0.83이라고 한다. 이 축소관에서의 손실수두는 몇 m인가? 2014 05 25

㉮ 1.52 ㉯ 2.38 ㉰ 3.43 ㉱ 14.94

해설 축소관의 유속(V_2)$= \frac{0.9\ m^3/sec}{0.1\ m^2} = 9.0\ m/sec$

축소관 손실수두(h) $= K_c \times \frac{V_2^2}{2g} = 0.83 \times \frac{(9\ m/sec)^2}{2 \times 9.8\ m/sec^2} = 3.43\ m$

정답 ㉰

20 일정한 유량의 물이 층류로 원관 속을 흐를 때 원관의 지름을 2배로 하면 손실수두는 몇 배가 되는가? 2014 05 25

㉮ $\frac{1}{2}$ ㉯ $\frac{1}{4}$ ㉰ $\frac{1}{8}$ ㉱ $\frac{1}{16}$

해설 수평관 내 층류 흐름에 대한 Hagen−Poiseuille식

$Q = \frac{\pi(\gamma h)}{128\mu L} D^4$에서

$h = \frac{128\mu L}{\pi\gamma} \times \frac{Q}{D^4}$ 이므로 직경의 4제곱에 반비례한다.

정답 ㉱

21 원관 내부로 유체가 흐를 때 레이놀즈 수가 1000이라면 관에 대한 마찰계수(f)는 얼마인가? 2014 05 25

㉮ 0.032 ㉯ 0.064 ㉰ 0.084 ㉱ 0.086

해설 층류이므로

$관마찰계수(f) = \frac{64}{Re} = \frac{64}{1000} = 0.064$

정답 ㉯

22 유속이 2 m/sec인 유로에 설치된 부차적 손실계수(K_L)가 6인 밸브에서의 수두손실은 약 얼마인가? 2014 09 20

㉮ 0.523 ㉯ 0.876 ㉰ 1.024 ㉱ 1.224

해설 $수두손실(h) = K_L \times \frac{V^2}{2g} = 6 \times \frac{(2\ m/sec)^2}{2 \times 9.8\ m/sec^2} = 1.224\ m$

정답 ㉱

23 수평원관 유동에 관한 설명으로 옳지 않은 것은? 2014 09 20

㉮ 층류흐름에서 관마찰계수는 레이놀즈 수의 함수이다.
㉯ 층류흐름일 때 수평관속의 유량은 직경에 반비례한다.
㉰ 층류 유동상태인 직선 원형관의 중심에서 전단응력은 0이다.
㉱ 층류 유동에서 레이놀즈 수가 2000일 때 관마찰계수는 0.032이다.

해설 수평관 내 층류 흐름에 대한 Hagen-Poiseuille식

$Q = \frac{\pi(\gamma h)}{128\mu L} D^4$ 에서 유량은 직경의 4제곱에 비례한다.

정답 ㉯

24 안지름이 15 cm인 직선의 원형관 속을 4.5 m/sec의 평균속도로 물이 흐르고 있다. 관 길이가 30 m일 때 수두손실이 5 m라면 관의 마찰계수는 얼마인가? 2015 03 08

㉮ 0.024　　㉯ 0.032　　㉰ 0.052　　㉱ 0.061

해설 $h = f\dfrac{L}{D}\dfrac{V^2}{2g}$

$$5 = f \times \frac{30\ \text{m}}{0.15\ \text{m}} \times \frac{(4.5\ \text{m/sec})^2}{2 \times 9.8\ \text{m/sec}^2}$$

$f = 0.024$

정답 ㉮

25 다음 중 수력지름이 가장 큰 것은? 2015 03 08

㉮ 지름 5 cm인 원형 덕트
㉯ 한 변이 5 cm인 정사각형 덕트
㉰ 가로 4 cm, 세로 7 cm인 직사각형 덕트
㉱ 바깥지름 10 cm, 안지름 5 cm인 동심 이중관

해설 수력반경$(R_H) = \dfrac{\text{유동단면적}(A)}{\text{접수길이}(L)}$

수력지름$(D_H) = 4 \times$ 수력반경(R_H)

㉮ 지름 5 cm인 원형 덕트

수력반경$(R_H) = \dfrac{5}{4}$ cm, 수력지름$(D_H) = \dfrac{5}{4}$ cm $\times 4 = 5$ cm

㉯ 한 변이 5 cm인 정사각형 덕트

수력반경$(R_H) = \dfrac{5\ \text{cm} \times 5\ \text{cm}}{4 \times 5\ \text{cm}} = \dfrac{5}{4}$ cm, 수력지름$(D_H) = \dfrac{5}{4}$ cm $\times 4 = 5$ cm

㉰ 가로 4 cm, 세로 7 cm인 직사각형 덕트

수력반경$(R_H) = \dfrac{4\ \text{cm} \times 7\ \text{cm}}{2 \times (4\ \text{cm} + 7\ \text{cm})} = \dfrac{14}{11}$ cm, 수력지름$(D_H) = \dfrac{14}{11}$ cm $\times 4 = \dfrac{56}{11}$ cm

㉱ 바깥지름 10 cm, 안지름 5 cm인 동심 이중관

수력반경$(R_H) = \dfrac{\dfrac{\pi}{4} \times (10\ \text{cm})^2 - \dfrac{\pi}{4} \times (5\ \text{cm})^2}{\pi \times 10\ \text{cm} + \pi \times 5\ \text{cm}} = \dfrac{10\ \text{cm} - 5\ \text{cm}}{4} = \dfrac{5}{4}$ cm

수력지름$(D_H) = \dfrac{5}{4}$ cm $\times 4 = 5$ cm

정답 ㉰

26 부차적 손실계수가 5인 밸브를 관마찰계수가 0.035이고, 관지름이 3 cm인 관으로 환산한다면 관의 상당길이는 몇 m인가? 2015 05 31

㉮ 4.15 ㉯ 4.21 ㉰ 4.29 ㉱ 4.35

해설 $f\frac{L_{eq}}{D}\cdot\frac{V^2}{2g}=K\frac{V^2}{2g}$

상당길이$(L_{eq})=\frac{KD}{f}=\frac{5\times0.03\text{ m}}{0.035}=4.29\text{ m}$

정답 ㉰

27 원형관 층류유동에서 관마찰계수는? 2015 05 31

㉮ 언제나 레이놀즈 수의 함수이다. ㉯ 마하수와 코시 수의 함수이다.
㉰ 상조도와 오일러 수 함수이다. ㉱ 레이놀즈 수와 상대조도의 함수이다.

해설 층류에서 관마찰계수$(f)=\frac{64}{Re}$이므로, 레이놀즈 수 만의 함수이다.

정답 ㉮

28 관지름 D, 관마찰계수 f, 부차손실계수 K인 관의 상당길이 L_{eg}는? 2015 09 20

㉮ $\frac{f}{K\times D}$ ㉯ $\frac{K\times D}{f}$ ㉰ $\frac{K}{D\times f}$ ㉱ $\frac{D\times f}{K}$

해설 $f\frac{L_{eq}}{D}\cdot\frac{V^2}{2g}=K\frac{V^2}{2g}$

상당길이$(L_{eq})=\frac{KD}{f}$

정답 ㉯

29 지름이 D인 관에 물이 0.3 m^3/sec의 유량으로 흐를 때 길이 500 m에 대해서 손실수두가 17 m이다. 이때 관마찰계수가 0.011 이라면 관의 지름 D는 약 몇 cm인가? 2015 09 20

㉮ 28 ㉯ 30 ㉰ 32 ㉱ 34

해설 유속(V)$=\frac{Q}{A}=\frac{0.3\ m^3/sec}{\frac{\pi}{4}\times D^2}$

$$h=f\frac{L}{D}\frac{V^2}{2g}$$

$$17=0.011\times\frac{500}{D}\times\frac{1}{2\times9.8}\times\left(\frac{0.3}{\frac{\pi}{4}\times D^2}\right)^2=\frac{0.04094}{D^5}$$

$D=0.3\ m=30\ cm$

정답 ㉯

30 안지름 50 cm의 수평 원관 속을 물이 흐르고 있다. 입구구역이 아닌 50 m길이에서 80 kPa의 압력강하가 생겼다. 관 벽에서의 전단응력은 몇 Pa인가? 2016 03 06

㉮ 0.002 ㉯ 200 ㉰ 8000 ㉱ 0

해설 상류와 하류의 압력차 $\Delta p=80\ kPa=80000\ Pa$, L=50 m, r=0.25 m, $\tau=$ 전단응력

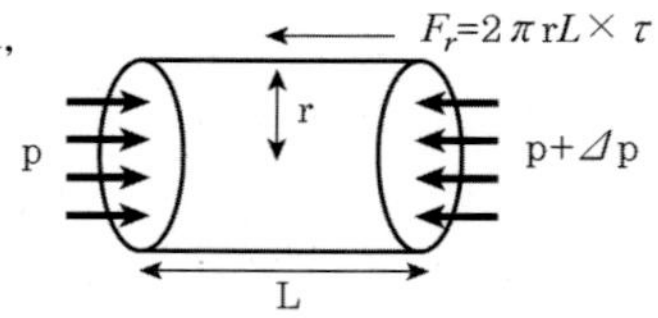

작용하는 힘

$$p\times\pi r^2=(p+\Delta p)\times\pi r^2+2\pi rL\times\tau$$

$$\tau=-\frac{r}{2L}\times\Delta p=-\frac{0.25\ m}{2\times50\ m}\times80{,}000\ Pa=-200\ Pa$$

정답 ㉯

31 안지름 20 cm인 원관이 안지름 40 cm인 원관에 급확대 연결된 관로에 0.2 m^3/sec의 유체가 흐를 때 급확대부에서 발생하는 손실수두는 약 몇 m인가? 2016 03 06

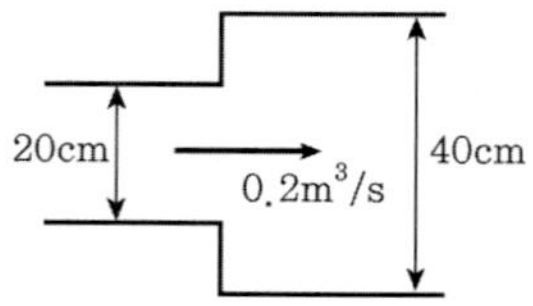

㉮ 1.16 ㉯ 1.45 ㉰ 1.62 ㉱ 1.83

해설 상류속도$(V_1) = \dfrac{0.2\ m^3/sec}{\dfrac{\pi}{4} \times (0.2\ m)^2} = 6.37\ m/sec$,

하류속도$(V_2) = \dfrac{0.2\ m^3/sec}{\dfrac{\pi}{4} \times (0.4\ m)^2} = 1.592\ m/sec$

$$손실수두(h) = \frac{(V_1 - V_2)^2}{2g} = \frac{(6.37\ m/sec - 1.59\ m/sec)^2}{2 \times 9.8\ m/sec^2} = 1.16\ m$$

정답 ㉮

32 하젠-윌리암스(Hazen-Williams) 공식에서 P는 무엇을 나타내는가? (단, Q : 유량(L/min), C : 조도계수, D : 관의 내경(mm), L : 관의 길이(m)) 2016 05 08

$$P = 6.174 \times 10^5 \times \frac{Q^{1.85} \times L}{C^{1.85} \times D^{4.87}}$$

㉮ 펌프의 가압시 생기는 날개 이면의 압축손실
㉯ 펌프의 1차측 및 2차측의 압력차
㉰ 배관흐름 중 외부로 누수되는 압력손실
㉱ 배관 내의 마찰손실

해설 Hazen-Williams 식(배관 마찰손실)
(Q : 유량(L/min), D : 직경(mm), C : 유속계수)

• 손실수두

$$h = 6.174 \times 10^6 \times \left(\frac{Q^{1.85} L}{C^{1.85} D^{4.87}}\right)(m)$$

• 압력손실

$$\Delta p = 6.174 \times 10^5 \times \left(\frac{Q^{1.85}}{C^{1.85} D^{4.87}} \times L\right)(kg_f/cm^2)$$

정답 ㉱

33 급확대관 혹은 급축소관에서의 손실수두에 관한 설명 중 옳지 않은 것은? 2016 05 08

㉮ 입출구 속도차의 제곱에 비례한다.

㉯ 중력가속도에 반비례한다.

㉰ 급축소관은 입출구 속도차의 제곱에 반비례한다.

㉱ 급확대관에서 굵은 관 직경이 가는 관 직경에 비해 매우 클 경우 손실계수는 약 1이다.

해설 급축소관 손실수두

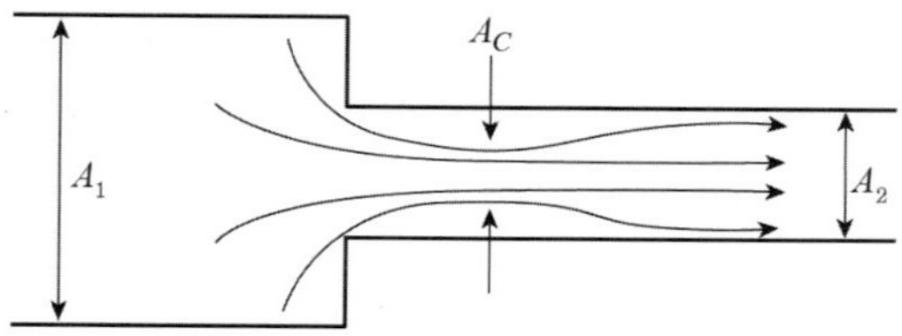

$$h=\left(1-\frac{A_c}{A_2}\right)^2\frac{V_c^2}{2g}=\left(\frac{1}{C_c}-1\right)^2\frac{V_2^2}{2g},\quad C_c=A_c/A_2(\text{수축계수})$$

급축소관은 입출구 속도차의 제곱에 비례한다.

정답 ㉰

34 곧은 원형관에서의 속도분포가 $u(r)=U\times\left(1-\frac{r^2}{R^2}\right)$로 표현된다. 여기에서 r은 관중심선으로부터 측정되었고, R은 관의 반지름이다. 이때 관에서의 체적유량 Q를 나타내는 식은 어느 것인가? (단, 체적유량 $Q=\int_A u(r)\cdot dA$이다.) 2016 05 08

㉮ $\frac{\pi UR^2}{4}$ ㉯ $\frac{\pi UR^2}{2}$ ㉰ πUR^2 ㉱ $2\pi UR^2$

해설 원형관에서 최고유속은 관중심에서의 유속(U)이고, 평균유속은 $\frac{U}{2}$이므로

$$\text{유량(Q)}=\text{평균유속}\times\text{단면적}=\frac{U}{2}\times(\pi R^2)=\frac{\pi UR^2}{2}$$

정답 ㉯

35 안지름이 25 cm인 원관으로 수평거리 1500 m 떨어진 곳에 2.36 m/sec로 물을 보내는 데 필요한 압력은 몇 kPa인가? (단, 관 마찰계수는 0.035이다.) 2016 10 01

㉮ 485　　㉯ 585　　㉰ 620　　㉱ 670

해설 $\Delta p = \gamma \times h$

$$= \gamma \times f \frac{L}{D} \frac{V^2}{2g}$$

$$= 9.8\ kN/m^3 \times 0.035 \times \frac{1500\ m}{0.25\ m} \times \frac{(2.36\ m/sec)^2}{2 \times 9.8\ m/sec^2}$$

$$= 585\ kPa$$

정답 ㉯

36 원관에서 유체가 완전히 발달된 층류로 흐를 때 속도분포는? 2016 10 01

㉮ 전 단면에서 일정하다.
㉯ 관벽에서 0이고, 중심까지 직선적으로 증가한다.
㉰ 관 중심에서 0이고, 관벽까지 직선적으로 증가한다.
㉱ 포물선 분포로 관벽에서 속도는 0이고, 관중심에서 속도는 최대가 된다.

해설 〈원형관 층류흐름〉

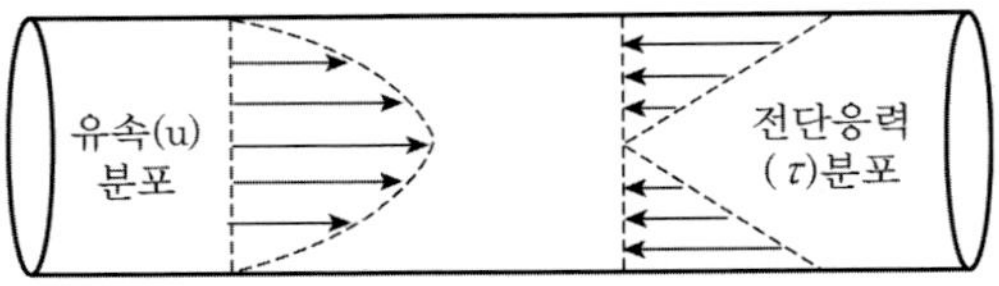

유속분포 : 관중심에서 최대유속이며 관벽 쪽으로 갈수록 포물선형으로 감소한다.
전단응력분포 : 관중심에서 0이며, 관벽 쪽으로 갈수록 직선적으로 증가한다.

정답 ㉱

37 관 상당길이를 구할 때 사용되는 식으로 옳은 것은? 2016 10 01

㉮ Hagen-Williams식　　㉯ Torricelli식
㉰ Darcy-Weisbach식　　㉱ Reynols식

해설 $f\frac{L_{eq}}{D} \cdot \frac{V^2}{2g} = K\frac{V^2}{2g}$에서 $L_{eq} = \frac{KD}{f}$

$f\frac{L_{eq}}{D} \cdot \frac{V^2}{2g}$: Darcy-Weisbach식

정답 ㉰

38 관 내 유동에서 해당유체가 완전발달 층류 유동을 할 때 관마찰계수는? 2017 03 05

㉮ 레이놀즈 수와 관의 상대조도에 관계된다.
㉯ 마하수와 레이놀즈 수에 관계된다.
㉰ 관의 길이와 지름 및 레이놀즈 수에 관계된다.
㉱ 레이놀즈 수에만 관계된다.

해설 관마찰계수(f)

층류일 때 $f = \frac{64}{Re} = \frac{64\mu}{\rho DV}$ (Re만의 함수)

난류일 때 $f =$ 상대조도$\left(\frac{k}{D}\right)$와 Reynolds 수(Re)의 함수

정답 ㉱

39 그림과 같이 안쪽 원의 지름이 D_1, 바깥쪽 원의 지름이 D_2인 두 개의 동심원 사이에 유체가 흐르고 있다. 이 유동단면의 수력지름(hydraulic diameter)를 구하면? 2017 03 05

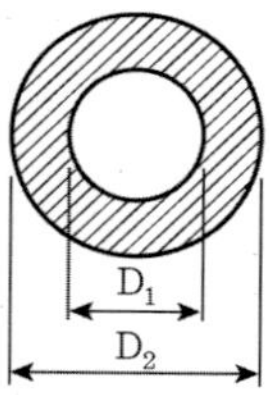

㉮ $D_2 + D_1$　㉯ $D_2 - D_1$　㉰ $\pi(D_2 + D_1)$　㉱ $\pi(D_2 - D_1)$

해설 수력반경$(=R_H) = \frac{\text{유동단면적}(A)}{\text{윤변길이}(L)} = \frac{\frac{\pi}{4}D_2^2 - \frac{\pi}{4}D_1^2}{\pi D_1 + \pi D_2} = \frac{1}{4}(D_2 - D_1)$

수력직경$(D_H) = 4R_H = 4 \times \frac{1}{4}(D_2 - D_1) = D_2 - D_1$

정답 ㉯

40 수조에서 안지름 80 mm인 배관으로 20℃ 물이 0.95 m^3/min의 유량으로 유입될 때, 5 m의 부차적 손실이 발생하였다. 이때의 부차적 손실계수는 약 얼마인가? 2017 05 07

㉮ 7.5 ㉯ 8.2 ㉰ 9.9 ㉱ 11.6

해설 유속(V)$=\frac{Q}{A}=\frac{0.95\ m^3/min}{\frac{\pi}{4}\times(0.08\ m)^2}=\frac{0.95\ m^3/min\times\frac{1\ min}{60\ sec}}{\frac{\pi}{4}\times(0.08\ m)^2}=3.15\ m/sec$

$$h=K\frac{V^2}{2g}$$

$$5=K\times\frac{(3.15\ m/sec)^2}{2\times9.8\ m/sec^2}$$

$$K=9.9$$

정답 ㉰

41 안지름 50 mm의 관에 기름이 2.5 m/sec의 속도로 흐를 때 관마찰계수는? (단, 기름의 동점성계수는 $1.31\times10^{-4}\ m^2/sec$이다.) 2017 05 07

㉮ 0.0067 ㉯ 0.0671 ㉰ 0.012 ㉱ 0.025

해설 레이놀즈 수(Re)$=\frac{DV}{\nu}=\frac{0.05\ m\times2.5\ m/sec}{1.31\times10^{-4}\ m^2/sec}=954.2$(층류!)

관마찰계수(f) $=\frac{64}{Re}=\frac{64}{954.2}=0.0671$

정답 ㉯

42 급격 확대관과 급격 축소관에서 부차적 손실계수를 정의하는 기준속도는? 2017 09 23

㉮ 급격 확대관 : 상류속도, 급격축소관 : 상류속도
㉯ 급격 확대관 : 하류속도, 급격축소관 : 하류속도
㉰ 급격 확대관 : 상류속도, 급격축소관 : 하류속도
㉱ 급격 확대관 : 하류속도, 급격축소관 : 상류속도

정답 ㉰

43 관 속의 부속품을 통한 유체흐름에서 관의 등가길이(상당길이)를 표현하는 식은? (단, 부차적 손실계수는 K, 관의 지름은 D, 관마찰계수는 f이다.) 2018 03 04

㉮ KfD　　㉯ $\frac{fD}{K}$　　㉰ $\frac{Kf}{D}$　　㉱ $\frac{KD}{f}$

해설 $f\frac{L_{eq}}{D}\cdot\frac{V^2}{2g}=K\frac{V^2}{2g}$

상당길이$(L_{eq})=\frac{KD}{f}$

정답 ㉱

44 길이 300 m, 지름 10 cm인 관에 1.2 m/sec의 평균속도로 물이 흐르고 있다면 손실수두는 약 몇 m인가? (단, 관의 마찰계수는 0.02이다.) 2018 03 04

㉮ 2.1　　㉯ 4.4　　㉰ 6.7　　㉱ 8.3

해설 손실수두(h)$=f\frac{L}{D}\frac{V^2}{2g}=0.02\times\frac{300\text{ m}}{0.1\text{ m}}\times\frac{(1.2\text{ m/sec})^2}{2\times 9.8\text{ m/sec}^2}=4.4\text{ m}$

정답 ㉯

45 관 내에서 유체가 흐를 경우 유체의 흐름이 빨라 완전 난류유동이 되면 손실수두는? 2018 04 28

㉮ 대략 속도의 제곱에 비례한다.　　㉯ 대략 속도의 제곱에 반비례한다.
㉰ 대략속도에 비례한다.　　㉱ 대략 속도에 반비례한다.

해설 $h=f\frac{L}{D}\frac{V^2}{2g}$: 속도의 제곱에 비례

정답 ㉮

46 반지름 R인 원관에서의 속도분포가 $u=u_0\left[1-(r/R)^2\right]$일 때 벽면에서의 전단응력의 크기는 얼마인가? (단, μ는 점성계수, ν는 동점성계수, u_0는 관 중심에서의 속도, r은 관 중심으로부터의 거리이다.) 2018 09 15

㉮ $\frac{\mu u_0}{R}$　　㉯ $\frac{2\mu u_0}{R}$　　㉰ $\frac{\nu u_0}{R}$　　㉱ $\frac{2\nu u_0}{R}$

해설 속도분포 $u = u_0[1-(r/R)^2]$

전단응력

$$\tau = -\mu\times\left(\frac{du}{dr}\right) = -\mu\times\frac{d}{dr}\left(u_0\left[1-\left(\frac{r}{R}\right)^2\right]\right) = -\mu\left(-u_0\times\frac{2r}{R^2}\right) = \frac{2\mu u_0 r}{R^2}$$

벽면(r=R)에서의 전단응력의 크기(τ_R)$=\frac{2\mu u_0 R}{R^2}=\frac{2\mu u_o}{R}$

정답 ㉯

47 지름 6 cm, 길이 15 m, 관마찰계수 0.025인 수평원관 속을 물이 난류로 흐를 때 관 출구와 입구의 압력차가 9810 Pa이면 유량은 약 몇 m^3/sec인가? 2018 09 15

㉮ 5.0　　㉯ 5.0×10^{-3}　　㉰ 0.5　　㉱ 0.5×10^{-3}

해설 압력손실 $\Delta p = \gamma\times f\frac{L}{D}\frac{V^2}{2g}$

$$9810\ Pa = 9810\ N/m^3\times0.025\times\frac{15\ m}{0.06\ m}\times\frac{V^2}{2\times9.8\ m/sec^2}$$

$V = 1.77\ m/sec$

유량(Q)$=A\times V=\left(\frac{\pi}{4}\times0.06\ m/sec\right)\times1.77\ m/sec = 0.005\ m^3/sec$

정답 ㉯

48 단면적이 0.1 m^2에서 0.5 m^2로 급격히 확대되는 관로에 0.5 m^3/sec의 물이 흐를 때 급확대에 의한 손실수두는 약 몇 m인가? (단, 급확대에 의한 부차적 손실계수는 0.64이다.) 2018 09 15

㉮ 0.82　　㉯ 0.99　　㉰ 1.21　　㉱ 1.45

해설 상류속도(V_1)$=\frac{0.5\ m^3/sec}{0.1\ m^2}=5\ m/sec$,

하류속도(V_2)$=\frac{0.5\ m^3/sec}{0.5\ m^2}=1\ m/sec$

$$손실수두(h) = \frac{(V_1 - V_2)^2}{2g}$$
$$= \frac{(5\ m/sec - 1\ m/sec)^2}{2 \times 9.8\ m/sec^2}$$
$$= 0.816\ m$$

또는 $h = K\frac{V_1^2}{2g} = 0.64 \times \frac{(5\ m/sec)^2}{2 \times 9.8\ m/sec^2} = 0.816\ m$

정답 ㉮

49 안지름이 250 mm, 길이가 218 m인 주철관을 통하여 물이 유속 3.6 m/sec로 흐를 때 손실수두는 약 몇 m인가? (단, 관마찰계수는 0.05이다.) 2019 03 03

㉮ 201.1 ㉯ 23.0 ㉰ 25.8 ㉱ 28.8

해설 손실수두(h) $= f\frac{L}{D}\frac{V^2}{2g} = 0.05 \times \frac{218\ m}{0.25\ m} \times \frac{(3.6\ m/sec)^2}{2 \times 9.8\ m/sec^2} = 28.8\ m$

정답 ㉱

50 관 내 유동 중 지름이 급격히 커지면서 발생하는 부차적 손실계수는 0.38이다. 지름이 작은 부분에서의 속도가 0.8 m/sec라고 할 때 부차적 손실수두는 약 몇 m인가? 2019 03 03

㉮ 0.0045 ㉯ 0.0092 ㉰ 0.0124 ㉱ 0.0825

해설 $h = K\frac{V^2}{2g} = 0.38 \times \frac{(0.8\ m/sec)^2}{2 \times 9.8\ m/sec^2} = 0.0124\ m$

정답 ㉰

51 배관에서 소화약제 압송시 발생하는 손실은 주손실과 부차적 손실로 구분할 수 있다. 다음 중 부차적 손실을 야기하는 요소는? 2019 04 27

㉮ 마찰계수 ㉯ 상대조도 ㉰ 배관의 길이 ㉱ 배관의 급격한 확대

해설 주 손실수두 : 유체가 관로 속을 흐를 때 관 벽과의 마찰에 의해 생기는 마찰 손실수두

부차적 손실수두 : 관 단면변화(직경변화, 방향변화), 배관부품, 유입 · 유출부 등에서 발생하는 손실수두

정답 ㉱

52 압력 1.5 MPa, 온도 300℃인 과열증기를 질량 유량 18000 kg/hr가 되도록 총 길이 20 m인 관로에 유속 30 m/sec로 유동시킬 때 압력강하는 약 몇 Pa인가? (단, 압력 1.5 MPa, 온도 300℃인 과열증기의 비체적은 0.1697 m^3/kg이고, 관마찰계수는 0.02이다.)

2019 04 27

㉮ 5459 ㉯ 5588 ㉰ 5696 ㉱ 5723

해설 증기밀도(ρ)$=\dfrac{1}{\text{비체적}}=\dfrac{1}{0.1697\ \mathrm{m^3/kg}}=5.893\ \mathrm{kg/m^3}$

질량유량(M)$=\rho\times A\times V=18000\ \mathrm{kg/hr}\times\dfrac{1\ \mathrm{hr}}{3600\ \mathrm{sec}}=5\ \mathrm{kg/sec}$

$$5.893\ \mathrm{kg/m^3}\times\left(\frac{\pi}{4}\times D^2\right)\times 30\ \mathrm{m/sec}=5\ \mathrm{kg/sec}$$

D=0.1898 m

$$\text{압력강하}(\Delta p)=(\rho g)\times f\frac{L}{D}\times\frac{V^2}{2g}$$
$$=\rho\times f\frac{L}{D}\frac{V^2}{2}$$
$$=5.893\ \mathrm{kg/m^3}\times 0.02\times\frac{20\ \mathrm{m}}{0.1898\ \mathrm{m}}\times\frac{(30\ \mathrm{m/sec})^2}{2}$$
$$=5588\ \mathrm{Pa}$$

정답 ㉯

53 관로의 손실에 관한 내용 중 등가길이의 의미로 옳은 것은? 2019 09 21

㉮ 부차적 손실과 같은 크기의 마찰손실이 발생할 수 있는 직관의 길이
㉯ 배관요소 중관에 해당하는 총 길이
㉰ 손실계수에 손실수두를 곱한 값
㉱ 배관시스템의 밸브, 벤드, 티 등 추가적 부품의 총 길이

해설 등가길이 : 부차적 손실과 같은 크기의 마찰손실이 발생할 수 있는 직관의 길이

정답 ㉮

54 안지름 25 cm인 원관으로 1500 m 떨어진 곳(수평거리)에 하루에 10000 m^3의 물을 보내는 경우 압력강하(kPa)는? (단, 마찰계수는 0.035이다.) 2020 06 13

㉮ 58.4 ㉯ 584 ㉰ 84.8 ㉱ 848

해설 유속(V) $= \dfrac{10000\ m^3/day}{\dfrac{\pi}{4}\times(0.25\ m)^2} = \dfrac{10000\ m^3/day \times \dfrac{1\ day}{86400\ sec}}{\dfrac{\pi}{4}\times(0.25\ m)^2} = 2.36\ m/sec$

직경(D) = 25 cm = 0.25 m, 관길이(L) = 1500 m, 마찰손실계수(f) = 0.035

압력강하(Δp) = $\gamma \times$ 손실수두

$$= \gamma \times \left(f \cdot \frac{L}{D} \cdot \frac{V^2}{2g}\right)$$

$$= 9.8\ kN/m^3 \times \left(0.035 \times \frac{1500\ m}{0.25\ m} \cdot \frac{(2.36\ m/sec)^2}{2\times 9.8\ m/sec^2}\right)$$

$$= 584.8\ kPa$$

정답 ㉮

55 단면적이 0.1 m^2에서 0.5 m^2로 급격히 확대되는 관로에 0.5 m^3/sec의 물이 흐를 때 급격확대에 의한 부차적 손실수두(m)는? 2020 06 13

㉮ 0.61 ㉯ 0.78 ㉰ 0.82 ㉱ 0.98

해설 $V_1 = \dfrac{Q}{A_1} = \dfrac{0.5\ m^3/sec}{0.1\ m^2} = 5.0\ m/sec$, $V_2 = \dfrac{Q}{A_2} = \dfrac{0.5m^3/sec}{0.5m^2} = 1.0m/sec$

급확대관로 손실수두(h_w)

$$h_w = \frac{(V_1 - V_2)^2}{2g} = \frac{(5.0-1.0)^2}{2\times 9.8} = 0.816(m)$$

정답 ㉰

56 정상상태의 원형관의 유동에서 주손실에 의한 압력강하(Δp)는 어떻게 나타나는가? (단, V는 평균속도, D는 관 직경, L은 관 길이, f는 마찰계수, ρ는 유체의 밀도, γ는 비중량이다.) 2020 08 23

㉮ $\rho f \dfrac{L}{D}\dfrac{V^2}{2}$ ㉯ $\rho f \dfrac{D}{L}\dfrac{V^2}{2}$ ㉰ $\gamma f \dfrac{L}{D}\dfrac{V^2}{2}$ ㉱ $\gamma f \dfrac{D}{L}\dfrac{V^2}{2}$

해설 압력강하=γ× 손실수두 $=(\rho g)\times\left(f\frac{L}{D}\frac{V^2}{2g}\right)=\rho f\frac{L}{D}\frac{V^2}{2}$

정답 ㉮

57 관지름 D, 관마찰계수 f, 부차손실계수 K인 관의 상당길이 L_c는? 2020 08 23

㉮ $\frac{f}{K\times D}$　㉯ $\frac{K\times D}{f}$　㉰ $\frac{K}{D\times f}$　㉱ $\frac{D\times f}{K}$

해설 마찰손실수두(h)=$f\frac{L_c}{D}\frac{V^2}{2g}$, 부차손실수두(h)=$K\frac{V^2}{2g}$

$f\frac{L_c}{D}\frac{V^2}{2g}=K\frac{V^2}{2g}$에서 $L_c=\frac{KD}{f}$

정답 ㉯

PART

06

펌프

Fluid Dynamics of Firefighting

CHAPTER 01

이론

01 | 소방펌프

① 물소화설비 : 유류화재, 전기화재 및 특수화재를 제외한 일반화재 진화에 물을 이용한 소화설비가 가장 효과적이며 경제적

② 펌프 : 전동모터, 내연기관 등을 이용하여 유체에 압력과 속도를 주어 관을 통하여 높은 곳으로 올리거나 또는 먼 거리로 수송하는 기계장치

③ 소방펌프(fire pump) : 소화용 저수조 물을 관을 통하여 필요한 압력과 유량을 공급. 대부분 회전차(Impeller)의 회전에 의한 원심력을 이용한 원심펌프

02 | 송풍기

① 제연설비를 설계하는 데 중요한 설비

② 화재 시의 거주자의 생명보호 및 대피 필수 설비

03 | 펌프의 종류

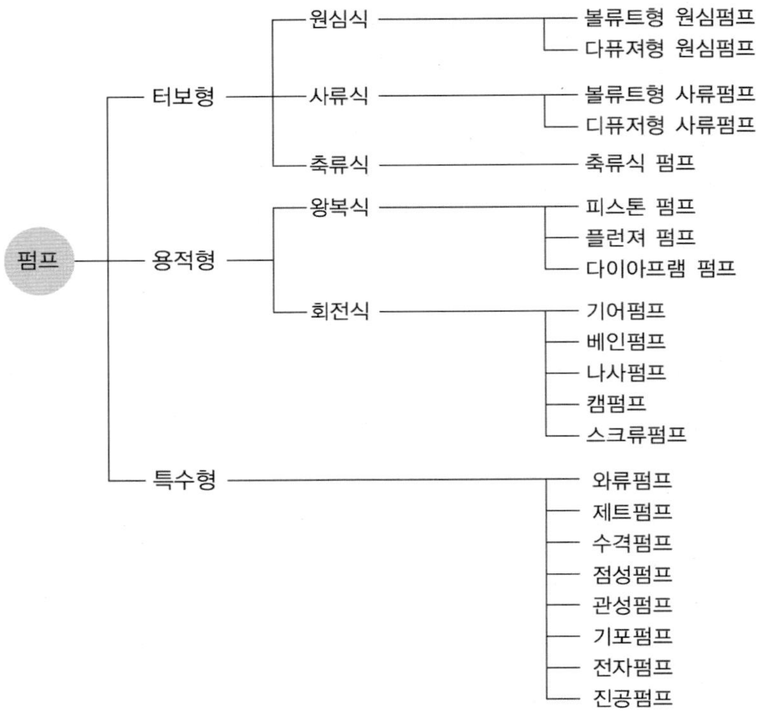

〈펌프의 종류〉

04 | 원심펌프

① 회전차(Impeller)에 의한 원심력에 의하여 압력의 변화를 일으켜 유체를 수송하는 펌프

② 원심펌프 구조와 원리

- 회전시키면 원심력(centrifugal force)에 의해 가장자리로 작용하는 압력이 증가하고, 중심부의 압력은 감소
- 낮은 압력인 중심부에 하부 수조의 물과 연결되는 관을 연결하고, 압송관이 달린 원통형의 용기를 밀폐시켜 회전하면 아래 수조의 물이 상승하여 압송관으로 배출될 수 있음

③ 원심펌프 기본구성요소

- 케이싱(casing)
- 회전차(Impeller)
- 흡입관, 토출관
- 기타 : 주축, 안내깃 및 와실, 베어링(bearing), 축봉장치(packing and sealing)

④ 분류

〈흡입구 수에 의한 분류〉

- 단흡입펌프(single suction pump) : 회전차의 한쪽에서만 유체를 흡입하는 펌프
- 양흡입펌프(double suction pump) : 회전차의 양쪽에서 유체를 흡입하는 펌프. 송출유량이 많은 경우에 사용

〈단수에 의한 분류〉

- 단단펌프(single stage pump) : 하나의 케이싱 내에 1개의 회전차로 구성
- 다단펌프(multi stage pump) : 하나의 케이싱 내의 동일축에 2개 이상의 회전차를 직렬로 배치

05 | 원심펌프의 특성

① 펌프의 특성곡선

토출유량을 횡축으로 하여 세로축에 양정곡선, 축동력곡선 및 효율곡선의 세가지로 표현

- 양정곡선 : 일반적으로 토출유량이 0일 때의 전양정(체절양정)이 최대이고 토출유량의 증가와 함께 양정은 낮아지는 특성
- 축동력곡선 : 토출유량이 0일 때에 축동력이 최소이고 토출유량의 증가와 함께 축동력이 증가하는 우측상승곡선
- 효율곡선 : 토출유량에 있어서 축동력에 대한 수동력의 비율을 %로 나타낸 것

② 소방펌프의 성능 조건

- 체절양정(Shut off head)은 정격양정(Rated head)의 140% 이하일 것

• 정격토출량(Rated capacity)의 150% 토출량에서의 토출압력은 정격압력의 65% 이상일 것

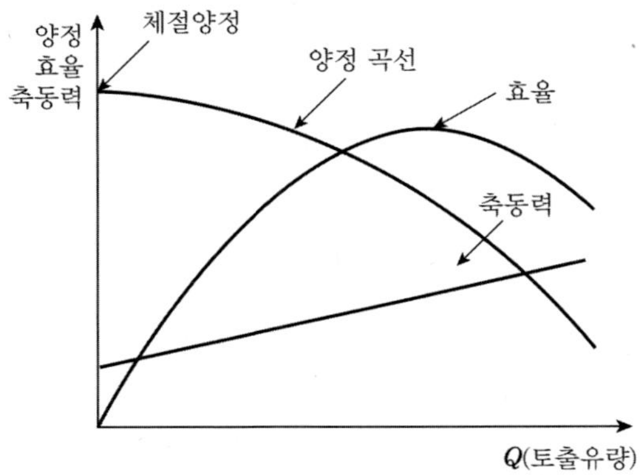

〈원심펌프의 특성곡선〉

06 | 펌프의 직·병렬 운전

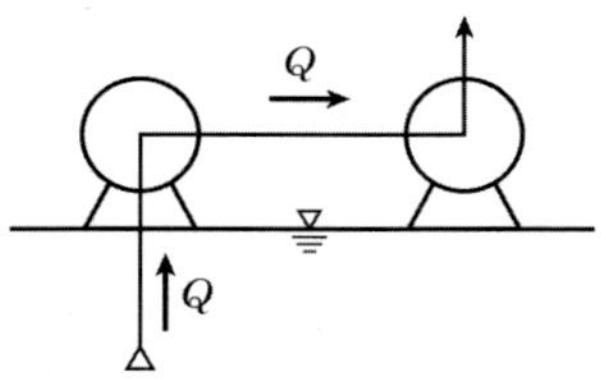

〈펌프의 직렬운전〉

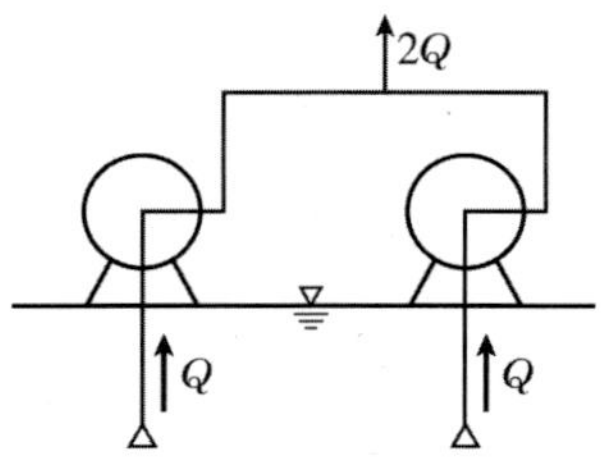

〈펌프의 병렬운전〉

① 펌프의 직렬 운전 : 두 개의 펌프를 직렬연결 운전 시 두 펌프의 전유량은 단일 펌프의 유량과 같지만 압력은 두 배가 된다.

② 펌프의 병렬 운전

• 두 개의 펌프가 배출하는 유량은 단일 펌프 유량의 두 배가 되지만 압력의 발생은 단일펌프와 동일

07 | 펌프의 동력, 효율

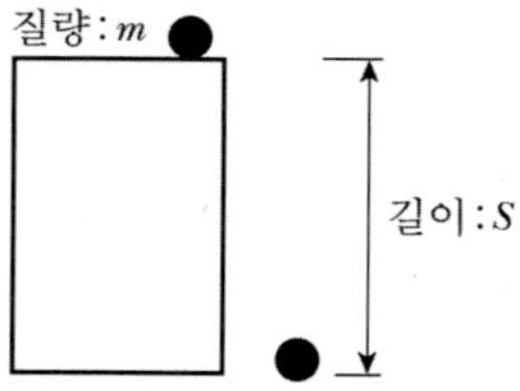

힘(Force) : $F=$ 질량 × 가속도 $= m \times a$

(단위 : N=kg · m/sec^2)

일(Work) : $W=$ 힘 × 이동거리 $= F \times S = m \times a \times S$

(단위 : J=N · m=kg · m^2/sec^2)

일률(Power) : $P=$ 일 ÷ 시간 $= W \div t = \dfrac{m \times a \times S}{t}$

(단위 : W=N · m/sec=kg · m^2/sec^3, 1,000W=1 kW)

프랑스 마력=1Ps=75 kg$_f$ · m/sec=735W

영국 마력=1HP=76 kg$_f$ · m/sec=746W

① 펌프의 수동력

- 펌프 내의 회전차의 회전에 의하여 펌프를 통과하는 액체에 주어지는 동력

$$P_w = \frac{m \times a \times S}{t} = \left(\rho \frac{V}{t}\right) gH = \rho QgH = Q\rho gH = Q(\gamma H)$$

여기서, ρ : 물의 밀도(1,000 kg/m^3)
Q : 펌프 토출량(m^3/sec)
g : 중력가속도(m/sec^2)
H : 펌프의 전양정(m)
V : 시간 t(sec) 동안의 물의 이동 체적(m^3)

$$
\begin{aligned}
P_w &= \rho Q g H = Q(\gamma H) \\
&= 1000(\mathrm{kg/m^3})Q(\mathrm{m^3/sec})9.8(\mathrm{m/sec^2})\mathrm{H(m)} \\
&= 1000 \times 9.8QH(\mathrm{kg \cdot m^2/sec^3}) \\
&= 1000 \times 9.8QH(\mathrm{W}) \\
&= 9.8QH(\mathrm{kW})
\end{aligned}
$$

※ Q의 단위가 $\mathrm{m^3/min}$인 경우

$$P_w = 9.8\left(\frac{Q}{60}\right)H(\mathrm{kW}) = 0.163QH(\mathrm{kW})$$

1마력 = 1HP = 746W = 0.746 kW

② 펌프의 이론적 축동력

$$P = \frac{9.8QH}{\eta}(\mathrm{kW}) = \frac{13.3QH}{\eta}(\mathrm{HP})$$

여기서, η : 펌프의 효율(35 ~ 85%)
Q : 펌프 토출량($\mathrm{m^3/sec}$)
H : 펌프의 전양정(m)

③ 펌프를 구동시키는 원동기 또는 내연기관의 동력

$$P_m = \frac{9.8QH}{\eta} \cdot K\ (\mathrm{kW})$$

K : 전달계수(1.1~1.2)

〈펌프의 전달계수〉

동력의 형식	전달계수(K)값
전동기	1.1
전동기 이외의 것	1.15~1.2

08 | 비속도와 상사의 법칙

① 비속도 또는 비교회전도(Specific speed)

- 임펠러의 상사성(相似性) 또는 펌프의 특성 및 펌프의 형식을 결정하는데 이용되는 값
- 비속도 값이 작을수록 소(小)수량 고(高)양정이고, 원심 방사류 펌프(radial flow pump) 계열에 해당
- 비속도 값이 클수록 대(大)수량 저(低)양정이고, 축류펌프(axial flow pump) 계열에 해당

$$N_s = \frac{NQ^{1/2}}{(H/n)^{3/4}}$$

(N : 회전수(rpm), Q : 유량($\mathrm{m^3/min}$), H : 양정(m), n : 단수)
① 양흡입 펌프의 경우는 토출량의 1/2로 계산
② 다단 펌프의 경우 전양정은 임펠러 1단의 양정으로 적용
③ 양정이 낮고 토출량이 큰 펌프는 비속도가 높음
④ 토출량, 양정이 동일한 경우 회전수가 높을수록 큰 비속도

09 | 펌프의 상사 법칙(Affinity law)

① 비속도가 같으면 펌프의 크기가 다른 경우에도 이를 상사(Affinity)라고 함

② 상사인 펌프의 회전수(N), 임펠러의 지름(D)에 따른 토출량(Q), 양정(H), 축동력(L)의 법칙

- 토출량비 $Q_2 = Q_1 \times \frac{N_2}{N_1} \times \left(\frac{D_2}{D_1}\right)^3$
- 양정비 $H_2 = H_1 \times \left(\frac{N_2}{N_1}\right)^2 \times \left(\frac{D_2}{D_1}\right)^2$
- 축동력비 $L_2 = L_1 \times \left(\frac{N_2}{N_1}\right)^3 \times \left(\frac{D_2}{D_1}\right)^5$

N : 회전수(rpm), D : 내경(mm)

〈펌프의 이상현상〉

01 | 공동현상(캐비테이션, cavitation)

① 배관 내, 펌프를 흐르는 액체의 압력이 증기압 이하로 내려갈 때 국부적으로 비등현상이 일어나서 증기가 발생되며 증기 공동(空洞)을 만드는 현상

② 표준 대기압 상태에서 펌프가 끌어올릴 수 있는 물의 최대높이(흡입양정) : 10.33 m

③ 실제 최대흡입양정 : 관 마찰이나 기타의 손실 때문에 약 6~7 m 정도

④ 흡입높이가 그 이상이 되거나 또는 물의 온도가 높아지면 펌프의 흡입구 측에서 물의 일부가 증발하여 기포가 되어 펌프로 흡입

- 펌프에 흡입된 증기의 기포는 임펠러를 거쳐 토출구 측으로 넘어가며 압력이 상승되므로 기포는 물속으로 다시 소멸
- 소멸 순간 격한 음향과 진동 발생(소음, 진동, 관부식 및 심하면 펌프의 흡입불능 현상 초래)
- 원인 : 큰 흡입양정, 빠른 유속, 큰 손실수두(와류의 발생, 유로에서의 장해) 등
- 캐비테이션 방지 : 펌프 내에서 포화증기압 이하의 부분이 생기지 않도록 운전

02 | 유효흡입수두($NPSH_{av}$, available Net Positive Suction Head)

① 유효흡입수두($NPSH_{av}$)

- 펌프가 운전될 때(펌프 특성과는 무관하게)흡입측의 배관 또는 운전조건에 따라서 결정
- 펌프흡입구 중심까지 유입되어 들어오는 액체에 대해 외부로부터 주어지는 압력(절대압력)에서 포화 증기압을 뺀 것이 유효 $NPSH_{av}$
- $NPSH_{av}$: 압입 또는 작은 흡입양정, 작은 손실수두에서 유리

$$NPSH_{av} = H_{av} = \frac{P_a}{\gamma} - H_s - h_{fs} - \frac{P_{vp}}{\gamma} \text{(흡입)}$$

$$NPSH_{av} = H_{av} = \frac{P_a}{\gamma} + H_s - h_{fs} - \frac{P_{vp}}{\gamma} \text{(압입)}$$

여기서, H_{av} : 유효흡입양정($NPSH_{av}$)

P_a : 흡입수면의 절대압력(표준 대기압 : $1.033\ kg_f/cm^2$)

H_s : 흡입실양정(흡수면에서 펌프 기준면까지의 높이), 흡상일 때(−), 압입일 때(+)

P_{vp} : 사용온도에서의 액체의 포화증기압

γ : 사용온도에서의 단위체적당의 중량

h_{fs} : 흡입손실수두(m)

$NPSH_{av}$은 흡입양정(H_s), 흡입손실수두(토출유량, 유속, 배관길이 등) 등에 크게 좌우

03 | 공동현상(캐비테이션, cavitation)방지 대책

① $NPSH_{av}$의 충분한 확보

- 펌프의 설치 위치를 가능한 한 낮게 할 것
- 흡입손실의 최소화 : 흡입관을 가능한 한 짧게 하고, 관 내 유속을 작게 할 것
- 흡입관의 구경을 크게 하고 배관을 단순, 직관화 하여 마찰손실을 감소시킬 것
- 불가피한 경우에는 편흡입 펌프를 양흡입 펌프로 할 것
- 불가피한 경우 흡수면보다 펌프를 낮게 설치
- 펌프의 흡입측 밸브에서는 절대로 유량조절을 하지 말 것(손실수두 최소화)
- 계획토출량보다 현저하게 벗어나는 범위에서의 운전은 피할 것
- 운전 조건으로 보아 도저히 캐비테이션을 피할 수 없을 때에는 임펠러의 재질을 캐비테이션 침식에 대하여 강한 재질을 선택할 것
- 캐비테이션이 생긴 펌프에 대해서는 소량의 공기를 흡입측에 넣어서 소음과 진동을 적게 할 수 있음

04 | 맥동현상(surging)

① 펌프의 입구와 출구에 부착된 진공계와 압력계의 지침이 흔들리고 동시에 토출유량의 변화를 가져오는 현상

② 펌프 운전 중에 압력과 토출량이 주기적으로 변동하는 현상

③ 흡입 및 토출 배관의 주기적인 진동과 소음을 수반

④ 서어징 발생조건

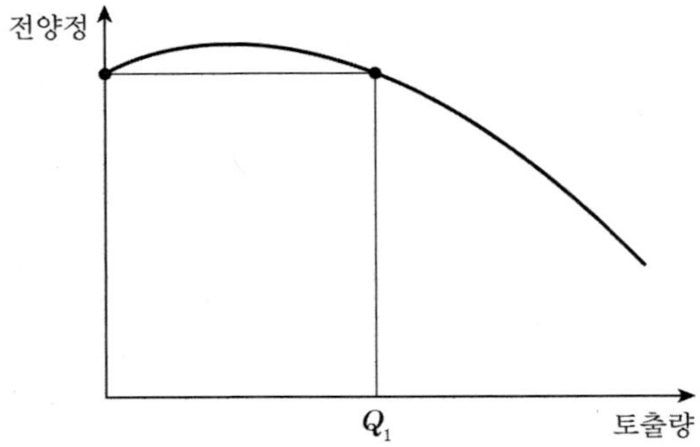

〈양정 곡선〉

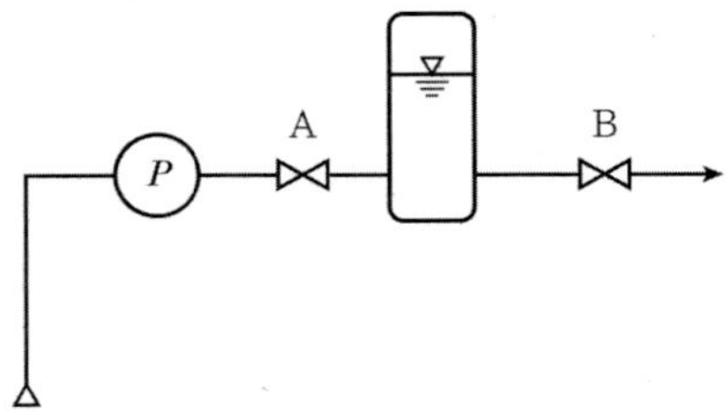

〈서어징 발생조건〉

- 펌프의 양정곡선($H-Q$) 오른쪽 위로 향하는 산(山)형인 경우
- 펌프토출 관로가 길고, 배관 중간에 수조 또는 기체상태의 부분(공기가 괴어 있는 부분) 존재
- 기체상태 부분의 하류측 밸브 B에서 토출량을 조절하는 경우
- 토출량 Q_1 이하의 범위에서 운전

⑤ 서어징 발생방지

- 펌프의 $H-Q$ 곡선이 오른쪽 하향 구배특성을 가진 펌프를 채용

- 유량 조절밸브의 위치를 펌프 토출측 직후에 위치시킬 것(밸브 A로 조정)
- 양수량 증가 : 펌프운전점을, $H-Q$ 곡선이 오른쪽 하향 구배 특성 범위에 있도록 운전. 토출량이 Q_1 이상이 되도록 운전
- 배관 중에 수조 또는 기체 상태인 부분이 존재하지 않도록 배관
- 임펠러의 회전수 변화 : 배관 내의 공기 제거. 단면적, 유속, 유량 등을 조절

05 | 수격작용(water hammer)

① 펌프의 급정지, 또는 밸브 급폐쇄 등으로 인해 물의 흐름이 정지되면, 물의 관성력 때문에 급격한 압력변동 발생. 부압과 고압이 번갈아 발생

② 관 속의 유속이 빠를수록, 급정지 또는 급폐쇄의 속도가 빠를수록 심한 압력변화 초래

③ 수격작용 원인

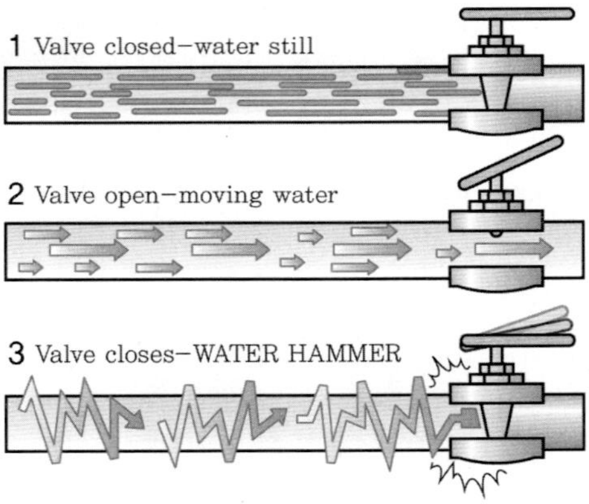

〈수격작용 (Water hammer)〉

- 정전 등으로 갑자기 펌프가 정지할 경우
- 밸브를 급폐쇄 할 경우

④ 수격작용 피해

- 압력강하 또는 압력상승으로 펌프, 밸브, 관로의 파괴

- 증기압 이하로 되는 부분에서는 수주분리를 일으킨 후 다시 물로 채워질 때 충격압 발생
- 체크밸브가 없는 경우 펌프, 원동기의 역회전 사고 발생

⑤ 수격작용 방지

- 조절수조(조압수조, surge tank)설치
- 에어채임버, water hammer cusion 등 설치
- 관로 관경을 크게 또는 유속을 낮게 유지
- 펌프에 급정지 방지용 fly wheel 설치

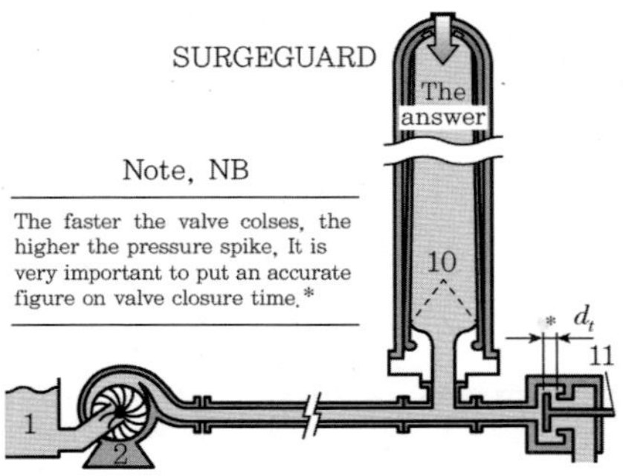

〈air chamber or surge tank〉

〈water hammer cusion〉

〈fly wheel〉

CHAPTER 02

기출문제

PART 06 | 펌프

기사 기출문제

01 펌프의 공동현상을 방지하기 위한 방법에 관한 사항으로 틀린 것은? 2010 03 07

㉮ 펌프의 설치위치를 수원보다 낮게 한다.
㉯ 펌프의 흡입측을 가압한다.
㉰ 펌프의 흡입관경을 크게 한다.
㉱ 펌프의 회전수를 크게 한다.

해설 펌프의 회전수를 크게 하면, 유속이 커지고, 그 결과 손실수두가 커지게 되어 공동현상 발생가능성이 높아진다.

정답 ㉱

02 정용적형 베인펌프의 회전속도가 1500 rpm이고, 압력상승이 6.86 MPa, 송출량이 53 L/min일 때 소비된 축동력은 7.4 kW이다. 이 펌프의 전효율은 약 몇 %인가?

2010 03 07

㉮ 94.6 ㉯ 79.8 ㉰ 80.3 ㉱ 81.9

해설 축동력 $= \dfrac{Q(\gamma H)}{\eta} = \dfrac{(53\,\mathrm{L/min} \times 6.86\,\mathrm{MPa})}{\eta} = 7.4\,\mathrm{kW}$

$$\eta = \frac{(53\,\mathrm{L/min} \times 6.86\,\mathrm{MPa})}{7.4\,\mathrm{kW}}$$

$$= \frac{\left(53\,\mathrm{L/min} \times \dfrac{1\,\mathrm{m^3}}{1000\,\mathrm{L}} \times \dfrac{1\,\mathrm{min}}{60\,\mathrm{sec}}\right) \times \left(6.86\,\mathrm{MPa} \times \dfrac{1000\,\mathrm{kPa}}{\mathrm{MPa}}\right)}{7.4\,\mathrm{kW}}$$

$$= 0.819 = 81.9\%$$

정답 ㉱

03 다음 중 비속도에 관한 설명 중 맞는 것은? (단, 회전도는 N(rpm), 송출량은 Q(m^3/min), 전양정은 H(m)이다.) 2010 03 07

㉮ 축류펌프는 원심펌프에 비해 높은 비속도를 가진다.
㉯ 같은 종류의 펌프는 운전조건이 달라도 비속도의 값이 같다.
㉰ 저용량 고수두용 펌프는 큰 비속도를 가진다.
㉱ $\frac{nQ^{1/2}}{H^{3/4}}$로 정의된 비속도는 무차원수이다.

해설 비속도($\frac{nQ^{1/2}}{H^{3/4}}$)는 펌프 및 팬의 특성을 비교하기 위하여 정량화한 수치로 전양정, 토출량, 회전수 등에 따라 영향을 받는다.

- 저용량 고수두용 펌프는 작은 비속도를 가진다.
- 축류펌프는 큰 비속도를 가지며 대용량 저양정 펌프에 해당된다.
- 비속도는 무차원수가 아니다.

정답 ㉮

04 수조바닥보다 5 m 높은 곳에서 작동하는 소방펌프의 흡입측에 설치된 진공계가 280 mmHg를 가리키고 있다. 이때 수조 내 수면의 높이는 약 몇 m인가? (단. 흡입관에서의 마찰손실은 무시한다.) 2010 05 09

㉮ 1.2 ㉯ 2.8 ㉰ 3.2 ㉱ 4.0

해설 흡입수두 $= 0.28$ mHg $= 0.28$ m $\times 13.6$ H_2O $= 3.81$ mH_2O

수심(h) $= 5$ m $- 3.81$ m $= 1.192$ m

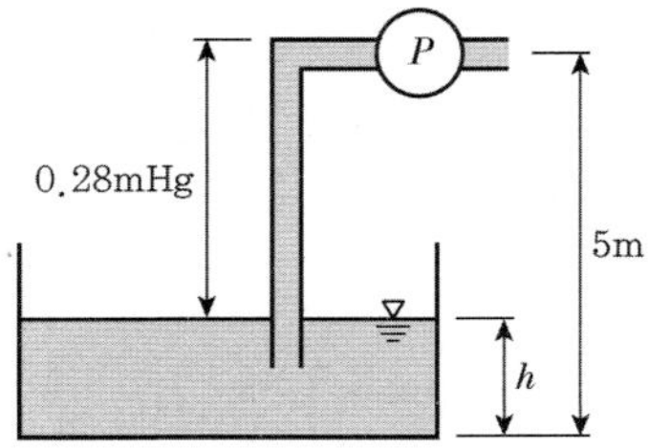

정답 ㉮

05 어떤 팬이 1750 rpm으로 회전할 때의 전압은 155 mmAq, 풍량은 240 m^3/min이다. 이것과 상사한 팬을 만들어 1650 rpm, 전압 200 mmAq로 작동할 때 풍량은 약 몇 m^3/min인가? 2010 05 09

㉮ 356 ㉯ 366 ㉰ 386 ㉱ 396

해설 상사법칙(회전수 : N, 임펠러직경 : D)

압력비 : $\dfrac{H_2}{H_1}=\left(\dfrac{N_2}{N_1}\right)^2\cdot\left(\dfrac{D_2}{D_1}\right)^2=\left(\dfrac{1650\,\text{rpm}}{1750\,\text{rpm}}\right)^2\times\left(\dfrac{D_2}{D_1}\right)^2=\dfrac{200\,\text{mmAq}}{155\,\text{mmAq}}=1.29$

$\left(\dfrac{D_2}{D_1}\right)=1.205$

풍량비 : $Q_2=Q_1\times\left(\dfrac{N_2}{N_1}\right)\cdot\left(\dfrac{D_2}{D_1}\right)^3=240\,\text{m}^3/\text{min}\times\left(\dfrac{1650}{1750}\right)\times(1.205)^3=396\,\text{m}^3/\text{min}$

정답 ㉱

06 물을 0.025 m^3/sec의 유량으로 퍼 올리고 있는 펌프가 있다. 흡입측 계기압력은 －3 kPa이고 이보다 100 m 위에 위치한 곳의 계기압력은 100 kPa이었다. 배관에서 발생하는 마찰손실이 14 m라 할 때 펌프가 물에 가해야 할 동력은 약 몇 kW인가? (단, 흡입, 송출측 관지름은 모두 100 mm이고, 물의 밀도는 ρ = 1000 kg/m^3이다.) 2010 09 05

㉮ 10.3 ㉯ 16.7 ㉰ 21.8 ㉱ 30.5

해설 $\dfrac{V_s^2}{2g}+\dfrac{p_s}{\gamma}+z_s+H=\dfrac{V_d^2}{2g}+\dfrac{p_d}{\gamma}+z_d+\text{손실수두}(h_L)$

(H : 전양정, s : 흡입 측, d : 송출 측)

$H=\dfrac{V_d^2-V_s^2}{2g}+\dfrac{p_d-p_s}{\gamma}+z_d-z_s+h_L$

$V_d=V_s$(동일구경), $z_d-z_s=100\,\text{m}$

$H=\dfrac{V_d^2-V_s^2}{2g}+\dfrac{p_d-p_s}{\gamma}+z_d-z_s+h_L$

$=0+\dfrac{100\,\text{kPa}-(-3\,\text{kPa})}{9.8\,\text{kN/m}^3}+100\,\text{m}+14\,\text{m}$

$=124.5\,\text{m}$

동력 $=Q\gamma H=(0.025\,\text{m}^3/\text{sec})\times9.8\,\text{kN/m}^3\times124.5\,\text{m}=30.5\,\text{kW}$

정답 ㉱

07 펌프입구의 진공계 및 출구의 압력계 지침이 흔들리고 송출유량도 주기적으로 변화하는 이상현상은? 2011 03 20

㉮ 공동현상(cavitation) ㉯ 수격작용(water hammering)
㉰ 맥동현상(surging) ㉱ 언밸런스(unbalance)

해설 맥동현상(surging)
- 펌프의 입구와 출구에 부착된 진공계와 압력계의 지침이 흔들리고 동시에 토출유량의 변화를 가져오는 현상
- 펌프 운전 중에 압력과 토출량이 주기적으로 변동하는 현상
- 흡입 및 토출 배관의 주기적인 진동과 소음을 수반하는 현상

정답 ㉰

08 회전속도 N(rpm), 송출량 Q(m^3/min), 전양정 H(m)인 원심펌프를 상사한 조건에서 회전속도를 1.4 N(rpm)으로 바꾸어 작동할 때 유량 및 전양정은? 2011 03 20

㉮ 1.4Q, 1.4H ㉯ 1.4Q, 1.96H
㉰ 1.96Q, 1.4H ㉱ 1.96Q, 1.96H

해설 펌프의 상사법칙(회전수 : N, 임펠러직경 : D)

송출량비 : $Q_2 = Q_1 \times \left(\frac{N_2}{N_1}\right) \cdot \left(\frac{D_2}{D_1}\right)^3 = Q_1 \times \left(\frac{1.4N}{N}\right) \times (1) = 1.4Q_1$

양정비 : $H_2 = H_1 \times \left(\frac{N_2}{N_1}\right)^2 \cdot \left(\frac{D_2}{D_1}\right)^2 = H_1 \times \left(\frac{1.4N}{N}\right)^2 \cdot (1)^2 = 1.96H_1$

정답 ㉯

09 그림과 같은 펌프가 물을 낮은 저수조에서 높은 저수조로 직경 20 cm인 관을 통하여 350 m^3/hr로 전달한다. 관 마찰손실은 대략 $h_f = \frac{25\,V^2}{2g}$ (V : 관 내 평균유속)이고 펌프동력과 효율이 각각 90 kW와 75%일 때 두 수조의 높이 차는 약 몇 m 인가? (단, 물의 비중량은 9790 N/m^3이고, 기타 부차 손실은 무시한다.) 2011 03 20

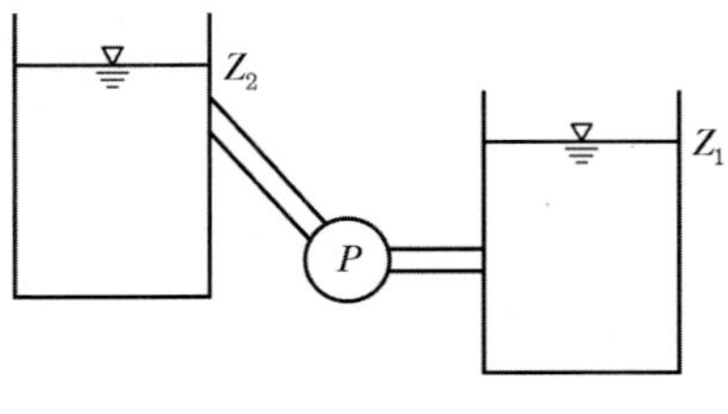

㉮ 8.7 ㉯ 18.7 ㉰ 38.7 ㉱ 58.7

해설 유량(Q) $= 350\ m^3/hr = \dfrac{350\ m^3}{3600\ sec} = 0.097\ m^3/sec$

유속(V) $= \dfrac{Q}{A} = \dfrac{0.097\ m^3/sec}{\dfrac{\pi}{4} \times (0.2\ m)^2} = 3.095\ m/sec$

마찰손실수두(h_L) $= 25\dfrac{V^2}{2g} = 25 \times \dfrac{(3.095\ m/sec)^2}{2 \times 9.8\ m/sec^2} = 12.22\ m$

펌프동력 $= \dfrac{Q\gamma H}{\eta} = \dfrac{0.097\ m^3/sec \times 9.79\ kN/m^3 \times (H + 12.22m)}{0.75} = 90\ kW$

$H = 58.7\ m$

정답 ㉱

10 유량이 $0.5\ m^3/min$일 때 손실수두가 5 m인 관로를 통하여 20 m 높이 위에 있는 저수조로 물을 이송하고자 한다. 펌프의 효율이 90%라고 할 때 펌프에 공급해야하는 전력은 약 몇 kW인가?

2011 06 12

㉮ 0.45 ㉯ 1.84 ㉰ 2.27 ㉱ 136

해설 유량(Q) $= 0.5\ m^3/min = 0.5\ m^3/min \times \dfrac{1\ min}{60\ sec} = \dfrac{0.5}{60}(m^3/sec)$

펌프동력 $= \dfrac{Q\gamma H}{\eta} = \dfrac{\dfrac{0.5}{60}\ m^3/sec \times 9.8\ kN/m^3 \times (20\ m + 5\ m)}{0.9} = 2.27\ kW$

정답 ㉰

11 물의 압력파에 의한 수격작용을 방지하기 위한 방법 중 적합하지 않는 것은?

2011 06 12

㉮ 관로 내 관경을 축소시킨다.
㉯ 관로 내 유체의 유속을 낮게 한다.
㉰ 수격방지기를 설치한다.
㉱ 펌프의 속도가 급격히 변화하는 것을 방지한다.

해설 수격작용을 방지하기 위해서는 가능하면 유속을 낮게 해야 한다. 관경을 축소시키면 유속이 오히려 증가하게 된다.

정답 ㉮

12 회전속도 1000rpm일 때 송출량 Q(m^3/min), 전양정 H(m)인 원심펌프가 상사한 조건에서 송출량이 1.1Q(m^3/min)가 되도록 회전속도를 증가시킬 때 전양정은? 2011 06 12

㉮ 0.91H ㉯ H ㉰ 1.1H ㉱ 1.21H

해설 펌프의 상사법칙(회전수 : N, 임펠러직경 : D)

유량비 : $Q_2 = Q_1 \times \left(\frac{N_2}{N_1}\right) \cdot \left(\frac{D_2}{D_1}\right)^3 = Q_1 \times \left(\frac{N_2}{N_1}\right) \cdot (1)^3 = 1.1Q_1$

$\left(\frac{N_2}{N_1}\right) = 1.1$

양정비 : $H_2 = H_1 \times \left(\frac{N_2}{N_1}\right)^2 \cdot \left(\frac{D_2}{D_1}\right)^2 = H_1 \times (1.1)^2 \cdot (1)^2 = 1.21H_1$

정답 ㉱

13 다음의 (ㄱ), (ㄴ)에 알맞은 것은? 2012 03 04

> 파이프 속을 유체가 흐를 때 파이프 끝의 밸브를 갑자기 닫으면 유체의 (ㄱ)에너지가 압력으로 변환되면서 밸브직전에서 높은 압력이 발생하고 상류로 압력파가 전달되는 (ㄴ)현상이 발생한다.

㉮ 운동, 서징(surging) ㉯ 운동, 수격작용(water hammering)
㉰ 위치, 서징(surging) ㉱ 위치, 수격작용(water hammering)

해설 수격작용(water hammer)

펌프의 급정지, 밸브 급폐쇄 등으로 물의 관성력(운동에너지) 때문에 발생되는 급격한 압력변동현상

정답 ㉯

14 펌프의 출구와 입구에서 높이 차이와 속도 차이는 매우 작고 압력 차이는 ΔP일 때, 비중량 γ인 액체를 체적유량 Q로 송출하기 위하여 필요한 펌프의 최소 동력은?

2012 03 04

㉮ $\gamma Q \Delta P$　　㉯ $\frac{Q\Delta P}{\gamma}$　　㉰ $Q\Delta P$　　㉱ $\frac{\gamma}{2}Q^2\Delta P$

해설 펌프동력 = 유량 × (단위중량 × 전양정) = 유량 × 압력 = Q × ΔP

정답 ㉰

15 유량이 2 m^3/min인 5단의 다단펌프가 2000rpm의 회전으로 50 m의 양정이 필요하다면 비속도(m^3/min · rpm · m)는?

2013 03 10

㉮ 403　　㉯ 503　　㉰ 425　　㉱ 525

해설 비속도$(N_s) = N \cdot \frac{Q^{1/2}}{(H/n)^{3/4}} = 2000 \times \frac{2^{1/2}}{(50/5)^{3/4}} = 503$

정답 ㉯

16 펌프 및 송풍기에서 발생하는 현상을 잘못 설명한 것은?

2013 03 10

㉮ 캐비테이션은 압력이 낮은 부분에서 발생할 수 있다.
㉯ 캐비테이션이나 수격작용은 펌프나 배관을 파괴하는 경우도 있다.
㉰ 송풍기의 운전중 송출압력과 유량이 주기적으로 변하는 현상을 서징이라 한다.
㉱ 송풍기에서 캐비테이션의 발생으로 회전차의 수명이 단축될 수 있다.

해설 공동현상은 배관 내, 펌프를 흐르는 액체의 압력이 증기압 이하로 내려갈 때 국부적으로 비등현상이 일어나서 증기가 발생되며 증기공동(空洞)을 만드는 현상이다. 따라서, 공기를 유송하는 송풍기에서는 발생하지 않는다.

정답 ㉱

17 유량 2 m^3/min, 전양정 25 m인 원심펌프를 설계하고자 할 때 펌프의 축동력은 몇 kW인가? (단, 펌프의 전효율은 0.78이다)

2013 03 10

㉮ 9.52　　㉯ 10.47　　㉰ 11.52　　㉱ 13.47

해설 유량(Q) $= 2\ m^3/min = \frac{2}{60}\ m^3/sec$

$$동력 = \frac{Q\gamma H}{\eta} = \frac{\frac{2}{60}\ m^3/sec \times 9.8\ kN/m^3 \times 25\ m}{0.78} = 10.47\ kW$$

정답 ㉯

18 어떤 펌프의 회전수와 유량이 각각 10%와 20% 늘어났을 때 원래 펌프와 기하학적으로 상사한 펌프가 되려면 지름은 얼마나 늘어나야 하는가? 2013 06 02

㉮ 1.5% ㉯ 2.9% ㉰ 5.0% ㉱ 71.%

해설 펌프의 상사법칙(회전수 : N, 임펠러직경 : D)

$$유량비 : Q_2 = Q_1 \times \left(\frac{N_2}{N_1}\right) \cdot \left(\frac{D_2}{D_1}\right)^3 = Q_1 \times (1.1) \times \left(\frac{D_2}{D_1}\right)^3 = 1.2Q_1$$

$$\left(\frac{D_2}{D_1}\right)^3 = \frac{1.2}{1.1}$$

$$\left(\frac{D_2}{D_1}\right) = \left(\frac{1.2}{1.1}\right)^{1/3} = 1.029$$

정답 ㉯

19 다음은 펌프에서의 공동현상(cavitation)에 대한 일반적인 설명이다. 항목 중에서 올바르게 설명한 것을 모두 고른 것은?

㉠ 액체의 온도가 높아지면 공동현상이 일어나기 쉽다. ㉡ 흡입양정을 작게 하는 것은 공동현상방지에 효과가 있다. ㉢ 공동현상은 유체 내의 국소압력이 포화증기압이상일 때 일어난다.

㉮ ㉠ ㉯ ㉠, ㉡ ㉰ ㉡, ㉢ ㉱ ㉠, ㉡, ㉢

해설 공동현상은 배관 내, 펌프를 흐르는 액체의 압력이 증기압 이하로 내려갈 때 국부적으로 비등현상이 일어나서 증기가 발생되며 증기공동(空洞)을 만드는 현상이다. 액체의 온도가 높고 흡입양정, 유속이 클 때 발생가능성이 높아진다.

정답 ㉯

20 효율 50%인 펌프를 이용하여 저수지의 물을 1초에 10L씩 30 m 위쪽에 있는 논으로 퍼 올리는 데 필요한 동력은 약 몇 kW인가? 2013 06 02

㉮ 10.0 ㉯ 20.0 ㉰ 2.94 ㉱ 5.88

해설 유량(Q) $= 10\ \mathrm{L/sec} = 0.01\ \mathrm{m^3/sec}$

$$동력 = \frac{Q\gamma H}{\eta} = \frac{0.01\ \mathrm{m^3/sec} \times 9.8\ \mathrm{kN/m^3} \times 30\ \mathrm{m}}{0.5} = 5.88\ \mathrm{kW}$$

정답 ㉱

21 그림과 같은 소방선 펌프가 물에 담긴 관으로부터 해수(비중 = 1.03)를 끌어들여 노즐을 통해 방수한다. 펌프효율이 60%이고 펌프동력이 305HP일 때 펌프내부를 제외한 총 손실수두는 대략 얼마인가? (단, 1HP = 746 W, 물의 단위중량은 9790 N/m³) 2013 09 28

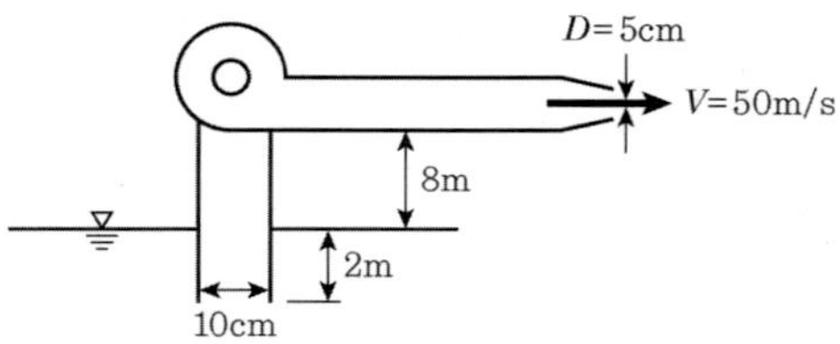

㉮ 0.4 m ㉯ 1.4 m ㉰ 2.4 m ㉱ 3.4 m

해설 펌프동력 $= 305\mathrm{HP} = 305\ \mathrm{HP} \times \frac{0.756\ \mathrm{kW}}{1\ \mathrm{HP}} = 227.5\ \mathrm{kW}$

$$전양정 = 실양정(8\ \mathrm{m}) + 속도수두\left(\frac{V^2}{2g}\right) + 손실수두(h_L)$$

$$= 8\ \mathrm{m} + \frac{(50\ \mathrm{m/sec})^2}{2 \times 9.8\ \mathrm{m/sec}} + h_L$$

$$= 135.55 + h_L$$

$$유량(Q) = A \times V = \frac{\pi}{4} \times (0.05\ \mathrm{m})^2 \times 50\ \mathrm{m/sec} = 0.0982\ \mathrm{m^3/sec}$$

$$펌프동력 = \frac{Q\gamma H}{\eta} = \frac{0.0982\ \mathrm{m^3/sec} \times (1.03 \times 9.79\ \mathrm{kN/m^3}) \times (135.55 + h_L)}{0.6} = 227.5\ \mathrm{kW}$$

$h_L = 2.3\ \mathrm{m}$

정답 ㉰

22 펌프의 흡입양정이 클 때 발생될 수 있는 현상은? 2013 09 28

㉮ 공동현상(cavitation)
㉯ 서징현상(surging)
㉰ 역회전 현상
㉱ 수격현상(water hammering)

해설 공동현상은 배관 내, 펌프를 흐르는 액체의 압력이 증기압 이하로 내려갈 때 국부적으로 비등현상이 일어나서 증기가 발생되며 증기 공동(空洞)을 만드는 현상이다. 흡입양정이 클 때는 공동현상이 발생할 가능성이 높아진다.

정답 ㉮

23 물의 온도에 상응하는 증기압보다 낮은 부분이 발생하면 물은 증발되고 물속에 있던 공기와 물이 분리되어 기포가 발생하는 펌프의 현상은? 2014 03 02

㉮ 피드백(Feed back)
㉯ 서징현상(surging)
㉰ 공동현상(cavitation)
㉱ 수격작용(water hammering)

해설 공동현상은 배관 내, 펌프를 흐르는 액체의 압력이 증기압 이하로 내려갈 때 국부적으로 비등현상이 일어나서 증기가 발생되며 증기 공동(空洞)을 만드는 현상이다.

정답 ㉰

24 펌프에 의하여 유체에 실제로 주어지는 동력은? (단, L_w는 동력(kW), γ는 물의 비중량(N/m^3), Q는 토출량(m^3/min), H는 전양정(m), g는 중력가속도(m/sec^2)) 2014 05 25

㉮ $L_w = \dfrac{\gamma QH}{102 \times 60}$
㉯ $L_w = \dfrac{\gamma QH}{1000 \times 60}$
㉰ $L_w = \dfrac{\gamma QHg}{102 \times 60}$
㉱ $L_w = \dfrac{\gamma QHg}{1000 \times 60}$

해설 $L_w = Q(\gamma H)$

(L_w : 수동력(W), Q : 펌프토출량(m^3/sec), γ : 물의 비중량($=9800\ N/m^3$), H : 전양정(m))

$$L_w = Q\left(m^3/min \times \frac{1\ min}{60\ sec}\right) \times (\gamma H)\left(W \times \frac{1\ kW}{1000\ W}\right)$$

$$= \frac{Q\gamma H}{60 \times 1000}(kW)$$

정답 ㉯

25 2단식 터보팬을 6000 rpm으로 회전시킬 경우 풍량은 0.5 m^3/min, 축동력은 0.049 kW이었다. 만약 터보팬의 회전수를 8000으로 바꾸어 회전시킬 경우 축동력은 몇 kW인가?
2014 05 25

㉮ 0.0207　　㉯ 0.207　　㉰ 0.116　　㉱ 1.161

해설 펌프의 상사법칙(회전수 : N, 임펠러직경 : D)

동력비 : $L_2 = L_1 \times \left(\frac{N_2}{N_1}\right)^3 \cdot \left(\frac{D_2}{D_1}\right)^5 = 0.049\,\text{kW} \times \left(\frac{8000\,\text{rpm}}{6000\,\text{rpm}}\right)^3 \times (1)^5 = 0.116\,\text{kW}$

정답 ㉰

26 캐비테이션에 대한 설명으로 옳은 것은? 2014 05 25

㉮ 물의 온도가 낮거나 흡입거리가 길수록 발생하기 쉽다.
㉯ 원심펌프의 경우 캐비테이션 발생의 가장 큰 원인은 깃 이면의 압력강하이다.
㉰ 공동현상은 펌프의 설치위치와 관계없이 임펠러의 속도증가로 인한 압력강하에 기인한다.
㉱ 원심펌프의 공동현상을 방지하기 위해서는 펌프의 회전수를 낮추고 단흡입펌프로 교체한다.

해설 공동현상은 배관 내, 펌프를 흐르는 액체의 압력이 증기압 이하로 내려갈 때 국부적으로 비등현상이 일어나서 증기가 발생되며 증기 공동(空洞)을 만드는 현상이다.

- 물의 온도가 높을 때 발생하기 쉽다.
- 공동현상은 펌프의 설치높이(흡입수두)에 크게 영향받는다.
- 원심펌프의 공동현상을 방지하기 위해서 양흡입펌프로의 교체도 고려해야 한다.

정답 ㉯

27 회전속도 1000 rpm일 때 송출량 Q(m^3/min), 전양정 H(m)인 원심펌프가 상사한 조건에서 송출량이 1.1Q(m^3/min)가 되도록 회전속도를 증가시킬 때 전양정은? 2014 09 20

㉮ 0.91 H　　㉯ H　　㉰ 1.1 H　　㉱ 1.21 H

해설 펌프의 상사법칙(회전수 : N, 임펠러직경 : D)

유량비 : $Q_2 = Q_1 \times \left(\frac{N_2}{N_1}\right) \cdot \left(\frac{D_2}{D_1}\right)^3 = Q_1 \times \left(\frac{N_2}{N_1}\right) \cdot (1)^3 = 1.1Q_1$

$$\left(\frac{N_2}{N_1}\right)=1.1$$

양정비 : $H_2 = H \times \left(\frac{N_2}{N_1}\right)^2 \cdot \left(\frac{D_2}{D_1}\right)^2 = H \times (1.1)^2 \cdot (1)^2 = 1.21H$

정답 ㉱

28 펌프에서 기계효율이 0.8, 수력효율이 0.85, 체적효율이 0.75인 경우 전 효율은 얼마인가? 2015 03 08

㉮ 0.51 ㉯ 0.68 ㉰ 0.8 ㉱ 0.9

해설 전효율＝기계효율×수력효율×체적효율＝0.8×0.85×0.75＝0.51＝51%

정답 ㉮

29 펌프 운전 중에 펌프입구와 출구에 설치된 진공계, 압력계의 지침이 흔들리고 동시에 토출유량이 변화하는 현상으로 송출압력과 송출유량 사이에 주기적인 변동이 일어나는 현상은? 2015 03 08

㉮ 수격현상 ㉯ 서징현상
㉰ 공동현상 ㉱ 와류현상

해설 맥동현상(surging)

- 펌프의 입구와 출구에 부착된 진공계와 압력계의 지침이 흔들리고 동시에 토출유량의 변화를 가져오는 현상

정답 ㉯

30 원심팬이 1,700 rpm으로 회전할 때의 전압은 1520 Pa, 풍량은 240 m^3/min이다. 이 팬의 비교회전도는 약 몇 m^3/min · m/rpm인가? (단, 공기의 밀도는 1.2 kg/m^3이다.) 2015 05 31

㉮ 502 ㉯ 652 ㉰ 687 ㉱ 827

해설 $N_s = N \cdot \frac{Q^{1/2}}{H^{3/4}} = 1700 \times \frac{240^{1/2}}{\left(\frac{1520\ Pa}{\gamma_{air}}\right)^{3/4}} = 1700 \times \frac{240^{1/2}}{\left(\frac{1520\ Pa}{1.2\ kg/m^3 \times 9.8\ m/sec^2}\right)^{3/4}} = 687$

정답 ㉰

31 저수조의 소화수를 빨아올릴 때 펌프의 유효흡입양정(NPSH)으로 적합한 것은? (단, P_a : 흡입수면의 대기압, P_v : 포화증기압, γ : 비중량, H_a : 흡입실양정, H_L : 흡입손실수두) 2015 05 31

㉮ $NPSH = P_a/\gamma + P_v/\gamma - H_a - H_L$
㉯ $NPSH = P_a/\gamma - P_v/\gamma + H_a - H_L$
㉰ $NPSH = P_a/\gamma - P_v/\gamma - H_a - H_L$
㉱ $NPSH = P_a/\gamma - P_v/\gamma - H_a + H_L$

해설 $NPSH_{av} = \frac{P_a}{\gamma} \mp H_s - h_{fs} - \frac{P_{vp}}{\gamma}$

여기서, H_{av} : 유효흡입양정($NPSH_{av}$)
P_a : 흡입수면의 절대압력
H_s : 흡입실양정(흡수면에서 펌프 기준면까지의 높이), 흡상일 때(−), 압입일 때(+)
P_{vp} : 사용온도에서의 액체의 포화증기압
γ : 사용온도에서의 단위체적당의 중량
h_{fs} : 흡입손실수두(m)

정답 ㉰

32 안지름이 30 cm이고 길이가 800 m인 관로를 통하여 300ℓ/sec의 물을 50 m 높이까지 양수하는 데 필요한 펌프의 동력은 약 몇 kW인가? (단, 관 마찰계수는 0.030이고 펌프의 효율은 85%이다.) 2015 05 31

㉮ 173 ㉯ 259 ㉰ 398 ㉱ 427

해설 유량(Q) = 300 L/sec = 0.3 m^3/sec

유속(V) $= \frac{Q}{A} = \frac{0.3\ m^3/sec}{\frac{\pi}{4} \times (0.3\ m)^2} = 4.244\ m/sec$

$$손실수두(h_L) = f\frac{L}{D}\times\frac{V^2}{2g} = 0.03\times\frac{800\ m}{0.2\ m}\times\frac{(4.244\ m)^2}{2\times 9.8\ m/sec^2} = 73.52\ m$$

$$전양정(H) = 실양정 + 손실수두 = 50\ m + 73.52\ m = 123.52\ m$$

$$펌프동력 = \frac{Q\gamma H}{\eta} = \frac{0.3\ m^3/sec\times 9.8\ kN/m^3\times 123.52\ m}{0.85} = 427.2\ kW$$

정답 ㉱

33 소방펌프의 회전수를 2배 증가시키면 소방펌프의 동력은 몇 배 증가하는가? (단, 기타 조건은 동일) 2015 09 19

㉮ 2 ㉯ 4 ㉰ 6 ㉱ 8

해설 펌프의 상사법칙(회전수 : N, 임펠러직경 : D)

$$동력비 : L_2 = L_1\times\left(\frac{N_2}{N_1}\right)^3\cdot\left(\frac{D_2}{D_1}\right)^5 = L_1\times(2)^3\cdot(1)^5 = 8L_1$$

정답 ㉱

34 유량이 0.6 m^3/min일 때 손실수두가 7 m인 관로를 통하여 10 m 높이에 있는 저수조로 물을 이송하고자 한다. 펌프의 효율이 90%라고 할 때 펌프에 공급해야 하는 전력은 몇 kW인가? 2015 09 19

㉮ 0.45 ㉯ 1.85 ㉰ 2.27 ㉱ 136

해설 $유량(Q) = 0.6\ m^3/min = \frac{0.6}{60}\ m^3/sec$

$$전양정(H) = 7\ m + 10\ m = 17\ m$$

$$펌프동력 = \frac{Q\gamma H}{\eta} = \frac{\frac{0.6}{60}\ m^3/sec\times 9.8\ kN/m^3\times 17\ m}{0.9} = 1.85\ kW$$

정답 ㉯

35 온도가 T인 유체가 정압이 P인 상태로 관 속을 흐를 때 공동현상이 발생하는 조건으로 가장 적절한 것은? (단, 유체온도 T에 해당하는 포화수증기압을 P_s라 한다.) 2015 09 19

㉮ $P > P_s$ ㉯ $P > 2P_s$ ㉰ $P < P_s$ ㉱ $P < 2P_s$

해설 공동현상(캐비테이션, cavitation)
배관 내, 펌프를 흐르는 유체의 압력(P)이 포화 수증기압(P_s) 이하로 내려갈 때 국부적으로 비등현상이 일어나서 증기가 발생되며 증기 공동(空洞)을 만드는 현상

정답 ㉰

36 펌프의 입구 및 출구측에 연결된 진공계와 압력계가 각각 25 mmHg와 260 kPa을 가리켰다. 이 펌프의 배출유량이 0.15 m³/s가 되려면 펌프의 동력은 약 몇 kW가 되어야 하는가? (단, 펌프의 입구와 출구의 높이 차는 없고, 입구측 관직경은 20 cm, 출구측 관직경은 15 cm이다.) 2016 03 06

㉮ 3.95 ㉯ 4.32 ㉰ 39.5 ㉱ 43.2

해설 $\frac{V_s^2}{2g}+\frac{p_s}{\gamma}+z_s+H=\frac{V_d^2}{2g}+\frac{p_d}{\gamma}+z_d$ (H : 전양정, s : 입구쪽, d : 출구쪽)

$z_d = z_s$

입구측 속도$(V_s) = \dfrac{0.15\ m^3/sec}{\frac{\pi}{4}\times(0.2\ m)^2} = 4.775\ m/sec$

출구측 속도$(V_d) = \dfrac{0.15\ m^3/sec}{\frac{\pi}{4}\times(0.15\ m)^2} = 8.49\ m/sec$

흡입압력$(p_s) = -25\ mmHg = -13.6\gamma_w \times 0.025\ m$
$= -13.6\times 9.8\ kN/m^3 \times 0.025\ m$
$= -3.33\ kPa$

$H = \dfrac{V_d^2 - V_s^2}{2g} + \dfrac{p_d - p_s}{\gamma}$
$= \dfrac{(8.49\ m/sec)^2-(4.775\ m/sec)^2}{2\times 9.8\ m/sec^2} + \dfrac{260\ kPa-(-3.33\ kPa)}{9.8\ kN/m^3}$
$= 29.4\ m$

동력$= Q\gamma H = (0.15\ m^3/sec)\times 9.8\ kN/m^3 \times 29.4\ m = 43.22\ kW$

정답 ㉱

37 펌프에 대한 설명 중 틀린 것은? 2016 03 06

㉮ 회전식 펌프는 대용량에 해당하며 고장 수리가 간단하다.
㉯ 기어펌프는 회전식 펌프의 일종이다.
㉰ 플런저 펌프는 왕복식 펌프이다.
㉱ 터빈펌프는 고양정, 대용량에 적당하다.

해설 회전식 펌프는 일반적으로 소용량 펌프에 적당하다.

정답 ㉮

38 물의 압력파에 의한 수격작용을 방지하기 위한 방법으로 옳지 않은 것은? 2016 03 06

㉮ 펌프의 속도가 급격히 변화하는 것을 방지한다.
㉯ 관로 내의 관경을 축소시킨다.
㉰ 관로 내 유체의 유속을 낮게 한다.
㉱ 밸브의 개폐시간을 가급적 길게 한다.

해설 수격작용 방지를 위해서는 관경을 크게 또는 유속을 낮게 유지해야 한다.

정답 ㉯

39 펌프입구의 진공계 및 출구의 압력계 지침이 흔들리고 송출유량도 주기적으로 변화하는 이상 현상은? 2016 05 08

㉮ 공동현상(cavitation)
㉯ 수격작용(water hammering)
㉰ 맥동현상(surging)
㉱ 언밸런스(unbalance)

해설 맥동현상(surging)
- 펌프의 입구와 출구에 부착된 진공계와 압력계의 지침이 흔들리고 동시에 토출유량의 변화를 가져오는 현상

정답 ㉰

40 동일한 성능의 두 펌프를 직렬 또는 병렬로 연결하는 경우의 주된 목적은? 2016 05 08

㉮ 직렬 : 유량증가, 병렬 : 양정증가
㉯ 직렬 : 유량증가, 병렬 : 유량증가
㉰ 직렬 : 양정증가, 병렬 : 유량증가
㉱ 직렬 : 양정증가, 병렬 : 양정증가

해설 펌프의 직렬운전에서는 유량은 일정하고 양정이 증가한다.
펌프의 병렬운전에서는 양정은 일정하고 유량이 증가한다.

정답 ㉰

41 구조가 상사한 2대의 펌프에서 유동상태가 상사할 경우 2대의 펌프 사이에 성립하는 상사법칙이 아닌 것은? (단, 비압축성 유체인 경우이다.) 2016 05 08

㉮ 유량에 관한 상사법칙
㉯ 전양정에 관한 상사법칙
㉰ 축동력에 관한 상사법칙
㉱ 밀도에 관한 상사법칙

해설 펌프의 상사법칙은 운전회전수와 펌프의 크기에 따라 유량, 전양정, 축동력에 관한 세 개의 상사법칙이 있다.

- 토출량비 $Q_2 = Q_1 \times \frac{N_2}{N_1} \times \left(\frac{D_2}{D_1}\right)^3$
- 양정비 $H_2 = H_1 \times \left(\frac{N_2}{N_1}\right)^2 \times \left(\frac{D_2}{D_1}\right)^2$
- 축동력비 $L_2 = L_1 \times \left(\frac{N_2}{N_1}\right)^3 \times \left(\frac{D_2}{D_1}\right)^5$

(N : 회전수, D : 직경)

정답 ㉱

42 공동현상(cavitation)의 발생원인과 가장 관계가 먼 것은? 2016 10 01

㉮ 관 내의 수온이 높을 때
㉯ 펌프의 흡입양정이 클 때
㉰ 펌프의 설치위치가 수원보다 낮을 때
㉱ 관 내의 물의 정압이 그 때의 증기압보다 낮을 때

해설 공동현상(캐비테이션, cavitation)
펌프운전에서 유체의 압력이 포화 수증기압 이하로 내려갈 때 국부적으로 비등현상이 일어나서 증기가 발생되며 증기 공동(空洞)을 만드는 현상으로 수온이 높을 때, 유속이 클 때, 흡입수두(높은 펌프설치위치)가 클 때 발생할 가능성이 높아진다.

정답 ㉰

43 소화펌프의 회전수가 1450 rpm일 때 양정이 25 m, 유량이 5 m^3/min이었다. 펌프의 회전수를 1740 rpm으로 높일 경우 양정(m)과 유량(m^3/min)은? 2016 10 01

㉮ 양정 : 17, 유량 : 4.2
㉯ 양정 : 21, 유량 : 5
㉰ 양정 : 30.2, 유량 : 5.2
㉱ 양정 : 36, 유량 : 6

해설 펌프의 상사법칙(회전수 : N, 임펠러직경 : D)

유량비 : $Q_2 = Q_1 \times \left(\frac{N_2}{N_1}\right) \cdot \left(\frac{D_2}{D_1}\right)^3 = (5\ m^3/min) \times \left(\frac{1740\ rpm}{1450\ rpm}\right) \cdot (1)^3 = 6\ m^3/min$

양정비 : $H_2 = H_1 \times \left(\frac{N_2}{N_1}\right)^2 \cdot \left(\frac{D_2}{D_1}\right)^2 = 25\ m \times \left(\frac{1740\ rpm}{1450\ rpm}\right)^2 \cdot (1)^2 = 36\ m$

정답 ㉱

44 송풍기의 풍량 15 m^3/s, 전압 540 Pa, 전압효율이 55%일 때 필요한 축동력은 몇 kW인가? 2016 10 01

㉮ 2.23 ㉯ 4.46 ㉰ 8.1 ㉱ 14.7

해설 축동력$= \frac{Q(\gamma H)}{\eta} = \frac{Q \times p}{\eta} = \frac{15\ m^3/sec \times 540\ Pa}{0.55} = 14727.3\ W = 14.7\ kW$

정답 ㉱

45 다음 중 펌프를 직렬운전해야 할 상황으로 가장 적절한 것은? 2017 03 05

㉮ 유량이 변화가 크고 한 대로는 유량이 부족할 때
㉯ 소요되는 양정이 일정하지 않고 크게 변동될 때
㉰ 펌프에 폐입현상이 발생할 때
㉱ 펌프에 무구속속도(run away speed)가 나타날 때

해설 ㉮ 펌프의 직렬운전 : 두 개의 펌프를 직렬연결 운전 시 두 펌프의 전유량은 단일 펌프의 유량과 같지만 압력(양정)은 두 배가 된다. 양정이 불안할 때 운전하는 방법이다.
㉯ 펌프의 병렬운전: 두 개의 펌프가 배출하는 유량은 단일 펌프 유량의 두 배가 되지만 압력의 발생은 단일펌프와 동일하다.

정답 ㉯

46 펌프운전 중 발생하는 수격작용의 발생을 예방하기 위한 방법에 해당되지 않는 것은?
2017 03 05

㉮ 밸브를 가능한 펌프송출구에서 멀리 설치한다.
㉯ 서지탱크를 관로에 설치한다.
㉰ 밸브의 조작을 천천히 한다.
㉱ 관 내의 유속을 낮게 한다.

해설 〈수격작용 방지〉
- 조절수조(surge tank)설치
- 에어채임버, water hammer cusion 등 설치
- 관로 관경을 크게 또는 유속을 낮게 유지
- 펌프에 급정지 방지용 fly wheel 설치

정답 ㉮

47 유량이 0.6 m^3/min일 때 손실수두가 5 m인 관로를 통하여 10m 높이 위에 있는 저수조로 물을 이송하고자 한다. 펌프의 효율이 85%라고 할 때 펌프에 공급해야 하는 전력은 약 몇 kW인가?
2017 03 05

㉮ 0.58 ㉯ 1.15 ㉰ 1.47 ㉱ 1.73

해설 축동력(P) $= \frac{Q\gamma H}{\eta} = \frac{(0.6\ m^3/60\ sec) \times (9.8\ kN/m^{3)} \times (5\ m + 10\ m)}{0.85} = 1.73\ kW$

정답 ㉱

48 65%의 효율을 가진 원심펌프를 통하여 물을 1 m^3/sec의 유량으로 송출시 필요한 펌프수두가 6 m이다. 이때 펌프에 필요한 축동력은 약 몇 kW인가?
2017 05 07

㉮ 40 kW ㉯ 60 kW ㉰ 80 kW ㉱ 90 kW

해설 축동력(P) $= \frac{Q\gamma H}{\eta} = \frac{(1\ m^3/sec) \times (9.8\ kN/m^3) \times (6\ m)}{0.65} = 90.46\ kW$

정답 ㉱

49 분당 토출량이 1600 L, 전양정이 100 m인 물 펌프의 회전수를 1000 rpm에서 1400 rpm으로 증가하면 전동기 소요동력은 약 몇 kW가 되어야 하는가? (단, 펌프의 효율은 65%이고, 전달계수는 1.1이다.) 2017 05 07

㉮ 44.1 ㉯ 82.1 ㉰ 121 ㉱ 142

해설 회전수 1000 rpm에서 전동기 동력(L_1)

$$L_1 = \frac{Q\gamma H}{\eta} \times K = \frac{(1.6\ \mathrm{m^3/60\ sec}) \times 9.8\ \mathrm{kN/m^3} \times 100\ \mathrm{m}}{0.65} \times 1.1 = 44.23\ \mathrm{kW}$$

펌프의 상사 법칙(Affinity law)에서

- 축동력 $L_2 = L_1 \times \left(\frac{N_2}{N_1}\right)^3 \times \left(\frac{D_2}{D_1}\right)^5$

$$= 44.23 \times \left(\frac{1400\ \mathrm{rpm}}{1000\ \mathrm{rpm}}\right)^3 \times 1$$

$$= 121.4\ \mathrm{kW}$$

정답 ㉰

50 펌프의 공동현상(cavitation)을 방지하기 위한 방법이 아닌 것은? 2017 05 07

㉮ 펌프의 설치위치를 되도록 낮게 하여 흡입양정을 짧게 한다.
㉯ 단흡입펌프보다는 양흡입펌프를 사용한다.
㉰ 펌프의 흡입관경을 크게 한다.
㉱ 펌프의 회전수를 크게 한다.

해설 〈공동현상(캐비테이션, cavitation)방지 대책〉

- 펌프의 설치 위치를 가능한 한 낮게 할 것
- 흡입손실의 최소화 : 흡입관을 가능한 한 짧게 하고, 관 내 유속을 작게 할 것
- 흡입관의 구경을 크게 하고 배관을 단순, 직관화하여 마찰손실을 감소시킬 것
- 불가피한 경우에는 편흡입 펌프를 양흡입 펌프로 할 것
- 불가피한 경우 흡수면 보다 펌프를 낮게 설치
- 펌프의 흡입측 밸브에서는 절대로 유량조절을 하지 말 것(손실수두 최소화)
- 계획토출량 보다 현저하게 벗어나는 범위에서의 운전은 피할 것

정답 ㉱

51 그림과 같이 물탱크에서 2 m^2의 단면적을 가진 파이프를 통해 터빈으로 물이 공급되고 있다. 송출되는 터빈은 수면으로부터 30 m 아래에 위치하고, 유량은 10 m^3/sec이고 터빈 효율이 80%일 때 터빈 출력은 약 몇 kW인가? (단, 밴드나 밸브 등에 의한 부차적 손실계수는 2로 가정한다.) 2017 05 07

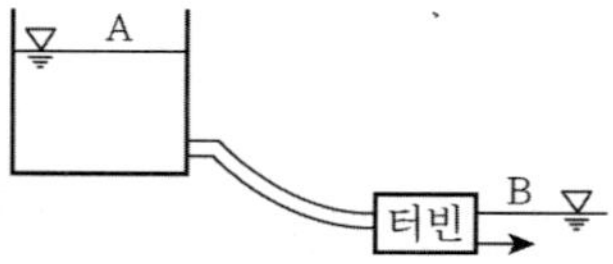

㉮ 1254 ㉯ 2690 ㉰ 2152 ㉱ 3363

해설 유속(V)=$\frac{10\ m^3/sec}{2\ m^2}$=5 m/sec

손실수두=$K\frac{V^2}{2g}=2\times\frac{(5\ m/sec)^2}{2\times 9.8\ m/sec^2}=2.55\ m$

유효낙차$(H_e)=30\ m-2.55\ m=27.45\ m$

터빈출력=$Q\times\gamma\times H_e\times\eta=10\ m^3/sec\times 9.8\ kN/m^3\times 27.45\ m\times 0.8=2152\ kW$

정답 ㉰

52 펌프의 공동현상(cavitation)을 방지하기 위한 대책으로 옳지 않은 것은? 2017 09 23

㉮ 펌프의 설치높이를 될 수 있는 대로 높여서 흡입양정을 길게 한다.
㉯ 펌프의 회전수를 낮추어 흡입 비속도를 적게 한다.
㉰ 단흡입펌프보다는 양흡입펌프를 사용한다.
㉱ 밸브, 플랜지 등의 부속품 수를 줄여서 손실수두를 줄인다.

해설 〈공동현상(캐비테이션, cavitation)방지 대책〉

- 펌프의 설치 위치를 가능한 한 낮게 할 것
- 흡입손실의 최소화 : 흡입관을 가능한 한 짧게 하고, 관 내 유속을 작게 할 것
- 흡입관의 구경을 크게 하고 배관을 단순, 직관화하여 마찰손실을 감소시킬 것
- 불가피한 경우에는 편흡입 펌프를 양흡입 펌프로 할 것
- 불가피한 경우 흡수면 보다 펌프를 낮게 설치
- 펌프의 흡입측 밸브에서는 절대로 유량조절을 하지 말 것(손실수두 최소화)
- 계획토출량 보다 현저하게 벗어나는 범위에서의 운전은 피할 것

정답 ㉮

53 전양정 80 m, 토출량 500 L/min인 물을 사용하는 소화펌프가 있다. 펌프효율 65%, 전달계수(K) 1.1인 경우 필요한 전동기의 최소 동력은 약 몇 kW인가? 2017 09 23

㉮ 9 kW ㉯ 11 kW ㉰ 13 kW ㉱ 15 kW

해설 전동기 동력

$$P_m = \frac{Q\gamma H}{\eta} \times K = \frac{(0.5\ m^3/60\ sec) \times 9.8\ kN/m^3 \times 80\ m}{0.65} \times 1.1 = 11.06\ kW$$

정답 ㉯

54 펌프에 의하여 유체에 실제로 주어지는 동력은? (단, L_ω는 동력(kW), γ는 물의 비중량(N/m^3), Q는 토출량(m^3/min), H는 전양정(m), g는 중력가속도(m/sec^2)이다.) 2018 03 04

㉮ $L_\omega = \frac{\gamma QH}{102 \times 60}$ ㉯ $L_\omega = \frac{\gamma QH}{1000 \times 60}$ ㉰ $L_\omega = \frac{\gamma QHg}{102 \times 60}$ ㉱ $L_\omega = \frac{\gamma QHg}{1000 \times 60}$

해설 L_w = 유량 × 유체단위중량 × 전양정

$$= \left(Q(m^3/min) \times \frac{1\ min}{60\ sec}\right) \times \gamma(N/m^3) \times H(m)$$

$$= \frac{Q\gamma H}{60}(W)$$

$$= \frac{Q\gamma H}{60}(W) \times \frac{1\ kW}{1000\ W}$$

$$= \frac{Q\gamma H}{60 \times 1000}(kW)$$

정답 ㉯

55 성능이 같은 3대의 펌프를 병렬로 연결하였을 경우 양정과 유량은 얼마인가?(단, 펌프 1대에서 유량은 Q, 양정은 H라고 한다.) 2018 03 04

㉮ 유량은 9Q, 양정은 H ㉯ 유량은 9Q, 양정은 3H
㉰ 유량은 3Q, 양정은 3H ㉱ 유량은 3Q, 양정은 H

해설 동일성능 펌프의 병렬연결 : 유량증가, 양정 일정
동일성능 펌프의 직렬연결 : 유량일정, 양정 증가

정답 ㉱

56 지름 0.4 m인 관에 물이 0.5 m^3/sec로 흐를 때 길이 300 m에 대한 동력손실은 60 kW였다. 이때 관마찰계수 f는 약 얼마인가? 2018 03 04

㉮ 0.015 ㉯ 0.020 ㉰ 0.025 ㉱ 0.030

해설 유속(V)= $\frac{Q}{A} = \frac{0.5\ m^3/sec}{\frac{\pi}{4}\times(0.4\ m)^2} = 3.98\ m/sec$

동력손실= $Q\gamma H = 0.5\ m^3/sec \times 9.8\ kN/m^3 \times H = 60\ kW$

손실수두(H) $= 12.245\ m = f\frac{L}{D}\frac{V^2}{2g}$

$$f = \frac{12.245\ m}{\left(\frac{L}{D}\times\frac{V^2}{2g}\right)} = \frac{12.245\ m}{\left(\frac{300\ m}{0.4\ m}\times\frac{(3.98\ m/sec)^2}{2\times 9.8\ m/sec^2}\right)} = 0.02$$

정답 ㉯

57 수격작용에 대한 설명으로 맞는 것은? 2018 03 04

㉮ 관로가 변할 때 물의 급격한 압력 저하로 인해 수중에서 공기가 분리되어 기포가 발생하는 것을 말한다.
㉯ 펌프의 운전 중에 송출압력과 송출유량이 주기적으로 변동하는 현상을 말한다.
㉰ 관로의 급격한 온도변화로 인해 응결되는 현상을 말한다.
㉱ 흐르는 물을 갑자기 정지시킬 때 수압이 급격히 변화하는 현상을 말한다.

해설 〈수격작용(water hammer)〉

펌프의 급정지, 또는 밸브 급폐쇄 등으로 인해 물의 흐름이 정지되면, 물의 관성력 때문에 급격한 압력변동이 발생하는 현상

정답 ㉱

58 효율이 50%인 펌프를 이용하여 저수지의 물을 1초에 10 L씩 30m 위쪽에 있는 논으로 퍼 올리는 데 필요한 동력은 몇 kW인가? 2018 04 28

㉮ 18.83 ㉯ 10.48 ㉰ 2.94 ㉱ 5.88

해설 $P = \frac{Q\gamma H}{\eta} = \frac{(0.01\ m^3/sec)\times 9.8\ kN/m^3 \times 30\ m}{0.5} = 5.88\ kW$

정답 ㉱

59 펌프가 실제 유동시스템에 사용될 때 펌프의 운전점은 어떻게 결정하는 것이 좋은가?
2018 04 28

㉮ 시스템 곡선과 펌프성능곡선의 교점에서 운전한다.
㉯ 시스템 곡선과 펌프곡선의 교점에서 운전한다.
㉰ 펌프성능곡선과 펌프효율곡선의 교점에서 운전한다.
㉱ 펌프효율곡선의 최고점, 즉 최고 효율점에서 운전한다.

해설 펌프성능곡선과 운전시 저항(시스템)곡선이 만나는 지점이 운전점이다.

정답 ㉮

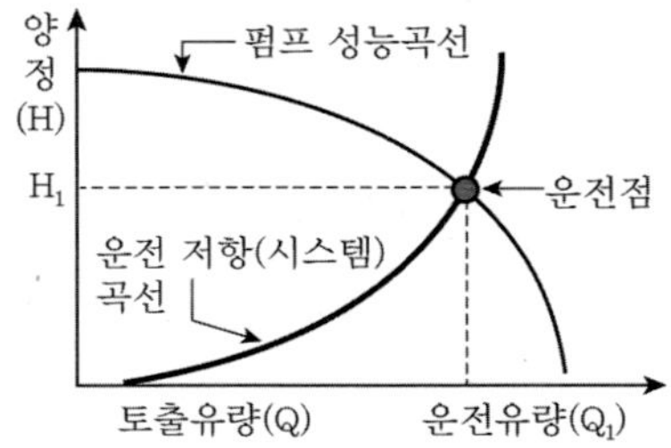

60 펌프를 이용하여 10 m 높이 위에 있는 물탱크로 유량 0.3 m^3/min의 물을 퍼 올리려고 한다. 관로 내 마찰손실수두가 3.8 m이고, 펌프의 효율이 85%일 때 펌프에 공급해야 하는 동력은 약 몇 W인가? 2018 09 15

㉮ 128 ㉯ 796 ㉰ 677 ㉱ 219

해설 전양정(H)=10 m+3.8 m=13.8 m

$$P = \frac{Q\gamma H}{\eta} = \frac{(0.3\ m^3/60sec) \times 9800\ N/m^3 \times 13.8\ m}{0.85} = 795.5\ W$$

정답 ㉯

61 회전속도 1000rpm일 때 송출량 Q[m^3/min], 전양정 H[m]인 원심펌프가 상사한 조건에서 송출량이 1.1Q[m^3/min]가 되도록 회전속도를 증가시킬 때, 전양정은 어떻게 되는가?
2018 09 15

㉮ 0.91H ㉯ H ㉰ 1.1H ㉱ 1.21H

해설 펌프의 상사 법칙(Affinity law)

• 토출량비 $Q_2 = Q_1 \times \frac{N_2}{N_1} \times \left(\frac{D_2}{D_1}\right)^3$ 에서

$$1.1Q = Q \times \frac{N_2}{N_1} \times 1$$

$$\frac{N_2}{N_1} = 1.1$$

• 양정비 $H_2 = H_1 \times \left(\frac{N_2}{N_1}\right)^2 \times \left(\frac{D_2}{D_1}\right)^2$

$$= H_1 \times (1.1)^2 \times 1$$

$$= 1.21H_1$$

정답 ㉱

62 펌프의 케비테이션을 방지하기 위한 방법으로 틀린 것은? 2018 09 15

㉮ 펌프의 설치위치를 낮추어서 흡입양정을 작게 한다.
㉯ 흡입관을 크게 하거나 밸브, 플랜지 등을 조정하여 흡입손실수두를 줄인다.
㉰ 펌프의 회전속도를 높여 흡입속도를 크게 한다.
㉱ 2대 이상의 펌프를 사용한다.

해설 〈공동현상(캐비테이션, cavitation)방지 대책〉
- 펌프의 설치 위치를 가능한 한 낮게 할 것
- 흡입손실의 최소화 : 흡입관을 가능한 한 짧게 하고, 관 내 유속을 작게 할 것
- 흡입관의 구경을 크게 하고 배관을 단순, 직관화하여 마찰손실을 감소시킬 것
- 불가피한 경우에는 편흡입 펌프를 양흡입 펌프로 할 것
- 불가피한 경우 흡수면 보다 펌프를 낮게 설치
- 펌프의 흡입측 밸브에서는 절대로 유량조절을 하지 말 것(손실수두 최소화)
- 계획토출량 보다 현저하게 벗어나는 범위에서의 운전은 피할 것

정답 ㉰

63 원심식 송풍기에서 회전수를 변화시킬 때 동력변화를 구하는 공식으로 옳은 것은? (단, 변화 전후의 회전수는 각각 N_1, N_2, 동력은 L_1, L_1이다.) 2019 03 03

㉮ $L_2 = L_1 \times \left(\frac{N_1}{N_2}\right)^3$　㉯ $L_2 = L_1 \times \left(\frac{N_1}{N_2}\right)^2$

㉰ $L_2 = L_1 \times \left(\frac{N_2}{N_1}\right)^3$　㉱ $L_2 = L_1 \times \left(\frac{N_2}{N_1}\right)^2$

해설 송풍기 상사 법칙(Affinity law)에서 축동력비

$$L_2 = L_1 \times \left(\frac{N_2}{N_1}\right)^3$$

정답 ㉰

64 펌프중심으로부터 2 m 아래에 있는 물을 펌프 중심으로부터 15 m 위에 있는 송출수면으로 양수하려 한다. 관로의 전 손실수두가 6 m이고, 송출수량이 1 m^3/min라면 필요한 펌프의 동력은 약 몇 W인가? 2019 03 03

㉮ 2777 ㉯ 3103 ㉰ 3430 ㉱ 3757

해설 전양정(H)=실양정+손실수두=(2 m+15 m)+6 m=23 m

$$P = Q\gamma H = (1.0\ m^3/60\ sec) \times 9800\ N/m^3 \times 23\ m = 3756.7\ W$$

정답 ㉱

65 물의 온도에 상응하는 증기압보다 낮은 부분이 발생하면 물은 증발되고 물속에 있던 공기와 물이 분리되어 기포가 발생하는 펌프의 현상은? 2019 04 27

㉮ 피드백(feedback) ㉯ 서징현상(surging)
㉰ 공동현상(cavitation) ㉱ 수격작용(water hammering)

해설 〈공동현상(캐비테이션, cavitation)〉
펌프운전에서 유체의 압력이 포화 수증기압 이하로 내려갈 때 국부적으로 비등현상이 일어나서 증기가 발생되며 증기 공동(空洞)을 만드는 현상

정답 ㉰

66 펌프의 입구 및 출구측에 연결된 진공계와 압력계가 각각 25 mmHg와 260 kPa을 가리켰다. 이 펌프의 배출유량이 0.15 m^3/sec가 되려면 펌프의 동력은 약 몇 kW가 되어야 하는가? (단, 펌프의 입구와 출구의 높이차는 없고, 입구측 안지름은 20 cm, 출구측의 안지름은 15 cm이다.) 2019 04 27

㉮ 3.95 ㉯ 4.32 ㉰ 39.5 ㉱ 43.2

해설 입구유속(V_1)= $\frac{Q}{A_1} = \frac{0.15\ m^3/sec}{\frac{\pi}{4} \times (0.2\ m)^2} = 4.775\ m/sec$

출구유속(V_2)= $\frac{Q}{A_2} = \frac{0.15\ m^3/sec}{\frac{\pi}{4} \times (0.15\ m)^2} = 8.488\ m/sec$

진공계 압력수두($\frac{p_1}{\gamma}$)=$-25mm\ Hg \times \frac{10.332\ mH_2O}{760\ mm\,Hg} = -0.34\ m\ H_2O$

압력계 압력수두($\frac{p_2}{\gamma}$)=$\frac{260\ kPa}{9.8\ kN/m^3} = 26.53\ m\ H_2O$

펌프의 입구와 출구지점에 대한 베르누이정리 적용

$$\frac{V_1^2}{2g} + \frac{p_1}{\gamma} + z_1 + H = \frac{V_2^2}{2g} + \frac{p_2}{\gamma} + z_2$$

$$전양정(H) = \frac{V_2^2 - V_1^2}{2g} + \left(\frac{p_2}{\gamma} - \frac{p_1}{\gamma}\right) + (z_2 - z_1)$$

$$= \frac{(8.488\ m/sec)^2 - (4.775\ m/sec)^2}{2 \times 9.8\ m/sec^2} + 26.53\ m - (-0.34\ m)$$

$$= 29.38\ m$$

동력 $P = Q\gamma H = (0.15\ m^3) \times 9.8\ kN/m^3 \times 29.38\ m = 43.19\ kW$

정답 ㉱

67 전양정이 60 m, 유량이 6 m³/min, 효율이 60%인 펌프를 작동시키는 데 필요한 동력(kW)은?

2019 09 21

㉮ 44 ㉯ 60 ㉰ 98 ㉱ 117

해설 $P = \frac{Q\gamma H}{\eta} = \frac{(6\ m^3/60\ sec) \times 9.8\ kN/m^3 \times 60\ m}{0.6} = 98\ kW$

정답 ㉰

68 다음 유체 기계들의 압력상승이 일반적으로 큰 것부터 순서대로 바르게 나열한 것은?

2019 09 21

㉮ 압축기(compressor) > 블로어(blower) > 팬(fan)
㉯ 블로어(blower) > 압축기(compressor) > 팬(fan)
㉰ 팬(fan) > 블로어(blower) > 압축기(compressor)
㉱ 팬(fan) > 압축기(compressor) > 블로어(blower)

해설 송풍기의 압력범위
- 압축기(compressor) : 100 kPa 이상
- 블로어(blower) : 10~100 kPa
- 팬(fan) : 10 kPa 이하

정답 ㉮

69 다음 (㉠), (㉡)에 알맞은 것은? 2020 06 06

파이프 속을 유체가 흐를 때 파이프 끝의 밸브를 갑자기 닫으면 유체의 (㉠)에너지가 압력으로 변환되면서 밸브 직전에서 높은 압력이 발생하고 상류로 압축파가 전달되는 (㉡) 현상이 발생한다.

㉮ ㉠ 운동, ㉡ 서징
㉯ ㉠ 운동, ㉡ 수격작용
㉰ ㉠ 위치, ㉡ 서징
㉱ ㉠ 위치, ㉡ 수격작용

해설 〈수격작용(water hammer)〉
펌프의 급정지, 밸브 급폐쇄 등으로 물의 관성력(운동에너지) 때문에 발생되는 급격한 압력변동현상이다.

정답 ㉯

70 펌프의 일과 손실을 고려할 때 베르누이 수정방정식을 바르게 나타낸 것은? (단, H_P와 H_L은 펌프의 수두와 손실수두를 나타내면, 하첨자 1, 2는 각 펌프의 전후 위치를 나타낸다.) 2020 06 06

㉮ $\frac{V_1^2}{2g}+\frac{P_1}{\gamma}+Z_1=\frac{V_2^2}{2g}+\frac{P_2}{\gamma}+H_L$

㉯ $\frac{V_1^2}{2g}+\frac{P_1}{\gamma}+Z_1+H_P=\frac{V_2^2}{2g}+\frac{P_2}{\gamma}+H_L$

㉰ $\frac{V_1^2}{2g}+\frac{P_1}{\gamma}+H_P=\frac{V_2^2}{2g}+\frac{P_2}{\gamma}+Z_2+H_L$

㉱ $\frac{V_1^2}{2g}+\frac{P_1}{\gamma}+Z_1+H_P=\frac{V_2^2}{2g}+\frac{P_2}{\gamma}+Z_2+H_L$

정답 ㉱

71 펌프의 입구에서 진공계의 계기압력은 −160 mmHg, 출구에서 압력계의 계기압력은 300 kPa, 송출유량은 10 m^3/min일 때 펌프의 수동력(kW)은? (단, 진공계와 압력계의 수직거리는 2 m이고, 흡입관과 송출관의 직경은 같으며, 손실은 무시한다.) 2020 06 06

㉮ 5.7　　㉯ 56.8　　㉰ 557　　㉱ 3400

해설 펌프의 입구와 출구에 대한 베르누이 정리 적용

$$\frac{V_s^2}{2g}+\frac{p_s}{\gamma}+z_1+H=\frac{V_d^2}{2g}+\frac{p_d}{\gamma}+z_2 \text{ (H : 전양정, s : 입구측, d : 출구측)}$$

$p_s=-160\text{ mmHg}=-0.16\text{ m}\times(13.6\times9.8\text{ kN/m}^3)=-21.3\text{ kPa}$,

$z_2-z_1=2\text{ m}$, $V_d=V_s$(동일구경)

$$H=\frac{V_d^2-V_s^2}{2g}+\frac{p_d-p_s}{\gamma}+z_2-z_1$$

$$=\frac{0}{2g}+\frac{300\text{ kPa}-(-21.3\text{ kPa})}{9.8\text{ kN/m}^3}+2\text{ m}$$

$$=34.78\text{ m}$$

펌프의 수동력 $=Q\gamma H=10\text{ m}^3/\text{min}\times9.8\text{ kN/m}^3\times34.78\text{ m}$

$$=\frac{10\text{ m}^3}{60\text{ sec}}\times9.8\text{ kN/m}^3\times34.78\text{ m}$$

$$=56.8\text{ kW}$$

정답 ㉯

72 회전속도 N(rpm)일 때 송출량 Q(m^3/min), 전양정 H(m)인 원심펌프를 상사한 조건에서 회전속도를 1.4 N(rpm)으로 바꾸어 작동할 때 (㉠)유량과 (㉡)전양정은? 2020 06 06

㉮ ㉠1.4Q, ㉡1.4H　　㉯ ㉠1.4Q, ㉡1.96H

㉰ ㉠1.96Q, ㉡1.4H　　㉱ ㉠1.96Q, ㉡1.96H

해설 펌프의 상사법칙(회전수 : N, 임펠러직경 : D)

송출량비 : $Q_1=Q\times\left(\frac{N_2}{N_1}\right)\cdot\left(\frac{D_2}{D_1}\right)^3=Q\times\left(\frac{1.4N}{N}\right)\times(1)^3=1.4Q$

양정비 : $H_2=H\times\left(\frac{N_2}{N_1}\right)^2\cdot\left(\frac{D_2}{D_1}\right)^2=H\times\left(\frac{1.4N}{N}\right)^2\cdot(1)^2=1.96H$

정답 ㉯

73 원심펌프를 이용하여 0.2 m^3/sec로 저수지의 물을 2 m 위의 물탱크로 퍼 올리고자 한다. 펌프의 효율이 80%라고 하면 펌프에 공급해야 하는 동력(kW)은? 2020 08 22

㉮ 1.96　　㉯ 3.14　　㉰ 3.92　　㉱ 4.90

해설 축동력$(L_w) = \dfrac{Q\gamma H}{\eta} = \dfrac{0.2\ m^3/sec \times 9.8k\ N/m^3 \times 2\ m}{0.8} = 4.9\ kW$

정답 ㉱

74 펌프가 운전 중에 한숨을 쉬는 것과 같은 상태가 되어 펌프입구의 진공계 및 출구의 압력계 지침이 흔들리고 송출유량도 주기적으로 변화하는 이상현상을 무엇이라고 하는가? 2020 08 22

㉮ 공동현상(cavitation)　　㉯ 수격작용(water hammerring)
㉰ 맥현상(surging)　　㉱ 언밸런스(unbalance)

해설 〈맥동현상(surging)〉
- 펌프의 입구와 출구에 부착된 진공계와 압력계의 지침이 흔들리고 동시에 토출유량의 변화를 가져오는 현상
- 펌프 운전 중에 압력과 토출량이 주기적으로 변동하는 현상

정답 ㉰

75 터보팬을 6000 rpm으로 회전시킬 경우, 풍량은 0.5 m^3/min, 축동력은 0.049 kW이었다. 만약 터보팬의 회전수를 8000 rpm으로 바꾸어 회전시킬 경우 축동력(kW)은? 2020 08 22

㉮ 0.0207　　㉯ 0.207　　㉰ 0.116　　㉱ 1.161

해설 펌프의 상사법칙(회전수 : N, 임펠러직경 : D)

동력비 : $L_2 = L_1 \times \left(\dfrac{N_2}{N_1}\right)^3 \cdot \left(\dfrac{D_2}{D_1}\right)^5 = 0.049\ kW \times \left(\dfrac{8000}{6000}\right)^3 \cdot (1)^5 = 0.116\ kW$

정답 ㉰

76 12층 건물의 지하 1층에 제연설비용 배연기를 설치하였다. 이 배연기의 풍량이 500 m^3/min이고 풍압이 290 Pa일 때 배연기의 동력(kW)은? (단, 배연기의 효율은 60%이다.) 2020 09 26

㉮ 3.55 ㉯ 4.03 ㉰ 5.55 ㉱ 6.11

해설 축동력$=\dfrac{Q(\gamma H)}{\eta}=\dfrac{Q\times p}{\eta}=\dfrac{\left(\dfrac{500\ m^3}{60}\ sec\right)\times 290\ Pa}{0.60}=4027\ W \fallingdotseq 4.03\ kW$

정답 ㉯

77 토출량이 1800 L/min, 회전차의 회전수가 1000 rpm인 소화펌프의 회전수를 1400 rpm으로 증가시키면 토출량은 처음보다 얼마나 더 증가되는가? 2020 09 26

㉮ 10% ㉯ 20% ㉰ 30% ㉱ 40%

해설 펌프의 상사법칙(회전수 : N, 임펠러직경 : D)

유량비 : $Q_2=Q_1\times\left(\dfrac{N_2}{N_1}\right)\cdot\left(\dfrac{D_2}{D_1}\right)^3=Q_1\times\left(\dfrac{1400\ rpm}{1000\ rpm}\right)\times(1)^3=1.4Q_1$

정답 ㉱

산업기사 기출문제

01 어떤 원심펌프의 임펠러 직경이 10 cm이다. 똑같은 모양의 펌프를 임펠러 직경이 20 cm가 되도록 만들었을 때 같은 회전수에서 운전하면 펌프의 설계점 성능 특성 중 유량은 몇 배가 되겠는가? 2012 03 04

㉮ 동일하다. ㉯ 2배 ㉰ 4배 ㉱ 8배

해설 펌프의 상사 법칙(Affinity law)

- 토출량비 $Q_2 = Q_1 \times \dfrac{N_2}{N_1} \times \left(\dfrac{D_2}{D_1}\right)^3$ 에서

$$= Q_1 \times (1) \times \left(\frac{20\ \text{cm}}{10\ \text{cm}}\right)^3$$

$$= 8Q_1$$

정답 ㉱

02 펌프의 공동현상(cavitation) 방지대책은? 2012 03 04

㉮ 흡입관경을 작게 한다.
㉯ 흡입속도를 감소시킨다.
㉰ 펌프를 수원보다 되도록 높게 설치한다.
㉱ 흡입압력을 유체의 증기압보다 낮게 한다.

해설 〈공동현상(캐비테이션, cavitation)방지 대책〉

- 펌프의 설치 위치를 가능한 한 낮게 할 것
- 흡입손실의 최소화 : 흡입관을 가능한 한 짧게 하고, 관 내 유속을 작게 할 것
- 흡입관의 구경을 크게 하고 배관을 단순, 직관화하여 마찰손실을 감소시킬 것
- 불가피한 경우에는 편흡입 펌프를 양흡입 펌프로 할 것
- 불가피한 경우 흡수면보다 펌프를 낮게 설치
- 펌프의 흡입측 밸브에서는 절대로 유량조절을 하지 말 것(손실수두 최소화)
- 계획토출량보다 현저하게 벗어나는 범위에서의 운전은 피할 것

정답 ㉯

03 유량 1 m^3/min, 전양정 20 m로 물을 송출하는 펌프가 있다. 이 펌프를 가동하기 위한 축동력은 약 몇 kW인가? (단, 펌프의 효율은 80%이다.) 2012 03 04

㉮ 4.1 ㉯ 6.7 ㉰ 8.4 ㉱ 12.1

해설 $P = \frac{Q\gamma H}{\eta} = \frac{(1.0\ m^3/60\ sec) \times 9.8\ kN/m^3 \times 20\ m}{0.8} = 4.08\ kW$

정답 ㉮

04 펌프의 양정 중 실양정을 설명한 것은? 2012 05 20

㉮ 펌프의 중심에서 상부쪽으로 송출수면까지의 수직높이를 말한다.
㉯ 펌프의 중심서하부쪽으로 흡입수면까지의 수직높이를 말한다.
㉰ 흡입수면과 송출수면 사이의 수직높이를 말한다.
㉱ 흡입수면과 송출수면 사이의 수직높이와 손실높이를 더한 높이를 말한다.

해설 흡입수면과 송출수면 사이의 수직높이가 실양정이다.

정답 ㉰

05 관내의 유동형태가 급격히 변화하여 물의 운동에너지가 압력파의 형태로 나타나는 현상은? 2012 05 20

㉮ 서징현상 ㉯ 수격현상 ㉰ 공동현상 ㉱ 수축현상

해설 〈수격작용(water hammer)〉
펌프의 급정지, 밸브 급폐쇄 등으로 물의 관성력(운동에너지) 때문에 발생되는 급격한 압력변동현상이다.

정답 ㉯

06 효율이 75%인 원심펌프가 양정 20 m, 유량 0.1 m^3/sec의 물을 송출하기 위한 축동력은 약 몇 kW인가? 2012 05 20

㉮ 16 ㉯ 20 ㉰ 26 ㉱ 40

해설 $P = \frac{Q\gamma H}{\eta} = \frac{(0.1\ m^3/sec) \times 9.8\ kN/m^3 \times 20\ m}{0.75} = 26.13\ kW$

정답 ㉰

07 성능이 같은 펌프 두 대를 병렬 운전할 경우 옳은 것은? 2012 09 15

㉮ 유량이 두 배로 된다.
㉯ 양정이 두 배로 된다.
㉰ 유량과 양정 모두 2배로 된다.
㉱ 유량은 두 배로 되지만 양정은 두 배로 준다.

해설 ㉮ 펌프의 직렬운전 : 두 개의 펌프를 직렬연결 운전 시 두 펌프의 전유량은 단일 펌프의 유량과 같지만 압력(양정)은 두 배가 된다. 양정이 불안할 때 운전하는 방법이다.
㉯ 펌프의 병렬운전: 두 개의 펌프가 배출하는 유량은 단일 펌프 유량의 두 배가 되지만 압력의 발생은 단일펌프와 동일하다.

정답 ㉮

08 전양정 20 m, 질량유량 150 kg/sec로 물을 송출할 때 펌프의 축동력이 42 kW이면 펌프의 효율은? 2012 09 15

㉮ 70 ㉯ 74 ㉰ 76 ㉱ 80

해설 질량유량(M) $= 150\ \text{kg/sec} = 1000\ \text{kg/m}^3 \times Q$
체적유량(Q) $= 0.15\ \text{m}^3/\text{sec}$
$$P = \frac{Q\gamma H}{\eta} = \frac{(0.15\ \text{m}^3/\text{sec}) \times 9.8\ \text{kN/m}^3 \times 20\ \text{m}}{\eta} = 42\ \text{kW}$$
$\eta = 0.7 = 70\%$

정답 ㉮

09 다음 설명 중 틀린 것은? 2012 09 15

㉮ 흡입배관에서의 마찰손실수두를 작게 하면 펌프의 공동현상을 방지할 수 있다.
㉯ 배관의 직경을 크게 하고 유속을 낮게 하면 수격작용을 방지할 수 있다.
㉰ 흡수면에서 최상층 송출수면까지의 수직거리를 전양정이라 한다.
㉱ 특성이 같은 원심펌프 2대를 직렬로 설치하면 양정을 높일 수 있다.

해설 흡수면에서 최상층 송출수면까지의 수직거리가 실양정이다.

정답 ㉰

10 회전수 1000 rpm, 전양정 60 m에서 0.12 m^3/sec의 물을 배출하는 펌프의 축동력이 100 kW이다. 이 펌프와 상사인 펌프의 크기가 3배이면서 500 rpm으로 운전될 때의 축동력을 구하면 몇 kW인가? 2013 03 10

㉮ 2037.5 ㉯ 203.75 ㉰ 3037.5 ㉱ 4037.5

해설 펌프의 상사 법칙(Affinity law)

- 축동력 $L_2 = L_1 \times \left(\frac{N_2}{N_1}\right)^3 \times \left(\frac{D_2}{D_1}\right)^5$

$$= 100\,kW \times \left(\frac{500\,rpm}{1000\,rpm}\right)^3 \times \left(\frac{3D_1}{D_1}\right)^5$$

$$= 3037.5\,kW$$

정답 ㉰

11 펌프의 이상현상 중 허용흡입수두와 가장 관련 있는 것은? 2013 03 10

㉮ 수온상승 현상 ㉯ 수격 현상 ㉰ 공동 현상 ㉱ 서징 현상

해설 〈공동현상(캐비테이션, cavitation)〉

펌프운전에서 유체의 압력이 포화 수증기압 이하로 내려갈 때 국부적으로 비등현상이 일어나서 증기가 발생되며 증기 공동(空洞)을 만드는 현상으로 흡입수두가 클 때 발생할 수 있다.

정답 ㉰

12 전양정이 60 m이고, 양수량이 0.032 m^3/sec인 원심펌프의 축동력이 22.4 kW이다. 이 펌프의 효율은 얼마인가? 2013 03 10

㉮ 119% ㉯ 84% ㉰ 75% ㉱ 8.6%

해설 $P = \frac{Q\gamma H}{\eta} = \frac{(0.032\,m^3/sec) \times 9.8\,kN/m^3 \times 60\,m}{\eta} = 22.4\,kW$

$\eta = 0.84 = 84\%$

정답 ㉯

13 회전수가 1500 rpm일 때 송풍기 전압이 3.92 kPa, 풍량 6 m^3/min을 내는 팬이 있다. 이때 축동력이 0.6 kW라면 전압효율은 대략 몇 %인가? 2013 06 02

㉮ 55%　　㉯ 60%　　㉰ 65%　　㉱ 70%

해설 $P = \frac{Q\gamma H}{\eta} = \frac{Q \times p}{\eta} = \frac{(6\ m^3/60sec) \times 3.92\ kPa}{\eta} = 0.6\ kW$

$\eta = 0.653 = 65.3\%$

정답 ㉰

14 펌프의 흡입이론에서 볼 때 대기압이 100 kPa인 곳에서 펌프의 흡입배관으로 물을 흡수할 수 있는 최대 높이는 약 몇 m인가? 2013 06 02

㉮ 5　　㉯ 10　　㉰ 14　　㉱ 98

해설 $\frac{대기압}{\gamma} = \frac{100\ kPa}{9.8\ kN/m^3} = 10.2\ m$

정답 ㉯

15 다음 중 펌프의 서징현상 발생조건으로 적당하지 않은 것은? 2013 09 28

㉮ 펌프의 양정곡선이 산고 곡선이고, 곡선의 산고 상승부에서 운전했을 때
㉯ 배관 중에 물탱크가 있을 때
㉰ 배관 중에 공기탱크가 있을 때
㉱ 유량조절밸브가 탱크 앞쪽에 있을 때

해설 〈서어징현상 발생조건〉

- 펌프의 양정곡선이 오른쪽 위로 향하는 산(山)형인 경우
- 펌프토출 관로가 길고, 배관 중간에 수조 또는 기체상태의 부분(공기가 괴어 있는 부분) 존재
- 기체상태 부분의 하류측 밸브에서 토출량을 조절하는 경우

정답 ㉱

16 펌프로 지하 5 m에 있는 물을 수면이 지상 40 m인 물탱크까지 1분에 1.5 m^3를 올리려면 펌프의 동력은 몇 kW가 필요한가? (단, η=60%(효율), 관로의 전손실수두는 9 m이다.) 2013 09 28

㉮ 22　　㉯ 32　　㉰ 38　　㉱ 48

해설 전양정(H)=5 m+40 m+9 m=54 m

$$P = \frac{Q\gamma H}{\eta} = \frac{(1.5\ m^3/60\ sec) \times 9.8\ kN/m^3 \times (54\ m)}{0.6} = 22.05\ kW$$

정답 ㉮

17 전양정 50 m, 유량 1.5 m^3/min로 운전 중인 펌프가 유체에 가해주는 이론적인 동력은 약 몇 kW인가? (단, 물의 비중량은 9800 N/m^3이다.) 2013 09 28

㉮ 12.25 ㉯ 14.25 ㉰ 16.45 ㉱ 18.35

해설 $P = \frac{Q\gamma H}{\eta} = (1.5\ m^3/60\ sec) \times 9.8\ kN/m^3 \times (50\ m) = 12.25\ kW$

정답 ㉮

18 소화용펌프를 유량 1.5 m^3/min, 양정 60 m, 회전수 1770 rpm으로 선정하였으나, 공장배치가 변경되어 양정이 90 m가 필요하게 되었다. 이 펌프를 몇 rpm으로 운전하면 변경된 양정에서 거의 같은 효율로 운전될 수 있는가? 2014 03 02

㉮ 2073 ㉯ 2168 ㉰ 2230 ㉱ 2655

해설 펌프의 상사 법칙(Affinity law)

- 양정비 $H_2 = H_1 \times \left(\frac{N_2}{N_1}\right)^2 \times \left(\frac{D_2}{D_1}\right)^2$

$$90\ m = 60\ m \times \left(\frac{N_2}{1770\ rpm}\right)^2 \times 1^2$$

$N_2 = 2167.8rpm$

정답 ㉯

19 안지름이 30 cm, 길이가 800 m인 관로를 통하여 0.3 m^3/sec의 물을 50 m 높이까지 양수할 때 필요한 펌프의 동력은 몇 kW인가? (단, 관마찰계수는 0.03이고, 펌프의 효율은 85%이다.) 2014 03 02

㉮ 402 ㉯ 409 ㉰ 415 ㉱ 427

해설 유속(V) $= \frac{Q}{A} = \frac{0.3\ m^3/sec}{\frac{\pi}{4} \times (0.3\ m)^2} = 4.244\ m/sec$

손실수두(h) $= f\frac{L}{D}\frac{V^2}{2g} = 0.03 \times \frac{800\ m}{0.3\ m} \times \frac{(4.244\ m/sec)^2}{2 \times 9.8\ m/sec^2} = 73.52\ m$

전양정(H) $= 50\ m + 73.52\ m = 123.52\ m$

$P = \frac{Q\gamma H}{\eta} = \frac{0.3\ m^3/sec \times 9.8\ kN/m^3 \times 123.52\ m}{0.85} = 427.2\ kW$

정답 ㉣

20 동력이 2 kW인 펌프를 사용하여 수면의 높이 차이가 40 m인 곳으로 물을 끌어 올리려고 한다. 관로 전체의 손실수두가 10 m라고 할 때 펌프의 유량은 몇 m^3/sec인가? (단, 펌프의 효율은 90%이다.) 2014 05 25

㉮ 0.00294 ㉯ 0.00367 ㉰ 0.00408 ㉱ 0.00453

해설 전양정(H) $= 40\ m + 10\ m = 50\ m$

$P = \frac{Q\gamma H}{\eta} = \frac{Q \times 9.8\ kN/m^3 \times 50\ m}{0.9} = 2\ kW$

$Q = 0.00367\ m^3/sec$

정답 ㉯

21 토출량이 1.6 m^3/min, 전양정이 100 m인 펌프의 회전차 회전수를 1000rpm에서 1400rpm으로 증가시키면 동력(kW)과 전양정(m)은 각각 얼마로 늘어나는가? (단, 펌프의 효율은 65%이고, 여유율은 10%이다.) 2014 05 25

㉮ 44.1 kW, 110 m ㉯ 82.1 kW, 120 m

㉰ 121.1 kW, 196 m ㉱ 142.5 kW, 210 m

해설 토출량 1.6 m^3/min, 전양정 100 m에서의 동력

$L_1 = \frac{Q\gamma H}{\eta} = \frac{(1.6\ m^3/60\ sec) \times 9.8\ kN/m^3 \times 100\ m}{0.65} \times 1.1 = 44.23\ kW$

펌프의 상사 법칙(Affinity law)

- 양정비 $H_2 = H_1 \times \left(\frac{N_2}{N_1}\right)^2 \times \left(\frac{D_2}{D_1}\right)^2 = 100\ m \times \left(\frac{1400\ rpm}{1000\ rpm}\right)^2 \times (1)^2 = 196\ m$

• 동력비 $L_2 = L_1 \times \left(\frac{N_2}{N_1}\right)^3 \times \left(\frac{D_2}{D_1}\right)^5 = 44.23\,kW \times \left(\frac{1400\,rpm}{1000\,rpm}\right)^3 \times (1)^5 = 121.4\,kW$

정답 ㉰

22 공동현상(cavitation)의 방지법으로 적절하지 않은 것은? 2014 05 25

㉮ 배관을 완만하고 짧게 한다.
㉯ 규정 이상으로 회전수를 올리지 않는다.
㉰ 펌프의 설치 위치를 가능한 한 높여서 흡입양정을 높인다.
㉱ 마찰저항이 작은 흡입관을 사용하여 흡입관의 손실을 줄인다.

해설 〈공동현상(캐비테이션, cavitation)방지 대책〉
• 펌프의 설치 위치를 가능한 한 낮게 할 것
• 흡입손실의 최소화 : 흡입관을 가능한 한 짧게 하고, 관 내 유속을 작게 할 것
• 흡입관의 구경을 크게 하고 배관을 단순, 직관화하여 마찰손실을 감소시킬 것
• 불가피한 경우에는 편흡입 펌프를 양흡입 펌프로 할 것
• 불가피한 경우 흡수면보다 펌프를 낮게 설치
• 펌프의 흡입측 밸브에서는 절대로 유량조절을 하지 말 것(손실수두 최소화)
• 계획토출량보다 현저하게 벗어나는 범위에서의 운전은 피할 것

정답 ㉰

23 성능이 동일한 2대의 펌프를 직렬로 설치했을 경우 손실을 무시한다면 전 토출량은 어떻게 되겠는가? (단, 1대의 펌프 유량을 Q라 한다.) 2014 09 20

㉮ 0.5Q ㉯ 1Q ㉰ 1.5Q ㉱ 2Q

해설 ㉮ 펌프의 직렬운전 : 두 개의 펌프를 직렬연결 운전 시 두 펌프의 전유량은 단일 펌프의 유량과 같지만 압력(양정)은 두 배가 된다. 양정이 불안할 때 운전하는 방법이다.
㉯ 펌프의 병렬운전: 두 개의 펌프가 배출하는 유량은 단일 펌프 유량의 두 배가 되지만 압력의 발생은 단일펌프와 동일하다.

정답 ㉯

24 케비테이션 방지법에 관한 설명으로 옳지 않은 것은? 2014 09 20

㉮ 회전차를 수중에 완전히 잠기게 한다.
㉯ 양흡입 펌프보다는 단흡입펌프를 사용한다.
㉰ 펌프의 회전수를 낮추어 흡입비속도를 작게 한다.
㉱ 펌프의 설치 높이를 가능한 낮추어 유효흡입수두를 크게 한다.

해설 〈공동현상(캐비테이션, cavitation)방지 대책〉

- 펌프의 설치 위치를 가능한 한 낮게 할 것
- 흡입손실의 최소화 : 흡입관을 가능한 한 짧게 하고, 관 내 유속을 작게 할 것
- 흡입관의 구경을 크게 하고 배관을 단순, 직관화하여 마찰손실을 감소시킬 것
- 불가피한 경우에는 편흡입 펌프를 양흡입 펌프로 할 것
- 불가피한 경우 흡수면보다 펌프를 낮게 설치
- 펌프의 흡입측 밸브에서는 절대로 유량조절을 하지 말 것(손실수두 최소화)
- 계획토출량보다 현저하게 벗어나는 범위에서의 운전은 피할 것

정답 ㉯

25 펌프의 축동력에 대한 설명으로 옳은 것은? 2014 09 20

㉮ 수동력을 펌프효율로 나눈 값
㉯ 유체에 가한 에너지에서 수력손실을 뺀 값
㉰ 펌프로부터 유체가 얻어가지고 나가는 동력
㉱ 구동축에 가한 동력 중 유체에 실제로 전달된 동력

해설 펌프 수동력 $P_w = Q(\gamma H)$

펌프 축동력 $P = \frac{Q(\gamma H)}{\eta}$

여기서, η : 펌프의 효율
Q : 펌프 토출량
H : 펌프의 전양정

정답 ㉮

26 수격현상을 줄이기 위한 방법으로 틀린 것은? 2015 03 08

㉮ 관내 유속을 높여야 한다.
㉯ 관로에 써지 탱크를 설치한다.
㉰ 펌프에 플라이 휠을 설치한다.
㉱ 밸브를 가능한 한 펌프 송출구 가까이 설치한다.

해설 〈수격작용 방지〉

- 조절수조(surge tank)설치
- 에어채임버, water hammer cusion 등 설치
- 관로 관경을 크게 또는 유속을 낮게 유지
- 펌프에 급정지 방지용 fly wheel 설치

정답 ㉮

27 다음 중 회전식 펌프에 해당되는 것은? 2015 03 08

㉮ 기어 펌프(gear pump) ㉯ 피스톤 펌프(piston pump)
㉰ 플런저 펌프(plunger pump) ㉱ 다이어프램 펌프(diaphragm pump)

해설 기어 펌프 : 회전식 펌프
피스톤 펌프 : 왕복식 펌프
플런저 펌프 : 왕복식 펌프
다이어프럼 펌프 : 왕복식 펌프

정답 ㉮

28 효율 55%인 원심펌프가 양정 30 m, 유량 0.2 m^3/sec의 물을 송출하기 위한 축동력은 약 몇 kW인가? 2015 03 08

㉮ 11 ㉯ 32 ㉰ 54 ㉱ 107

해설 $P = \frac{Q\gamma H}{\eta} = \frac{0.2\,m^3/sec \times 9.8\,kN/m^3 \times 30\,m}{0.55} = 106.9\,kW$

정답 ㉱

29 펌프의 비속도(N_s)를 구하는 식으로 맞는 것은? (단, Q : 유량, N : 회전수, H : 전양정이다.) 2015 05 31

㉮ $N_s = \frac{N\sqrt{Q}}{H^{4/3}}$ ㉯ $N_s = \frac{N\sqrt{H}}{Q^{3/4}}$ ㉰ $N_s = \frac{Q\sqrt{N}}{H^{3/4}}$ ㉱ $N_s = \frac{N\sqrt{Q}}{H^{3/4}}$

해설 비속도 또는 비교회전도(Specific speed)

$$N_s = \frac{NQ^{1/2}}{(H/n)^{3/4}}$$

여기서, N : 회전수(rpm)

Q : 유량(m^3/min)

H : 양정(m)

n : 단수

정답 ㉣

30 특별피난계단의 제연설비를 위해 송풍기를 설치하고자 한다. 송풍기풍량이 408 m^3/min이고, 전압이 441 N/m^2일 때 필요한 전동기 출력(kW)은? (단, 전동기의 전압효율은 75%이고, 전동효율 및 여유율은 무시한다.) 2015 05 31

㉮ 1 ㉯ 2 ㉰ 3 ㉱ 4

해설 $P = \frac{Q\gamma H}{\eta} = \frac{Q \times p}{\eta} = \frac{(408\,m^3/60\,sec) \times 441\,N/m^2}{0.75} = 3998.4\,W \doteqdot 4\,kW$

정답 ㉣

31 어떤 원심펌프의 회전수와 유량을 각각 50% 증가시킬 때 양정이 10% 감소한다면 비속도는 대략 몇 배가 되는가? 2015 09 20

㉮ 1.2 ㉯ 1.5 ㉰ 2 ㉱ 2.5

해설 $N_{s1} = \frac{N_1 Q_1^{1/2}}{(H_1/n)^{3/4}}$

$$N_{s2} = \frac{(1.5N_1) \times (1.5Q_1)^{1/2}}{(0.9H_1/n)^{3/4}} = \frac{1.5 \times 1.5^{1/2}}{(0.9)^{3/4}} \frac{N_1 Q_1^{1/2}}{(H_1/n)^{3/4}} = 1.99N_{s1}$$

정답 ㉢

32 펌프 양수량 0.6 m^3/min, 관로의 전 손실수두 5.5 m인 펌프가 펌프중심으로부터 2.5.m 아래에 있는 물을 펌프 중심으로부터 23 m 위의 송출액면에 양수할 때 펌프에 공급해야 할 동력은 몇 kW인가? 2015 09 20

㉮ 1.513 ㉯ 1.974 ㉰ 2.548 ㉱ 3.038

해설 전양정(H)=2.5 m+23 m+5.5 m=31 m

$$P = \frac{Q\gamma H}{\eta} = \frac{0.6\ m^3/60\ sec \times 9.8\ kN/m^3 \times 31\ m}{1.0} = 3.038\ kW$$

정답 ㉣

33 펌프의 공동현상이 발생하는 원인으로 틀린 것은? 2015 09 20

㉮ 펌프가 물탱크보다 부적당하게 높게 설치되어 있을 때
㉯ 펌프흡입수두가 지나치게 클 때
㉰ 펌프회전수가 지나치게 높을 때
㉣ 관내를 흐르는 물의 정압이 그 물의 온도에 해당하는 증기압보다 높을 때

해설 〈공동현상(캐비테이션, cavitation)〉
- 펌프운전에서 유체의 압력이 포화 수증기압 이하로 내려갈 때 국부적으로 비등현상이 일어나서 증기가 발생되며 증기 공동(空洞)을 만드는 현상.
- 관내를 흐르는 물의 정압이 그 물의 온도에 해당하는 증기압보다 높을 때는 공동현상이 발생하지 않는다.

정답 ㉣

34 펌프의 흡입관 및 토출관의 직경이 동일한 소화전 펌프에서 흡입측의 진공계는 24.5 kPa를 가리키고, 진공계보다 수직으로 1.0 m 높은 위치에 있는 토출측 압력계의 지침은 382 kPa이라면 펌프의 전양정(m)은? 2016 03 06

㉮ 42.5 ㉯ 38.6 ㉰ 18.9 ㉣ 1.004

해설 전양정(H) = 토출양정 + 흡입양정 + (흡입진공계와 토출압력계 높이차)

$$= \frac{382\ kPa}{9.8\ kN/m^3} + \left(\frac{24.5\ kPa}{9.8\ kN/m^3}\right) + 1.0\ m$$

$$= 42.48\ m$$

정답 ㉮

35 옥내소화전에서 전체의 양정이 28 m, 펌프의 효율이 80%, 펌프의 토출량이 1 m^3/min이라면 전동기의 용량은 약 몇 kW인가? (단, 전달계수는 1.1이다.) 2016 03 06

㉮ 4.35 ㉯ 5.48 ㉰ 6.01 ㉱ 6.28

해설 $P = \frac{Q\gamma H}{\eta} \times K = \frac{1.0\,m^3/60\,sec \times 9.8\,kN/m^3 \times 28\,m}{0.8} \times 1.1 = 6.28\,kW$

정답 ㉱

36 NPSH(유효흡입양정)에 관한 설명으로 틀린 것은? 2016 03 06

㉮ $NPSH_{av}$(이용가능 유효흡입양정)가 작을수록 같은 조건에서 공동현상이 일어날 가능성이 커진다.

㉯ $NPSH_{re}$(필요 유효흡입양정)은 $NPSH_{av}$보다 커야 공동현상이 발생하지 않는다.

㉰ $NPSH_{av}$는 포화수증기압이 커지면 점차 작아진다.

㉱ 물의 온도가 올라가면 $NPSH_{av}$가 작아져서 공동현상 발생가능성이 커진다.

해설 유효흡입양정($NPSH_{av}$)이 $NPSH_{re}$(필요 유효흡입양정)보다 큰 값을 유지해야 공동현상이 발생하지 않는다.

정답 ㉯

37 펌프입구에서의 압력 80 kPa, 출구에서의 압력 160 kPa이고, 이 두 곳의 높이 차이는 1 m이다. 입구 및 출구 관의 직경은 같으며 송출유량이 0.02 m^3/sec일 때, 효율 90%인 펌프에 필요한 동력은 약 몇 kW인가? 2016 05 08

㉮ 1.4 ㉯ 1.6 ㉰ 1.8 ㉱ 2.0

해설 전양정(H)$= \frac{160\,kPa}{9.8\,kN/m^3} + 1.0\,m - \left(\frac{80\,kPa}{9.8\,kN/m^3}\right) = 9.16\,m$

$P = \frac{Q\gamma H}{\eta} \times K = \frac{0.02\,m^3/sec \times 9.8\,kN/m^3 \times 9.16\,m}{0.9} = 2.0\,kW$

정답 ㉱

38 원심펌프의 임펠러 직경이 10 cm이다. 똑같은 모양의 펌프를 임펠러직경이 20 cm로 만들었을 때 유량계수를 같게 하고 10 cm에서와 같은 회전수에서 운전하면 새로운 펌프의 설계점 성능 특성 중 속도 또는 양정은 몇 배가 되는가? (단, 레이놀즈 수의 영향은 무시한다.) 2016 05 08

㉮ 동일 ㉯ 2배 ㉰ 4배 ㉱ 8배

해설 펌프의 상사 법칙(Affinity law)

- 양정비 $H_2 = H_1 \times \left(\frac{N_2}{N_1}\right)^2 \times \left(\frac{D_2}{D_1}\right)^2 = H_1 \times (1)^2 \times \left(\frac{20\ \mathrm{cm}}{10\ \mathrm{cm}}\right)^2 = 4H_1$

정답 ㉰

39 펌프의 공동현상(cavitation)방지대책으로 가장 적절한 것은? 2016 10 01

㉮ 펌프를 수원보다 되도록 높게 설치한다.
㉯ 흡입속도를 증가시킨다.
㉰ 흡입압력을 낮게 한다.
㉱ 양쪽 흡입한다.

해설 〈공동현상(캐비테이션, cavitation)방지 대책〉

- 펌프의 설치 위치를 가능한 한 낮게 할 것
- 흡입손실의 최소화 : 흡입관을 가능한 한 짧게 하고, 관 내 유속을 작게 할 것
- 흡입관의 구경을 크게 하고 배관을 단순, 직관화하여 마찰손실을 감소시킬 것
- 불가피한 경우에는 편흡입 펌프를 양흡입 펌프로 할 것
- 불가피한 경우 흡수면보다 펌프를 낮게 설치
- 펌프의 흡입측 밸브에서는 절대로 유량조절을 하지 말 것(손실수두 최소화)
- 계획토출량보다 현저하게 벗어나는 범위에서의 운전은 피할 것

정답 ㉱

40 송풍기의 전압공기동력 L_{at}를 옳게 나타낸 것은? (단, g는 중력가속도, p_t는 송풍기 전압, Q는 체적유량, γ 는 공기의 비중량을 나타낸다.) 2016 10 01

㉮ $L_{at} = \frac{\gamma p_t Q}{g}$ ㉯ $L_{at} = \frac{\gamma p_t Q}{2g}$ ㉰ $L_{at} = p_t Q$ ㉱ $L_{at} = \gamma p_t Q$

해설 동력(L_{at}) = 송풍량 × 송풍압력 $= Q(\gamma H) = Q \times p_t$

정답 ㉰

41 동일한 사양의 소방펌프를 1대로 운전하다가 2대로 병렬연결하여 동시에 운전할 경우에 나타나는 현상으로 옳은 것은? (단, 펌프형식은 원심펌프이고, 배관 마찰손실 및 낙차 등은 고려하지 않는다.) 2016 10 01

㉮ 동일한 양정에서 유량이 2배가 된다.
㉯ 동일한 유량에서 양정이 항상 2배가 된다.
㉰ 유량과 양정이 모두 2배가 된다.
㉱ 유량과 양정이 변화하지 않는다.

해설 ㉮ 펌프의 직렬운전 : 두 개의 펌프를 직렬연결 운전 시 두 펌프의 전유량은 단일 펌프의 유량과 같지만 압력(양정)은 두 배가 된다. 양정이 불안할 때 운전하는 방법이다.
㉯ 펌프의 병렬운전: 두 개의 펌프가 배출하는 유량은 단일 펌프 유량의 두 배가 되지만 압력의 발생은 단일펌프와 동일하다.

정답 ㉮

42 어떤 펌프를 전양정 50 m, 유량 1.5 m^3/min로 운전하기 위해 가해주는 동력이 15 kW라면 이 펌프의 효율은 약 몇 %인가? 2017 03 05

㉮ 72.6 ㉯ 75.4 ㉰ 78.7 ㉱ 81.7

해설 $P = \frac{Q\gamma H}{\eta} = \frac{(1.5\ m^3/60\ sec) \times 9.8\ kN/m^3 \times 50\ m}{\eta} = 15\ kW$

$\eta = 0.817 = 81.7\%$

정답 ㉱

43 임펠러 지름이 같은 원심식 송풍기에서 회전수만 변화시킬 때 동력변화를 구하는 식으로 옳은 것은? (단, 변화 전후의 회전수를 N_1, N_2, 변화 전후의 동력을 L_1, L_2로 표시한다.) 2017 03 05

㉮ $L_2 = L_1 \times \left(\frac{N_2}{N_1}\right)^3$ ㉯ $L_2 = L_1 \times \left(\frac{N_2}{N_1}\right)^2$

㉰ $L_2 = L_1 \times \left(\frac{N_1}{N_2}\right)^3$ ㉱ $L_2 = L_1 \times \left(\frac{N_1}{N_2}\right)^2$

해설 펌프, 송풍기의 상사 법칙(Affinity law)

- 토출량비 $Q_2 = Q_1 \times \frac{N_2}{N_1} \times \left(\frac{D_2}{D_1}\right)^3$
- 양정비 $H_2 = H_1 \times \left(\frac{N_2}{N_1}\right)^2 \times \left(\frac{D_2}{D_1}\right)^2$
- 축동력비 $L_2 = L_1 \times \left(\frac{N_2}{N_1}\right)^3 \times \left(\frac{D_2}{D_1}\right)^5$

(N : 회전수, D : 내경)

정답 ㉮

44 회전속도 1000 rpm일 때 유량 Q(m^3/min), 전양정 H(m)인 원심펌프가 상사한 조건에서 회전속도가 1200 rpm으로 작동할 때 유량 및 전양정은 어떻게 변하는가? 2017 05 07

㉮ 유량=1.2Q, 전양정=1.44H　㉯ 유량=1.2Q, 전양=1.2H
㉰ 유량=1.44Q, 전양정=1.44H　㉱ 유량=1.44Q, 전양정=1.2H

해설 펌프의 상사 법칙(Affinity law)

- 유량비 $Q_2 = Q_1 \times \left(\frac{N_2}{N_1}\right) \times \left(\frac{D_2}{D_1}\right)^3 = Q_1 \times \left(\frac{1200\text{ rpm}}{1000\text{ rpm}}\right) \times (1)^3 = 1.2Q_1$
- 전양정 $H_2 = H_1 \times \left(\frac{N_2}{N_1}\right)^2 \times \left(\frac{D_2}{D_1}\right)^2 = H_1 \times \left(\frac{1200\text{ rpm}}{1000\text{ rpm}}\right)^2 \times (1)^2 = 1.44H_1$

정답 ㉮

45 펌프에서 공동현상이 나타날 때 나타나는 현상이 아닌 것은? 2017 05 07

㉮ 소음과 진동 발생　㉯ 양정곡선 저하　㉰ 효율곡선 증가　㉱ 펌프 깃의 침식

해설 〈공동현상(캐비테이션, cavitation)〉

펌프운전에서 유체의 압력이 포화 수증기압 이하로 내려갈 때 국부적으로 비등현상이 일어나서 증기가 발생되며 증기 공동(空洞)을 만드는 현상으로, 격한 음향과 진동, 관부식을 초래하며, 심한 경우에는 펌프의 흡입불능을 초래한다.

정답 ㉰

46 동력이 24.3 kW인 소화펌프로 지하 5 m에 있는 소화수를 지상으로부터 40 m의 높이에 있는 물탱크까지 분당 1.5 m^3로 올리는 경우 사용된 소화펌프의 효율은 약 얼마인가? (단, 관로의 전 손실수두는 9 m이며, 펌프의 전달계수는 1.1이다.) 2017 05 07

㉮ 55% ㉯ 60% ㉰ 65% ㉱ 70%

해설 전양정(H)=5 m+40 m+9 m=54 m

$$P=\frac{Q\gamma H}{\eta}=\frac{(1.5\ m^3/60\ sec)\times 9.8\ kN/m^3\times 54\ m}{\eta}\times 1.1=24.3\ kW$$

$\eta=0.6=60\%$

정답 ㉯

47 펌프의 이상현상인 공동현상(cavitation)의 발생원인으로 거리가 먼 것은? 2017 09 23

㉮ 펌프 입구 직전에서의 전압력이 높을 경우
㉯ 펌프의 설치위치가 수면보다 높을 경우
㉰ 펌프의 회전수가 클 경우
㉱ 펌프의 흡입측 배관지름이 작을 경우

해설 공동현상(캐비테이션, cavitation)은 펌프운전에서 유체의 압력이 포화 수증기압 이하로 내려갈 때 발생하므로, 펌프 입구 직전에서의 전압력이 높을 경우에는 발생하지 않는다.

정답 ㉮

48 회전수 1000 rpm으로 물을 송출하는 펌프의 축동력은 100 kW가 소요된다. 이 펌프와 상사관계이고, 그 크기는 3배이면서 500 rpm으로 운전할 때 필요한 축동력은 약 몇 kW인가? 2017 09 23

㉮ 303.7 ㉯ 3037 ㉰ 203.7 ㉱ 2037

해설 펌프의 상사 법칙(Affinity law)

- 동력비 $L_2=L_1\times\left(\frac{N_2}{N_1}\right)^3\times\left(\frac{D_2}{D_1}\right)^5=100\ kW\times\left(\frac{500\ rpm}{1000\ rpm}\right)^3\times(3)^5=3037.5\ kW$

정답 ㉯

49 유량이 20 m^3/min인 물을 실양정 30 m인 곳으로 양수하려면 펌프의 동력은 약 몇 kW가 필요한가? (단, 양수장치에서의 전 손실수두는 5 m이다.) 2017 09 23

㉮ 32 ㉯ 49 ㉰ 98 ㉱ 114

해설 전양정(H)=30 m+5 m=35 m

$P = Q\gamma H = (20\ m^3/60\ sec) \times 9.8\ kN/m^3 \times 35\ m = 114.3\ kW$

정답 ㉱

50 어떤 펌프가 1400 rpm으로 회전할 때 12.6 m의 전양정을 갖는다고 한다. 이 펌프를 1450 rpm로 회전시킬 경우 전양정은 약 몇 m인가? 2018 03 04

㉮ 10.6 ㉯ 12.6 ㉰ 13.5 ㉱ 14.8

해설 펌프의 상사 법칙(Affinity law)

- 전양정 $H_2 = H_1 \times \left(\frac{N_2}{N_1}\right)^2 \times \left(\frac{D_2}{D_1}\right)^2 = 12.6\ m \times \left(\frac{1450\ rpm}{1400\ rpm}\right)^2 \times (1)^2 = 13.5\ m$

정답 ㉰

51 송풍기의 전압이 10 kPa이고, 풍량이 3 m^3/sec인 송풍기의 동력은 몇 kW인가? (단, 공기의 밀도는 1.2 kg/m^3이다.) 2018 03 04

㉮ 30 ㉯ 56 ㉰ 294 ㉱ 353

해설 $P = 송풍량 \times 송풍압력 = Q \times p = (3\ m^3/sec) \times 10\ kPa = 30\ kW$

정답 ㉮

52 공동현상(cavitation)의 방지법으로 적절하지 않은 것은? 2018 04 28

㉮ 단흡입펌프보다는 양흡입펌프를 사용한다.
㉯ 펌프의 회전수를 낮추어 흡입 비속도를 낮게 한다.
㉰ 펌프의 설치 위치를 가능한 한 높여서 흡입양정을 크게 한다.
㉱ 마찰저항이 작은 흡입관을 사용하여 흡입관의 손실을 줄인다.

해설 〈공동현상(캐비테이션, cavitation)방지 대책〉

- 펌프의 설치 위치를 가능한 한 낮게 할 것
- 흡입손실의 최소화 : 흡입관을 가능한 한 짧게 하고, 관 내 유속을 작게 할 것
- 흡입관의 구경을 크게 하고 배관을 단순, 직관화하여 마찰손실을 감소시킬 것
- 불가피한 경우에는 편흡입 펌프를 양흡입 펌프로 할 것
- 불가피한 경우 흡수면보다 펌프를 낮게 설치
- 펌프의 흡입측 밸브에서는 절대로 유량조절을 하지 말 것(손실수두 최소화)
- 계획토출량보다 현저하게 벗어나는 범위에서의 운전은 피할 것

정답 ㉰

53 높이 40 m의 저수조에서 15 m의 저수조로 직경 45 cm, 길이 600 m의 주철관을 통해 물이 흐르고 있다. 유량은 0.25 m^3/sec이며, 관로 중의 터빈에서 29.4 kW의 동력을 얻는다면 관로의 손실수두는 약 몇 m인가? (단, 터빈의 효율은 100%이다.) 2018 04 28

㉮ 7 ㉯ 9 ㉰ 11 ㉱ 13

해설 유효낙차(H_e)=40 m−15 m−손실수두(h)=25 m−h

$$동력=\frac{Q\gamma H_e}{\eta}=\frac{0.25\ m^3/sec\times 9.8\ kN/m^3\times(25\ m-h)}{1}=29.4\ kW$$

h=13 m

정답 ㉱

54 지름이 1.5 m로 변하는 돌연 축소관에 6 m^3/sec의 유량으로 물이 흐르고 있다. 이때 손실동력은 약 몇 kW인가? (단, 돌연축소에 의한 손실계수 K는 0.3이다.) 2018 04 28

㉮ 6.8 ㉯ 7.4 ㉰ 9.1 ㉱ 10.4

해설 $$유속(V)=\frac{Q}{A}=\frac{6\ m^3/sec}{\frac{\pi}{4}\times(1.5\ m)^2}=3.4\ m/sec$$

$$손실수두(h)=K\frac{V^2}{2g}=0.3\times\frac{(3.4\ m/sec)^2}{2\times 9.8\ m/sec^2}=0.177\ m$$

$$손실동력(P)=Q\gamma h=6\ m^3/sec\times 9.8\ kN/m^3\times 0.177\ m=10.4\ kW$$

정답 ㉱

55 동력이 2 kW인 펌프를 이용하여 수면의 높이 차이가 40 m인 곳으로 물을 끌어 올리려고 한다. 관로 전체의 손실수두가 10 m라고 할 때 펌프의 유량은 약 몇 m^3/sec인가?

2018 04 28

㉮ 0.00294 ㉯ 0.00397 ㉰ 0.00408 ㉱ 0.00453

해설 전양정(H)=40 m+10 m=50 m

$P = Q\gamma H = Q \times 9.8\ kN/m^3 \times 50\ m = 2\ kW$

$Q = 0.00408\ m^3/sec$

정답 ㉯

56 펌프는 흡입수면으로부터 송출되는 높이까지 물을 송출시키는 기계로서 흡입수면과 송출수면 사이의 높이를 실양정이라고 한다. 이 실양정을 세분화 할 때 펌프로부터 송출수면까지의 높이를 무엇이라고 하는가? (단, 흡입수면과 송출수면은 대기에 노출된다고 가정한다.)

2018 04 28

㉮ 유효실양정 ㉯ 무효실양정
㉰ 송출실양정 ㉱ 흡입실양정

해설 실양정 = 흡입측 실양정 + 송출측 실양정

흡입측 실양정=흡입수면과 펌프의 높이차

송출측 실양정=펌프와 송출수면의 높이차

정답 ㉰

57 일반적으로 원심펌프의 특성곡선은 3가지로 나타내는데 이에 속하지 않는 것은?

2018 09 15

㉮ 유량과 전양정의 관계를 나타내는 전양정 곡선
㉯ 유량과 축동력의 관계를 나타내는 축동력 곡선
㉰ 유량과 펌프효율의 관계를 나타내는 효율 곡선
㉱ 유량과 회전수의 관계를 나타내는 회전수 곡선

해설

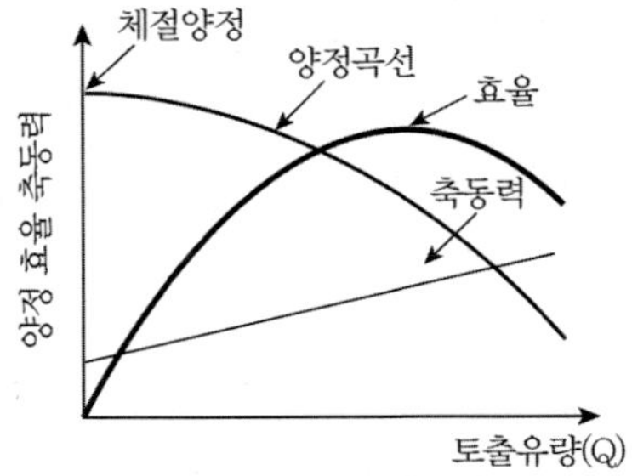

펌프의 특성곡선은 양정곡선, 효율곡선, 축동력곡선으로 구성된다.

정답 ㉣

58 펌프의 동력과 관계된 용어의 정의에서 펌프에 의해 유체에 공급되는 동력을 무엇이라고 하는가? 2018 09 15

㉮ 축동력 ㉯ 수동력 ㉰ 전체동력 ㉱ 원동기동력

해설 펌프에 의해 유체에 공급되는 동력을 수동력이라 한다

정답 ㉯

59 배관 내에서 물의 수격작용(water hammer)을 방지하는 대책으로 잘못된 것은? 2018 09 15

㉮ 조압수조(surge tank)를 관로에 설치한다.
㉯ 밸브를 펌프 송출구에서 멀리 설치한다.
㉰ 밸브를 서서히 조작한다.
㉱ 관경을 크게 하고 유속을 작게 한다.

해설 〈수격작용 방지〉

- 조절수조(surge tank)설치
- 에어채임버, water hammer cusion 등 설치
- 관로 관경을 크게 또는 유속을 낮게 유지
- 펌프에 급정지 방지용 fly wheel 설치

정답 ㉯

60 물 소화펌프의 토출량이 0.7 m^3/min, 양정 60 m, 펌프효율 72%일 경우 전동기의 용량은 약 몇 kW인가? (단, 펌프의 전달계수는 1.1이다.) 2019 03 03

㉮ 10.5 ㉯ 12.5 ㉰ 14.5 ㉱ 15.5

해설 전양정(H)=60 m

$$P = \frac{Q\gamma H}{\eta} \times K = \frac{(0.7\ m^3/60sec) \times 9.8\ kN/m^3 \times 60\ m}{0.72} \times 1.1 = 10.5\ kW$$

정답 ㉮

61 회전수 1800 rpm, 유량 4 m^3/min, 양정 50 m인 원심펌프의 비속도(m^3/min · m · rpm)는 약 얼마인가? 2019 03 03

㉮ 46 ㉯ 72 ㉰ 126 ㉱ 191

해설 $N_s = N \times \frac{Q^{1/2}}{(H/n)^{3/4}} = 1800 \times \frac{(4\ m^3/min)^{1/2}}{(50\ m/1)^{3/4}} = 191.5(m^3/min \cdot m \cdot rpm)$

정답 ㉱

62 배관 내 유체의 흐름속도가 급격히 변화될 때 속도에너지가 압력에너지로 변화되면서 배관 및 관 부속물에 심한 압력파로 때리는 현상을 무엇이라 하는가? 2019 03 03

㉮ 수격 현상 ㉯ 서징 현상 ㉰ 공동 현상 ㉱ 무구속 현상

해설 〈수격작용(water hammer)〉

펌프의 급정지, 밸브 급폐쇄 등으로 물의 관성력(운동에너지) 때문에 발생되는 급격한 압력변동현상이다.

정답 ㉮

63 작동원리와 구조를 기준으로 펌프를 분류할 때 터보형 중에서 원심식 펌프에 속하는 것은? 2019 04 27

㉮ 기어 펌프 ㉯ 벌류트 펌프 ㉰ 피스톤 펌프 ㉱ 플런저 펌프

해설 피스톤 펌프 : 왕복식 펌프
플런저 펌프 : 왕복식 펌프
기어 펌프 : 회전식 펌프
벌류트 펌프 : 원심펌프

정답 ㉯

64 어떤 기술자가 펌프에서 일어나는 수격현상을 방지하기 위한 방안으로 다음과 같은 방법을 제시하였는데 이 중 옳은 방지법을 모두 고른 것은? 2019 04 27

㉠ 공기실을 설치한다. ㉡ 플라이휠을 설치한다. ㉢ 역류가 많이 일어나는 밸브를 사용한다.

㉮ ㉠, ㉡　　㉯ ㉠, ㉢　　㉰ ㉡, ㉢　　㉱ ㉠, ㉡, ㉢

해설 〈수격작용 방지〉
- 조절수조(surge tank)설치
- 에어채임버, water hammer cusion 등 설치
- 관로 관경을 크게 또는 유속을 낮게 유지
- 펌프에 급정지 방지용 fly wheel 설치

정답 ㉮

65 비중량이 9806 N/m^3인 유체를 전양정 95 m에 70 m^3/min의 유량으로 송수하려고 한다. 이때 소요되는 펌프의 수동력은 몇 kW인가? 2019 04 27

㉮ 1054　　㉯ 1063　　㉰ 1071　　㉱ 1087

해설 $P = Q\gamma H = (70\ m^3/60\ sec) \times 9.806\ kN/m^3 \times 95\ m = 1086.8\ kW$

정답 ㉱

66 전양정이 60 m, 유량이 6 m^3/min, 효율이 60%인 펌프를 작동시키는 데 필요한 동력(kW)은? 2019 09 21

㉮ 44　　㉯ 60　　㉰ 98　　㉱ 117

해설 $P = \frac{Q\gamma H}{\eta} = \frac{(6\ m^3/60\ sec) \times 9.8\ kN/m^3 \times 60\ m}{0.6} = 98\ kW$

정답 ㉰

67 다음 유체 기계들의 압력상승이 일반적으로 큰 것부터 순서대로 바르게 나열한 것은?

2019 09 21

㉮ 압축기(compressor) > 블로어(blower) > 팬(fan)
㉯ 블로어(blower) > 압(compressor) > 팬(fan)
㉰ 팬(fan) > 블로어(blower) > 압축기(compressor)
㉱ 팬(fan) > 압축기(compressor) > 블로어(blower)

해설 송풍기의 압력범위

- 압축기(compressor) : 100 kPa 이상
- 블로어(blower) : 10~100 kPa
- 팬(fan) : 10 kPa 이하

정답 ㉮

68 어떤 펌프가 1000 rpm으로 회전하여 전양정 10 m에 0.5 m^3/min의 유량을 방출한다. 이때 펌프가 2000 rpm으로 운전된다면 유량(m^3/min)은 얼마인가? (단, 노면과의 마찰은 무시한다.)

2020 06 13

㉮ 1.2　㉯ 1　㉰ 0.7　㉱ 0.5

해설 펌프의 상사법칙(회전수 : N, 임펠러직경 : D)

$$\text{유량비} : Q_2 = Q_1 \times \left(\frac{N_2}{N_1}\right) \cdot \left(\frac{D_2}{D_1}\right)^3 = 0.5\ m^3/min \times \left(\frac{2000\ rpm}{1000\ rpm}\right) \times (1)^3 = 1.0\ m^3/min$$

정답 ㉯

69 대기압이 100 kPa인 지역에서 이론적으로 펌프로 물을 끌어 올릴 수 있는 최대 높이(m)는?

2020 06 13

㉮ 8.8　㉯ 10.2　㉰ 12.6　㉱ 14.1

해설 유효흡입수두($NPSH_{av}$) = 대기압수두 − 손실수두 − 포화증기압

$$= \frac{100\ kN/m^2}{9.8\ kN/m^3} = 10.2\ m$$

정답 ㉯

70 표준대기압상태에서 소방펌프차가 양수 시작 후 펌프입구의 진공계가 10 cmHg을 표시하였다면 펌프에서 수면까지의 높이(m)는? (단, 수은의 비중은 13.6이며, 모든 마찰손실 및 펌프 입구에서의 속도수두는 무시한다.) 2020 06 13

㉮ 0.36 ㉯ 1.36 ㉰ 2.36 ㉱ 3.36

해설 계기압 = −10 cmHg

$$= -0.1\ m \times (13.6\gamma_w)$$
$$= -1.36\ m \times \gamma_w$$

정답 ㉯

71 동점성계수가 $2.4\times10^{-4}\ m^2/sec$이고, 비중이 0.88인 40℃ 엔진오일을 1 km 떨어진 곳으로 원형관을 통하여 완전발달 층류상태로 수송할 때 관의 직경 100 mm이고 유량 0.02 m^3/sec라면 필요한 최소 펌프동력(kW)은? 2020 06 13

㉮ 28.2 ㉯ 30.1 ㉰ 32.2 ㉱ 34.3

해설 유속(V) $= \dfrac{0.02\ m^3/sec}{\dfrac{\pi}{4}\times(0.1\ m)^2} = 2.55\ m/sec$

마찰손실계수(f) $= \dfrac{64}{Re} = \dfrac{64}{\left(\dfrac{DV}{\nu}\right)} = \dfrac{64}{\left(\dfrac{0.1\ m\times 2.55\ m/sec}{2.4\times10^{-4}\ m^2/sec}\right)} = 0.06$

손실수두(h) $= f\dfrac{L}{D}\times\dfrac{V^2}{2g} = 0.06\times\dfrac{1000\ m}{0.1\ m}\times\dfrac{(2.55\ m/sec)^2}{2\times9.8\ m/sec^2} = 199.06\ m$

펌프동력 $= \dfrac{Q\gamma H}{\eta} = \dfrac{0.02\ m^3/sec\times(0.88\times9.8\ kN/m^3)\times199.06\ m}{1} = 34.3\ kW$

정답 ㉱

72 송풍기의 전압이 1.47 kPa, 풍량이 20 m^3/min, 전압효율이 0.6일 때 축동력(W)은?

2020 08 23

㉮ 463.2　　㉯ 816.7　　㉰ 1110.3　　㉱ 1264.4

해설 축동력 $= \dfrac{Q(\gamma H)}{\eta} = \dfrac{Q \times p}{\eta} = \dfrac{20\ m^3/60\ sec \times 1470\ Pa}{0.6} = 816.66\ W$

정답 ㉯

73 원심펌프의 임펠러 직경이 20 cm이다. 이 펌프와 상사한 동일한 모양의 펌프를 임펠러 직경 60 cm로 만들었을 때 같은 회전수에서 운전하면 새로운 펌프의 설계점 성능 특성 중 유량은 몇 배가 되는가? (단, 레이놀즈 수의 영향은 무시한다.)

2020 08 23

㉮ 1배　　㉯ 3배　　㉰ 9배　　㉱ 27배

해설

$$Q_2 = Q_1 \times \frac{N_2}{N_1} \times \left(\frac{D_2}{D_1}\right)^3$$

$$= Q_1 \times 1 \times \left(\frac{60\ cm}{20\ cm}\right)^3$$

$$= 27Q_1$$

정답 ㉱

74 펌프의 이상현상 중 펌프의 유효흡입수두(NPSH)와 가장 관련이 있는 것은?

2020 08 23

㉮ 수온상승현상　　㉯ 수격현상　　㉰ 공동현상　　㉱ 서징현상

해설 〈공동현상(캐비테이션, cavitation)〉

펌프운전에서 유체의 압력이 포화 수증기압 이하로 내려갈 때 국부적으로 비등현상이 일어나서 증기가 발생되며 증기 공동(空洞)을 만드는 현상으로 유효흡입수두(NPSH)를 크게 확보해 주면 발생을 방지할 수 있다.

정답 ㉰

PART

07

소방 열역학

Fluid Dynamics of Firefighting

CHAPTER 01

이론

01 | 소방유체 관련 열역학

① 열역학

- 열에너지를 기계적인 에너지(일)로 바꿔주는 과정을 다루는 학문
- 각종 에너지와 에너지 변환 및 물질의 상태변화, 물질 사이의 관계를 다루고 있는 학문이며, 물리학, 화학 및 공학의 여러 분야의 해석에 널리 사용

02 | 계 및 주위

① 열역학적 계(system) : 해석 및 연구의 대상이 되는 물질의 일정한 양 또는 어떤 한정된 공간 내의 구역

② 주위(surroundings) : 경계(boundary)의 외측에 있는 모든 물질

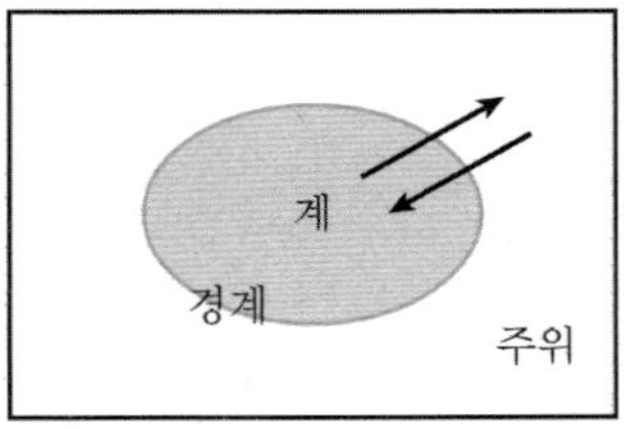

〈계, 주위, 경계〉

03 | 상태변화(change of state)

① 상태변화 : 계 내의 동작유체가 한 상태에서 다른 상태로 바뀌는 것

② 과정(process) : 변화경로가 연속적인 것을 과정이라 함

③ 가역변화(reversible change)

- 한 계가 임의의 과정을 거쳐서 한 상태로부터 다른 상태로 변화할 경우 그 변화를

반대방향으로도 주위에 어떤 변화를 남기지 않고 원래 상태로 되돌아갈 수 있는 변화

④ 비가역변화(irrevesible change)

- 어떤 변화를 남기지 않고 원래 상태로 되돌아갈 수 없는 현실적인 변화

예 물체의 영구변화, 마찰을 수반하는 일로부터 열로의 에너지 전환, 고온체에서 저온체로의 열 이동

04 | 열역학 제0법칙

계 A와 B가 계 C와 열평형을 유지하면, 계 A와 B는 열평형을 이룬다.

즉, $T_A = T_C$ 이고, $T_B = T_C$ 이면 $T_A = T_B$ (T : 온도)

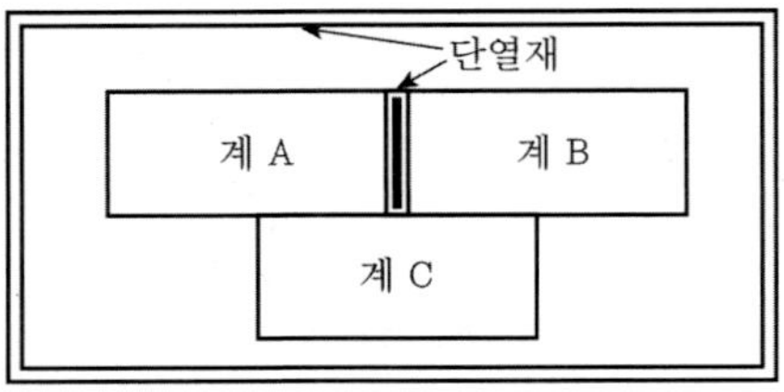

05 | 열량

1cal = 물 1 g의 온도를 1도 올리는 데 필요한 열량

1,000cal = 1 kcal

열의 일당량 : 1cal = 4.2 Joule (정확히는 4.186J)

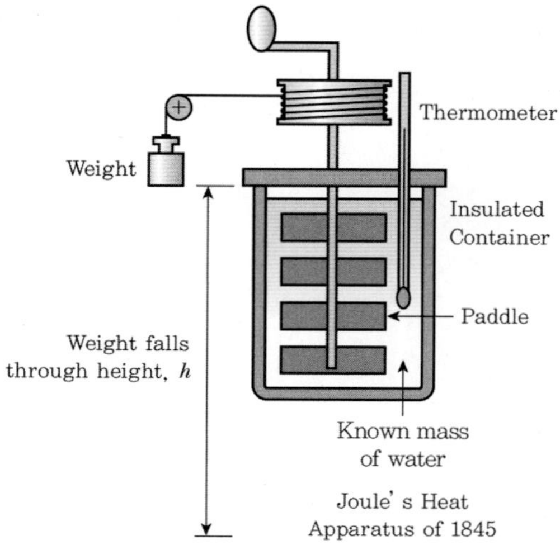

Joule' s Heat
Apparatus of 1845

06 | 잠열, 현열

① 잠열 : 상변화과정(고체에서 액체로, 액체에서 기체로)에서 흡수(방출)되는 열

잠열 용량 $= m \times C$

m: 질량
C: 잠열

② 현열 : 상의 변화를 주지 않고 온도변화에 사용되는 열

현열 용량 $= m \times C' \times \Delta T$

여기서, m: 질량
C′: 비열
ΔT: 상승온도

〈이상기체의 법칙〉

01 | 아보가드로(Avogadro) 수

① 아보가드로 법칙 : 같은 온도와 같은 압력에서, 같은 부피 내에 있는 기체는 기

체의 종류에 상관없이 같은 수의 분자 수를 갖는다.

수소 : 1mole(2g) N:6.02×10^{23}개 0℃, 1atm, 22.4L	메탄 : 1mole(16g) N:6.02×10^{23}개 0℃, 1atm, 22.4L

② 1 mol 분자 : 6.02×10^{23}개의 분자, 2 mol 분자 : $2\times6.02\times10^{23}$

③ 아보가드로 수(N_A) : 6.02×10^{23}

④ 몰 수 : $n=N/N_A$ (n : 몰 수, N : 총 분자 수)

02 | 이상기체상태방정식

압력, 부피, 온도를 각각 P, V, T라고 할 때 그 관계를 나타내는 식

$$PV=nRT$$

여기서, P : 압력(Pa)
V : 부피(m^3)
R : 기체상수(=$m^3\cdot Pa/(mol\cdot °K)$)
T : 절대온도(°K)
n : 기체몰수

R값이 몰수가 아닌 질량값을 기준으로 주어지면 다음 식으로 변형되어 사용될 수 있다.

$$PV=MRT$$

여기서, P : 압력(Pa)
V : 부피(m^3)
R : 기체상수(=$m^3\cdot Pa/(kg\cdot °K)$)
T : 절대온도(°K)
M : 기체질량

〈이상기체의 내부에너지〉

01 | 기체 압력의 근원 = 기체분자의 열운동

➡ 기체가 담긴 그릇의 벽면이 받는 압력은 열운동하는 기체분자가 벽면과 부딪치면서 전달하는 운동량으로부터 생긴다.

02 | 이상기체 병진운동에너지 해석의 가정

1. 부피가 V인 용기 안에는 질량이 m인 동일한 분자가 매우 많이 N개(n몰 × N_A, N_A : 아보가드로 수) 들어 있다.
2. 분자는 질점처럼 행동한다. 그 크기는 입자 사이의 평균 거리나 용기의 크기에 비하여 아주 작다. 분자들끼리는 충돌하지 않는다.
3. 분자는 일정한 운동 상태에 있다. 이들은 뉴턴의 운동 법칙을 따르며, 각 분자들은 용기의 벽에 충돌할 때 완전 탄성 충돌을 한다.
4. 용기 벽은 완벽한 강체로 분자들에 비해 무한한 질량을 가지고 있으며 움직이지 않는다.

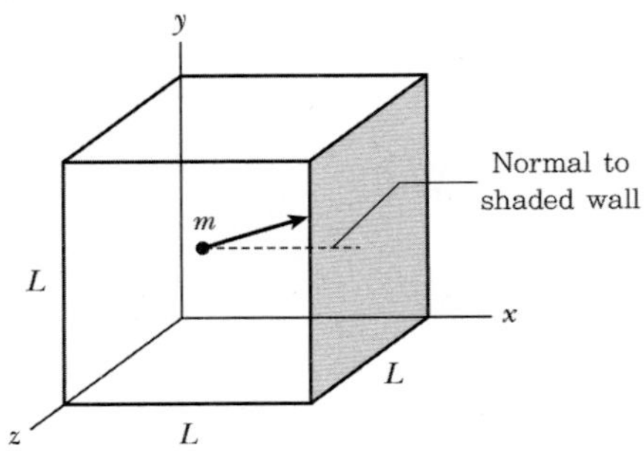

(부피 : V = L^3, 총 기체분자 수 : N, 온도 T)

① 질량 m인 하나의 기체분자(i 번째 분자)가 갖는 x방향 운동량(momentum)변화량

$$\Delta p_{xi} = mv_{xi} - (-mv_{xi}) = 2mv_{xi}$$

② 하나의 기체분자에 의해 한 쪽 벽면이 받는 힘의 크기

$$F_{xi} = \frac{\Delta p_{xi}}{\Delta t} = \frac{2mv_{xi}}{2L/v_{xi}} = \frac{mv_{xi}^2}{L} \text{(벽면과의 충돌 시간간격} = \Delta t = 2L/v_{xi})$$

③ 총 N 개의 기체분자에 의해 한 쪽 벽면이 받는 힘의 크기

$$F_x = \sum_{i=1}^{N} F_{xi} = \sum_{i=1}^{N} \frac{\Delta p_{xi}}{\Delta t} = \sum_{i=1}^{N} \frac{mv_{xi}^2}{L} = \frac{m}{L} N (v_x^2)_{avg} \Leftarrow \left((v_x^2)_{avg} = \frac{1}{N} \sum_i v_{xi}^2\right)$$

④ 총 N 개의 기체분자에 의해 한 쪽 벽면이 받는 압력 P

$$\mathrm{P} = \frac{F_x}{L^2} = \frac{m}{L^3} N (v_x^2)_{avg} = \frac{m}{V} (nN_A)(v_x^2)_{avg} \Leftarrow (L^3 = V,\ N_A : \text{아보가드로의 수})$$

$$= \frac{n}{V} (mN_A)(v_x^2)_{avg} = \frac{n}{V} (M)(v_x^2)_{avg} \Leftarrow (M = \text{기체1몰의 질량})$$

$$= \frac{nM}{V} \left(\frac{1}{3} v^2 \right) \Leftarrow \left(v^2 = v_x^2 + v_y^2 + v_z^2,\quad v_x^2 = v_y^2 = v_z^2,\quad v_x^2 = \frac{1}{3} v^2\right)$$

$$= \frac{nM}{3V} v^2 \text{ 그런데 } PV = nRT \text{이므로 } P = \frac{nRT}{V}$$

$$\frac{nM}{3V} v^2 = \frac{nRT}{V} \Rightarrow v = \sqrt{\frac{3RT}{M}} \text{ (분자의 속도제곱은 온도에 비례하고 분자량에 반비례!!)}$$

⑤ 질량 m인 단일 기체분자의 평균 (병진)운동에너지

$$K_{avg} = \frac{1}{2} mv^2 = \frac{1}{2} m \left(\frac{3RT}{M} \right) = \frac{3}{2} \left(\frac{m}{M} \right) (RT)$$

$$= \frac{3}{2} \frac{1}{N_A} RT = \frac{3}{2} \frac{R}{N_A} T = \frac{3}{2} kT$$

$$K_{avg} = \frac{3}{2} kT \quad (k : \text{Boltzman 상수})$$

$$k = \frac{R}{N_A} = \frac{8.315 \text{J/mol} \cdot {}^\circ\text{K}}{6.02 \times 10^{23}/\text{mol}} = 1.381 \times 10^{-23} \text{J}/{}^\circ\text{K}$$

- 온도 T에서 모든 기체분자는 종류와 질량에 관계없이 동일한 평균운동에너지를 갖는다.
- 온도만 측정하면 평균운동에너지를 구할 수 있다.

⑥ 분자 개수 총 N 개(n몰$\times N_A$)일 때 내부에너지

$$U_{int} = (nN_A)K_{avg} = nN_A\left(\frac{3}{2}kT\right)$$
$$= \frac{3}{2}n(N_A k)T = \frac{3}{2}n\left(N_A\frac{R}{N_A}\right)T = \frac{3}{2}nRT$$

$$U_{int} = \frac{3}{2}nRT$$

- 이상기체의 내부에너지(U_{int})는 온도만의 함수이다.

03 | 압력, 부피 변화에 의한 일(W : work)

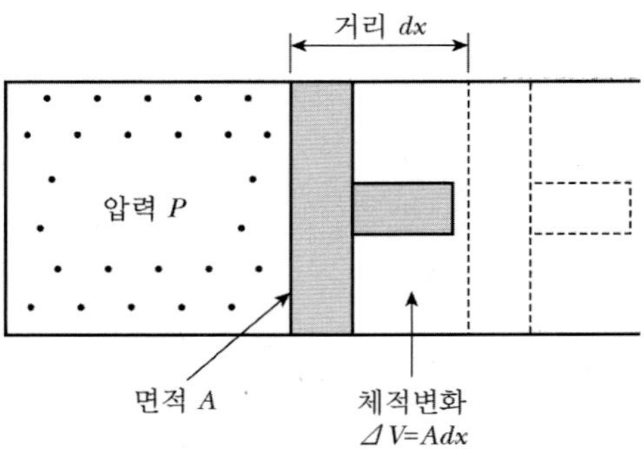

① 기체가 팽창하면서 외부(피스톤)에 해준 일(W)

$$dW = F\cdot dx = (PA)\cdot dx = P\cdot(A\cdot dx) = P\cdot dV$$
$$W = \int dW = \int_{V_i}^{V_f} P\cdot dV \quad (V_i : \text{초기부피},\ V_f : \text{나중 부피})$$

② 일(Work)의 계산 : 계의 부피가 변화하는 동안 압력이 함께 변화할 수 있으므로, 부피의 변화에 따른 일을 계산할 때 적분 이용

③ 경로 의존 : 계가 한 일은 처음과 나중 상태뿐만 아니라, 중간 상태들에 따라 다르다. 즉, 경로에 의존한다.

④ 일의 양은 경로에 따라 다르다.

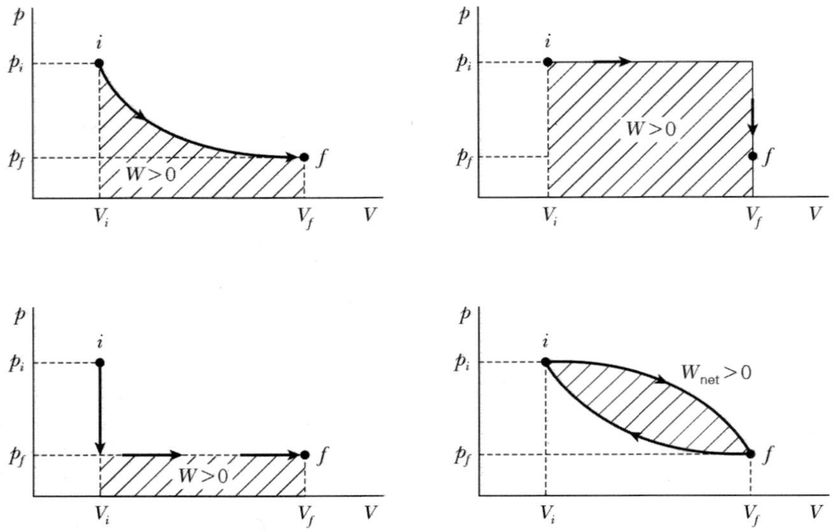

04 | 열역학 제1법칙

• 계의 내부에너지(ΔU_{int})는 열에너지(Q)가 더해지면 증가하고, 외부에 일(W)을 해주면 감소한다.

• 에너지 보존법칙(제1종 영구기관은 없다)

$$\Delta U_{int} = Q - W$$

05 | 열역학 과정의 종류

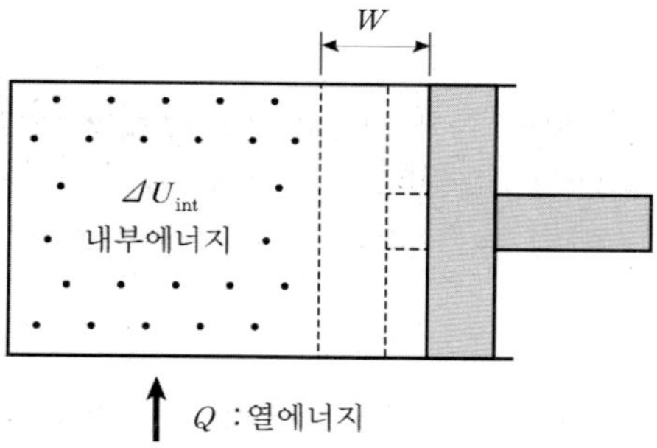

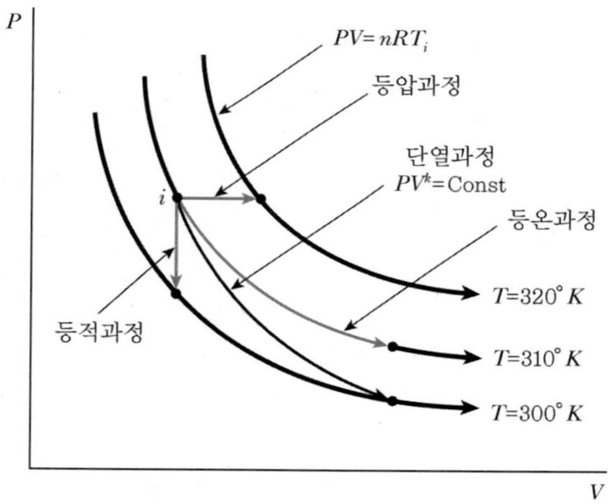

① 등온(等溫)과정(isothermal process)

- 계의 온도가 일정하게 유지되면서 압력과 부피가 변하는 과정
- 가해진 열에너지가 내부에너지로는 변환되지 않고, 전부 일로 전환되는 과정
- $PV = nRT = Constant$, $P_1V_1 = P_2V_2 = Constant$
- 압력과 부피는 반비례하면서 변화
- 등온과정에서의 일(W)

$$W = \int_{V_i}^{V_f} P \cdot dV, \quad PV = nRT \ (T: 일정) \Rightarrow\Rightarrow P = \frac{nRT}{V}$$

$$W = \int_{V_i}^{V_f} P \cdot dV = \int_{V_i}^{V_f} \frac{nRT}{V} \cdot dV = nRT \int_{V_i}^{V_f} \frac{dV}{V} = nRT\left(\ln\frac{V_f}{V_i}\right)$$

$$W = nRT\left(\ln\frac{V_f}{V_i}\right)$$

② 단열(斷熱)과정(adiabatic process 또는 등엔트로피 과정 : isentropic process)

- 계 내외로 열 전달이 일어나지 않는 과정
- $Q=0$인 과정, $\Delta U_{int} = Q - W = 0 - W = -W$, 즉, $\Delta U_{int} = -W$
- 내부에너지는 외부에 해준 일양만큼 감소한다.
- 계와 계 주위를 단열 물질로 둘러싸거나, 열이 흐를 수 있는 시간보다 더 짧은 시간 내에 이뤄지는 과정

③ 정적(定積)과정(또는 等積과정, Constant Volume process)

- 계의 부피가 일정하게 유지되는 과정
- $W = P \cdot dV = P \cdot 0 = 0$, $\Delta U_{int} = Q - W = Q - 0 = Q$

④ 정압(定壓)과정(等壓과정, Constant pressure process)

- 계의 압력이 일정하게 유지되는 과정
- $W = P \cdot dV = P \cdot (V_f - V_i)$, $\Delta U_{int} = Q - W = Q - P(V_f - V_i)$

⑤ 자유팽창(free expansion)

- 계가 일을 하지 않는 단열과정
- $Q = W = 0$

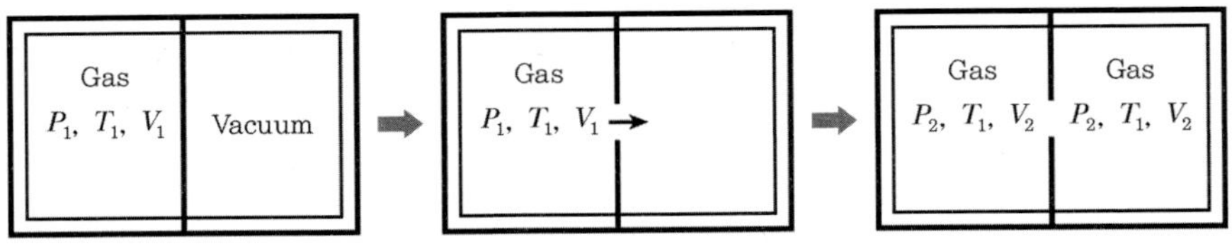

06 | 이상기체의 몰비열

① 이상기체의 내부에너지는 온도만의 함수이다.

$$U_{int} = \frac{3}{2}nRT$$

여기서, n : 몰수
R : 기체상수
T : 절대온도

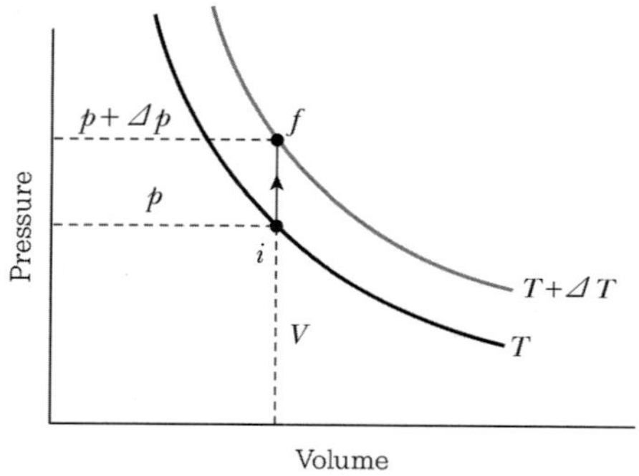

〈등적(정적)과정〉

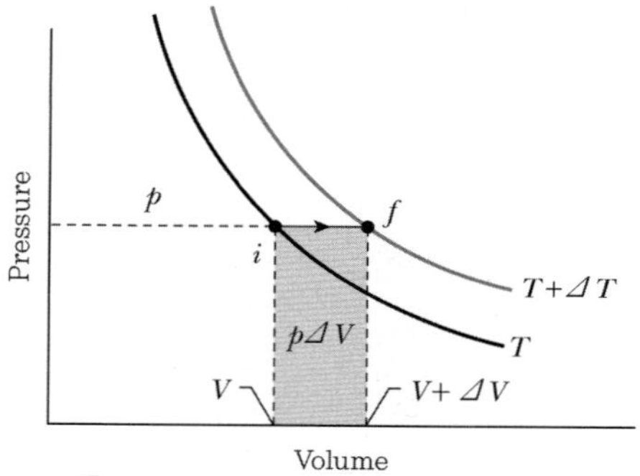

〈등압(정압)과정〉

② 등적(정적) 몰비열(C_v) : 부피가 일정할 때의 몰 비열

③ 등압(정압) 몰비열(C_p) : 압력이 일정할 때의 몰 비열

④ 등적(정적) 몰비열(C_v)

- 일정 부피의 강체 용기(부피변화가 없는) 내에 온도 T인 n몰의 이상기체가 있고,
- 용기가 뜨거운 물체와 열접촉하여 열Q가 기체 내로 흘러 들어가 기체의 온도가 dT만큼 증가

$$Q = n \cdot C_v \cdot dT$$

- 압력은 증가하지만, 부피가 일정하므로 기체가 한 일(W)은 없음

$$\Delta U_{int} = Q - W = Q - 0 = Q = n \cdot C_v \cdot dT = \frac{3}{2}nR \cdot dT$$

$C_v = \frac{3}{2}R$ (단원자분자)

이원자분자의 경우 : $C_v = \frac{5}{2}R$

다원자분자인 경우 : $C_v = \frac{6}{2}R = 3R$

〈공기의 R, C_v, C_p 〉

단위	R	C_v	C_p
J/kg°K	287	718	1005
kg_f · m/kg_f°K	29.27	73.2	102.50
cal/kg_f°K	68.6	171	240
J/°K · mol	8.314	20.799	29.11
cal/°K · mol	1.987	4.971	6.96
ℓ · atm/°K · mol	0.082	0.205	0.287

⑤ 등압(정압) 몰비열(C_p)

- 일정 압력의 용기 내((부피변화가 있는))에 온도 T인 n몰의 이상기체가 있고,
- 용기가 뜨거운 물체와 열접촉하여 열Q가 기체 내로 흘러 들어가 기체의 온도가 dT만큼 증가하고, 부피가 증가. 즉 내부에너지도 증가하고, 외부에 일(Work)도 하는 경우
- $Q = n \cdot C_P \cdot dT$, $Q = \Delta U_{int} + W$

  $\Delta U_{int} = n \cdot C_v \cdot dT$ (내부에너지는 온도변화에만 의존)

  $W = P \cdot dV = n \cdot R \cdot dT$ (압력은 일정하고 온도만 변화)

- $n \cdot C_p \cdot dT = n \cdot C_v \cdot dT + n \cdot R \cdot dT$ ➡➡ $C_p = C_v + R$

07 | 단열(斷熱) 과정(adiabatic process)에서의 일(Work)

- 계 내외로 열전달($Q=0$이므로)이 일어나지 않는 과정
- 내부에너지는 외부에 해준 일 양 만큼 감소
- 외부에 일을 해준 만큼 내부의 온도는 낮아짐
- $\Delta U_{int}=-W$이고, $\Delta U_{int}=nC_V dT$

  $W=P\cdot dV$이므로

$$n\cdot C_v\cdot dT=-P\cdot dV \Leftarrow\!\Leftarrow (PV=nRT\text{에서})$$

$$=\left(-\frac{n\cdot R\cdot T}{V}\right)dV$$

$$\frac{dT}{T}=-\frac{R}{C_v}\cdot\frac{dV}{V} \qquad (R=C_p-C_v)$$

$$\frac{dT}{T}=-\frac{C_p-C_v}{C_v}\cdot\frac{dV}{V}=-\left(\frac{C_p}{C_v}-1\right)\frac{dV}{V}=-(k-1)\left(\frac{dV}{V}\right) \quad (\text{단, } k=\frac{C_p}{C_v})$$

$$\frac{dT}{T}+(k-1)\frac{dV}{V}=0$$

※ 기체에서 k는 항상 1보다 크므로 (k−1)은 항상 양(+)이다. 이것은 위 식에서 dV와 dT가 항상 서로 반대 부호를 가짐을 의미

$\frac{dT}{T}+(k-1)\frac{dV}{V}=0$식을 적분하면

$$\ln T+(k-1)\ln V=\text{const}$$

$$\ln T+\ln V^{k-1}=\text{const}$$

$$\ln TV^{k-1}=\text{const}$$

$TV^{k-1}=\text{const}$, 즉 $T_1V_1^{k-1}=T_2V_2^{k-1}$

$PV=nRT$에서, $T_1=\frac{P_1V_1}{nR}$, $T_2=\frac{P_2V_2}{nR}$을 대입하면

$$\frac{P_1V_1}{nR} \cdot V_1^{k-1} = \frac{P_2V_2}{nR} \cdot V_2^{k-1}$$

$$P_1V_1^k = P_2V_2^k$$

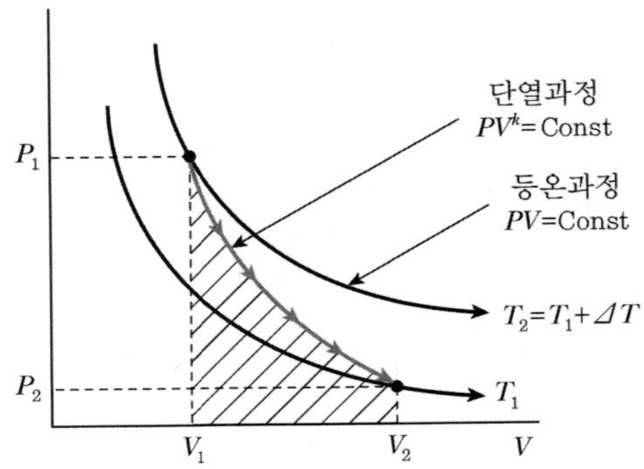

① 단열팽창 과정에서 한 일

$\Delta U_{int} = -W$이고, $\Delta U_{int} = n \cdot C_v \cdot dT$이므로

$$W = -nC_v dT = nC_v(T_1 - T_2) = C_v(nT_1 - nT_2)$$

($PV = nRT$에서 $nT = \dfrac{PV}{R}$)

$$W = C_v\left(\frac{P_1V_1}{R} - \frac{P_2V_2}{R}\right) = \frac{C_v}{R}(P_1V_1 - P_2V_2)$$

$$= \frac{C_v}{C_p - C_v}(P_1V_1 - P_2V_2)$$

$$= \frac{1}{k-1}(P_1V_1 - P_2V_2)$$

08 | 폴리트로픽 변화(과정)

$$P_1V_1^m = P_2V_2^m \text{인 과정}(m \neq k = \frac{C_p}{C_v})$$

폴리트로픽 과정에서의 일

$$W = \frac{1}{m-1}(P_1V_1 - P_2V_2) = \frac{nR}{m-1} \cdot (T_1 - T_2)$$

09 | 엔탈피

$$H = U_{int} + PV$$

여기서, U_{int} : 내부 에너지
P : 기체 압력
V : 기체 부피
H : 엔탈피

① 유체가 가진 내부에너지(U_{int})와, 체적을 차지하기 위한 유동일(flow work)의 합

10 | Carnot 기관

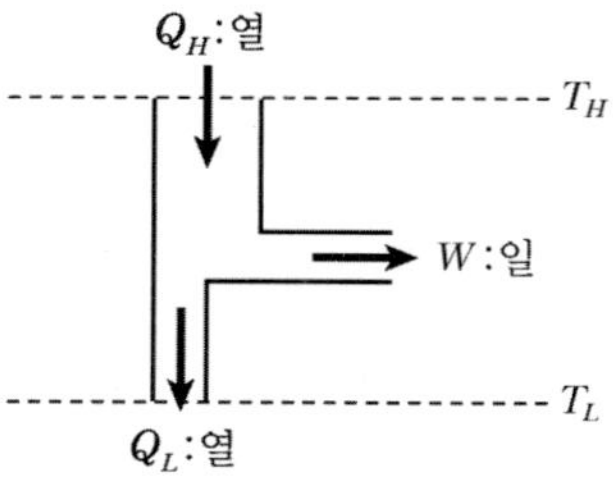

〈열 기관〉

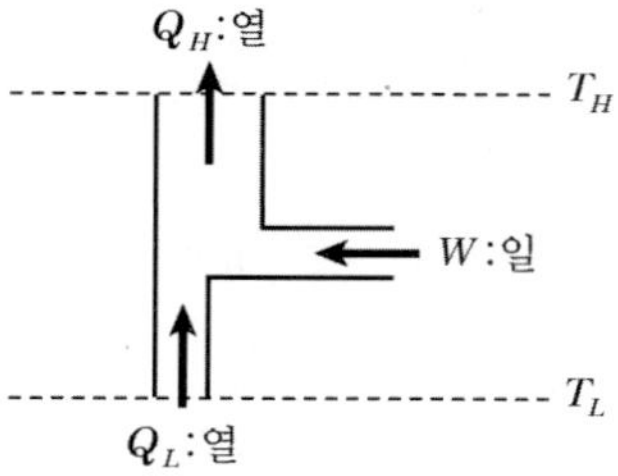

〈냉장고 : 열기관을 거꾸로!〉

열기관의 효율 $\eta_e = \dfrac{W}{Q_H} = \dfrac{Q_H - Q_L}{Q_H} = 1 - \dfrac{Q_L}{Q_H}$

냉장고의 효율(성능계수) $\eta_r = \dfrac{Q_L}{W}$

② 카르노(Carnot)순환 과정 : 두 개의 가역적 등온과정과 두 개의 가역적 단열과정으로 구성된 순환과정

③ 프랑스의 Sadi Carnot가 제안한 일종의 이상 사이클을 갖는 열기관

④ 카르노(Carnot) 순환과정

1. 기체는 T_H의 온도에서 등온 팽창을 하여 열 Q_H을 흡수한다. (1−2)
2. 온도가 T_L로 떨어지며 단열 팽창을 한다. (2−3)
3. T_L의 온도에서 등온 압축이 되며 열Q_L를 방출한다. (3−4)
4. 다시 처음의 T_H의 온도가 되도록 단열 압축이 된다. (4−1)

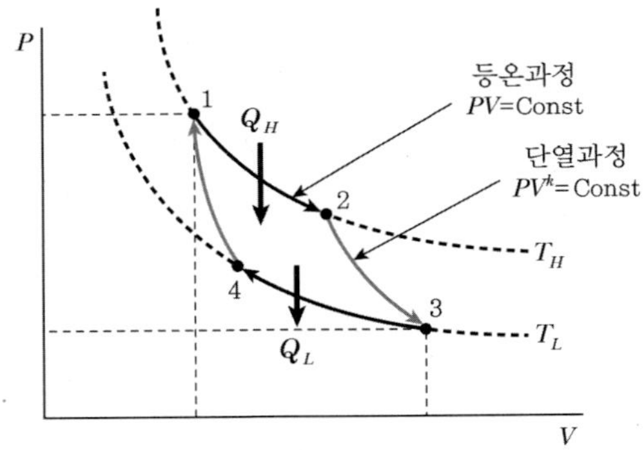

⑤ 순환과정의 열효율(η_e)

- 순공급열(공급열량−배기열량)이 모두 일(W_{net})로 전환되었다고 가정
- 최고효율의 엔진이라고 가정
- 열효율(η_e) $= \dfrac{\text{유효일}}{\text{공급열량}} = \dfrac{W_{net}}{Q_H} = \dfrac{(Q_H - Q_L)}{Q_H} = 1 - \dfrac{Q_L}{Q_H}$
- $\Delta U_{int} = Q - W$이고, $W = \int P \cdot dV$
- 과정1−2 : 등온팽창(온도일정, $\Delta U_{int} = 0$)이면서 유입 열량(Q_H)이 있으므로

$$Q_H = W_{12} = \int_1^2 P \cdot dV \quad (PV = nRT \text{에서 } P = \frac{nRT}{V})$$

$$= \int_{V_1}^{V_2} \left(\frac{nRT_H}{V}\right) dV = nRT_H \cdot \ln\left(\frac{V_2}{V_1}\right)$$

- 과정2-3 : 단열팽창(Q=0)이므로

$T_2V_2^{k-1} = T_3V_3^{k-1}$또는 $T_HV_2^{k-1} = T_LV_3^{k-1}$

$PV = nRT$에서, $T_H = \frac{P_2V_2}{nR}$, $T_L = \frac{P_3V_3}{nR}$을 대입하면

$P_2V_2^k = P_3V_3^k$

- 과정3-4 : 등온압축(온도일정, $\Delta U_{int} = 0$)이면서 배출 열량(Q_L)이 있으므로

$$Q_L = W_{43} = \int_4^3 P \cdot dV = nRT_L \cdot \ln\left(\frac{V_3}{V_4}\right)$$

- 과정4-1 : 단열압축(Q=0)이므로

$T_4V_4^{k-1} = T_1V_1^{k-1}$또는 $T_LV_4^{k-1} = T_HV_1^{k-1}$

$PV = nRT$에서, $T_L = \frac{P_4V_4}{nR}$, $T_H = \frac{P_1V_1}{nR}$을 대입하면

$P_4V_4^k = P_1V_1^k$

- 열효율(η_e)$= \frac{\text{유효일}}{\text{공급열량}} = 1 - \frac{Q_L}{Q_H} = 1 - \frac{nRT_L \cdot \ln\left(\frac{V_3}{V_4}\right)}{nRT_H \cdot \ln\left(\frac{V_2}{V_1}\right)} = 1 - \frac{T_L\ln\left(\frac{V_3}{V_4}\right)}{T_H\ln\left(\frac{V_2}{V_1}\right)}$

$T_HV_2^{k-1} = T_LV_3^{k-1}$

$T_LV_4^{k-1} = T_HV_1^{k-1}$에서 양변끼리 곱하면

$T_HV_2^{k-1}T_LV_4^{k-1} = T_LV_3^{k-1}T_HV_1^{k-1}$이 되고 정리하면 $\frac{V_3}{V_4} = \frac{V_2}{V_1}$

$$열효율(\eta_e)=1-\frac{Q_L}{Q_H}=1-\frac{T_L\ln\left(\frac{V_3}{V_4}\right)}{T_H\ln\left(\frac{V_2}{V_1}\right)}=1-\frac{T_L}{T_H}$$

⑥ 열효율$(\eta_e)=1-\frac{Q_L}{Q_H}=1-\frac{T_L}{T_H}$

- 열 에너지는 100% 일 에너지로 바꿀 수 없다.(100%가 될려면 $T_L=0$이어야 함)
- 열기관의 최고효율은 $(1-\frac{T_L}{T_H})$보다 클 수 없다.
- 열기관의 최고효율은 공급온도(T_H)와 배기온도(T_L)로 결정된다.
- 어떠한 열 기관도 카르노 기관보다 더 효율적일 수 없다.

11 | 열역학 제2법칙(The 2 nd law of thermodynamics)

① Clausius의 표현

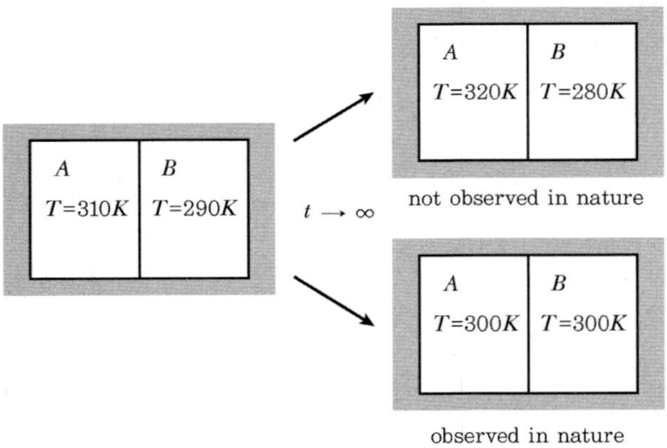

- 열은 스스로 다른 물체에 아무런 변화도 주지 않고서, 저온물체에서 고온물체로 이동하지 않는다. 성능계수(η_r)가 무한정한 냉동기의 제작은 불가능하다.

② Kelvin-Plank의 표현

- 자연계에 아무런 변화도 남기지 않고 어느 열원의 열을 계속해서 일로 바꿀 수 없다.

- 즉, 고온물체의 열을 계속해서 일로 바꾸려면 저온물체로 열을 버려야만 한다(효율이 100%인 열기관은 제작이 불가능하다).

③ Ostwald의 표현

- 제2종 영구기관은 존재할 수 없다.
- 제2종 영구기관 : 어떤 열원으로부터 열원의 온도를 떨어뜨리는 일 없이, 외부에 아무런 변화 없이 열을 기계적 일로 바꾸는 열기관

④ 열역학 제2법칙

- 열기관이 일을 하기 위해서는 열을 공급하는 고열원과 열을 방출하는 저열원이 필요하다.
- 온도차가 없다면 아무리 많은 열량이라도 일로 바꿀 수 없다.
- 외부로부터 에너지의 공급없이 영구히 일을 얻는다는 것은 절대로 불가능하다.

12 | 엔트로피(entropy)

① 엔트로피는 무질서도를 나타내는 상태량

② 출입하는 열량의 이용가치를 나타내는 양

③ 엔트로피는 에너지도 아니고, 온도와 같이 감각으로도 알 수 없으며, 또한 측정할 수도 없는 물리학상의 상태량

④ 어느 물체에 열을 가하면 엔트로피는 증가하고 냉각하면 감소하는 상상적인 양

⑤ 엔트로피의 정의

- 상태1에서 상태2로 가는 가역과정에서 $\Delta S = \int_1^2 \frac{dQ}{T}$ (T : 절대온도)
- 경로에 무관 : 상태1, 상태2에 대해서만 관련이 있으며 경로함수가 아닌 점함수
- 상태함수 : 비가역과정(예 자유팽창)에서도 시점과 종점이 정의되면 계산가능

⑥ 가역이면 불변($\Delta S = 0$), 비가역이면 증가($\Delta S > 0$)

⑦ 실제 자연계에서 일어나는 상태변화는 비가역변화를 동반하게 되므로, 엔트로피는 증가할 뿐이고 감소하는 일이 없다. 엔트로피 증가의 원리라 함

13 | 이상기체의 엔트로피 식

$$dQ = dU + P \cdot dV = nC_v dT + P \cdot dV = T \cdot dS$$

$$\Delta S = \int_1^2 \frac{dQ}{T} = \int_1^2 \frac{(nC_v dT + PdV)}{T} = \int_1^2 nC_v \frac{dT}{T} + \int_1^2 \frac{PdV}{T}$$

$$= nC_v \ln\left(\frac{T_2}{T_1}\right) + \int_1^2 \frac{1}{T}\frac{nRT}{V} dV = nC_v \cdot \ln\left(\frac{T_2}{T_1}\right) + nR \cdot \ln\left(\frac{V_2}{V_1}\right)$$

※ 자유팽창에서의 엔트로피 : $\Delta U = 0$, $W = 0$, $Q = 0$이고 중간과정에서는 상태가 정의되지 않지만, 시점과 종점의 온도가 동일하므로 가역과정의 등온과정으로 해석가능

$$\Delta S = \int_1^2 \frac{dQ}{T} = \int_1^2 \frac{dW}{T} = \int_1^2 \frac{PdV}{T} = \int_1^2 \left(\frac{nRT}{V}\right) \cdot \frac{dV}{T} = nR\ln\left(\frac{V_2}{V_1}\right)$$

① 등적변화(Constant Volume process)

$dQ = nC_v dT + pdV = nC_v dT + 0$ 이므로

$$\Delta S = \int_1^2 \frac{dQ}{T} = \int_1^2 \frac{nC_v dT}{T} = nC_v \cdot \ln\left(\frac{T_2}{T_1}\right)$$

② 등압변화(Constant pressure process)

$dQ = nC_p \cdot dT$ 이므로

$$\Delta S = \int_1^2 \frac{dQ}{T} = \int_1^2 \frac{nC_p dT}{T} = nC_p \cdot \ln\left(\frac{T_2}{T_1}\right) = nC_p \cdot \ln\left(\frac{V_2}{V_1}\right)$$

③ 등온과정(T = constant)

$$dQ = dU + P \cdot dV = nC_v \cdot 0 + P \cdot dV = P \cdot dV$$

$$\Delta S = \int_1^2 \frac{dQ}{T} = \int_1^2 \frac{PdV}{T} = \int_1^2 \left(\frac{nRT}{V}\right)\frac{dV}{T} = nR \cdot \ln\left(\frac{V_2}{V_1}\right)$$

④ 단열변화

dQ = 0이므로

$$\Delta S = \int_1^2 \frac{dQ}{T} = \int_1^2 \frac{0}{T} = 0$$: 등엔트로피 변화(isentropic process)

14 | 유효에너지와 무효에너지

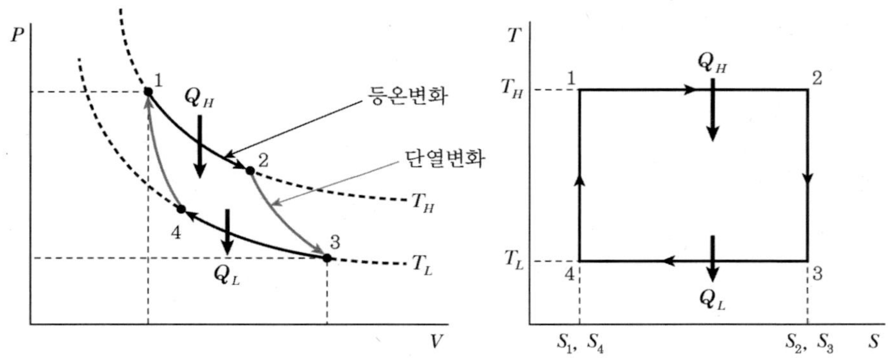

〈유효에너지와 무효에너지〉

① 가역 Carnot 사이클에서

$$\text{열효율} = \eta = \frac{Q_H - Q_L}{Q_H} = 1 - \frac{T_L}{T_H}$$

$$\text{유효 에너지}Q_a = Q_H - Q_L = Q_H\left(1 - \frac{T_L}{T_H}\right)$$

$$\text{무효에너지} = Q_L = Q_H \cdot \frac{T_L}{T_H}$$

② 가역 Carnot 사이클

등온과정 1 → 2의 엔트로피 변화 : $\Delta S_1 = \frac{Q_H}{T_H}$

등온과정 3 → 4의 엔트로피 변화 : $-\Delta S_2 = \frac{Q_L}{T_L}$ (−부호는 감소 의미)

가역사이클에서 $\Delta S_1 - \Delta S_2 = 0$이므로 $\Delta S_1 = \Delta S_2 = \Delta S$

$Q_a = Q_H - T_L \Delta S$

$Q_L = T_L \Delta S$

③ 고열원의 온도 T_H가 높을수록, 저열원의 온도 T_L가 낮을수록 유효에너지 Q_a는 증가하고, 무효에너지 Q_L는 감소

④ 엔트로피 증가 시 유효에너지는 감소하고, 무효에너지는 증가($Q_L = T_L \Delta S$)

15 | 열전달 – 전도(conduction)

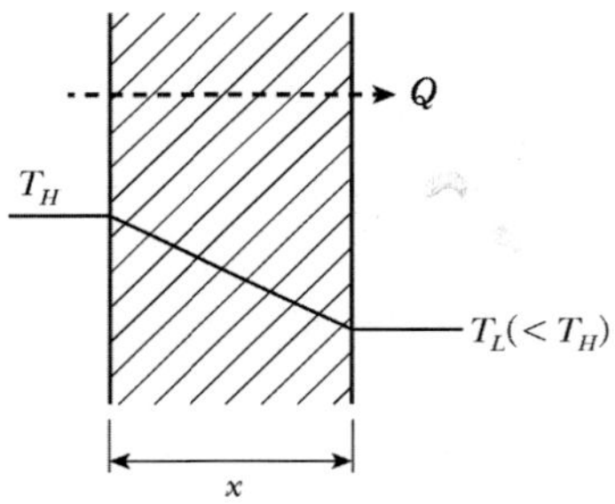

〈평면벽 전도〉

① 인접 분자들 사이의 운동에너지의 전달에 의한 열 이동

② 평면벽에 대하여 직각 방향으로 정상상태 하에서 흐르는 열량 Q

$$Q = k \cdot A \cdot \frac{(T_H - T_L)}{x} = k \cdot A \cdot \frac{dT}{dx}$$

여기서, Q : 시간당 열량전도량(cal/hr)

k : 열전도도, 열전도계수(cal/m · °K)

A : 열 통과 면적

$\frac{dT}{dx}$: 온도 구배

16 | 열전달 – 대류(convection)

① 유체의 일부에 온도변화가 생기면, 밀도변화가 생기고 그로 인해 균일하게 되기 위해 이동 혼합됨으로써 열전달이 이루어지는 현상

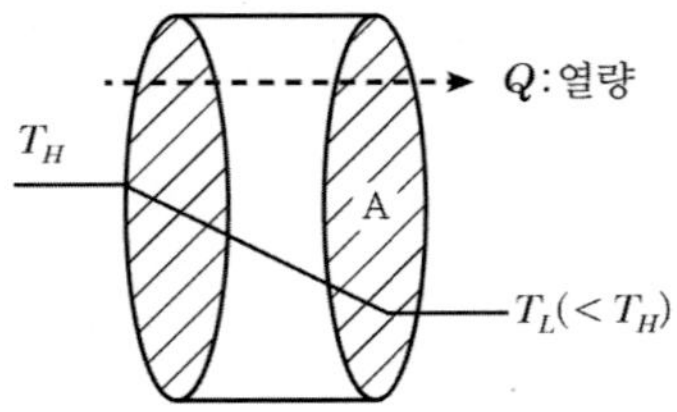

〈대류열전달〉

$$Q = h \cdot A \cdot (T_H - T_L)$$

여기서, Q : 시간당 열량전도량(cal/hr)
A : 대류 전열면적(m^2)
h : 대류열전달계수(cal/m^2 · hr℃)
T : 온도(℃)

17 | 열전달 – 복사(Radiation)

① 열에너지가 물질을 매개치 않고 전자파형태로 이동하여 다른 물질에 전파되어 흡수되면 열로 변하는 현상으로 복사에 의한 열에너지는 복사체 표면온도의 4승에 비례한다.

② 복사열(Q) = $\epsilon A \sigma T^4$

여기서, ϵ : 방사율
A : 복사면적
σ : Stefan–Boltzmann상수
T : 복사체 절대온도

CHAPTER 02

기출문제

기사 기출문제

01 물을 개방된 용기에 넣고 대기압 하에서 계속 열을 가하여도 액체의 물이 남아 있는 한 물의 온도가 100℃ 이상 온도가 올라가지 않는 것과 가장 관계가 있는 것은?

2010 03 07

㉮ 공급된 열이 모두 물의 내부에너지로 저장되기 때문이다.
㉯ 공급되는 열, 물의 온도 및 주위 온도와의 사이에서 열이 평형상태에 있기 때문이다.
㉰ 물이 100℃에서 비등하기 때문이다.
㉱ 공급되는 열량이 100℃에서 한계에 도달하였기 때문이다.

해설 공급되는 열이, 수증기로 바꾸는데 전부 이용되기 때문에 물이 남아 있는 한 온도는 100℃ 이상으로 상승되지 않는다.

정답 ㉯

02 체적 2 m³, 온도 20℃의 이상기체 1 kg을 정압하에서 체적을 5 m³으로 팽창시켰다. 가한 열량은 약 몇 kJ인가? (단, 기체의 정압비열(= C_P)은 2.06 kJ/kg · °K, 기체상수는 0.488 kJ/kg · °K로 한다.)

2010 03 07

㉮ 954 ㉯ 906 ㉰ 889 ㉱ 863

해설 PV = MRT (P : 압력, V : 부피, M : 질량, R : 기체상수, T : 절대온도)

$$P_1 = \frac{MRT}{V_1} = \frac{1\ kg \times (0.488\ kJ/kg \cdot °K) \times (273+20)°K}{2\ m^3} = 71.49\ kJ/m^3$$

$P_1V_1 = MRT_1$, $P_2V_2 = MRT_2$ 정압이므로 $P_1 = P_2$

$P_1(V_2 - V_1) = MR(T_2 - T_1)$

$$T_2 - T_1 = \frac{P_1(V_2 - V_1)}{MR} = \frac{71.49\ kJ/m^3 \times (5-2)m^3}{1\ kg \times 0.488\ kJ/kg \cdot °K} = 439.5°K$$

$$열량 = m \cdot C_p \cdot dT = 1\,kg \times C_p \times (T_2 - T_1)$$
$$= 1\,kg \times 2.06\,kJ/kg \cdot {}^\circ K \times (439.5{}^\circ K)$$
$$= 905.37\,kJ$$

정답 ㉯

03 공기가 채워진 어떤 구형기구의 반지름이 5 m이고, 내부압력이 100 kPa, 온도는 20℃일 때 기구 내에 채워진 공기의 몰수는 약 몇 kmol인가? (단, 공기의 분자량은 29 kg/kmol이고, 기체상수는 287 J/kg · °K이다.) 2010 03 07

㉮ 20.1 ㉯ 21.5 ㉰ 22.3 ㉱ 23.6

해설 PV = MRT

$$(100 \times 1000\,N/m^2) \times \left(\frac{4}{3}\pi \times (5\,m)^3\right) = M \times (287\,J/kg \cdot {}^\circ K) \times (273 + 20){}^\circ K$$

$$M = 622.34\,kg = 622.34\,kg \times \frac{1\,kmol}{29\,kg} = 21.46\,kmol$$

정답 ㉯

04 어떤 이상기체의 압력이 10% 낮아지고 온도가 30℃ 내려갔을 때 밀도변화가 없다면 초기온도는 몇℃인가? 2010 05 09

㉮ 27℃ ㉯ 57℃ ㉰ 227℃ ㉱ 270℃

해설 PV = MRT (P : 압력, V : 부피, M : 질량, R : 기체상수, T : 절대온도)

$$\rho = \frac{M}{V} = \frac{P}{RT}$$

$$\rho_1 = \frac{P_1}{RT_1}, \quad \rho_2 = \frac{P_2}{RT_2} = \frac{0.9P_1}{R \times (T_1 - 30)}$$

$\rho_1 = \rho_2$이므로

$$\frac{P_1}{R(T_1)} = \frac{0.9P_1}{R(T_1 - 30)}$$

$$\frac{1}{T_1} = \frac{0.9}{(T_1 - 30)}$$

$$T_1 = 300{}^\circ K = 27℃$$

정답 ㉮

05 피스톤-실린더로 구성된 용기 안에 140 kPa, 10℃의 공기(이상기체)가 들어 있다. 이 기체가 폴리트로픽 과정($PV^{1.5}$ = 일정)을 거쳐 800 kPa까지 압축되었다. 이때 공기의 온도는 약 몇 ℃인가? 2010 05 09

㉮ 158℃ ㉯ 287℃ ㉰ 233℃ ㉱ 506℃

해설 $PV = MRT$에서 $V = \frac{MRT}{P}$

폴리트로픽 과정

$$P_1V_1^n = P_2V_2^n$$

$$P_1 \times \left(\frac{MRT_1}{P_1}\right)^n = P_2 \times \left(\frac{MRT_2}{P_2}\right)^n$$

$$T_1^n \cdot P_1^{1-n} = T_2^n \cdot P_2^{1-n}$$

$$\left(\frac{T_2}{T_1}\right)^n = \left(\frac{P_1}{P_2}\right)^{1-n} = \left(\frac{P_2}{P_1}\right)^{n-1}$$

$$\left(\frac{T_2}{T_1}\right) = \left(\frac{P_2}{P_1}\right)^{\frac{n-1}{n}}$$

$$T_2 = T_1\left(\frac{P_2}{P_1}\right)^{\frac{n-1}{n}} = (273+10)°K \times \left(\frac{800\ kPa}{140\ kPa}\right)^{\frac{1.5-1}{1.5}} = 506°K = 233℃$$

정답 ㉰

06 압력을 일정하게 하고 증기를 계속 가열하여 온도가 포화온도보다 높아지면 체적은 더욱 증가한다. 이와 같이 포화온도 이상으로 가열된 증기를 무엇이라 하는가? 2010 05 09

㉮ 습포화증기 ㉯ 과열증기
㉰ 건포화증기 ㉱ 불포화증기

해설 포화온도 이상으로 가열된 증기를 과열증기라고 한다.

정답 ㉯

07 다음은 어떤 열역학법칙을 설명한 것인가? 2011 03 20

“열은 그 스스로 저열원체에서 고열원체로 이동할 수 없다.”

㉮ 열역학 제0법칙 ㉯ 열역학 제1법칙
㉰ 열역학 제2법칙 ㉱ 열역학 제3법칙

해설 〈열역학 제2법칙〉

① 열은 스스로 다른 물체에 아무런 변화도 주지 않고서, 저온물체에서 고온물체로 이동하지 않는다.

② 성능계수(η_r)가 무한정한 냉동기의 제작은 불가능하다.

③ 고온물체의 열을 계속해서 일로 바꾸려면 저온물체로 열을 버려야만 한다(효율이 100%인 열기관은 제작이 불가능하다).

④ 제2종 영구기관은 존재할 수 없다.

정답 ㉰

08 견고한 밀폐용기 안에 어떤 물질 1 kg이 압력 2 MPa, 온도 250℃ 상태에 있으며 압축성 인자(Z=PV/MRT)값은 0.9232이다. 이 물질의 기체상수가 0.4615 kJ/kg · °K일 때 용기의 체적은 약 몇 m^3인가? 2011 03 20

㉮ 0.0532 ㉯ 0.0577 ㉰ 0.1114 ㉱ 0.1207

해설 PV = ZMRT (P : 압력, V : 부피, M : 질량, R : 기체상수, T : 절대온도 Z : 압축성계수)

$$V = \frac{ZMRT}{P}$$

$$= \frac{0.9232 \times 1\text{kg} \times (0.4615\text{kJ/kg} \cdot °\text{K}) \times (273 + 250)°\text{K}}{2 \times 1000\text{kN/m}^2} = 0.1114\text{m}^3$$

정답 ㉰

09 절대온도, 비체적이 각각 T_1, V_1인 이상기체 1 kg의 압력을 P로 일정하게 유지한 상태로 가열하여 절대온도를 $4T_1$까지 상승시킨다. 이상기체가 한 일은? 2011 03 20

㉮ PV_1 ㉯ $2PV_1$ ㉰ $3PV_1$ ㉱ $4PV_1$

해설 $P_1V_1 = MRT_1$, $P_2V_2 = MRT_2$

압력일정 $P_1 = P_2$

$$\frac{V_2}{V_1}=\frac{MRT_2}{MRT_1}=\frac{T_2}{T_1}=\frac{4T_1}{T_1}=4$$

$V_2=4V_1$

한일$=W=P(V_2-V_1)=P(4V_1-V_1)=3PV_1$

정답 ㉰

10 두께가 5 mm인 창유리의 내부온도가 15℃, 외부온도가 5℃이다. 창의 크기는 1 m×3 m이고 유리의 열전도율이 1.4W/m · °K이라면 창을 통한 열전달률은 몇 kW인가? 2011 03 20

㉮ 1.4 ㉯ 5.0 ㉰ 5.7 ㉱ 8.4

해설 열전달률$(Q)=k\cdot A\cdot\frac{dT}{x}$

(Q : 열전달률, k : 열전도율, A : 열통과면적, dT : 온도차, x : 창두께)

$$Q=\frac{1.4\ W/m\cdot{}^\circ K\times(1\times3\ m^2)\times((15+273){}^\circ K-(5+273){}^\circ K)}{5\ mm\times\frac{1\ m}{1000\ mm}}$$

$=8400\ W$
$=8.4\ kW$

정답 ㉱

11 어떤 기체를 20℃에서 등온 압축하여 압력이 0.2 MPa에서 1 MPa으로 변할 때 처음과 나중의 체적비는? 2011 06 12

㉮ 8 : 1 ㉯ 5 : 1 ㉰ 3 : 1 ㉱ 1 : 1

해설 등온과정

$P_1V_1=P_2V_2$

$$V_2=V_1\times\left(\frac{P_1}{P_2}\right)=V_1\times\left(\frac{0.2Mpa}{1MPa}\right)=\frac{1}{5}V_1$$

$$V_1:V_2=1:\frac{1}{5}=5:1$$

정답 ㉯

12 이상기체의 정압비열 C_p와 정적비열 C_v의 관계식으로 맞는 것은? (단, R은 기체상수이다.)

2011 06 12

㉮ $C_V - C_P = R$　　㉯ $C_P - C_V = R$

㉰ $C_P = C_V$　　㉱ $C_P/C_V = R$

해설 정압비열(C_p)과 정적비열(C_v), 기체상수(R)의 관계
정압비열은 정적비열보다 기체상수만큼 더 크다
$C_p = C_v + R$

정답 ㉯

13 이상기체를 온도 변화없이 압축시키는 경우 열의 출입 및 내부에너지의 변화를 옳게 표현한 것은?

2011 06 12

㉮ 열방출, 내부에너지 감소　　㉯ 열방출, 내부에너지 불변

㉰ 열흡수, 내부에너지 증가　　㉱ 열흡수, 내부에너지 불변

해설 $\Delta U_{int} = Q - W$
(ΔU : 내부에너지, Q: 열량, W: 한 일)
압축되어 외부로부터 일을 받았으므로 W의 부호는 음(-)이고, 온도변화가 없으므로 $\Delta U_{int} = 0$이다. 따라서, 받은 W만큼 열량(Q)이 외부로 방출되어야 한다. 즉, 내부에너지(ΔU_{int})는 불변이고, 열(Q)은 외부로 방출되어야 한다.

정답 ㉯

14 카르노사이클로 작동하는 열기관이 800°K의 고온 열원과 300°K의 저온 열원 사이에서 작동할 때 이 열기관의 효율은?

2012 03 04

㉮ 37.5%　　㉯ 50%　　㉰ 62.5%　　㉱ 66.7%

해설 $\eta = 1 - \frac{Q_L}{Q_H} = 1 - \frac{T_L}{T_H} = 1 - \frac{300°K}{800°K} = 0.625 = 62.5\%$

정답 ㉰

15 어떤 기체 1 kg이 압력 50 kPa, 체적 2.0 m^3의 상태에서 압력 1000 kPa, 체적 0.2 m^3의 상태로 변화하였다. 이때 내부에너지의 변화가 없다고 하면 엔탈피(enthalpy)의 변화량은 몇 kJ인가? 2012 03 04

㉮ 100 ㉯ 115 ㉰ 120 ㉱ 0

해설 $H = U_{int} + PV$ (U_{int} : 내부 에너지, P : 기체압력, V : 기체 부피, H : 엔탈피)

$\Delta H = (U_2 - U_1) + (P_2V_2 - P_1V_1) = 0 + (1000\ kPa \times 0.2\ m^3 - 50\ kPa \times 2\ m^3) = 100\ kJ$

정답 ㉮

16 온도 80℃인 고체표면을 40℃의 공기로 강제대류 열전달에 의해서 냉각한다. 대류열전달계수를 20W/m^2 · °K라고 할 때 고체표면의 열 유속은 몇 W/m^2인가? 2012 03 04

㉮ 785 ㉯ 790 ㉰ 795 ㉱ 800

해설 $Q = Ah(T_2 - T_1)$ (Q : 대류열류(W), A : 대류면적(m^2), h : 대류전열계수(W/m^2 · ℃), $(T_2 - T_1)$: 온도차(°K))

$$\frac{Q}{A} = h(T_2 - T_1) = \frac{20\ W}{m^2 \cdot °K} \times (80 - 40)(°K) = 800\ W/m^2$$

정답 ㉱

17 압력 200 kPa, 온도 60℃의 공기 1 kg이 이상적인 폴리트로픽 과정으로 압축되어 압력 2 MPa, 온도250℃로 변화하였을 때 이 과정 동안의 일의 양은 약 몇 kJ인가? (단, 기체상수는 0.287 kJ/kg · °K이다.) 2012 03 04

㉮ −224 ㉯ −228 ㉰ −232 ㉱ −236

해설 $$\frac{T_2}{T_1} = \left(\frac{P_2}{P_1}\right)^{\frac{n-1}{n}} = \left(\frac{P_2}{P_1}\right)^{1-\frac{1}{n}}$$

$$\left(\frac{(250+273)°K}{(60+273)°K}\right) = \left(\frac{2000kPa}{200kPa}\right)^{1-\frac{1}{n}}$$

$n = 1.244$

한 일 $= W = \dfrac{M \cdot R}{n-1}(T_1 - T_2)$

$= \dfrac{1\,kg \times 0.287\,kJ/kg \cdot °K}{1.244-1} \times ((273+60)-(273+250))°K = -224\,kJ$ (압축일)

정답 ㉮

18 100 kPa, 400°K의 공기(기체상수 287J/kg · °K) 0.2 m^3과 150 kPa, 450°K 미지 기체 0.3 m^3의 질량의 합이 0.7 kg이라면 미지 기체의 기체상수는 약 몇 J/kg · °K인가? (단, 공기 및 미지 기체는 모두 이상기체로 가정한다.) 2012 05 20

㉮ 95 ㉯ 189 ㉰ 284 ㉱ 378

해설 공기질량(M_{air})

PV = MRT에서

$M_{air} = \dfrac{P_{air} \cdot V_{air}}{R_{air} \cdot T_{air}} = \dfrac{100\,kPa \times 0.2\,m^3}{(0.287\,kJ/kg \cdot °K) \times 400°K} = 0.174\,kg$

미지 기체의 질량 = 0.7 kg − 공기질량 = 0.7 − 0.174 = 0.526 kg

미지 기체의 $R = \dfrac{PV}{MT} = \dfrac{150\,kPa \times 0.3\,m^3}{0.526\,kg \times 450°K} = 0.190\,kJ/kg \cdot °K = 190\,J/kg \cdot °K$

정답 ㉯

19 온도차이 dT, 열전도율 k, 두께 x, 열전달면적 A인 벽을 통한 열전달률이 Q이다. 다른 조건은 동일한 상태에서 벽의 열전도율이 4배가 되고 벽의 두께가 2배가 되는 경우 열전달률은 Q의 몇 배가 되는가? 2012 05 20

㉮ 1/2 ㉯ 1 ㉰ 2 ㉱ 4

해설 $Q_1 = kA \cdot \dfrac{dT}{x}$

(Q : 열전달률, k : 열전도율, A : 열전달면적, x : 두께)

$Q_2 = (4k)A\dfrac{dT}{2x} = 2kA\dfrac{dT}{x} = 2Q_1$

정답 ㉰

20 부피 1 m^3인 용기 내의 기체압력이 200 kPa이라면, 이 기체 전부를 내용적 3 m^3인 용기로 옮겼을 때 기체의 압력은 약 몇 kPa인가? (단, 기체온도는 일정하며, 기체는 이상기체로 간주한다.) 2012 05 20

㉮ 33.3 ㉯ 50 ㉰ 66.7 ㉱ 600

해설 등온과정

$$P_1V_1 = P_2V_2$$

$$200\ \text{kPa} \times 1\ \text{m}^3 = P_2 \times 3\ \text{m}^3$$

$$P_2 = \frac{200}{3}\ \text{kPa} = 66.67\ \text{kPa}$$

정답 ㉰

21 고도(h)에 따른 기체의 압력(p)을 구하는 미분방적식은 $\frac{dp}{dh} = -\gamma$이다.(γ = 기체의 비중량)고도에 관계없이 일정온도 T = 300°K를 유지하는 이상기체에서 h = 0에서 압력이 100 kPa이면 h = 300 m에서의 압력은 몇 kPa인가? (단. 기체상수 R = 0.287 kJ/kg · K이다) 2012 05 20

㉮ 85.5 ㉯ 89.2 ㉰ 93.1 ㉱ 96.6

해설 $dp = -\gamma \cdot dh$

$$\int_0^h dp = \int_0^h -\gamma \cdot dh$$

$$p_h - p_0 = -\gamma h \quad (p_0 = 100\text{kPa})$$

$$p_h = p_0 - \gamma h = 100\text{kPa} - \gamma \cdot h$$

$$\rho = \frac{M}{V} = \frac{P}{RT} = \frac{100\ \text{kPa}}{0.287\ \text{kJ/kg} \cdot {}^\circ\text{K} \times 300{}^\circ\text{K}} = 1.161\ \text{kg/m}^3$$

$$\gamma = \rho g = 1.161 \times 9.8 = 11.38\ \text{N/m}^3 = 0.01138\ \text{kN/m}^3$$

$$p_h = 100\ \text{kPa} - 0.01138\ \text{kN/m}^3 \times 300\text{m} = 96.6\ \text{kPa}$$

정답 ㉱

22 등엔트로피 과정에 해당하는 것은? 2012 09 15

㉮ 가역 단열과정　　㉯ 가역 등온과정
㉰ 비가역 단열과정　　㉱ 비가역 등온과정

해설 가역 단열과정에서는 열 출입이 없으므로 엔트로피 $\Delta S = 0$이다.

정답 ㉮

23 압력 7 MPa, 온도 150℃상태에서 프로판의 압축성 인자값은 0.55이다. 프로판의 비체적(m^3/kg)은 얼마인가? (단, 기체상수 R = 0.1886 kJ/kg · °K이다) 2012 09 15

㉮ 0.00222　㉯ 0.00404　㉰ 0.00627　㉱ 0.0114

해설 PV = ZMRT
(P : 압력, V : 부피, M : 질량, R : 기체상수, T : 절대온도 Z : 압축성계수 = 0.55)
비체적

$$(V_s) = \frac{V}{M} = \frac{ZRT}{P} = \frac{0.55 \times 0.1886\ \text{kJ/kg} \cdot \text{°K} \times (273+150)\text{°K}}{7000\ \text{kN/m}^2} = 0.00627\ \text{m}^3/\text{kg}$$

정답 ㉰

24 실내의 난방용 방열기(물-공기 열교환기)에는 대부분 방열핀(fin)이 달려있다. 그 주된 이유는? 2012 09 15

㉮ 열전달면적이 증가된다.　　㉯ 복사열전달이 촉진된다.
㉰ 재료비를 절감할 수 있다.　　㉱ 겨울철 동파를 막는다.

해설 $Q = kA \cdot \frac{dT}{x}$ (Q : 열전달률, k : 열전도율, A : 열전달면적, x : 두께)
열전달률(Q)을 높이기 위해 열전달면적(A)을 크게 하기 위함이다.

정답 ㉮

25 온도차이 20℃, 열전도율 5 W/m · °K, 두께 20 cm인 벽을 통한 열유속(heat flux)과 온도차이 40℃, 열전도율 10 W/m · °K, 두께 t (cm)인 같은 면적을 가진 벽을 통한 열유속이 같다면 두께 t는 몇 cm인가? 2013 03 10

㉮ 10　㉯ 20　㉰ 40　㉱ 80

해설 $Q = kA \cdot \frac{dT}{x}$ (Q : 열유속, k : 열전도율, A : 열전달면적, dT : 온도차, x : 두께)

$Q_1 = (5\ W/m \cdot °K) \cdot A \cdot \frac{(20℃)}{20\ cm}$

$Q_2 = (10\ W/m \cdot °K) \cdot A \cdot \frac{(40℃)}{t(cm)}$

$Q_1 = Q_2$

$(5\ W/m \cdot °K) \cdot A \cdot \frac{20℃}{20\ cm} = (10\ W/m \cdot °K) \cdot A \cdot \frac{40℃}{t(cm)}$

$t = 80\ cm$

정답 ㊃

26 이상적인 열기관 사이클인 카르노사이클(Carnot cycle)의 특징으로 맞는 것은? 2013 03 10

㉮ 비가역 사이클이다.
㉯ 공급열량과 방출열량의 비는 고온부의 절대온도와 저온부의 절대온도 비와 같지 않다.
㉰ 이론 열효율은 고열원 및 저열원의 온도만으로 표시된다.
㉱ 두 개의 등압변화와 두 개의 단열변화로 둘러싸인 사이클이다.

해설 카르노 사이클

- 두 개의 등온과정과 두 개의 단열과정으로 구성된 가역사이클이다.
- 공급열량과 방출열량의 비는 고온부의 절대온도와 저온부의 절대온도의 비와 동일하다. 즉, 카르노 사이클의 열효율은 $\eta = 1 - \frac{Q_L}{Q_H} = 1 - \frac{T_L}{T_H}$ 로서 $\frac{Q_L}{Q_H} = \frac{T_L}{T_H}$ 이다.

정답 ㉰

27 −15℃ 얼음 10 g을 100℃의 수증기로 만드는 데 필요한 열량은 몇 kJ인가? (단, 얼음의 융해열은 335 kJ/kg, 물의 증발잠열은 2,256 kJ/kg, 얼음의 평균 비열은 2.1 kJ/kg · °K이고, 물의 평균비열은 4.18 kJ/kg · °K이다) 2013 03 10

㉮ 7.85　　㉯ 27.1　　㉰ 30.4　　㉱ 35.2

해설 -15℃ 얼음 ➡(Q_1) 0℃ 얼음 ➡(Q_2) 0℃ 물 ➡(Q_3) 100℃ 물 ➡(Q_4) 100℃ 증기

Q_1 : $10\text{ g} \times (2.1\text{ J/g}\cdot{}^\circ\text{K}) \times 15^\circ\text{K} = 315\text{ J}$

Q_2 : $10\text{ g} \times 335\text{ J/g} = 3350\text{ J}$

Q_3 : $10\text{g} \times (4.18\text{ J/g}\cdot{}^\circ\text{K}) \times 100^\circ\text{K} = 4180\text{ J}$

Q_4 : $10\text{g} \times (2256\text{ J/g}) = 22560\text{ J}$

총열량$= Q_1 + Q_2 + Q_3 + Q_4 = (315 + 3350 + 4180 + 22560)(\text{J}) = 30405\text{ J} = 30.4\text{ kJ}$

정답 ㉰

28 −10℃, 6기압의 이산화탄소 10 kg을 분사노즐에서 1기압까지 가역 단열팽창하였다면 팽창 후의 온도는 몇℃가 되겠는가? (단, 이산화탄소의 비열비는 $k = 1.289$이다)

2013 03 10

㉮ −85　　㉯ −97　　㉰ −105　　㉱ −115

해설 단열팽창

$P_1V_1^k = P_2V_2^k =$ 일정

$\frac{T_2}{T_1} = \left(\frac{P_2}{P_1}\right)^{\frac{k-1}{k}}$ (P : 압력, V : 부피, T : 온도, k : 비열비)

$$T_2 = T_1 \times \left(\frac{P_2}{P_1}\right)^{\frac{k-1}{k}}$$

$$= (273 - 10)(^\circ\text{K}) \times \left(\frac{1\text{ atm}}{6\text{ atm}}\right)^{\frac{1.289-1}{1.289}}$$

$$= 176^\circ\text{K}$$

$$= -97℃$$

정답 ㉯

29 피스톤−실린더로 구성된 용기 안에 온도 638.5°K, 압력 1372 kPa 상태의 공기(이상기체)가 들어 있다. 정적과정으로 이 시스템을 가열하여 최종온도가 1200°K가 되었다. 공기의 최종 압력은 약 몇 kPa인가?

2013 06 02

㉮ 730　　㉯ 1372　　㉰ 1730　　㉱ 2579

해설 PV = MRT

(P : 압력, V : 부피, M : 질량, R : 기체상수, T : 절대온도)

정적과정이므로 부피(V)가 일정하므로

$P_1V = MRT_1,\ P_2V = MRT_2$

$$\frac{P_2V}{P_1V} = \frac{MRT_2}{MRT_1}$$

$$P_2 = P_1 \times \frac{T_2}{T_1} = 1372\ \text{kPa} \times \left(\frac{1200°\text{K}}{638.5°\text{K}}\right) = 2578.5\ \text{kPa}$$

정답 ㉣

30 물체의 표면온도가 100℃에서 400℃로 상승했을 때 물체의 표면에서 방출하는 복사에너지는 약 몇 배가 되겠는가? (단, 물체의 방사율은 일정하다고 가정한다.) 2013 06 02

㉮ 2 ㉯ 4 ㉰ 10.6 ㉱ 258

해설 Stefan-Boltzman 법칙

복사에너지 = σT^4 (T : 절대온도)

$$\frac{\sigma T_2^4}{\sigma T_1^4} = \left(\frac{400+273}{100+273}\right)^4 = 10.598$$

정답 ㉰

31 역 Carnot 사이클로 작동하는 냉동기가 300°K의 고열원과 250°K의 저열원 사이에서 작동할 때 이 냉동기의 성능계수는 얼마인가? 2013 06 02

㉮ 2 ㉯ 3 ㉰ 5 ㉱ 6

해설 $성능계수(\beta) = \frac{Q_L}{W} = \frac{Q_L}{Q_H - Q_L} = \frac{T_L}{T_H - T_L}$

(β : 성능계수, Q_L : 저열, Q_L : 고열, T_L : 저온, T_H : 고온)

$$\beta = \frac{T_L}{T_H - T_L} = \frac{250}{300-250} = 5$$

정답 ㉰

32 다음 중 열역학 1, 2법칙과 관련하여 틀린 것을 모두 고른 것은? 2013 06 02

> ① 단열과정에서 시스템의 엔트로피는 변화하지 않는다.
> ② 일을 100% 열로 변환시킬 수 있다.
> ③ 일을 가하면 저온부로터 고온부로 열을 이동시킬 수 있다.
> ④ 사이클과정에서 시스템이 한 총 일은 시스템이 받은 총 열량과 같다.

㉮ ①　　㉯ ①, ②　　㉰ ②, ④　　㉱ ③, ④

해설 일을 100% 열로 변환시킬 수 있다. ➡ 열역학 제2법칙
일을 가하면 저온부로터 고온부로 열을 이동시킬 수 있다.
➡ 열역학 제2법칙
사이클과정에서 시스템이 한 총 일은 시스템이 받은 총 열량과 같다.
➡ 열역학 제1법칙
※ 가역단열과정에서 시스템의 엔트로피는 변화하지 않는다.

정답 ㉮

33 폴리트로픽 변화의 일반식(PV^n = 일정)에서 n = 0이면, 어느 변화인가? 2013 09 28

㉮ 등압변화　　㉯ 등온변화
㉰ 단열변화　　㉱ 폴리트로픽 변화

해설 이상기체 과정 PV^n=일정 (P: 압력, V: 부피, T: 온도, R: 기체상수)
① n=0인 경우 $PV^0 = P$ =일정 ➡ 등압(정압)과정
② n=1인 경우 $PV = nRT$ =일정 ➡ 등온과정, $P_1V_1 = P_2V_2$(보일의 법칙)
③ $n=k=\frac{C_P}{C_V}$ (=비열비)인 경우 PV^k=일정 ➡ 단열과정
④ $n = m \neq k$(k: 비열비)인 경우 PV^m=일정 ➡ 폴리트로픽 과정
⑤ $n=\infty$인 경우 ➡ 등적(정적)과정

정답 ㉮

34 표면온도가 90℃인 표면(방사율 0.9)이 큰 방에 그림과 같이 놓여 있다. 주위 및 방의 벽 온도는 10℃이다. 표면의 면적이 2 m^2일 때, 대류 및 복사에 의한 표면에서의 전체 열전달율은 약 몇 kW인가? (단, Stefan-Boltzmann상수는 5.67×10^{-8} $W/m^2 \cdot °K^4$이고,

대류열전달계수는 10W/m² · °K이다) 2013 09 28

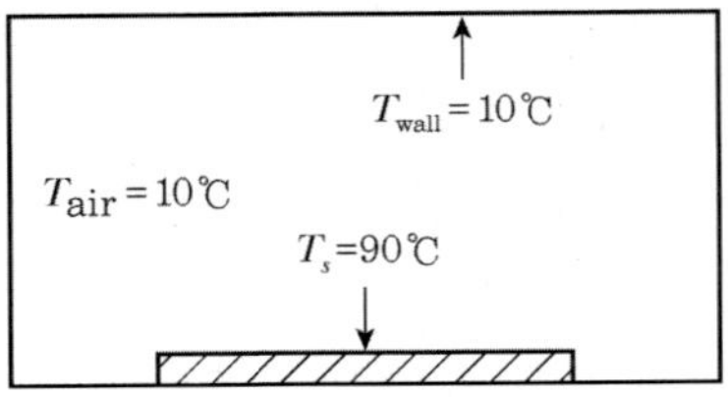

㉮ 1.12 ㉯ 1.60 ㉰ 2.72 ㉱ 7.82

해설 Q=복사열+대류열

$= \epsilon A\sigma(T_2^4 - T_1^4) + hA(T_2 - T_1)$

(ϵ: 방사율, A: 복사면적, σ: Stefan-Boltzmann상수, h: 대류열전달계수, T:절대온도)

$= 0.9 \times 2m^2 \times 5.67 \times 10^{-8}(W/m^2 \cdot °K) \times ((273+90)^4 - (273+10)^4)$

$+ 10(W/m^2 \cdot °K) \times 2m^2 \times (363-283)°K$

$= 2717.4W = 2.72kW$

정답 ㉰

35 온도 150℃, 95 kPa에서 2 kg/m³의 밀도를 갖는 기체의 분자량은? (단, 일반기체상수는 8,314J/kmol · °K이다.) 2013 09 28

㉮ 26 ㉯ 70 ㉰ 74 ㉱ 90

해설 $PV = \frac{W}{M}RT$ (P : 압력, V : 부피 : W : 질량, M : 분자량, R : 기체상수, T : 온도)

$M = \frac{W}{V} \cdot \frac{RT}{P}$

$= \rho \cdot \frac{RT}{P}$

$= 2\ kg/m^3 \times \frac{8,314(J/kmol \cdot °K) \times (273+150)°K}{95 \times 1000\ N/m^2}$

$= 74.04kg/kmol = 74.04\ g/mol$

정답 ㉰

36 어떤 밀폐계가 압력 200 kPa, 체적 0.1 m^3인 상태에서 100 kPa, 0.3 m^3인 상태까지 가역적으로 팽창하였다. 이 과정의 P－V 선도가 직선으로 표시된다면 이 과정 동안에 계가 한 일은 몇 kJ인가? 2014 03 02

㉮ 20 ㉯ 30 ㉰ 45 ㉱ 60

해설 $W = \int_{V_i}^{V_f} P \cdot dV = \frac{1}{2}(200+100)(kN/m^2) \times (0.3\ m^3 - 0.1\ m^3) = 30\ kJ$

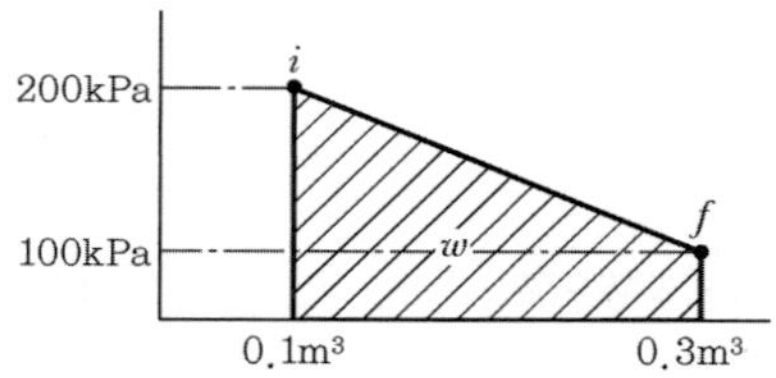

정답 ㉯

37 밸브가 달린 견고한 밀폐용기 안에 온도 300°K, 압력 500 kPa의 기체 4 kg이 들어 있다. 밸브를 열어 기체 1 kg을 대기로 방출한 후 밸브를 닫고 주위온도가 300°K로 일정한 분위기에서 용기를 장시간 방치하였다. 내부기체의 최종압력은 약 몇 kPa인가? (단, 이 기체는 이상기체로 간주한다) 2014 03 02

㉮ 300 ㉯ 375 ㉰ 400 ㉱ 499

해설 견고한 밀폐용기이므로 부피(V)는 일정

$P_1V = M_1RT$ (P : 압력, V : 부피, M : 질량, R : 기체상수, T : 온도)

$P_2V = M_2RT$

$P_2 = P_1 \times \left(\frac{M_2}{M_1}\right) = 400\ kPa \times \left(\frac{4kg - 1kg}{4kg}\right) = 375\ kPa$

정답 ㉯

38 지름 5 cm인 구가 대류에 의해 열을 외부공기로 방출한다. 이 구는 50 W의 전기히터에 의해 내부에서 가열되고 있고 구 표면과 공기 사이의 온도 차가 30℃라면 공기와 구 사이의 대류열전달계수는 약 몇 $W/m^2 \cdot ℃$인가? 2014 03 02

㉮ 111　　㉯ 212　　㉰ 313　　㉱ 414

해설 $Q = h \cdot A \cdot \Delta T$

여기서, Q : 시간당 대류 열량전도량(W)
A : 대류 전열면적(m^2)
h : 대류열전달계수($W/m^2 \cdot ℃$)
ΔT : 온도차(℃)

$$h = \frac{Q}{A \cdot \Delta T} = \frac{50\ W}{4\pi \times (0.025\ m)^2 \times 30℃} = 212\ W/m^2 \cdot ℃$$

정답 ㉯

39 외부표면의 온도가 24℃, 내부표면의 온도가 24.5℃일 때, 높이 1.5 m, 폭 1.5 m, 두께 0.5 cm인 유리창을 통한 열전달은 얼마인가? (단, 유리창의 열전도율(k)은 0.8W/m · °K 이다.) 2014 05 25

㉮ 180 W　　㉯ 200 W
㉰ 1800 W　　㉱ 18000 W

해설 $Q = kA \cdot \frac{dT}{x}$

(Q : 열유속, k : 열전도율, A : 열전달면적, dT : 온도차, x : 두께)

$$Q = (0.8\ W/m \cdot °K) \times (1.5\ m \times 1.5\ m) \times \frac{(24.5 - 24)℃}{\left(\frac{0.5}{100}\right)m} = 180\ W$$

정답 ㉮

40 압력(P_1)이 100 kPa, 온도(T_1)가 300°K인 이상기체가 "$PV^{1.4}$ = 일정"인 폴리트로픽과정을 거쳐 압력(P_2)이 400 kPa까지 압축된다. 최종상태의 온도(T_2)는 얼마인가? 2014 05 25

㉮ 300°K　　㉯ 446°K　　㉰ 535°K　　㉱ 644°K

해설 폴리트로픽 과정

$P_1V_1^n = P_2V_2^n$ = 일정 (n = 1.4)

$$\frac{T_2}{T_1}=\left(\frac{P_2}{P_1}\right)^{\frac{n-1}{n}}$$ (P : 압력, V : 부피, T : 온도, n : 비열비)

$$T_2=T_1\times\left(\frac{P_2}{P_1}\right)^{\frac{n-1}{n}}$$

$$=(300°K)\times\left(\frac{400\,kPa}{100\,kPa}\right)^{\frac{1.4-1}{1.4}}$$

$$=446°K$$

정답 ㉯

41 피스톤이 장치된 용기 속의 온도 100℃, 압력 200 kPa, 체적 0.1 m^3인 이상기체 0.2 kg이 압력이 일정한 과정으로 체적이 0.2 m^3로 되었다. 이때 이상기체로 전달된 열량은 약 몇 kJ인가? (단, 이상기체의 정적비열은 4 kJ/kg · °K이다) 2014 09 20

㉮ 169 ㉯ 299 ㉰ 319 ㉱ 349

해설 정압과정

$PV_1 = MRT_1$ (P : 압력, V : 부피, M : 질량, R : 기체상수, T : 온도)

$PV_2 = MRT_2$

$$T_2 = T_1\times\left(\frac{V_2}{V_1}\right)=(100+273)°K\times\left(\frac{0.2\ m^3}{0.1\ m^3}\right)=746°K$$

내부에너지변화 : $\Delta U_{int} = M \cdot C_v \cdot dT$

$= 0.2\,kg \times 4\,kJ/kg \cdot °K \times (746-373)°K$

$= 299\,kJ$

한 일 : $W = P \cdot dV = 200\,kN/m^2 \times (0.2-0.1)m^3 = 20\,kJ$

전달 열량 : $Q = \Delta U_{int} + W = 299kJ + 20kJ = 319kJ$

정답 ㉰

42 온도가 20℃인 이산화탄소 6 kg이 체적 0.3 m^3인 용기에 가득 차 있다. 가스의 압력은 약 몇 kPa인가? (단, 이산화탄소는 기체상수가 189 J/kg · °K인 이상기체로 가정한다.) 2014 09 20

㉮ 75.6 ㉯ 189 ㉰ 553.8 ㉱ 1108

해설 PV = MRT (P : 압력, V : 부피, M : 질량, R : 기체상수, T : 온도)

$$P = \frac{MRT}{V} = \frac{6\,kg \times 0.189\,kJ/kg \cdot {}^{\circ}K \times (273+20){}^{\circ}K}{0.3\,m^3} = 1108\,kPa$$

정답 ㉣

43 다음 어떤 열역학법칙을 설명한 것인가? 2014 09 20

> 열은 고온열원에서 저온의 물체로 이동하나, 반대로 스스로 돌아갈 수 없는 비가역 변화이다.

㉮ 열역학 제0법칙　　㉯ 열역학 제1법칙
㉰ 열역학 제2법칙　　㉱ 열역학 제3법칙

해설 〈열역학 제2법칙〉

① 열은 스스로 다른 물체에 아무런 변화도 주지 않고서, 저온물체에서 고온물체로 이동하지 않는다.
② 성능계수(η_r)가 무한정한 냉동기의 제작은 불가능하다.
③ 고온물체의 열을 계속해서 일로 바꾸려면 저온물체로 열을 버려야만 한다(효율이 100%인 열기관은 제작이 불가능하다).
④ 제2종 영구기관은 존재할 수 없다.

정답 ㉰

44 반지름 2 cm의 금속공은 선풍기를 켠 상태에서 냉각하고, 반지름 4 cm의 금속공은 선풍기를 끄고 냉각할 때 대류열전달률의 비는? (단, 두 경우 온도 차는 같고, 선풍기를 켜면 대류열전달계수가 10배가 된다고 한다.) 2014 09 20

㉮ 1 : 0.3375　　㉯ 1 : 0.4　　㉰ 1 : 5　　㉱ 1 : 10

해설 $Q = h \cdot A \cdot \Delta T$

여기서, Q : 시간당 대류 열량전도량(W)
A : 대류 전열면적(m^2)
h : 대류열전달계수($W/m^2 \cdot ℃$)
ΔT : 온도차(℃)

선풍기 켠 상태 대류열전도량(Q_1)

$Q_1 = h_1 \times A_1 \times (T_H - T_L) = h_1 \times (4\pi \times (0.02\ m)^2) \times (T_H - T_L)$

선풍기 끈 상태 대류열전도량(Q_2)

$Q_2 = h_2 \times A_2 \times (T_H - T_L) = \left(\frac{h_1}{10}\right) \times (4\pi \times (0.04\ m)^2) \times (T_H - T_L)$

$$\frac{Q_1}{Q_2} = \frac{h_1 \times (4\pi \times (0.02\ m)^2) \times (T_H - T_L)}{\left(\frac{h_1}{10}\right) \times (4\pi \times (0.04\ m)^2) \times (T_H - T_L)} = \frac{10}{4}$$

정답 ㉯

45 단면이 $1\ m^2$인 단열물체를 통해서 5 kW의 열이 전도되고 있다. 이 물체의 두께는 5 cm이고 열전도도는 0.3W/m · ℃이다. 이 물체 양면의 온도차는 몇 ℃인가? 2015 03 08

㉮ 35 ㉯ 237 ㉰ 506 ㉱ 833

해설 $Q = kA \cdot \frac{dT}{x}$ (Q : 열유속, k : 열전도율, A : 열전달면적, dT : 온도차, x : 두께)

$$dT = \frac{Q \cdot x}{kA} = \frac{5000\ W \times 0.05\ m}{0.3\ W/m \cdot ℃ \times 1\ m^2} = 833.3℃$$

정답 ㉱

46 두 물체를 접촉시켰더니 잠시 후 두 물체가 열평형 상태에 도달하였다. 이 열평형 상태는 무엇을 의미하는가? 2015 03 08

㉮ 두 물체의 비열은 다르나 열용량이 서로 같아진 상태
㉯ 두 물체의 열용량은 다르나 비열이 같아진 상태
㉰ 두 물체의 온도가 서로 같으며 더 이상 변화하지 않는 상태
㉱ 한 물체에서 잃은 열량이 다른 물체에서 얻은 열량과 같은 상태

해설 열평형상태에서는 온도가 동일하고 이동 열량도 없다.

정답 ㉰

47 이상기체의 운동에 대한 설명으로 옳은 것은? 2015 03 08

㉮ 분자 사이에 인력이 항상 작용한다.

㉯ 분자 사이에 척력이 항상 작용한다.
㉰ 분자가 충돌할 때 에너지 손실이 있다.
㉱ 분자 자신의 체적은 거의 무시할 수 있다.

해설 이상기체운동

- 분자는 질점처럼 행동한다. 그 크기는 입자 사이의 평균 거리나 용기의 크기에 비하여 아주 작다. 분자들끼리는 충돌하지 않는다.
- 분자들사이에는 인력과 척력이 작용하지 않는다.
- 분자는 일정한 운동 상태에 있다. 이들은 뉴턴의 운동 법칙을 따르며, 각 분자들은 용기의 벽에 충돌할 때 완전 탄성 충돌을 한다.

정답 ㉱

48 고속주행 시 타이어의 온도가 20℃에서 80℃로 상승하였다. 타이어의 체적이 변하지 않고, 타이어 내의 공기를 이상기체로 하였을 때 압력상승은 약 몇 kPa인가? (단, 온도 20℃에서의 게이지 압력은 0.184 MPa, 대기압은 101.3 kPa이다.) 2015 03 08

㉮ 37　　㉯ 58　　㉰ 286　　㉱ 345

해설 정적과정(V=일정)

$P_1V = MRT_1$ (P : 압력, V : 부피, M : 질량, R : 기체상수, T : 온도)

$P_2V = MRT_2$

$$P_2 = P_1\left(\frac{T_2}{T_1}\right) = (184\ \text{kPa} + 101.3\ \text{kPa}) \times \left(\frac{(80+273)(°\text{K})}{(20+273)(°\text{K})}\right) = 343.7\ \text{kPa}$$

계기압 = 343.7 kPa − 101.3 kPa = 242.4 kPa

압력상승 = 242.4 − 184 = 58.4 kPa

정답 ㉯

49 열전도계수가 0.7W/m · ℃인 5 m×6 m 벽돌벽 안팎의 온도가 20℃, 5℃일 때 열손실을 1 kW 이하로 유지하기 위한 벽의 최소 두께는 몇 cm인가? 2015 05 31

㉮ 1.05　　㉯ 2.10　　㉰ 31.5　　㉱ 64.3

해설 $Q = kA \cdot \frac{dT}{x}$ (Q : 열손실, k : 열전도율, A : 열전달면적, dT : 온도차, x : 두께)

$$x = \frac{k \cdot A \cdot dT}{Q} = \frac{0.7\ W/m \cdot ℃ \times (5\ m \times 6\ m) \times (20-5)(℃)}{1000\ W} = 0.315\ m = 31.5\ cm$$

정답 ㉰

50 초기에 비어 있는 체적이 0.1 m³인 견고한 용기 안에 공기(이상기체)를 서서히 주입한다. 이때 주위온도는 300°K이다. 공기 1 kg을 주입하면 압력(kPa)이 얼마가 되는가? (단, 기체상수 R = 0.287kJ/kg · °K이다.) 2015 05 31

㉮ 287　㉯ 300　㉰ 348　㉱ 861

해설 PV = MRT (P : 압력, V : 부피, M : 질량, R : 기체상수, T : 온도)

$$P = \frac{MRT}{V} = \frac{1\ kg \times 0.287\ kJ/kg \cdot °K \times (300°K)}{0.1\ m^3} = 861\ kPa$$

정답 ㉱

51 물질의 온도변화 형태로 나타나는 열에너지는? 2015 05 31

㉮ 현열　㉯ 잠열　㉰ 비열　㉱ 증발열

해설 현열 : 상의 변화를 주지 않고 온도변화에 사용되는 열
잠열 : 상변화과정(고체에서 액체로, 액체에서 기체로)에서 흡수 또는 방출하는 열

정답 ㉮

52 회전날개를 이용하여 용기 속에서 두 종류의 유체를 섞었다. 이 과정 동안 날개를 통해 입력된 일은 5090 kJ이며 탱크의 방열량은 1500 kJ이다. 용기 내 내부에너지의 변화량(kJ)은? 2015 05 31

㉮ 3590　㉯ 5090　㉰ 6590　㉱ 15000

해설 내부에너지변화 = ΔU_{int} = 입력된 일 − 방열량 = 5090 kJ − 1500 kJ = 3590 kJ

정답 ㉮

53 공기의 정압비열이 절대온도 T의 함수 $C_P = 1.0101 + 0.0000798T$(kJ/kg · °K)로 주어진다. 공기를 273.15°K에서 373.15°K까지 높일 때 평균 정압비열(kJ/kg · °K)은?
2015 09 19

㉮ 1.036　　㉯ 1.181　　㉰ 1.283　　㉱ 1.373

해설
$$\text{평균}(C_p) = \frac{1}{T_2 - T_1}\int_{T_1}^{T_2} C_p \cdot dT$$
$$= \frac{1}{373.15 - 273.15}\int_{273.15°K}^{373.15°K}(1.0101 + 0.0000798 \times T)dT$$
$$= \frac{1}{100} \times \left[1.0101 \times (373.15 - 273.15) + \frac{0.0000798}{2} \times (373.15^2 - 273.15^2)\right]$$
$$= 1.036$$

정답 ㉮

54 이상기체의 정압과정에 해당하는 것은?
2015 09 19

㉮ $\frac{P}{T}$ = 일정　　㉯ PV = 일정　　㉰ PV^k = 일정　　㉱ $\frac{V}{T}$ = 일정

해설 PV = nRT에서
정압과정이므로
P = 일정
$\frac{V}{T} = \frac{nR}{P}$ = 일정

정답 ㉱

55 온도 20℃, 압력 500 kPa에서 비체적이 0.2 m^3/kg인 이상기체가 있다. 이 기체의 기체상수(kJ/kg · °K)는 얼마인가?
2015 09 19

㉮ 0.341　　㉯ 3.41　　㉰ 34.1　　㉱ 341

해설 PV = MRT (P : 압력, V : 부피, M : 질량, R : 기체상수, T : 온도)

비체적(v) = $\frac{V}{M} = 0.2m^3/kg$

$$R = \frac{PV}{MT} = \frac{V}{M} \cdot \frac{P}{T} = 0.2\ m^3/kg \times \frac{500\ kN/m^2}{(273+20)°K} = 0.341\ kJ/kg \cdot °K$$

정답 ㉮

56 이상기체 1 kg을 35℃로부터 65℃까지 정적과정에서 가열하는 데 필요한 열량이 118 kJ이라면 정압비열은? (단, 이 기체의 분자량은 4이고 일반 기체상수는 8.314 kJ/kmol · °K이다.)
2016 03 06

㉮ 2.11 kJ/kg · °K
㉯ 3.83 kJ/kg · °K
㉰ 5.23 kJ/kg · °K
㉱ 6.01 kJ/kg · °K

해설 정적과정

$\Delta U_{int} = Q - W = Q - 0 = M \cdot C_v \cdot dT$

$\Delta U_{int} = M \cdot C_v \cdot dT$

$118kJ = 1kg \times C_v \times (65-35)°K$

$C_v = 3.93\ kJ/kg \cdot °K$

분자량 = 4 g이므로 1 kmol = 4 kg

$C_p = C_v + R$

$= 3.93\ kJ/kg \cdot °K + 8.314\ kJ/kmol \cdot °K \times \frac{kmol}{4kg}$

$= 6.01\ kJ/kg \cdot °K$

정답 ㉱

57 직경 2 m인 구 형태의 화염이 1 MW의 발열량을 내고 있다. 모두 복사로 방출될 때 화염의 표면온도는? (단, 화염은 흑체로 가정하고, 주변온도는 300°K, 스테판 – 볼츠만 상수는 $5.67\times10^{-8}\ W/m^2 \cdot °K^4$)
2016 03 06

㉮ 1090°K ㉯ 2619°K ㉰ 3720°K ㉱ 6240°K

해설 복사열 $= \sigma A(T_2^4 - T_1^4)$

여기서, σ : 스테판–볼츠만 상수 $= 5.67\times10^{-8}\ W/m^2 \cdot °K^4$

A : 방사면적 = 구의 표면적 $= 4\times\pi r^2$

T_2 : 화염온도(°K)

T_1 : 주위온도(°K)

$$1\,MW = 1 \times 10^6\,W = 5.67 \times 10^{-8}\,W/m^2 \cdot °K^4 \times 4\pi \times (1\,m)^2 \times (T_2^4 - 300^4)$$

$$T_2 = 1090°K$$

정답 ㉮

58 표면적이 2 m^2이고, 표면온도가 60℃인 고체표면을 20℃ 공기로 대류 열전달에 의해서 냉각한다. 평균대류열전달계수가 30W/m^2 · °K라고 할 때 고체 표면의 열손실은 몇 W인가? 2016 05 08

㉮ 600 ㉯ 1200 ㉰ 2400 ㉱ 3600

해설 $Q = h \cdot A \cdot \Delta T$

여기서, Q : 시간당 대류 열량전도량(W)

A : 대류 전열면적(m^2)

h : 대류열전달계수(30W/m^2 · °K)

ΔT : 온도차(℃)

$$Q = 30\,W/m^2 \cdot °K \times 2\,m^2 \times (60-20)℃ = 2400\,W$$

정답 ㉰

59 질량 4 kg의 어떤 기체로 구성된 밀폐계가 열을 받아 100 kJ의 일을 하고, 이 기체의 온도가 10℃ 상승하였다면 이 계가 받은 열은 몇 kJ인가? (단, 이 기체의 정적비열은 5 kJ/kg · °K, 정압비열은 6 kJ/kg · °K이다.) 2016 05 08

㉮ 200 ㉯ 240 ㉰ 300 ㉱ 340

해설 $Q = \Delta U_{int} + W$

$= M \cdot C_v \cdot \Delta T + W$

$= (4\,kg) \times (5\,kJ/kg \cdot °K) \times (10°K) + 100\,kJ$

$= 300\,kJ$

정답 ㉰

60 온도 20℃의 물을 계기압력이 400 kPa인 보일러에 공급하여 포화수증기 1 kg을 만들고자 한다. 주어진 표를 이용하여 필요한 열량을 구하면? (단, 대기압은 100 kPa, 액체상태 물의 평균 비열은 4.18 kJ/kg · °K이다.) 2016 05 08

포화압력(kPa)	포화온도(℃)	수증기의 증발엔탈피(kJ/kg)
400	143.63	2133.81
500	151.86	2108.47
600	158.85	2086.26

㉮ 2640　　㉯ 2651　　㉰ 2660　　㉱ 2667

해설 절대압 = 계기압력 + 대기압 = 400 kPa + 100 kPa = 500 kPa

500 kPa에서 포화온도 = 151.86℃

[20℃ 물] →(Q_1)→ [151.86℃ 물] →(Q_2)→ [151.86℃ 증기]

Q_1 : $1\ kg \times (4.18\ kJ/kg \cdot °K) \times (151.86 - 20)°K = 551.2\ kJ$

Q_2 : $1\ kg \times 2108.47\ kJ/kg = 2108.47\ kJ$

총열량 $= Q_1 + Q_2 = 2660\ kJ$

정답 ㉰

61 다음 보기는 열역학적 사이클에서 일어나는 여러 가지의 과정이다. 이들 중 카르노(Carnot)사이클에서 일어나는 과정을 모두 고른 것은? 2016 05 08

① 등온압축	② 단열팽창	③ 정적압축	④ 정압팽창

㉮ ①　　㉯ ①, ②

㉰ ②, ③, ④　　㉱ ①, ②, ③, ④

해설 카르노 사이클은 두 개의 등온과정(등온팽창, 등온압축)과 두 개의 단열과정(단열팽창, 단열압축)으로 구성된다.

정답 ㉯

62 열전도도가 0.08 W/m · °K인 단열재의 고온부가 75℃, 저온부가 20℃이다. 단위면적당 열손실이 200 W/m^2인 경우의 단열재 두께는 몇 mm인가? 2016 10 01

㉮ 22　　㉯ 45　　㉰ 55　　㉱ 80

해설 $Q = k \cdot A \dfrac{dT}{x}$ (Q : 열유속, k : 열전도도, A : 열전달면적, dT : 온도차, x : 두께)

$$\frac{Q}{A} = k \cdot \frac{dT}{x}$$

$$200\ W/m^2 = 0.08\ W/m \cdot °K \times \frac{(75-20)°K}{x}$$

$$x = 0.022\ m = 22\ mm$$

정답 ㉮

63 두 개의 견고한 밀폐용기 A, B가 밸브로 연결되어 있다. 용기 A에는 온도 300°K, 압력 100 kPa의 공기 1 m^3, 용기 B에는 온도 300°K, 압력 330 kPa의 공기 2 m^3가 들어 있다. 밸브를 열어 두 용기 안에 들어 있는 공기(이상기체)를 혼합한 후 장시간 방치하였다. 이때 주위온도는 300°K로 일정하다. 내부공기의 최종압력은 약 몇 kPa인가?

2016 10 01

㉮ 177　　㉯ 210　　㉰ 215　　㉱ 253

해설 PV = MRT (P : 압력, V : 부피, M : 질량, R : 기체상수, T : 온도)

용기 A의 가스질량(M_1)

$$M_1 = \frac{P_1V_1}{RT}$$

용기 B의 가스질량(M_2)

$$M_2 = \frac{P_2V_2}{RT}$$

혼합 후 압력(P)

$$P = \frac{(M_1+M_2)RT}{V_1+V_2} = \frac{\left[\left(\frac{P_1V_1}{RT} + \frac{P_2V_2}{RT}\right) \times RT\right]}{V_1+V_2} = \frac{(P_1V_1+P_2V_2)}{V_1+V_2}$$

$$= \frac{(100\ kPa \times 1\ m^3 + 330\ kPa \times 2\ m^3)}{(1\ m^3 + 2\ m^3)}$$

$$= 253.3\ kPa$$

정답 ㉱

64 화씨온도 200°F는 섭씨온도(℃)로 얼마인가?

2016 10 01

㉮ 93.3℃ ㉯ 186.6℃
㉰ 279.9℃ ㉱ 392℃

해설 온도(℃) $= \frac{5}{9} \times$ (화씨온도(°F) $- 32$)

$$= \frac{5}{9} \times (200 - 32) = 93.3℃$$

정답 ㉮

65 절대온도와 비체적이 각각 T, v인 이상기체 1 kg이 압력이 P로 일정하게 유지되는 가운데 가열되어 절대온도가 6T까지 상승되었다. 이 과정에서 이상기체가 한일은 얼마인가?

2016 10 01

㉮ Pv ㉯ 3Pv ㉰ 5Pv ㉱ 6Pv

해설 $P \cdot V = MRT$, $\frac{V}{M} = v$(비체적)

(P : 압력, V : 체적, v : 비체적, M : 질량, R : 기체상수, T : 절대온도)

$P \cdot \left(\frac{V}{M}\right) = P \cdot v = RT$

$P \cdot v = RT_1$

$P \cdot v_2 = R(6T_1)$

$v_2 = v \times \frac{6T_1}{T_1} = 6v$

한 일(W) $= P \cdot dV = P \cdot (6v - v) = 5P \cdot v$

정답 ㉰

66 공기 10 kg과 수증기 1 kg이 혼합되어 10 m^3의 용기 안에 들어 있다. 이 혼합기체의 온도가 60℃ 라면, 이 혼합기체의 압력은 약 몇 kPa인가? (단, 수증기 및 공기의 기체상수는 각각 0.462 및 0.287 kJ/kg·°K이고 수증기는 모두 기체상태이다.) 2017 03 05

㉮ 95.6 ㉯ 111 ㉰ 126 ㉱ 145

해설 $PV = MRT$ (P : 압력, V : 부피, M : 질량, R : 기체상수, T : 절대온도)

공기의 압력(P_1)

$$P_1 = \frac{M_1RT}{V}$$

$$= \frac{10kg \times (0.287kJ/kg \cdot °K) \times (273+60)°K}{10\ m^3}$$

$$= 95.57\ kJ/m^3$$

$$= 95.57\ kN/m^2$$

수증기의 압력(P_2)

$$P_2 = \frac{M_2RT}{V}$$

$$= \frac{1\ kg \times (0.462\ kJ/kg \cdot °K) \times (273+60)°K}{10\ m^3}$$

$$= 15.38\ kJ/m^3$$

$$= 15.38\ kN/m^2$$

혼합기체압력(P)

$$P = P_1 + P_2 = 95.57\ kN/m^2 + 15.38\ N/m^2 = 110.95\ kPa$$

정답 ㉯

67 압력 200 kPa, 온도 60℃의 공기 2 kg이 이상적인 폴리트로픽 과정으로 압축되어 압력 2 MPa, 온도 250℃로 변화하였을 때 이 과정 동안 소요된 일의 양은 약 몇 kJ인가? (단, 기체상수는 0.287 kJ/kg·°K이다.) 2017 03 05

㉮ 224 ㉯ 327 ㉰ 447 ㉱ 560

해설 PV = MRT에서 $V = \frac{MRT}{P}$ (P : 압력, V : 부피, M : 질량, R : 기체상수, T : 절대온도)

폴리트로픽 과정

$P_1V_1^n = P_2V_2^n$ (n : 폴리트로픽 지수)

$$P_1 \times \left(\frac{MRT_1}{P_1}\right)^n = P_2 \times \left(\frac{MRT_2}{P_2}\right)^n$$

$$T_1^n \cdot P_1^{1-n} = T_2^n \cdot P_2^{1-n}$$

$$\left(\frac{T_2}{T_1}\right) = \left(\frac{P_2}{P_1}\right)^{1-\frac{1}{n}}$$

$$1 - \frac{1}{n} = \frac{\log(T_2/T_1)}{\log(P_2/P_1)} = \frac{\log[(250+273)/(60+273)]}{\log(2000/200)} = 0.1961$$

n=1.244

폴리트로픽 과정에서의 일(W)

$$W = \frac{mR}{n-1} \times (T_1 - T_2)$$
$$= \frac{2\ kg \times 0.287\ kJ/kg \cdot °K}{1.244-1} \times ((60+273)-(250+273))°K$$
$$= -447\ kJ$$

정답 ㉰

68 표면적이 A, 절대온도가 T_1인 흑체와 절대온도가 T_2인 흑체 주위 밀폐공간 사이의 열전달량은? 2017 03 05

㉮ $T_1 - T_2$에 비례한다.
㉯ $T_1^2 - T_2^2$에 비례한다.
㉰ $T_1^3 - T_2^3$에 비례한다.
㉱ $T_1^4 - T_2^4$에 비례한다.

해설 스테판 – 볼츠만 법칙
복사체에서 발산되는 복사열은 복사체 절대온도의 4제곱에 비례

정답 ㉱

69 압력 0.1 MPa, 온도 250℃ 상태인 물의 엔탈피가 2974.33 kJ/kg이고 비체적은 2.40604 m^3/kg이다. 이 상태에서 물의 내부에너지(kJ/kg)는? 2017 03 05

㉮ 2733.7
㉯ 2974.1
㉰ 3214.9
㉱ 3582.7

해설 $H = U_{int} + P \cdot V$
(U_{int} : 내부 에너지, P : 기체 압력, V : 기체 부피, H : 엔탈피)

$$U_{int} = H - P \cdot V$$
$$= 2974.33\ kJ/kg - 0.1 \times 10^3\ kN/m^2 \times 2.40604\ m^3/kg$$
$$= 2733.7\ kJ/kg$$

정답 ㉮

70 체적 2000 L의 용기 내에서 압력 0.4 MPa, 온도 55℃의 혼합기체의 체적비가 각각 메탄(CH_4) 35%, 수소(H_2) 40%, 질소(N_2) 25%이다. 이 혼합 기체의 질량은 약 몇 kg인가?

(단, 일반기체상수는 8.314 kJ/kg · °K이다.) 2017 05 07

㉮ 3.11 ㉯ 3.53 ㉰ 3.93 ㉱ 4.52

해설 $PV = \frac{W}{M} \times RT$에서 $W = M \times \frac{PV}{RT}$

(P : 압력, V : 부피, M : 분자량, W : 질량, R : 기체상수, T : 절대온도)

메탄(CH_4)부피$(=V_{CH_4})=2.0\ m^3 \times 35\%=0.7\ m^3$

$$\text{메탄}(CH_4)\text{질량}(=W_{CH_4}) = 16\ kg/kmol \times \frac{0.4\ MPa \times 0.7\ m^3}{8.314\ kJ/kmol \cdot °K \times (273+55)°K}$$

$$= 16\ kg/kmol \times \frac{0.4 \times 10^3\ kN/m^2 \times 0.7\ m^3}{8.314\ kJ/kmol \cdot °K \times (273+55)°K}$$

$$= 1.643\ kg$$

수소(H_2)부피$(=V_{H_2})=2.0\ m^3 \times 40\%=0.8\ m^3$

$$\text{수소}(H_2)\text{질량}(=W_{H_2}) = 2\ kg/kmol \times \frac{0.4\ MPa \times 0.8\ m^3}{8.314\ kJ/kmol \cdot °K \times (273+55)°K})$$

$$= 0.235\ kg$$

질소(N_2)부피$(=V_{N_2})=2.0\ m^3 \times 25\%=0.5\ m^3$

$$\text{수소}(N_2)\text{질량}(=W_{N_2}) = 28\ kg/kmol \times \frac{0.4\ MPa \times 0.5\ m^3}{8.314\ kJ/kmol \cdot °K \times (273+55)°K})$$

$$= 2.054\ kg$$

$$\text{혼합기체질량} = W_{CH_4} + W_{H_2} + W_{N_2}$$

$$= 1.643\ kg + 0.235\ kg + 2.054\ kg$$

$$= 3.932\ kg$$

정답 ㉰

71 압력의 변화가 없을 경우 0℃의 이상기체는 약 몇 ℃가 되면 부피가 2배로 되는가?
2017 05 07

㉮ 273℃ ㉯ 373℃ ㉰ 546℃ ㉱ 646℃

해설 $PV = nRT$에서 $V = \frac{nRT}{P}$ (P : 압력, V : 부피, n : 몰수, R : 기체상수, T : 절대온도)

0℃에서의 부피$(V_{0℃})=\frac{nR(273+0)}{P}$

t℃ 부피$(V_{t℃}) = \dfrac{nR(273+t)}{P}$

$V_{t℃} = 2V_{0℃}$ 이므로

$$\frac{nR(273+t)}{P} = 2 \times \frac{nR(273+0)}{P}$$

t=273℃

정답 ㉮

72 서로 다른 재질로 만든 평판의 양쪽 온도가 다음과 같을 때, 동일한 면적 및 두께를 통한 열류량이 모두 동일하다면, 어느 것이 단열재로서 성능이 가장 우수한가?

2017 05 07

㉠ 30℃ ~ 10℃	㉡ 10℃ ~ −10℃	㉢ 20℃ ~ 10℃	㉣ 40℃ ~ 10℃

㉮ ㉠　　㉯ ㉡　　㉰ ㉢　　㉱ ㉣

해설 $Q = k \cdot A \cdot \dfrac{(T_H - T_L)}{x}$

$$k = \frac{Qx}{A(T_H - T_L)} = \frac{Qx}{A} \times \frac{1}{(T_H - T_L)}$$

여기서, Q : 시간당 열전달량

k : 열전도도, 열전도계수

A : 열 통과 면적

x : 단열재 두께

T : 온도

㉠ 30℃~10℃ 일 때 $k_1 = \dfrac{Qx}{A} \times \dfrac{1}{(30-10)} = \dfrac{1}{20} \times \dfrac{Qx}{A}$

㉡ 10℃~−10℃ 일 때 $k_2 = \dfrac{Qx}{A} \times \dfrac{1}{(10-(-10))} = \dfrac{1}{20} \times \dfrac{Qx}{A}$

㉢ 20℃~10℃ 일 때 $k_3 = \dfrac{Qx}{A} \times \dfrac{1}{(20-10))} = \dfrac{1}{10} \times \dfrac{Qx}{A}$

㉣ 40℃~10℃ 일 때 $k_4 = \dfrac{Qx}{A} \times \dfrac{1}{(40-10))} = \dfrac{1}{30} \times \dfrac{Qx}{A}$

$k_3 > k_2 = k_1 > k_4$이므로 단열재로서 가장 성능이 우수한 것은 열전도계수가 가장 작은 값을 가지는 k_4이다.

정답 ㉱

73 가역단열과정에서 엔트로피 변화 ΔS는? 2017 05 07

㉮ $\Delta S > 1$ ㉯ $0 < \Delta S < 1$ ㉰ $\Delta S = 1$ ㉱ $\Delta S = 0$

해설 엔트로피 변화(ΔS)

$$\Delta S = \int_1^2 \frac{dQ}{T} \quad (T : 절대온도,\ dQ : 열량)$$

가역단열과정에서는 $dQ = 0$이므로 $\Delta S = 0$

정답 ㉱

74 질량 m[kg]의 어떤 기체로 구성된 밀폐계가 Q[kJ]의 열을 받아 일을 하고, 이 기체의 온도가 ΔT[℃] 상승하였다면 이 계가 외부에 한 일(W)은? (단, 이 기체의 정적비열은 C_v[kJ/kg · °K], 정압비열은 C_p[kJ/kg · °K]이다.) 2017 09 23

㉮ $W = Q - mC_v\Delta T$ ㉯ $W = Q + mC_v\Delta T$

㉰ $W = Q - mC_p\Delta T$ ㉱ $W = Q + mC_p\Delta T$

해설 $Q = \Delta U_{int} + W$

(Q = 열량, ΔU_{int} : 내부에너지, W : 일(work), m : 기체질량)

내부에너지는 온도변화에만 의존하므로 $\Delta U_{int} = m \cdot C_V \cdot \Delta T$

따라서, $W = Q - \Delta U_{int} = Q - mC_V\Delta T$

정답 ㉮

75 체적이 0.1 m^3인 탱크 안에 절대압력이 1000 kPa인 공기가 6.5 kg/ m^3의 밀도로 채워져 있다. 시간이 t=0일 때 단면적이 70 mm^2인 1차원 출구로 공기가 300 m/sec의 속도로 빠져나가기 시작한다면 그 순간에서의 밀도 변화율 [kg/(m^3 · sec)]은 약 얼마인가? (단, 탱크 안의 유체의 특성량은 일정하다고 가정한다.) 2017 09 23

㉮ −1.365 ㉯ −1.865 ㉰ −2.365 ㉱ −2.865

해설 밀도변화$= \dfrac{d\rho}{dt} = \dfrac{d}{dt}\left(\dfrac{M}{V}\right)$

$$= \frac{1}{dt}\left(\frac{유입질량 - 유출질량)}{탱크부피(V)}\right)$$

$$= \frac{1}{V}\left(\frac{0-\text{유출질량}}{dt}\right)$$

$$= -\frac{1}{V}\times \text{질량유량}$$

$$= -\frac{1}{V}\times \rho Q$$

$$= -\frac{1}{V}\times \rho Av$$

(ρ : 밀도, t : 시간, M : 질량, V : 부피, Q : 유량, v : 유속)

t=0일 때 밀도(ρ_0)＝6.5kg/m^{3}이므로

$$\left(\frac{d\rho}{dt}\right)_{t=0} = -\frac{1}{V}\times \rho_0 Av$$

$$= -\frac{1}{0.1\ m^3}\times 6.5\ kg/m^3 \times \left(70\ mm^2 \times \frac{1\ m^2}{10^6\ mm^2}\right)\times 300\ m/sec$$

$$= -1.365\ kg/m^3 \cdot sec$$

정답 ㉮

76 열전달 면적이 A이고 온도 차이가 10℃, 벽의 열전도율이 10 W/m·°K, 두께 25 cm인 벽을 통한 열류량은 100 W이다. 동일한 열전달 면적에서 온도차이가 2배, 벽의 열전도율이 4배가 되고 벽의 두께가 2배가 되는 경우 열류량은 약 몇 W인가? 2017 09 23

㉮ 50　　㉯ 200　　㉰ 400　　㉱ 800

해설 $Q = kA \cdot \frac{dT}{x}$ (Q : 열전달률, k : 열전도율, A : 열전달면적, x : 두께, dT : 온도차)

$$Q_1 = 100\ W = (10\ W/m\cdot °K)\times A\times \frac{10°K}{0.25\ m},\quad A = 0.25m^2$$

$$Q_2 = (4k)A\cdot \frac{(2dT)}{2x}$$

$$= (4\times 10\ W/m\cdot °K)\times 0.25\ m^2\times \frac{(2\times 10°K)}{(2\times 0.25\ m)} = 400\ W$$

정답 ㉰

77 Carnot(카르노) 사이클이 800°K의 고온 열원과 500°K의 저온 열원 사이에서 작동한다. 이 사이클에 공급하는 열량이 사이클 당 800 kJ이라 할 때, 한 사이클 당 외부에 하는 일은 약 몇 kJ인가? 2017 09 23

㉮ 200　　㉯ 300　　㉰ 400　　㉱ 500

해설 외부에 한 일(=W)=$Q_H - Q_L = Q_H\left(1-\frac{T_L}{T_H}\right)=800\ kJ\times\left(1-\frac{500°K}{800°K}\right)=300\ kJ$

정답 ㉯

78 지름 10 cm인 금속구가 대류에 의해 열을 외부공기로 방출한다. 이때 발생하는 열전달량이 40 W이고, 구 표면과 공기 사이의 온도차가 50℃ 라면 공기와 구 사이의 대류열전달계수(W/(m^2 · °K))는 약 얼마인가? 2018 03 04

㉮ 25　　㉯ 50　　㉰ 75　　㉱ 100

해설 $Q = Ah(T_2 - T_1)$

(Q : 대류열전달량, A : 대류면적=$4\pi r^2$, h : 대류열전달계수, T : 온도)

$40W = (4\pi\times(0.05\ m)^2)\times h\times 50°K$

$h = 25.4\ W/(m^2\cdot °K)$

정답 ㉮

79 비열에 대한 다음 설명 중 틀린 것은? 2018 03 04

㉮ 정적비열은 체적이 일정하게 유지되는 동안 온도변화에 대한 내부에너지 변화율이다.
㉯ 정압비열을 정적비열로 나눈 것이 비열비이다.
㉰ 정압비열은 압력이 일정하게 유지될 때 온도변화에 대한 엔탈피 변화율이다.
㉱ 비열비는 일반적으로 1보다 크나 1보다 작은 물질도 있다.

해설 정적비열(C_v), 정압비열(C_p), 비열비(k)

㉮ 단원자분자의 경우

$C_V = \frac{3}{2}R$(단원자분자), $C_p = \frac{5}{2}R$, 비열비(k)=$\frac{C_p}{C_v}=1.67$

㉯ 이원자분자의 경우

$C_V = \frac{5}{2}R$(단원자분자), $C_p = \frac{7}{2}R$, 비열비(k)=$\frac{C_p}{C_v}=1.4$

정답 ㉱

80 초기 상태에서 압력 100 kPa, 온도 15℃인 공기가 있다. 공기의 부피가 초기 부피의 $\frac{1}{20}$이 될 때까지 단열압축할 때 압축 후의 온도는 약 몇 ℃인가? (단, 공기의 비열비는 1.4이다.) 2018 03 04

㉮ 54 ㉯ 348 ㉰ 682 ㉱ 912

해설 단열 과정에서

$P_1V_1^k = P_2V_2^k$, $T_1^k \cdot P_1^{1-k} = T_2^k \cdot P_2^{1-k}$

(P : 압력, V : 부피, T : 절대온도, k : 비열비)

$$P_2 = P_1 \times \left(\frac{V_1}{V_2}\right)^k = 100\,\text{kPa} \times \left(\frac{V_1}{\frac{1}{20}V_1}\right)^{1.4} = 6628.9\,\text{kPa}$$

$$T_2 = T_1 \times \left(\frac{P_1}{P_2}\right)^{\frac{1-k}{k}}$$

$$= T_1 \times \left(\frac{P_2}{P_1}\right)^{1-\frac{1}{k}}$$

$$= (273+15)°\text{K} \times \left(\frac{6628.9\,\text{kPa}}{100\,\text{kPa}}\right)^{1-\frac{1}{1.4}}$$

$$= 954.6°\text{K}$$

$$= 682℃$$

정답 ㉰

81 부피가 0.3 m^3로 일정한 용기 내의 공기가 원래 300 kPa(절대압력), 400°K의 상태였으나, 일정 시간 동안 출구가 개방되어 공기가 빠져나가 200 kPa(절대압력), 350°K의 상태가 되었다. 빠져나간 공기의 질량은 약 몇 g인가? (단, 공기는 이상기체로 가정하며 기체상수는 287 J/(kg · °K)이다.) 2018 03 04

㉮ 74 ㉯ 187 ㉰ 295 ㉱ 388

해설 $PV = MRT$

$$M = \frac{PV}{RT}$$

부피(V)=일정

(P : 압력, V : 부피, M : 질량, R : 기체상수, T : 절대온도)

$$M_1 = \frac{P_1V}{RT_1}$$
$$= \frac{300\ kPa \times 0.3\ m^3}{287\ J/(kg \cdot °K) \times 400°K}$$
$$= \frac{300 \times 10^3\ N/m^2 \times 0.3\ m^3}{287\ J/(kg \cdot °K) \times 400°K}$$
$$= 0.784\ kg$$
$$M_2 = \frac{P_2V}{RT_2}$$
$$= \frac{200\ kPa \times 0.3\ m^3}{287\ J/(kg \cdot °K) \times 350°K}$$
$$= \frac{200 \times 10^3\ N/m^2 \times 0.3\ m^3}{287\ J/(kg \cdot °K) \times 350°K}$$
$$= 0.597\ kg$$
$$M_1 - M_2 = 0.784\ kg - 0.597\ kg = 0.187\ kg = 187\ g$$

정답 ㉯

82 20℃ 물 100 L를 화재현장의 화염에 살수하였다. 물이 모두 끓는 온도(100℃)까지 가열되는 동안 흡수하는 열량은 약 몇 kJ인가? (단, 물의 비열은 4.2 kJ/(kg · °K)이다.)

2018 04 28

㉮ 500 ㉯ 2000 ㉰ 8000 ㉱ 33600

해설 흡수열량(Q)=m × C × ΔT
(m : 질량, C : 비열, ΔT : 온도차)
$$Q = 100\ kg \times (4.2\ kJ/kg \cdot °K) \times (100-20)℃$$
$$= 33600\ kJ$$

정답 ㉱

83 초기온도와 압력이 각각 50℃, 600 kPa인 이상기체를 100 kPa까지 가역 단열팽창시켰을 때 온도는 약 몇 °K인가? (단, 이 기체의 비열비는 1.4이다.) 2018 04 28

㉮ 194 ㉯ 216 ㉰ 248 ㉱ 262

해설 단열 과정에서
$$P_1V_1^k = P_2V_2^k,\ T_1^k \cdot P_1^{1-k} = T_2^k \cdot P_2^{1-k}$$

(P : 압력, V : 부피, T : 절대온도, k : 비열비)

$$T_2 = T_1 \times \left(\frac{P_1}{P_2}\right)^{\frac{1-k}{k}}$$

$$= T_1 \times \left(\frac{P_2}{P_1}\right)^{1-\frac{1}{k}}$$

$$= (273 + 50°K) \times \left(\frac{100\ kPa}{600\ kPa}\right)^{1-\frac{1}{1.4}}$$

$$= 193.6°K$$

정답 ㉮

84 100 cm×100 cm이고 300℃로 가열된 평판에 25℃의 공기를 불어준다고 할 때 열전달량은 약 몇 kW인가? (단, 대류열전달계수는 30 W/(m^2·°K)이다.) 2018 04 28

㉮ 2.98 ㉯ 5.34 ㉰ 8.25 ㉱ 10.91

해설 $Q = Ah(T_2 - T_1)$

(Q : 대류열전달량(W), A : 대류면적(m^2), h : 대류열전달계수, T : 절대온도)

$$Q = (1.0\ m \times 1.0\ m) \times 30\ W/(m^2 \cdot °K) \times (300 - 25)°K$$

$$= 8250\ W$$

$$= 8.25\ kW$$

정답 ㉰

85 공기를 체적비율이 산소(O_2, 분자량 32 g/mol) 20%, 질소(N_2, 분자량 28 g/mol) 80%의 혼합기체라 가정할 때 공기의 기체상수는 약 몇 kJ/(kg·°K)인가? (단, 일반기체상수는 8.3145 kJ/(kmol·°K)이다.) 2018 04 28

㉮ 0.294 ㉯ 0.289 ㉰ 0.284 ㉱ 0.279

해설 공기의 분자량$= M_{air} = \frac{0.2 \times 32\ g/mol + 0.8 \times 28\ g/mol}{0.2 + 0.8} = 28.8\ g/mol = 28.8\ kg/kmol$

공기의 기체상수$= R_{air} = 8.314\ kJ/(M_{air} \cdot °K) = \frac{8.314\ kJ}{(28.8\ kg \cdot °K)} = 0.289\ kJ/kg \cdot °K$

정답 ㉯

86 이상기체의 등엔트로피 과정에 대한 설명 중 틀린 것은? 2018 09 15

㉮ 폴리트로피 과정의 일종이다.
㉯ 가역단열 과정에서 나타난다.
㉰ 온가 증가하면 압력이 증가한다.
㉱ 온도가 증가하면 비체적이 증가한다.

해설 가역 단열과정에서는 열 출입이 없으므로 엔트로피 $\Delta S = 0$이다.
가역 단열압축과정에서는 부피는 감소하고 압력과 온도가 증가한다.
가역 단열팽창과정에서는 부피는 증가하고 압력과 온도가 감소한다.

정답 ㉱

87 이상기체의 정압비열 C_p와 정적비열 C_v와의 관계로 옳은 것은? (단, R은 이상기체상수이고, k는 비열비이다.) 2018 09 15

㉮ $C_p = \frac{1}{2}C_v$
㉯ $C_p < C_v$
㉰ $C_p - C_v = R$
㉱ $\frac{C_v}{C_p} = k$

정답 ㉰

88 다음 열역학적 용어에 대한 설명으로 틀린 것은? 2018 09 15

㉮ 물질의 3중점(triple point)은 고체, 액체, 기체의 3상이 평행상태로 공존하는 상태의 지점을 말한다.
㉯ 일정한 압력하에서 고체가 상변화를 일으켜 액체로 변화할 때 필요한 열을 융해열(융해잠열)이라 한다.
㉰ 고체가 일정한 압력하에서 액체를 거치지 않고 직접 기체로 변화하는 데 필요한 열을 승화열이라 한다.
㉱ 포화액체를 정압하에서 가열할 때 온도변화 없이 포화증기로 상변화를 일으키는 데 사용 되는 열을 현열이라 한다.

해설 포화액체를 정압하에서 가열할 때 온도변화 없이 포화증기로 상변화를 일으키는 데 사용되는 열은 현열이 아닌 잠열이다.

정답 ㉱

89 지름 2 cm의 금속 공은 선풍기를 켠 상태에서 냉각하고, 지름 4 cm의 금속 공은 선풍기를 끄고 냉각할 때 동일 시간당 발생하는 대류열전달량의 비(2 cm 공 : 4 cm 공)는? (단,

두 경우 온도차는 같고, 선풍기를 켜면 대류열전달계수가 10배가 된다고 가정한다.)

2018 09 15

㉮ 1 : 0.3375　　㉯ 1 : 0.4　　㉰ 1 : 5　　㉱ 1 : 10

해설 $Q = Ah(T_2 - T_1)$

(Q : 대류열전달량, A : 대류면적, h : 대류열전달계수, T : 절대온도)

$Q_{2\,cm} = (4\pi r^2) \times (10\,h) \times (T_2 - T_1)$

$= 4\pi \times (1\,cm)^2 \times (10\,h) \times (T_2 - T_1)$

$Q_{4\,cm} = 4\pi \times (2\,cm)^2 \times (h) \times (T_2 - T_1)$

$Q_{2\,cm} : Q_{4\,cm} = 10 : 4 = 1 : 0.4$

정답 ㉯

90 다음 중 열역학 제1법칙에 관한 설명으로 옳은 것은? 2019 03 03

㉮ 열은 그 자신만으로 저온에서 고온으로 이동할 수 없다.
㉯ 일은 열로 변환시킬 수 있고 열은 일로 변환시킬 수 있다.
㉰ 사이클 과정에서 열이 모두 일로 변화할 수 없다.
㉱ 열평형 상태에 있는 물체의 온도는 같다.

해설 – 열은 그 자신만으로 저온에서 고온으로 이동할 수 없다. ➡ 열역학 제2법칙
– 사이클과정에서 열이 모두 일로 변화할 수 없다. ➡ 열역학 제2법칙
– 열평형 상태에 있는 물체의 온도는 같다. ➡ 열역학 제0법칙

정답 ㉯

91 30℃에서 부피가 10 L인 이상기체를 일정한 압력으로 0℃로 냉각시키면 부피는 약 몇 L로 변하는가?

2019 03 03

㉮ 3　　㉯ 9　　㉰ 12　　㉱ 18

해설 $PV = MRT$

(P : 압력, V : 부피, M : 질량, R : 기체상수, T : 절대온도)

$$V_1 = \frac{MRT_1}{P} = \frac{MR \times (30+273)°K}{P} = 10\,L$$

$$\frac{\mathrm{MR}}{\mathrm{P}} = \frac{10\mathrm{L}}{(30+273)°\mathrm{K}}$$

$$\mathrm{V}_2 = \frac{\mathrm{MR}}{\mathrm{P}} \times \mathrm{T}_2 = \frac{10\mathrm{L}}{(30+273)°\mathrm{K}} \times (0+273)°\mathrm{K} = 9.0\ \mathrm{L}$$

정답 ㉯

92 이상적인 카르노사이클의 과정인 단열압축과 등온압축의 엔트로피 변화에 관한 설명으로 옳은 것은? 2019 03 03

㉮ 등온압축의 경우 엔트로피 변화는 없고, 단열압축의 경우 엔트로피 변화는 감소한다.
㉯ 등온압축의 경우 엔트로피 변화는 없고, 단열압축의 경우 엔트로피 변화는 증가한다.
㉰ 단열압축의 경우 엔트로피 변화는 없고, 등온압축의 경우 엔트로피 변화는 감소한다.
㉱ 단열압축의 경우 엔트로피 변화는 없고, 등온압축의 경우 엔트로피 변화는 증가한다.

해설

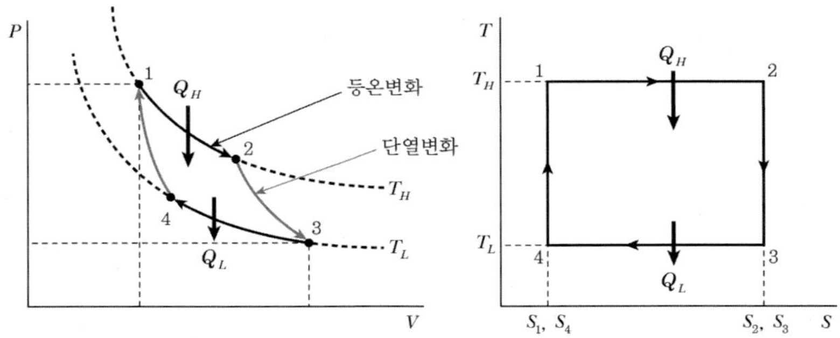

Carnot 사이클에서
등온압축과정인 3 → 4의 과정에서 엔트로피 변화

$\Delta S_{3-4} = -\frac{Q_L}{T_L}$ 이므로 감소

단열압축과정에서는 dQ = 0이므로 등엔트로피($\Delta S = 0$)이다.

정답 ㉰

93 온도차이 20℃, 열전도율 5 W/(m · °K), 두께 20 cm인 벽을 통한 열유속(heat flux)과 온도차이 40℃, 열전도율 10 W/(m · °K),, 두께 t인 같은 면적을 가진 벽을 통한 열유속이 같다면 두께 t는 약 몇 cm인가? 2019 03 03

㉮ 10　　㉯ 20　　㉰ 40　　㉱ 80

해설 $Q = kA \cdot \frac{dT}{x}$ (Q : 열전달률, k : 열전도율, A : 열전달면적, x : 두께, dT : 온도차)

$Q_1 = (5\ W/m \cdot °K) \times A \times \frac{20°K}{0.2\ m}$

$Q_2 = (10\ W/m \cdot °K) \times A \times \frac{40°K}{t}$

$Q_1 = Q_2$이므로

$(5\ W/m \cdot °K) \times A \times \frac{20°K}{0.2\ m} = (10\ W/m \cdot °K) \times A \times \frac{40°K}{t}$

$t = 0.8\ m = 80\ cm$

정답 ㉱

94 10 kg의 수증기가 들어 있는 체적 2 m^3의 단단한 용기를 냉각하여 온도를 200℃에서 150℃로 낮추었다. 나중상태에서 액체상태의 물은 약 몇 kg인가? (단, 150℃에서 물의 포화액 및 포화증기의 비체적은 각각 0.0011 m^3/kg, 0.3925 m^3/kg이다.) 2019 04 27

㉮ 0.508 ㉯ 1.24 ㉰ 4.92 ㉱ 7.86

해설

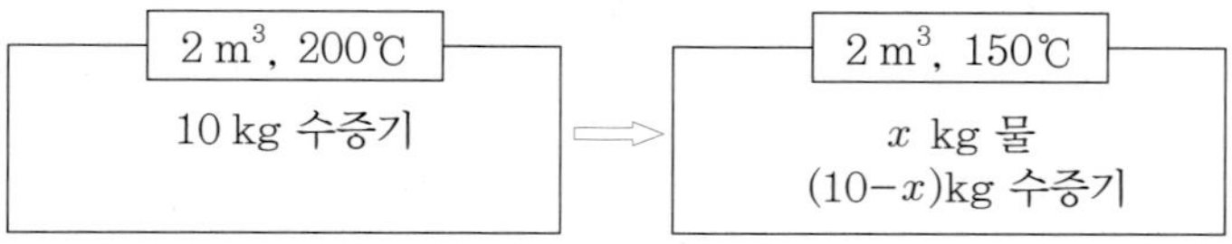

150℃부피 = 물 부피 + 수증기 부피

$= 0.0011\ m^3/kg \times x + 0.3925\ m^3/kg \times (10 - x)$

$= 2\ m^3$

$x = 4.918\ kg$

정답 ㉰

95 압력 2 MPa인 수증기의 건도가 0.2일 때 엔탈피는 몇 kJ/kg인가? (단, 포화증기 엔탈피는 2780.5 kJ/kg이고, 포화액의 엔탈피는 910 kJ/kg이다.) 2019 04 27

㉮ 1284 ㉯ 1466 ㉰ 1845 ㉱ 2406

해설 습포화증기 엔탈피 = 포화액 엔탈피 + 증기 엔탈피

$= 910\ \mathrm{kJ/kg} + 0.2 \times 2780.5\ \mathrm{kJ/kg}$

$= 1466.1\ \mathrm{kJ/kg}$

※건도(dryness) : 습포화 증기 중의 건포화 증기 성분의 중량비. 건도는 습포화 증기에서 어느 정도의 수분을 포함하고 있는가를 나타내는 수분 함유율을 의미하는 용어로서, 예를 들어 습포화 증기 1 kg을 취한 경우 그 속에 건증기가 x kg 있다고 하면 남아 있는 수분은 $(1-x)$kg이다. 이때의 x의 값을 건도라 한다.

정답 ㉮

96 외부표면의 온도가 24℃, 내부표면의 온도가 24.5℃일 때 높이 1.5 m, 폭 1.5 m, 두께 0.5 cm인 유리창을 통한 열전달률은 약 몇 W인가? (단, 유리창의 열전도계수는 0.8 W/(m · °K)이다.) 2019 04 27

㉮ 180　　㉯ 200　　㉰ 1800　　㉱ 2000

해설 $Q = kA \cdot \dfrac{dT}{x}$ (Q : 열전달률, k : 열전도율, A : 열전달면적, x : 두께, dT : 온도차)

$$Q = (0.8\ \mathrm{W/m \cdot °K}) \times (1.5\ \mathrm{m} \times 1.5\ \mathrm{m}) \times \frac{(24.5-24)°\mathrm{K}}{0.005\mathrm{m}} = 180\ \mathrm{W}$$

정답 ㉮

97 어떤 용기 내의 이산화탄소(45 kg)가 방호공간에 가스상태로 방출되고 있다. 방출온도와 압력이 15℃, 101 kPa일 때 방출가스의 체적은 약 몇 m^3인가? (단, 일반기체상수는 8314 J/(kmol · °K)이다.) 2019 04 27

㉮ 2.2　　㉯ 12.2　　㉰ 20.2　　㉱ 24.3

해설 $PV = \dfrac{W}{M} \times RT$

(P : 압력, V : 부피, M : 분자량, W : 질량, R : 기체상수, T : 절대온도)

$$V = \frac{WRT}{PM} = \frac{45\ \mathrm{kg} \times (8.314\ \mathrm{kJ/kmol \cdot °K}) \times (273+15)°\mathrm{K}}{101\ \mathrm{kPa} \times 44\ \mathrm{kg/kmol}} = 24.25\ \mathrm{m}^3$$

정답 ㉱

98 물질의 열역학적 변화에 대한 설명으로 틀린 것은? 2019 09 21

㉮ 마찰은 비가역성의 원인이 될 수 있다.
㉯ 열역학 제1법칙은 에너지보존에 대한 것다.
㉰ 이상기체는 이상기체방정식을 만족한다.
㉱ 가역단열과정은 엔트로피가 증가하는 과정이다.

해설 단열과정은 열 출입이 없으므로 등엔트로피 과정이다.

정답 ㉱

99 이상기체의 폴리트로픽변화 "PV^n=일정"에서 n=1인 경우 어느 변화에 속하는가? (단, P는 압력, V는 부피, n은 폴리트로픽 지수를 나타낸다.) 2019 09 21

㉮ 단열변화 ㉯ 등온변화 ㉰ 정적변화 ㉱ 정압변화

해설 PV^n= 일정 에서

n=0인 경우 $PV^0 = P =$ 일정 ➡ 등압(정압)과정

n=1인 경우 $PV = nRT =$ 일정 ➡ 등온과정

$n=k=\frac{C_P}{C_V}$(=비열비)인 경우 $PV^k=$ 일정 ➡ 단열과정

$n = m \neq k$(k : 비열비)인 경우 $PV^m =$ 일정 ➡ 폴리트로픽 과정

정답 ㉯

100 초기에 비어 있는 체적이 0.1 m^3인 견고한 용기 안에 공기(이상기체)를 서서히 주입한다. 공기 1 kg을 넣었을 때 용기 안의 온도가 300°K이 되었다면 용기 안의 압력(kPa)은? (단, 공기의 기체상수는 0.287 kJ/kg · °K이다.) 2019 09 21

㉮ 287 ㉯ 300 ㉰ 448 ㉱ 861

해설 $PV = MRT$

(P : 압력, V : 부피, M : 질량, R : 기체상수, T : 절대온도)

$$P = \frac{MRT}{V} = \frac{1\,kg \times 0.287\,kJ/kg \cdot °K \times 300°K}{0.1\,m^3} = 861\,kJ/m^3 = 861\,kPa$$

정답 ㉱

101 표면적이 같은 두 물체가 있다. 표면온도가 2000°K인 물체가 내는 복사에너지는 표면온도가 1000°K인 물체가 내는 복사에너지의 몇 배인가? 2019 09 21

㉮ 4 ㉯ 8 ㉰ 16 ㉱ 32

해설 스테판 – 볼츠만 법칙

복사체에서 발산되는 복사열은 복사체 절대온도의 4제곱에 비례한다.

정답 ㉰

102 압력이 100 kPa이고 온도가 20℃인 이산화탄소를 완전기체라고 가정할 때 밀도(kg/m^3)는? (단, 이산화탄소의 기체상수는 188.95 J/kg · °K이다.) 2020 06 06

㉮ 1.1 ㉯ 1.8 ㉰ 2.56 ㉱ 3.8

해설 기체상수(R) = 188.95J/kg · °K

PV = MRT (P : 압력, V : 체적, M : 질량, T : 절대온도)

$$\rho=\frac{M}{V}=\frac{P}{RT}=\frac{100\times10^3\,N/m^2}{188.95\,J/kg\cdot{}^\circ K\times(273+20)^\circ K}=1.8\,kg/m^3$$

정답 ㉯

103 −10℃, 6기압의 이산화탄소 10 kg이 분사노즐에서 1기압까지 가역 단열팽창을 하였다면 팽창 후의 온도는 몇 ℃가 되겠는가? (단, 이산화탄소의 비열비는 1.289이다.) 2020 06 06

㉮ −85 ㉯ −97 ㉰ −105 ㉱ −115

해설 단열팽창

$P_1V_1^k=P_2V_2^k=$ 일정

$V_1=\dfrac{nRT}{P_1}$, $V_2=\dfrac{nRT_2}{P_2}$ 을 위의 식에 대입하여 정리

$\dfrac{T_2}{T_1}=\left(\dfrac{P_2}{P_1}\right)^{\frac{k-1}{k}}$ (p : 압력, V : 부피, T : 온도, k : 비열비)

$$T_2=T_1\times\left(\frac{P_2}{P_1}\right)^{\frac{k-1}{k}}$$

$$=(273-10)(°K)\times\left(\frac{1atm}{6atm}\right)^{\frac{1.289-1}{1.289}}$$
$$=176°K$$
$$=-97℃$$

정답 ㉯

104 온도차이가 ΔT, 열전도율이 k_1, 두께 x인 벽을 통한 열유속(heat flux)과, 온도차이가 $2\Delta T$, 열전도율이 k_2, 두께 $0.5x$인 벽을 통한 열유속이 서로 같다면, 두 재질의 열전도율 비 k_1/k_2의 값은? 2020 06 06

㉮ 1 ㉯ 2 ㉰ 4 ㉱ 8

해설 $Q_1=k_1\times A\times\frac{\Delta T}{x}$ (Q : 열전달률, k : 열전도율, A : 열전달면적, x : 두께)

$$Q_2=k_2\times A\times\frac{(2\Delta T)}{0.5x}$$
$$Q_1=Q_2$$
$$k_1A\cdot\frac{\Delta T}{x}=(k_2)\times A\times\frac{(2\Delta T)}{0.5x}$$
$$\frac{k_1}{k_2}=4$$

정답 ㉰

105 체적 $0.1\ m^3$의 밀폐용기 안에 기체상수가 $0.4615\ kJ/kg\cdot°K$인 기체 1 kg이 압력 2 MPa, 온도 250℃상태로 들어 있다. 이때 이 기체의 압축계수(또는 압축성 인자)는? 2020 08 22

㉮ 0.578 ㉯ 0.828 ㉰ 1.21 ㉱ 1.73

해설 $PV=ZMRT$

(P : 압력, V : 부피, M : 질량, R : 기체상수, T : 절대온도, Z : 압축성 인자)

$$압축계수(Z)=\frac{PV}{MRT}=\frac{(2\times1000^3\ kN/m^2)\times(0.1\ m^3)}{1\ kg\times0.4615\ kJ/kg\cdot°K\times(273+250)°K}=0.828$$

정답 ㉯

106 어떤 기체를 20℃에서 등온압축하여 절대압력이 0.2 MPa에서 1 MPa로 변할 때 체적은 초기체적과 비교하여 어떻게 변화하는가? 2020 08 22

㉮ 5배 증가한다. ㉯ 10배 증가한다. ㉰ $\frac{1}{5}$로 감소한다. ㉱ $\frac{1}{10}$로 감소한다.

해설 $P_1V_1 = P_2V_2$

$$V_2 = V_1 \times \frac{P_1}{P_2} = V_1 \times \frac{0.2\text{MPa}}{1\text{MPa}} = \frac{1}{5}V_1$$

정답 ㉰

107 대기압하에서 10℃의 물 2 kg이 전부 증발하여 100℃의 수증기로 되는 동안 흡수되는 열량(kJ)은 얼마인가? (단, 물의 비열은 4.2 kJ/kg·°K, 기화열은 2250 kJ/kg이다.) 2020 08 22

㉮ 756 ㉯ 2638 ㉰ 5256 ㉱ 5360

해설 흡수열량 =100℃까지 온도상승열량 + 기화열 (m : 질량, C : 비열, ΔT : 상승온도)

$= m \times C \times \Delta T + m \times$ 기화열

$= 2\text{ kg} \times (4.2\text{ kJ/kg} \cdot °\text{K}) \times \{(100+273)°\text{K} - (273+10)°\text{K}\} + 2\text{ kg} \times 2250\text{ kJ/kg}$

$= 5256\text{ kJ}$

정답 ㉰

108 다음 중 등엔트로피 과정은 어떤 과정인가? 2020 09 26

㉮ 가역단열 과정 ㉯ 가역등온 과정 ㉰ 비가역단열 과정 ㉱ 비가역등온 과정

해설 단열과정은 열 출입이 없으므로 등엔트로피 과정이다.

정답 ㉮

109 어떤 밀폐계가 압력 200 kPa, 체적 0.1 m^3 상태에서 100 kPa, 0.3 m^3인 상태까지 가역적으로 팽창하였다. 이 과정이 P-V선도에서 직선으로 표시된다면 이 과정 동안에 계가 한 일(kJ)은? 2020 09 26

㉮ 20 ㉯ 30 ㉰ 45 ㉱ 60

해설

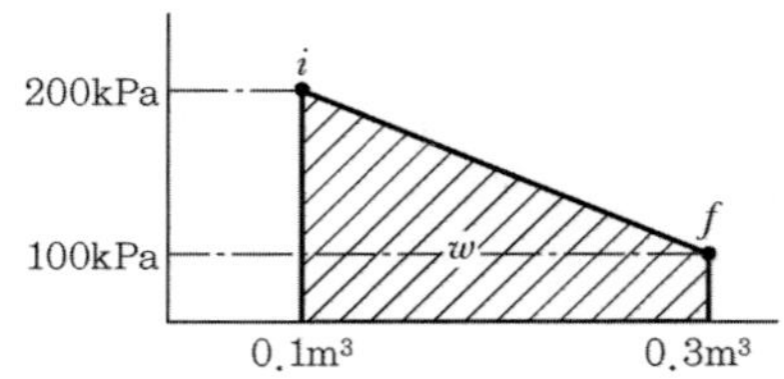

$$W = \int_{V_i}^{V_f} P \cdot dV = \frac{1}{2}(200+100)(kN/m^2) \times (0.3\ m^3 - 0.1\ m^3) = 30\ kJ$$

정답 ㉯

110 대기압에서 10℃ 물 1 kg을 70℃까지 가열할 경우 엔트로피 증가량(kJ/°K)은? (단, 물의 정압비열은 4.18 kJ/kg · °K이다.) 2020 09 26

㉮ 0.43　㉯ 8.03　㉰ 81.3　㉱ 2508.1

해설 등압변화이므로

$dQ = n \times C_p \times dT$ (n : 질량, dQ : 열에너지, C_P : 정압비열, dT : 온도변화)

$$\Delta S = \int_1^2 \frac{dQ}{T}$$
$$= \int_1^2 \left(\frac{n \times C_p \times dT}{T}\right)$$
$$= n \times C_p \times \ln\left(\frac{T_2}{T_1}\right)$$
$$= 10\,kg \times (4.18\ kJ/kg \cdot °K) \times \ln\left(\frac{273+70}{273+10}\right)$$
$$= 8.03\ kJ/°K$$

정답 ㉯

111 열전달 면적이 A이고 온도차이가 10℃, 벽의 열전도율이 10 W/m · °K, 두께 25 cm인 벽을 통한 열류량은 100 W이다. 동일한 열전달 면적에서 온도차이가 2배, 벽의 열전도율이 4배가 되고 벽의 두께가 2배가 되는 경우 열유량(W)은 얼마인가? 2020 09 26

㉮ 50　㉯ 200　㉰ 400　㉱ 800

해설 $Q_1 = kA \cdot \frac{dT}{x} = 100W$

(Q : 열전달률, k : 열전도율, A : 열전달면적, x : 두께)

$Q_2 = (4k) \times A \times \frac{2dT}{2x} = 4kA\frac{dT}{x} = 4Q_1 = 400\ W$

정답 ㉰

산업기사 기출문제

01 온도가 20℃이고, 100 kPa 압력하의 공기를 가역단열과정으로 압축하여 체적을 50%로 줄였을 때 압력은 몇 kPa인가? (단, 공기의 비열비는 1.4이다.) 2012 03 04

㉮ 255.1 ㉯ 258.3 ㉰ 263.9 ㉱ 267.3

해설 $V_2 = \frac{1}{2}V_1$ (V : 체적)

단열팽창에서

$P_1V_1^k = P_2V_2^k$ (k : 비열비)

$100\,\text{kPa} \times V_1^{1.4} = P_2 \times \left(\frac{V_1}{2}\right)^{1.4}$

$P_2 = 100\,\text{kPa} \times (2)^{1.4} = 263.9\,\text{kPa}$

정답 ㉰

02 20 kg의 액화 이산화탄소가 20℃의 대기(표준 대기압)중으로 방출되었을 때 이산화탄소의 체적은 약 몇 m^3가 되겠는가? (단, 일반기체상수는 8314 J/kmol · °K이다.) 2012 03 04

㉮ 6.8 ㉯ 7.2 ㉰ 9.3 ㉱ 11.0

해설 PV = nRT (P : 압력, V : 부피, n : 몰수, R : 기체상수, T : 온도)

이산화탄소 $20\,\text{kg} = 20\,\text{kg} \times \frac{\text{kmol}}{44\,\text{kg}} = \frac{20}{44}\,\text{kmol}$

$$V = \frac{nRT}{P}$$

$$= \frac{\left(\frac{20}{44}\text{kmol}\right) \times 8.314\text{kJ/kmol} \cdot {}^\circ\text{K} \times (273+20)^\circ\text{K}}{101.3\,\text{kPa}}$$

$$= 10.93\,\text{m}^3$$

$$\fallingdotseq 11\,\text{m}^3$$

정답 ㉱

03 다음 중 대류 열전달과 관계없는 경우는? 2012 03 04

㉮ 팬(fan)을 이용해 컴퓨터를 식힌다.
㉯ 뜨거운 커피에 바람을 불어 식힌다.
㉰ 에어컨은 높은 곳에, 라디에이터는 낮은 곳에 설치한다.
㉱ 판자를 화로 앞에 놓아 열을 차단한다.

해설 화로 앞에 판자를 놓았을 때 차단되는 열은 복사열에 해당된다.

정답 ㉱

04 질소가스가 정상상태, 정상유동과정으로 가열된다. 이때 입구의 상태는 500 kPa, 35℃이고 출구의 상태는 500 kPa, 1000℃이다. 운동에너지와 위치에너지를 무시할 때 질소 1 kg당 요구되는 전열량은 몇 kJ인가? (단, 질소의 정압비열은 1.0416 kJ/kg · °K이다.) 2012 05 20

㉮ 1005　　㉯ 1010　　㉰ 1015　　㉱ 1020

해설 $\Delta Q = m \cdot C_P \cdot dT$ (C_p : 정압비열, ΔQ : 열량, dT : 온도차이, m : 질소질량)

$\Delta Q = 1\,kg \times (1.0416\,kJ/kg \cdot °K) \times (1000-35)°K = 1005.144\,kJ$

정답 ㉮

05 온도차이 10℃, 열전도율 10W/m · °K, 두께 25 cm인 벽을 통한 열 유속(heat flux)과 온도차이 20℃, 열전도율 k(W/m · °K), 두께 10 cm인 벽을 통한 열 유속이 같다면 k의 값은? 2012 05 20

㉮ 2　　㉯ 5　　㉰ 10　　㉱ 20

해설 $Q_1 = k_1 A \cdot \dfrac{dT}{x} = (10\,W/m \cdot °K) \times A \times \dfrac{10°K}{0.25\,m}$

(Q : 열전달률, k : 열전도율, A : 열전달면적, x : 두께)

$Q_2 = kA \cdot \dfrac{dT}{x} = k \times A \times \dfrac{20°K}{0.1\,m}$

$Q_1 = Q_2$

$k \times A \times \dfrac{20°K}{0.1\,m} = (10W/m \cdot °K) \times A \times \dfrac{10°K}{0.25\,m}$

$k = 2.0(W/m \cdot °K)$

정답 ㉮

06 처음에 절대온도, 비체적이 각각 T_1, V_1인 이상기체 1 kg을 압력 P로 일정하게 유지한 채로 가열하여 온도를 $3T_1$까지 상승시킨다. 이상기체가 한 일은 얼마인가?

2012 05 20

㉮ PV_1　　㉯ $2PV_1$　　㉰ $3PV_1$　　㉱ $4PV_1$

해설 $P_1V_1 = MRT_1$,　$P_2V_2 = MRT_2$ (P : 압력, T : 절대온도, V : 체적, M : 질량)

압력이 일정하므로 $P_1 = P_2$

$$\frac{V_2}{V_1} = \frac{MRT_2}{MRT_1} = \frac{T_2}{T_1} = \frac{4T_1}{T_1} = 4$$

$V_2 = 4V_1$

한 일(W)== $P \cdot \Delta V = P(V_2 - V_1) = P(4V_1 - V_1) = 3PV_1$

정답 ㉯

07 진공 밀폐된 18 m^3의 방호구역에 이산화탄소 약제를 방사하여, 27℃, 101 kPa 상태가 되었다. 이때 방사된 이산화탄소 양은 약 몇 kg인가? (단, 일반기체상수는 8314 J/kmol · °K이다.)

2012 05 20

㉮ 26.4　　㉯ 29.3　　㉰ 32.1　　㉱ 35.8

해설 $PV = nRT$ (P : 압력, V : 부피, n : 몰수, R : 기체상수, T : 온도)

$$n = \frac{PV}{RT}$$

$$= \frac{101\text{kPa} \times 18\ \text{m}^3}{(8.314\ \text{kJ/kmol} \cdot {}^\circ\text{K}) \times (27 + 273)^\circ\text{K}}$$

$= 0.729$ kmol

$$\text{이산화탄소질량}(M) = 0.729\ \text{kmol} \times \frac{44\ \text{kg}}{\text{kmol}}$$

$= 32.07$ kg

정답 ㉰

08 고체 표면의 온도가 15℃에서 25℃로 올라가면 방사되는 복사열은 약 몇 %가 증가하는가?

2012 09 15

㉮ 3.5　　㉯ 7.1　　㉰ 15　　㉱ 67

해설 복사열(Q) $= \sigma A(T)^4$

여기서, σ : 스테판-볼츠만 상수 $= 5.67 \times 10^{-8}\,W/m^2 \cdot {}^\circ K^4$

A : 방사면적

T : 고체 표면 온도(°K)

$$\frac{Q_{25℃}}{Q_{15℃}} = \frac{\sigma A\{(25+273)^\circ K\}^4}{\sigma A\{(15+273)^\circ K\}^4} = 1.146$$

복사열 증가량=14.6%

정답 ㉰

09 체적 0.5 m³, 절대압력 1300 kPa인 탱크에 25℃의 기체 10 kg이 들어 있다. 이 기체의 기체상수는 약 몇 kJ/kg·°K인가? 2012 09 15

㉮ 0.19　㉯ 0.22　㉰ 0.26　㉱ 0.29

해설 $PV = MRT$ (p : 압력, V : 부피, M : 질량, R : 기체상수, T : 온도)

$$R = \frac{PV}{MT} = \frac{1300\,kN/m^2 \times 0.5\,m^3}{10\,kg \times (273+25)^\circ K} = 0.218\left(\frac{kN \cdot m}{kg \cdot {}^\circ K}\right) = 0.218\,kJ/kg \cdot {}^\circ K$$

정답 ㉯

10 다음은 어떤 열역학 법칙을 설명한 것인가? 2012 09 15

> 온도가 서로 다른 물체를 접촉시키면 높은 온도를 지닌 물체의 온도가 내려가고(열을 방출), 낮은 온도의 물체는 온도가 올라가서(열을 흡수) 두 물체는 온도차가 없어지게 된다.

㉮ 열역학 제3법칙　㉯ 열역학 제2법칙　㉰ 열역학 제1법칙　㉱ 열역학 제0법칙

해설 〈열역학 제0법칙〉

계 A와 B가 계 C와 열평형을 유지하면, 계 A와 B는 열평형을 이룬다.

즉, $T_A = T_C$이고, $T_B = T_C$이면 $T_A = T_B$

(T : 온도)

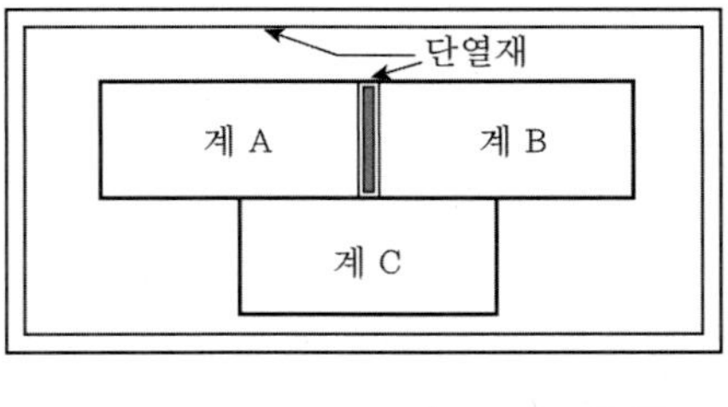

정답 ㉱

11 공기 1 kg을 절대압력 100 kPa, 체적 0.85 m^3의 상태로부터 절대압력 500 kPa, 온도 300℃로 변환시켰다면, 상승된 온도는 얼마인가? (단, 공기의 기체상수는 287J/kg·°K이다.) 2012 09 15

㉮ 0℃ ㉯ 277℃ ㉰ 296℃ ㉱ 376℃

해설 상태1 : 질량 : 1 kg, 절대압력 : 100 kPa, 체적 : 0.85 m^3, 온도 : T_1(°K)

상태2 : 질량 : 1 kg, 절대압력 : 500 kPa, 체적 : V_2, 온도 : 300℃ = 573(°K)

PV = MRT

상태1로부터

$$T_1 = \frac{PV}{MR} = \frac{100 \times 10^3\ N/m^2 \times 0.85\ m^3}{1\ kg \times 287\ N \cdot m/kg \cdot °K} = 296.2(°K) = 23.17℃$$

상승온도=300℃−23.17℃=276.8℃

정답 ㉯

12 온도차이 ΔT, 열전도율 k, 두께 x, 열전달면적 A인 벽을 통한 열전달률이 Q이다. 동일한 열전달 면적인 상태에서 온도차이가 2배, 벽의 열전도율이 4배가 되고 벽의 두께가 2배가 되는 경우 열전달률은 몇 배가 되겠는가? 2013 03 10

㉮ 4배 ㉯ 8배 ㉰ 16배 ㉱ 32배

해설 $Q = kA \cdot \frac{\Delta T}{x}$ (Q : 열전달률, k : 열전도율, A : 열전달면적, xx : 두께)

$$Q_1 = (4k)A \cdot \frac{2\Delta T}{2x} = 4kA \cdot \frac{\Delta T}{x} = 4Q$$

정답 ㉮

13 피스톤과 실린더로 구성된 밀폐된 용기 내에 일정한 질량의 이상기체가 차 있다. 초기상태의 압력은 2 bar, 체적은 0.5 m^3이다. 이 시스템의 온도가 일정하게 유지되면서 팽창하여 압력이 1 bar가 되었다. 이 과정 동안에 시스템이 한 일은 몇 kJ인가? 2013 03 10

㉮ 52.1 ㉯ 57.2 ㉰ 62.7 ㉱ 69.3

해설 1기압=101.3 kPa=1.013 bar

$$P_1 = 2\ bar = 2\ bar \times \frac{101.3\ kPa}{1.013\ bar} = 200\ kPa$$

$$P_2 = 1\text{ bar} = 1\text{ bar} \times \frac{101.3\text{ kPa}}{1.013\text{ bar}} = 100\text{ kPa}$$

등온과정이므로

$$P_1V_1 = P_2V_2 = nRT$$

$$V_2 = V_1 \times \frac{P_1}{P_2} = 0.5\text{ m}^3 \times \frac{200\text{ kPa}}{100\text{ kPa}} = 1.0\text{ m}^3$$

등온과정에서의 일(W : work)

$$\begin{aligned} W &= \int_{V_i}^{V_f} P \cdot dV = \int_{V_i}^{V_f} \left(\frac{nRT}{V}\right) \cdot dV \\ &= nRT \int_{V_i}^{V_f} \frac{dV}{V} \\ &= P_1V_1 \times \left(\ln\frac{V_f}{V_i}\right) \\ &= 200\text{ kPa} \times 0.5\text{ m}^3 \times \ln\left(\frac{1.0\text{ m}^3}{0.5\text{ m}^3}\right) \\ &= 69.3\text{ kJ} \end{aligned}$$

정답 ㉱

14 다음 물질 중 비열이 가장 큰 것은? 2013 03 10

㉮ 공기 ㉯ 물 ㉰ 콘크리트 ㉱ 철

해설 〈물질의 비열(1 atm, 20℃)〉

물질	비열(kJ/kg · °K)	물질	비열(kJ/kg · °K)
금	0.128	콘크리트	0.94
납	0.13	알루미늄	0.9
수은	0.139	공기(50℃)	1.05
은	0.235	나무	1.68
황동	0.384	수증기(110℃)	2.01
구리	0.385	얼음(0℃)	2.1
강철	0.45	에틸알코올	2.4
철	0.44	물(15℃)	4.2

정답 ㉯

15 절대압력이 100 kPa이고 온도가 55℃인 공기의 밀도는 몇 kg/m^{3}인가? (단, 공기의 기체 상수는 287J/kg · °K이다.) 2013 03 10

㉮ 12.0　　㉯ 24.2　　㉰ 1.06　　㉱ 2.14

해설 PV＝MRT (P : 압력, V : 부피, M : 질량, R : 기체상수, T : 절대온도)

$$밀도(\rho)=\frac{M}{V}=\frac{P}{RT}=\frac{100\times10^3\ N/m^2}{287\ J/kg\cdot{}^\circ K\times(273+55)^\circ K}=1.06\ kg/m^3$$

정답 ㉰

16 300℃로 가열된 80 cm×50 cm 크기의 평판에 수직한 방향으로 25℃의 공기를 불어 주고 있다. 대류열전달계수가 25W/m²·℃ 일 때 공기를 불어 넣는 면에서의 열전달률은 약 몇 kW인가? 2013 06 02

㉮ 2.0　　㉯ 2.75　　㉰ 5.1　　㉱ 7.3

해설 $Q=h\cdot A\cdot(T_H-T_L)$

(Q : 열전달률, A : 대류 전열면적, h : 대류열전달계수, T : 온도)

$Q=25\ W/m^2\cdot℃\times(0.8\ m\times0.5\ m)\times(300℃-25℃)$

$=2750\ W$

$=2.75\ kW$

정답 ㉯

17 체적 0.5 m³인 탱크에 산소가 10 kg이 들어 있다. 탱크내부의 온도가 23℃라면 압력은 몇 MPa인가? (단, 일반 기체상수는 8314 J/kmol·°K이다.) 2013 06 02

㉮ 1.452　　㉯ 1.559　　㉰ 1.653　　㉱ 1.725

해설 $PV=\frac{W}{M}\times RT$

(P : 압력, V : 부피, W : 기체중량, M : 기체분자량(=32 kg/kmol), R : 기체상수, T : 절대온도)

$$압력(P)=\frac{WRT}{VM}$$

$$=\frac{10\ kg\times8314\ J/kmol\cdot{}^\circ K\times(273+23)^\circ K}{0.5\ m^3\times32\ kg/kmol}$$

$=1.559\times10^6\ N/m^2$

$=1.559\ MPa$

정답 ㉯

18 보일의 법칙은 이상기체의 어떤 상태량이 일정한 조건에서의 상태변화를 나타낸 것인가? 2013 06 02

㉮ 온도 ㉯ 압력 ㉰ 비체적 ㉱ 밀도

해설 이상기체 과정 PV^n=일정 (P : 압력, V : 부피, T : 온도, R : 기체상수)

㉮ n=0인 경우 $PV^0 = P =$ 일정 ➡ 등압(정압)과정

㉯ n=1인 경우 $PV = nRT =$ 일정 ➡ 등온과정, $P_1V_1 = P_2V_2$(보일의 법칙)

㉰ $n=k=\frac{C_P}{C_V}$(=비열비)인 경우 $PV^k=$ 일정 ➡ 단열과정

㉱ $n = m \neq k$ (k : 비열비)인 경우 $PV^m =$ 일정 ➡ 폴리트로픽 과정

⑤ n=∞인 경우 ➡ 등적(정적)과정

정답 ㉮

19 한 변의 길이가 10 cm인 금속 정육면체가 대류에 의해 열을 외부공기로 방출한다. 이 금속 정육면체는 100 W의 전기 히터에 의해 내부에서 가열되고 있다. 정육면체 표면과 공기 사이의 온도차가 50℃라면 공기와 정육면체 사이의 대류열전달계수는 몇 W/m²·℃인가? 2013 09 28

㉮ 33.3 ㉯ 66.7 ㉰ 100 ㉱ 133.3

해설 $Q = h \cdot A \cdot (T_H - T_L)$

(Q : 열전달률, A : 대류 전열면적, h : 대류열전달계수, T : 온도)

$Q = 100\ \text{W} = h \times (6 \times 0.1\ \text{m} \times 0.1\ \text{m}) \times 50℃$

$h = 33.33\ \text{W/m}^2 \cdot ℃$

정답 ㉮

20 다음 중 열역학 제2법칙을 설명한 것으로 잘못된 것은? 2013 09 28

㉮ 열효율 100%인 열기관은 제작이 불가능하다.

㉯ 열은 스스로 저온체에서 고온체로 이동할 수 없다.

㉰ 제2종 영구기관은 동작물질의 종류에 따라 존재할 수 있다.

㉱ 열기관에서 일을 얻으려면 최소 두 개의 열원이 필요하다.

해설 〈열역학 제2법칙〉

㉮ 열은 스스로 다른 물체에 아무런 변화도 주지 않고서, 저온물체에서 고온물체로 이동하지 않는다.

㉯ 성능계수(η_r)가 무한정한 냉동기의 제작은 불가능하다.

㉰ 고온물체의 열을 계속해서 일로 바꾸려면 저온물체로 열을 버려야만 한다(효율이 100%인 열기관은 제작이 불가능하다).

㉱ 제2종 영구기관은 존재할 수 없다.

- 제2종 영구기관 : 어떤 열원으로부터 열원의 온도를 떨어뜨리는 일 없이, 외부에 아무런 변화 없이, 열을 기계적 일로 바꾸는 열기관

정답 ㉰

21 초기상태가 100℃, 100 kPa인 이상 기체가 일정한 체적의 탱크에 들어 있다. 이 탱크에 열을 가해 온도가 200℃로 되었을 때 탱크 내의 압력은 몇 kPa인가? 2013 09 28

㉮ 45　　㉯ 127　　㉰ 223　　㉱ 298

해설 PV = MRT

(P : 압력, V : 부피, M : 기체질량, R : 기체상수, T : 절대온도)

정적과정이므로

$$V = \frac{MRT_1}{P_1} = \frac{MRT_2}{P_2} = \text{일정}$$

$$P_2 = P_1 \times \left(\frac{T_2}{T_1}\right)$$

$$= 100\,\text{kPa} \times \left(\frac{(200+273)°K}{(100+273)°K}\right)$$

$$= 126.8\,\text{kPa}$$

정답 ㉯

22 다음 중 이상기체의 내부에너지에 대해 옳은 것은? 2013 09 28

㉮ 내부에너지는 압력의 함수이다.

㉯ 내부에너지는 체적의 함수이다.

㉰ 내부에너지는 온도의 함수이다.

㉱ 내부에너지는 일정하다.

해설 이상기체의 내부에너지(U_{int})는 온도만의 함수이다.

$$U_{int} = \frac{3}{2}nRT$$ (n : 몰수, R : 기체상수, T : 온도)

정답 ㉰

23 이상기체의 정압변화를 나타내는 것은? (단, P : 압력, V : 부피, T : 온도, k : 비열비)

2014 03 02

㉮ PV^k = 일정 ㉯ PV = 일정 ㉰ $\frac{V}{T}$ = 일정 ㉱ $\frac{P}{T}$ = 일정

해설 PV = nRT에서

정압과정이므로 P = 일정

$\frac{V}{T} = \frac{nR}{P}$ = 일정

정답 ㉰

24 대기에 노출된 상태로 저장 중인 20℃의 소화용수 500 kg을 연소 중인 가연물에 분사하는 경우 소화용수가 증발하면서 흡수한 열량은 몇 MJ인가? (단, 물의 비열은 4.2 kJ/kg · ℃, 기화열은 2250 kJ/kg이다.)

2014 03 02

㉮ 2.59 ㉯ 168 ㉰ 1125 ㉱ 1293

해설 흡수열량 = 100℃까지 온도상승열량 + 기화열 (m : 질량, C : 비열, ΔT : 상승온도)

= m × C × ΔT + m × 기화열

= 500 kg × (4.2 kJ/kg · ℃) × {(100 − 20)℃} + 500 kg × 2250 kJ/kg

= 1293000 kJ

= 1293 MJ

정답 ㉱

25 냉장고의 내부는 한 변이 2 m인 정육면체이며 밑바닥은 완전히 단열되어 있다. 안쪽과 바깥 표면온도가 각각 −20℃, 40℃일 때, 열부하를 600 W로 유지하기 위하여 윗면 및 측면에 사용되는 스티로폼 단열재의 최소 두께는 몇 cm인가? (단, 스티로폼 단열재의 열전도율은 0.030W/m · °K이다.)

2014 03 02

㉮ 2 ㉯ 4 ㉰ 6 ㉱ 8

해설 $Q = kA \cdot \frac{dT}{x}$ (Q : 열전달률, k : 열전도율, A : 열전달면적, x : 단열재 두께)

$$600\ W = (0.03\ W/m \cdot °K) \times \left(\frac{2\ m \times 2\ m}{1면} \times 5면\right) \times \frac{[40-(-20)]°K}{x(m)}$$

$x = 0.06\ m = 6\ cm$

정답 ㉰

26 온도 45℃인 CO_2가스 2.3 kg이 체적 0.283 m^3인 용기에 가득 차 있다. 이 가스의 압력은 몇 kPa인가? (단, 이산화탄소의 기체상수는 0.1889 kJ/kg · °K이다.) 2014 03 02

㉮ 488 ㉯ 536 ㉰ 635 ㉱ 797

해설 $PV = MRT$

(P : 압력, V : 부피, M : 기체질량, R : 기체상수, T : 절대온도)

$$P = \frac{MRT}{V} = \frac{2.3kg \times 0.1889kJ/kg \cdot °K \times (273+45)°K}{0.283\ m^3} = 488.2\ kPa$$

정답 ㉮

27 열역학법칙 중 제2종 영구기관의 제작이 불가능함을 역설한 내용은? 2014 05 25

㉮ 열역학 제0법칙 ㉯ 열역학 제1법칙 ㉰ 열역학 제2법칙 ㉱ 열역학 제3법칙

해설 〈열역학 제2법칙〉

㉮ 열은 스스로 다른 물체에 아무런 변화도 주지 않고서, 저온물체에서 고온물체로 이동하지 않는다.

㉯ 성능계수(η_r)가 무한정한 냉동기의 제작은 불가능하다.

㉰ 고온물체의 열을 계속해서 일로 바꾸려면 저온물체로 열을 버려야만 한다(효율이 100%인 열기관은 제작이 불가능하다).

㉱ 제2종 영구기관은 존재할 수 없다.

- 제2종 영구기관 : 어떤 열원으로부터 열원의 온도를 떨어뜨리는 일 없이, 외부에 아무런 변화 없이, 열을 기계적 일로 바꾸는 열기관

정답 ㉰

28 분자량이 35인 어떤 가스의 정압비열이 0.535 kJ/kg·°K라고 가정할 때 이 가스의 비열비(k)는 약 얼마인가? (단, 기체상수 R＝8.31434kJ/kmol·°K이다.) 2014 05 25

㉮ 1.4　　㉯ 1.5　　㉰ 1.65　　㉱ 1.8

해설 $C_P - C_V = R$

(C_P : 정압비열, C_V : 정적비열, R : 기체상수)

분자량 35인 가스의 1 kmol=35 kg

$C_V = C_P - R$

$= 0.535\,kJ/kg \cdot °K - 8.3143\,kJ/kmol \cdot °K$

$= 0.535\,kJ/kg \cdot °K - 8.3143\,kJ/35\,kg \cdot °K$

$= 0.2974\,kJ/kg \cdot °K$

비열비$(k) = \dfrac{C_P}{C_V}$

$= \dfrac{0.535\,kJ/kg \cdot °K}{0.297\,kJ/kg \cdot °K}$

$= 1.8$

정답 ㉱

29 단단한 탱크 속에 300 kPa, 0℃인 이상기체가 들어 있다. 이것을 100℃까지 가열하였을 때 압력상승은 몇 kPa인가? 2014 05 25

㉮ 110　　㉯ 210　　㉰ 410　　㉱ 710

해설 $P_1V = MRT_1$

$P_2V = MRT_2$

(P : 압력, V : 부피, M : 기체질량, R : 기체상수, T : 절대온도)

$\dfrac{P_2}{P_1} = \dfrac{T_2}{T_1}$

$P_2 = P_1 \times \dfrac{T_2}{T_1}$

$= 300\,kPa \times \dfrac{(273+100)°K}{(273+0)°K}$

$= 409.9\,kPa$

압력상승$= P_2 - P_1 = 409.9\,kPa - 300\,kPa = 109.9\,kPa$

정답 ㉮

30 온도가 55℃인 평판 위를 흐르는 온도 15℃의 유체가 있다. 평판과 유체 사이의 대류열전달계수(convection heat transfer coefficient)가 $70W/m^3 \cdot °K$일 때 평판으로부터 유체로 전달되는 열유속(heat flux)은 몇 W/m^2인가? 2014 05 25

㉮ 2140 ㉯ 2450 ㉰ 2800 ㉱ 2950

해설 $Q = h \cdot A \cdot (T_H - T_L)$

$$q = \frac{Q}{A} = h(T_H - T_L)$$

(Q : 열전달률, q : 열유속, A : 대류 전열면적, h : 대류열전달계수, T : 온도)

$$q = h(T_H - T_L)$$
$$= 70\ W/m^2 \cdot °K \times (55 - 15)°K$$
$$= 2800\ W/m^2$$

정답 ㉰

31 분자량이 4이고 비열비가 1.67인 이상기체의 정압비열은 몇 $kJ/kg \cdot °K$인가? (단, 이상기체의 일반기체상수는 $8.314\ kJ/kmol \cdot °K$이다.) 2014 09 20

㉮ 3.10 ㉯ 4.72 ㉰ 5.18 ㉱ 6.75

해설 $C_P - C_V = R$ (C_P : 정압비열, C_V : 정적비열, R : 기체상수)

1 kmol=4 kg

$$\frac{C_P}{C_V} = k = 1.67\text{에서 } C_V = \frac{1}{1.67}C_P$$

$$C_P - C_V = C_P - \frac{1}{1.67}C_P$$
$$= C_P\left(1 - \frac{1}{1.67}\right)$$
$$= R$$

$$C_P = \frac{R}{\left(1 - \frac{1}{1.67}\right)}$$
$$= \frac{8.314\ kJ/kmol \cdot °K}{\left(1 - \frac{1}{1.67}\right)}$$
$$= \frac{8.314\ kJ/4kg \cdot °K}{\left(1 - \frac{1}{1.67}\right)}$$
$$= 5.18\ kJ/kg \cdot °K$$

정답 ㉰

32 피스톤－실린더로 구성된 용기 안에 들어 있는 실린더 내 가스의 초기압력은 200 kPa이고 체적은 0.1 m^3이었다. 실린더 밑면을 가열하여 체적이 0.3 m^3로 변했을 때 계에 의해 행해진 일은 얼마인가? (단, 가열과정은 일정한 압력하에서 진행되었다.) 2014 09 20

㉮ 40W ㉯ 40 kW ㉰ 40J ㉱ 40 kJ

해설 일$=W=\int_{V_i}^{V_f} P \cdot dV = 200\ kN/m^2 \times (0.3\ m^3 - 0.1\ m^3) = 40\ kN \cdot m = 40\ kJ$

정답 ㉱

33 온도 20℃, 압력 400 kPa, 부피 15 m^3인 기체를 등온압축하여 체적이 2 m^3로 되었다면 압축 후의 압력은 몇 kPa인가? 2014 09 20

㉮ 2000 ㉯ 2500 ㉰ 3000 ㉱ 4000

해설 $PV=MRT$

(P : 압력, V : 부피, M : 기체질량, R : 기체상수, T : 절대온도)

등온이므로

$P_1V_1=MRT,\quad P_2V_2=MRT$

$P_1V_1=P_2V_2$

$P_2=P_1\times\frac{V_1}{V_2}=400\ kPa\times\frac{15\ m^3}{2\ m^3}=3000\ kPa$

정답 ㉰

34 다음 중 열전도계수가 가장 높은 것은? 2014 09 20

㉮ 물 ㉯ 철 ㉰ 공기 ㉱ 구리

해설 〈물질의 열전도계수〉

물질	열전도계수(W/m · °K)	물질	열전도계수(W/m · °K)
은	429	수은	7.82
구리	403	물	0.599
철	86.5	아세톤	0.190
납	35.6	에탄올	0.167
주석	68.2	공기	0.0226

정답 ㉱

35 온도차이가 큰 2개의 물체를 접촉시키면 열은 고온의 물체에서 저온의 물체로 전달된다. 이때 한 상태에서 다른 상태로 변화할 때의 계의 엔트로피 변화는? (단, ΔS_L는 저온부의 엔트로피 변화량이고 ΔS_H는 고온부의 엔트로피 변화량을 나타낸다.) 2015 03 08

㉮ $\Delta S_L > 0$　　㉯ $\Delta S_L < 0$

㉰ $\Delta S_H + \Delta S_L < 0$　　㉱ $\Delta S_H + \Delta S_L > 0$

해설

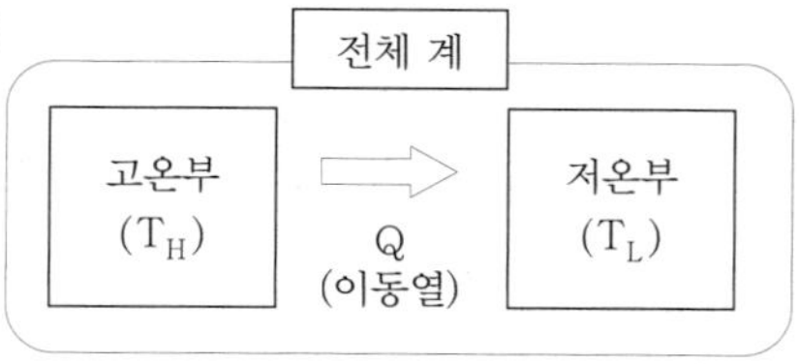

고온부(T_H)에서 저온부(T_L)로 열량이동이 Q이므로 고온부에서는 열량을 잃고(−Q), 저온부에서는 열량을 받음(+Q)

고온부 엔트로피 변화(ΔS_H)$=-\dfrac{Q}{T_H}<0$: 엔트로피 감소

저온부 엔트로피 변화(ΔS_L)$=+\dfrac{Q}{T_L}>0$: 엔트로피 증가

계 전체 엔트로피변화(ΔS)

$=\Delta S_H+\Delta S_L=-\dfrac{Q}{T_H}+\dfrac{Q}{T_L}=Q\left(\dfrac{T_H-T_L}{T_H\times T_L}\right)>0$ (엔트로피 증가)

정답 ㉱

36 고체 표면의 온도가 20℃에서 60℃로 올라가면 방사되는 복사열은 약 몇 %가 증가하는가? 2015 03 08

㉮ 3　　㉯ 14　　㉰ 29　　㉱ 67

해설 복사열$(Q)=\sigma A(T)^4$

여기서, σ : 스테판−볼츠만 상수$=5.67\times10^{-8}W/m^2\cdot°K^4$

A : 방사면적

T : 고체 표면 온도(°K)

$\dfrac{Q_{60℃}}{Q_{20℃}}=\dfrac{\sigma A\{(60+273)°K\}^4}{\sigma A\{(20+273)°K\}^4}=1.67$

복사열 증가량=67%

정답 ㉱

37 20℃, 100 kPa의 공기 1 kg을 일차적으로 300 kPa까지 등온 압축시키고 다시 1000 kPa까지 단열압축시켰다. 압축 후의 절대온도는 약 몇 얼마인가? 2015 03 08

㉮ 413°K ㉯ 423°K ㉰ 433°K ㉱ 443°K

해설 [20℃, 100 kPa] → 등온과정 → [T_1 = 20℃, 300 kPa] → 단열과정 → [T_2(°K), 1000 kPa]

단열과정에서

$P_1V_1^k = P_2V_2^k$, $T_1^k \cdot P_1^{1-k} = T_2^k \cdot P_2^{1-k}$

$$\left(\frac{T_2}{T_1}\right)^k = \left(\frac{P_1}{P_2}\right)^{1-k} = \left(\frac{P_2}{P_1}\right)^{k-1}$$

(P : 압력, V : 부피, T : 절대온도, k : 공기비열비=1.4)

$$T_2 = T_1 \times \left(\frac{P_2}{P_1}\right)^{1-\frac{1}{k}}$$

$$= (273+20)°K \times \left(\frac{1000\ kPa}{300\ kPa}\right)^{1-\frac{1}{1.4}}$$

$$= 413.3°K$$

정답 ㉮

38 정압비열이 1 kJ/(kg·°K)인 어떤 이상기체 10 kg을 온도 30℃에서 150℃까지 정압가열하였다. 이때의 가열량(kJ)은? 2015 05 31

㉮ 500 ㉯ 750 ㉰ 900 ㉱ 1200

해설 정압(등압)과정에서

$\Delta Q = m \cdot C_P \cdot dT$

(ΔQ : 가열량, m : 기체질량, C_P : 정압비열, dT : 온도차)

$\Delta Q = 10\ kg \times 1\ kJ/kg \cdot °K \times (150-30)°K = 1200\ kJ$

정답 ㉱

39 지름 5 cm인 구가 대류에 의해 열을 외부공기로 방출하며, 이 구는 50 W의 전기히터에 의해 내부에서 가열되고 있다. 구 표면과 공기 사이의 온도차가 50℃라면 공기와 구 사이의 대류열전달계수(W/m^2·℃)는 얼마인가? 2015 05 31

㉮ 127　　㉯ 237　　㉰ 347　　㉱ 458

해설 $Q = h \cdot A \cdot (T_H - T_L)$

(Q : 열전달률, A : 대류 전열면적, h : 대류열전달계수, T : 온도)

$$h = \frac{Q}{A \times (T_H - T_L)}$$

$$= \frac{50\ W}{4\pi \times (0.025\ m)^2 \times 50℃}$$

$$= 127.3\ W/m^2 \cdot ℃$$

정답 ㉮

40 절대압력이 100 kPa이고 온도가 55℃인 공기의 밀도(kg/m³)은 얼마인가? (단, 공기의 기체상수는 287J/kg · °K이다.)
2015 05 31

㉮ 1.06　　㉯ 2.14　　㉰ 12.0　　㉱ 24.2

해설 PV = MRT (P : 압력, V : 부피, M : 질량, R : 기체상수, T : 온도)

$$밀도(\rho) = \frac{M}{V} = \frac{P}{RT}$$

$$= \frac{100kPa}{287\ J/kg \cdot °K \times (273+55)°K}$$

$$= \frac{100\ kPa \times \frac{10^3\ N/m^2}{kPa}}{287\ J/kg \cdot °K \times (273+55)°K}$$

$$= 1.06\ kg/m^3$$

정답 ㉮

41 20℃, 101.3 kPa 압력하에서 공기의 밀도(kg/m³)은? (단, 공기의 기체상수는 286.8J/kg · °K)이다.)
2015 05 31

㉮ 1.08　　㉯ 1.20　　㉰ 1.38　　㉱ 1.29

해설 PV = MRT (P : 압력, V : 부피, M : 질량, R : 기체상수, T : 온도)

$$밀도(\rho) = \frac{M}{V} = \frac{P}{RT}$$

$$= \frac{101.3\ \text{kPa}}{286.8\ \text{J/kg}\cdot{}^\circ\text{K}\times(273+20)^\circ\text{K}}$$

$$= \frac{101.3\ \text{kPa}\times\frac{10^3\text{N/m}^2}{\text{kPa}}}{286.8\ \text{J/kg}\cdot{}^\circ\text{K}\times(273+20)^\circ\text{K}}$$

$$= 1.2\ \text{kg/m}^3$$

정답 ㉯

42 매 시간당 30 kg의 건포화증기를 포화수로 응축시키는 응축기가 있다. 이 응축기에 공급되는 냉각수의 온도는 15℃이고, 유량은 1000 L/hr이다. 응축기 출구의 냉각수 온도(℃)는 얼마가 되겠는가? (단, 냉각수의 비열은 4.2J/kg · ℃, 수증기의 응축잠열은 약 2520 kJ/kg이다.) 2015 05 31

㉮ 30 ㉯ 33 ㉰ 36 ㉱ 39

해설 냉각수 상승온도 = Δt

응축과정에서

건포화증기가 잃은 열량=냉각수가 얻은 열량

$30\ \text{kg/hr}\times 2520\ \text{kJ/kg} = 1000\ \text{kg/hr}\times 4.2\ \text{kJ/kg}\times\Delta t$

$\Delta t = 18℃$

출구냉각수 온도=15℃+Δt=33℃

정답 ㉯

43 크기가 50 cm×100 cm인 250℃로 가열된 평판 위로 25℃의 공기를 불어준다고 할 때 대류열전달량은 몇 kW인가? (단, 대류열전달계수는 $30\text{W/m}^2\cdot℃$이다.) 2015 09 20

㉮ 3.375 ㉯ 5.879 ㉰ 7.131 ㉱ 9.332

해설 $Q = h\cdot A\cdot(T_H - T_L)$

(Q : 열전달량, A : 대류 전열면적, h : 대류열전달계수, T : 온도)

$Q = 30\ \text{W/m}^2\cdot℃\times(0.5\ \text{m}\times 1.0\ \text{m})\times(250-25)℃$

$= 3375\ \text{W}$

$= 3.375\ \text{kW}$

정답 ㉮

44 온도 200℃, 압력 500 kPa, 비체적 0.6 m^3/kg의 산소가 정압하에서 비체적이 0.4 m^3/kg으로 되었다면, 변화 후의 온도는 약 몇 ℃인가? 2015 09 20

㉮ 42 ㉯ 55 ㉰ 315 ㉱ 437

해설 PV = MRT (P : 압력, V : 부피, M : 질량, R : 기체상수, T : 온도)

$$비체적(v) = \frac{V}{M} = \frac{RT}{P}$$

$$v_1 = \frac{RT_1}{P} = 0.6\ m^3/kg,\ v_2 = \frac{RT_2}{P} = 0.4\ m^3/kg$$

$$\frac{v_1}{v_2} = \frac{0.6}{0.4} = \frac{\left(\frac{RT_1}{P}\right)}{\left(\frac{RT_2}{P}\right)} = \frac{T_1}{T_2}$$

$$T_2 = T_1 \times \frac{0.4}{0.6} = (273+200) \times \frac{0.4}{0.6} = 315.3°K = 42.3℃$$

정답 ㉮

45 25℃, 300 kPa의 프로판 가스가 부피 40L인 용기에 있다면 프로판 가스는 약 몇 kg인가? (단, 프로판 가스(C_3H_8)의 분자량은 44이고 기체상수는 8314J/kmol·°K이다.) 2015 09 20

㉮ 0.12 ㉯ 0.17 ㉰ 0.19 ㉱ 0.21

해설 $PV = \frac{W}{M}RT$ (P : 압력, V : 부피, W : 질량, M : 몰분자량, R : 기체상수, T : 온도)

$$W = \frac{PVM}{RT}$$

$$= \frac{300\ kPa \times 40\ \ell \times 44\ kg/kmol}{8314\ J/kmol \cdot °K \times (273+25)°K}$$

$$= \frac{300 \times 10^3\ N/m^2 \times (40 \times 10^{-3}\ m^3) \times 44\ kg/kmol}{8314\ J/kmol \cdot °K \times (273+25)°K}$$

$$= 0.213\ kg$$

정답 ㉱

46 가로 80 cm, 세로 50 cm이고 300℃로 가열된 평판에 수직한 방향으로 25℃의 공기를

불어 주고 있다. 대류열전달계수가 $25W/m^2 \cdot ℃$일 때 공기를 불어 넣는 면에서의 열전달률은 약 몇 kW인가? 2016 03 06

㉮ 2.0 ㉯ 2.75 ㉰ 5.1 ㉱ 7.3

해설 $Q = h \cdot A \cdot (T_H - T_L)$

(Q : 열전달량, A : 대류 전열면적, h : 대류열전달계수, T : 온도)

$Q = 25\ W/m^2 \cdot ℃ \times (0.8\ m \times 0.5\ m) \times (300-25)℃$

$= 2750\ W$

$= 2.75\ kW$

정답 ㉯

47 600°K의 고온 열원과 300°K의 저온 열원사이에서 작동하는 카르노 사이클에 공급하는 열량이 사이클 당 200 kJ이라 할 때 1사이클당 외부에 하는 일은? 2016 03 06

㉮ 100 kJ ㉯ 200 kJ ㉰ 300 kJ ㉱ 400 kJ

해설 외부에 한 일(=W)$=Q_H - Q_L = Q_H\left(1-\frac{T_L}{T_H}\right) = 200\ kJ \times \left(1-\frac{300°K}{600°K}\right) = 100\ kJ$

정답 ㉮

48 용기 속의 유체를 회전날개를 이용하여 젓고 있다. 용기 외부로 방출된 열은 2000 kJ이고 회전날개를 통해 용기 내로 입력되는 일은 5000 kJ일 때 용기 내 유체의 내부에너지 증가량은? 2016 03 06

㉮ 2000 kJ ㉯ 3000 kJ ㉰ 5000 kJ ㉱ 7000 kJ

해설 내부에너지 변화 $= \Delta U_{int}$ = 입력된 일 − 방출된 열 = 5000 kJ − 2000 kJ = 3000 kJ

정답 ㉯

49 이상기체의 기체상수 R을 압력 P, 비체적 v, 절대온도 T의 관계로 나타낸 것은? 2016 03 06

㉮ $R = \frac{Tv}{P}$ ㉯ $R = \frac{PT}{v}$ ㉰ $R = PTv$ ㉱ $R = \frac{Pv}{T}$

해설 비체적(v)$=\frac{V}{M}$

$PV = MRT$ (P : 압력, V : 부피, M : 질량, R : 기체상수, T : 온도)

$$R = \frac{PV}{MT} = \frac{P}{T} \times \left(\frac{V}{M}\right) = \frac{Pv}{T}$$

정답 ㉣

50 어느 이상기체 10 kg의 온도를 200℃만큼 상승시키는 데 필요한 열량은 압력이 일정한 경우와 체적이 일정한 경우에 375 kJ의 차이가 있다. 이 이상기체의 기체상수(J/kg · °K)로 옳은 것은? 2016 05 08

㉮ 185.5 ㉯ 187.5 ㉰ 191.5 ㉱ 194.5

해설 정압과정에서의 열량(Q_p)$= m \times C_p \times \Delta T = 10\ kg \times C_p \times 200°K$

정적과정에서의 열량(Q_v)$= m \times C_v \times \Delta T = 10\ kg \times C_v \times 200°K$

$$\begin{aligned} Q_p - Q_v &= 375\ kJ \\ &= 10\ kg \times C_p \times 200°K - 10\ kg \times C_p \times 200°K \\ &= 10\ kg \times 200°K \times (C_p - C_v) \end{aligned}$$

$$R = C_p - C_v = \frac{375\ kJ}{10\ kg \times 200°K} = \frac{375 \times 1000\ J}{10\ kg \times 200°K} = 187.5\ J/kg \cdot °K$$

정답 ㉯

51 체적 10 m^{3}인 변형하지 않는 용기 내에 산소 2 kg과 수소 2 kg으로 구성된 혼합기체가 들어 있다. 용기 내의 온도가 30℃일 때 용기 내 압력은 몇 kPa인가? (단, 산소의 기체상수는 259.8 J/kg · °K, 수소의 기체상수는 4147 J/kg · °K이며, 화학반응은 일어나지 않는 것으로 한다.) 2016 05 08

㉮ 267.2 ㉯ 271.3 ㉰ 277.3 ㉱ 281.3

해설 산소의 부분압(P_{O_2})$= \frac{M_{O_2} \times R_{O_2} \times T}{V}$

$$= \frac{2\ kg \times 259.8\ J/kg \cdot °K \times (273+30)°K}{10\ m^3}$$

$$= 15743.9\ N/m^2$$

$$≒ 15.74\,kPa$$

$$\text{수소의 부분압}(P_{H_2}) = \frac{M_{H_2} \times R_{H_2} \times T}{V}$$

$$= \frac{2\,kg \times 4147\,J/kg \cdot °K \times (273+30)°K}{10\,m^3}$$

$$= 251308.2\,N/m^2$$

$$≒ 251.31\,kPa$$

$$\text{혼합기체 압력}(P) = P_{O_2} + P_{H_2} = 15.74\,kPa + 251.31\,kPa = 267.1\,kPa$$

정답 ㉮

52 이산화탄소가 압력 2×10^5 Pa, 비체적 0.04 m^3/kg 상태로 저장되었다가, 온도가 일정한 상태로 압축되어 압력이 8×10^5 Pa로 되었다면, 변화 후 비체적은 몇 m^3/kg인가?

2016 05 08

㉮ 0.01 ㉯ 0.02 ㉰ 0.16 ㉱ 0.32

해설 PV = MRT (P : 압력, V : 부피, M : 질량, R : 기체상수, T : 온도)

$$P_1V_1 = MRT,\ P_1\left(\frac{V_1}{M}\right) = RT,\ \ P_2V_2 = MRT,\ P_2\left(\frac{V_2}{M}\right) = RT$$

등온변화이므로 RT=일정

$$P_1\left(\frac{V_1}{M}\right) = P_2\left(\frac{V_2}{M}\right)$$

$$2 \times 10^5\,Pa \times (0.04\,m^3/kg) = 8 \times 10^5\,Pa \times \left(\frac{V_2}{M}\right)$$

$$\frac{V_2}{M} = 0.01\,kg/m^3$$

정답 ㉮

53 온도차이 40℃, 열전도율 k_1, 두께 5 cm인 벽을 통한 열유속(heat flux)과, 온도차이 20℃, 열전도율 k_2, 두께 10 cm인 벽을 통한 열유속이 같다면 이 두 재질의 열전도율의 비 k_1/k_2의 값은?

2016 05 08

㉮ 1/4 ㉯ 1/2 ㉰ 2 ㉱ 4

해설 $Q = kA \cdot \dfrac{dT}{x}$ (Q : 열전달률, k : 열전도율, A : 열전달면적, x : 단열재 두께)

$$Q_1 = k_1 \times A \times \left(\frac{40℃}{0.05\ m}\right),\ Q_2 = k_2 \times A \times \left(\frac{20℃}{0.1\ m}\right)$$

$$Q_1 = Q_2$$

$$k_1 \times A \times \left(\frac{40℃}{0.05\ m}\right) = k_2 \times A \times \left(\frac{20℃}{0.1\ m}\right)$$

$$k_1/k_2 = 4$$

정답 ㉣

54 체적이 2 m^3인 밀폐용기 속에 15℃, 0.8 MPa의 공기가 들어 있다. 압력이 1 MPa로 상승하였을 때 온도변화량은? 2016 10 01

㉮ 63°K　㉯ 72°K　㉰ 87°K　㉱ 90°K

해설

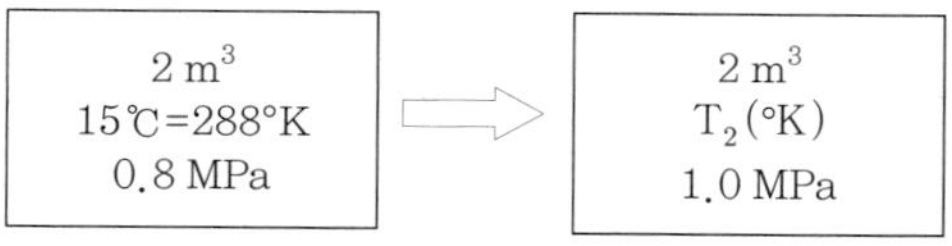

PV = MRT (P : 압력, V : 부피, M : 질량, R : 기체상수, T : 온도)

$$V = \frac{MRT}{P} = \text{일정},\ \frac{MRT_1}{P_1} = \frac{MRT_2}{P_2}$$

$$\frac{MR \times 288°K}{0.8\ MPa} = \frac{MR \times T_2}{1.0\ MPa}$$

$$T_2 = 360°K$$

온도변화량 = 360°K − 288°K = 72°K

정답 ㉯

55 20℃의 물 10 L를 대기압에서 110℃의 증기로 만들려면 공급해야 하는 열량은 약 몇 kJ인가? (단, 대기압에서 물의 비열은 4.2 kJ/kg · ℃, 증발잠열은 2260 kJ/kg, 정압비열은 2.1 kJ/kg · ℃이다.) 2016 10 01

㉮ 26380　㉯ 26170　㉰ 22600　㉱ 3780

해설

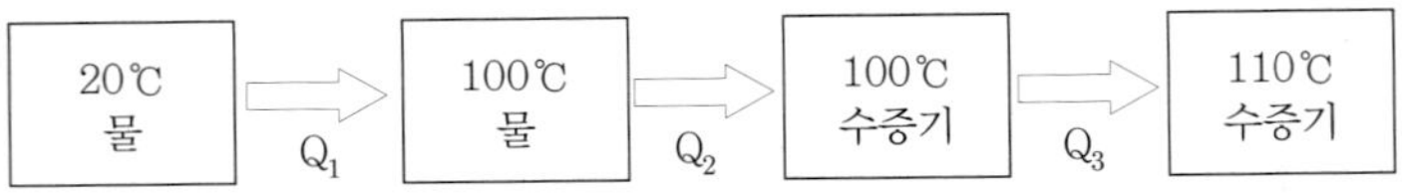

Q_1 : $10\,kg \times (4.2\,kJ/kg \cdot ℃) \times (100-20)℃ = 3360\,kJ$

Q_2 : $10\,kg \times 2260\,kJ/kg = 22600\,kJ$

Q_3 : $10\,kg \times 2.1\,kJ/kg \cdot ℃ \times (110-100)℃ = 210\,kJ$

총열량 $= Q_1 + Q_2 + Q_3 = 3360\,kJ + 22600\,kJ + 210\,kJ = 26170\,kJ$

정답 ㉯

56 500℃와 20℃의 두 열원 사이에 설치되는 열기관이 가질 수 있는 최대의 이론 열효율은 약 몇 %인가? 2016 10 01

㉮ 48　　㉯ 58　　㉰ 62　　㉱ 96

해설 $\eta = 1 - \frac{Q_L}{Q_H} = 1 - \frac{T_L}{T_H} = 1 - \frac{(20+273)}{(273+500)°K} = 0.621 = 62.1\%$

정답 ㉰

57 면적이 12 m^2, 두께 10 mm인 유리의 열전도율이 0.8W/m · ℃이다. 어느 차가운 날 유리의 바깥쪽 온도가 -1℃일 때 안쪽 표면온도는 3℃이었다. 이 경우 유리를 통한 열전달량은 몇 W인가? 2016 10 01

㉮ 3780　　㉯ 3800　　㉰ 3820　　㉱ 3840

해설 $Q = kA \cdot \frac{dT}{x}$ (Q : 열전달량, k : 열전도율, A : 열전달면적, x : 단열재 두께)

$$Q = 0.8\,W/m \cdot ℃ \times 12\,m^2 \times \frac{(3-(-1))℃}{\left(\frac{10}{1000}\,m\right)} = 3840\,W$$

정답 ㉱

58 이상기체의 내부에너지에 대한 설명 중 옳은 것은? 2017 03 05

㉮ 내부에너지는 압력과 온도의 함수이다.

㉯ 내부에너지는 압력만의 함수이다.

㉰ 내부에너지는 체적과 압력의 함수이다.
㉱ 내부에너지는 온도만의 함수이다.

해설 이상기체의 내부에너지(U_{int})는 온도만의 함수이다.

$$U_{int} = \frac{3}{2}nRT \text{ (n : 몰수, R : 기체상수, T : 온도)}$$

정답 ㉱

59 20℃, 2 kg의 공기가 온도변화없이 팽창하여 그 체적이 2배로 되었을 때 이 시스템이 외부에 한 일은 약 몇 kJ인가? (단, 공기의 기체상수는 0.287kJ/kg · °K)이다. 2017 03 05

㉮ 85.63 ㉯ 102.85 ㉰ 116.63 ㉱ 125.71

해설 한 일$(W) = \int_1^2 P \cdot dV$ (P : 압력, V : 부피)

$V_2 = 2V_1$ (V : 부피),

$PV = MRT$에서 $P = \frac{MRT}{V}$

$$\begin{aligned} W &= \int_1^2 P \cdot dV \\ &= \int_1^2 \left(\frac{MRT}{V}\right) \cdot dV \\ &= MRT\int_1^2 \frac{dV}{V} \\ &= MRT \cdot \ln\left(\frac{V_2}{V_1}\right) \\ &= 2\text{ kg} \times 0.287\text{ kJ/kg} \cdot \text{°K} \times (273+20)\text{°K} \times \ln\left(\frac{2V_1}{V_1}\right) \\ &= 116.6\text{ kJ} \end{aligned}$$

정답 ㉰

60 표준 대기압상태에서 15℃의 물 2 kg을 모두 기체로 증발시키고자 할 때 필요한 에너지는 약 몇 kJ인가? (단, 물의 비열은 4.2 kJ/(kg · °K), 기화열은 2256 kJ/kg이다.)

2017 03 05

㉮ 355　　㉯ 1248　　㉰ 2256　　㉱ 5226

해설

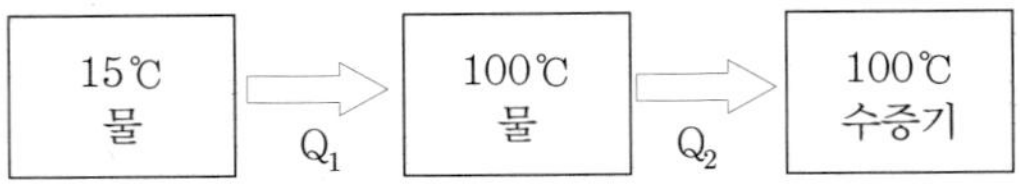

Q_1 : 2 kg × (4.2 kJ/kg · ℃) × (100 − 15)℃ = 714 kJ

Q_2 : 2 kg × 2256 kJ/kg = 4512 kJ

총열량 = $Q_1 + Q_2$ = 714 kJ + 4512 kJ = 5226 kJ

정답 ㉱

61 완전 흑체로 가정한 흑연의 표면 온도가 450℃이다. 단위면적당 방출되는 복사에너지의 유속은 약 몇 kW/m²인가? (단, 흑체의 Stefan-Boltzmann 상수는 $\sigma = 5.67 \times 10^{-8}$ W/m² · °K⁴이다.) 2017 03 05

㉮ 2.33　　㉯ 15.5　　㉰ 21.4　　㉱ 232.5

해설 복사열 = $\sigma A \cdot T^4$

면적당 복사열 = $\frac{복사열}{A} = \sigma T^4$

여기서, σ : 스테판–볼츠만 상수 = 5.67×10^{-8} W/m² · °K⁴

A : 복사면적

T : 표면온도=450+273=723°K

$\sigma T^4 = 5.67 \times 10^{-8}$ W/m² · °K × (723°K)⁴

= 15493 W

= 15.5 kW

정답 ㉯

62 공기 1 kg을 T_1 = 10℃, P_1 = 0.1 MPa, V_1 = 0.8 m³상태에서 T_2 = 167℃, P_2 = 0.7 MPa까지 단열압축시킬 때 압축에 필요한 일은 약 얼마인가? (단, 공기의 정압비열과 정적비열은 각각, 1.035 kJ/(kg · °K), 0.7165 kJ/(kg · °K)이다.) 2017 05 07

㉮ 112.5 J　　㉯ 112.5 kJ　　㉰ 157.5 J　　㉱ 157.5 kJ

해설 단열압축에 필요한 일(ΔW)=내부에너지 증가량(ΔU_{int})

$\Delta U_{int} = mC_V dT$ (m : 기체질량, C_V : 정적비열, T : 절대온도)

$\Delta W = mC_V dT$

$= mC_V(T_2 - T_1)$

$= 1\ kg \times 0.7165\ kJ/kg \cdot °K \times ((273+167)°K - (273+10)°K)$

$= 112.5\ kJ$

정답 ㉯

63 다음 중 열역학 제2법칙과 관련된 설명으로 옳지 않은 것은? 2017 05 07

㉮ 열효율 100%인 열기관은 제작이 불가능하다.

㉯ 열은 스스로 저온에서 고온으로 이동할 수 없다.

㉰ 제2종 영구기관은 동작물질의 종류에 따라 존재할 수 있다.

㉱ 한 열원에서 발생하는 열량을 모두 일로 바꾸기 위해서는 반드시 다른 열원의 도움이 필요하다.

해설 〈열역학 제2법칙〉

㉮ 열은 스스로 다른 물체에 아무런 변화도 주지 않고서, 저온물체에서 고온물체로 이동하지 않는다.

㉯ 성능계수(η_r)가 무한정한 냉동기의 제작은 불가능하다.

㉰ 고온물체의 열을 계속해서 일로 바꾸려면 저온물체로 열을 버려야만 한다(효율이 100%인 열기관은 제작이 불가능하다).

㉱ 제2종 영구기관은 존재할 수 없다.

- 제2종 영구기관 : 어떤 열원으로부터 열원의 온도를 떨어뜨리는 일 없이, 외부에 아무런 변화 없이, 열을 기계적 일로 바꾸는 열기관

정답 ㉰

64 15℃의 방에 설치된 길이 50 cm, 지름 6 mm인 저항선으로부터 50 W의 열이 대류 열전달에 의하여 공기로 전달된다. 대류 열전달계수가 150 W/($m^2 \cdot$ °K)라고 하면 저항선의 표면온도는 약 몇 ℃인가? 2017 05 07

㉮ 50.4 ㉯ 61.5 ㉰ 74.8 ㉱ 89.6

해설 $Q = h \cdot A \cdot (T_H - T_L)$

(Q : 열전달률, A : 대류 전열면적, h : 대류열전달계수, T : 온도)

$$Q = 50\ W = 150\ W/(m^2 \cdot °K)\left(\pi \times \frac{6}{1000}\ m \times 0.5\ m\right) \times (T_H - 15℃)$$

$$T_H = 50.37℃$$

정답 ㉮

65 어떤 관 속의 정압(절대압력)은 294 kPa, 온도는 27℃, 공기의 기체상수는 287 J/(kg · °K)일 경우, 안지름 250 mm인 관속을 흐르고 있는 공기의 평균 유속이 50 m/sec 이면 공기는 매초 약 몇 kg이 흐르는가? 2017 05 07

㉮ 8.4　　㉯ 9.5　　㉰ 10.7　　㉱ 12.5

해설 $PV = MRT$

(P : 압력, V : 부피, M : 질량, R : 기체상수, T : 온도)

$$\text{공기밀도}(\rho) = \frac{M}{V} = \frac{P}{RT} = \frac{294\ kPa}{287\ J/(kg \cdot °K) \times (273+27)°K}$$

$$= \frac{294 \times 10^3\ N/m^2}{287\ J/(kg \cdot °K) \times (273+27)°K}$$

$$= 3.415\ kg/m^3$$

$$\text{공기 질량유량} = \rho \times A \times V = 3.415\ kg/m^3 \times \left(\frac{\pi}{4} \times (0.25\ m)^2\right) \times 50\ m/sec = 8.38\ kg/sec$$

정답 ㉮

66 초기상태의 절대온도와 체적이 각각 T_1, V_1인 이상기체 1 kg을 압력 P인 정압상태로 가열하여 온도를 $4T_1$까지 상승시킨다. 이때 이상기체가 한일은 얼마인가? 2017 09 23

㉮ PV_1　　㉯ $2PV_1$　　㉰ $3PV_1$　　㉱ $4PV_1$

해설 [$P,\ T_1,\ V_1$] ⇨ [$P,\ 4T_1,\ V_2$]

$PV = MRT$ (P : 압력, V : 부피, M : 질량, R : 기체상수, T : 온도)

$$V_1 = \frac{MRT_1}{P}$$

$$V_2 = \frac{MRT_2}{P} = \frac{MR \times (4T_1)}{P} = 4 \times \frac{MRT_1}{P} = 4V_1$$

$$\text{한 일}(W) = \int_1^2 P \cdot dV = P \times (V_2 - V_1) = P \times (4V_1 - V_1) = 3PV_1$$

정답 ㉰

67 온도차이가 10℃, 열전도율 20 W/(m · °K), 두께 50 cm인 벽을 통한 열유속(heat flux)과, 온도차이 40℃, 열전도율 k[W/(m · °K)], 두께 10 cm인 벽을 통한 열유속이 같다면 k의 값은? 2017 09 23

㉮ 1 ㉯ 2 ㉰ 5 ㉱ 10

해설 $Q = kA \cdot \frac{dT}{x}$ (Q : 열전달률, k : 열전도율, A : 열전달면적, x : 단열재 두께)

$$Q_1 = 20\ W/(m \cdot °K) \times A \times \left(\frac{10℃}{0.5\ m}\right)$$

$$Q_2 = k \times A \times \left(\frac{40℃}{0.1\ m}\right)$$

$$Q_1 = Q_2$$

$$20\ W/(m \cdot °K) \times A \times \left(\frac{10℃}{0.5\ m}\right) = k \times A \times \left(\frac{40℃}{0.1\ m}\right)$$

$$k = 1.0\ W/(m \cdot °K)$$

정답 ㉮

68 표준상태의 공기 1 kg을 100 kPa에서 2 MPa까지 가역 단열압축하였을 경우 엔트로피의 변화는 몇 kJ/°K인가? 2017 09 23

㉮ 7.1 ㉯ 0 ㉰ 5.0 ㉱ 9.7

해설 엔트로피 변화(ΔS)

$$\Delta S = \int_1^2 \frac{dQ}{T}$$ (T : 절대온도, dQ : 열량)

가역단열과정에서는 $dQ = 0$이므로 $\Delta S = 0$

정답 ㉯

69 단면적이 10 m^2이고 두께가 2.5 cm인 단열재를 통과하는 열전달량이 3 kW이다. 내부(고온)면의 온도가 415℃이고 단열재의 열전도도가 0.2W/(m · K°)일 때 외부(저온)면의 온도는? 2018 03 04

㉮ 353℃ ㉯ 378℃ ㉰ 396℃ ㉱ 402℃

해설 $Q = kA \cdot \frac{dT}{x}$ (Q : 열전달량, k : 열전도율, A : 열전달면적, x : 단열재 두께)

$$3\,kW = 0.2\,W/m \cdot {}^{\circ}K \times 10\,m^2 \times \left(\frac{(415 - t)℃}{0.025\,m} \right)$$

t= 377.5℃

정답 ㉯

70 20℃, 100 kPa의 공기 1 kg을 300 kPa까지 등온압축시키고 다시 1000 kPa까지 단열압축시켰다. 압축 후의 절대온도는 약 몇 °K인가? (단, 모든 과정은 가역과정이고 공기의 비열비는 1.4이다.) 2018 03 04

㉮ 413° K ㉯ 433° K ㉰ 453° K ㉱ 473° K

해설

20℃ 100 kPa	⇨ 등온과정	T_1 =20℃ 300 kPa	⇨ 단열과정	T_2(°K) 1000 kPa

단열과정에서

$P_1V_1^k = P_2V_2^k$, $T_1^k \cdot P_1^{1-k} = T_2^k \cdot P_2^{1-k}$

$$\left(\frac{T_2}{T_1}\right)^k = \left(\frac{P_1}{P_2}\right)^{1-k} = \left(\frac{P_2}{P_1}\right)^{k-1}$$

(P : 압력, V : 부피, T : 절대온도, k : 공기비열비=1.4)

$$T_2 = T_1 \times \left(\frac{P_2}{P_1}\right)^{1-\frac{1}{k}}$$

$$= (273+20)^{\circ}K \times \left(\frac{1000\,kPa}{300\,kPa}\right)^{1-\frac{1}{1.4}}$$

$$= 413.3^{\circ}K$$

정답 ㉮

71 어떤 탱크 속에 들어 있는 산소의 밀도는, 온도가 25℃일 때 2.0 kg/m^{3}이다. 이때 대기압이 97 kPa이라면, 이 산소의 압력은 계기압력으로 약 몇 kPa인가? (단, 산소의 기체상수는 259.8 J/(kg · °K이다.) 2018 03 04

㉮ 57 ㉯ 65 ㉰ 72 ㉱ 88

해설 $PV = MRT$

$$밀도(\rho) = \frac{M}{V} = \frac{P}{RT}$$

(P : 절대압력, V : 부피, M : 질량, R : 기체상수, T : 온도)

$$공기밀도(\rho)=2.0\ kg/m^3 = \frac{P}{RT} = \frac{P}{259\ J/(kg \cdot °K) \times (273+25)°K}$$

$P = 154364\ N/m^2 \fallingdotseq 154.4\ kPa$(절대압력)

$P(계기압력) = 154.4\ kPa - 대기압 = 154.4\ kPa - 97\ kPa = 57.4\ kPa$

정답 ㉮

72 60℃의 물 200 kg과 100℃의 포화 증기를 적당량 혼합하면 90℃의 물이 된다. 이때 혼합하여야 할 포화 증기의 양은 몇 kg인가? (단, 100℃에서 물의 증발잠열은 2256 kJ/kg이고, 물의 비열은 4.186 kJ/(kg · °K이다.) 2018 03 04

㉮ 8.53 ㉯ 9.12 ㉰ 10.02 ㉱ 10.93

해설 물이 얻은 열량(Q_1)=포화증기가 잃은 열량(Q_2)

$Q_1 = 4.186\ kJ/kg \cdot °K \times 200\ kg \times (90-60)℃$

$Q_2 = M \times 2256\ kJ/kg + M \times (100-90)℃$

$4.186\ kJ/kg \cdot °K \times 200\ kg \times (90-60)℃$

$= M \times 2256\ kJ/kg + M \times 4.186\ kJ/(kg \cdot °K) \times (100-90)℃$

$M = 10.93\ kg$

정답 ㉱

73 어느 용기에 3 g의 수소(H_2)가 채워져 있다. 만일 같은 압력 및 온도 조건하에서 이 용기에 수소 대신 메탄(CH_4, 분자량 16)을 채운다면 이 용기에 채울 메탄의 질량은 몇 g인가? 2018 04 28

㉮ 10 ㉯ 24 ㉰ 34 ㉱ 40

해설 동일한 압력, 온도에서 동일한 부피를 차지하기 위해서는 몰 수가 동일해야 함

$$3\ g\ 수소의\ 몰수 = \frac{3\ g}{2\ g/mol} = 1.5\ mol$$

메탄 1.5 mol의 질량 $= 1.5\ mol \times 16\ g/mol = 24\ g$

정답 ㉯

74 분자량이 4이고 비열비가 1.67인 이상기체의 정압비열은 몇 kJ/kg·°K인가? (단, 이상기체의 일반기체상수는 8.31 kJ/kmol·°K이다.) 2018 04 28

㉮ 3.10 ㉯ 4.72 ㉰ 5.18 ㉱ 6.75

해설 $C_P - C_V = R$

(C_P : 정압비열, C_V : 정적비열, R : 기체상수)

$k = C_P/C_V = 1.67$, $C_V = \frac{C_P}{1.67}$

분자량 4인 가스의 1 kmol=4 kg

$$C_P - C_V = C_P - \frac{C_P}{1.67} = C_P(1 - \frac{1}{1.67}) = R$$

$$C_P = \frac{R}{(1-1/1.67)}$$

$$= \frac{8.31\ kJ/kmol \cdot °K}{(1-1/1.67)}$$

$$= \frac{8.31\ kJ/kmol \cdot °K \times 4\ kg/kmol}{(1-1/1.67)}$$

$$= 5.18\ kJ/kg \cdot °K$$

정답 ㉰

75 다음 중 대류열전달과 관계없는 경우는? 2018 04 28

㉮ 팬(fan)을 이용해 컴퓨터를 식힌다.
㉯ 뜨거운 커피에 바람을 불어 식힌다.
㉰ 에어컨은 높은 곳에, 라디에이터는 낮은 곳에 설치한다.
㉱ 판자를 화로 앞에 놓아 열을 차단한다.

해설 화로 앞에 판자를 놓았을 때 차단되는 열은 복사열에 해당된다.

정답 ㉱

76 이상유체의 폴리트로픽 변화 $PV^n = C$에서 n이 대상기체의 비열비(ratio of specific heat)인 경우는 어떤 변화인가? (단, P는 압력, V는 부피, C는 상수(Constant)를 나타낸다.) 2018 09 15

㉮ 단열변화 ㉯ 등온변화 ㉰ 정적변화 ㉱ 정압변화

해설 PV^n = 일정 에서

n=0인 경우 $PV^0 = P$ = 일정 ➡ 등압(정압)과정

n=1인 경우 $PV = nRT$ = 일정 ➡ 등온과정

$n=k=\frac{C_P}{C_V}$ (=비열비)인 경우 PV^k = 일정 ➡ 단열과정

$n = m \neq k$ (k : 비열비)인 경우 PV^m = 일정 ➡ 폴리트로픽 과정

정답 ㉮

77 복사열전달에 대한 설명 중 옳은 것은? 2018 09 15

㉮ 방출되는 복사열은 복사되는 면적에 반비례한다.
㉯ 방출되는 복사열은 방사율이 작을수록 커진다.
㉰ 방출되는 복사열은 절대온도의 4승에 비례한다.
㉱ 완전흑체의 경우 방사율은 0이다.

해설 복사열 $= \sigma A \cdot T^4$

여기서, σ : 스테판-볼츠만 상수 $= 5.67 \times 10^{-8}\ W/m^2 \cdot {}^\circ K^4$

A : 복사면적

T : 절대온도

복사열은 절대온도의 4승에 비례한다.

정답 ㉰

78 카르노 사이클에 대한 설명 중 틀린 것은? 2018 09 15

㉮ 열효율은 온도만의 함수로 구성된다.
㉯ 두 개의 등온과정과 두 개의 단열과정으로 된다.
㉰ 최고온도와 최저온도가 같을 때 비가역 사이클보다는 카르노 사이클의 효율이 반드시 높다.
㉱ 작동유체의 밀도에 따라 열효율은 변한다.

해설 〈Carnot 기관〉

• 열효율$(\eta_e) = 1 - \frac{Q_L}{Q_H} = 1 - \frac{T_L}{T_H}$ (Q : 열량, T : 절대온도)

- 열 에너지는 100% 일 에너지로 바꿀 수 없다.(100%가 될려면 $T_L = 0$이어야 함)
- 열기관의 최고효율은 $(1 - \frac{T_L}{T_H})$보다 클 수 없다.
- 열기관의 최고효율은 공급온도(T_H)와 배기온도(T_L)로 결정된다.
- 어떠한 열 기관도 카르노 기관보다 더 효율적일 수 없다.

※Carnot 기관의 열효율은 유체 밀도와는 관계없다.

정답 ㉱

79 피스톤 내의 기체 0.5 kg을 압축하는데 15 kJ의 열량이 가해졌다. 이때 12 kJ의 열이 피스톤 밖으로 빠져 나갔다면 내부 에너지의 변화는 약 몇 kJ인가? 2018 09 15

㉮ 27 ㉯ 13.5 ㉰ 3 ㉱ 1.5

해설 내부에너지 변화 $= \Delta U_{int} =$ 가해진 열량 − 방출된 열 $= 15\ kJ - 12\ kJ = 3\ kJ$

정답 ㉰

80 20℃, 101 kPa에서 산소(O_2) 25 g의 부피는 약 몇 L인가? (단, 일반기체상수는 8314 J/kmol · °K이다.) 2019 03 03

㉮ 21.8 ㉯ 20.8 ㉰ 19.8 ㉱ 18.8

해설 PV = nRT (P : 압력, V : 부피, n : 몰수, R : 기체상수, T : 온도)

$$\text{산소 } 25\ g = 25\ g \times \frac{mol}{32\ g} = \frac{25}{32} mol$$

$$V = \frac{nRT}{P}$$

$$= \frac{\left(\frac{25}{32}\ mol\right) \times 8.314\ J/mol \cdot {}^\circ K \times (273+20)^\circ K}{101 \times 10^3\ N/m^2}$$

$$= 0.0188\ m^3$$

$$= 18.8\ L$$

정답 ㉱

81 비열이 0.475 kJ/kg · °K인 철 10 kg을 20℃에서 80℃로 올리는 데 필요한 열량은 약

몇 kJ인가? 2019 03 03

㉮ 222 ㉯ 232 ㉰ 285 ㉱ 315

해설 $\Delta Q = m \cdot C \cdot dT$ (C : 비열, ΔQ : 열량, dT : 온도차이, m : 질량)
$\Delta Q = 10\,kg \times (0.475\,kJ/kg \cdot °K) \times (80-20)°K = 285\,kJ$

정답 ㉰

82 이상기체를 등온과정으로 서서히 가열한다. 이 과정을 "PV^n=constant"와 같은 폴리트로픽(polytropic)과정으로 나타내고자 할 때, 지수 n의 값은? 2019 03 03

㉮ n=0 ㉯ n=1 ㉰ n=k(비열비) ㉱ n=∞

해설 PV^n = 일정 에서
n=0인 경우 $PV^0 = P$ = 일정 ➡ 등압(정압)과정
n=1인 경우 $PV = nRT$ = 일정 ➡ 등온과정
$n = k = \frac{C_P}{C_V}$ (=비열비)인 경우 PV^k = 일정 ➡ 단열과정
$n = m \neq k$ (k : 비열비)인 경우 PV^m = 일정 ➡ 폴리트로픽 과정

정답 ㉯

83 다음 중 멀리 떨어진 화염으로부터 관찰자가 직접 열기를 느꼈다고 할 때 가장 크게 영향을 미친 열전달 원리는? (단, 화염과 관찰자 사이에 공기흐름은 거의 없다고 한다.) 2019 03 03

㉮ 복사 ㉯ 대류 ㉰ 전도 ㉱ 비등

해설 공기흐름에 의한 열전달이 아닌, 공간을 통과하는 빛에 의해 전달되는 열전달은 복사에 해당된다.

정답 ㉮

84 기체를 액체로 변화시킬 때 조건으로 가장 적합한 것은? 2019 03 03

㉮ 온도를 낮추고 압력을 높인다. ㉯ 온도를 높이고 압력을 낮춘다.
㉰ 온도와 압력을 모두 낮춘다. ㉱ 온도와 압력을 모두 높인다.

해설 압력이 낮아지면 증발될 가능성이 높아지므로 압력이 높을수록 액체로 될 수 있다.

정답 ㉮

85 압력이 0.1 MPa이고 비체적은 0.8 m^3/kg인 기체를 다음과 같은 폴리트로픽 과정을 거쳐 압력을 0.2 MPa로 압축하였을 때의 비체적은 약 몇 m^3/kg인가? (단, 이 기체의 n은 1.4이다) 2019 04 27

㉮ 0.42 ㉯ 0.49 ㉰ 0.84 ㉱ 0.98

해설 $PV^n = \text{constant}$ (P : 압력, V : 비체적)

$$P_1V_1^n = P_2V_2^n$$

$$\left(\frac{V_2}{V_1}\right)^n = \left(\frac{P_1}{P_2}\right)$$

$$V_2 = V_1 \times \left(\frac{P_1}{P_2}\right)^{1/n} = (0.8\ m^3/kg) \times \left(\frac{0.1MPa}{0.2MPa}\right)^{1/1.4} = 0.487\ m^3/kg$$

정답 ㉯

86 평면 벽을 통해 전도되는 열전달량에 대한 설명으로 옳은 것은? 2019 04 27

㉮ 면적과 온도차에 비례한다.
㉯ 면적과 온도차에 반비례한다.
㉰ 면에 비례하며 온도차에 반비례한다.
㉱ 면적에 반비례하며 온도차에 비례한다.

해설 열전도에 의한 열전달

$$Q = kA \cdot \frac{dT}{x}$$ (Q : 열전달률, k : 열전도율, A : 열전달면적, x : 두께)

- 열전도율에 비례한다.
- 열전달면적에 비례한다.
- 온도차에 비례한다.
- 두께에 반비례한다.

정답 ㉮

87 기체가 0.3 MPa의 일정한 압력하에서 8 m^3에서 4 m^3까지 마찰 없이 압축되면서 동시에 500 kJ의 열을 외부에 방출하였다면, 내부에너지의 변화는 어떻게 되는가? 2019 04 27

㉮ 700 kJ 증가하였다. ㉯ 1700 kJ 증가하였다.
㉰ 1200 kJ 증가하였다. ㉱ 1500 kJ 증가하였다.

해설 $\Delta U_{int} = \Delta Q - W$

(ΔU_{int} : 계의 내부에너지, ΔQ : 가해진 열에너지, W : 행한 일)

$$\Delta U_{int} = \Delta Q - W$$
$$= \Delta Q - P \cdot dV$$
$$= -500\ kJ - 0.3\ MPa \times (4\ m^3 - 8\ m^3)$$
$$= -500\ kJ - 300\ kN/m^2 \times (4\ m^3 - 8\ m^3)$$
$$= 700\ kJ$$

정답 ㉮

88 진공 밀폐된 20 m^3의 방호구역에 이산화탄소 약제를 방사하여 30℃, 101 kPa 상태가 되었다. 이때 방사된 이산화탄소량은 약 몇 kg인가? (단, 일반기체상수는 8.31 kJ/kmol · °K이다.) 2019 04 27

㉮ 33.6 ㉯ 35.3 ㉰ 37.1 ㉱ 39.2

해설 PV = nRT (P : 압력, V : 부피, n : 몰수, R : 기체상수, T : 온도)

$$n = \frac{PV}{RT}$$
$$= \frac{101\ kPa \times 20\ m^3}{8.31\ kJ/kmol \cdot °K \times (273+30)°K}$$
$$= \frac{101\ kN/m^2 \times 20\ m^3}{8.31\ kJ/kmol \cdot °K \times (273+30)°K}$$
$$= 0.80\ kmol$$

이산화탄소 1 kmol=44 kg

이산화탄소 량 $= 0.8\ kmol = 0.8\ kmol \times \frac{44\ kg}{kmol} = 35.3\ kg$

정답 ㉯

89 물질의 열역학적 변화에 대한 설명으로 틀린 것은? 2019 09 21

㉮ 마찰은 비가역성의 원인이 될 수 있다.
㉯ 열역학 제1법칙은 에너지보존에 대한 것이다.
㉰ 이상기체는 이상기체방정식을 만족한다.
㉱ 가역단열과정은 엔트로피가 증가하는 과정이다.

해설 엔트로피 변화(ΔS)

$$\Delta S = \int_1^2 \frac{dQ}{T} \quad (T : 절대온도,\ dQ : 열량)$$

가역단열과정에서는 $dQ = 0$이므로 $\Delta S = 0$

정답 ㉱

90 이상기체의 폴리트로픽변화 "PV^n = 일정"에서 n=1인 경우 어느 변화에 속하는가? (단, P는 압력, V는 부피, n은 폴리트로픽 지수를 나타낸다.) 2019 09 21

㉮ 단열변화 ㉯ 등온변화 ㉰ 정적변화 ㉱ 정압변화

해설 PV^n=일정에서

n=0인 경우 $PV^0 = P$ = 일정 ➡ 등압(정압)과정

n=1인 경우 $PV = nRT$ = 일정 ➡ 등온과정

$n=k=\frac{C_p}{C_v}$(=비열비)인 경우 PV^k= 일정 ➡ 단열과정

$n = m \neq k$(k : 비열비)인 경우 PV^m = 일정 ➡ 폴리트로픽 과정

정답 ㉯

91 초기에 비어 있는 체적이 0.1 m^3인 견고한 용기 안에 공기(이상기체)를 서서히 주입한다. 공기 1 kg을 넣었을 때 용기 안의 온도가 300°K이 되었다면 용기 안의 압력(kPa)은? (단, 공기의 기체상수는 0.287 kJ/kg · °K이다.) 2019 09 21

㉮ 287 ㉯ 300 ㉰ 448 ㉱ 861

해설 $PV = MRT$ (P : 압력, T : 절대온도, V : 체적, M : 질량, R : 기체상수)

$$P = \frac{MRT}{V} = \frac{1\,kg \times 0.287\,kJ/kg \cdot {}^\circ K \times 300{}^\circ K}{0.1\,m^3} = 861\,kN/m^2 = 861\,kPa$$

정답 ㉱

92 표면적이 같은 두 물체가 있다. 표면온도가 2000°K인 물체가 내는 복사에너지는 표면온도가 1000°K인 물체가 내는 복사에너지의 몇 배인가? 2019 09 21

㉮ 4 ㉯ 8 ㉰ 16 ㉱ 32

해설 복사열$(Q) = \sigma A(T)^4$

여기서, σ : 스테판－볼츠만 상수$=5.67\times 10^{-8}$ W/m²·°K⁴

A : 방사면적

T : 표면 온도(°K)

$$\frac{Q_{2000℃}}{Q_{1000℃}} = \frac{\sigma A(2000°K)^4}{\sigma A(1000°K)^4} = 16$$

정답 ㉰

93 표준대기압하에서 온도가 20℃인 공기의 밀도(kg/m³)는? (단, 공기의 기체상수는 287 J/kg·°K)이다.) 2020 06 13

㉮ 0.012 ㉯ 1.2 ㉰ 17.6 ㉱ 1000

해설 PV＝MRT (P : 압력, V : 부피, M : 질량, R : 기체상수, T : 절대온도)

$$\text{밀도}(\rho) = \frac{M}{V} = \frac{P}{RT} = \frac{101.3\times 10^3\ N/m^2}{287\ N\cdot m/kg\cdot °K\times(273+20)°K} = 1.2\ kg/m^3$$

정답 ㉯

94 10 kg의 액체이산화탄소가 15℃의 대기(표준대기압) 중으로 방출되었을 때 이산화탄소의 부피(m³)는? (단, 일반기체상수는 8.314 kJ/kmol·°K이다.) 2020 06 13

㉮ 5.4 ㉯ 6.2 ㉰ 7.3 ㉱ 8.2

해설 $PV = \frac{W}{M}RT$ (P : 압력, V : 부피, W : 중량, M : 분자량, R : 기체상수, T : 온도)

여기서, M : 44 kg/kmol

R : 8.314 kJ/kmol·°K

T : (273＋15)°K

$$\text{부피}(V) = \frac{WRT}{PM} = \frac{10\ kg\times(8.314\ kJ/kmol\cdot °K)\times(273+15)°K}{101.3\ kN/m^2\times 44\ kg/kmol} = 5.37\ m^3$$

정답 ㉮

95 열역학 제2법칙의 설명으로 틀린 것은? 2020 06 13

㉮ 열효율 100%인 열기관은 제작이 불가능하다.
㉯ 열은 스스로 저온체에서 고온체로 이동할 수 없다.
㉰ 제2종 영구기관은 동작물질의 종류에 따라 존재할 수 있다.
㉱ 한 열원에서 발생하는 열량을 일로 바꾸기 위해서는 반드시 다른 열원의 도움이 필요하다.

해설 〈열역학 제2법칙〉

㉮ 열은 스스로 다른 물체에 아무런 변화도 주지 않고서, 저온물체에서 고온물체로 이동하지 않는다.
㉯ 성능계수(η_r)가 무한정한 냉동기의 제작은 불가능하다.
㉰ 고온물체의 열을 계속해서 일로 바꾸려면 저온물체로 열을 버려야만 한다(효율이 100%인 열기관은 제작이 불가능하다).
㉱ 제2종 영구기관은 존재할 수 없다.
- 제2종 영구기관 : 어떤 열원으로부터 열원의 온도를 떨어뜨리는 일 없이, 외부에 아무런 변화없이, 열을 기계적 일로 바꾸는 열기관

정답 ㉰

96 완전 흑체로 가정한 흑연의 표면온도가 450℃이다. 단위면적당 방출되는 복사에너지의 열유속(kW/m^2)은? (단, 흑체의 Stefan-Boltzmann 상수 $\sigma = 5.67 \times 10^{8}\ W/m^2 \cdot °K^4$이다.) 2020 06 13

㉮ 2.33　　㉯ 15.5　　㉰ 21.4　　㉱ 232.5

해설 복사에너지 열 유속 $= \sigma A T^4$

$$= 5.67 \times 10^{-8}\ W/m^2 \cdot °K^4 \times 1\ m^2 \times (723°K)^4$$
$$= 15493\ W$$
$$= 15.5\ kW$$

여기서, σ : 스테판-볼츠만 상수 $= 5.67 \times 10^{-8}\ W/m^2 \cdot °K^4$
A : 방사면적
T : 흑연 표면온도(°K)=450+273=723°K

정답 ㉯

97 온도 20℃, 절대압력 400 kPa, 기체 15 m^3을 등온압축하여 체적이 2 m^3로 되었다면 압축

후의 절대압력(kPa)은? 2020 06 13

㉮ 2000 ㉯ 2500 ㉰ 3000 ㉱ 4000

해설 등온과정이므로

$P_1V_1 = P_2V_2$

$P_2 = P_1 \times \left(\frac{V_1}{V_2}\right) = 400\ \mathrm{kPa} \times \left(\frac{15\ \mathrm{m}^3}{2\ \mathrm{m}^3}\right) = 3000\ \mathrm{kPa}$

정답 ㉰

98 열역학 제1법칙(에너지 보존의 법칙)에 관한 설명으로 옳은 것은? 2020 08 23

㉮ 공급열양은 총에너지 변화에 외부에 한 일량과의 합계이다.

㉯ 열효율이 100%인 열기관은 없다.

㉰ 순수물질이 상압(1기압), 0°K 에서 결정상태이면 엔트로피는 0이다.

㉱ 일에너지는 열에너지로 쉽게 변환될 수 있으나, 열에너지는 일에너지로 변환되기 어렵다.

해설 열역학 제1법칙

- 계의 내부에너지(ΔU_{int})는 열에너지(Q)가 더해지면 증가하고, 외부에 일(W)을 해주면 감소한다.
- $\Delta U_{int} = Q - W$ 또는 $Q = \Delta U_{int} + W$

정답 ㉮

99 온도 54.64℃, 압력 100 kPa인 산소가 지름 10 cm인 관 속을 흐를 때 층류로 흐를 수 있는 평균속도의 최대값(m/sec)은 얼마인가? (단, 임계 레이놀즈 수는 2100, 산소의 점성계수는 23.16×10^{-6} kg/m · sec, 기체상수는 259.75 N · m/kg · °K이다.) 2020 08 23

㉮ 0.212 ㉯ 0.414 ㉰ 0.616 ㉱ 0.818

해설 압력(P) = 100 kPa = 100 kN/m²,

직경(D) = 10 cm = 0.1 m

점성계수(μ) = 23.16×10^{-6}kg/m · sec

PV = MRT (P : 압력, V : 체적, M : 질량, R : 기체상수)

밀도(ρ) = $\frac{M}{V} = \frac{P}{RT}$

$$= \frac{(100 \times 10^3 \text{ N/m}^2)}{(259.75 \text{ N} \cdot \text{m/kg} \cdot {}^\circ\text{K}) \times (273 + 54.64)^\circ\text{K}}$$

$$= 1.175 \text{ kg/m}^3$$

$$\text{레이놀즈 수(Re)} = \frac{\rho D V}{\mu} = 2100$$

$$\text{유속(V)} = \frac{2100\mu}{\rho D}$$

$$= \frac{2100 \times 23.16 \times 10^{-6} \text{ kg/m} \cdot \text{sec}}{1.175 \text{ kg/m}^3 \times 0.1 \text{ m}}$$

$$= 0.414 \text{ m/sec}$$

정답 ㉯

100 압력 300 kPa, 체적 1.66 m^3인 상태의 가스를 정압하에서 열을 방출시켜 체적을 $\frac{1}{2}$로 만들었다. 이때 기체에 해 준 일(kJ)은 얼마인가? 2020 08 23

㉮ 129 ㉯ 249 ㉰ 399 ㉱ 981

해설 일(W) = P · dV

$$= 300 \text{ kPa} \times \left(1.66 \text{ m}^3 - \frac{1}{2} \times 1.66 \text{ m}^3\right)$$

$$= 300 \text{ kN/m}^2 \times \left(1.66 \text{ m}^3 - \frac{1}{2} \times 1.66 \text{ m}^3\right)$$

$$= 249 \text{ kN} \cdot \text{m}$$

$$= 249 \text{ kJ}$$

정답 ㉯

101 다음 중 기체상수가 가장 큰 것은? 2020 08 23

㉮ 수소 ㉯ 산소 ㉰ 공기 ㉱ 질소

해설

기체	기체상수(kJ/kg · °K)
공기	0.287
아르곤	0.2081
수소	4.124
네온	0.4119
질소	0.2968
산소	0.2598

정답 ㉮

102 단면적이 10 m^2이고 두께가 2.5 cm인 단열재를 통과하는 열전달량이 3 kW이다. 내부(고온)면의 온도가 415℃이고 단열재의 열전도도가 0.2 W/m·°K일 때 외부(저온) 면의 온도(℃)는? 2020 08 23

㉮ 353.7 ㉯ 377.5 ㉰ 396.2 ㉱ 402.4

해설 $Q = k \cdot A \dfrac{dT}{x}$ (Q : 열전달량, k : 열전도도, A : 열전달면적, dT : 온도차, x : 두께)

$$3 \times 10^3\ W = (0.2\ W/m \cdot °K) \times 10\ m^2 \times \frac{(415℃ - T)}{0.025\ m}$$

T=377.5℃

정답 ㉯

찾아보기

| 저자 소개 |

유태종

- 서울대학교 토목공학과 도시공학전공 졸업
- 서울대학교 대학원 토목공학과 공학박사
- 광주대학교 소방행정학과 교수
- 소방방재청 자문위원 역임
- 광주소방학교 전문교육과정 강사 역임

제2판

문제풀이와 함께하는

소방유체역학

1판 1쇄 발행 2017년 12월 15일
2판 1쇄 발행 2022년 8월 10일

저자 유태종
발행인 서철종
발행처 도서출판 지우북스
주소 경기도 파주시 문발로 115 세종출판벤처타운 209호
전화 031-915-6670(代)
팩스 031-915-6671
이메일 jwbooks@nate.com
홈페이지 www.jwbooks.co.kr
출판등록 제406-251002017-000032호
ISBN 979-11-88673-94-0 93530

정가 32,000원